KB155016

2판 식사요법을 포함한 **임상영양학**

CLINICAL NUTRITION

2판 식사요법을 포함한 **임상영양학**

권인숙 · 김은정 · 김혜영 · 박용순 · 박은주 · 백진경
이미경 · 진유리 · 차연수 · 최미자 · 허영란 · 황지윤 지음

교문사

PREFACE
2판 머리말

본 '식사요법을 포함한 임상영양학'은 2020년 9월에 첫 발간되었고, 그동안 식품영양학을 전공하는 학생들과 교수님들뿐만 아니라 관련 분야의 전문가들 및 일반인들의 관심으로 이제 2판 개정을 하게 되었습니다. 그동안 본 교재는 대한민국학술원이 선정하는 2021 우수학술도서에 선정되어 각 공공기관에 배포되면서 더더욱 일반인들의 영양과 건강에도 큰 기여를 하게 되었습니다. 단 기간에 이러한 좋은 결과를 가질 수 있었던 것은 본 교재에 대한 독자들의 큰 관심과 배려 때문이라고 생각되며 이에 깊은 감사를 드립니다.

본 교재의 특징은 첫째, 선진국형 만성 질환 또는 일반적 질환들에 대해서 병이 생기는 원리에 대해서 생리학적으로 이해하고, 이러한 질환들에 대해서 영양관리와 식사요법이 어떻게 관여하고 관리해 나가야 하는지에 대해서 서술하고 있습니다. 따라서 교재 내용은 질환을 병태생리학적으로 이해하는 임상영양학 이론 부분과 이를 바탕으로 식사요법을 포함하는 영양관리까지 제시하는 실무적 내용도 포함하고 있습니다. 둘째, 교재 내용의 전문성과 동시에 독자들의 이해를 돕기 위해 가장 최신의 국내외 학술자료, 공공기관 통계 및 다양한 공신력 있는 매체들의 최신자료를 두루 참고하였으며, 특히 본문 설명과 더불어 그림과 표를 많이 제시하여 독자들의 이해를 돕고자 노력하였습니다. 또한 초판 이후에 개정된 '2020 한국인 영양소 섭취기준'을 참고하여 내용 개정을 하였습니다.

본 교재의 구성은 다음과 같습니다. 1~2장은 임상영양학 개요 및 영양관리과정에 대한 내용이며, 3~16장까지는 심혈관질환, 암, 신경성 질환 등 동시대의 주요 질환들을 포함하여 특정 질환에 대한 임상영양학적 영양관리와 식사요법에 대하여 설명하였습니다. 부록에서는 영양관리과정(nutrition care process, NCP)에 대한 실제 예를 주요 질환별로 제시하였습니다. 특히 교수자와 학습자를 위해 충실한 강의 슬라이드(서술형 및 그림 등)를 전자매체로 준비하여 잘 활용할 수 있도록 하였습니다.

교재 작성에 애써 주신 저자님들과 교문사 선생님들, 특히 진경민, 성혜진 선생님께도 감사드립니다. 독자님들께서도 본 교재에 대해서 좋은 의견들을 주시면 내용에 잘 반영하도록 하겠으며, 앞으로도 본 교재에 대한 많은 관심과 격려를 진심으로 부탁드립니다.

2022년 2월

저자 일동

CONTENTS
차례

CHAPTER 06

당뇨병

CHAPTER 07

심혈관계 질환

CHAPTER 08

신장질환

임상영양학의 개요 및 영양관리과정

1. 임상영양학의 정의와 목적 | 2. 환자 영양상태 평가 및 관리
3. 환자의 영양필요량 산정 | 4. 환자의 식단작성

- **대사영양프로필(metabolic nutritional profile)** 영양상태 선별검사나 초기영양 판정에서 고위험도 환자로 판정된 환자를 대상으로 진행되는 보다 더 깊이 있고 전문화된 영양판정
- **식품교환표(food exchange list)** 일상생활에서 섭취하고 있는 식품들을 영양소 구성이 비슷한 것끼리 6가지 식품군(곡류군, 어·육류군, 채소군, 우유군, 과일군, 지방군)으로 나누어 묶은 표
- **영양관리과정(nutrition care process, NCP)** 미국영양사협회에서 개발한 영양 관련 문제해결을 위한 표준화된 체계적인 과정으로 실무영양사들이 '비판적인 사고와 영양문제를 결정하고 안전하고 효과적이며 양질의 영양관리를 제공하는 데 사용하는 체계적인 문제해결 방법'으로 정의된다.
- **영양모니터링 및 평가(nutrition monitoring and evaluation)** 영양판정에서 영양중재에 이르기까지 전 과정에 대하여 환자의 영양문제를 해결하는 방향으로 진행되고 있는지, 영양중재 시 세운 목표대로 시행되었는지를 평가하는 과정
- **영양상태 선별검사(nutrition screening)** 고위험도 환자를 우선적으로 선별하기 위해 병원에 입원한 환자를 대상으로 영양에 관계된 최소한의 정보를 이용하여 24~48시간 내에 시행되는 검사
- **영양중재(nutrition intervention)** 영양진단 과정에서 발견된 영양문제의 원인을 제거하여 영양문제를 해결하기 위한 구체적인 목표 설정, 목표 달성을 위한 계획 수립 및 수립된 계획의 실행에 관한 일련의 전 과정
- **영양진단(nutrition diagnosis)** 영양사가 독립적으로 치료할 책임이 있는 특정 영양문제를 규명하고 기술하는 것
- **영양판정(nutrition assessment)** 영양과 관련된 문제와 그 원인을 알아보기 위해 자료를 수집하고 확인하고 해석하는 체계적인 과정
- **임상영양사(clinical dietitian)** 질병예방과 건강관리를 위하여 영양판정, 영양상담, 영양 모니터링 및 평가 등의 업무를 수행하는 영양사
- **초기영양판정(initial nutrition assessment)** 영양상태선별검사에서 고위험도 환자로 분류된 환자를 대상으로 생화학 지표, 신체 지표 및 식품섭취 관련 지표를 통해 영양위험의 정도와 질병에 마치는 영향 정도를 파악하는 과정
- **한국인 영양소 섭취기준(dietary reference intakes, DRIs)** 질병이 없는 대다수 한국 사람들이 건강을 최적 상태로 유지하고 질병을 예방하는 데 도움이 되도록 필요한 영양소 섭취 수준을 제시하는 기준으로 다음을 포함한다.
  - **권장섭취량(recommended nutrient intake, RNI)** 인구집단의 약 97~98%에 해당하는 사람들의 영양소 필요량을 충족시키는 섭취수준으로, 평균필요량에 표준편차 또는 변이계수의 2배를 더하여 산출
  - **만성질환위험감소섭취량(chronic disease risk reduction intake, CDRR)** 건강한 인구집단에서 만성질환의 위험을 감소시킬 수 있는 영양소의 최저 수준의 섭취량
  - **에너지적정비율(acceptable macronutrient distribution range, AMDR)** 탄수화물, 지질, 단백질을 통해 섭취하는 각 에너지의 양이 전체 에너지 섭취량에서 차지하는 비율의 적정범위
  - **상한섭취량(tolerable upper intake level, UL)** 인체에 유해한 영향이 나타나지 않는 최대 영양소 섭취 수준으로, 과량을 섭취할 때 유해영향이 나타날 수 있다는 과학적 근거가 있을 때 설정
  - **충분섭취량(adequate intake, AI)** 영양소의 필요량을 추정하기 위한 과학적 근거가 부족한 경우, 대상 인구집단의 건강을 유지하는 데 충분한 양을 설정한 수치로 건강한 사람들의 영양소 섭취량 중앙치를 기준으로 설정
  - **평균필요량(estimated average requirement, EAR)** 건강한 사람들의 일일 영양소 필요량의 중앙값

1. 임상영양학의 정의와 목적

사회환경의 변화와 식생활의 서구화는 질병 발생 변화를 가져왔으며, 특히 생활습관에서 기인한 만성 퇴행성 질환의 이환률 증가를 야기하였다. 만성 퇴행성 질환의 원인에 영양적 요인이 크게 관여하고 있으며, 따라서 이들 질환의 치료와 예방에 영양적 고려가 중요하다.

임상영양학은 영양소의 과부족 및 대사장애와 연관된 각종 질환의 치료를 돕고 이들 질환에 대한 예방을 다루는 학문이다. 따라서 각종 질환의 원인과 증상, 생리적 발병 기작과 영양·생화학적 변화의 이해를 토대로 정확한 영양판정과 합리적인 영양중재 계획을 세울 수 있어야 하며, 이를 통하여 질환의 치료 효과를 극대화하고 나아가 질환의 예방을 도모할 수 있어야 한다. 임상영양관리의 중요성이 인식되면서 우리나라는 임상영양사 제도(「국민영양관리법」)를 법제화하여 임상영양사 교육기관의 지정 및 평가와 임상영양사 자격시험 등을 통하여 철저한 관리를 하고 있다.

임상영양사

「국민영양관리법」 제23조(임상영양사)

① 보건복지부장관은 건강관리를 위하여 영양판정, 영양상담, 영양소 모니터링 및 평가 등의 업무를 수행하는 영양사에게 영양사 면허 외에 임상영양사 자격을 인정할 수 있다.

② 제1항에 따른 임상영양사의 업무, 자격기준, 자격증 교부 등에 관하여 필요한 사항은 보건복지부령으로 정한다.

「국민영양관리법」 시행규칙 제22조

1. 영양문제의 수집·분석 및 영양요구량 산정 등의 영양판정
2. 영양상담 및 교육
3. 영양관리상태 점검을 위한 영양모니터링 및 평가
4. 영양불량상태 개선을 위한 영양관리
5. 임상영양 자문 및 연구
6. 그 밖의 임상영양과 관련된 업무

2. 환자 영양상태 평가 및 관리

환자의 적절한 영양중재를 위해서는 환자에 대한 정확한 영양판정이 우선되어야 하며, 이를 토대로 영양중재 계획과 실행 및 평가의 일련 과정이 필요하다. 최근 영양문제 해결에 적극적으로 관여하는 영양관리과정(nutrition care process, NCP)을 도입하여 사용하고 있다. NCP는 미국영양사협회에서 개발한 영양 관련 문제해결을 위한 표준화된 체계적인 과정으로 '실무영양사들이 비판적인 사고를 바탕으로 영양문제를 결정하고 안전하고 효과적이며 양질의 영양관리를 제공하는 데 사용하는 체계적인 문제해결 방법'으로 정의된다. NCP는 영양판정(nutrition assessment), 영양진단(nutrition diagnosis), 영양중재(nutrition intervention)와 영양모니터링 및 평가(nutrition monitoring and evaluation)의 4단계로 구분되며 각 단계에서 다음 단계로 연결되어 있다 **그림 1-1**.

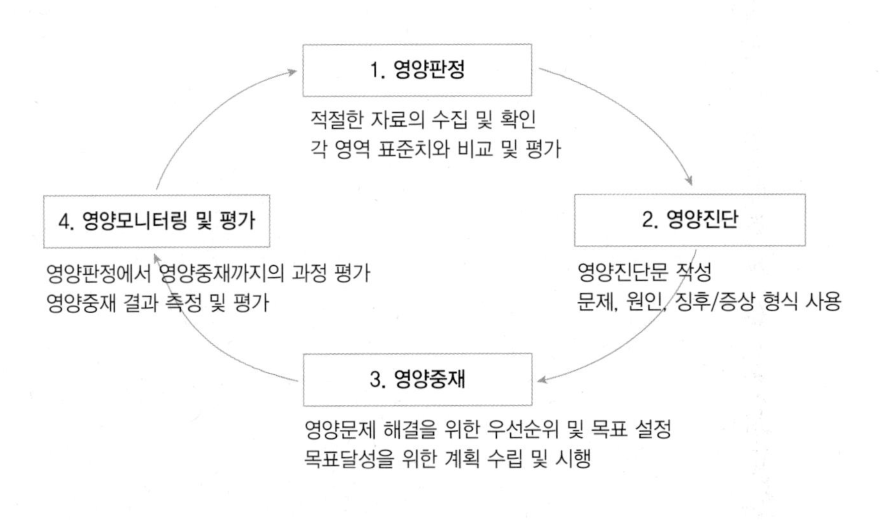

그림 1-1 영양관리 과정

1) 영양판정

영양판정(nutrition assessment)은 영양 관련 문제와 원인을 알기 위해 관련 자료를 수집하고 분석하는 과정이다. 수집하는 자료는 식사 및 영양소 관련 식사 자료, 생화학적 자료, 신체적 자료 및 환자의 과거 및 가족력에 관한 자료의 4개 영역으로 구분할 수 있

표 1-1 영양판정에 사용되는 영양지표

영역 구분	영양지표
식품/영양소와 관련된 식사력	식품과 영양소 섭취, 약물/약용식물 제품 등 섭취, 지식/신념/태도, 행동, 식품/식재료 이용 가능 정도, 혹은 영양적 측면의 삶의 질
신체계측 및 영양관련 신체검사 자료	키, 체중, 체질량지수, 성장패턴지수/백분위수, 체중력, 근육/피하지방 손실, 구강 건강상태, 빨기/삼킴/호흡능력, 식욕, 감정 등 평가 자료
생화학적 자료, 의학적 검사와 처치	각종 검사(전해질, 포도당, 혈중지질 등), 기능검사(비디오투시검사, 위배출속도, 안정 시 대사율 등) 자료
환자 과거력 및 가족력	개인적, 의학적, 가족 및 사회력과 관련된 현재와 과거 정보

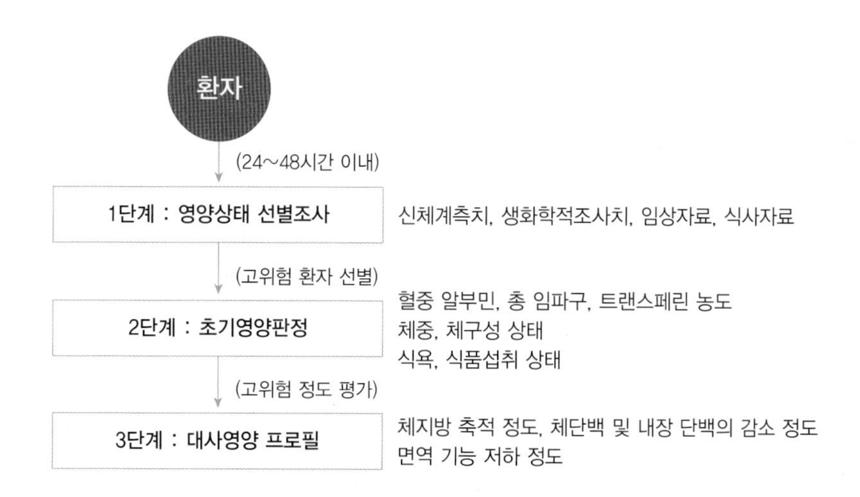

그림 1-2 환자의 영양판정 흐름도

다 표 1-1. 환자로부터 얻은 이들 각 자료들은 과학적 근거를 토대로 한 각 영역의 표준치와 비교하여 영양판정에 사용된다.

환자에 대한 영양판정은 보통 영양상태 선별검사(nutrition screening), 초기영양판정(initial nutrition assessment), 대사영양프로필(metabolic nutritional profile)의 3단계로 진행된다 그림 1-2.

(1) 영양상태 선별검사

영양상태 선별검사(nutrition screening)는 병원에 입원한 24~48시간 내에 우선적으로 실시되는 영양판정으로 영양적 고위험도 환자를 우선적으로 선별하는 목적으로 시행되

표 1-2 영양상태 선별검사의 위험도 영양판정 기준

구분	위험도가 높은 대상
연령	> 75세
체중	< 이상체중의 75~90%
생화학적 검사	혈청 알부민 < 3.0g/dL
섭식형태	경관급식/특별치료식 처방 환자, 유동식/금식이 5일 이상 지속된 환자
환자상태	중환자실 및 암병동 입원환자, 악액질 상태(cachexia)
질환	암, 소화기, 신장, 췌장, 간, 신장, 신경계 질환 등
두 가지 이상 위험인자를 가진 경우 위험도가 높은 환자로 분류함.	

며, 영양검색이라고도 불린다. 영양상태 선별검사는 영양에 관계된 최소한의 정보를 이용하여 환자에게 영양 관련 위험 요인이 있는지 여부와 더 심도 깊은 영양판정 필요 여부를 파악한다 표 1-2 . 병원에 따라 고유의 검사지를 활용하거나 환자의무기록상의 자료를 활용하여 이루어지며 신체계측치, 생화학적 조사치, 임상조사 자료 및 식사 내용 등의 자료를 이용한다. 고위험도 환자로 선별되면 다시 초기영양판정이나 대사영양프로필을 실시하여 적절한 영양중재 계획을 세우게 된다.

(2) 초기영양판정

초기영양판정(initial nutrition assessment)은 영양상태 선별검사에서 선별된 고위험도 환자를 대상으로 위험의 정도와 질병 상태에 미치는 영향의 정도를 파악하는 과정이다. 혈중 알부민 농도, 총 임파구 수, 트랜스페린 농도나 체중과 체구성(피하지방, 체단백질), 식욕과 식품 섭취 상태 등을 참고한다.

(3) 대사영양프로필

대사영양프로필(metabolic nutritional profile)은 영양상태 선별검사나 초기 영양판정에서 나타난 고위험도 환자를 대상으로 진행되는 보다 깊이 있고 전문화된 영양판정이다. 식욕부진 환자, 외상, 패혈증 및 큰 수술을 받은 중환자 및 정맥영양지원을 받는 환자를 대상으로 하며 체지방 축적 정도, 체단백질의 감소 정도, 내장 단백의 감소 정도 및 면역 기능 저하 정도 등이 평가기준으로 사용된다.

2) 영양진단

영양진단(nutrition diagnosis)은 영양사가 독립적으로 치료할 책임이 있는 특정 영양문제를 규명하고 기술하는 것이다. 영양진단 기술은 문제(P, problem), 원인(E, etiology), 징후/증상(S, sign/symptoms)이 포함된 PES 문의 형식으로 작성하며, 이를 토대로 영양판정에서 파악된 영양문제를 종합하여 영양문제와 영양문제의 주요 원인을 규정하고 이들 판단의 근거를 객관적으로 제시함으로써 영양중재 목표를 명확히 하는 과정이다 **표 1-3**.

표 1-3 이상지질혈증 환자의 영양진단 예

진단명 : 이상지질혈증		
문제(P)	**원인(E)**	**징후/증상(S)**
지방 섭취 과다	식품 및 영양지식 부족으로 고지방 식품 섭취 과다	• 비정상적인 지질 프로필 T-Chol/Triglyceride/HDL-C/LDL-C: 215/165/25/108mg/dL • 지방 섭취량 94g(섭취열량의 38%) • 포화지방 섭취량 55g(섭취열량의 22%) • 콜레스테롤 475mg(권장량< 300mg) • 고지방 식품(치킨, 곱창, 삼겹살, 족발, 보쌈 등) 섭취가 주 3회 이상으로 잦음
무기질(나트륨) 섭취 과다	식품 및 영양지식 부족으로 염분 섭취 과다	• 고염식품(찌개, 김치, 장아찌류)에 대한 선호도 높고 자주 섭취함 • 염분 섭취량 19g(권장량≤ 6g)
식사/생활양식 변화에 대한 준비 부족	영양교육 경험 없으며 식품 및 영양관련 지식 수준 낮음	• 본인의 건강상태에 대한 심각성을 인지 못함 • 식생활 변화에 대한 고려 전단계

3) 영양중재

영양중재(nutrition intervention)는 영양진단 과정에서 발견된 영양문제를 해결하기 위한 구체적인 목표 설정, 목표 달성을 위한 계획 수립 및 수립된 계획의 실행에 관한 일련의 전 과정을 의미한다. 영양중재는 크게 4가지 영역으로 구별되는 바, 첫째, 식품과 영양소를 직접 제공하는 개별화된 방법, 둘째, 환자 스스로 식품을 선택하고 식습관을

표 1-4 영양중재 영역

구분	내용
식품 및 영양소 제공	• 식사 및 간식 제공, 장관/정맥영양지원, 보충제 제공
영양교육	• 환자 스스로의 건강관리를 위한 지식과 실천 능력 제고 • 식품 선택, 식습관 교정에 관한 교육 및 훈련
영양상담	• 영양 중재의 우선순위 설정, 목표 달성을 위한 실천계획 수립 및 실천 과정 중 장애에 대한 대처방법 등 해결책 상담
영양관리를 위한 다분야 협의	• 영양 관련 문제의 관리 및 해결에 도움을 줄 수 있는 다른 분야 전문가(의사, 간호사) 및 기관과의 협의

관리할 수 있는 지식과 실천 능력제고를 위한 영양교육, 셋째, 환자의 문제해결 과정에 도움을 주는 영양상담, 넷째, 환자의 영양문제 개선에 도움을 줄 수 있는 다른 분야의 전문가 및 기관과의 협력체계 구축 등의 영역으로 구성된다 표 1-4.

4) 영양모니터링 및 평가

영양모니터링 및 평가(nutrition monitoring and evaluation)는 영양판정에서 영양 중재에 이르기까지 전 과정에 대하여 환자의 영양문제를 해결하는 방향으로 진행되고 있는지, 영양중재 시 세운 목표대로 시행되었는지를 평가하는 과정이다. 영양모니터링 및 평가 영역은 영양판정에 사용되는 영양지표 표 1-1 영역 중 환자의 과거력과 가족력을 제외한 식품 섭취, 약물, 대사조절, 신체계측, 신체 활동 등을 포함한다. 이 과정을 통해 영양중재의 효과를 판정하고 잘못된 부분을 피드백함으로써 환자의 영양문제 원인을 해결해 간다.

3. 환자의 영양필요량 산정

환자의 질병의 원인과 상태는 다양하지만 영양소의 양과 질을 조정하거나 제공되는 식사 형태를 변화시킴으로써 영양 상태를 개선하고 영양중재 효과를 높일 수 있다. 환자의 에너지 및 영양필요량은 한국인 영양소 섭취기준을 토대로 하되 질환의 종류, 환자의 영양소 대사능력, 사용하는 약물의 종류 등을 고려하여 환자의 영양필요량을 산정한다.

1) 에너지 필요량

환자의 에너지 필요량은 섭취에너지와 소비에너지 균형에 따라 조절한다. 에너지 섭취량이 부족하면 질병의 치료 및 회복에 부정적 영향을 끼치게 되고, 반대로 필요량을 초과하여 섭취할 경우 비만을 초래하여 질병의 치료 및 회복에 부정적 영향을 끼칠 수 있다. 따라서 환자의 상태를 고려하여 필요량에 비하여 과부족이 일어나지 않도록 조정이 필요하다.

환자의 에너지 필요량은 한국인 영양소 섭취기준의 에너지필요추정량 산출 공식을 적용하여 산출한다 **표 1-5**. 한국인의 1일 에너지 섭취기준에서 성인(19~29세)의 1일 에너지 필요추정량은 남자 2,600kcal/일, 여자 2,000 kcal/일로 설정되어 있다. 환자는 연령, 체중, 신장 및 활동수준을 고려하여 1일 에너지 필요량을 산출하고 여기에 부상 정도에 따른 상해계수를 적용하여 1일 에너지 필요량을 산출한다 **표 1-6**. 이때 체중은 현재 체중을 적용하고, 비만인 경우는 표준체중을 고려하여 산출한 조정체중을 적용하여 에너지섭취량이 과다해지지 않도록 한다. 간단하게 현재 체중에 활동별 에너지 **표 1-7**를 곱하여 산정하기도 한다. 보통 성인 환자의 경우 30~35kcal/kg/일을 적용하여 산출하되 환자의 상태에 따라 가감하여 조정한다.

표 1-5 성인*의 환자의 1일 에너지 필요량 산정

환자의 1일 에너지 필요량 = 에너지필요추정량 × 상해계수		
에너지필요추정량	남성	662 − 9.53 × 연령(세) + PA[15.91 × 체중(kg) + 539.6 × 신장(m)] PA = 1.0(비활동적), 1.11(저활동적), 1.25(활동적), 1.48(매우 활동적)
	여성	354 − 6.91 × 연령(세) + PA[9.36 × 체중(kg) + 726 × 신장(m)] PA = 1.0(비활동적), 1.11(저활동적), 1.27(활동적), 1.45(매우 활동적)

*19~29세
출처 : 한국인 영양소 섭취기준(2020).

표 1-6 신체활동 수준별 활동계수와 상해 상태에 따른 상해계수

신체활동 수준		상해수준			
신체활동 상태	신체활동계수	상해 상태	상해계수	상해 상태	상해계수
누워 있는 환자	1.2	수술	1.1~1.2	패혈증	1.6~1.9
움직일 수 있는 환자	1.3	감염	1.2~1.6	암	1.1~1.45
보통 활동의 환자	1.5	외상	1.3~1.6	소수술	1.2
매우 활동적인 환자	1.75	화상	1.5~2.1	발열	1.3

표 1-7 비만도에 따른 활동별 에너지

비만도	에너지		
	가벼운 활동	중등 활동	심한 활동
과체중	20~25	30	35
정상체중	30	35	40
저체중	35	40	45

2) 단백질 필요량

단백질 필요량은 정상적인 신체활동을 하면서 에너지 균형을 유지하는 상태에서 질소 평형을 유지하는 데 필요한 최소량의 단백질량이다. 한국인 영양소 섭취기준(2020)에서는 성인의 경우 질소평형을 유지하는 단백질 필요량을 정하였고, 한국인 영양소 섭취기준(2020)에서는 성인의 경우 질소평형을 유지하는 단백질 필요량, 즉 평균 필요량을 0.73g/kg/일로 정하였고, 권장섭취량은 0.91kg/kg일로 설정하였으며, 단백질의 에너지 적정비율은 7~20%로 설정하고 있다. 이에 따라 성인(19~29세)의 단백질 권장섭취량은 남자 65g/일, 여자 55g/일로 제시하고 있다. 단백질 대사에 영향을 받는 질환으로 신장 질환, 암, 감염, 화상 및 수술 등이 있다. 이들 질환은 단백질 필요량이 증가되는 질환으로 충족되지 않을 시 단백질 결핍 현상이 나타날 수 있으며, 질병의 호전에 영향을 끼칠 수 있다. 환자의 단백질 필요량은 한국인 영양소 섭취기준에서 적용한 1일 필요 단백질 산출기준을 적용하되 질환에 따른 스트레스 정도를 반영하여 산출한다 표 1-8. 스트레스로 인한 단백질 이화율 증가로 단백질 필요량이 증가되는 경우는 심한 발열, 수술, 외상 및 화상 등이다.

표 1-8 스트레스 정도에 따른 1일 단백질 필요량

스트레스 정도	건강 및 질병 상태		단백질 필요량 (g/kg/일)
없음	건강 유지		0.8~1.0
경도~중등도	수술, 감염, 골절		1.0~1.5
심함	심한 감염, 다중 골절, 화상		1.5~2.0
	신기능 부전	투석이 예상되지 않는 경우	0.6~0.8
		혈액/복막투석	초기 1.2~1.3/이후 1.5~1.8
	간기능 부진	간경화증	1.0~1.5
		간성뇌증	0.5~0.75

출처 : Kong et al(2013). Surg Metab Nutr. 5(1):10–20.

3) 탄수화물 필요량

탄수화물은 3대 에너지 영양소 중 인체에너지 기여비율이 가장 높은 에너지원 공급원뿐만 아니라 뇌와 적혈구 등의 에너지원인 포도당을 제공하는 역할을 하는 영양소이다. 한국인 영양소 섭취기준(2020)에서는 두뇌에서 사용하는 포도당을 충분히 공급함으로서 케토시스를 방지하고, 체내에 필요한 포도당을 공급하는 역할을 근거로 탄수화물 평균필요량을 100g/일로 설정하고, 권장섭취량은 130g/일로 제시하고 있다. 한편 탄수화물의 과다 섭취는 비만과 대사증후군, 심뇌혈관지환, 당뇨병 및 고혈과 같은 만성질환의 위험과 연관성이 있다는 보고를 토대로 탄수화물의 에너지적정비율은 1세 이후 모든 연령에서 55~65%로 설정하였으며, 총당류는 총 에너지섭취량의 10~20%로 하되, 총 당류 중 첨가당은 총 에너지섭취량의 10% 이내로 권고하고 있다. 한편 인체 내에서 소화흡수 되지 않아 에너지원으로서 기능은 미미하지만 다양한 생리적 기능으로 건강과의 유익한 관련성이 강조되고 있는 식이섬유는 1일 충분섭취량으로 12g/1,000kcal로 설정하고 있다. 성인(19~29세) 식이섬유 충분섭취량은 남자 30g/일, 여 25g/일이다.

4) 지방 필요량

지방은 에너지밀도가 가장 높은 에너지영양소로서 에너지원과 체내에서 합성되지 않는 필수지방산을 공급하는 등 주요 기능을 하는 영양소이다. 동시에 지방을 구성하는 지방산의 종류에 따라 생리적 기능 및 역할이 다양하여 섭취하는 지방의 총량이나 에너지 섭취비율뿐만 아니라 지방산의 종류와 섭취량, 구성 비율 등이 비만, 대사증후군 및 심뇌혈관질환, 당뇨병, 및 고혈압과 같은 만성질환과 특정 암과의 연관성이 있다고 알려져 있다. 한국인 영양소 섭취기준(2020)에서는 지방과 포화지방산 및 트랜스지방산의 경우 에너지적정비율을 설정하고 있으며, 리놀렌산과 알파리놀렌산 및 EPA와 DHA는 충분섭취량을 설정하고 있다. 또한 콜레스테롤의 경우 만성질환위험감소섭취량을 권고치로 제시하고 있다. 성인(19~29세)의 1일 지방 섭취기준은 **표 1-9** 와 같다.

표 1-9 성인[1]의 1일 지방 섭취기준

에너지적정비율(%)			충분섭취량			만성질환위험 감소 섭취량[2]
지방	포화지방산	트랜스지방산	리놀레산 (g/일)	알파-리놀렌산 (g/일)	EPA + DHA[3] (mg/일)	콜레스테롤 (mg/일)
15~30	7 미만	1 미만	남 13.0 여 10.0	남 1.6 여 1.2	남 210 여 150	300 미만

주 1) 19~29세
2) 권고치
3) Eicosapentaenoic acid + Docosahexaenoic acid

출처 : 한국인 영양소 섭취기준(2020).

5) 비타민과 무기질 필요량

특정 질환을 가진 환자의 비타민과 무기질 필요량에 대한 기준은 명확하지 않다. 따라서 정상인을 대상으로 설정된 한국인 영양소 섭취기준의 각 비타민과 무기질의 권장섭취량 혹은 충분섭취량을 토대로 하되 질환에 따라 특정 비타민과 무기질의 가감 조정이 필요하다.

4. 환자의 식단작성

1) 식사 및 영양섭취 상태 평가

환자의 식사 및 영양섭취 상태는 한국인 영양소 섭취기준에 근거하여 평가한다. 식사일기나 24시간 회상법으로 조사한 식사섭취량을 토대로 영양소 섭취량을 산출한 후, 해당 영양소의 섭취기준과 비교한다. 해당 영양소의 섭취량이 평균필요량 미만보다 적을수록 섭취 부족 확률이 높아진다. 평소 섭취량이 해당 영양소의 권장섭취량이나 충분섭취량과 비슷하거나 초과할 경우 부족할 확률은 낮은 것으로 평가한다. 반면 과잉 섭취로 인한 건강 위해성은 해당 영양소의 상한섭취량 초과율이 높아질수록 커진다고 평가한다. 한편 에너지적정비율과 만성질환위험감소섭취량은 만성질환에 대한 위험 감소를 위한 식사 및 영양상태 평가와 계획에 활용할 수 있다. 그러나 개인의 영양소 섭취상태를 정확히 파악하기 어렵기 때문에 영양소 섭취기준과 더불어 식사의 적절 및 부적절 여부를 함께 활용하여 평가하는 것이 바람직하다 **표 1-10**.

표 1-10 한국인 영양소 섭취기준을 활용한 식사 및 영양 섭취 상태 평가

영양섭취기준	평가
평균필요량	• 평소섭취량이 부족할 확률을 조사하는 데 사용 • 평소섭취량이 평균필요량보다 적은 경우 부족할 확률이 높음
권장섭취량	• 평소섭취량이 권장섭취량을 초과하거나 비슷할 경우 부족할 확률이 낮음
충분섭취량	• 평소섭취량이 충분섭취량을 초과하거나 비슷할 경우 부족할 확률이 낮음
상한섭취량	• 평소섭취량이 상한섭취량을 초과할 경우 과잉 섭취로 인한 건강 위해 가능성이 높음
에너지적정비율, 만성질환위험감소섭취량	• 평소 섭취량과 만성질환위험(감소) 관련 평가 및 계획

2) 식사계획

환자의 식사계획은 한국인의 영양소 섭취기준을 토대로 작성하되 질환의 특성에 따라 특정 영양소 섭취량이 조정되도록 계획한다. 식단계획 시에는 환자의 상태에 따라 정맥영양, 경관영양과 같은 영양공급의 형태와 위장관의 상태에 따른 식사의 수용성을 고려

하여 미음, 유동식, 연식, 경식, 일반식 등 식사의 형태를 고려하도록 한다. 특수한 경우 영양보충제의 필요 여부에 대한 검토도 포함시키도록 하며, 환자의 기호도 및 수용도를 고려하여 개별화하도록 한다.

알 아 두 기

식사계획 시 고려사항

- 환자의 질환 특성 고려
  - 특정 영양소 섭취량 조절 : 고단백식, 저지방식, 고식이섬유식, 저염식 등
- 환자 상태 고려
  - 영양공급형태 선택 : 정맥영양, 경관영양
  - 식사형태 조정 : 유동식, 연식, 경식, 일반식 등
  - 영양보충제 필요 여부 검토
- 환자의 기호도 및 수용도 고려
  - 개별화하여 가능한 한 수용

3) 식품교환법을 이용한 식단작성

식품교환법은 원래 당뇨병 환자의 열량 조절과 균형잡힌 식사를 계획하고 교육하기 위해 미국영양사협회가 개발한 것으로 현재는 비만을 비롯한 각종 질환의 식사관리에 널리 이용되고 있다. 식품교환법은 식품성분표를 이용하지 않고 식품교환표를 이용하여 에너지와 3대 영양소를 쉽고 간단하게 계산할 수 있는 방법이다. 우리나라는 1954년에 처음으로 소개되었고, 1988년 대한당뇨병학회, 대한영양사협회, 한국영양학회가 공동으로 우리나라의 실정에 맞도록 식품교환표를 개발한 후 1995년과 2010년에 각각 새로운 식품의 추가 및 삭제 등의 개정 과정을 거쳤다. 현재 총 343개 식품의 교환단위가 설정되어 있으며, 병원 및 일반인의 식사관리에 널리 이용되고 있다.

(1) 식품교환표

식품교환표(Food Exchange List)는 우리가 일상생활에서 섭취하고 있는 식품들을 영양

소 구성이 비슷한 것끼리 6가지 식품군, 즉 곡류군, 어·육류군, 채소군, 지방군, 우유군, 과일군으로 나누어 묶은 표이다. 각 식품군 내의 식품 1교환단위당 중량은 다르더라도 함유된 열량과 탄수화물, 지방, 단백질량은 유사하다. 같은 식품군 내에서는 서로 다른 식품으로 교환하더라도 열량과 3대 영양소 함량은 유사하므로 같은 식품군 내에서는 서로 교환하여 자신에게 필요한 열량의 식사를 영양적으로 균형 있게 계획하고 실천할 수 있다. 6가지 각 식품군의 교환단위당 열량 및 탄수화물, 단백질, 지방 함량은 표 1-11과 같다.

표 1-11 6가지 식품군의 1교환단위당 열량 및 영양소 함량

식품군		열량(kcal)	탄수화물(g)	단백질(g)	지방(g)
곡류군		100	23	2	–
어·육류군	저지방	50	–	8	2
	중지방	75	–	8	5
	고지방	100	–	8	8
채소군		20	3	2	–
지방군		45	–	–	5
우유군	일반우유	125	10	6	7
	저지방우유	80	10	6	2
과일군		50	12	–	–

출처 : 대한당뇨병학회(2010).

① 곡류군

곡류군은 밥류, 죽류, 알곡류 및 가루제품, 국수류, 감자 및 전분류, 떡류, 빵류, 묵류 및 기타로 구분된다. 곡류군 1교환단위당 영양소는 열량 100kcal, 탄수화물 23g, 단백질 2g을 함유한다. 곡류군에 속하는 밥의 경우 1교환단위는 70g으로 1/3공기에 해당한다. 곡류군에 속하는 주요 식품의 1교환단위당 중량은 표 1-12와 같다. 밥 1교환단위(70g, 1/3공기), 쌀 1교환단위(30g, 3큰술), 식빵 1교환단위(35g, 1쪽) 및 감자 1교환단위(140g, 중 1개)에는 열량과 탄수화물 및 단백질 함량이 동일하게 함유되어 있으므로 서로 교환하여 섭취하여도 열량 및 영양소량을 일정하게 섭취할 수 있다.

표 1-12 곡류군 식품의 종류 및 1교환단위량

(1교환단위당 영양소량 : 100kcal, 당질 23g, 단백질 2g)

구분	식품명	무게(g)	목측량
밥류	보리밥, 쌀밥, 현미밥	70	1/3공기(소)
죽류	쌀죽	140	2/3공기(소)
알곡류 및 가루제품	기장	30	–
	녹두	70	–
	녹말가루, 밀가루	30	5큰술
	미숫가루	30	1/4컵(소)
	백미, 보리(쌀보리), 율무, 차수수, 차조, 찹쌀, 팥(붉은 것), 현미	30	3큰술
	완두콩	70	1/2컵(소)
국수류	냉면(건조), 당면(생것), 메밀국수(건조), 스파게티(건조), 쌀국수(건조), 쫄면(건조), 칼국수류(건조)	30	–
	메밀국수(생것)	40	–
	삶은 국수	90	1/2공기(소)
	스파게티(삶은 것), 쌀국수(조리된 것)	90	–
	우동(생면)	70	–
감자류 및 전분류	감자	140	중 1개
	고구마	70	중 1/2개
	돼지감자, 토란	140	–
	찰옥수수(생것)	70	1/2개
떡류	가래떡	50	썰은 것 11~12개
	백설기, 송편(깨), 시루떡, 증편	50	–
	인절미	50	3개
	절편	50	1개
빵류	식빵	35	1쪽
	모닝빵	35	중 1개
	바게트빵	35	중 2쪽
묵류	도토리묵, 녹두묵, 메밀묵	200	1/2모
기타	강냉이(옥수수)	30	1.5공기(소)
	누룽지(마른 것)	30	지름 11.5cm
	마	100	–
	밤	60	대 3개
	오트밀, 콘플레이크	30	–
	은행	60	1/3컵(소)
	크래커	20	5개

② 어·육류군

어·육류군은 지방 함량에 따라 고지방, 중지방 및 저지방 어·육류군으로 세분화된다. 저지방 어·육류군의 1교환단위당 영양소는 열량 50kcal, 단백질 8g, 지방 2g을 함유하며 오리고기, 생선류 및 어묵, 게맛살과 같은 가공품, 젓갈류, 및 조개류와 같은 해산물이 속한다. 중지방 어·육류군의 1교환단위당 영양소는 열량 75kcal, 단백질, 8g, 지방 5g을 함유하며 쇠고기(안심, 등심), 훈제연어, 콩류와 두부, 낫토 등 콩류 가공품이 속한다. 고지방 어·육류군의 1교환단위당 영양소는 열량 100kcal, 단백질 8g, 지방 8g을 함유하고 있으며, 돼지갈비, 비엔나 소시지 및 생선 통조림류 및 치즈, 유부 등이 속한다. 어·육류군에 속하는 주요 식품군의 1교환단위당 중량은 **표 1-13**, **표 1-14**, **표 1-15** 와 같다. 대부분 고기류 및 가공품의 1교환단위 중량은 40g, 생선류 및 가공품은 50g이며, 달걀은 55g, 메추리알은 40g이고, 콩류는 20g, 두부는 80g이다.

표 1-13 어·육류군(저지방군) 식품의 종류 및 1교환단위량

(1교환단위당 영양소량 : 50kcal, 단백질 8g, 지방 2g)

구분	식품명	무게(g)	목측량
고기류	닭고기(껍질, 기름 제거 살코기)	40	소 1토막(탁구공 크기)
	닭부산물(모래주머니)	40	–
	돼지고기(기름기 전혀 없는 살코기), 쇠고기(사태, 홍두깨 등)	40	로스용 1장(12×10.3cm)
	소간◑, 오리고기, 칠면조	40	–
	육포	15	1장(9×6cm)
생선류	가자미, 광어, 대구, 동태, 미꾸라지(생것), 병어, 복어, 아귀, 연어, 옥돔(반건), 적어, 조기, 참도미, 참치, 코다리, 한치, 홍어	50	소 1토막
건어물류 및 가공품	건오징어채◑	15	–
	게맛살	50	$1\frac{2}{3}$개
	굴비, 북어	15	1/2토막
	멸치	15	잔 것 1/4컵(소)
	뱅어포	15	1장
	어묵(찐 것)	50	1/3개(5.5cm)
	쥐치포	15	1/2개(1.2×7cm)
젓갈류	명란젓◑, 어리굴젓, 창란젓◑	40	–

(계속)

구분	식품명	무게(g)	목측량
기타 해산물	개불, 꼬막조개	70	–
	굴, 멍게, 문어◑, 조갯살, 홍합	70	1/3컵(소)
	꽃게	70	소 1마리
	낙지	100	1/2컵(소)
	날치알	50	–
	물오징어◑	50	몸통 1/3등분
	미더덕	100	3/4컵(소)
	새우(깐 새우)◑	50	1/4컵(소)
	새우(중하)◑	50	3마리
	대하(생것)	50	–
	전복◑	70	소 2개
	해삼	200	$1\frac{1}{3}$컵(소)

◑ 콜레스테롤 함량이 높은 식품

표 1-14 어·육류군(중지방군) 식품의 종류 및 1교환단위량

(1교환단위당 영양소량 : 75kcal, 단백질 8g, 지방 5g)

구분	식품명	무게(g)	목측량
고기류	돼지고기(안심), 쇠고기(양지), 샐러드햄, 소곱창◑	40	–
	쇠고기(등심, 안심)	40	로스용 1장(12×10.3cm)
	햄(로스)	40	2장(8×6×0.8cm)
생선류	갈치, 고등어, 꽁치, 민어, 삼치, 임연수어, 장어◑, 전갱이, 준치, 청어, 훈제연어	50	소 1토막
가공품	어묵(튀긴 것)	50	1장(15.5×10cm)
알류	달걀◑	55	중 1개
	메추리알◑	40	5개
콩류 및 가공품	검은콩, 대두(노란콩)	20	2큰술
	낫토	40	작은 포장단위 1개
	두부	80	1/5모(420g 포장두부)
	순두부	200	1/2봉(지름 5×10cm)
	연두부	150	1/2개
	콩비지	150	1/2봉, 2/3공기(소)

◑ 콜레스테롤 함량이 높은 식품

표 1-15 어·육류군(고지방군) 식품의 종류 및 1교환단위량

(1교환단위당 영양소량 : 100kcal, 단백질 8g, 지방 8g)

구분	식품명	무게(g)	목측량
고기류 및 가공품	개고기, 돼지갈비, 돼지족, 돼지머리★, 삼겹살★, 소꼬리★	40	–
	닭고기(껍질 포함)★	40	닭다리 1개
	돼지머리편육★	30	–
	런천미트★	40	5.5×4×1.8cm
	베이컨	40	$1\frac{1}{4}$장
	비엔나소시지★	40	5개
	소갈비★	40	소 1토막
	프랑크소시지★	40	$1\frac{1}{3}$개
생선류 및 가공품	고등어통조림, 꽁치통조림, 참치통조림	50	1/3컵(소)
	뱀장어◑	50	소 1토막
	유부	30	5장(초밥용)
	치즈	30	1.5장

◑ 콜레스테롤 함량이 높은 식품
★ 포화지방 함량이 높은 식품

③ 채소군

채소군은 채소류, 해조류, 버섯류, 김치류 및 채소주스류가 속하며, 채소군 1교환단위당 영양소는 열량 20kcal, 탄수화물 3g, 단백질 2g을 함유한다. 대부분 채소류의 1교환단위 중량은 70g이며, 김치 및 버섯류(생것)는 50g, 채소주스 등은 50g, 매생이는 20g이고, 건조 채소류와 건조 버섯류는 7g, 김은 2g이 1교환단위량이다.

표 1-16 채소군 식품의 종류 및 1교환단위량

(1교환단위당 영양소량 : 20kcal, 당질 3g, 단백질 2g)

구분	식품명	무게(g)	목측량
채소류	곰취	70	지름 3cm×길이 10cm
	가지	70	익혀서 1/3컵
	고구마줄기, 고비, 고춧잎♠, 냉이, 단무지, 달래, 돌나물, 두릅, 돌미나리, 머위, 무청(삶은 것), 미나리, 브로콜리, 양배추, 양상추, 양파, 열무, 원추리, 자운영(싹), 죽순(생것, 통조림), 참나물, 청경채, 치커리, 콜리플라워, 꽃양배추, 풋마늘♠,	70	–
	고사리(삶은 것), 근대(익힌 것)	70	1/3컵
	깻잎	40	20장

(계속)

구분	식품명	무게(g)	목측량
채소류	늙은 호박(생것)	70	4×4×6cm
	늙은 호박, 마늘, 무말랭이, 호박고지, 취나물(건조)	7	–
	단호박♠	40	1/10개(지름 10cm)
	당근♠	70	4×5cm 또는 대 1/3개
	대파, 더덕, 도라지♠, 쑥♠, 연근♠, 우엉♠	40	–
	마늘종	40	3개(6.5~7cm)
	무	70	지름 8cm×길이 1.5cm
	무말랭이	7	불려서 1/3컵
	미나리, 부추, 숙주, 시금치, 쑥갓	70	익혀서 1/3컵
	배추	70	중 3잎
	붉은 양배추	70	1/5개(9×4×6cm)
	상추	70	소 12장
	샐러리	70	길이 6cm 6개
	아욱	70	잎 넓이 20cm 5장 (익혀서 1/3컵)
	애호박	70	지름 6.5cm×두께 2.5cm
	오이	70	중 1/3개
	케일	70	잎 넓이 30cm 1½장
	콩나물	70	익혀서 2/5컵
	파프리카(녹색, 적색, 주황색)	70	대 1개
	풋고추	70	중 7~8개
	피망	70	중 2개
해조류	곤약, 미역(생것), 우뭇가사리(우무), 톳(생것), 파래(생것)	70	–
	김	2	1장
	매생이♠	20	–
버섯류	느타리버섯(생것)	50	7개(8cm)
	만가닥버섯(건조), 팽이버섯(생것)	50	–
	송이버섯(생것)	50	소 2개
	양송이버섯(생것)	50	3개(지름 4.5cm)
	표고버섯(건조)	7	–
	표고버섯(생것)	50	대 3개
김치류	갓김치	50	–
	깍두기	50	10개(1.5cm 크기)
	나박김치, 동치미	70	–
	배추김치	50	6~7개(4.5cm)
	총각김치	50	2개
채소주스	당근주스	50	1/4컵(소)

♠ 당질을 6g 이상 함유하고 있으므로 섭취 시 주의하여야 할 채소

④ 지방군

지방군은 식물성 기름, 고체성 기름, 견과류 및 씨앗, 드레싱이 속한다. 지방군 1교환단위당 영양소 함량은 열량 45kcal, 지방 5g이다.

표 1-17 지방군 식품의 종류 및 1교환단위량

(1교환단위당 영양소량 : 45kcal, 지방 5g)

구분	식품명	무게(g)	목측량
견과류	검정깨(건조), 캐슈넛(조미한 것), 호박씨(건조), 호박씨(조미한 것), 흰깨(건조, 볶은 것)	8	–
	참깨(건조)	8	1큰스푼
	땅콩◆	8	8개(1큰스푼)
	아몬드◆	8	7개
	잣	8	50알(1큰스푼)
	피스타치오◆	8	10개
	해바라기씨	8	1큰스푼
	호두	8	중 1.5개
고체성 기름	땅콩버터	8	–
	마가린, 버터★, 쇼트닝★	5	1작은스푼
드레싱	라이트 마요네즈, 마요네즈	5	1작은스푼
	사우전드드레싱, 이탈리안드레싱, 프렌치드레싱	10	2작은스푼
식물성 기름	들기름, 미강유, 옥수수기름, 올리브유◆, 참기름, 카놀라유◆, 콩기름, 포도씨유, 해바라기유, 홍화씨기름◆	5	1작은스푼

★ 포화지방 함량이 높은 식품
◆ 단일불포화지방산이 많은 식품

⑤ 우유군

우유군은 두유, 분유를 포함하는 일반우유와 저지방우유로 세분화된다. 일반우유군의 1교환단위당 영양소 함량은 열량 125kcal, 탄수화물 10g, 단백질 6g, 지방 7g을 함유하며, 저지방우유군은 열량 80kcal, 탄수화물 10g, 단백질 6g, 지방 2g을 함유한다.

⑥ 과일군

과일군은 각종 과일과 건조과일, 과일주스 및 과일통조림을 포함한다 표 1-19. 과일군 1교환단위당 영양소 함량은 열량 50kcal, 탄수화물 12g이다.

표 1-18 우유군 식품의 종류 및 1교환단위량

(일반우유군의 1교환단위당 영양소량 : 125kcal, 당질 10g, 단백질 6g, 지방 7g)
(저지방우유군의 1교환단위당 영양소량 : 80kcal, 당질 10g, 단백질 6g, 지방 2g)

구분	식품명	무게(g)	목측량
일반우유	두유(무가당), 락토우유, 일반우유	200	1컵(1팩)
	전지분유, 조제분유	25	5큰스푼
저지방우유(2%)	저지방우유(2%)	200	1컵(1팩)

표 1-19 과일군 식품의 종류 및 1교환단위량

(1교환단위당 영양소량 : 50kcal, 당질 12g)

구분	식품명	무게(g)	목측량
감	단감	50	중 1/3개
	연시, 홍시	80	소 1개, 대 1/2개
	곶감	15	소 1/2개
감귤류	귤	120	–
	금귤	60	7개
	오렌지	100	대 1/2개
	유자, 한라봉	100	–
	자몽	150	중 1/2개
	귤(통조림)	70	–
대추	대추(생것)	50	–
	대추(말린 것)	15	5개
두리안	두리안	40	–
딸기	딸기	150	중 7개
	산딸기, 매실	150	–
리치, 망고	리치, 망고	70	–
무화과	무화과(생것)	80	–
	무화(건조)	15	–
멜론	멜론(머스크)	120	–
바나나	바나나(생것)	50	중 1/2개
	바나나(건조)	10	–
배	배	110	대 1/4개

(계속)

구분	식품명	무게(g)	목측량
복숭아	백도	150	소 1개
	복숭아(천도)	150	소 2개
	복숭아(황도)	150	중 1/2개
	백도, 황도(통조림)	60	반절 1쪽
블루베리	블루베리, 석류	80	–
	블루베리(통조림)	50	–
사과(후지)	사과(후지)	80	중 1/3개
살구, 앵두	살구, 앵두	150	–
수박	수박	150	중 1쪽
올리브	올리브	60	–
	올리브(건조)	15	–
자두	자두	150	특대 1개
참외	참외	150	중 1/2개
체리	체리	80	–
키위	키위	80	중 1개
토마토	방울토마토	300	–
	토마토	350	소 2개
파인애플	파인애플	200	–
	파인애플(통조림)	70	–
파파야	파파야	200	
포도	청포도	80	–
	포도	80	소 19알
	포도(거봉)	80	11개
	포도(건조)	15	–
푸르트칵테일(통조림)	푸르트칵테일(통조림)	60	–
주스	배주스, 포도주스	80	–
	사과주스, 오렌지주스(무가당), 토마토주스, 파인애플주스	100	1/2컵(소)

(2) 식단작성

식품교환표를 이용한 식단작성 단계는 다음과 같다. 먼저 대상자의 1일 필요 열량, 탄수화물, 단백질, 지방의 양을 정하고, 이들을 충족할 수 있도록 각 식품군별 교환단위 수를 결정한다. 결정된 1일 필요 교환단위수를 아침, 점심, 저녁 및 간식으로 적절히 배분하고, 이를 토대로 식품군별 식품을 선택하여 식단을 작성한다. 각 단계별 구체적인 방법은 다음과 같다.

식품교환표를 이용한 식단작성 순서

1. 대상자의 1일 필요 열량과 탄수화물, 지방, 단백질 필요량 결정
2. 탄수화물, 지방, 단백질의 필요량에 따라 각 식품군별 교환단위수 결정
3. 끼니별로 교환단위수 배분
4. 식품교환표를 이용하여 식품 선택
5. 선택한 식품으로 식단작성

① 대상자의 1일 필요 열량, 탄수화물, 단백질, 지방의 양을 정한다. 대상자의 1일 필요 열량은 연령, 성별, 활동량, 질병의 종류에 따라 결정된다. 일반 치료식의 경우 한국인 영양소 섭취기준의 에너지 영양소의 구성비를 적용하여 탄수화물 55~65%, 단백질 7~20%, 지방 15~30%로 구성한다.

EXAMPLE

1일 필요 에너지 1,800kcal

- 탄수화물(60%) : 1,800 × 0.6/4 = 270g
- 단백질(20%) : 1,800 × 0.2/4 = 90g
- 지방(20%) : 1,800 × 0.2/9 = 40g

② 각 식품식품군별 교환단위수는 먼저 우유군, 채소군, 과일군의 교환단위수를 정하고 이후 곡류군, 어·육류군 및 지방군의 순서로 교환단위수를 정한다. 이때 각 단계별로 탄수화물, 단백질 및 지방량을 고려하며, 구체적인 교환단위수 결정 방법은 다음과 같다.

②-1. 대상자의 기호에 따라 우유군, 채소군, 과일군의 교환단위수를 정하고 탄수화물 함량을 계산한다.

EXAMPLE

우유군 1, 채소군 8, 과일군 2단위

②-1에서 정한 우유군, 채소군, 과일군의 단위수에 각 식품군에 함유된 탄수화물 함량을 곱하여 탄수화물 함량을 계산한다.

우유군 1단위 × 탄수화물 함량(10g) = 10g
채소군 8단위 × 탄수화물 함량(3g) = 24g
과일군 2단위 × 탄수화물 함량(12g) = 24g
58g

②-2. 곡류군 교환단위수를 정한다. ①에서 배정된 탄수화물 함량에서 ②-1에서 계산된 탄수화물 함량 58g을 제하여 곡류군에서 섭취해야 할 탄수화물 함량을 산출하고, 곡류군의 1교환단위당 탄수화물 함량 23g으로 나누어 곡류군의 교환단위수를 정한다.

EXAMPLE

- 곡류군에서 섭취해야 할 탄수화물량 : 270g － 58g = 212g
- 곡류군의 단위수 : 212g/23g = 9단위

②-3. 어·육류군 교환단위수를 정한다. 위에서 정해진 우유군, 채소군, 곡류군에서 섭취할 수 있는 단백질량을 계산(40g)하여 ①에서 배정된 단백질량(90g)에서 제한 뒤 어·육류군에서 섭취해야 할 단백질량을 산출하고 어·육류군의 1교환단위당 단백질 함량 8g으로 나누어 어·육류군 교환단위수를 정한다.

EXAMPLE

우유군 1단위 × 6g = 6g
채소군 8단위 × 2g = 16g
곡류군 9단위 × 2g = 18g
40g

- 어·육류군에서 섭취해야 할 단백질량 : 90g － 40g = 50g
- 어·육류군의 단위수 : 50g/8g = 7단위(저지방 4단위, 중지방 3단위)

②-4. 지방군 교환단위수를 정한다. 위의 과정에서 결정된 우유군과 어·육류군에서 섭취할 수 있는 지방량을 계산(30g)하여 ①에서 배정된 지방량(40g)에서 제한 뒤 지방군에서 섭취해야 할 지방량을 산출하고 지방군의 1단위당 지방 함량 5g으로 나누어 지방군 단위수를 정한다.

EXAMPLE

우유군		1단위×7g = 7g
어·육류군	저지방	4단위×2g = 8g
	중지방	3단위×5g = 15g
		30g

- 지방군에서 섭취해야 할 지방량 : 40g − 30g = 10g
- 지방군의 단위수 : 10g/5g = 2단위

표 1-20 식품교환표를 이용한 식단작성

1,800kcal : 탄수화물(60%) 270g, 단백질(20%) 90g, 지방(20%) 40g						
식품군		교환단위	열량(kcal)	탄수화물(g)	단백질(g)	지방(g)
우유군	일반우유	1	125×1	10×1	6×1	7×1
	저지방우유	–	–	–	–	–
채소군		8	20×8	3×8	2×8	–
과일군		2	50×2	12×2	–	–
곡류군		9	100×9	23×9	2×9	–
어·육류군	저지방	4	50×4	–	8×4	2×4
	중지방	3	75×3	–	8×3	5×3
	고지방	–	–	–	–	–
지방군		2	45×2	–	–	5×2
계		–	1,800	265	96	40

③ 1일 교환단위수를 세끼 및 간식으로 배분한다.

1,800kcal : 탄수화물(60%) 270g, 단백질(20%) 90g, 지방(20%) 40g						
식품군		교환단위	아침	점심	저녁	간식
곡류군		9	2	3	3	1
어·육류군	저지방	4	–	2	2	–
	중지방	3	1	1	1	–
	고지방	–	–	–	–	–

(계속)

1,800kcal : 탄수화물(60%) 270g, 단백질(20%) 90g, 지방(20%) 40g						
식품군		교환단위	아침	점심	저녁	간식
채소군		8	2	3	3	–
지방군		2	0.5	0.5	1	–
우유군	일반우유	1	1	–	–	–
	저지방우유	–	–	–	–	–
과일군		2	–	1	–	1

④ 각 식품군에서 식품을 선택하여 식단을 작성한다.

1,800kcal : 탄수화물(60%) 270g, 단백질(20%) 90g, 지방(20%) 40g						
식품군		교환단위	아침	점심	저녁	간식
곡류군		9	토스트 2	잡곡밥 3	잡곡밥 3	고구마 1
어·육류군	저지방	4	–	닭고기야채조림 (닭가슴살 2)	멸치볶음 1, 명란두부찌개 (명란 1)	–
	중지방	3	햄구이 1	고등어구이 1	명란두부찌개 (두부 1)	–
	고지방	–	–	–	–	–
채소군		8	당근주스 2	시금치나물 1 닭고기야채조림 (브로콜리 0.5, 파프리카 0.5) 나박김치 1	명란두부찌개 (호박, 당근, 양파 1) 가지나물 1 배추김치 1	–
지방군		2	버터 0.5	참기름 0.5	참기름 0.5 콩기름 0.5	–
우유군	일반우유	1	우유 1	–	–	–
	저지방우유	–	–	–	–	–
과일군		2	–	사과 1	–	오렌지주스 1

01. 영양관리과정(NCP) 4단계를 나열하고 특징을 설명하시오.
02. 영양판정에서 영양상태선별검사의 주된 목적을 설명하시오.
03. 식품교환표에서 식품교환의 의미에 대해 설명하시오.
04. 식품교환표의 식품군별 에너지 및 영양소 함량에 대해 설명하시오.
05. 식품교환표의 식품군별 대표 식품과 1교환단위량을 제시하시오.

병원식과 영양지원

1. 병원식의 종류 | 2. 영양지원

- **검사식(test diet)** 질병의 진단과 임상 검사의 목적으로 환자에게 주는 특수식으로 보통 검사 3일 전에 제공된다.
- **경관급식(tube feeding)** 위장관의 기능은 정상이나 구강으로 음식 섭취가 불가능한 경우 관을 통하여 위장관에 영양을 공급하는 영양지원 방법
- **경식(light diet)** 연식에서 상식으로 바뀌는 중간에 사용하는 식사로 진밥식, 회복식이라고도 한다. 소화하기 쉽고 위에 부담을 주지 않는 식품으로 구성하며, 기름이나 양념이 많은 음식, 식이섬유가 많은 식품은 제한한다.
- **경장영양(enteral nutrition, EN)** 구강으로 음식물을 섭취하지 못하는 환자에게 관을 통해 위장관에 영양 혼합물을 공급하는 영양지원 방법
- **경피적 내시경 위조루술(percutaneous endoscopic gastrostomy, PEG)** 개복하지 않고 위에 인공적으로 구멍을 만드는 수술로, 내시경으로 위에 공기를 넣고 피부를 통해 관을 넣어 위와 통하게 하는 방법
- **내당능검사식(oral glucose tolerance test diet, OGTT diet)** 혈당에 대한 인슐린의 반응도를 평가하기 위하여 사용되는 식사. 검사 시 당질 75~150g을 제공하고 30분 간격으로 2시간 동안 혈당 변화를 측정하여 평가한다.
- **레닌검사식(renin test diet)** 고혈압 환자의 레닌 활성도를 평가하기 위하여 사용되는 식사. 검사 전 3일 동안 나트륨은 20mg, 칼륨은 90mg으로 제한한다.
- **맑은 유동식(clear liquid diet)** 위장관 자극을 최소로 줄이면서 수분과 에너지를 공급하는 식사로 탈수 방지와 수분 공급이 주 목적인 식사이다.
- **상식(regular diet)** 특별한 식사조절이나 소화 기능에 제한이 없는 일반환자에게 제공되는 병원식으로 한국인 영양소 섭취기준, 식품구성안 및 식품교환표를 근거로 구성한다.
- **연식(soft diet)** 유동식에서 상식으로 넘어가는 중간단계 식사. 씹고 삼키기 쉬운 형태, 소화하기 쉬운 형태로 제공되는 식사로 수술 후 회복기 환자, 소화기계 질환자, 치과질환자, 입·식도에 염증이 있는 환자에게 적용된다.
- **위배출능검사식(gastric emptying time test diet, GET test diet)** 위의 운동 기능 부전과 폐색을 진단하기 위한 식사. 환자에게 방사선 물질이 함유된 식사를 제공 후 2시간 동안 위장 내 방사능 변화를 관찰하여 위배출능을 평가한다.
- **유동식(liquid diet)** 액체 형태의 식사로 수술 후 회복기 환자, 음식을 십어 삼키기 어려운 환자, 급성 고열환자에게 적용된다. 전유동식(full liquid diet), 맑은 유동식(clear liquid diet), 찬 유동식(cold liquid diet0가 있다.
- **이행식(transitional diet)** 일반병원식을 지칭하는 용어로 환자의 상태에 따라 식사 종류와 섭취기간이 결정되고 회복기간에 따라 유동식에서 연식 및 경식을 거쳐 일반식으로 넘어가는 식사를 말하며 이양식(progressive diet)이라고도 한다.
- **일반병원식(general hospital diet)** 병원식에서 환자의 영양상태를 양호하게 유지하면서 질병 개선에 도움을 주는 식사로 주식의 질감에 따라 상식, 경식, 연식, 유동식으로 구분된다.
- **저잔사식(low residue diet)** 소화 흡수되지 않고 대장으로 가는 잔여물이 적도록 식이섬유를 1일 8g 이하로 제한하는 식사로 환자의 배변의 양과 횟수를 줄여 장에 대한 자극을 최소화하기 위한 식사
- **전유동식(full liquid diet)** 맑은 유동식에서 연식으로 넘어가기 전 이용되는 식사로 고형식을 씹거나 삼키기 어려운 환자, 소화 기능이 많이 떨어진 환자에게 적용된다. 영양소가 불충분하므로 3일 이상 제공하지 않는다.
- **정맥영양(parenteral nutrition, PN)** 일시적 혹은 영구적으로 위장관 기능이 없는 환자에게 말초 혹은 중심정맥의 순환계로 직접 영양을 제공하는 영양지원 방법
- **지방변검사식(steatorrhea test diet)** 위장관 내의 소화불량, 흡수불량을 확인하기 위한 식사. 검사 2~3일 전에 1일 100g의 지방을 함유한 식사를 공급하고 분변 지방량을 검사하여 평가한다.
- **찬 유동식(cold liquid diet)** 차고 자극성이 적은 음식으로 수술 부위의 출혈이나 자극 방지를 위한 식사로 편도선 절제나 목의 외과적 수술 후 환자에게 적용된다.
- **치료식(therapeutic diet)** 질병 치료의 목적으로 환자의 영양상태와 영양소 대사능력을 고려하여 에너지 및 특정 영양소의 양을 조절한 식사
- **칼슘검사식(calcium test diet)** 결석 환자를 대상으로 칼슘 섭취량을 증가시켜 과칼슘과뇨증을 진단하기 위한 검사식. 검사 전 3일 동안 식사 중 칼슘을 300mg 이하로 제한하고, 글루콘산칼슘 600mg을 보충하여 하루 칼슘섭취량을 1,000mg으로 증가시킨다.
- **5-HIAA 검사식(5-hydroxy indole acetic acid test diet)** 악성 종양이 음식이 되는 경우 소변 내 5-HIAAS 함량을 측정하여 악성 종양을 진단하기 위한 검사식. 검사 전 1~2일 동안 세로토닌(serotonin)이 다량 함유된 식품을 제한한다.

1. 병원식의 종류

병원식이란 병원에 입원한 환자에게 제공되는 식사를 말하며, 일반 병원식과 치료식 및 검사식으로 나누어진다 그림 2-1. 일반 병원식은 일반식과 동일하게 영양소 섭취기준에 근거하여 작성된 식단으로 신체의 성장, 조직의 재생 및 신체 각 기관의 정상적인 생리적 기능 유지에 필요한 열량과 영양소를 제공할 수 있는 식사이다. 치료식은 질병의 치료와 회복을 위하여 작성된 식단으로 환자의 질병의 종류 및 상태에 따라 특정 영양소의 섭취를 가감하여 조절된 식단에 의한 식사를 말한다.

그림 2-1 병원식의 종류

1) 일반 병원식

일반 병원식(general hospital diet)은 환자의 영양상태를 양호하게 유지하면서 질병 개선에 도움을 주는 식사로 주식의 질감에 따라 상식, 경식, 연식, 유동식으로 구분된다. 일반 병원식은 환자의 소화능력과 질병의 상태에 따라 식사의 종류와 기간이 결정되며 보통 유동식이나 연식에서 시작하여 경식 및 상식으로 환자의 증세 호전에 따라 조절되므로 이행식이라고도 한다. 일반 병원식의 주요 영양소 기준량은 표 2-1과 같다.

표 2-1 일반 병원식의 주요 영양소 기준량

영양소	상식*	연식	유동식	
			전유동식	맑은유동식
열량(kcal)	1,900~2,300	1,600~1,800	1,200~1,400	600~800
탄수화물(g)	285~345	250~270	190~200	150~180
단백질(g)	95~115	65~90	40~50	5~6
지방(g)	42~51	30~45	30~40	0~2

* 탄수화물 60%, 단백질 20%, 지방 20% 적용

(1) 상식

상식(regular diet)은 특정 영양소의 가감이나 질감의 조절이 필요 없는 일반 입원환자들에게 제공되는 식사로 일상식과 유사하다. 표준식(standard diet), 정상식(normal diet), 보통식(common diet) 등의 명칭으로 불리기도 한다. 상식의 영양소 구성은 한국인 영양소 섭취기준에 근거하여 작성된 균형식으로 탄수화물 55~65%, 단백질 7~20%, 지방 15~30% 비율로 구성한다. 5가지 기초식품군을 골고루 배합하여 영양적인 균형식단이 되도록 하며, 일상식과 비교하여 식품의 종류, 양, 조리법 등에 거의 차이가 없다. 특별히 제한하는 식품은 없으나 소화가 잘되며 자극이 적은 식품 구성이나 조리법을 선택하도록 한다. 일반 수술 환자나 산모 등에게 적용되며, 환자의 경우 활동량이 적고 식욕이 감퇴되는 경우가 많으므로 섭취량이 적정한지 면밀하게 확인하여 영양소 섭취량이 부족하지 않도록 주의가 필요하다.

(2) 경식

경식(light diet)은 연식에서 일반식으로 바뀌는 중간에 사용하는 식사로 진밥식 혹은 회복식이라고도 한다. 소화하기 쉽고 위에 부담을 주지 않는 식품을 선택하도록 한다. 기름에 튀기거나 기름이 많은 음식, 양념을 많이 한 자극적인 음식, 식이섬유가 많은 생채소와 과일을 피하도록 하며, 육류는 기름기가 적고 부드러운 닭고기나 생선 등을 이용한다.

(3) 연식

연식(soft diet)은 유동식에서 회복식으로 넘어가는 중간단계 식사이다. 신체적·정신적

으로 일반식의 적용이 불가능한 환자, 즉 음식의 소화·흡수에 문제가 있는 소화기계 질환자, 음식 섭취에 어려움이 있는 구강 및 식도 질환자, 치과 질환자, 수술 후 회복기 환자, 급성 감염에 의한 고열 환자 등에 적용한다. 연식은 씹고 삼키기 쉬운 형태의 식이로 자극이 없는 식품을 소화하기 쉬운 형태로 부드럽게 조리한다. 연식에 허용되는 식품과 허용되지 않는 식품은 **표 2-2**와 같다. 연식은 연도에 따라 1부죽, 3부죽, 5부죽, 7부죽, 전죽으로 분류하며, 1부죽에서 전죽으로 갈수록 식품의 비율이 증가하고 상대적으로 물의 비율은 감소한다. 따라서 1부죽에서 전죽으로 갈수록 열량 및 단백질을 비롯한 영양가가 높아지므로 질환이 호전됨에 따라 1부죽에서 전죽의 형태로 적용하여 환자의 영양상태가 불량해지지 않도록 한다. 연식은 주식이 죽의 형태여서 충분한 영양소 공급이 어려우므로 이의 해소를 위하여 식사횟수를 5~6회 정도로 증가시켜 적용한다. 고추장과 고춧가루, 겨자, 카레 등 강한 향신료의 사용을 제한하도록 하고 섬유질이나 결체 조직이 적은 식품을 선택하도록 하며 튀김 등의 소화에 부담이 되는 조리법은 제한한다 **표 2-2**. 연식의 영양소 기준량 **표 2-1** 은 질환의 종류나 상태, 환자의 활동량, 체위, 연령 등에 따라 조정한다.

표 2-2 연식의 허용 및 제한식품과 조리법

종류	허용되는 식품	제한식품
죽류	흰죽, 껍질을 제거한 옥수수죽, 녹두죽	껍질을 제거하지 않아 식이섬유가 많은 잡곡죽
육류	다진 쇠고기 요리, 연한 닭고기 요리	튀긴 고기 요리
어류	기름기가 적은 흰살 생선 요리	기름기가 많은 생선, 튀긴 생선 요리
난류	수란, 달걀찜, 반숙	달걀프라이
우유류	우유 및 유제품	과육이나 견과류를 섞은 요구르트나 아이스크림
채소류	익힌 채소, 양상추	생채소, 가스 유발 채소(브로콜리, 컬리플라워 등)
과일류	과일주스, 익힌 과일, 바나나	건조과일, 생과일
유지류	버터, 마가린, 소량의 양념 기름	강한 향의 샐러드 드레싱, 땅콩류, 코코넛
향신료	계핏가루, 약간의 후추	고춧가루, 겨자, 카레가루

(4) 유동식

유동식(liquid diet)은 액체 형태의 식사로 수술 후 회복기 환자, 음식을 씹어 삼키기 어려운 환자, 급성 고열 환자 등에 적용하는 식사이다. 주로 당질과 물로 구성되어 있기 때문에 영양소가 부족되기 쉬우므로 2~3일 정도 단기간 적용하며, 3일 이상 적용할 경우에는 영양소 보충이 필요하다. 전유동식과 맑은 유동식 및 찬 유동식이 있다.

① 전유동식

전유동식(full liquid diet)은 액체상태의 식품으로만 구성되며 질병의 회복에 따라 맑은 유동식에서 연식으로 이행되는 중간단계 식사이다. 수술 후 정맥영양과 병행하며 얼굴, 목 부위의 성형수술 및 구강수술 후, 소화기 염증, 급성 질환 환자와 중화상 환자 등 음식을 씹거나 삼키는 데 장애가 있는 경우나, 소화기 질환자, 급성 질환 환자에게 맑은 유동식에서 연식으로 넘어가기 전 단계의 식사로 이용한다. 전유동식의 주 목적은 수분 공급이며, 칼슘이나 비타민 C를 제외한 대부분의 영양소가 부족하므로 2~3일 이상 지속될 경우에는 영양결핍이 될 수 있으므로 장기간 계속되지 않도록 유의한다. 전유동식은 단기간 동안 상온의 온도로 공급하도록 하며, 동물성 단백질이 반드시 포함되도록 한다. 한번에 많은 양의 공급이 어려우므로 1일 6회 정도로 나누어 공급하도록 한다. 전유동식의 영양기준량은 에너지 1,200~1,400kcal, 탄수화물 190~200g, 단백질 40~50g, 지방 30~40g을 적용한다 표 2-1.

② 맑은 유동식

맑은 유동식(clear liquid diet)은 위장관의 자극을 최소한으로 줄이면서 탈수 방지와 갈증 해소를 위하여 수분과 에너지를 공급하는 식사이다. 수술이나 검사 전후 환자나 비경구 영양 후 경구 식이를 처음으로 시작하는 환자에게 적용한다. 주로 당질과 물로 구

표 2-3 유동식에 사용 가능한 식품

종류	허용식품		제한식품
	전유동식	맑은 유동식	
국류	고기국물, 건더기 없는 국류	기름기를 제거한 맑은 유동식, 맑은장국(콩나물국의 국물)	고춧가루, 마늘, 생강과 같은 강한 자극성이 있는 향신료와 조미료
음료류	보리차, 연한 홍차 혹은 녹차	보리차, 연한 녹차, 유자차, 맑은 사과주스	
곡류	미음 형태(쌀미음, 조미음)	맑은 미음	
난류	커스터드 푸딩, 달걀찜	–	
우유 및 유제품	우유, 요구르트	–	
설탕, 소금, 지방	소량	–	

성되며, 위장관의 자극을 적게 하며, 잔사가 최소가 되는 맑은 음료로 구성된다. 체온과 동일한 온도로 공급되도록 한다. 맑은유동식은 열량, 단백질을 포함한 모든 영양소가 부족하므로 가능한 한 단기간 공급하도록 한다. 맑은 유동식의 영양기준량은 에너지 600~800kcal, 탄수화물 150~180g, 단백질 5~6g , 지방 2g 미만을 적용한다 표 2-1. 맑은 유동식의 허용식품은 표 2-3 과 같다.

③ 찬 유동식

찬 유동식(cold liquid diet)은 편도선 절제 후나 목의 외과적 수술 후에는 차고 자극성이 적은 음식으로 수술부위의 출혈이나 자극을 방지하기 위해 이용한다. 부드럽고 차거나 미지근한 음식을 공급하다가 점차 따듯한 음식으로 이행한다. 찬 우유 및 밀크셰이크, 과일주스, 찬 홍차, 탄산수를 이용할 수 있다.

표 2-4 병원식의 종류 및 특징

구분	특징	적용환자	허용음식	제한음식
상식	• 표준식, 정상식, 보통식 • 소화·흡수가 쉽고 자극이 적은 식사	• 외상 환자, 외과 질환자, 산과 환자, 정신 질환자	• 소화가 잘되며 자극이 적은 식품 구성 및 조리에 이용된 음식	• 특별한 제한 식품 없음
경식	• 진밥식, 회복식 • 소화하기 쉽고 위에 부담이 되지 않는 식사	• 수술 후 회복기 환자	• 기름기가 적고 부드러운 음식	• 튀기거나 기름이 많은 음식 • 양념을 많이 한 자극적인 음식 • 식이섬유가 많은 생과일과 채소
연식	• 죽식, 전유동식에서 경식으로 넘어가는 단계에 적용 • 씹고 삼키기 쉬운 형태로 자극이 없는 식품을 소화하기 쉬운 형태로 조리한 식사	• 수술 후 정맥영양과 병행, 인후 및 식도 질환자, 수술 후 소화기 염증 환자, 급성 고열 환자	• 흰죽, 다진 쇠고기 요리, 흰살생선 요리, 수란이나 반숙 달걀, 익힌 채소 요리, 과일주스, 익힌 과일	• 잡곡죽 • 기름기 많은 생선 • 달걀프라이 • 가스유발채소 • 건조과일, 생과일 • 강한 향신료 사용 제한
전유동식	• 상온에서 액체 및 반액체 상태로 공급 • 수분공급이 주목적 • 위장관의 자극을 줄이고 소화·흡수가 쉬운 식사	• 수술 후 정맥영양과 병행 • 인후, 식도 질환자, 수술 후 소화기 염증 및 급성 질환자, 화상 환자	• 미음, 국물류, 커스터드, 푸딩 등	• 고춧가루, 마늘 등 자극성 강한 향신료

(계속)

구분	특징	적용환자	허용음식	제한음식
맑은 유동식	• 상온에서 제공되는 액체상태의 식사 • 위장관 자극 최소화, 탈수 방지 및, 갈증해소 목적 • 2~3일 지속 시 영양결핍 우려, 1일 6회 정도 공급	• 수술 후 회복기 환자, 검사 전후 환자, 비경구영양 후 구강급식 시작 환자	• 카페인 없는 커피, 젤라틴, 설탕, 기름기 없는 맑은 장국	• 식이섬유가 많은 식품 • 우유류, 지방류
찬 유동식	• 차고 부드러운 음식으로 수술부위 지혈에 도움을 주기 위한 식사	• 편도선 절제술 환자, 목의 외과적 수술 환자	• 찬 우유, 밀크셰이크, 찬 홍차, 탄산수	• 채소류, 초콜릿

2) 치료식

치료식(therapeutic diet)은 환자의 상태에 따라 특정 영양소의 섭취를 제한하거나 증가시키는 식사로 영양사와 의사에 의해 처방되며 특별병원식이라고도 한다. 치료식은 환자의 장기 기능의 회복 및 보호, 영양상태의 개선 및 정상상태 유지를 목적으로 하며, 환자 개개인의 상태에 따라 조절되는 영양소의 종류, 양, 질 등이 달라진다. 질환의 종류에 따른 치료식의 자세한 내용은 각 질병에서 다루기로 한다.

(1) 에너지 조절식

① 고에너지식(high calorie diet)

질병으로 인해 손상된 부분을 보충할 목적으로 처방되는 식사로 외상, 감염, 화상 등으로 인해 대사가 항진된 환자에게 적용되며, 개인의 1일 에너지 필요량에 500~1,000kcal 정도 추가되는 식사이다. 환자의 위장관 장애나 심리적 스트레스를 유발하지 않도록 점차적으로 에너지 섭취량을 증가시키도록 하며, 에너지밀도가 높은 식품을 이용한다. 필요한 경우 식사 사이에 유동식을 보충할 수도 있다.

② 저에너지식(low calorie diet)

보통 체중 감소가 필요한 환자에게 적용되는 식사로 정상체중 유지에 필요한 에너지

40~60%를 감소시켜 처방한다. 에너지 제한에 따른 식품 섭취 감소로 비타민과 무기질이 부족해지기 쉬우므로 보충제를 처방하여 필요량을 충족시키도록 한다.

(2) 당질 조절식

① **저당질식(low carbohydrate diet)** 당질의 에너지 비율이 20~30% 정도가 되도록 처방된 식사이다. 당질 섭취량이 너무 적을 경우 케톤증을 유발할 수 있으므로 주의한다.

② **유당 제한식(lactose restricted diet)** 유당불내증 환자에게 처방되는 식사이다. 유당 함량이 높은 우유 및 유제품의 섭취가 제한되므로 칼슘이 많은 식품이나 보충제를 공급하여 칼슘이 부족되지 않도록 주의한다.

③ **갈락토오스 제한식(galactose restricted diet)** 갈락토오스 대사장애가 있는 환자에게 처방되는 식사로 우유 및 유제품의 섭취를 제한한다.

(3) 식이섬유 조절식

식이섬유는 식품의 구성 성분 중 인체 내 소화 효소에 의해 분해되지 않는 성분으로 에너지원으로 이용되지는 않으나 종류에 따라 고유의 생리적 기능을 갖는다. 불용성 식이섬유는 대변의 용적을 증가시켜 장의 연동작용을 촉진하는 기능이 있으며, 수용성 식이섬유는 장에서 포도당과 콜레스테롤 흡수를 지연시켜 혈당과 콜레스테롤 농도를 조절하는 기능을 한다.

① 고식이섬유식(high fiber diet)

식이섬유 섭취를 25~50g 정도로 증가시키는 식사로 변비와 게실염 예방 및 혈당과 혈중 콜레스테롤 농도를 낮추기 위한 목적으로 처방되는 식사이다. 게실증, 변비, 결장암, 담석증, 고콜레스테롤혈증 환자에게 적용된다. 정제된 곡류 대신 전곡류를 이용하며, 생채소 및 생과일을 이용하고 해조류 및 견과류의 섭취를 증가시킨다. 또한 하루 6~8잔 정도의 물을 섭취하도록 한다. 고식이섬유식의 경우 복통, 가스 발생, 설사 등의 부작용이 있을 수 있으며 칼슘, 철, 아연, 마그네슘 등의 무기질 흡수를 방해할 수 있으므로 주의한다.

② 저식이섬유식(low fiber diet)

식이섬유의 섭취를 10~15g 정도로 제한하여 대변의 양과 빈도를 줄이고 협착이 일어난 소화기관의 봉쇄를 막기 위한 식사이다. 단장증후군, 장출혈, 급성 설사 및 장 수술 전후의 환자에게 적용된다. 정제된 곡류를 사용하며, 질긴 육류와 조개류를 제한한다. 생야채를 제한하고 부드러운 야채를 이용하도록 하며, 생과일 대신 통조림이나 과일주스를 이용한다. 또한 해조류와 견과류를 제한한다. 저식이섬유를 장기간 적용할 경우 변비나 게실증의 위험성이 있거나 일부 비타민의 부족증이 있을 수 있으므로 주의한다.

③ 저잔사식(low residue diet)

식이섬유와 잔사를 제한하고 향신료 사용을 제한하여 장에 대한 자극을 감소하고 대변의 양과 빈도를 줄이기 위한 식사이다. 궤양성 대장염, 염증성 장질환(예 크론병), 부분적 장폐색 환자들의 급성 악화기간 또는 장수술 전후 환자에게 적용한다. 저식이섬유식과 동일하게 정제된 곡류, 부드러운 야채, 통조림이나 과일주스를 이용하며, 강한 향신료와 가스 형성 식품들을 피하도록 한다. 저잔사식을 장기간 적용할 경우 변비나 게실증의 위험성이 있거나 일부 비타민 결핍증이 있을 수 있으므로 주의한다.

(4) 지방 조절식

① 저지방식(low fat diet)

총 지방 섭취량을 제한한 식사로 간, 췌장, 담낭질환의 급성기에는 지방 섭취량을 30g 이하로 조절한 식사가 적용되며, 지방 흡수 불량증과 고지방 섭취에 따른 설사, 지방변, 영양소 손실 등의 증상을 개선시키기 위해서는 하루 50g 이하로 조절된 식사가 적용된다. 고지방 어·육류를 제한하고 중지방 및 저지방 어·육류를 사용하며, 우유는 저지방 우유를 사용한다. 지방을 많이 사용하는 튀김, 볶음 등의 조리법 대신 조림, 찜, 구이 등의 조리법을 사용한다. 식물성 기름을 사용하여 필수지방산의 섭취가 부족하지 않도록 한다. 소화·흡수가 잘되는 식품을 사용하고, 열량 부족으로 인한 체중 감소가 일어나지 않도록 설탕, 물엿 등을 이용하여 충분한 열량 섭취가 되도록 한다.

② 저콜레스테롤식(low cholesterol diet)

혈청 콜레스테롤 농도를 낮추기 위하여 식이 중 콜레스테롤을 300mg 미만으로 낮춘 식사이다. 고콜레스테롤혈증, 관상동맥질환 및 이차적으로 혈중 지질이 증가된 당뇨병, 갑상선기능저하증, 신증후군, 신부전의 질환에 적용된다. 콜레스테롤이 적은 식품을 사용하고, 총 지방 및 포화지방 섭취를 줄이며, 식이섬유가 풍부한 식품을 사용한다. 또한 적정 체중을 유지하는 정도의 열량을 섭취하도록 조절한다.

(5) 단백질 조절식

① 고단백질식(high protein diet)

손상된 체단백질을 보충하고 체조직 소모를 방지하기 위한 식사이다. 고열, 패혈증, 수술 후 회복기 환자, 갑상선기능항진증과 같이 대사가 항진된 상태의 환자나 화상, 악성 종양, 후천성 면역결핍증, 단장증후군, 장기이식 환자 등에 적용된다. 단백질을 1일 1.5~2.0g/kg이나 100~200g/일 정도 섭취하도록 하며, 섭취된 단백질이 열량원으로 사용되지 못하도록 충분한 열량을 제공하도록 하고, 비타민과 무기질을 적절히 섭취하도록 한다.

② 저단백질식(low protein diet)

단백질을 25~40g/일 이하로 제한하는 식사이다. 간성뇌질환, 신부전, 요독증 등의 질환에 적용한다. 양질의 동물성 단백질을 사용하여 음의 질소평형이 되지 않도록 주의한다.

(6) 무기질 조절식

특정 무기질을 제한하거나 높이는 식사이다. 저나트륨식은 나트륨을 500~2,000mg/일 미만으로 제한하는 식사로 고혈압, 심장질환, 신장질환, 임신중독증 및 부종 등에 적용된다. 저칼륨식은 칼륨을 40mEq(1,600mg)/일 미만으로 제한하는 식사로 고칼륨혈증이나 신부전 등에 적용된다. 고칼슘식은 칼슘을 1,000~1,500mg/일 이상으로 섭취하도록 하는 식사로 골다공증이나 폐경기 여성에게 적용되며, 저칼슘식은 고칼슘혈증이나 신결석에 적용되는 식사로 칼슘 섭취량이 400~600mg/일 미만이 되도록 처방되는 식

표 2-5 치료식의 종류 및 적용 질환

치료식		적용 질환	주요 사항
에너지 조절식	고에너지식	심한 외상, 감염, 화상, 대사항진	• 500~1,000kcal 추가 • 고에너지밀도식품 섭취
	저에너지식	비만, 고혈압, 당뇨병, 고지혈증	• 에너지 섭취 40~60% 감소 • 비타민, 무기질 부족 주의
당질 조절식	저당질식	위 절제 후 덤핑증후군	• 당질의 에너지 비율 20~30% • 케톤증 유발 주의
	유당 제한식	유당불내증	• 우유, 유제품 섭취 제한 • 칼슘 부족 주의
식이섬유 조절식	고식이섬유식	이완성 변비, 게실증, 결장암, 담석증, 고콜레스테롤혈증	• 식이섬유 25~50g/일 정도로 증가 • 전곡류, 생채소, 생과일, 해조류, 견과류, 충분한 수분 섭취(6~8잔/일) • 무기질 흡수 저해 주의 • 복통, 가스 발생, 설사 등 부작용 주의
	저식이섬유식	경련성 변비, 단장증후군, 장출혈, 급성 설사, 장수술 환자	• 식이섬유 10~15g/일 정도로 제한 • 정제된 곡류, 과일주스, 과일 통조림 사용 • 생야채, 생과일, 해조류, 견과류 제한 • 강한 향신료, 가스 형성 식품 제한 • 장기간 지속 시 무기질 부족 주의
	저잔사식	궤양성 대장염, 염증성 장질환(크론병), 부분적 장폐색 환자	• 정제된 곡류 사용 • 생야채, 생과일, 해조류, 견과류 제한 • 강한 향신료, 가스 형성 식품 제한 • 장기간 지속 시 무기질 부족 주의
지방 조절식	저지방식	담낭질환, 췌장질환	• 총 지방 섭취량 제한 • 고지방 어·육류 제한 • 저지방 우유 사용 • 찜, 구이 등 조리법 사용 • 열량이 부족되지 않도록 주의
	저콜레스테롤식	고지혈증, 관상동맥질환, 고콜레스테롤혈증	• 콜레스테롤 섭취 300mg/일 미만으로 제한 • 적정 체중 유지할 수 있도록 열량 공급
단백질 조절식	고단백질식	고열, 패혈증, 수술 후 회복기 환자, 대사항진 환자, 악성 종양 환자, 알코올성 간경변증	• 단백질 1.5~2.0g/kg(100~200g/일) 섭취 • 충분한 열량 공급 • 적절한 비타민, 무기질 공급
	저단백질식	간성뇌질환, 신부전, 요독증	• 단백질 25~40g/일 이하로 제한 • 양질의 동물성 단백질 사용
무기질 조절식	나트륨 제한식	고혈압, 심장병	• 나트륨 500~2,000mg/일 미만으로 제한
	저칼륨식	고칼륨혈증, 신부전	• 칼륨 40mEq(1,600mg)/일 미만으로 제한
	고칼슘식	골다공증, 폐경기 여성	• 칼슘 1,000~1,500mg/일 이상 섭취
	저칼슘식	고칼슘혈증, 신결석	• 칼슘 400~600mg/일 미만으로 제한
	저요오드식	갑상선기능항진증	• 해조류 섭취 제한
퓨린 제한식	퓨린 제한식	통풍	• 퓨린 100~150mg/일 정도로 제한

사이다. 저요오드식은 갑상선기능항진증 환자에게 적용되는 식사로 요오드 함량이 높은 해조류 등을 제한하는 식사이다.

(7) 퓨린 제한식

식사 중의 퓨린 함량을 100~150mg/일 정도로 제한하는 식사로 통풍이나 요산 결석 환자에게 적용된다. 퓨린 함량이 높은 멸치, 고등어, 연어, 청어 등의 등푸른생선, 간과 콩팥 같은 내장류 및 진한 육수를 제한한다.

3) 검사식

검사식(test diet)이란 질병 진단과 임상검사의 목적으로 이용되는 식사로 시험식이라고도 한다. 지방변 검사식, 세로토닌 검사식(5-HIAA 검사식, hydroxy indole acetic acid diet), 레닌 검사식, 칼슘 검사식, 위배출능 검사식, 내당능 검사식 등이 있다 표 2-6.

표 2-6 검사식의 종류

검사식	특징
지방변 검사식	• 위장관의 소화불량, 흡수불량 검사 • 검사 2~3일 전에 1일 100g의 지방 함유 식사 공급 • 변의 지방 함량 확인
5-HIAA 검사식	• 악성 종양 진단 검사 • 검사 1~2일 전에 세로토닌이 다량 함유된 식사 제한 • 소변 내의 5-HIAA(5-Hydroxy Indole Acetic Acid) 배출량 확인
레닌 검사식	• 고혈압 환자의 레닌 활성도 측정 검사 • 검사 전 3일 동안 나트륨 20mg, 칼륨 90mg으로 제한
칼슘 검사식	• 신결석 환자를 대상으로 과칼슘뇨증 검사 • 검사 전 3일 동안 식사 중 칼슘을 400mg 이하로 제한하고 글루콘산칼슘 600mg을 보충하여 하루 칼슘 섭취량을 1,000mg으로 증가
위배출능 검사식	• 위 운동 기능 부전 및 폐색 진단 검사 • 방사선 물질이 함유된 유동식이나 고형식을 섭취시킨 후 위장 내 방사능 변화 측정
내당능 검사식	• 혈당 조절에 대한 인슐린의 반응 정도 검사 • 공복상태에서 당질 75~150g 공급 후 30분 간격으로 2시간 동안 혈당 반응 조사

2. 영양지원

영양지원(nutrition support)은 적극적인 영양 치료 형태로 환자의 위장관을 이용하는 경장영양과 정맥을 이용하는 정맥영양으로 나눈다 그림 2-2. 환자의 상태와 질환의 종류에 따라 영양지원 방법은 차이가 있으며 영양사, 약사, 의사 및 간호사로 구성된 영양지원팀의 협업에 의해 이루어진다.

1) 경장영양

경장영양(enteral nutrition)은 구강으로 음식을 섭취하는 경구급식(oral feeding)과 위장관에 관을 삽입하여 영양액을 제공하는 경관급식(tube feeding)이 있다.

경관급식은 구강으로 음식을 섭취하기 어려운 상태의 환자를 대상으로 관을 통해 유동식을 공급하는 것을 말한다. 구강이나 위장관 수술, 식도 및 연하장애, 의식불명 환자를 대상으로 하며, 구강 섭취만으로 충분한 영양 섭취가 어려운 경우 보조적인 방법으로 이용되기도 한다. 경장영양은 위장관 기능이 정상적인 경우 적용되며, 단장증후군,

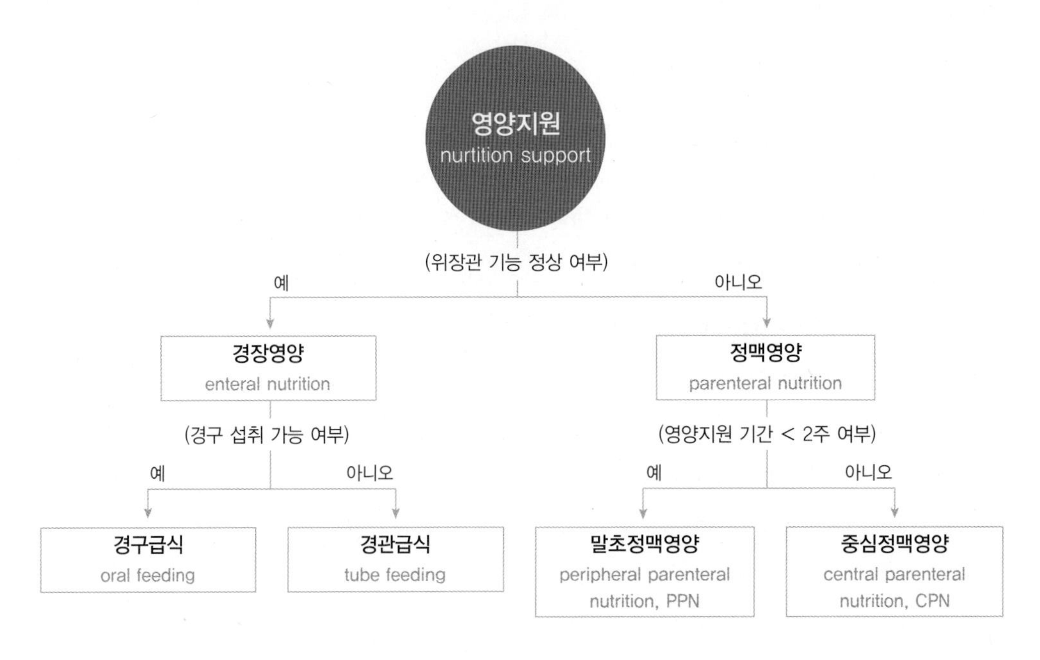

그림 2-2 영양지원 분류

표 2-7 경관급식이 필요한 경우와 제한되는 경우

경관급식이 필요한 경우	경관급식이 제한되는 경우
• 기계적 장애, 식욕부진, 소화 및 흡수 부진으로 구강섭취가 전혀 불가능한 경우나 현저하게 감소된 경우 • 대사항진으로 영양요구량이 현저하게 증가한 경우	• 위장관 기능이 비정상적 일 때 : 위장관 폐색, 위장관 누공, 난치성 구토, 심한 설사 • 기도 흡인의 위험이 높을 때 • 의식이 없는 말기 질환

알 아 두 기

경장영양 장점

위장관 방어벽(gastrointestinal barrier)은 장내세균과 병원균으로부터 우리 몸을 보호하는 역할을 하므로 정상적인 유지가 중요하다. 정맥영양은 장점막의 위축과 면역 기능 이상을 초래할 수 있는 반면 경장영양은 장점막 사용에 따른 위장관의 물리적 기능을 유지함으로써 영양소의 이용률 향상, 합병증(패혈증) 발생 감소, 면역 기능 유지와 환자의 수용성이 높고 경제적이라는 장점이 있으므로 가능한 한 정맥영양보다 경장영양이 우선적으로 권장된다.

위장관 폐색이나 출혈, 위장관 누공 등으로 위장관 기능이 부진한 경우나 의식이 거의 없는 말기 질환의 경우에는 적용이 제한된다 표 2-7. 경장영양은 위장관 방어벽 기능 유지에 따른 긍정적 영향 때문에 정맥영양보다 우선적으로 이용하도록 권장한다.

(1) 경장영양 공급경로

경장영양의 공급경로는 비위관, 비장관, 위조루술, 공장조루술 등이 있다. 경장영양의 공급경로는 공급 예상기간을 우선적으로 고려하며, 환자의 위장관 상태나 흡인 위험 여부 등 임상적 상태를 고려하여 결정된다. 보통 공급 예상기간이 4주 미만의 단기간인 경우 비위관이나 비장관으로 공급하고, 4주 이상의 장기간인 경우에는 비수술적 방법인 경피적 내시경 위조루술(percutaneous endoscopic gastrostomy, PEG), 경피적 내시경 공장조루술(percutaneous endoscopic jejunestomy, PEJ), 수술적 방법인 위조루술(gastrostomy), 공장조루술(jejunostomy) 방법이 있으며 그림 2-3, 공급방법에 따른 장단점은 표 2-8과 같다.

① 비장관 경로(nasoenteric route)

코에서 위(비위관), 십이지장(비십이지장관), 공장(비공장관)으로 관을 삽입하는 경로이다. 비장관급식은 위장관 기능이 정상인 환자에게 3~4주 정도 단기간 영양지원에 이용된다.

② 장조루술(enterostomy)

4주 이상 장기간 영양지원이 필요하거나 식도에 이상이 있을 때는 식도, 위, 공장을 수술 또는 비수술적으로 절개하여 관을 직접 삽입하여 제공한다. 식도협착이나 식도암의

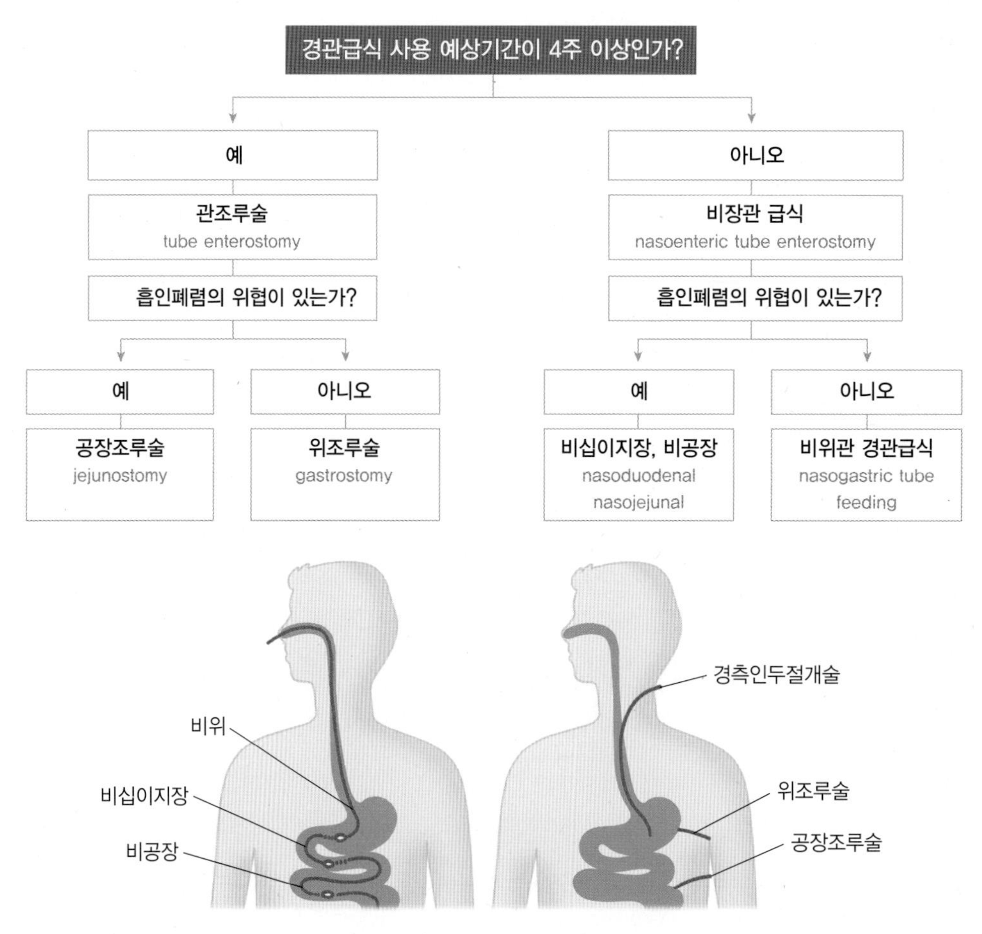

그림 2-3 경관급식 공급 경로 결정 과정
출처 : 대한영양사협회.

표 2-8 경장영양 공급경로에 따른 적용대상 및 장단점

공급경로	적용대상	장점	단점
비위관	• 위장 기능이 정상인 환자 • 식도역류 위험이 없는 환자	• 투입 용이 • 위 저장용량이 크므로 볼루스 주입 가능	• 흡인 위험
비십이지장 또는 비공장관	• 흡인 위험이 높은 환자 • 위무력증 환자 • 식도역류 환자	• 흡인 위험 감소 • 수술이나 외상 후 조기 영양공급 가능	• 주입속도에 따른 위장관 부적응 우려 • 관 위치 확인 위한 X-선 촬영 필요 • 환자의 관 의식 정도가 큼 • 관 위치가 변할 경우 흡인 위험
위조루술	• 위장 기능이 정상인 장기 경관급식 환자 • 코로 관 삽입이 어려운 환자 • 개구반사가 정상이고 식도역류가 없는 환자	• 위장관 수술 시 병행 가능 • PEG[1]의 경우 수술 불필요로 경제적임 • 위 저장용량 큼 • 관의 지름이 커서 막힐 우려 적음 • 환자의 관 의식 정도가 상대적으로 낮음	• 수술 필요 • 흡인 위험 • 관 부위 감염 방지 관리 필요 • 소화액 유출로 인한 피부 손상 우려 • 관 제거 후 누공 우려
공장조루술	• 장기 경관급식 환자 • 흡인 위험이 높은 환자 • 식도역류 환자 • 상부 위장관으로 관 삽입이 어려운 환자 • 위무력증 환자	• 위장관 수술 시 병행 가능 • PEJ[2]의 경우 수술 불필요로 경제적임 • 수술 후나 외상 후 조기 영양공급 가능 • 환자가 관을 덜 의식	• 주입속도에 따른 위장관의 부적응 우려 • 관 부위의 감염 방지를 위한 관리 필요 • 소화액 유출로 인한 피부 손상 우려 • 관 제거 후 누공 우려 • 관 지름이 작아 막힐 우려가 있음

주 1) PEG : percutaneous endoscopic gastrostomy, 경피적 내시경 위조루술
2) PEJ : percutaneous endoscopic jejunostomy, 경피적 내시경 공장조루술

경우 해당 부위의 아랫부분을 절개하고, 식도 사용이 불가능한 경우는 위조루술, 흡인 위험이 있거나 위, 췌장, 담낭질환이 있는 경우는 공장조루술을 실시한다.

(2) 경장영양액 성분

경장영양액은 보통 상품화되어 시판되고 있는 제품을 사용하는데, 영양소의 급원 및 농도에 따라 표준영양액, 가수분해영양액, 질환별 영양액, 영양보충급원 등으로 나눌 수 있다. 환자의 소화·흡수능력을 포함한 위장관 기능, 영양상태, 수분제한의 필요 여부, 영양액의 영양성분 농도와 급원, 영양액의 점도 및 관의 위치, 종류 등을 고려하여 선택한다.

① 삼투압

일반적으로 주입되는 경장영양액의 삼투압은 체액의 삼투압과 유사한 300~500mOsm/kg이다. 영양소의 가수분해 정도가 클수록 삼투압은 높아진다. 유리아미노산, 단당류, 이당류, 전해질 등의 성분은 삼투압을 증가시키고 지질, 단백질, 전분은 삼투압에 미치는 영향이 적다. 삼투압이 높은 영양액을 급하게 주입시키는 경우 복통, 복부팽만, 메스꺼움, 구토, 설사 등의 부작용을 일으킬 수 있다.

알 아 두 기

삼투압

용매단위당 용질의 농도로서 반투막을 통과해 나가거나 수분을 보유할 수 있는 용질의 능력을 수치로 표현한 것으로 수분 1kg당 miliosmoles(mOsm/kg)으로 표시한다.

② 에너지

일반적으로 표준영양액은 1~1.2kcal/mL를 공급하며, 고에너지영양액은 1.5~2kcal/mL까지 제공할 수 있다. 고에너지영양액은 수분제한 환자나 수분 조절능력이 감소된 환자에게 이용되는데 주입속도가 빠를 경우 설사, 복통, 갈증, 탈수 등을 초래할 수 있으므로 주입하는 양과 속도를 천천히 늘려가도록 한다.

③ 단백질

경장영양액의 단백질 함량은 보통 총 에너지의 14~16%이고, 고단백영양액의 경우 단백질 함량이 에너지의 20% 이상이며 화상, 패혈증, 외상 환자에게 이용된다.

④ 지질

경장영양액의 지질 함량은 총 에너지의 10~15% 정도를 포함한다. 지질은 대사 시 당질에 비해 CO_2 생성량이 적어 폐에 부담이 적으므로 호흡기 질환자에게 중요한 에너지원이다. 옥수수유, 대두유, 해라기씨유 등이 사용된다. 필수지방산의 결핍 예방을 위해 리놀레산을 총 에너지의 2~4% 정도 섭취하는 것이 필요하다. 지질 흡수불량인 환자의 경우는 중간사슬중성지방(medium chain triglyceride, MCT)을 제공한다. MCT는 탄소수 8~12개의 지방산으로 구성된 중성지방으로 킬로미크론 형성 없이 간문맥을 통해 간으로 흡수되고 담즙이나 리파아제 없이도 소화가 가능하여 체내 소화 및 흡수가 빠른 장점이 있다.

⑤ 당질

당질은 총 에너지의 40~90%에 해당하는 양을 포함한다. 말토덱스트린, 콘시럽, 이당류, 단당류 등이 이용되며, 설사 예방을 위해 이당류 중 유당은 대부분 제외된다.

⑥ 식이섬유

복부팽만, 가스, 복통 등의 위장관 이상 증상 여부 파악 후 식이섬유 공급 여부를 결정한다. 경장영양액 공급 대상자 대부분이 위장관 기능이 저하되어 있거나 활동량 저하 등으로 인해 겪는 배변장애 해결을 위해 식이섬유의 역할이 중요하다. 반면 수분제한이 필요하거나 위장관 통과 지연으로 인해 식이섬유가 합병증 유발 요인이 될 수도 있다. 불용성 식이섬유는(예 soy polysaccharide)는 장 배출시간을 줄이는 데 도움이 될 수 있으며, 수용성 섬유소(예 arabic gum, guar gum, pectin)는 물과 나트륨을 흡수하여 설사를 조절하는 데 도움이 될 수 있다. 반면 중환자나 장관 허혈의 위험이 있는 환자는 섬유소가 없는 영양액을 쓰는 것이 안전하다.

⑦ 비타민과 무기질

대부분의 영양액은 하루 1,000~1,500mL가 투여될 경우 비타민과 무기질의 하루 필요량을 공급하게 된다. 그 이하로 투여될 경우 비타민과 무기질의 보충이 필요하며 환자의 영양상태나 질병상태에 따라 조절한다.

⑧ 수분

수분은 환자의 수분 요구량에 따라 조정한다. 1kcal/mL로 조제된 영양액에는 80~85% 정도의 수분을 함유한다.

(3) 경장영양액 주입방법

환자의 상태나 영양 요구량에 따라 경장영양액 주입방법이 다르다. 주사기를 이용하는 볼루스주입, 펌프나 중량을 이용하는 간헐적 주입과 지속적 주입 및 일정 시간에만 정기적으로 주입하는 정기적 주입이 있다. 경장영양액 주입방법에 따른 적용대상과 장단점은 표 2-9 와 같다.

표 2-9 경장영양액 주입방법의 특징

구분	불루스(bolus) 주입	간헐적 주입	지속적 주입	주기적 주입
적용대상	• 일반환자, 재택 환자, 회복기 환자	• 일반환자, 재택 환자, 회복기 환자	• 중환자, 경관급식 초기 환자, 간헐적 주입 부적응 환자	• 낮 시간에 경관급식을 받을 수 없는 환자, 경관급식에서 구강 섭취로 이행하는 환자
공급 형태 및 특징	• 주사기 이용 • 단시간에 주입 • 매 급식 시 위내 잔류물 확인	• 중력 또는 주입 펌프 이용(주입 용기 위치를 높게 하여 중력 이용) • 지속적 주입과 볼루스 주입의 중간 단계	• 중력 또는 주입 펌프 이용(일정한 주입 속도 유지를 위해 펌프 사용 권장)	• 중력 또는 펌프 이용 • 밤시간 동안에 빠른 속도로 주입 • 단기간에 영양요구량 충족을 위해 영양농축액 사용
공급량 및 공급 간격	• 200~400mL를 10~20분 이내 주입 • 4~6시간 간격, 1일 6~8회 시행 • 환자 적응도에 따라 횟수와 양 조절, 부적응 시 처음부터 다시 시작	• 200~300mL를 4~6시간 간격으로 30~60분에 걸쳐 주입 • 적응 시 양을 추가하여 공급	• 장시간에 걸쳐 천천히 주입 • 20~50mL/시간에서 시작하여 8~12시간마다 10~25mL씩 증량 • 부적응 시 처음부터 다시 시작	• 밤시간 동안 8~16시간에 걸쳐 빠른 속도로 주입
장점	• 주입 용이. 펌프 등이 필요치 않아 경제적. 단시간 소요. 활동이 자유로움	• 블루스 주입에 비해 합병증 위험이 적음 • 급식시간 이외에는 활동이 자유로움	• 위장관 부작용(복부팽만감, 설사, 구토 등) 적음 • 혈당 상승과 같은 대사적 합병증 적음	• 낮 동안 경관급식으로부터 자유로움
단점	• 흡인 위험과 위장관 부작용(설사, 복통, 복부팽만 등) 및 합병증 위험이 큼	• 흡인과 위장관 부작용 및 합병증 가능성 있음	• 활동이 제한됨 • 장비 사용 등으로 고비용 소요	• 농축 영양액의 빠른 주입으로 인한 위장관 부적응 가능성 높음

(4) 경장영양액 주입시행

경관급식 초기에는 표준 농도(1kcal/mL)로 천천히 주입하기 시작하여 24~72시간 이내에 목표에 도달하도록 하고, 지속적 주입방법을 권장한다. 급식 전후로 관의 위치, 위내 잔류량을 확인하며, 흡인 예방을 위해 주입 완료 후 20~30분 동안 상체를 30° 정도 올리도록 한다.

정맥영양에서 경관급식으로 이행할 경우에는 경관급식 공급량을 증가하면서 환자의 순응도가 양호할 경우 서서히 정맥영양 공급량을 감소시켜 총 열량이 적절히 공급될 수 있도록 한다. 경관급식의 공급량이 환자의 영양요구량의 75% 이상을 충족할 경우 정맥영양을 중단하고 경관급식 공급량을 증가시켜 목표열량까지 공급한다.

경관영양에서 경구섭취로 이행할 경우 초기에는 경관급식과 경구섭취를 병행하며, 식사 1시간 전부터 경관급식을 중단하여 식욕을 유발시킨다. 경구섭취량이 환자의 영양요구량의 75% 이상을 충족할 경우 경관영양의 중단을 고려한다.

(5) 합병증 및 모니터링

경장영양을 실시하는 과정에서 영양적 목표를 달성하고 합병증을 예방하기 위해서는 환자의 실제 섭취량과 수응도에 대한 지속적인 모니터링을 통하여 합병증을 최소화하도록 한다.

알 아 두 기

재급식증후군(refeeding syndrome)

장기간 금식했거나 영양상태가 불량한 상태에서 영양공급을 시작할 때 나타날 수 있는 대사적 반응으로 영양재개증후군이라고도 한다. 장기간 영양중단 후 영양재개에 따라 칼륨, 마그네슘, 인 등이 세포 내로 이동하면서 혈액 내의 무기질 농도가 갑자기 저하되어 전해질 불균형이 나타나게 된다. 이에 따른 전해질과 수분이상 소견과 함께 대사이상도 발생하며 심부전, 부정맥, 경련, 빈혈 등의 심혈관계, 신경계와 혈액이상 등을 유발하여 심한 경우 환자가 사망할 수도 있는 중대한 질환이다. 대표적인 양상은 저인산혈증이며 수분과 염분의 균형이상과 당, 단백질, 지질의 대사이상, 비타민 부족, 저칼륨혈증, 저마그네슘혈증 등이 발생한다.

표 2-10 경장영양의 합병증 관리

구분		원인	모니터링 및 대책
위장관 합병증	메스꺼움/구토	고삼투압성 용액 사용	• 등장성 영양액 사용 • 주입 시 최소한 머리를 30° 이상 올리고 주입 • 주입 시 낮은 속도(20~25mL/hr)로 시작하여 8~24시간마다 시간당 10~25mL씩 증가시켜 목표 속도에 도달하도록 한다.
	복부팽만/위마비	위배출 지연, 당뇨병성 신경성 위장장애, 소화기 저하 질환 동반환자	• 급식 전 위 잔여량 점검 • 위 잔여량이 100mL 이상이면 1시간 정도 급식 중단 후 재점검하고, 이후에도 개선되지 않으면 의사와 상의하여 다른 방법을 취하도록 한다.
	설사	청결한 관리 부재 및 약물	• 주입 시 위생관리를 철저히 하고, 의심되는 약물 사용을 자제하며, 섬유소가 함유된 영양액을 사용한다.
	변비	탈수, 위장관 운동 저하, 식이섬유 및 수분 섭취 부족	• 충분한 수분 및 식이섬유를 공급한다.
기계적 합병증	관 막힘	위 내 잔여물 잔류, 불충분한 관 세척	• 급식 시작 전과 지속적인 주입 시 매 4~8시간마다 위 잔여물을 점검한다. • 주입하는 동안과 주입 후 20~30분 정도 상체를 30° 이상 높게 유지한다. • 주입 전후로 물 30~50mL를 이용하여 관을 세척하여 막힘을 예방한다.
	흡인	호흡기계 이상, 뇌신경계 질환, 위 배출 지연 등 위마비, 위식도 역류	• 관의 위치와 위 잔류량을 확인한다. • 하부식도괄약근의 기능 저하를 막기 위해 소구경관을 사용한다. • 급식 시작 전후 20~30분 정도 상체를 30° 이상 높게 유지한다.
대사적 합병증	재급식증후군	장기간 영양공급 중단상태 후 급속한 영양공급	• 영양공급 시작 시 소량으로 시작하여 서서히 공급량을 늘려 목표량에 도달하도록 한다.
	고혈당	재급식증후군, 당뇨병 환자, 인슐린저항성 환자, 대사적 스트레스가 큰 환자	• 저당질용제제를 사용하거나 주입 속도를 감소시킨다. • 인슐린이나 경구혈당 강하제를 사용한다.
	탈수	체액 과다손실, 발열, 농축영양제나 고단백영양액 사용	• 체중 변화, 혈중 전해질 농도 등의 관찰로 체내 수분 상태를 살펴보고, 충분한 수분이 공급되도록 한다.

알 아 두 기

경장영양 시 유의사항

- 항상 식품과 용기의 청결을 유지한다.
- 용액을 8시간 이상 걸어두지 않는다.
- 실온이나 체온 정도의 온도로 공급한다.
- 40~50mL의 미지근한 물로 매번 투여 후 씻어내린다.
- 관이 막혔을 경우 30~50mL의 미지근한 물로 관의 막힌 물질을 씻어낸다.
- 이미 사용한 용액은 새 용액과 섞이지 않도록 한다.

2) 정맥영양

정맥영양은 구강이나 위장관 이용이 어려운 경우 정맥으로 영양요구량의 일부나 전체를 공급하는 방법을 말한다. 공급경로에 따라 중심정맥영양(central parenteral nutrition, CPN)과 말초정맥영양(peripheral parenteral nutrition, PPN)으로 나눈다. 환자의 상태, 에너지 및 수분 요구량, 예상 치료기간 등을 고려하여 적절한 방법을 선택한다. 정맥영양은 위장관 기능 감소 등으로 경구 섭취에 어려움이 있는 경우로 심한 영양결핍이나 이화상태 및 장의 휴식이 요구되는 환자에게 적용한다. 또한 중등 이상의 췌장염, 누공, 감염성 질환자도 적용 대상이다. 경구나 장으로 영양공급이 어려우며 영양필요량이 높고 수분 제한이 필요한 경우 적용한다. 중심정맥영양은 말초정맥 확보가 어려운 상태이고 정맥영양 공급기간이 적어도 2주 이상 예상되는 경우 시행하며, 말초정맥영양은 중심정맥 확보가 어려운 상태이고 정맥영양 공급 기간이 2주 미만으로 예상되는 경우 시행한다. 위장관 기능이 정상이고 충분한 영양소 흡수가 가능한 환자, 정맥영양 사용 예상 기간이 5일 이내인 경우는 정맥영양을 적용하지 않는다. 또한 정맥영양으로 인하여 환자의 긴급한 치료가 지연될 경우나 예후 향상에 대한 기대가 적거나 사망이 예견되는 말기 환자의 경우는 적용하지 않는다.

(1) 정맥영양의 종류 및 특징

중심정맥영양과 말초정맥영양의 투여 경로와 특징은 **그림 2-5** 및 **표 2-11**과 같다.

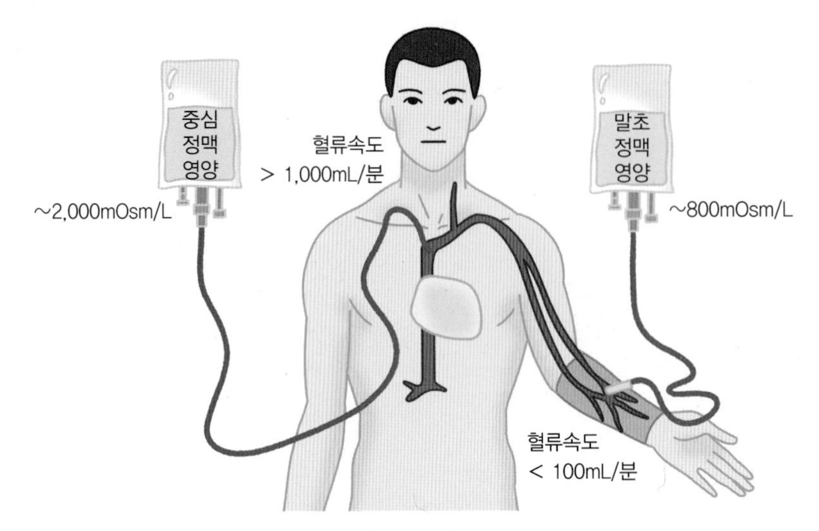

그림 2-4 정맥영양 투여 경로

표 2-11 중심정맥영양과 말초정맥영양의 특징

구분	중심정맥영양	말초정맥영양
투여 경로	• 상대적으로 큰 혈관(쇄골하정맥, 내경정맥, 대퇴정맥)을 통해 상대정맥으로 영양 공급 • 국소마취하에 수술로 카테터 삽입	• 팔이나 손에 있는 말초정맥으로 카테터를 이용해 튜브 삽입
적용 기간	• 2주 이상 영양 공급	• 2주 미만 단기간 또는 일시적으로 필요시 영양 공급
영양소 공급	• 고농도의 중심정맥영양액 사용 • 삼투압 900mOsm 이상, 에너지 2,000kcal 이상, 포도당 10% 이상	• 상대적으로 저농도 중심정맥영양액 사용 • 800~900mOsm 이하 농도 • 전해질 부족 우려 있음
적용 환자	• 위와 장 기능이 불가능한 경우나 장 또는 말초정맥으로 영양공급이 불가능한 경우의 환자에게 적용 • 환자상태가 안정적이므로 수분, 전해질 및 산염기 평형이 적절한 상태에서 공급 가능	• 위, 장관의 소화·흡수 기능 저하로 충분한 영양공급이 어려운 환자에게 경구영양보충법으로 이용 • 카테터 패혈증이나 중심정맥 사용이 불가능한 환자에게 적용
주의	–	• 말초정맥염의 발생 가능성 높음 • 혈관의 위치를 자주 변경해야 하며, 카테터 삽입부위의 지속적 관찰 필요

(2) 정맥영양액 성분

① **아미노산** 아미노산 농도는 3~15%로 다양하며, 필수아미노산과 비필수아미노산을 적절히 함유한다. 환자의 상태에 따라 아미노산의 종류와 양이 달라진다. 예를 들어

신부전 환자에게는 필수아미노산만을 함유한 영양액을 사용하고 외상, 스트레스, 간성 혼수 환자에게는 곁가지아미노산의 함량이 높은 영양액을 사용한다.

② **당질** 당질은 5~70% 농도로 사용되며, 덱스트로스 모노하이드레이트(dextrose monohydrate) 형태가 사용된다. 덱스트로스 모노하이드레이트는 구조적으로 물을 함유하고 있어 덱스트로스보다 정맥영양에 적합하며 3.4kcal/g의 에너지를 함유한다.

③ **지방** 지방은 10~20% 농도로 제공되며, 식물성유(예 옥수수유, 카놀라유, 대두유, 잇꽃유) 등을 난황의 인지질과 유화된 형태로 제공된다. 지방은 농축된 에너지원 및 필수지방산 공급원으로 작용한다. 지방은 체중당 2g을 초과해서는 안 되며, 빌리루빈 농도가 심하게 증가된 신생아, 고지혈증 환자 및 심한 간질 환자에게는 사용이 금지된다.

④ **전해질, 미량원소, 비타민** 정맥영양으로 공급되는 전해질, 미량원소 및 비타민은 소화·흡수 과정을 거치지 않으므로 권장섭취량보다 요구량이 낮다. 전해질과 무기질은 아미노산 용액 내에 포함되거나 개별적인 염의 형태로 첨가된다. 비타민도 적정량 함유되어 있으며 환자의 상태에 따라 가감하여 사용한다.

⑤ **수분** 정맥영양을 통해 하루 공급되는 수분량은 1.5~3L이며, 3L를 초과하는 경우는 거의 없다. 총량의 100%가 수분이 아니므로 수분필요량에 맞추어 추가 투여가 필요하다. 심폐질환, 신장질환 및 간질환자에게는 수분 섭취에 유의한다.

(3) 정맥영양액 형태

제조 형태에 따라 2 in 1 제제와 3 in 1 제제로 나눈다. 제품에 따라 전해질과 비타민 함

표 2-12 2 in 1 제제와 3 in 1 제제 비교

구분	2 in 1	3 in 1
단백질	포함	포함
탄수화물	포함	포함
지방	불포함	포함
필터	미세필터(0.22μm 필터 사용)	1.22μm 필터 사용
주의사항	• 0.22μm 미세 필터를 사용하므로 미생물 유입 우려 적음 • 별도의 관으로 지방유화액 공급 시 접촉에 의한 감염 위험 높음	• 지방이 포함되어 있어 상대적으로 삼투압이 낮음 • 지방 통과가 가능한 1.22μm 필터를 사용하므로 미생물 유입 우려가 있음

량 등이 다르므로 사용 시 확인이 필요하다. 2 in 1 정맥영양액은 수용성 당질과 단백질을 포함하고 있고 지방유화액은 별도로 공급이 필요하며 이때 접촉에 의한 감염 위험이 있다. 3 in 1은 탄수화물, 단백질 및 지방유화액이 하나의 용기에 혼합된 형태의 정맥영양액이다.

(4) 합병증 및 모니터링

중심정맥영양을 적용할 때에는 단계적 절차를 거쳐 실시하고 지속적인 환자 관찰과 관리를 통해 부작용을 최소화하도록 한다. 환자의 상태에 따라 주입량과 배출량, 전해질 농도, 포도당 농도, 수분-전해질 상태, 산,염기 평형 상태 등을 관찰하며, 매일의 체중변화, 1일 섭취량과 배설량, 체온, 혈당, 혈중 요소질소(BUN), 전해질, 중성지방, 간 기능 관련 효소 활성, 헤모글로빈, 헤마토크릿, 혈소판, 백혈구 수 및 임상상태 등을 관찰한다. 지속적인 모니터링을 통해 합병증 및 합병증으로 인한 비용을 최소화하도록 한다.

표 2-13 정맥영양 합병증

구분	합병증
기계적 합병증	기흉, 혈흉, 피하기종, 상완신경장애 등
감염과 패혈증	카테터 삽입 부위 및 호흡기, 요도 감염, 수액감염
대사적합병증	고혈당증, 삼투성 이뇨, 전해질 불균형, 무기질 결핍증
위장관합병증	담즙울체, 간 기능 이상, 위장관 점액 위축

01. 맑은 유동식이 적용되는 환자 및 적용 시 주의점에 대하여 설명하시오.
02. 경장영양에서 중간사슬중성지방(midium chain triglyceride, MCT)이 적용되는 경우를 설명하시오.
03. 재급식증후군에서 혈청 내 인, 마그네슘, 칼륨 농도 저하가 나타나는 기전을 설명하시오.
04. 경장영양액으로 가수분해영양액이 적용되는 경우를 설명하시오.
05. 완전정맥영양(TPN)을 하는 환자에게서 패혈증이 잘 나타나는 이유는 무엇인가?

MEMO

소화기계 질환

- **게실증(diverticulosis)·게실염(diverticulitis)** 게실증은 대장의 내벽이 오랫동안 높은 압력을 받아 작은 주머니 모양의 게실들이 형성되는 것이고, 그 게실에 변이 차고 장내세균의 감염으로 염증이 발생한 것을 게실염이라고 한다.
- **궤양성 대장염(ulcerative colitis)** 결장과 직장의 점막층에 염증과 궤양이 일어나는 질환이다.
- **글루텐과민성 장질환(gluten sensitive enteropathy)** 글루텐과민성 장질환은 비열대성 스프루(nontropical sprue) 또는 실리악병(celiac disease)이라고도 불린다. 글루텐의 글리아딘 부분이 독성물질로 작용하여 소장 점막을 손상시켜 융모가 위축되고 영양소 흡수에 장애가 생긴다.
- **급성 위염(acute gastritis)** 위점막의 급성 염증성 질환이며, 위산의 증가와 위 점막 혈류의 감소, 점막에 부착된 점액층의 파괴 및 상피세포에 대한 직접적인 손상 등이 질병 발생에 관여하고 있다.
- **덤핑증후군(dumping syndrome)** 위 절제 수술 후 소장으로 음식이 곧바로 흘러가 소장에서 급격히 당분이 흡수되면서 혈당이 빠른 속도로 상승하여 심계항진, 어지러움, 식은땀, 설사 등 고혈당 증상이 나타났다가 식사 후 2시간 정도가 지나면서 반대로 급격히 혈당이 감소하여 근무력이나 식은땀 등 저혈당 증상이 나타나는 증상
- **만성 위염(chronic gastritis)** 위점막의 만성 염증성 변화이며, 결과적으로 위점막의 위축이나 과증식, 상피의 화생성 변화를 동반하는 상태로 정의한다.
- **변비(constipation)** 배변하기 힘들거나 변이 결장 안에 오래 머물러 변의 수분이 흡수되어 단단해지고, 배변 후에도 변이 남아 있는 느낌이 드는 상태이다.
- **설사(diarrhea)** 대장 점막의 수분 흡수가 저하되어 수분이 많이 함유된 변을 배설하는 증상이다.
- **세균성 식중독(bacterial food poisoning)** 식중독의 대부분은 세균에 의해 발생하는 세균성 식중독으로 감염형과 독소형이 있다.
- **소화성 궤양(peptic ulcer)** 위의 점막이 염산이나 펩신에 의해 자가소화되어 조직이 손상되는 것이고 발생부위에 따라 위궤양(gastric ulcer)과 십이지장궤양(duodenal ulcer)으로 나눈다.
- **식도열공 헤르니아(hiatal hernia)** 횡경막에 식도가 통과하는 부분인 식도열공이 느슨해져 위의 일부가 흉강내로 들어간 상태를 말한다.
- **연하곤란(dysphagia)** 소화관 상부에 병변이 생겼거나 기계적으로 막혀서, 또는 삼키는 동작에 필요한 신경이나 근육이 잘 조절되지 않아서 생기는 현상이다. 식도가 막히는 것이 연하곤란의 가장 흔한 원인으로 흔히 삼킬 때 통증이 있다. 식도협착·종양·이물질 등이 보편적인 연하곤란의 원인이다.
- **위식도역류(gastrosohpageal reflux)** 위산이나 위속의 내용물이 식도로 역류하여 가슴 안쪽으로 타는 듯한 통증이나 쓰림을 일으키는 질환이다.
- **위하수증(gastroptosis)** 위하수증은 위가 배꼽 아래까지 길게 늘어져 정상 위치를 벗어난 상태를 말한다.
- **유당불내성(lactose intolerance)** 장내의 유당분해효소의 활동성이 저하되었거나 유당분해효소(lactase)가 선천적으로 결핍되었을 때 나타난다. 유당분해효소가 결핍된 사람이 유당을 섭취했을 경우 유당이 소화되지 않은 채 장내에서 삼투압을 증가시키고 수분을 유입시켜 설사를 유발한다.
- **융모(villus)** 소장벽에서 영양소를 흡수하는 표면적을 증가시키기 위한 구조이며, 소장의 내면 점막 주름 표면에 위치한다. 소장벽에서 분비되는 장액은 음식물의 소화운동을 돕는다.
- **장염(entero colitis)** 장관에 염증이 발생하여 설사와 복통이 급성으로 나타나고 위염과 같이 발생하는 장염은 원인에 따라 감염성과 비감염성으로 나눌 수 있다.
- **크론병(chron's disease)** 크론병은 입에서 항문까지 소화기관 어느 곳에서나 생길 수 있으며 주로 회장과 결장에서 발생하는 만성적인 궤양성 염증 질환이다.
- **헬리코박터 파일로리균(helicobacter pylori)** 1983년 위점막에서 처음 배양된 미호기성 나선형 그람음성 간균이다. 헬리코박터 파일로리균의 감염은 만성 위염, 소화성 궤양, mucosa-associated lymphoid tissue 림프종, 위암 등 다양한 상부위장관 질환의 중요한 원인으로 알려져 있다.

1. 소화기관의 구조와 기능

소화기계(digestive system)는 소화관과 부속 소화기관으로 구성되어 있으며, 음식물의 소화·흡수에 관여한다. 소화관은 입, 인두, 식도, 위, 소장(십이지장·공장·회장), 대장(맹장·결장·직장), 항문으로 이어지는 약 9m의 관이며, 부속 소화기관은 소화액을 생성·분비하는 소화작용의 보조 역할을 하는 타액선·췌장·간·담낭 등으로 구성되어 있다 그림 3-1.

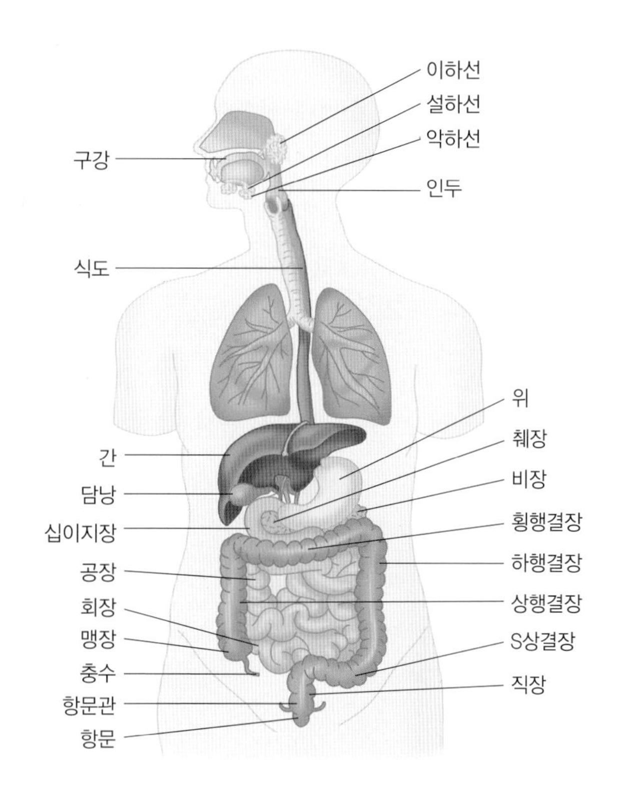

그림 3-1 소화기계의 구조

1) 구강 · 식도

구강(oral cavity)은 혀와 치아로 구성되어 입과 인두를 포함하고, 입 내부로 음식물이 들어와서 소화의 첫 단계인 씹고 삼키는 동작이 이루어지는데, 이때 이하선, 악하선, 설하선 등의 타액선에서 타액이 분비되며, 타액의 pH는 6.0~7.0이고 하루 분비량은 약 1L

이다. 타액에서 분비되는 α-아밀라아제는 당질을 가수분해한다 표 3-1. 인두(pharynx)는 구강의 뒤쪽에 위치하며 구강과 식도를 연결하는 소화관인 동시에 음식이 공기와 섞이지 않고 식도로 넘어갈 수 있게 구분해준다. 식도(esophagus)는 인두에서 위까지 약 25cm 정도의 근육질의 관으로 연결되어 있고, 상부는 횡문근이며 하부는 평활근으로 형성되어 음식의 이동을 조절한다.

2) 위

위(stomach)는 소화기관으로 모양은 주머니 같으며 횡경막의 왼쪽 아래에 위치하고, 크게 세 부분으로 구분하는데 식도와 연결된 분문부, 위의 가운데 부분인 위체부, 십이지장과 연결된 유문부이다. 위는 우리가 음식물을 섭취하면 위벽에서 분비되는 소화효소와 음식물을 혼합해 죽상의 유미즙 형태로 만든 뒤 십이지장으로 내려보낸다 그림 3-2.

우리가 섭취한 음식물이 위에 도달하면 유문선(pyloric glands)이 자극되어 가스트린이 분비되고 위액 분비를 촉진시킨다. 위액은 위선에서 분비되는 산성의 액체이며 하루에 1.5~2.5L 정도 분비된다. 그리고 위액은 염산, 펩신, 뮤신, 내적인자 등을 함유하고 있으며, 위산은 pH 1.6~2.0으로 살균 기능이 있어 감염을 예방하고, 철을 Fe^{3+}에서 Fe^{2+}로 환원시켜 철 흡수를 촉진시킨다. 내적 인자는 비타민 B_{12}의 흡수를 돕는다. 또한 펩신은 단백질 소화를 돕고, 뮤신은 당단백질로 온열적·화학적 자극에 대한 방어작용을 하므로 점막층을 형성하고 위액분비로 인한 자가소화를 막는다 표 3-1, 그림 3-3.

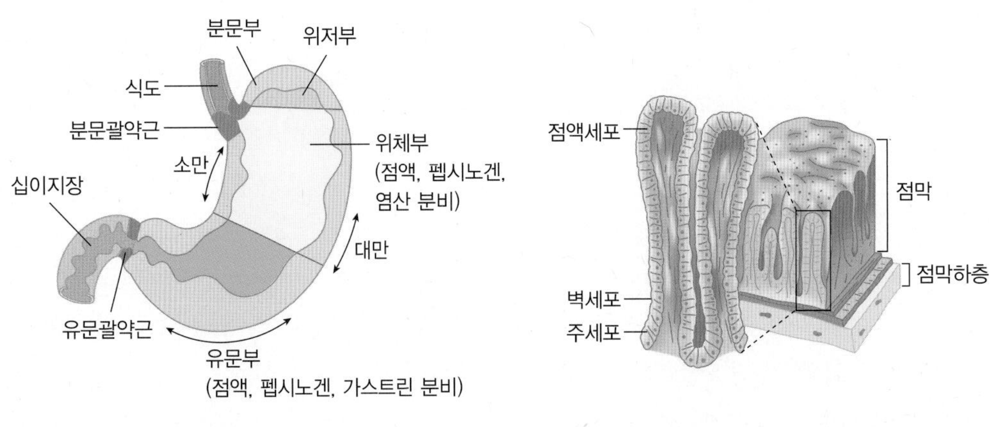

그림 3-2 위의 구조

그림 3-3 위선의 구조

표 3-1 소화액의 종류별 분비 장소와 특징

소화액	분비 장소	특징
타액	이하선(귀밑샘)	• 타액량과 프티알린 함량 많음 • 크기가 가장 큼
	설하선(혀밑샘)	• 혼합선
	악하선(턱밑샘)	• 혼합선, 크기가 가장 작음
위액	벽세포	• 염산(HCl) 및 내인성 인자(IF) 분비
	주세포	• 펩시노겐(pepsinogen) 분비
	경세포(점액세포)	• 뮤신(mucin) 분비
	G–cell	• 가스트린(gastrin) 분비
췌장	췌장	• 중탄산염(알칼리성), 소화효소(탄수화물, 단백질, 지방분해효소)
담즙	간(합성), 담낭(분비)	• 지방을 유화시킴

출처 : 김창임(2017). 인체생리학. 효일.

3) 소장

소장(small intestine)은 길이가 6~8m이고 십이지장(duodenum), 공장(jejunum), 회장(ileum)으로 구성되어 있다. 십이지장벽에서는 위산의 분비를 억제하고 췌장에서 알칼리성 췌액의 분비를 자극하는 세크레틴이 분비되고, 또한 췌액 분비와 담낭의 수축, 담즙의 분비를 촉진하는 콜레시스토키닌이 분비된다. 소장벽의 표면은 주름져 있으며 주름위에 융모가 있고 그 융모의 상피세포가 미세융모로 덮여 있어 영양소를 흡수할 수 있는 표면적이 넓어지는 효과가 있다 그림 3-4. 음식물이 소장에 도달하면 췌장과 소장에서 분비되는 효소에 의해 소화작용이 이루어지며, 소화된 영양소는 소장 표면에서 흡수된 후 잔여물은 대장으로 운반한다. 소장에서는 탄수화물, 지방, 단백질의 소화·흡수가 이루어진다. 췌장에서 분비되는 α-아밀라아제는 전분을 말토스로 분해하고, 트립신은 단백질을 펩티드로 분해하며 리파제는 지방을 모노글리세리드와 지방산으

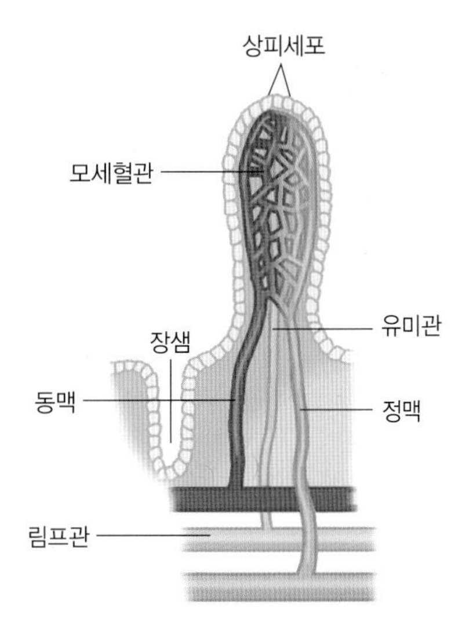

그림 3-4 융모의 구조

로 분해한다 표 3-1. 소장에서 분비되는 락타아제는 유당을 포도당과 갈락토스로 분해하고, 말타아제는 맥아당을 포도당으로 분해하며, 아미노펩티다아제와 디펩티다아제는 펩티드를 아미노산으로 분해한다. 또한 리파아제는 지방을 분해하는 역할을 한다.

영양소에 따라 흡수부위를 보면 단당류와 아미노산은 십이지장과 공장 상부에서 흡수되고, 지질은 공장에서는 흡수된다. 그리고 철분은 십이지장에서 흡수되어 영양소마다 흡수되는 부위가 다른 것을 알 수 있다. 수분의 경우 소장과 대장에서 각각 흡수된다.

4) 대장

대장(large intestine)의 길이는 약 1.5m이고 소장에 비하여 그 직경은 2배가량 크다. 대장은 맹장, 상행결장, 횡행결장, 하행결장, S결장, 직장으로 구성되어 있다 그림 3-5. 대장에서는 소장에서 흡수되고 남은 수분과 나트륨, 칼륨을 흡수하고 소화작용은 거의 이루어지지 않는다. 소장에서 흡수되고 남은 잔여물은 장내세균에 의해 소화되고, 소장에서 흡수되고 남은 수분을 흡수하며 대변의 배설을 돕는다.

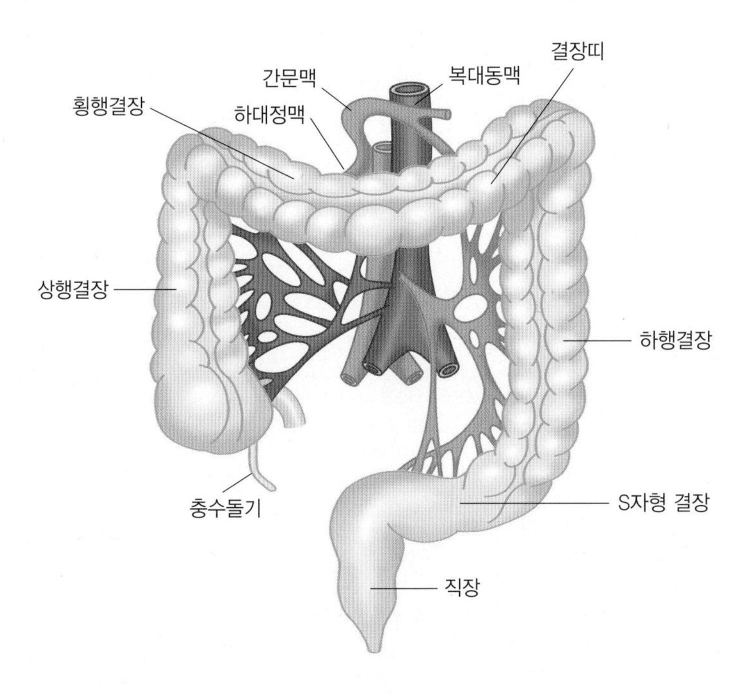

그림 3-5 대장의 구조

2. 식도질환

1) 연하곤란

(1) 원인과 증상

연하곤란(dysphagia, 삼킴장애)은 음식물이 구강, 인두, 식도를 통해 위로 이동하는 연하 과정에 장애가 생긴 것으로 그 원인은 기계적인 것과 마비적인 것으로 나눈다. 기계적 원인은 식도의 외과적 수술, 종양, 암 등에 의한 폐색에 의한 것이고, 마비적 원인은 뇌졸중, 두부손상, 뇌종양, 신경계 질환 등에 의해서 일어난다. 연하곤란의 증상은 식사 중 침을 흘리거나 음식물을 잘 삼키지 못하는 것이며, 기도가 막히는 경우도 있다. 또한 후각과 미각이 저하되며, 그로 인해 식사 섭취가 불량해져 체중 감소, 영양소의 결핍 등이 나타날 수 있다.

(2) 식사요법

① **고영양식 섭취** 체내 영양소가 결핍되기 쉬우므로 고영양식을 제공한다.

② **부드러운 음식 섭취** 음식의 온도는 너무 뜨겁거나 차가운 것은 제한하며, 저작을 최소화하고 쉽게 삼킬 수 있는 유동식을 제공한다. 자극적인 조미료나 양념, 신 음식은 제한하고, 건조하거나 끈기가 있는 식품도 피하며, 되도록 부드러운 음식을 제공한다. 또한 식사 시에 몸에 꼭 끼는 옷을 입지 않고, 환자의 상체를 올려 바른 자세로 천천히 식사를 할 수 있도록 한다 그림 3-6.

③ **액체 점도 조절** 음료나 국 등의 액체 음식은 흡인의 위험이 있으므로 농후제나 젤라틴을 사용하여 점도를 조절하여 제공한다.

표 3-2 연하보조식 2단계의 1일 영양소 구성 예시

식사명	에너지(kcal)	당질(g)	단백질(g)	지방(g)	C:P:F(%)
연하보조식 연식	2,000	290	95	51	58:19:23
연하보조식 상식	2,200	320	105	55	58:19:23

표 3-3 연하보조식 2단계의 1일 식품구성 예시

식품군 / 식사명	곡류군	어·육류군		채소군	지방군	우유군	과일군
		저지방군	중지방군				
연하보조식 연식	9	3	3	7	3	2	3
연하보조식 상식	11	3	3	7	3	2	3

표 3-4 연하보조식 2단계의 1일 식단 예시(2,200kcal)

	아침	간식	점심	간식	저녁
식단	흰죽 버섯미소된장국 달걀찜 삼치조림 무나물 백나박김치	호상요구르트 황도통조림	흰죽 콩나물국 제육볶음 연두부찜 단호박샐러드 백나박김치	호상요구르트 바나나	흰죽 감잣국 닭(살코기)무침 동태찜 배추들깨조림 백나박김치

알 아 두 기

연하곤란 증상

- 씹기 어려움
- 삼킴 시작이 어려움
- 삼킨 후 목에 이상감/음식물의 잔류감
- 코로 역류됨
- 삼킴 지연
- 침흘림
- 식후 목소리의 변화 감소
- 식사 중 혹은 식후에 기침, 목 메임

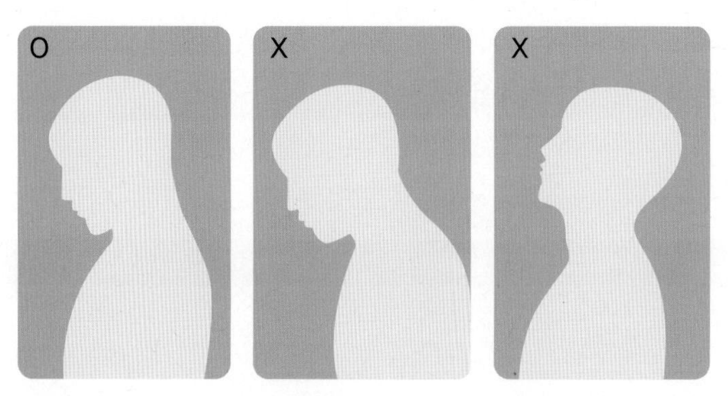

머리를 앞쪽으로 약간 숙이고 턱을 당긴 채 90°로 바르게 앉아 식사한다.

그림 3-6 연하곤란 환자의 식사 시 바른 자세

2) 위식도역류

(1) 원인과 증상

위식도역류(gastroesophageal reflux)는 하부식도 괄약근이 기능부전으로 인해 수축력이 약화되어 위의 내용물이 식도로 역류되는 것으로, 역류가 자주 발생하게 되면 합병증이 유발되는 질환이다. 위식도역류의 원인은 하부식도 괄약근의 압력 감소, 식도열공 헤르니아, 과민성 장질환, 식도의 운동이상, 비만, 임신, 식후에 바로 눕는 습관, 복압의 상승 등이 있고 알코올, 기름진 음식, 초콜릿, 가스 발생 식품 등의 섭취와 흡연은 위식도역류를 악화시킬 수 있다 그림 3-7. 증상은 속쓰림(heart burn), 매스꺼움, 인두 이물감, 기침, 쉰 목소리, 연하곤란 등이 나타나며, 위식도역류가 오래 되면 하부식도 궤양, 식도염, 식도암 등으로 진행될 수 있다.

(2) 식사요법

① **충분한 영양 섭취** 저지방, 고단백 식품과 비타민 C를 충분히 섭취할 수 있는 식품을 제공한다. 부드럽고 소화가 잘 되는 고단백, 저지방식으로 제공하며 표준체중을 유지할 수 있도록 해야 한다. 살코기, 탈지우유 및 지방을 넣지 않고 조리한 채소 등을 이용하여 영양섭취를 충분히 할 수 있는 식사를 제공하도록 한다.

② **위식도역류의 원인이 되는 음식 제한** 위식도역류를 일으키는 알코올, 고지방 음식, 초콜릿, 신 주스, 탄산음료, 커피 및 카페인 음료의 섭취를 제한한다.

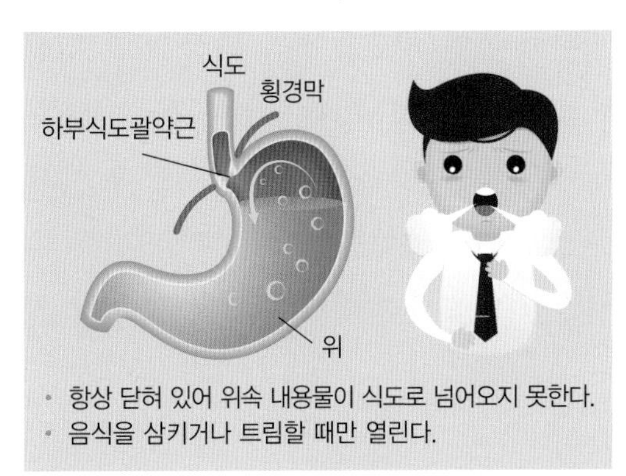

정상

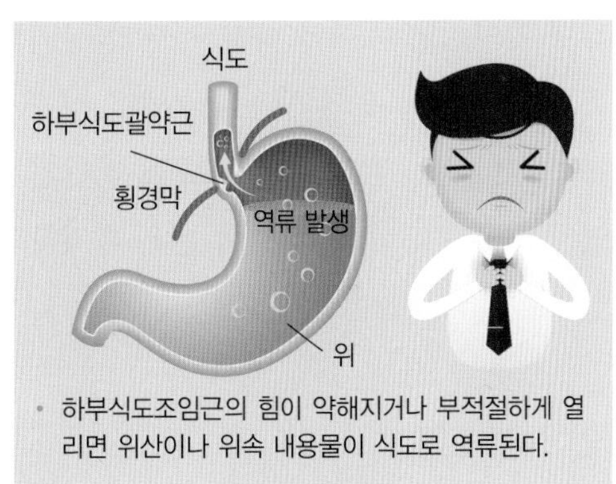

위식도역류질환

그림 3-7 위식도역류질환의 위

③ **체중 조절, 과식 및 야식 제한** 비만이나 과체중인 경우에는 체중조절식을 제공하며, 식후 바로 눕는 것과 과식은 피하도록 하고 잠자기 전 3~4시간은 먹지 않는 것이 좋다.

3) 식도염

(1) 원인과 증상

식도염(esophagitis)은 식도에서 가장 많이 발생하는 질환으로 뜨거운 음식, 알코올, 자극적인 조미료 등의 섭취로 인한 식도점막의 손상이 원인이다. 또한 위식도역류가 오래되면 식도염으로 진행될 수 있다. 증상은 속쓰림(heart burn), 흉통 등이 나타난다.

(2) 식사요법

- **부드러운 음식 섭취** 식사는 식도에 부담을 주지 않는 부드럽고 소화가 잘 되는 것을 섭취하도록 한다. 또한 자극을 주는 매운 음식과 신맛이 강한 토마토와 감귤류, 음주, 카페인은 피한다. 위액의 역류를 방지하기 위해 식사 후 바로 눕지 말고 30분 정도 앉아 있도록 하며, 식도염이 회복되어도 서서히 정상식사로 이행하도록 한다.

4) 식도열공 헤르니아

(1) 원인과 증상

식도열공 헤르니아(hiatal hernia)는 횡격막에 식도가 통과하는 부분인 식도열공이 느슨해져 위의 일부가 흉강 내로 들어간 상태를 말한다. 흡연, 알코올 섭취, 과식, 비만, 임신 등과 꼭 조이는 옷의 착용이 복압을 상승시켜 식도열공 헤르니아의 원인이 된다. 식도열공 헤르니아는 주로 여성, 노년층, 비만인 사람에게 많이 나타나며, 위식도역류 및 식도염의 원인이 된다. 탈장된 부분은 횡격막의 압력에 의해 위산의 역류가 발생하게 되고, 심계항진(palpitation)과 호흡곤란 등이 나타나며 누워 있기, 구부리기가 어렵게 된다.

(2) 식사요법

- **자극적인 음식 제한** 식사는 카페인, 알코올, 탄산음료, 향신료, 신맛이 강한 과일, 너

무 차갑거나 뜨거운 음식 등 자극적인 식품을 피하고 소량씩 자주 섭취하도록 한다. 복압을 상승시키는 원인을 제거하며 식후 바로 눕지 않도록 한다. 제산제를 복용하고, 심한 경우에는 수술을 받는다.

3. 위장질환

1) 급성 위염

(1) 원인과 증상

급성 위염(acute gastritis)은 위 점막에 염증이 급성으로 발생하는 것이며, 단기간에 회복되지만 치료가 장기화되면 만성화될 가능성이 있다. 원인으로는 폭식, 폭음, 소화가 잘 안 되는 음식의 섭취, 특정 식품의 알레르기 반응, 약물의 잘못된 복용, 스트레스 등이 있다. 또한 포도상구균, 대장균 등에 의한 세균성 식중독도 원인이 될 수 있다. 증상으로는 속쓰림, 상복부 통증, 트림, 식욕부진, 피로감 등이 나타나고 심하면 설사, 토혈, 혈압강하, 쇼크가 발생할 수 있다.

(2) 식사요법

① **초기 금식, 점차 유동식부터 제공** 발병 1~2일 동안 물 외의 음식은 금식시키고, 발병 2일 이후 통증이 가라앉으면 맑은 유동식을 제공한다. 맑은 유동식은 끓여서 식힌 물, 시지 않은 과일주스, 보리차 등을 조금씩 섭취하도록 한다. 증상이 나아지면 반유동식, 연식, 회복식, 정상식으로 이행하며, 소화가 잘 되고 자극적이지 않은 음식을 섭취하도록 한다.

② **자극적인 음식 제한** 질긴 고기나 섬유질이 많은 음식, 뜨거운 음식, 자극적인 음식, 알코올, 카페인 등 위점막을 자극하고 위액 분비를 촉진하는 음식의 식품의 섭취는 제한한다.

2) 만성 위염

(1) 원인과 증상

만성 위염(chronic gastritis)은 위 점막에 생긴 염증이 수개월에서 수년에 걸쳐 서서히 증상을 나타내는 것이며, 급성 위염이 치료되지 않아 만성화되는 경우도 있다. 원인은 불규칙한 식사습관, 폭식, 폭음, 자극성 음식, 뜨거운 음식의 섭취, 흡연, 스트레스 등이 있으며, 가장 흔한 원인은 헬리코박터 파일로리균(helicobacter pylori)의 감염에 의한 것이다. 만성 위염은 위액 중 산 농도에 따라 무산성 위염과 과산성 위염으로 구분하는데 무산성 위염은 연령이 높을수록 발생하기 쉽고, 과산성 위염은 주로 청·장년기에 나타난다. 무산성 위염은 식욕 저하, 설사, 단백질 소화능력 저하 등의 증상이 나타나고, 과산성 위염은 공복 시 날카로운 통증을 느끼게 된다 그림 3-8.

(2) 식사요법

① 무산성 위염

- **위액 분비를 촉진하고 소화가 잘 되는 음식 제공** 무산성 위염은 위축성 위염으로 위점막을 보호하고, 위액 분비를 촉진시켜야 한다. 위액 분비가 감소하여 식욕이 없으므로 자극적인 음식이나 양념을 이용하여 식욕을 돋우고 소화가 잘 되는 음식을 제공한다. 섬유질이 많거나 딱딱해서 소화가 어려운 음식은 제한하고, 알코올은 피한다.
- **소량씩 자주 식사** 치료기간이 길어 영양소 결핍이 발생하기 쉽고, 단백질 소화에 장애를 주므로 적당량 섭취하고 위의 부담을 줄이기 위해 소량씩 자주 식사한다. 장기적으로 위산 분비가 감소되면 철분, 비타민 B_{12}의 흡수가 저하되므로 간, 육류, 굴, 녹색채소 등을 충분히 섭취하도록 한다.

② 과산성 위염

- **자극적인 음식 제한** 과산성 위염은 비후성 위염으로 자극에 예민하므로 산이 많은 음식, 위점막을 자극해서 위액 분비를 촉진하는 향신료, 탄산음료, 알코올, 커피, 뜨겁거나 찬 음식, 과음, 과식을 피하고 소량씩 규칙적인 식사를 해야 한다. 중화제를 복용하거나 위산분비억제제를 섭취하며, 위액 분비를 촉진하지 않는 무자극성 연식을 소량씩 자주 섭취한다.

알 아 두 기

헬리코박터 파일로리

헬리코박터균(helicobacter pylori, H. pylori)은 1983년 위점막에서 처음 배양된 미호기성 나선형 그람 음성 간균이다. 헬리코박터균의 감염은 만성 위염, 소화성 궤양, MALT(mucosa-associated lymphoid tissue) 림프종, 위암 등 다양한 상부위장관 질환의 중요한 원인으로 알려져 있다.

헬리코박터균에 감염되어 있는 경우 위암 발생 위험성이 3.8배 높은 것으로 보고되어 있으며, 1994년 세계보건기구에 의해 헬리코박터균은 분명한 발암인자로 분류되었다. 각종 소화기계 질환뿐만 아니라 혈액, 심장질환과도 관련이 있는 것으로 알려져 있다.

전 세계인의 60% 정도가 헬리코박터에 감염되어 있고, 감염은 개발도상국이 선진국에 비해 높으며, 선진국에서는 점점 감염률이 감소하는 추세이다. 헬리코박터 감염률의 감소는 위생과 생활 수준이 향상되면서 향후 지속적으로 진행될 것임을 예측해 볼 수 있다.

소아 시절의 헬리코박터 감염은 평생 지속하게 되며, 헬리코박터에 감염된 소아는 위장관 질환뿐만 아니라, 반복되는 복통, 만성적인 원인 미상의 혈소판 감소증과 성장 장애를 초래할 수 있다.

출처 : The Korean Journal of Helicobacter and Upper Gastrointestinal Research, 2013;13(4):207-211, Helicobacter pylori Infection Associated with Pulmonary Disease, Hyun Joo Song.

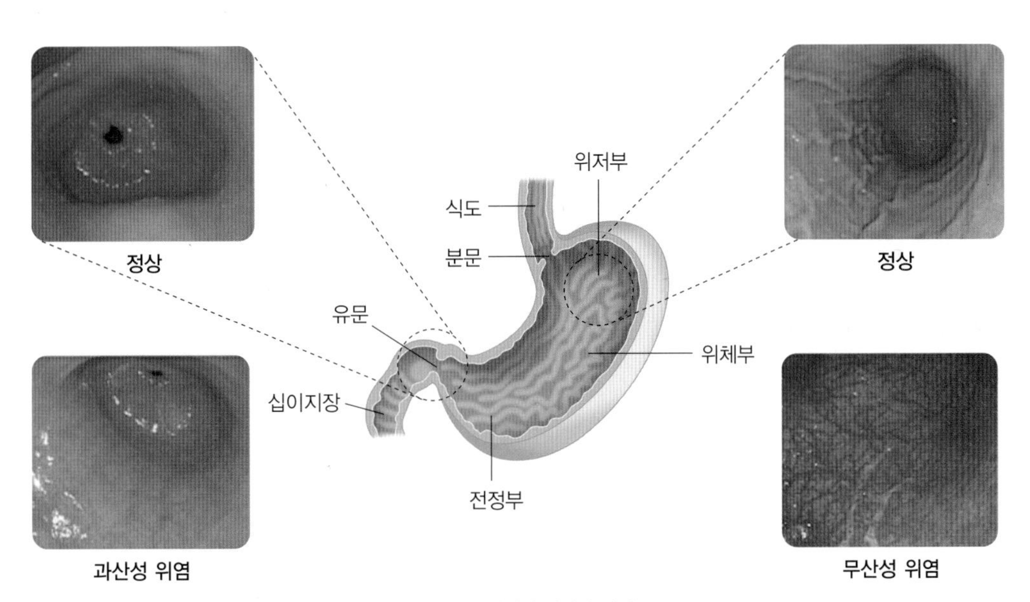

그림 **3-8** 위염의 내시경 사진
출처 : 보건복지부·대한의학회.

- **양질의 단백질 공급, 당질 위주의 열량 공급** 위산의 완충작용과 위벽의 재생을 위해 양질의 단백질과 유화지방을 공급하고 위에 부담이 적은 당질 위주의 열량 공급을 해야 한다. 자극하지 않는 전분, 저섬유곡류, 감자, 두부, 달걀, 흰살생선, 익힌 채소 등을 권장한다.

3) 소화성 궤양

(1) 원인과 증상

소화성 궤양(peptic ulcer)은 위의 점막이 염산이나 펩신에 의해 자가소화되어 조직이 손상되는 것이고 발생 부위에 따라 위궤양(gastric ulcer)과 십이지장궤양(duodenal ulcer)이 있다 표 3-5. 소화성 궤양의 원인은 폭식, 폭음, 단백질 섭취 부족, 스트레스 그리고 공격인자와 방어인자의 불균형 등이며 진통소염제, 스테로이드제 복용과 헬리코박터 파일로리균 감염도 대표적인 원인이다. 위궤양을 일으키려고 하는 공격인자인 위산, 펩신, 가스트린, 히스타민, 감염, 화상, 외상, 스트레스, 약물, 카페인 등과 위궤양을 방지하려는 방어인자인 점막의 저항성, 점액 분비, 십이지장의 알칼리, 위벽의 혈류순환 등의 균형이 깨지면 궤양이 발생한다. 초기 증상은 속쓰림과 늑골 아래쪽의 통증, 트림, 구토 등이 있고 심해지면 출혈로 검은색 혈변(자장면 색깔)을 보며 쇼크, 혼수 등을 수반하게 된다.

표 3-5 위궤양과 십이지장궤양의 차이

구분	위궤양	십이지장궤양
통증	명치를 중심으로 쓰리거나 뒤틀리는 통증	명치의 약간 오른쪽 국소 부위에 찌르는 통증
통증 시기	식후 30~60분	식후 2~3시간
증상	오심, 구토, 식후 복부 팽만감	공복감이 있으면서 통증 느낌
식욕	식욕 저하	식욕 증가
출혈	구혈	혈변

(2) 식사요법

① **초기 금식 또는 유동식 섭취** 소화성 궤양 환자는 식사 섭취량이 감소하여 영양 결핍이나 체중 감소가 나타날 수 있으므로 소화가 잘 되고 자극이 적은 음식으로 적절한

영양섭취를 하는 것이 중요하다. 급성 단계 중 출혈이 있는 경우에는 금식을 하면서 절대 안정을 취한다. 급성단계 중 출혈이 없는 경우에는 3일 정도 유동식을 섭취한다.

② **증상 호전 시 연질 무작극성 음식 섭취, 고에너지·고단백식 섭취** 초기 금식 또는 유동식 섭취 후에는 약 1주일간 연질 무자극성 음식을 선택하여 하루 5~6회 소량씩 나누어 식사를 하도록 한다. 반고형식, 죽, 일반식으로 이행하고 고에너지·고단백식을 섭취하여 영양보충을 해야 한다. 연질 무자극성 식사는 섬유질이 적고, 자극적이지 않으며, 점성이 적고, 소화가 잘 되는 식품과 조리법으로, 예를 들면 죽, 토스트, 달걀찜, 익힌 두부, 저자극성 익힌 채소 등이 해당된다.

③ **비타민 C, 철분의 충분한 섭취** 위장의 점막 저항성을 높이기 위해 비타민 C, 철을 충분히 섭취하고, 위산의 중화를 위해 양질의 식물성 지방을 섭취하도록 한다.

④ **우유는 적당량, 카페인 음료 및 알코올 제한** 우유는 일시적인 위산 완충효과가 있으나 위산분비를 자극하므로 자주 마시지 않는 것이 좋으며 커피, 차, 탄산음료 등 카페인 함유식품과 과일주스, 알코올 등은 위장을 자극하므로 제한하고, 자극적인 조미료는 피한다.

⑤ **변비 예방을 위한 식사** 소화성 궤양의 치료를 위해 사용되는 제산제, 항콜린제, 자율

표 3-6 소화성 궤양 환자를 위한 식품 선택

식품군	허용식품	금지식품
곡류	미음, 죽, 진밥, 국수, 마카로니, 크림수프, 오트밀, 식빵, 카스텔라, 살짝 구운 토스트	된밥, 잡곡밥, 수제비, 냉면, 떡라면, 찐빵, 파이, 도넛, 보리빵
채소류	삶은 가지, 삶은 연한 채소, 당근, 시금치, 가지, 호박, 오이 등	김치, 생채소, 섬유질이 많은 채소, 도라지, 샐러리, 더덕, 고사리, 우엉, 장아찌
과일류	시거나 떫지 않은 과즙 전부, 삶아 거른 사과즙, 잘 익은 바나나	생과일, 말린 과일, 종실류, 토마토
어·육류 및 난류	삶아 다진 쇠고기와 닭고기, 쇠간, 생선국물, 흰살 생선, 굴, 두부, 수란, 반숙란, 달걀찜, 커스터드, 스크램블에그	고기국물, 멸치국물, 기름지고 질긴 고기, 생선찜, 햄, 소시지, 베이컨, 오징어, 낙지, 젓갈류, 달걀부침, 달걀지단, 달걀프라이
우유 및 유제품	흰우유, 아이스크림, 치즈	초콜릿우유
조미료 및 기타	간장, 소금, 버터, 마가린, 참기름, 들기름, 콩기름, 설탕, 된장, 시지 않은 마요네즈	고춧가루, 고추장, 후추, 겨자, 계피, 카레, 케첩, 생강, 파, 마늘, 잼, 사탕, 커피, 홍차, 코코아, 초콜릿, 껌, 콜라, 수정과, 엿, 알코올 음료, 튀긴 음식

출처 : 송경희 외(2016). 제3판 식사요법. 파워북.

신경 차단제, 항궤양제, 점막보호제 등을 복용했을 때는 부작용으로 변비가 나타날 수 있으므로 변비 예방을 위한 식사요법을 병행해야 한다.

4) 덤핑증후군

(1) 원인과 증상

덤핑증후군(dumping syndrome)은 위 절제 혹은 위장문합수술 후 나타나는 증상이다. 수술 후 위의 용적이 작아져 소화되지 않은 고농도의 음식물이 소장으로 한꺼번에 들어가면서 소장의 내용물 농도가 높아짐으로써 혈장이나 세포외액이 소장으로 들어와 발생된다. 초기 증상은 식후 15~30분에 나타나며 상복부 팽만, 복부경련, 구토, 설사, 발열, 현기증, 혼수, 맥박수 증가 등이 나타난다. 후기 증상은 식후 2~3시간 후에 당질이 소화·흡수되고 혈당이 갑자기 증가하여 인슐린 분비가 높아져 저혈당이 나타나고 체온강하, 경련, 어지럼, 오한, 창백 등의 증상이 나타난다.

(2) 식사요법

① **저당질식, 단순당 섭취 제한** 위절제 수술 후 덤핑증후군 증상을 완화시키기 위해 당질과 단순 당류의 섭취를 피하는 것이 좋으며 당질은 1일 100~150g으로 제한한다.

② **고단백질 섭취** 흰살 생선, 부드러운 육류, 두부, 푸딩, 달걀 등의 고단백질 식사를 제공한다.

③ **소량씩 자주 식사 섭취** 위장 기능의 회복을 돕고 체중 감소를 줄이기 위해 적당한 에너지와 영양소를 공급해야 하며 식사는 소량씩 여러 번 나누어 제공한다. 식사 후 15~30분간 비스듬히 앉은 자세를 취하여 음식물이 십이지장으로 넘어가는 속도를 늦추게 한다.

④ **철분, 비타민 B_{12}, 칼슘 섭취** 위 절제 후 Fe 섭취 부족 및 출혈로 철결핍성 빈혈이 발생할 수 있고, 내적 인자 부족으로 비타민 B_{12}의 결핍문제, Ca의 섭취 부족 및 흡수불량으로 인하여 골질환의 영양문제가 초래된다.

⑤ **초기 우유나 유제품 제한** 초기에는 식사 중 물이나 국을 적게 먹고 우유나 유제품은 일시적인 유당불내증을 유발하므로 치즈나 요구르트 등을 대신 섭취하도록 한다.

표 3-7 위절제후식의 1일 영양소 구성 예시

식사명	에너지(kcal)	당질(g)	단백질(g)	지방(g)	C:P:F(%)
위절제후식 유동식	1,200	158	55	39	53:18:29
위절제후식 연식	1,450	188	74	45	52:20:28
위절제후식 상식	2,000	275	90	60	55:18:27

표 3-8 위절제후식의 1일 식품구성 예시

식품군 / 식사명	곡류군	어·육류군		채소군	지방군	우유군	과일군
		저지방군	중지방군				
위절제후식 유동식	4	3	2	3	3	2	-
위절제후식 연식	6	3	3	4	3	2	1
위절제후식 상식	10	3	4	4	4	2	1

표 3-9 위철제후식의 1일 식단 예시(1,450kcal)

	아침	간식	점심	간식	저녁
식단	흰죽 섭산적 메추리알조림 양상추나물 물김치	야채죽 물김치 호상요구르트	흰죽 돈육간장구이 조기조림 애호박볶음 물김치	쇠고기죽 물김치 호상요구르트	흰죽 불고기 연두부찜 청포묵무침 물김치

5) 위하수증

(1) 원인과 증상

위하수증(gastroptosis)은 위가 배꼽 아래까지 길게 늘어져 정상 위치를 벗어난 상태를 말한다. 과식과 폭식하는 습관으로 위가 늘어져 소화·흡수 능력이 떨어지고 위의 내용물을 장으로 보내는 힘이 약해진다 그림 3-9. 증상은 위의 팽만감, 압박감을 느끼고 식욕이 감퇴되며, 혈액순환이 좋지 않아 얼굴이 창백하고 손발이 차갑다.

(2) 식사요법

① **저섬유소식 섭취** 소화가 잘 되며 영양가가 높고 위 안에서 오래 머물지 않는 저섬유

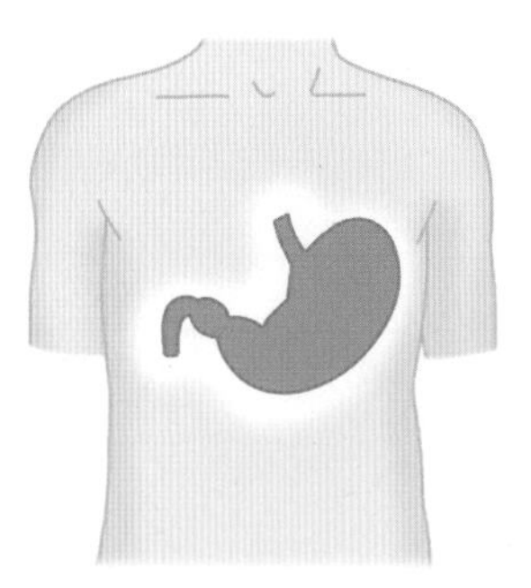

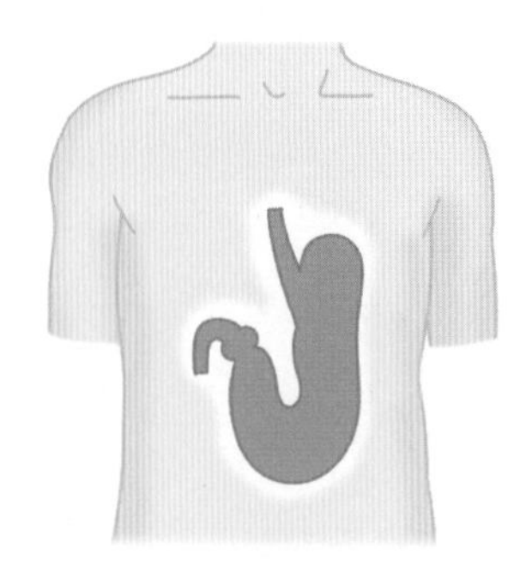

그림 3-9 정상인의 위(좌)와 위하수증이 있는 사람의 위(우)

질 식품으로 진밥이나 토스트 등을 섭취하며 소량씩 자주 섭취하도록 한다. 수분이 많은 죽 종류나 섬유질이 많고 가스를 발생시키는 식품은 피하고, 식사 후 바로 오른쪽으로 누워 있으면 증상이 완화된다.

② **충분한 단백질 섭취** 위의 근육을 튼튼하게 하기 위해 단백질은 필수적이므로 단백질 섭취를 위해 부드러운 살코기나 흰살 생선, 두류 등을 충분히 제공하고, 식욕을 돋우기 위해 잼, 젤리, 꿀, 유화된 버터, 적당한 향신료 등을 소량씩 자주 섭취한다.

4. 장질환

1) 변비

(1) 원인과 증상

변비(constipation)는 배변하기 힘들거나 변이 결장 안에 오래 머물러 변의 수분이 흡수되어 단단해지고, 배변 후에도 변이 남아 있는 느낌이 드는 상태이다. 3일 이상 배변을 못한 경우 또는 하루 배변량이 35g 이하일 때 변비로 진단한다. 변비는 원인에 따라 이완성과 경련성으로 분류한다.

① **이완성 변비** 이완성 변비는 장의 연동운동이 약해져서 변의 이동이 느리게 이루어

지고 변이 오랫동안 S상 결장과 직장 내에 머물게 된다. 임신부, 노인, 수술 환자 등에 많이 발병하고, 불규칙한 식사와 배변, 운동 부족, 약물복용, 섬유질과 수분 섭취의 부족 등이 원인이 된다. 증상은 복부 팽만, 하복부 통증, 식욕부진, 두통, 구역질, 피로감, 불면증 등이 있다.

② **경련성 변비** 경련성 변비는 스트레스, 긴장, 과음, 카페인 과잉 섭취, 과로, 수분 섭취 부족 등이 원인이 되며 장운동이 비정상적으로 항진되는 과민성 대장증후군이다. 증상은 복부에 가스가 차고 토끼 똥 모양의 변을 보며 복통, 메스꺼움 등이 나타난다.

(2) 식사요법

① 이완성 변비

- **고섬유소식 섭취** 장의 연동운동을 도와주기 위해 규칙적인 식사와 배변습관을 들이는 것이 가장 중요하다. 현미, 잡곡, 근채류, 과일, 해조류 등의 고섬유 식사는 변의 용적을 늘이므로 하루에 25~50g의 섬유소를 섭취하도록 한다. 과일에는 섬유소, 펙틴, 당분, 유기산 등이 많아 장점막을 자극하여 배변을 돕는다.
- **충분한 수분 섭취** 수분은 대변을 부드럽게 하므로 하루 8~10컵의 물을 마시도록 한다.

② 경련성 변비

- **저잔사, 저섬유소식 섭취** 소화되지 않고 대장에 남은 찌꺼기를 잔사(residue)라고 하는데, 경련성 변비 환자의 경우 장에 자극을 주지 않는 저잔사식, 저섬유식을 제공하여 장운동을 억제해야 한다. 육식은 피하고 흰살 생선, 닭 살코기, 으깬 채소, 우유, 달걀, 정제된 곡류, 버터, 섬유질이 적은 채소와 과일을 제공한다. 자극적인 향신료, 카페인 음료 등은 피하고 섬유소는 하루 10~15g으로 제한한다.

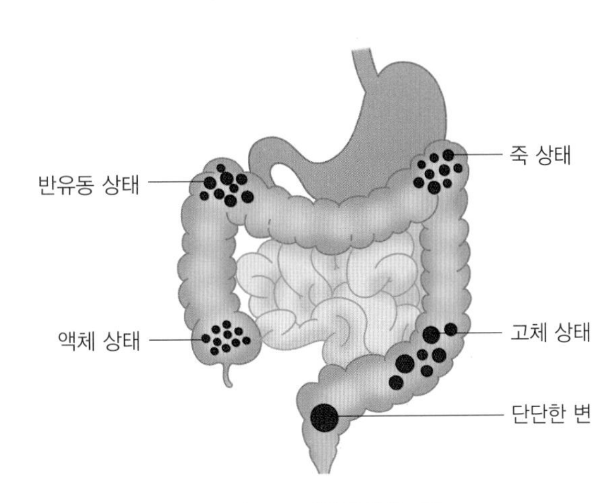

그림 3-10 대변의 형성 과정

표 3-10 변비의 식사요법

이완성 변비	경련성 변비
• 섬유소 : 하루 25~50g 섭취 • 섬유소가 풍부한 식품 섭취 : 현미, 잡곡, 근채류, 과일(섬유소, 펙틴, 당분, 유기산 포함), 해조류 등 • 물 섭취 : 하루 8~10컵	• 섬유소 : 하루 10~15g으로 제한 • 저잔사식, 저섬유식 섭취 : 흰살 생선, 닭 살코기, 으깬 채소, 우유, 달걀, 정제된 곡류, 버터, 섬유질이 적은 채소와 과일 등 • 피할 것 : 육식, 향신료, 카페인 음료

2) 설사

(1) 원인과 증상

설사(diarrhea)는 대장 점막의 수분 흡수가 저하되어 수분이 많이 함유된 변을 배설하는 증상이다. 배변 횟수가 하루 4회 이상이고 변의 수분량이 90% 이상이며, 하루 250g 이상의 묽은 변을 본다. 설사의 원인은 세균, 바이러스, 기생충의 감염, 소화불량, 과식 등으로 인해 장내에서 흡수되지 못한 영양소가 장내세균에 의해 발효되어 장점막을 자극함으로써 나타나는 것이다. 성인의 경우 4주 이상 설사를 하게 되면 만성 설사라고 한다. 증상은 복통, 식욕부진 등이 나타나고 심하면 탈수 현상이 초래된다.

① **급성 설사** 급성 설사는 식사요인, 바이러스, 세균 등에 의한 감염 또는 중금속, 약물의 중독, 과식, 방사선 조사 등에 의해 나타나며 섭취한 음식물은 위와 소장에서 충분히 소화되지 않고 소장 하부 및 대장에 도달하여 장내 세균의 작용을 받아 탄수화물은 발효되고, 단백질은 부패되면서 장점막을 자극한다. 급성 설사가 심한 경우 탈수로 인해 위험한 상태에 빠질 수 있다.

② **만성 설사** 만성 설사는 대장이 물리적·화학적 자극을 받거나 장에 염증이 생겨 만성적으로 설사를 하는 경우를 말한다. 만성 설사는 급격한 탈수현상은 없으나 장기간 지속될 경우 영양소의 영양상태가 나빠지고 면역력이 저하되기 쉽다.

(2) 식사요법

① 급성 설사

• **수분과 전해질 보충** 설사 환자는 수분과 전해질(나트륨, 칼륨과 같은 혈액 화학 물질) 보충이 매우 필요하다. 경증 탈수는 연한 주스, 일반적인 청량음료, 묽은 수프, 끓인

물을 권하며, 사과주스나 소다수는 좋지만 감귤류 주스나 알코올 음료는 좋지 않고, 물 1L에 설탕 6티스푼과 소금 1티스푼을 섞은 용액을 만들어 과일주스 1~2컵과 함께 마셔도 좋다. 매우 심한 경우에 페디알레이트(pedialyte)와 같은 수분 보충 용액이 필수적인데 특히 아이에 있어서 더욱 필요하다.

- **초기 금식, 증상 호전 시 무자극성 저잔사식 제공** 급성설사가 심할 때는 1~2일간 금식하며 정맥주사로 손실된 영양소를 보충하고 증상의 회복에 따라 유동식, 연식을 제공한다. 무자극성 저잔사식을 제공하며 닭살코기나 흰살생선을 이용해 단백질을 보충해준다. 환자가 회복되는 상태에 따라 점진적으로 식사량을 증가시키고 섬유질이 많은 채소를 제공한다.

② **만성 설사** 만성 설사는 전해질, 무기질, 단백질의 손실로 인한 체중과 조직단백질의 급격한 감소를 막기 위하여 고에너지, 고단백, 고비타민, 무기질, 고수분을 섭취한다. 소화관에 물리적·화학적·기계적 자극을 주지 않도록 저섬유식, 저잔식을 제공해야 된다.

표 3-11 저잔사식의 1일 영양소 구성 예시

에너지(kcal)	당질(g)	단백질(g)	지방(g)	C:P:F(%)
2,000	315	95	40	63:19:18

표 3-12 저잔사식의 1일 식품구성 예시(2,000kcal)

식품군	곡류군	어·육류군		채소군	지방군	우유군	과일군
		저지방군	중지방군				
교환단위	12	3	4	4	5	–	2

표 3-13 저잔사식의 1일 식단 예시(2,000kcal)

	아침	간식	점심	간식	저녁
식단	쌀밥 배춧국 제육볶음 스크램블에그 가지나물 물김치	오렌지주스	쌀밥 애호박된장국 섭산적 꽁치조림 양상추나물 물김치	–	쌀밥 쇠고기무국 간장닭조림 조기구이 시금치나물 물김치

*국과 물김치는 건더기는 제외하고 국물만 제공함

3) 장염

(1) 원인과 증상

장관에 염증이 발생하여 설사와 복통, 발열 등이 나타나며 급성과 만성으로 나눌 수 있다.

① **급성 장염** 급성 장염은 병원균, 대장균, 장티푸스균, 이질균, 장염 비브리오균, 살모넬라균, 콜레라균, 노로바이러스, 로타바이러스 등이 원인이 된다. 증상은 주로 설사, 식욕부진, 오심, 구토, 복통, 발열 등이 일어나며 설사로 인해 탈수증을 일으킬 수 있다.

② **만성 장염** 만성 장염은 급성 장염이 만성화되거나 궤양성 대장염, 과민성 장증후군, 대장암 등에 의해 발생된다. 증상은 급성 장염 증세가 반복적으로 장기간 나타나며, 설사와 변비가 반복되기도 한다.

(2) 식사요법

① 급성 장염

- **충분한 수분 섭취** 급성 장염이 심할 경우에는 1~2일간 금식을 하고, 탈수를 방지하기 위해 끓인 물을 섭취하며, 우유, 생채소, 생과일 등은 제한한다.
- **증상 호전에 따라 저잔사식, 저자극 음식 섭취** 2~3일에는 환자의 회복 상태에 따라 미음과 부드러운 채소, 흰살 생선 등을 제공한다. 회복되어도 일정 기간은 저잔사식, 부드럽고 자극이 없는 음식을 섭취하도록 한다.
- **유지류 제한** 유지류는 설사를 유발할 수 있으므로 유화된 형태인 버터, 크림, 마요네즈 상태로 소량만 사용한다.

② 만성 장염

- **소화가 잘 되는 음식 섭취** 만성 장염의 원인을 치료하고, 소화가 잘 되는 식품과 조리법을 이용한 음식을 제공해야 한다. 영양소의 흡수가 불량할 수 있으므로 양질의 단백질과 유화지방을 충분히 공급하고 자극적이지 않고 식이섬유가 적은 식품을 제공한다.

4) 세균성 식중독

(1) 원인과 증상

식중독의 대부분은 세균에 의해 발생하는 세균성 식중독으로 감염형과 독소형이 있다. 감염형 식중독은 살모넬라균, 비브리오균, 콜레라균, 병원성 대장균 등에 의해 발생하고, 독소형 식중독은 황색포도상구균, 보툴리누스균 등에 의해 발생한다. 감염형 식중독은 식품과 함께 원인 세균을 섭취하였을 때 발생하며, 대부분의 원인균이 열에 약하여 음식물을 가열하면 사멸시킬 수 있다. 그러나 독소형 식중독은 세균이 생성하는 독소에 의해 발생하고 독소는 내열성이 강하므로 음식물을 가열해도 사멸되지 않아 식중독을 발생시킨다. 세균성 식중독은 8~12시간 정도의 잠복기를 거쳐 구토, 설사, 복통, 오심 등의 위장관계 증상들을 동반한다.

(2) 식사요법

- **충분한 수분 섭취** 세균성 식중독 발생 시 설사로 인한 탈수를 막기 위해 수분 공급을 충분히 해야 하므로 물을 조금씩 자주 마시도록 한다. 수분 보충을 위해 과일주스나 탄산음료를 섭취하는 것은 삼가야 한다. 급성기에는 수분만 보충하고, 증상의 회복에 따라 유동식, 연식을 제공하고 점진적으로 식사량을 증가시키도록 한다.

5) 염증성 장질환

(1) 원인과 증상

① **궤양성 대장염** 궤양성 대장염(ulcerative colitis)은 결장과 직장의 점막층에 염증과 궤양이 나타나는 질환으로 주로 15~30세에 많이 발생한다. 원인은 불분명하나 자가면역학적 요인, 정신적 요인, 유전, 감염, 알레르기, 장내 세균, 담즙산, 바이러스 등과 관련이 있는 것으로 보고 있다. 증상은 직장 점막에 궤양이 발생하여 잦은 설사, 복통, 점액변 등이 나타나고 심하면 발열, 혈변, 저단백 혈증, 빈혈, 체중 감소, 복통 등이 나타난다.

② **크론병** 크론병(crohn's disease)은 입에서 항문까지 소화기관 어느 곳에서나 생길

수 있으며 주로 회장과 결장에서 발생하는 만성적인 궤양성 염증질환이다. 원인은 불분명하나 세균, 바이러스, 면역이상, 유전적 요인 등이 있다. 증상은 대장염과 비슷한데, 궤양성 대장염은 염증 부위가 연속적으로 이어져 있고, 크론병은 염증 부위가 군데군데 나타난다. 크론병이 오랫동안 지속되면 빈혈, 비타민 결핍증, 탈수, 식욕부진, 발열, 체중 감소 등이 나타나고 장 협착 및 폐색이 발생할 수 있다 그림 3-11.

(2) 식사요법

① 궤양성 대장염

- **수분 보충** 수분과 전해질의 보충이 가장 중요하고, 설사와 출혈이 심한 경우에는 정맥영양이나 경장영양을 실시해야 한다.
- **저자극성 식사 섭취** 증상이 심할 때는 저잔사식을 제공하고 소화·흡수가 잘 되는 음식을 제공한다. 장내에서 발효가 일어나는 식물성 섬유질과 우유 및 유제품은 장 점막을 자극하므로 제한하며, 회복기에는 고에너지, 고단백질, 고영양식을 제공한다.

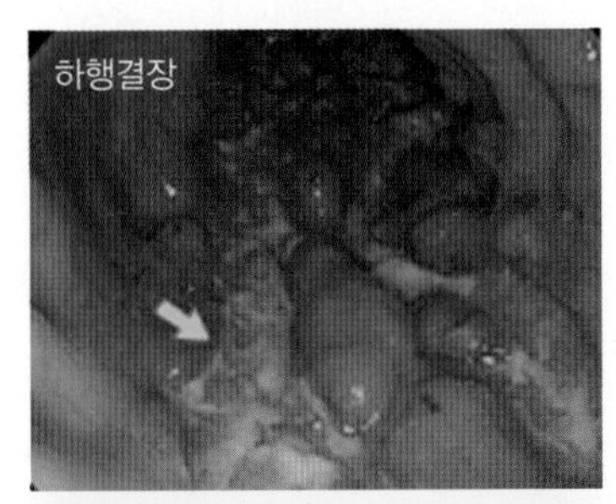

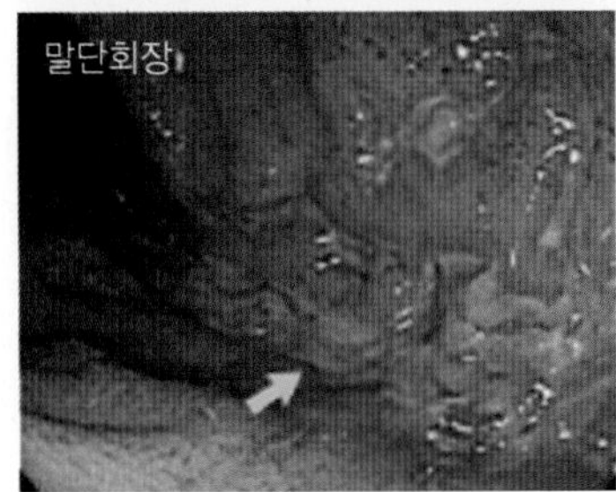

그림 3-11 크론병의 대장내시경 소견
출처 : 보건복지부·국립보건연구원·대한의학회.

② 크론병

- **저섬유소식, 충분한 수분 섭취** 탈수를 방지하기 위해 수분 및 전해질 평형을 유지하는 것이 중요하고, 체중 감소를 막기 위해 에너지,

표 3-14 궤양성 대장염과 크론병의 원인과 증상

구분	궤양성 대장염	크론병
원인	• 대장의 점막층에 염증과 궤양을 일으키는 만성 질환 • 유전인자, 영양장애, 감염 및 알레르기와 관련되어 발생	• 입에서 항문에 이르는 소화기 내에 발생 가능 • 회장말단과 대장에서 흔히 발생되는 만성적인 궤양성 염증질환 • 세균이나 바이러스감염, 면역 이상, 유전적 요인
증상	• 식욕부진, 복통, 설사, 점액변, 체중 감소 • 단백질과 아연 손실, 철분 손실	• 복통, 설사, 장출혈, 빈혈, 비타민 결핍, 탈수, 식욕부진, 발열, 체중 감소 • 장협착이나 누공 초래

단백질, 비타민, 무기질이 풍부한 식사를 제공한다. 증상이 심할 때는 저잔사식을 제공하고, 회복 정도에 따라 저섬유소식, 정상식으로 제공한다.

6) 게실증 · 게실염

(1) 원인과 증상

게실증(diverticulosis)은 대장의 내벽이 오랫동안 높은 압력을 받아 작은 주머니 모양의 게실들이 형성되는 것이고, 그 게실에 변이 차고 장내 세균의 감염으로 염증이 발생한 것을 게실염(diverticulitis)이라고 한다 그림 3-12. 섬유소의 섭취 부족, 노화 등으로 인해 장의 압력이 높아져 게실을 형성시키고, 운동 부족 등으로 인해 장의 운동이 느려져 게실증의 발생률이 높아진다. 게실증의 증상은 없으나 게실염으로 진행하였을 경우 복부팽만, 소화불량, 복통, 변비, 설사, 오심 등이 나타나고 증세가 악화되면 농양, 천공, 출혈, 장폐색, 천공이 일어나 수술이 필요한 경우도 있다.

(2) 식사요법

- **고식이섬유소 및 충분한 수분 섭취** 게실증은 식이섬유를 하루에 30g 이상 섭취하고 수분을 8~10컵 섭취하도록 하여 장을 자극하고 배변량을 늘여서 대장 내 압력을 저하시켜야 한다. 게실염으로 진행되었을 경우 급성기에는 금식을 하고 환자의 상태에 따라 유동식, 저잔사식을 제공하며, 점차적으로 고섬유식으로 진행해야 한다.

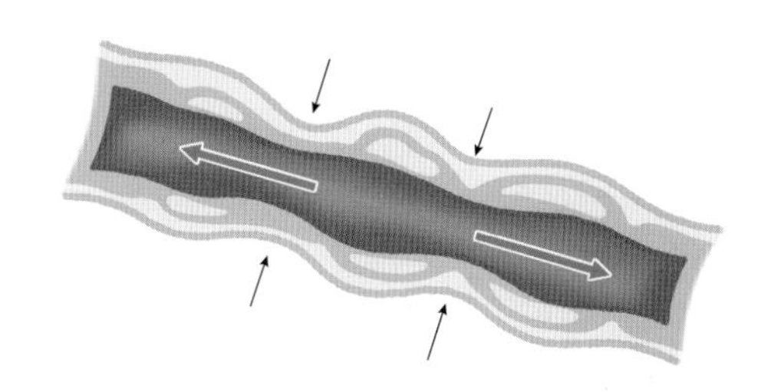

정상 대장
섬유소를 충분히 섭취하면 장 내용물의 부피가 커지므로 장벽근육의 수축에 의해 종적으로 압력이 가해지면서 배출됨

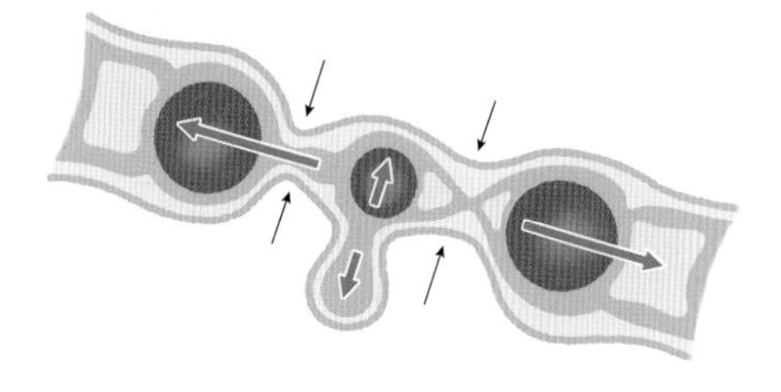

대장게실
장 내용물이 적으면 장벽근육이 수축에 의해 장 내용물이 연결되지 않고 서로 끊어져 폐색이 일어나므로 압력이 장벽으로 가해지면서 게실이 발생함

그림 3-12 게실이 발생하는 기전

5. 흡수불량증후군

1) 유당불내성

(1) 원인과 증상

유당불내성(lactose intolerance)은 장내의 유당분해효소의 활동성이 저하되었거나 유당분해효소(lactase)가 선천적으로 결핍되었을 때 나타난다. 유당분해효소가 결핍된 사람이 유당을 섭취했을 경우 유당이 소화되지 않은 채 장내에서 삼투압을 증가시키고 수분을 유입시켜 설사를 유발한다. 대장에서 소화되지 않은 유당은 장내세균에 의해 발효되어 지방산, 탄산가스, 수소가 발생되고 복부팽만, 복부경련 등이 나타난다. 유당분해효소의 결핍은 원인에 따라 1차, 2차로 분류할 수 있다. 1차적인 결핍은 인종의 차이로 동양인, 흑인, 그리스인, 유태인, 멕시코인, 아메리카 인디안 인종에서 나타난다. 2차적인 결핍은 흡수불량과 관련된 급·만성 질환, 소장 수술 환자, 위 수술 환자, 총 정맥영양(TPN)으로 장기간 장관을 이용하지 않은 환자에게서 나타난다.

유당불내성의 진단을 위해 실시하는 유당내성검사는 성인이 유당 50g을 섭취하고 30분, 60분, 90분, 120분 후에 모든 혈당이 20mg/dL 이상 상승되지 않는 경우 유당불내성으로 진단한다.

(2) 식사요법

① **유당 섭취 제한** 유당제한식은 유당이 함유된 우유, 크림, 치즈, 크림수프 등의 식품은 제한하지만 발효유, 커스터드, 푸딩, 끓인 우유 등 설탕이나 전분과 같이 조리한 형태로 섭취할 경우 부분적으로 가수분해된 상태이므로 환자에 따라서 이용할 수 있다. 시판 제품은 성분표를 확인하여 우유, 유당, 유청, 카제인이 없는 것을 이용한다.

② **우유의 섭취는 서서히 증가** 엄격한 제한식을 제외하고는 유당분해효소로 처리된 우유를 제공하거나 유당분해효소 정제(lactase tablet)를 함께 제공할 수 있다.

유당을 제한하는 식사는 칼슘, 리보플라빈, 비타민 D가 부족할 수 있으므로 필요량을 보충해야 한다. 특히 소아기, 청소년기, 폐경기 이후의 여성, 골다공증 위험이 있는 여성은 주의가 필요하다.

2) 글루텐과민성 장질환

(1) 원인과 증상

글루텐과민성 장질환(gluten sensitive enteropathy)은 비열대성 스프루(nontropical sprue) 또는 실리악병(celiac disease)이라고도 불린다. 글루텐의 글리아딘 부분이 독성 물질로 작용하여 소장 점막을 손상시켜 융모가 위축되고 단백질, 지방, 탄수화물, 철, 비타민류 흡수에 장애가 생긴다. 글루텐과민성 장질환을 가진 환자가 글루텐이 함유된 식품을 계속 섭취하면 영양소의 흡수가 되지 않아 대변에 지방이 섞여 있고, 악취가 심하며, 설사를 하게 된다. 또한 영양소의 흡수불량으로 인해 체중 감소, 골연화증, 골다공증, 빈혈, 비타민 결핍 등이 나타날 수 있다.

(2) 식사요법

① **글루텐 제한** 글루텐 성분이 함유된 식품을 제한하고 쌀, 옥수수, 감자전분 등을 주식으로 하면 증상이 개선된다.

② **고에너지·고단백 식사 섭취** 체중 감소를 막기 위해 고에너지·고단백 식사를 제공하고, 심한 경우에는 영양소의 보충이 필요하며, 설사로 인한 탈수 증상을 보일 때는 수분과 전해질 보충이 필요하다.

알 아 두 기

글루텐 함유식품

- 곡류 : 밀, 보리, 메밀, 시리얼, 국수, 라면, 수제비, 밀가루, 빵가루, 수프
- 육류 : 햄버거, 돈가스, 탕수육
- 간식류 : 푸딩, 아이스크림, 과자류, 한과류, 케이크, 빵, 피자, 초콜릿, 코코아
- 음료류 : 맥주, 식혜, 보리차, 미숫가루
- 양념류 : 간장, 된장, 고추장, 마요네즈, 케첩, 머스터드 소스, 시럽, 조청

3) 지방변증

(1) 원인과 증상

지방변증(steatorrhea)은 간, 담낭, 췌장질환 발병 시 동반되는 증상으로 지방의 흡수 불량으로 인해 나타나며 스프루, 회장절제, 장염으로 인해 발생하기도 한다. 흡수되지 않은 지방은 대장의 미생물에 의해 분해되어 대장 벽을 자극하고 지방이 섞인 설사를 유발하며, 환자의 체중 감소의 원인이 되기도 한다.

(2) 식사요법

① **수분과 전해질 보충, 충분한 열량 및 영양소 공급** 지방변증은 설사가 동반되므로 수분과 전해질 보충이 가장 중요하다. 급성기에는 포도당, 아미노산, 알부민, 지방유화액 등을 포함한 수액으로 정맥영양을 공급한다. 회복기에는 고에너지, 고단백질, 고비타민, 고무기질의 유동식을 공급한다.

② **지방 섭취 조절** 지방은 유화지방이나 중간사슬지방(medium chain triglyceride, MCT)으로 공급하며 하루 에너지의 10% 이하로 제한한다.

알 아 두 기

중간사슬지방

중간사슬지방(medium chain triglyceride, MCT)은 탄소 수 8~10개의 지방산으로 구성되어 코코넛오일에서 주로 추출된다. 긴사슬지방(long triglyceride, LCT)과는 달리 췌장의 지방 분해효소에 의해 가수분해되기 전에 흡수되며 유미구를 형성할 필요가 없는 등 소화, 흡수, 운송 등에 차이가 있으므로 지방 제한 식사가 필요한 질병의 경우 보충제로 사용하여 칼로리를 높이고 맛을 향상시킨다. 중간사슬지방을 사용할 때는 과도한 양을 사용하면 구토, 복통, 설사 등의 부작용이 발생될 수 있으므로 개인의 필요량에 따라 1일 사용량을 서서히 증가시켜야 한다.

01. 위선의 벽세포에서는 이것의 흡수에 관여하는 내적인자가 분비된다.
    이것은 무엇인가?
02. 연하곤란 환자의 식사요법에 대해 설명하시오.
03. 소화성 궤양 환자의 식사요법에 대해 설명하시오.
04. 장내에서 가스를 많이 발생시키는 식품을 3가지 이상 쓰시오.
05. 글루텐 과민성 장질환의 증상에 대해 설명하시오.
06. 설사 환자의 식사요법에 대해 설명하시오.
07. 덤핑증후군 환자의 식사요법에 대해 설명하시오.

간, 담낭 및 췌장질환

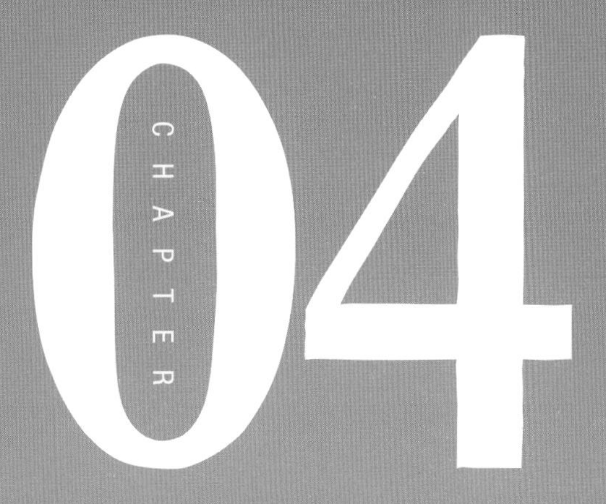

- **간경변(liver cirrhosis)** 간염 바이러스나 알코올 등에 의해 생긴 간염이 장기간 지속되면서 간세포가 파괴되어 섬유화가 진행되고, 재생결절이 생기면서 간에 점진적인 기능 저하가 발생한 상태
- **간성뇌증(hepatic encephalopathy)** 간에 장애가 생겨 해독되지 않은 혈액이 뇌에 영향을 미쳐 의식장애나 행동에 변화를 일으키는 질병 상태
- **간소엽(liver lobule)** 간의 구조적·기능적 단위. 간세포판들이 배열되어 작고 불규칙한 육각주 모양의 구조(지름 1mm, 높이 2mm)를 이루고 있다.
- **간신장 증후군(hepatorenal syndrome)** 만성 간질환, 진행된 간부전, 문맥압 항진증이 있는 환자에서 발생할 수 있는 가역적·기능적 신부전
- **간염(hepatitis)** 바이러스, 알코올, 약제, 자기면역 등의 원인에 의해 간에 염증이 생긴 상태
- **건조체중(dry weight)** 체액과다 등의 증상이 없는 안정된 상태의 이상적인 체중
- **급성 췌장염(acute pancreatitis)** 주로 술이나 담석 때문에 췌장에 생긴 염증으로 호전되면 정상 췌장으로 돌아올 수 있다.
- **담낭염(cholesystitis)** 무균 상태인 담즙에 세균이 유입되어 담낭에 염증이 발생하거나, 담낭 내 지방에 의한 화학적 자극에 의해 담낭에 염증이 생긴 상태
- **담석증(gallstones)** 담낭이나 담관에 결석이 생긴 상태. 담석의 종류에 따라 콜레스테롤 결석, 빌리루빈 색소 결석, 혼합결석으로 나눈다.
- **담즙(bile)** 간에서 생성되어 담낭에 농축 저장되어 있다가 담관을 통하여 십이지장으로 1일에 약 500~1,000mL 배출되는 액체. 쓸개즙. 황금갈색 또는 녹황색
- **담즙산(bile acid)** 콜레스테롤에서 유래한 스테로이드산. 일차성 담즙산인 콜산(cholic acid)과 케노디옥시콜산(chenodeoxycholic acid)은 간에서 생성되어 글라이신이나 타우린(taurine)과 결합하여 담즙염(cholylglycine 등)을 형성한 다음 담즙 내로 분비되어 지방 소화를 돕는다.
- **담즙염(bile salt)** 글라이코콜산염과 타우로콜산염 등 담즙산의 염 형태. 간에서 콜레스테롤로부터 만들어지고 담즙액에 분비된다.
- **만성 췌장염(chronic pancreatitis)** 반복된 염증으로 인해 췌장에 돌이킬 수 없는 손상이 와서 췌장의 외분비와 내분비조직이 모두 파괴되는 것
- **빌리루빈(bilirubin)** 담즙에 존재하는 황갈색 물질로, 수명이 다한 적혈구가 분해될 때 적혈구의 구성성분인 헤모글로빈이 대사되면서 생성되는 산물
- **세망내피계(reticuloendothelial system)** 림프절, 비장, 골수 속의 세망세포나 간, 부신 내부의 혈관 내피세포 등의 총칭. 혈액이나 림프 속에 함유되는 이물질, 세균 등을 섭취하고, 항체를 만드는 작용을 한다.
- **알코올성 간질환(alcoholic liver disease, ALD)** 과다한 음주로 인해 발생하는 간질환을 의미하여 무증상 단순 지방간에서부터 알코올성 간염과 간경변 및 이에 의한 말기 간부전에 이르기까지의 다양한 질환군을 일컫는다.
- **지방간(fatty liver)** 간세포 안에 지방이 축적된 상태. 정상적인 간에서 중성지방이 차지하는 비율이 5% 이상인 경우 지방간이라고 한다.

1. 간질환

간(liver)은 우리 몸에서 가장 큰 장기 중 하나로 성인의 경우 약 1.2~1.5kg 정도 되며 체내에서 500가지 이상의 다양한 작용을 한다. 간은 지방 소화에 필요한 담즙(bile)을 합성하고 다양한 영양소 대사에 관여하며, 독성 물질의 해독을 통해 신체를 보호하고, 조혈작용과 혈액 응고에 필요한 물질을 합성하고 저장한다. 간은 재생능력이 뛰어나서 70%를 떼어내도 원래 크기로 재생될 수 있다.

1) 간의 구조

간은 횡경막 아래 복부의 오른쪽 상부에 위치하며 적갈색을 띤다. 해부학적으로 두 개의 엽이 있는데, 기능적으로 우엽과 좌엽으로 구분되며, 우엽이 75%를 차지한다 그림 4-1.

간의 기본 기능 단위는 간소엽(liver lobule)으로 지름 1mm, 높이 2mm 정도의 육각 원통 형태이다 그림 4-2. 간은 약 100,000개의 간소엽으로 이루어져 있는데, 간소엽은 바퀴살처럼 중심정맥(central vein)에서 방사상으로 퍼지는 많은 간 세포판(cords of hepatocytes)으로 구성되어 있다. 간 세포판은 간세포가 모여 서로 연결되어 있는데, 약 두 개의 세포 두께로 이어져 있고, 세포들 사이에 담세관(bile canaliculi)이 있어서 간세

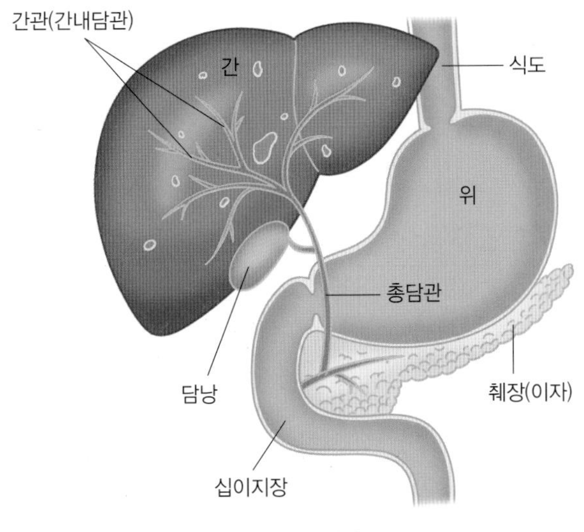

그림 4-1 간의 구조

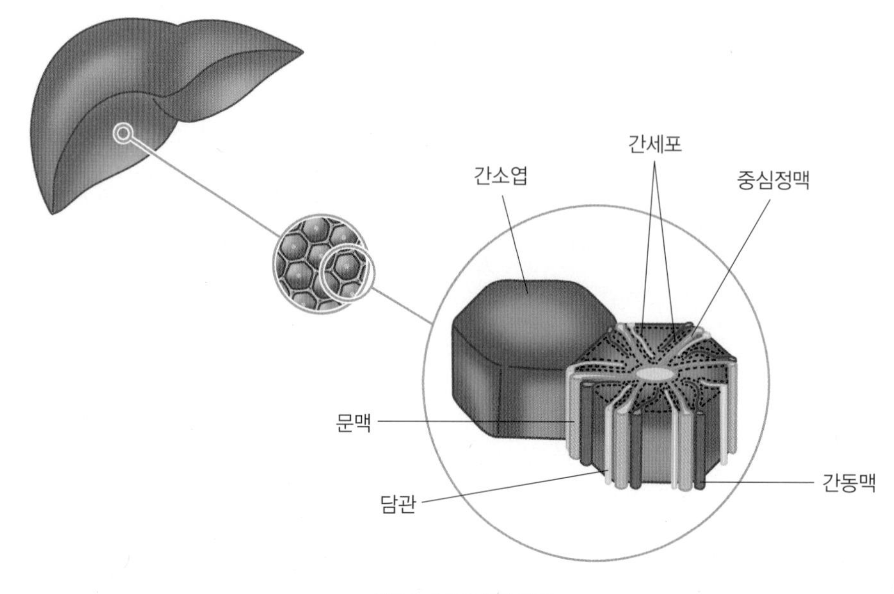

그림 4-2 간소엽의 구조

포에서 만들어진 담즙을 수집해 담관으로 운반한다.

간은 간문맥(hepatic portal vein)과 간동맥(hepatic artery)의 두 곳으로부터 혈액을 공급받는데, 소장에서 흡수한 영양소를 함유하고 있는 간문맥이 간으로 들어오는 혈액의 75%를 차지하고, 산소를 함유한 간동맥이 혈액의 25%를 차지한다 그림 4-3. 간문맥

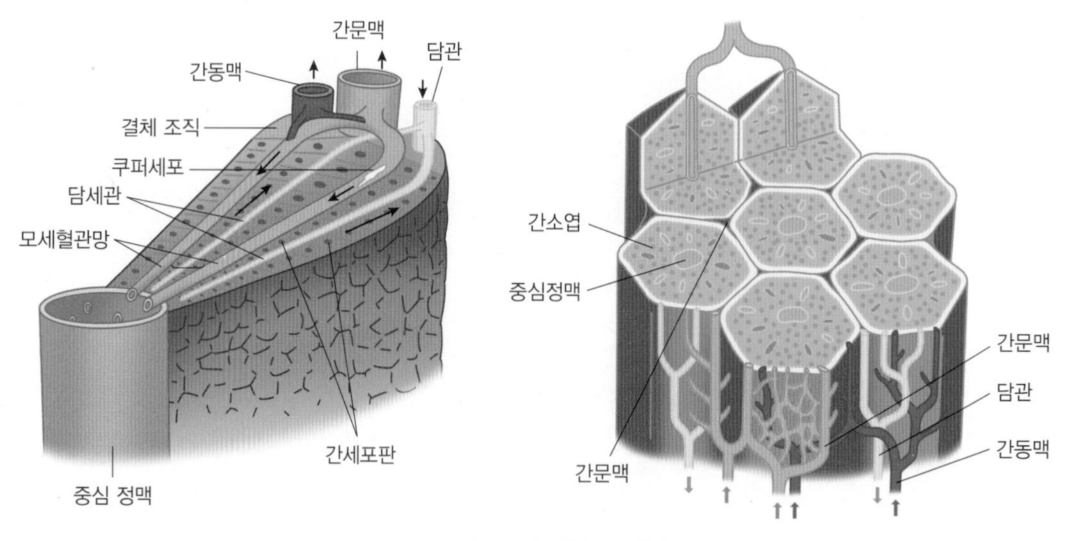

그림 4-3 간소엽과 주변 혈관

으로 들어온 혈액은 간세포판 사이의 모세혈관망(sinusoids)에서 간동맥 혈액과 혼합되어 세정맥인 중심정맥(central vein)으로 들어간다. 간 모세혈관망 벽에서 대식작용을 하는 쿠퍼세포(Kupffer cell)는 박테리아, 손상된 적혈구, 이물질들을 제거하는 작용을 한다. 여러 간소엽의 중심정맥들은 모여서 간정맥(hepatic vein)을 형성하며, 이는 다시 하대정맥으로 연결된다.

2) 간 기능과 검사

간은 500가지 이상의 기능을 갖고 있는데, 이는 간의 특이한 구조와 신체 기관에서의 위치와 관련이 있다. 간이 손상되면 다양한 영양소 대사에 이상이 발생한다.

(1) 영양소 대사

① 탄수화물 대사

문맥을 통해 간에 들어온 단당류는 포도당으로 전환되어 TCA 회로를 통해 산화되고 에너지를 내거나 글리코겐을 합성하는 데 쓰인다. 공복으로 혈당이 감소하면 간은 글리코겐을 분해하거나 포도당 신생 반응을 통해 혈당을 증가시켜 혈당을 조절하는 작용을 한다. 간이 손상되면, 간의 글리코겐 함량이 감소되고, 포도당 신생이 저하되어 저혈당증이 나타날 수 있다.

② 지질 대사

지질 대사의 많은 부분이 간에서 일어난다. 간은 지질 합성과 분해, 케톤산 합성, 지방산 에스테르화, 지방산 산화를 통한 에너지 생산에 관여하고, 콜레스테롤 합성과 분해 및 에스테르화와 지단백질 합성에 관여하며, 지용성 비타민을 저장하는 역할을 한다. 간 손상이 발생하면 간에서의 지방산 산화가 감소하거나 지방산 합성의 증가 또는 합성된 지방을 방출하는 데 필요한 지단백질인 VLDL의 형성이 감소해서 지방이 간에 축적되는 지방간이 생길 수 있다.

③ 단백질 대사

간은 알부민과 글로불린 등의 혈청단백질과 프로트롬빈, 피브리노겐 등의 혈액응고인자를 합성한다. 또한, 간은 글로빈, 아포페리틴, 핵 단백질과 각종 효소 합성에도 관여한다. 간은 단백질 분해에도 관여하며, 분해된 아미노산은 탈아미노 반응을 거쳐 에너지원으로 사용되거나 당신생에 쓰이거나 지방으로 전환될 수 있고, 아미노기는 암모니아를 거쳐 간에서 무독성 형태인 요소로 전환된다. 아미노산은 아미노기 전이 반응을 통해 불필수아미노산으로 전환되기도 한다. 간 손상 시에는 단백질 합성 저하로 저단백혈증(저알부민혈증)이 발생하며, 요소 합성 저하로 혈중 암모니아 농도가 증가한다.

④ 비타민과 무기질 대사

간은 카로틴을 비타민 A로 전환시키고, 비타민 D를 활성 형태인 25-OH D_3로 수산화시키며, 비타민 K의 프로트롬빈 합성에 관여한다. 또한, 판토텐산으로부터 아세틸 CoA를 합성하고, 엽산을 활성 형태인 5-methyl tetrahydrofolic acid(THFA)로 전환시키고, 니아신아미드의 메틸화, 피리독신의 인산화, 티아민의 탈인산화, 조효소 B_{12}의 합성에 관여한다. 무기질 대사와 관여해서 철은 페리틴, 구리는 세룰로플라스민 형태로 간에 저장된다.

(2) 담즙 대사

간은 콜레스테롤을 이용해 매일 600~800mL의 담즙을 만든다. 간은 콜레스테롤의 7-hydroxyl화와 담즙산인 콜릭산(cholic acid)과 키노디옥시콜릭산(chenodeoxycholic acid)으로의 전환에 관여한다. 또한, 헴의 대사산물인 빌리루빈을 다이글루쿠로나이드(diglucuronide)로 바꾸어 담즙색소로 배설한다.

(3) 해독작용

간은 약물, 알코올 등의 대사 과정에서 생긴 독성물질을 산화·환원 과정을 통해 해독한다. 간의 쿠퍼세포는 혈액 속에 들어온 박테리아를 제거하는 작용을 한다.

(4) 간 기능 검사

간 기능 검사는 환자의 간 기능 평가와 관리에 유용하다 표 4-2. 간은 수많은 생화학 기능에 관여하고 있어서, 하나의 검사로 간의 전체 기능을 평가하기는 어렵다.

표 4-1 간 기능의 요약

구분	기능
탄수화물 대사	• 글리코겐 합성, 포도당 신생 합성, TCA 순환을 통한 산화, 글리코겐 분해, 해당작용
지방 대사	• 지질 합성, 지방 분해, 포화/불포화, 케톤산 합성, 지방산 에스테르화, 지방산 산화, 콜레스테롤 합성/분해/에스테르화, 지단백질 합성
단백질 대사	• 혈청단백질, 프로트롬빈, 글로빈, 아포페리틴, 핵단백질, 혈청뮤코단백질의 합성 ; 몇몇 단백질의 펩타이드와 아미노산으로의 분해 ; 요소 합성
효소 대사	• alkaline phosphatase, monoamine oixidase(MAO), acetylcholine esterase, cholesterol esterase, aspartate transaminase(AST), alanine transaminase(ALT) 등의 효소 합성
비타민 대사	• 판토텐산으로부터 아세틸 CoA 합성, 비타민 D의 25-OH D_3로의 수산화, 5-methyl tetrahydrofolic acid(THFA)의 합성, 니아신아미드의 메틸화, 피리독신의 인산화, 티아민의 탈인산화, 조효소 B_{12}의 합성
담즙 대사	• 콜레스테롤의 7-hydroxyl화와 콜릭산과 키노디옥시콜릭산으로의 전환
헴 대사	• 헴의 대사산물인 빌리루빈을 다이글루쿠로나이드로 바꾸어 담즙색소로 배설
저장	• 글리코겐, 지방, 지방산, 지용성 비타민의 저장
기타	• 결합(conjugation), 해독과 분해, 세망내피계(reticuloendothelial system) 활성, 수분 이동 조절, 태아기 조혈작용

출처 : Nelms et al(2016). Nutrition therapy and pathophysiology.

표 4-2 간질환 진단에 사용되는 혈액 검사 항목

검사 항목	정상치	임상적 의미
암모니아	19~60μg	• 간경화, 간부전 시 수치 증가
콜레스테롤 에스터	콜레스테롤의 60~75%	• 담관 폐쇄 시 증가
색소 제거 검사	0~4% 잔류	• 간 손상 시 잔류
알부민	3.5~5g/dL	• 간질환과 염증상태 시 감소
글로불린	1.5~3.8g/dL	• 염증이 있을 때 증가
총 단백질	6~8g/dL	• 간질환과 염증상태 시 감소
프로트롬빈 시간	12.4~14.4초	• 간질환 시 지연
C-reactive protein(CRP)	< 1mg/dL	• 염증이나 질환이 있을 때 증가
Alkaline phosphatase	30~120U/L	• 간질환, 악성 종양, 담관 폐쇄 시 증가 • 골질환이나 뼈 성장 시에도 증가하므로 비특이적
GGT(rGlutamyl transferase)	≤ 30U/L	• 알코올 남용으로 인한 간세포 손상 시 증가
AST(sGOT)	0~35U/L	• 간세포 손상 시 증가되나, 심장과 근육손상 시도 증가하므로 덜 특이적임
ALT(sGPT)	4~36U/L	• 감염성 간염의 간세포 손상 탐지에 매우 민감한 검사. 급성간세포 손상 시 300U/L까지 증가
AST/ALT ratio	1	• 알코올성 간질환 시 대체로 AST/ALT가 2 이상 증가
혈청 총 빌리루빈	≤ 1.5mg/dL	• 간과 담낭질환 시 증가. 황달 증상 보임

출처 : Nelms et al(2016). Nutrition therapy and pathophysiology.

3) 지방간

(1) 원인과 증상

지방간(fatty liver)은 간 조직에 지방이 축적되는 것이다. 정상적인 간에서 중성지방이 차지하는 비율은 3~5%인데, 중성지방 비율이 5% 이상인 경우 지방간이라고 한다 그림 4-4. 지방간은 과음으로 인한 알코올성 지방간과 술과 관계없이 비만, 당뇨병, 고지혈증, 기아로 발생하는 비알코올성 지방간으로 나눌 수 있다.

알코올성 지방간에서는 장기간의 음주가 영양결핍을 초래하고, 간세포에 중성지방을 축적시키며, 알코올 대사산물인 아세트알데히드가 간세포 손상을 촉진시킨다. 만성 음주자의 약 90%에 알코올성 지방간이 있고, 음주를 계속하는 경우 간염을 거쳐 간경변증을 유발하는 경우가 20% 정도 된다.

비알코올성 지방간은 술을 전혀 마시지 않거나 소량만 마시는 데에도 간에 지방이 쌓이는 질환이다. 비알코올성 지방간은 한 가지 질병이라기보다 염증을 동반하지 않는 단순 지방간부터 지방간염, 간경변증에 이르는 다양한 형태의 간질환을 포함한다. 비알코올성 지방간은 일반인은 10~24%, 비만인은 58~74% 정도 발생한다는 보고가 있다.

과음으로 열량 섭취가 많거나 비만이나 고지혈증을 가진 사람이 음식으로 과도한 열량을 계속 섭취하면 지방조직과 간에 지방이 축적된다. 지방뿐 아니라 탄수화물을 과잉 섭취하는 경우에도 간에서 지방산 합성이 증가해 중성지방으로 축적된다. 기아나 당뇨병 상태에서는 지방조직에서 간으로 운반되는 지방량이 증가하지만 간에서의 지방산 산화가 감소해서 지방간이 나타날 수 있다. 또한, 콰시오커 등의 영양불량 상태에서는 콜린, 메티오닌, 레시틴 등의 항지방간 인자가 체내에 부족하고 단백질 섭취 부족으로 인해 간에서 중성지방을 배출하는 통로인 VLDL의 합성이 원활하지 못해 지방간이 생길 수 있다. 단순 지방간은 간경변증으로 진행되지 않는 경우가 대부분이지만, 환자의 10% 정도는 염증이나 섬유화가 동반된 지방간염으로 진행되고, 이후 일부에서 간경변증까지 진행될 수 있다.

지방간은 자각 증상이 거의 없고, 간혹 우상복부 불편감이나 약간의 통증, 전신 쇠약감, 피로를 느낄 수 있고, 간 비대가 흔하게 나타난다. 지방간이 심할 경우 짙은 소변과 엷은 변색이 나타나기도 한다.

지방간의 치료는 알코올성 지방간인 경우 우선 금주하고, 비알코올성 지방간인 경우 원인이 되는 질환(당뇨병, 비만 등)을 먼저 치료하도록 한다. 과체중인 경우 체중을 감량하고, 식사요법을 잘 준수하며, 꾸준히 유산소 운동을 하는 것이 필요하다.

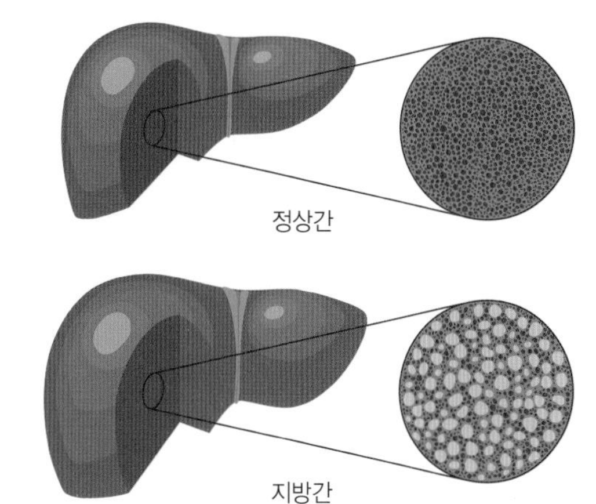

그림 4-4 정상간과 지방간

(2) 지방간의 식사요법

① 적절한 에너지 공급

비만으로 인한 지방간은 체중조절, 식습관과 규칙적인 운동 등을 통해 정상화될 수 있다. 비만인 경우 적절한 목표 체중을 설정하고 이에 맞는 에너지를 공급한다. 한편, 영양불량이 지방간의 원인인 경우에는 고에너지(35~40kcal/kg 체중)의 균형식을 제공한다.

② 양질의 단백질 공급

단백질은 권장량에 맞추어 충분히 공급한다. 영양 불량인 경우에는 양질의 단백질(1~1.5g/kg 체중) 식사를 통해 지방간을 개선한다. 항지방간 인자인 메티오닌, 콜린, 레시틴이 풍부한 식사를 제공한다.

③ 탄수화물은 에너지의 60% 이내

과잉 섭취 시 중성지방 생성이 증가되므로, 총 칼로리의 60% 이내로 공급하고, 단순당 섭취를 제한한다. 특히, 과당은 중성지방으로 전환되기 쉬우므로 많이 섭취하지 않도록 유의한다.

④ 적절한 지방 공급

총 에너지의 20~25% 정도로 제공하고, 고콜레스테롤혈증이 있을 때는 콜레스테롤을 제한한다.

⑤ 금주

알코올은 간 내에 중성지방 생성을 증가시켜 간세포 파괴를 초래하므로 금한다.

4) 간염

간염(hepatitis)은 간에 생기는 염증으로 주로 바이러스에 의해 발생하나 박테리아, 독소, 기생충, 화학약품(클로로포름, 사염화탄소 등) 때문에 발생할 수도 있다. 바이러스 간염의 경우, A형과 E형은 구강-분변 경로를 통해 감염되고 B, C, D형은 혈액이나 성접촉 등을 통해 비경구적으로 감염된다 표 4-3.

(1) 원인과 증상

① A형 간염

A형 간염 바이러스는 구강-분변 경로를 통해 전파된다. 음용수, 음식, 하수 등이 오염원이고, 예방 백신이 있다. A형 간염은 급성 간염으로만 나타나서, 증상이 보통 2달 이내이지만 6개월까지 지속되기도 한다. 특별한 치료법은 없고 휴식, 충분한 영양, 수분 섭취가 권장되며, 드물게 입원치료가 필요한 경우도 있다.

② B형 간염

B형 간염은 우리나라에서 가장 많은 간염으로 전체 인구의 3~4%가 감염되어 있고, 환자 수가 약 40만 명으로 추산된다. 해마다 2만 명 정도가 간질환으로 사망하는데, 그중 B형 간염으로 인한 비율이 50~70% 되는 것으로 보고 있다.

B형 간염은 혈액이나 체액을 통한 비경구적 방법으로 전파되는데, 우리나라의 경우 어머니와 신생아 사이의 수직감염(주산기 감염)이 거의 대부분을 차지하며, 성관계를 통한 전파, B형 간염 바이러스에 감염된 혈액에 피부나 점막이 노출되어 감염되는 경우 등이 있다. B형 간염은 예방 백신이 있으며, B형 바이러스 보유자인 산모의 신생아에게 출생 후 12시간 이내에 B형 간염 백신과 면역글로불린을 주사하면 90%의 신생아에서 주산기 감염이 예방된다. 아버지나 형제, 자매가 바이러스 보유자인 경우에도 가족 간 전염 가능성이 있으므로 예방 접종이 꼭 필요하다.

B형 간염은 급성과 만성의 두 형태로 나타나는데, 6개월 이상 간염이 지속되어 염증과 괴사가 진행되는 경우 만성 간염이라고 한다. 만성화되는 비율은 감염된 시기에 따라 차이가 있어서, 주산기 감염은 90%, 유년기 감염은 20~50%, 성인기 감염은 5% 정도만 만성 간염으로 진행된다. 만성 B형 간염에서 간경변증으로 진행되는 5년 누적 발생률은 23% 정도이다. 간경변이 있는 만성 간염 바이러스 보유자의 경우 2~3%, 간경변이 없는 경우 1% 미만에서 이후에 간암이 발생할 수 있다.

③ C형 간염

C형 간염은 C형 바이러스에 감염된 환자의 혈액이나 체액이 정상인의 상처난 피부나 점막을 통해 전파된다. 면도기, 칫솔, 손톱깎이 등을 환자와 같이 사용하거나 비위생적인 피어싱, 침술 등의 시술을 통해서도 전염되고, 드물지만 감염된 산모를 통해 신생아에게 전염되는 경우도 있다. C형 간염의 경우 B형 간염과 달리 아직 예방 백신이 없어서 예방하기가 어렵다. 급성 C형 간염은 초기에 증상이 거의 없고, 한 번 감염되면 60~80%가 만성 간염으로 진행된다. 만성 C형 간염 환자의 약 20~30%가 이후 간경화로 진행된다. 우리나라는 국민의 약 1%가 C형 간염 바이러스 보유자로 추정되며, 전체 만성 간질환의 10~15%가 C형 간염 바이러스에 의해 발생한다.

④ D형과 E형 간염

D형 바이러스는 복제를 위해 B형 바이러스가 필요하다. 따라서 D형 바이러스에 감염되려면 먼저 B형 바이러스에 감염이 되어야 하고, 바이러스의 전파는 감염된 혈액으로부터 유래된다. E형의 경우 음용수나 음식을 통해 전파되며, 주로 급성감염만 나타난다.

표 4-3 바이러스성 간염의 원인

구분	A형 간염	B형 간염	C형 간염	D형 간염	E형 간염
감염 종류	급성	급성/만성	급성/만성	급성/만성	급성
감염 경로	대변, 구강	비경구적(혈액이나 체액, 성 접촉)	비경구적(혈액이나 체액, 성 접촉)	비경구적	대변, 구강

출처 : 질병관리본부 국가건강정보포털.

간염의 흔한 임상 증상으로는 황달, 짙은 소변색, 거식증, 피로, 두통, 메스꺼움, 구토, 발열 등이 있다. 간이 비대해지고(hepatomegaly), 비장이 비대해지기도 한다(splenomegaly). 일반적으로 빌리루빈, 알칼린 포스파타아제, 혈청 AST가 증가한다.

급성 간염을 단계별로 보면, 발병 초기 단계에 25% 정도의 환자에서만 발열, 발진이 나타나고, 황달전기(황달이 나타나기 1~2주 전)에 피로감, 근육통, 식욕부진 등이 있고, 황달기는 4~6주 정도로 체중 감소, 진한 갈색 소변, 피부나 눈 흰자 부분의 노란 착색 등이 나타난다. 그 후 회복기에 증상이 가라앉고, 2~6개월 이내에 회복된다. 급성 간염이 치료되지 않고 6개월 이상 지속되면 만성 간염으로 진단한다.

만성 간염의 증상은 무증상부터 만성쇠약성 질환이나 말기 간부전까지 다양하다. 염증은 있지만 증상은 사라져 일상에 지장이 없는 경우가 많고, 일부에서는 무기력함과 만성 피로를 경험하며, 심하게 진행된 경우에는 황달이 발생한다.

알 아 두 기

황달(jaundice)

혈색소가 체내에서 분해되는 과정에서 생성되는 황색의 빌리루빈이 몸에 필요 이상으로 과다하게 쌓여 눈의 흰자위, 피부, 점막 등에 노랗게 착색되는 것을 말한다. 빌리루빈은 보통 간에서 해독작용을 거친 후 담즙으로 배설된다. 황달이 발생했을 때 가장 먼저 나타나는 증상은 혈액에 넘치는 빌리루빈이 소변으로 배설되어 소변 색깔이 짙어지는 것이다. 이후 피부에 색소침착이 시작되어 눈의 흰자위가 황색으로 변한다. 황달 시 대변 색이 연해지기도 하는데, 이는 담즙의 배출 통로가 막혀 담즙이 대변에 섞여 나오지 않기 때문이다.

(2) 식사요법

간염의 주된 영양 문제는 불충분한 영양섭취로 인한 체중 감소와 영양결핍이다. 식사요법의 주된 목적은 간 재생에 필요한 영양소를 충분히 공급해서 간을 잘 보호하는 것이다. 영양공급과 수분 보충을 잘 하고, 간이 더 이상 손상되지 않도록 음주를 피하며, 충분히 쉬는 것이 필요하다. 식욕이 없는 경우 조금씩 자주 먹는 것이 효과적이다.

① 급성 간염의 식사요법

급성 간염 초기에 구토와 오심으로 식사가 어려울 때는 정맥영양이나 경관 급식을 시행한다. 이후 미음, 맑은 국물, 신선한 과즙, 경구 영양보충액 등의 유동식을 소량으로 자주 급식하다가 환자 상태가 호전되면 연식으로 전환하고, 이후 상식으로 변경해서 급식한다.

- **충분한 에너지 공급** 에너지는 35~45kcal/kg 체중으로 1일 2,400~2,700kcal를 공급한다.
- **고단백식** 급성 간염의 회복기에는 단백질을 1.5~2.0g/kg 체중(100~150g/일)으로 공급해서 간세포의 재생을 돕고 지방간을 예방한다. 식이 단백질 중 50% 이상을 양질의 동물성 단백질로 제공한다. 또한 지방 함량이 적은 단백질 식품(살코기, 생선, 유제품, 달걀, 두부, 쇠간, 닭간 등)을 부드럽게 조리해 제공한다.
- **적정량의 탄수화물 공급** 1일 300~400g(에너지의 50~60%) 정도의 탄수화물을 공급해서 간의 글리코겐 저장량을 증가시켜 간세포 단백질이 에너지로 소모되지 않도록 한다.
- **저지방에서 중지방식** 급성 간염 초기에는 소화가 어려우므로 지방 섭취를 제한하지만 증상이 완화되면 고에너지 섭취를 충족하도록 지방을 보통 수준(50~60g)으로 공급한다. 담즙 이용이 원활하지 못하므로 유화지방인 우유, 버터, 치즈, 난황 등을 자주 이용한다.
- **충분한 비타민·무기질 공급** 대사이상과 저장능력 감소로 비타민 필요량이 증가하므로 수용성과 지용성 비타민을 모두 충분히 공급하고 필요한 경우 보충제로 제공한다. 필요에 따라 칼슘, 아연, 칼륨 등의 무기질도 적절히 보충한다.
- **무자극식** 자극적인 음식은 간세포의 염증을 자극하므로 음식을 담백하게 제공한다.
- **금주** 알코올 음료는 최소 급성기 6개월 동안 금한다.

표 4-4 급성 간염식의 1일 영양소 구성 예시

에너지(kcal)	당질(g)	단백질(g)	지방(g)	C:P:F(%)
2,400	336	120	64	56:20:24

표 4-5 급성 간염식의 1일 식품구성 예시(2,400kcal)

식품군	곡류군	어·육류군		채소군	지방군	우유군	과일군
		저지방군	중지방군				
교환단위	12	5	4	7	5	2	1

표 4-6 급성 간염식의 1일 식단 예시(2,400kcal)

	아침	간식	점심	간식	저녁
식단	밥 북어포무국 연두부찜 치킨가스 브로콜리볶음 배추김치	우유 사과	밥 맑은육개장 불고기 고등어구이 가지찜나물 총각김치	호상요구르트	밥 배추된장국 돈육간장구이 코다리조림 팽이버섯볶음 열무김치

② 만성 간염의 식사요법

- **충분한 에너지 공급** 정상체중을 유지하는 정도로 에너지(2,000~2,500kcal)를 공급한다.
- **양질의 중단백식** 만성 간염의 경우 1.0~1.5g/kg 체중(80~100g/일)으로 양질의 단백질을 공급해서 간세포의 재생을 돕고, 지방간을 예방한다.
- **적정량의 탄수화물** 1일 300~400g 정도의 탄수화물로 간 글리코겐 저장량을 증가시켜 간세포 단백질이 에너지로 소모되지 않도록 한다.
- **중지방식** 지방 섭취는 급성 간염과 마찬가지로 보통 수준(50~60g)으로 공급한다.
- **풍부한 비타민·무기질 공급** 신선한 채소와 과일을 많이 활용하고, 필요한 경우 비타민 보충제를 활용한다.

5) 간경변증

(1) 원인과 증상

간경변(liver cirrhosis)은 간염 바이러스나 알코올 등에 의해 생긴 간염이 장기간 지속되면서 간세포가 파괴되어 섬유화가 진행되고, 재생결절(regenerative nodules, 작은 덩어

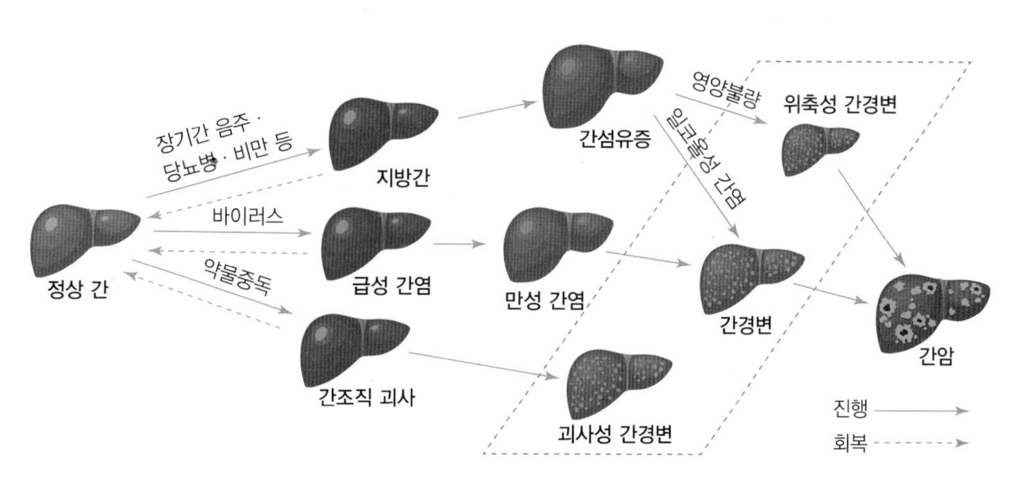

그림 4-5 간질환의 진행 단계
출처 : 구재옥 외(2017). 식사요법. 교문사.

리)들이 생기면서 간의 점진적인 기능 저하가 발생한 상태이다. 간 섬유화(fibrosis)로 인해 말랑말랑했던 간조직이 돌덩이처럼 딱딱하게 경변화되어 간으로 흐르는 혈액 흐름이 막히면서 간 기능이 소실된다. 우리나라 간경변증의 70~80%는 B형 간염, 10~15%는 C형 간염, 나머지 10~15%는 알코올 과다 섭취와 그 밖의 원인으로 발생한다.

만성 간염, 과도한 음주, 비알코올성 지방간 외에 자가면역질환(예 류마티스관절염, 만성염증성 장질환, 사구체신염, 용혈성 빈혈 등), 혈색소 침착증과 철분 과다, 유전성 질환(예 낭포성 섬유증, 갈락토오스혈증, 윌슨씨병, 글리코겐축적 질환), 기생충, 약물, 중금속 등도 간경변의 원인이 될 수 있다. 그림 4-5는 간질환의 진행단계를 그림으로 나타낸 것이다.

간경변의 증상은 병의 진행 정도에 따라 다양하게 나타난다 그림 4-6. 초기에는 만성 피로, 식욕부진, 소화불량, 복부 불쾌감 등의 비특이적인 증상만 나타나다가, 후기에는 눈과 피부에 황달이 생기거나, 피부에 거미 모양 혈관종, 손바닥에 홍반이 생길 수 있다. 간경변으로 인한 간 기능 저하는 간뿐만 아니라 소화기, 순환기, 내분비 계통에 영향을 미친다. 지방변과 함께 영양실조가 흔하고, 비타민과 무기질 결핍으로 헤마토크릿과 헤모글로빈 수치가 감소할 수 있다. 비타민 K 흡수율 감소와 혈액응고인자 합성 부족으로 타박상과 출혈이 나타날 수 있다. 간의 호르몬 대사 이상으로 남성은 유방이 커지거나 고환이 작아질 수 있고, 여성은 생리가 불규칙해질 수 있다.

간경변이 심해지면 문맥 고혈압, 정맥류 출혈, 복수와 부종, 간성뇌증, 세균성 복막염, 간신장 증후군(hepatorenal syndrome), 골다공증, 당뇨병, 간암 등의 합병증이 발생할 수 있다. 간경변 시 섬유화된 조직과 비정상적인 결절이 문맥 고혈압을 일으키고, 혈액이 간으로 잘 들어가지 못해 식도나 위 주변의 작은 혈관으로 우회하면서 이들 혈관이 매우 확장되는 정맥류가 생기며, 정맥류 출혈 시 쇼크나 간성혼수의 원인이 될 수 있다. 복수는 복강 안에 체액이 정체되는 것으로 호흡을 힘들게 하고 배뇨, 배변 기능을 감소시키며, 급성 세균성 복막염이 발생해 생명을 위협할 수 있다. 간신장증후군(hepatorenal syndrome)은 만성 간질환에서 간의 혈류가 변경될 때 이에 반응해 신장이 혈류를 줄여서 신부전이 발생하는 것을 말한다.

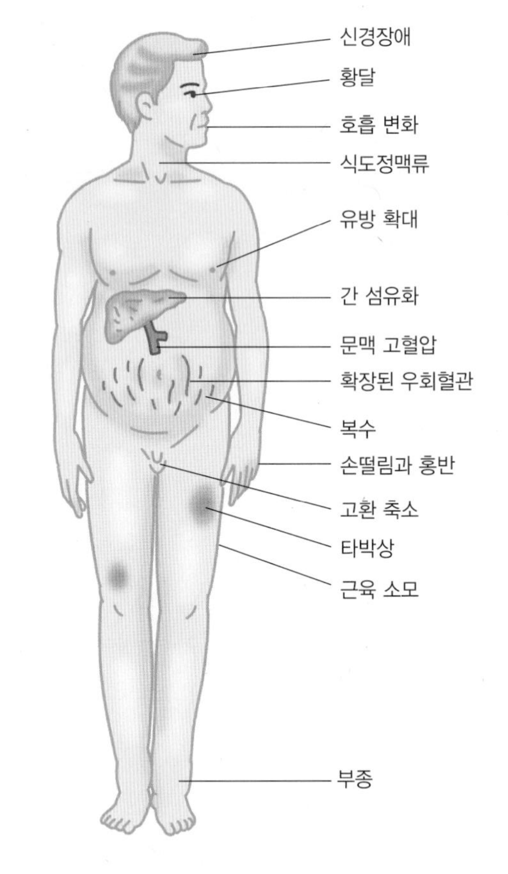

그림 4-6 간경변의 임상증상

초기 간경변 환자는 10년 이내에 정맥류가 나타날 확률이 25% 정도이고, 복수가 찰 확률은 50%이다. 식도정맥류 출혈, 복수, 간성혼수 등의 합병증이 발생하면 4년 생존율이 20~40% 정도여서 진행된 간경변증에서는 간이식을 고려할 수 있다.

(2) 간경변증의 식사요법

간경변 시 주된 의학적 치료는 금주와 영양 치료이다. 단백질-칼로리 영양 결핍 등 증상이 심한 경우 경장 영양도 고려하며, 식도정맥류가 있을 때는 출혈 위험을 막기 위해 부드러운 무자극 식사가 권장된다. 간경변 환자의 경우 부종과 복수 때문에 건조 체중(dry weight)을 측정할 수 없고, 전기저항을 통한 체지방 계측도 정확하지 않을 수 있어서

알 아 두 기

정맥류

문맥 혈압이 높아져 혈액이 간으로 들어가지 못하고, 위와 식도 주변의 압력이 낮은 작은 혈관을 따라 우회하면서 가느다란 혈관이 몇 십 배, 몇 백 배 확장되고, 일부는 식도 내로 돌출되어 정맥류를 형성한다. 식도 정맥류는 간경변 환자의 약 40%에서 발견되며 중증환자에서는 80% 정도 관찰된다. 정맥류는 혈관 내부 압력이 높고, 혈관벽이 얇고 꽈리처럼 부풀고 꼬여 있어서 파열과 출혈의 위험이 매우 높다. 이로 인해 피를 토하거나 검은 혈변이 나올 수 있다. 출혈 시 간경변으로 인한 비타민 K 감소와 혈소판 감소로 혈액 응고가 원활하지 않아 지혈이 어렵고 쇼크, 간성혼수, 심한 경우 사망의 원인이 될 수 있다.

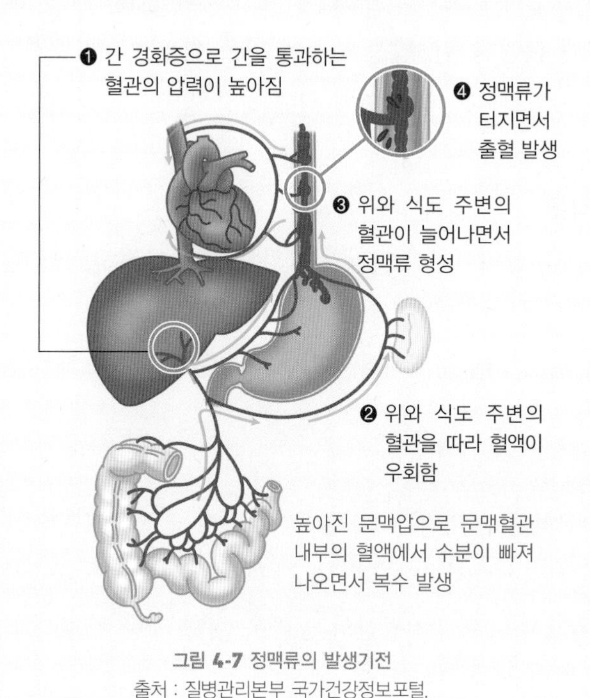

그림 4-7 정맥류의 발생기전
출처 : 질병관리본부 국가건강정보포털.

신체 계측과 생화학 판정 방법들이 적합하지 않을 수 있다.

간경변 환자에서 복수가 차는 것은 지나친 소금과 수분 섭취와 관련이 있고, 식도정맥류가 있으면 삼키는 것이 어려워 음식물 섭취가 불충분할 수 있다. 간성뇌증은 지나친 단백질 섭취 및 아미노산 섭취 불균형과 관련이 있고, 간신장 증후군은 지나친 염분 섭취와 관련이 있다.

① 충분한 에너지 공급

간경변 시 칼로리 권장량은 30~35kcal/kg 건조체중 또는 기초에너지 대사량의 1.2~1.5배로 산정한다. 감염이나 패혈증 같은 심한 스트레스 시에는 40kcal/kg 건조체중으로 에너지 공급을 증가시킨다.

② 양질의 중단백식

단백질은 1.0~1.5g/kg 건조체중으로 충분히 공급한다. 말기 간질환 환자는 영양실조가 흔하므로 단백질을 심하게 제한하면 체단백이 분해되어 암모니아 수치가 올라가므로 저단백식을 권장하지 않는다. 단, 간성 뇌증이 있을 때에는 저단백식(0.5~0.75g/kg)을 제공하고 영양실조가 악화되는 것을 막기 위해 경장 영양이 요구된다.

③ 적정량의 탄수화물

간경변 환자는 간 내 글리코겐의 저장과 합성이 모두 부족하므로 하루 300~400g의 충분한 탄수화물 섭취가 권장된다. 당뇨병이 있는 간경변 환자의 경우 하루 식사 횟수를 늘려서 탄수화물을 나누어 분배해서 저혈당과 고혈당을 최소화한다.

④ 중지방식

지방으로부터 섭취하는 에너지는 20~30% 정도로 권장하고, 지방변이나 황달이 있는 경우에는 유화지방이나 중간사슬지방(MCT)을 활용한다. 단, 중간사슬지방은 필수지방산을 함유하지 않으므로 필수지방산의 공급을 위해 지방 칼로리의 10%는 장쇄지방산(LCFA)으로 공급한다.

⑤ 복수가 있으면 나트륨 제한

복수가 있으면 나트륨을 하루 2g 이내로 제한하고 수분 제한도 병행해서 복수와 수분과다를 막는다. 복수와 부종이 심할 경우 나트륨을 1g 이하로 제한할 수 있다.

⑥ 비타민·무기질 보충

비타민 흡수율이 감소하고 저장량이 부족하므로 복합 비타민·무기질 보충제의 사용이 요구된다.

표 4-7 간경변증식의 1일 영양소 구성 예시

에너지(kcal)	당질(g)	단백질(g)	지방(g)	나트륨(mg)	C:P:F(%)
2,300	350	103	54	2,000~5,000	61:18:21

표 4-8 간경변증식의 1일 식품구성 예시(2,300kcal)

식품군	곡류군	어·육류군		채소군	지방군	우유군	과일군
		저지방군	중지방군				
교환단위	13	3	4	7	4	1	2

표 4-9 간경변증식의 1일 식단 예시(2,300kcal)

	아침	간식	점심	간식	저녁
식단	밥 북어포무국 달걀말이 치킨가스 브로콜리볶음 저염김치	사과	밥 맑은애호박국 불고기 고등어구이 가지전 저염김치	우유	밥 배추된장국 돈육간장구이 코다리조림 팽이버섯볶음 저염김치

6) 간성뇌증

(1) 원인과 증상

간질환이 더 진행되면 중추신경계 기능에 이상이 생기는 간성뇌증(hepatic encephalopathy, 간성혼수)이 발생한다. 중추신경계 기능 변화로는 인격, 행동, 지적 능력, 운동기능의 변화를 포함한다. 초기에는 기억력이 감소하고 반응이 느리며 집중력이 떨어지지만, 말기에는 의식 저하 정도에 따라 착란, 혼수, 사망에까지 이를 수 있다. 간성뇌증은 증상이 다양하고 심한 정도의 차이도 큰데, 간경변 환자의 22~74%에서 나타난다고 알려져 있다. 간성뇌증 환자의 1년 생존율은 약 20~42%로 보고되고 있다.

간성혼수는 간 기능 부실로 아미노산 분해 시 발생하는 암모니아가 요소 회로를 통해 요소로 전환되지 못하고 혈액 중에 농도가 증가해 뇌에 신경 독성을 유발해서 나타난다고 보고 있다. 또 다른 원인으로는 간의 아미노산 대사 이상으로 뇌조직에 방향족 아미노산(aromatic amino acid, AAA)이 분지아미노산(branched chain amino acid,

표 4-10 간성뇌증의 단계

단계	증상
0	정상
1	지나치게 졸려하거나 불면증, 상황에 맞지 않는 행복감, 불안, 집중을 하지 못함, 안절부절함
2	기운이 없음, 사람이나 장소, 시간을 헷갈려 함, 부적절한 행동, 발음이 어눌해짐, 손발이 휘청거리거나 떨림
3	사람을 잘 알아보지 못하고 장소와 시간을 모름, 계속 의식이 없음, 아플 정도로 자극을 해야만 눈을 뜸
4	아프도록 자극을 해도 반응을 하지 않는 혼수 상태

출처 : 대한간학회. 간 건강백서.

BCAA)보다 많이 유입되어 뇌의 신경전달물질 형성에 영향을 주기 때문으로 보고 있다. 평상시 방향족 아미노산(트립토판, 페닐알라닌, 타이로신 등) 대사는 주로 간에서 일어나고 혈액으로 나가지 않아 혈중 농도가 낮고, 분지 아미노산(류신, 이소류신, 발린)은 근육의 분지아미노산 분해효소 활성이 간보다 80배 정도 높아서 분지 아미노산이 혈액을 통해 근육으로 활발하게 운반되므로 혈액 중의 농도가 높다. 한편, 간이 손상되면 간 기능이 원활하지 못해서 혈액의 분지아미노산 농도가 낮아지고 반면 혈액의 방향족 아미노산 비율은 올라간다. 따라서 혈액에 증가된 방향족 아미노산이 암모니아와 결합해 비정상적인 신경전달물질(false neurotransmitters)을 형성해 뇌신경장애를 일으킨다고 보고 있다.

(2) 간성뇌증의 식사요법

적절한 영양 상태를 유지해서 간성 뇌증을 예방하고 완화시키는 데 목적이 있다.

① 충분한 에너지 공급

체단백이 에너지로 이용되는 것을 막기 위해 충분한 칼로리 섭취가 필요하나 식욕 부진과 졸음으로 충분한 칼로리 섭취가 어렵다는 문제가 있다.

② 우유와 식물성 단백질 위주의 저단백식

질소 평형을 유지할 만큼의 단백질 섭취는 필수적이다. 간성 뇌증 초기에는 0.25~0.75g/kg 건조체중으로 단백질을 제한할 수 있으나, 근육 조직의 이화를 막기 위해 1일 35~50g보다 적게 주어서는 안 된다. 우유와 식물성 단백질(콩, 두부 등)은 육류보다 분지아미노산은 많고 암모니아, 메티오닌, 방향족 아미노산은 적어서 간성뇌증환자에게 더 바람직하다.

③ 비타민과 무기질 보충

1일 50g 이하로 단백질 제한 시 칼슘, 철, 비타민 B_1, B_2, 니아신, 엽산이 권장량보다 부족해지므로 보충제를 공급한다.

알 아 두 기

- 분지 아미노산이 많이 함유된 식품 : 밥, 식빵, 국수, 고구마, 토란, 두부, 우유, 호박, 당근, 시금치, 양배추, 오이, 강낭콩 등
- 방향족 아미노산이 많이 함유된 식품 : 육류, 동물 내장, 간, 어패류, 햄, 소시지 등

표 4-11 간성뇌증식의 1일 영양소 구성 예시

에너지(kcal)	당질(g)	단백질(g)	지방(g)	나트륨(mg)	C:P:F(%)
2,100	368	47	50	2,000	70:9:21

표 4-12 간성뇌증식의 1일 식품구성 예시(2,100kcal)

식품군	곡류군	어·육류군		채소군	지방군	우유군	과일군	열량 보충군*
		저지방군	중지방군					
교환단위	10	1	1	7	6	0.5	3	3

*열량보충군 1단위 : 사탕 25g, 젤리 30g

표 4-13 간성뇌증식의 1일 식단 예시(2,100kcal)

	아침	간식	점심	간식	저녁
식단	밥 치킨가스 브로콜리무침 고구마순볶음 저염김치	사과 토스트 + 잼	밥 갈치튀김 팽이버섯볶음 미나리나물 저염김치	요구르트 황도통조림 사탕	밥 당근전 쪽파무침 저염김치

알 아 두 기

간질환의 종류별 영양기준량

간질환의 종류에 따라 단백질 권장량에 차이가 있다. 급성 간염인 경우 체중 kg당 1.5~2.0g의 단백질 섭취를 권장하고, 만성 간염과 간경변인 경우에는 1.0~1.5g/kg, 그리고 간성뇌증의 경우에는 0.5~0.75g/kg의 단백질 섭취를 권장한다.

표 4-14 간질환의 종류별 영양기준량

	간염	간경변	간성뇌증
영양 목표	• 충분한 칼로리와 단백질 공급 • 간세포 재생 촉진 • 체중 감소 방지	• 적절한 칼로리와 영양소 공급 • 간세포 재생 촉진 • 합병증 방지	• 혈중 암모니아 수준을 낮추도록 단백질 제한 • 저혈당 예방 • 체조직의 이화 방지
열량	• 35~40kcal/kg	• 30~35kcal/kg	• 30kcal/kg
단백질	• 1.5~2.0g/kg(급성) • 1.0~1.5g/kg(만성)	• 1.0~1.5g/kg 또는 60~100g/day	• 0.5~0.75g/kg 또는 35~50g/day
당질	• 300~400g/day	• 300~400g/day	• 300g/day 전후
지방	• 급성 초기에 제한 • 황달 시 20g 이하로 제한 • 50~60g	• 50~60g	• 40~50g
나트륨과 수분	• 복수나 부종이 있으면 나트륨 2g 이하로 제한	• 복수가 있을 경우 나트륨(1~2g/day)과 수분 제한	• 복수가 있을 경우 나트륨(1~2g/day)과 수분 제한
기타	• 식욕부진 시 소량씩 자주 공급하거나 경관급식 고려	• 식도정맥류 있으면 무자극성 식사	• 분지 아미노산이 많은 유제품과 식물성 식품 이용

7) 알코올성 간질환

(1) 원인과 증상

과도한 알코올 섭취는 간세포에 지방을 축적시키고, 알코올의 대사산물은 간세포를 손상시킨다. 음주를 자주 하면 손상된 간세포가 재생될 시간이 부족하고, 체내에 영양 부족 상태가 초래되어 간질환으로 진행된다. 알코올성 간질환(alcoholic liver disease, ALD)에는 지방간, 알코올성 간염, 간경변증이 있다. 알코올성 간질환 발생은 성별, 유전 요인, 영양 상태에 따라 차이가 있는데, 여성이거나 영양 상태가 나쁘거나 바이러스 간염 환

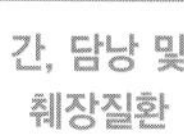

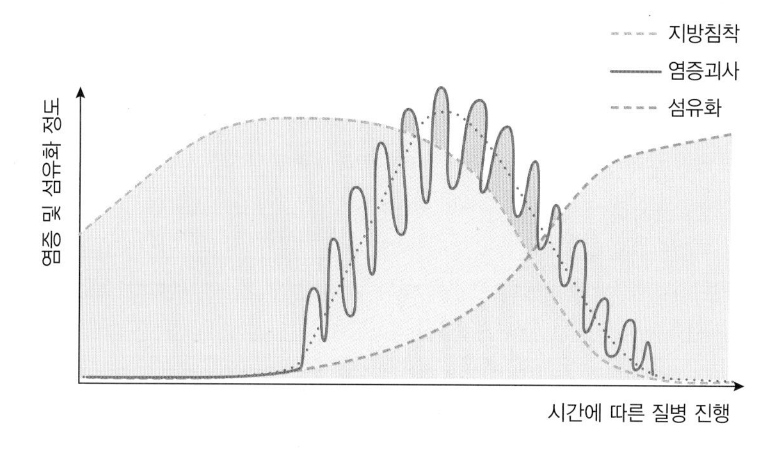

그림 4-8 시간에 따른 알코올성 간질환의 진행
출처 : 대한간학회(2018). 간질환 바로 알기.

자의 경우 소량의 알코올 섭취로도 심한 간손상이 유발될 수 있다. 지방간은 금주 시 쉽게 정상으로 회복될 수 있지만 알코올성 간염과 간경화로 진전된 경우에는 생명을 위협할 수 있다. 습관성 음주자의 경우 대부분 알코올성 지방간이 있고 음주를 계속하면 20~30%에서 알코올성 간염이 유발되며, 지속되면 10% 정도에서 간경변증으로 진행된다.

알코올성 지방간은 별 증상이 없는 경우가 많고, 우상복부 불편감이나 피로를 느낄 수 있다. 혈액 검사에서 간 기능이 정상이거나 약간의 이상을 보이며, 초음파에서 지방침착으로 인해 정상 간보다 하얗게 보인다.

알코올성 간염은 지방만 축적되는 지방간과 달리 간세포가 파괴되고 염증 반응이 동반된 상태이다. 우상복부 통증, 발열, 황달이 나타날 수 있고, 때로 복수가 차며, 문맥고혈압성 출혈, 간성뇌증을 보이기도 한다. 다른 간염과 달리 알코올성 간염 시에는 혈청 AST/ALT 수치가 증가하고, C-반응성 단백질 수치도 증가한다. 금주 시 회복이 가능하지만 음주를 계속하면 간경변으로 진행된다.

알코올성 간경변은 간세포의 염증과 섬유화 및 괴사가 나타나는 상태이다. 증상이 심해지면 복수가 차고, 식도정맥류가 커지다가 파열해 심한 출혈이 유발되고, 혈액 응고에 이상이 생기거나 뇌와 신장 기능에 영향을 미칠 수 있고 회복되기 어렵다. 알코올성 간경변 환자의 5~15%에서 간세포암이 발생한다.

알 아 두 기

술 한 잔에 함유되어 있는 알코올의 양

술의 주성분은 물과 알코올로 알코올은 1g당 7 kcal의 높은 열량을 내지만, 다른 영양소를 함유하지 않아서 장기간의 음주는 오히려 체내에 영양 결핍을 초래한다. 술 종류에 따라 알코올 농도가 다른데, 술에 함유되어 있는 알코올의 양(g)은 알코올 농도와 섭취하는 술의 용량을 곱하고, 여기에 알코올의 비중인 0.8을 곱해서 구한다. 즉, 맥주 300mL에 함유된 알코올의 양은 0.045(4.5%) × 300mL × 0.8 = 10.8g이다.

간은 보통 한 시간에 체중 1kg당 0.1g의 알코올을 대사할 수 있다. 간에 무리를 주지 않을 것으로 생각되는 성인의 1회 음주량은 남성은 알코올 20g(약 2잔), 여성과 노인은 이보다 적은 10g(약 1잔)으로 보고 있다. 알코올성 간질환이 있는 경우에는 금주가 필요하다.

표 4-15 술의 종류별 알코올 함량

술의 종류	맥주	와인	소주	위스키
알코올 농도(%)	4.5%	13%	20%	45%
술 한 잔의 양(mL)	300cc	100cc	50cc	30cc
술 한 잔에 함유되어 있는 알코올의 양(g)	10.8g	10.4g	8g	10.8g

*알코올 함량(g) = [알코올 농도(%) × 섭취량(mL) × 알코올 비중 0.8] × 100

알 아 두 기

알코올 대사

간의 알코올 산화는 3가지 경로로 이루어진다. 간 세포질은 알코올 탈수소효소(alcohol dehydrogenase, ADH) 경로를 사용해 대부분의 알코올을 대사하고, 그 밖에 간 소포체(endoplasmic reticulum)는 마이크로솜 에탄올 산화체계(microsomal ethanol oxidizing system, MEOS), 과산화소체(peroxisome)는 카탈라아제(catalase)를 이용해 에탄올을 대사할 수 있다.

알코올은 알코올 탈수소효소에 의해 독성 대사물인 아세트알데히드로 바뀌고, 생성된 아세트알데히드는 미토콘드리아에서 아세트알데히드 탈수소효소에 의해 아세테이트로 전환된 후, 아세틸 CoA로 바뀌어 TCA 회로로 들어가 에너지 산출에 사용된다. 알코올 탈수소효소(ADH)의 작용으로 과량의 NADH가 생성되면, NADH를 생성하는 TCA 회로가 억제되면서 대신 지방산과 중성지방 합성이 증가해 간에 지방이 축적된다.

만성으로 알코올을 섭취하는 경우 마이크로솜 에탄올 산화체계가 활성화되어 알코올 대사의 1/5 정도를 감당한다. 마이크로솜 에탄올 산화체계에서는 산소와 NADPH를 소모해서 에너지를 생성하는 대신 에너지를 소모하는 역할을 한다.

술을 조금만 마셔도 얼굴이 빨갛게 되고 두통, 빈맥, 구역질이 나는 사람은 아세트알데히드를 아세테이트로 대사하는 아세트알데히드 탈수소효소의 활성이 다른 사람보다 낮아서 체내에 아세트알데히드가 빠른 속도로 축적되기 때문에 나타나는 현상이다. 이런 경우 다른 사람들보다 더 쉽게 알코올성 간질환이 발생할 수 있으므로 술을 피하는 것이 바람직하다.

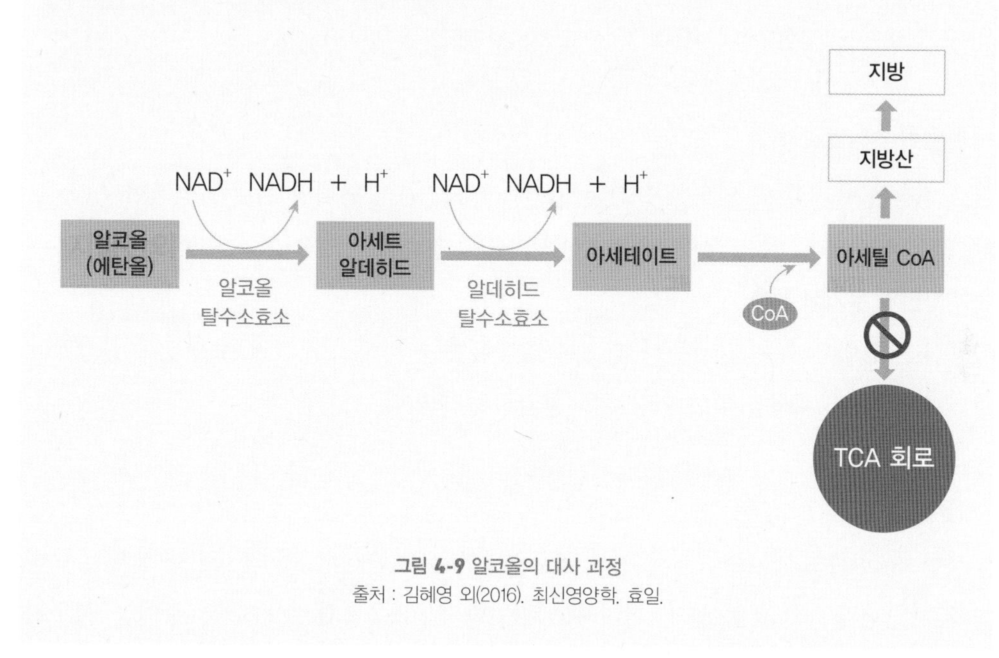

그림 4-9 알코올의 대사 과정
출처 : 김혜영 외(2016). 최신영양학. 효일.

(2) 알코올성 간질환의 식사요법

식사는 부실하면서 만성적으로 알코올을 섭취하면 영양실조가 병행되어 간질환이 악화된다. 만성 알코올 섭취 시 많이 방출되는 염증성 사이토카인인 종양괴사인자(TNF) 등은 산화스트레스와 간세포 손상을 유도해 간질환을 악화시킨다. 음주로 인해 생긴 위, 췌장 및 소장의 염증으로 인해 음식물 소화·흡수에 장애가 생겨 2차적인 영양실조도 발생한다. 특히 췌장 소화효소와 장운반체가 감소하고, 담즙염의 분비 감소로 지용성 비타민, 티아민, 엽산 흡수에 장애가 생긴다. 알코올과 아세트알데히드는 간 독성이 있어서 간세포의 비타민 대사와 활성을 방해한다. 알코올 대사를 위해 비타민 B군과 마그네슘 요구량이 증가하고, 소변으로의 비타민 A, 엽산, 피리독신 배설량도 증가한다.

알코올성 간질환 시 흔히 에너지 소비량은 증가하고 음식 섭취량은 감소하며, 단백질을 통한 에너지 섭취 감소, 비타민과 무기질 부족, 장 기능 변화, 영양소 활용의 손상, 저체중 등이 나타난다.

① 적절한 에너지 공급

정상 체중을 유지할 수 있도록 에너지를 공급한다. 대사요구량을 충족시키고 이화를 막을 수 있도록 적절한 에너지(30~35kcal/kg 체중)를 공급한다.

② 양질의 중단백식 공급

질소 평형을 유지할 수 있도록 1~1.5g/kg(60~80g/일)의 단백질 섭취를 권장한다.

③ 비타민과 무기질 보충

영양실조 위험이 있는 알코올성 간질환 환자에게는 비타민 무기질 보충제가 권장된다. 주된 목적은 간 재생을 위한 영양소를 공급하는 것이다.

④ 금주

충분한 휴식, 수분 공급, 양질의 영양 공급을 하고, 간 손상이 더 일어나지 않게 금주하도록 처방한다. 거식증일 경우 적더라도 빈번한 식사를 통해 식사량을 늘이는 시도가 필요하다.

8) 간 이식

간이식은 이식으로 인한 합병증 문제보다 간질환으로 사망할 위험이 더 클 때 고려된다. 이식할 가능성이 큰 경우는 만성 활동성 간염, 간경변, 담낭 관련 질환이 있을 때이다. 이식 후 모든 환자들은 이식된 간의 거부 현상을 방지하기 위해 면역 억제제를 복용한다. 간 이식 후 1년과 5년 생존율은 각각 86%와 73%이다(United Network for Organ Sharing(UNOS) data. http://www.unos.org).

간 이식 전 영양치료의 목적은 영양실조를 줄이고, 복수 같은 간질환 합병증의 유발을 감소시키는 것이다. 간 이식 후에는 영양결핍과 대사장애가 대체로 개선되지만, 이식 초기에는 적극적인 영양지원이 필요하다. 경구나 경장지원이 정맥영양보다 감염률이 낮아서 더 권장되며, 수술 후 12~24시간 이내에 시행되어야 한다. 하루 에너지와 단백질 권장량은 각각 35~40kcal/kg과 1.2~1.5g 단백질/kg이다. 복수가 차는 환자에게는 농축된 고에너지 조제용액이 지나친 수분 섭취를 피할 수 있어서 더 바람직하다. 단순당을 감소시킨 탄수화물을 50~60% 정도 공급하고 나트륨은 2~4g으로 제한하면 혈당과 나트륨을 조절할 수 있다. 복합비타민과 함께 칼슘 보충제를 공급해서 뼈 건강에 도움이 되도록 한다. 식품으로 인한 감염이 쉽게 일어날 수 있으므로 식품 안전에 특히 신경을 써야 한다.

2. 담낭질환

1) 담도계의 구조와 기능

담낭은 간 아래쪽 복부 우측에 위치한다. 담낭의 기능은 담즙의 수분을 제거해서 농축 저장하고, 십이지장으로 담즙의 운반을 조절하는 것이다. 담관은 담즙을 간에서 십이지장으로 운반하는 관으로 간의 좌엽과 우엽에서 나온 간관이 합쳐져 총간관(common hepatic duct)이 되고, 담낭관과 합쳐서 총담관(common bile duct)이 된다. 총담관은 췌장관과 만나 십이지장 상부로 연결되는데, 십이지장 팽대부에 오디괄약근이 있어서 배출되는 담즙의 양을 조절한다 그림 4-10.

담즙은 노랑, 파랑, 초록색의 액체로 간에서 분비되어 담낭에 저장되며 콜레스테롤, 빌리루빈, 담즙산, 레시틴, 인산, 중탄산염 등으로 구성되어 있다. 헴의 분해산물인 빌리루빈은 불용성 형태로 간으로 운반되고 간에서 글루쿠론산과 결합(conjugate)해 수용성이 된 후 담즙으로 배출된다. 먹은 음식이 소화되면 소장 점막에서 cholecystokinin(CCK) 호르몬이 분비되어 담낭을 수축하고 담즙을 소장으로 방출한다. 담즙은 간에서 지속적으로 만들어지는데, 담낭은 담즙을 간 농도의 5~20배까지 농축할 수 있다. 담즙염(bile salt)은 표면장력을 낮추는 유화제로 지방(지방산, 모노글리세라이드, 콜레스테롤 등)의 소화·흡수에 꼭 필요하다.

담즙염의 95%가 소장에서 혈액으로 재흡수되는데, 반은 상부 소장에서의 확산을 통

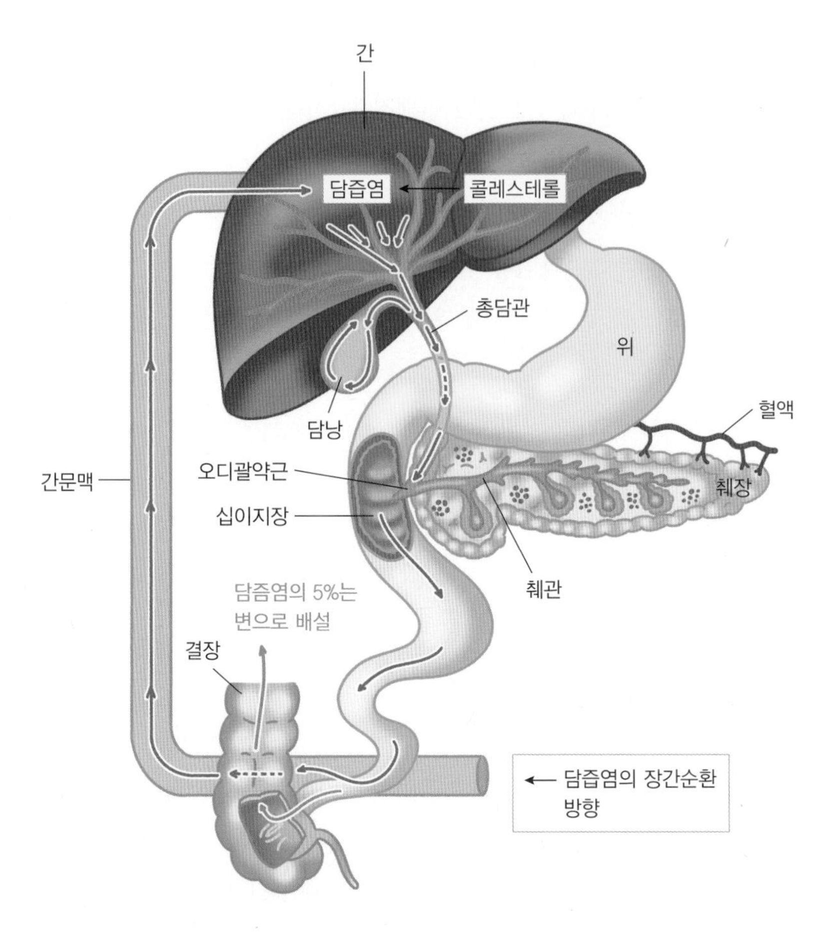

그림 4-10 담도계와 담즙염의 장간 순환

해, 나머지 반은 회장 말단에서의 능동 수송을 통해 재흡수된다. 따라서, 새로 분비되는 담즙염은 95%의 재활용 담즙염과 간에서 새로 합성된 5%의 담즙염으로 구성된다. 이러한 담즙염의 재순환을 장간순환(enterohepatic circulation)이라 한다 그림 4-10.

2) 담낭염

담낭염(cholesystitis)은 담관 폐쇄나 세균감염 때문에 발생한다. 결석으로 인한 담관 폐쇄로 감염과 괴사가 나타나 담낭염이 발생하는 경우가 많다. 담관염(cholangitis)은 총담관 폐쇄로 담관에 염증이 생긴 경우이다. 담관염은 간관으로 전파되고 간정맥, 간 주변 림프절로 퍼져서 패혈증이 유발될 수 있다. 노인의 경우 생명을 위협할 수도 있다.

담낭염은 발생 경과에 따라 급성 담낭염과 만성 담낭염으로 나눌 수 있고, 담석 때문에 발생하는 결석성 담낭염(90%)과 최근의 비만 유병률 증가와 함께 담석 없이 담낭의 지방 침착으로 인해 발생하는 무결석성 담낭염(5~10%)으로 나눌 수 있다. 급성 담낭염은 심한 우상복부 통증, 발열, 오심, 구토 등의 증상을 보이고, 만성 담낭염은 담낭에 존재하는 담석이 지속적으로 담낭을 자극해서 염증을 유발하는 것으로 복부팽만감이 있거나 특별한 증상이 없는 경우도 많다.

3) 담석증

담석증(gallstones, cholelithiasis)은 담낭이나 담관에 결석이 형성된 것이다. 담석 종류는 콜레스테롤, 빌리루빈 색소, 혼합결석의 세 종류로 나눈다. 담즙의 주성분인 콜레스테롤은 물에 불용이지만, 담즙염과 레시틴이 콜레스테롤을 미셀 형태로 붙잡아 담즙에 액체 상태로 보존한다. 담즙염과 레시틴이 담낭에서 농축되는 동안에도 콜레스테롤은 계속 액체 상태로 남는데, 담낭염 등으로 담낭 점막의 흡수 특성이 바뀌어 수분과 담즙염 등이 지나치게 담낭에서 빠져나가면 콜레스테롤이 과포화되어 미셀 형성이 어려워져서 콜레스테롤 결석이 생기게 된다. 빌리루빈 결석은 체내 박테리아 감염이나 용혈성 빈혈 등으로 빌리루빈이 과잉 생성될 때 발생한다. 간디스토마, 회충 등의 기생충 감염, 간경화 등에서 잘 발생한다.

담석증은 비만, 당뇨병, 염증성 장질환, 낭포성 섬유증이 있을 때 더 쉽게 발생하고, 급격한 체중 감소, 지방 제한 식사, 베리아트릭 수술, 콜레스테롤 감소약 복용, 장기간의 정맥 영양, 단장증후군, 다태아 임신, 에스트로젠 요법 시에도 쉽게 유발된다. 남성보다 여성에서 담석증이 2~3배 더 많이 발생하고 나이가 들면 담석증 발생 위험이 더 증가한다.

담석증 환자의 2/3는 증상이 없는데, 증상이 전혀 없이 담낭에 담석만 있는 경우에는 치료하지 않는 것이 원칙이다. 증상이 있는 경우 명치와 우측 상복부에 통증이 나타나고, 1~4시간 정도 지속되다가 증상이 사라지며 오심, 구토, 발열 등이 따라온다. 증상이 있는 담석증의 가장 흔한 치료 방법은 복강경으로 담낭을 제거하는 것이고, 담석을 녹이기 위한 약제(ursodeoxycholic acid)가 처방되기도 한다.

담석이 담낭에서 나와 총담관이나 췌장 두부에 있는 경우 총담관 결석증이라 한다. 이 경우 담즙이 십이지장으로 운반되지 못하고, 소변으로 담즙 색소가 배설되어 짙은 소변 색을 띠고, 대변에는 담즙 색소가 없어서 회색을 띤다. 지방의 소화·흡수도 불량해지며 오른쪽 상복부에 심한 통증(담낭통)을 경험한다. 치료되지 않으면 담즙이 역류해 황달과 간 손상을 가져올 수 있다(2차성 담관성 간경화). 십이지장으로 들어가는 팽대부를 막는 담석증의 경우에는 담즙이 췌관을 따라 췌장으로 들어가 급성 췌장염을 일으킬 수도 있다. 담관 폐쇄 시 내시경을 통해 총담관에서 결석을 제거하는 치료를 한다.

4) 담낭질환의 식사요법

(1) 저지방식

급성 담낭염 환자의 90% 이상에서 담석증이 함께 나타난다. 담석 자극이 있을 때에는 저지방식사와 적절한 단백질 섭취가 증상을 완화하는 데 도움이 된다. 지방 흡수를 잘 하지 못하므로 수용성 형태의 비타민 A, D, E, K가 필요할 수 있다. 포화지방산과 콜레스테롤은 제한하고, 소화·흡수가 잘 되는 불포화지방산이나 유화지방을 함유한 식품을 선택한다.

(2) 급성 초기에는 정맥영양으로 공급

급성으로 담석 자극이 심할 때는 증상이 완화될 때까지 금식 처방(NPO)을 하고 영양 공급은 정맥영양으로 공급한다.

표 4-16 담낭질환의 영양소 구성

구분		에너지(kcal)	단백질(g)	지방(g)	탄수화물(g)
급성	초기	금식			
	후기	700~800	30	–	150~180
간헐기		1,200~1,300	50	5~10	250
안정기		1,700~1,900	80	20~30	300

출처 : 이보경 외(2018). 임상영양관리 및 실습. 파워북.

(3) 이후 전유동식, 연식, 상식으로 진행

통증이 완화되면 전유동식, 연식, 상식의 형태로 바꾸어 자극이 적고 소화되기 쉬운 음식으로 공급한다. 양념이 많고 짜거나 매운 음식과 가스를 많이 발생하는 식품은 피하도록 한다. 소량의 빈번한 식사도 전체 영양소 섭취 개선에 도움이 된다.

3. 췌장질환

1) 췌장의 구조와 기능

췌장(pancreas)은 무게가 80g 정도로 위장 뒤쪽에 혀 모양으로 길게 누워서 위치한다. 머리, 몸통, 꼬리의 세 부분으로 나누는데, 췌장의 머리부분은 십이지장에 둘러싸여 있다 그림 4-11.

췌장은 크게 두 가지 기능을 한다. 첫 번째는 외분비 기능(exocrine function)으로 탄수화물, 단백질, 지질 소화에 필요한 소화효소와 중탄산염을 산출한다. 두 번째는 내분

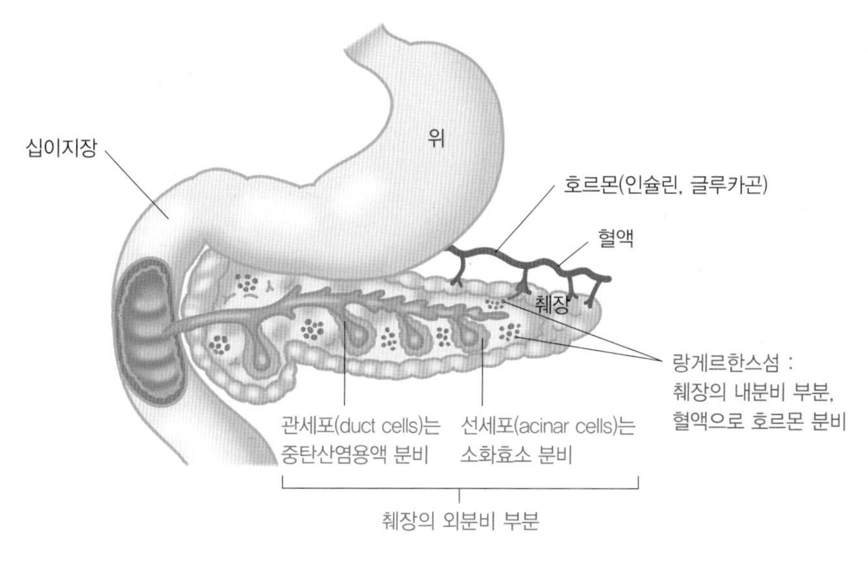

그림 4-11 췌장의 구조

비 기능(endocrine function)으로 체내 에너지 사용과 혈당 항상성을 조절하는 여러 가지 호르몬을 산출한다.

췌장 랑게르한스섬의 내분비 세포에는 글루카곤과 GLP-1(glucagon-like-peptide)을 분비하는 알파(α-) 세포, 인슐린을 분비하는 베타(β-) 세포, 소마토스타틴(somatostatin)을 분비하는 델타(δ-) 세포, 췌장 폴리펩타이드를 분비하는 F 세포가 있다. 이들 세포가 췌장에서 차지하는 면적은 작지만 여기서 분비되는 호르몬들은 에너지 조절과 항상성 유지에 매우 중요한 역할을 한다.

췌장에서 분비되는 소화효소는 단백질 분해효소인 트립시노겐, 키모트립시노겐, 카복시펩티다제, 프로테아제, 지방분해효소인 리파아제, 탄수화물 분해효소인 아밀라아제 등으로, 췌장은 이들 소화효소를 불활성 형태(zymogen)로 저장하고 있어서 췌장의 자가 소화를 막는다.

췌장염은 급성과 만성으로 나누는데, 급성 췌장염은 췌장염을 앓았다 호전되면 췌장이 정상 상태로 돌아오는 것이고, 만성 췌장염은 반복적이고 지속적인 췌장 손상으로 인해 췌장의 조직학적 변화를 정상으로 돌이킬 수 없는 경우이다.

2) 급성 췌장염

(1) 원인과 증상

급성 췌장염(acute pancreatitis)은 음주나 담석 때문에 주로 발생하고, 외상이나 약물 복용 때문에 발생할 수도 있다. 알코올성 췌장염은 과음한 다음 날, 담석성 췌장염은 과식 또는 기름진 음식 섭취 후에 심한 상복부 통증이 잘 나타난다. 오심, 구토, 복부 팽만, 지방변이 나타나고 심한 경우 저혈압과 탈수가 동반된다.

췌장염이 가벼울 때는 췌장이 붓는 정도지만, 심해지면 췌장 세포가 터져서 췌장액이 췌장막 밖으로 새어나가 주변 조직을 녹이고 가성낭종(pseudocyst)이라는 물주머니를 만들기도 한다. 췌장 세포 손상의 정확한 기전은 완전히 밝혀지지 않았지만, 췌장 트립신이 조기에 활성화되어 췌장 세포의 자가 소화가 나타나서 발생하는 것으로 보고 있다. 췌장 세포가 손상되면 췌장에서 만들어진 소화효소가 혈액으로 들어가 혈청 아밀라아제와 리파아제 수치가 증가한다. 췌장 리파아제가 주변 지방조직에 작용해

산출된 유리 지방산이 혈청 칼슘과 염을 형성하면 혈청 칼슘이 현저히 감소할 수 있다. 심한 경우 염증을 유발하는 면역계가 혈관투과성을 증가시켜서 출혈, 부종, 췌장 괴사가 발생하며, 세균에 의한 균혈증(bacteremia) 같은 전신합병증이 발생할 수도 있다. 혈중 요소 질소, C-반응성 단백질, 인터루킨-6 수준 등이 췌장염 심각도의 예측인자로 사용된다. 중증의 급성 췌장염은 사망률이 10~15%에 이르는 매우 위험한 질환이다.

(2) 식사요법

① 심한 경우 정맥영양지원 후 경구영양으로

급성 췌장염의 영양관리 목적은 췌장의 자극을 줄여서 통증을 유발되지 않도록 하는 것이다. 심한 급성 췌장염에서는 췌장액 분비로 인한 통증이 유발되지 않도록 2일 정도 정맥으로 영양과 수분을 공급하다가 환자가 안정화된 후 경구양양지원을 시작한다.

② 적절한 에너지 공급

에너지는 25~35kcal/kg/day로 적절히 공급하고, 비교적 소화가 잘 되는 탄수화물을 중심으로 식사를 제공한다. 목표는 충분한 칼로리와 단백질을 공급해 질소 손실을 줄이고 저혈당과 고혈당, 고중성지방같은 불균형을 잘 관리하고 칼슘, 마그네슘, 비타민의 불균형을 관리하는 것이다.

③ 저지방식(15g/일), 단백질은 조금씩 증가시켜 충분히

지방과 단백질은 췌액 효소의 분비를 자극하므로 저지방식사(15g/일)로 하고, 단백질의 경우 증세가 호전됨에 따라 점차 양을 늘려서 1.2~1.5g/kg/일로 하되, 소화가 잘 되는 단백질 식품으로 공급한다. 소화가 잘 되는 짧은 펩타이드나 중간사슬 중성지방을 함유하는 경구제품들이 권장된다.

④ 경미한 경우 소량으로 자주 식사

경미한 급성 췌장염의 경우 환자의 영양상태가 양호하고 구강 섭취가 가능하다면, 손상된 췌장의 외분비 기능을 보상하기 위해 식사를 6번의 작은 식사로 나누어 공급하는 것이 도움이 된다.

⑤ 췌장 소화효소 제공, 비타민·무기질 보충

지방변이 있으면, 환자의 지방 섭취량을 줄이고 장을 위해 코팅된 췌장소화효소를 제공한다. 복합비타민과 무기질을 식사 시에 보충하고 알코올 중독력이 있으면 티아민(100mg/일)과 엽산(1mg/일)을 보충한다.

3) 만성 췌장염

(1) 원인과 증상

만성 췌장염(chronic pancreatitis)은 반복된 염증으로 인해 췌장에 돌이킬 수 없는 손상이 와서 외분비와 내분비 조직이 모두 파괴되고 조직의 석회화, 섬유화가 일어나는 것이다. 성인은 대부분 알코올 중독으로 인해서, 어린이는 낭포성 섬유증으로 인해 만성 췌장염이 잘 발생하며 유전적 결함 때문에 발생하기도 한다.

만성 췌장염이 초래되는 기전은 확실히 밝혀져 있지 않은데, 췌장액 안의 단백질 양이 많아지고 끈적끈적하게 되어 단백전(protein plug)을 형성하고, 이것이 췌장액의 흐름을 방해해 췌장 세포의 위축과 섬유화가 진행된다. 이렇게 진행된 췌장 병변은 변화가 진행될수록 췌관이 좁아지면서 췌석(돌)이 생길 수도 있다.

만성 췌장염 증상으로는 만성 복부통증과 함께 외분비 기능 부전으로 인한 만성 설사, 지방변, 영양실조, 체중 감소와 함께 내분비 기능 부전으로 30~50% 환자에서 당뇨병이 발생한다. 만성 췌장염 환자의 10년 생존율은 70%, 20년 생존율은 45%라는 보고가 있으나, 진단 시의 연령, 흡연, 음주, 간경화 유무 등의 영향을 받는다.

(2) 식사 요법

만성 췌장염의 경우 환자의 영양 상태는 병의 기원과 내분비와 외분비 기능 수준에 따라 달라진다. 일반적으로 만성 췌장염은 다량 영양소와 미량 영양소의 흡수 불량을 야기한다. 지방 흡수 불량은 지방변을 가져오고, 미량 영양소 결핍은 부족한 섭취, 증가된 손실, 증가된 요구량 때문에 나타난다. 비타민 E 결핍은 환자의 75%에서 나타나고, 칼슘과 비타민 D 부족으로 인한 골다공증도 환자의 25%에서 나타난다. 만성 췌장염 환자는 휴식대사량이 증가해 있고, 체중 손실과 함께 영양실조가 많이 나타난다.

① 충분한 에너지와 단백질 공급

영양관리의 목표는 더 이상 췌장 손상이 일어나지 않도록 하고, 체중 감소를 막고 가능하면 체중 증가를 촉진하는 것이다. 휴식대사량의 증가 때문에 35kcal/kg/일이 권장되고, 단백질은 1~1.5g/kg/일이 권장된다.

② 췌장 소화효소 제공, 저섬유소 식사

소화·흡수를 돕기 위해 식사와 간식 시 췌장 소화효소를 공급하는 것이 필요하다. 섬유소는 소화효소와 결합해서 그 작용을 방해할 수 있으므로 저섬유소 식사가 권장된다. 췌장 중탄산염의 분비도 원활하지 않기 때문에 장의 pH를 적절히 유지하기 위해 위산 분비를 줄이는 약이 사용된다.

③ 저지방식(20~40g/일)

체중 증가를 위해 식사 내 지방은 환자가 지방변이나 통증 없이 섭취할 수 있는 최대치를 공급한다(20~40g/일). 중간사슬 중성지방은 소화를 위해 리파아제를 필요로 하지 않기 때문에 식사 시에 자주 활용한다.

④ 비타민·무기질 보충

췌장의 트립신 부족으로 비타민 B_{12}가 R단백질과 분리되지 못해 내적인자와 결합하기 어렵다. 따라서 비타민 B_{12} 흡수 부족이 발생하므로 비경구적으로 보충해준다. 종합 비타민·무기질 보충이 권장된다.

표 4-17 담도계 질환과 췌장질환을 위한 저지방식의 1일 영양소 구성 예시

에너지(kcal)	당질(g)	단백질(g)	지방(g)	C:P:F(%)
1,900	332	96	20	70:20:10

표 4-18 담도계 질환과 췌장질환을 위한 저지방식의 1일 식품구성 예시(1,900kcal)

식품군	곡류군	어·육류군		채소군	지방군	우유군 (저지방)	과일군
		저지방군	중지방군				
교환단위	12	4	2	7	–	1	2

표 4-19 담도계 질환과 췌장질환을 위한 저지방식의 1일 식단 예시(1,900kcal)

	아침	간식	점심	간식	저녁
식단	밥 뭇국 돈육깻잎볶음 적어조림 브로콜리나물 배추김치	귤	밥 맑은애호박국 달걀흰자찜 가자미구이 미나리나물 석박지	저지방우유	밥 배추된장국 닭가슴살무침 연두부찜 참나물무침 총각김치

01. 간의 구조에 대해 설명하시오.
02. 간 손상 시 나타나는 다량 영양소 대사의 변화를 설명하시오.
03. 지방간이 발생하는 기전을 설명하시오.
04. 급성 간염의 단계별 증상을 설명하시오.
05. 간경변증의 식사요법을 설명하시오.
06. 간성뇌증이 나타나는 이유나 기전을 설명하시오.
07. 간의 알코올 대사 과정을 설명하시오.
08. 담즙염의 장간 순환에 대해 설명하시오.
09. 담석증의 종류를 설명하시오.
10. 만성 췌장염의 식사요법을 설명하시오.

MEMO

체중 조절

1. 비만 | 2. 체중부족 및 식사장애

- **갈색지방세포(brown adipose tissue)** 세포 내에 미토콘드리아를 많이 함유하고 있어 갈색을 띠며, 식사에 의한 에너지원(지방)으로부터 열을 발생시킨다. 갈색지방조직이 많을수록 과잉에너지를 체열로 소모한다.
- **내장지방(visceral fat)** 복부근육 안쪽으로 장기들 사이에 껴 있는 지방을 말한다. 장기들의 보호 및 지지의 역할과 호르몬-내분비 역할을 담당하여 체내 에너지에 대해 반응성이 좋아 피하지방에 비하여 다이어트에는 효과적이다. 그러나 체내 장기 사이사이에 끼어있는 내장지방은 지방산의 형태로 쉽게 체내에 흡수되어 염증을 유발하거나 각종 내분비계의 교란을 일으켜 다양한 성인병을 유발한다.
- **대사증후군(metabolic syndrome)** 만성 질환의 위험인자를 복합적으로 가지고 있는 상태로 비만과 인슐린 저항성, 고혈압, 이상지질혈증 등이 상호 연관되어 나타나는 임상증상이다. 복부비만, 고중성지방혈증, 고HDL혈증, 고혈압, 고혈당 중 3개 이상에 해당할 경우 대사증후군으로 진단한다.
- **무산소운동(anaerobic exercise)** 무산소운동이란 산소를 사용하지 않고 에너지가 생성되는 것으로 폭발적이고 강한 힘을 단시간에 낼 수 있지만 피로 물질인 젖산이 축적되므로 장시간을 지속하지는 못한다. 테니스·배구 등의 서브나 스파이크, 단거리 달리기, 팔 굽혀 펴기, 던지기 경기, 도약 경기, 씨름, 잠수, 역도 등과 같은 형태의 운동이 해당된다. 운동효과는 근력 강화, 근비대, 기초대사량 증가, 근글리코겐 농도를 증가시키는 효과가 있다.
- **백색지방세포(white adipose tissue)** 보통의 세포와 마찬가지로 '핵'과 '미토콘드리아' 등의 세포 내 소기관이 갖추어져 있지만, 대부분이 지방이 꽉 차 있는 황색의 세포로 여분의 에너지를 체내에서 지방으로 축적하는 저장고 역할을 한다.
- **상체 복부비만(upper body obesity)** 주로 남성에게 많이 나타나 남성형 비만(android obesity)이라고 하며, 허리 위쪽, 특히 복부에 지방이 많이 축적되므로 사과형 비만이라고도 한다. 복부비만은 제2형 당뇨병, 심혈관계 질환 등 만성 질환 발생 위험이 높은데, 이러한 대사적 이상은 내장지방과 관계가 깊다.
- **신경성 식욕부진(anorexia nervosa)** 배고픔이 있어도 계속적으로 심한 식사제한과 종종 지나친 육체적 활동에 의해 체중 감소를 초래하는 임상적 증상이다. 단순한 체중 감소와 식욕부진이 아니라 우울, 열등의식, 불면증 등을 초래하는 정신적 질환과 연관성이 있다.
- **신경성 폭식증(bulimia nervosa)** 한번에 1,200~1,500kcal 정도로 평소 기피식품인 고에너지 식품을 마구 섭취한 후 하제, 구토, 관장을 통해 배설을 시도하여 체중손실과 탈수 뿐 아니라 합병증으로 신부전, 급성발작, 심부정맥 등을 초래하는 일련의 임상증상이다.
- **야식 증후군(night-eating syndrome)** 하루 동안 섭취하는 칼로리의 최소 25% 이상(대개는 50% 이상)을 저녁식사 이후 다음 날 아침까지 섭취하는 경우로 비만한 사람에게서 흔히 관찰되는 일이다.
- **요요현상(yo-yo effect)** 일시적으로 변화된 체중이 다시 이전의 체중으로 되돌아가는 현상이다. 즉, 일시적으로 체중감량을 했다가 이전 체중으로 다시 증가되는 것 또는 반대로 체중증량을 했다가 이전의 체중으로 다시 감량되는 것을 말한다.
- **유산소운동(aerobic exercise)** 운동 과정에서 산소를 사용하여 체내에 저장되어 있는 지방과 탄수화물을 태워 에너지를 생성하고 이를 통해 운동을 지속하는 것을 말한다. 걷기, 달리기, 수영, 에어로빅댄스, 자건거 타기 같은 운동이 대표적인 유산소운동이다. 에너지를 서서히 소모하므로 젖산과 같은 대사산물이 쌓이지 않기 때문에 운동을 오래 지속할 수 있으며, 주로 유산소운동을 통해 지방이 연소되어 다이어트 효과가 발생한다.
- **지방세포 비대형 비만(hypertropic obesity)** 성인형 비만이라고 하며, 지방세포의 크기가 증대되는 것이므로 성인기에게 나타난다. 소아비만에 비하여 체중 조절이 비교적 쉽다.
- **지방세포 증식형 비만(hyperplastic obesity)** 소아형 비만이라고 하며, 지방세포의 크기뿐 아니라 세포 수도 증가하는 것으로 소아와 청소년기에 발생한다. 체중조절을 시도해도 세포 수가 감소하지 않으므로 체중 감량이 어려우며 성인 비만으로 이행되기 쉽다.
- **체질량지수(body mass index, BMI)** 신체지수 중 가장 많이 쓰이는 척도는 체질량지수이며, 체중(kg)을 신장(m)의 제곱으로 나눈 값이다. 세계적으로 통용되는 비만도 판정의 기준이며, 체지방량과 상관관계가 높아 가장 널리 사용되고 있다.
- **하체비만(lower body obesity)** 여성에게 많으므로 여성형 비만(gynecoid obesity)이라고도 하며, 허리 아래쪽, 특히 엉덩이나 다리에 지방이 많이 쌓이므로 서양배형 비만이라고도 한다. 하체는 호르몬 변화에 따라 효소활성이 크지 않아 복부비만에 비하여 질병 발생 위험률이 적다. 그러나 지방세포 수가 많기 때문에 체중 감량이 어렵다.

1. 비만

바람직한 체중조절은 건강을 유지하는 기본 요소이며, 질병을 예방할 수 있는 가장 좋은 방법이다. 그러나 식품산업의 발전에 따른 외식의 증가, 가공식품의 소비 증가 등의 식생활 변화와 신체활동량의 감소, 잘못된 영양정보 등으로 인해 현대인들은 건강체중을 유지하기가 쉽지 않다. 비만에 관하여 바로 알고 정상체중을 유지하기 위한 방법을 알아보자.

1) 비만의 정의와 분류

(1) 정의

비만(obesity)은 제지방성분(lean body mass)에 비해 지방 조직(adipose tissue)이 과도하게 축적된 상태를 말한다. 체지방은 에너지 저장원이며, 외부에 대한 방어 및 단열제로서 역할을 하지만 과잉 축적되면 체내 대사장애를 초래한다. 일반적으로 표준체중의 10~20%를 초과할 때는 과체중(overweight), 20% 이상 초과할 경우에는 비만이라고 하며, 체지방량으로 남자 25%, 여자 경우 30% 이상일 때 비만이라고 한다.

(2) 분류

① 원인에 따른 분류

- **단순성 비만** 단순성 비만은 에너지(열량)를 과다 섭취하거나 열량의 소비 부족으로 나타나며, 비만의 95%를 차지하고 있다.
- **2차성 비만** 2차성 비만은 당뇨병, 난소 기능 부전, 쿠싱증후군(Cushing's syndrome), 갑상선 기능저하증, 시상하부의 섭식중추 이상 등 내분비 기능 이상이나 대사성 질환으로 인해 나타난다.

② 지방세포에 따른 분류

지방세포는 세포 크기가 일정 크기로 커지면 세포 수가 증가한다. 지방세포의 수는 생후 1년까지 급격히 증가한 후 멈추었다가, 사춘기에 이르면 다시 증가하여 성인이 되면 멈춘다.

- **지방세포 증식형 비만** 지방세포 증식형 비만(hyperplastic obesity)은 소아기와 청소년기에 발생하므로 소아비만(juvenile onset obesity)이라고 하며, 세포의 크기뿐 아니라 세포 수도 증가한다. 체중 조절을 시도하여도 세포 수가 감소하지 않으므로 체중 감량이 어려우며 성인 비만으로 이행되기 쉽다.
- **지방세포 비대형 비만** 지방세포 비대형 비만(hypertropic obesity)은 성인에게 나타나므로 성인비만(adult onset obesity)이라고 한다. 성인비만은 지방세포의 크기가 증대된 것이므로 소아비만에 비하여 체중 조절이 비교적 쉽다. 최근 보고에 의하면, 성인기에도 지방세포의 크기가 커진 후, 다시 세포 수가 증가한다고 한다. 비만인의 지방세포 수는 정상인의 3~5배이다 그림 5-1.

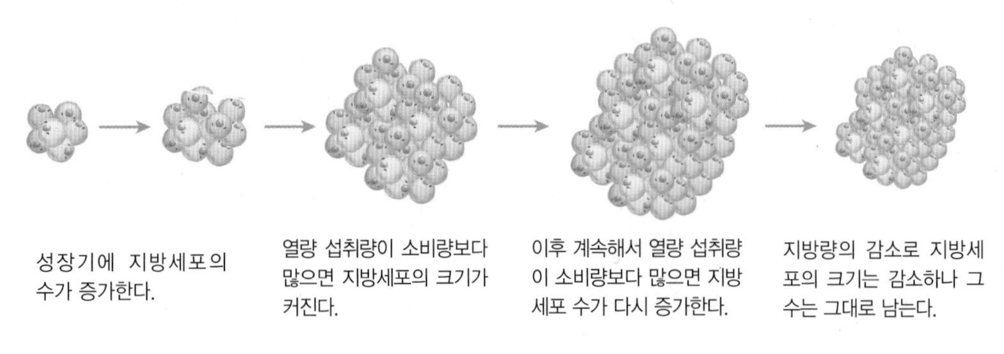

그림 5-1 지방세포 발달

③ 지방조직 분포에 따른 분류

- **상체(복부) 비만** 복부비만(upper body obesity)은 주로 남성에게 많이 나타나 남성형 비만(android obesity)이라고 하며, 허리 위쪽, 특히 복부에 지방이 많이 축적되므로 사과형 비만이라고도 한다. 복부비만은 제2형 당뇨병, 심혈관계 질환 등 만성질환 발생 위험이 높은데, 이러한 대사적 이상은 내장지방과 관계가 깊다. 내장지방(visceral fat)은 호르몬에 의한 효소의 활성이 커서 지방세포에서 지방산이 쉽게 유리되어 사용되므로, 간과 말초조직에서 포도당 이용률이 낮아져 인슐린 저항성을 유발한다. 또한 내장지방량은 혈당 상승과 함께 혈청 중성지방 상승, HDL-콜레스테롤 저하 등의 이상지질혈증과 관련이 있다.
- **하체(둔부)비만** 둔부비만(lower body obesity)은 여성에게 많으므로 여성형 비만

(gynecoid obesity)이라고도 하며, 허리 아래쪽, 특히 엉덩이나 다리에 지방이 많이 쌓이므로 서양배형 비만이라고도 한다. 하체는 호르몬 변화에 따라 효소 활성이 크지 않아 복부비만에 비하여 질병 발생 위험률이 적다. 그러나 지방세포의 수가 많기 때문에 체중감량이 어렵다.

- **내장지방형과 피하지방형 비만** 내장지방형 비만은 복부, 특히 복강의 장기 주위(장간막 및 문맥순환계)에 지방이 과잉 축적된 형태이다. 컴퓨터 단층촬영(CT)이나 자기공명영상(MRI)을 이용하면 내장지방량(visceral fat, V)과 피하지방량(subcutaneous fat, S)을 측정할 수 있다. 내장지방과 피하지방의 비를 이용하여 비만을 평가하는데, V/S의 면적비가 0.4 이상이면 내장지방형 비만으로 분류한다. 내장지방형 비만은 주로 성인비만이며, 피하지방형 비만보다 당뇨병, 심장병, 고혈압 등의 발병률이 높다.

2) 비만의 원인

비만의 원인은 에너지 섭취량이 에너지 소비량을 초과하여 발생하는 경우도 있지만 유전 및 다양한 내분비 대사장애가 원인이 되는 경우도 있다.

(1) 내인성 원인

① 유전

체중조절에 관여하는 호르몬 및 신경계 요인들은 유전적 영향을 많이 받는다. 지방세포의 수와 크기, 체지방의 분포양상 및 기초대사율 등이 유전적인 영향이 크다. 예컨데, 체중과 체지방의 분포양상이 이란성 쌍생아보다는 일란성 쌍생아에서 더 비슷하다고 하며, 입양아들의 체중은 입양한 부모보다는 친부모와 더 연관성이 많다는 연구결과가 유전적 소인의 영향을 뒷받침한다. 일반적으로 부모가 모두 비만이면 자녀가 비만이 될 확률은 약 60~80%, 부모 한쪽이 비만이면 자녀가 비만이 될 확률은 40~50%, 부모 모두 정상 체중이면 자녀가 비만이 될 확률은 10% 이하이다.

그러나 최근 연구들은 유전적 요인은 비만 자체를 유도하기보다 비만이 될 수 있는 민감성을 결정하며, 비만은 개인의 식품 섭취량, 활동량 및 대사 과정에 광범위하게 영향을 받는다고 한다. 즉, 체지방량의 최저치는 유전적으로 나타날지라도, 최대치는 환경적인 요인, 즉 식행동에 크게 영향을 받는다고 한다. 또한 비만 발생에 관여하는 유전인자는 특정 한두 가지의 유전자로 확증할 수 없어서 비만을 일으키는 요인으로 유전이 30%, 환경적 요인이 70%라고 주장되기도 한다. 따라서 비만해질 유전적 소인이 있고 그것이 발현될 수 있는 환경조건이 제공될 때 비만해진다. 결과적으로 비만은 부모의 유전적 요인만이 자녀의 비만에 관여하는 것이 아니라 그 외 가족의 식습관, 문화적 배경, 행동양식 등이 자녀의 비만에 복합적으로 연관되어 작용한다고 볼 수 있다.

② 내분비 대사이상

내분비계 호르몬의 이상은 비만과 밀접한 관계가 있다. 쿠싱 증후군은 비만을 초래하는 뇌하수체 기능 이상의 가장 일반적인 형태이다. 뇌하수체 종양이나 지나치게 활성을 띤 뇌하수체 세포들에 의해 부신피질자극호르몬(adrenocorticotrophic hormone, ACTH)이 과잉 분비되면 부신피질을 자극하여 코티솔을 과잉 생성시켜 복부비만을 초래한다. 또 갑상선호르몬 분비가 감소하면 교감신경 활성에 대한 반응이 저하되어 체내 열 발생 및 기초대사율이 감소되고 여분의 에너지가 지방으로 전환되어 비만이 될 수 있다. 이 외에도 성선 기능저하증, 인슐린종, 다낭성 난소증후군 및 성장호르몬이 결핍된 성인에서 비만이 나타날 수 있다.

③ 갈색지방세포의 감소

지방세포는 에너지를 저장하는 백색지방세포(white adipose tissue)와 우리 몸에 저장된 중성지방을 분해하여 체내에 저장된 과잉의 에너지를 열로 소비하도록 하는 갈색지방세포(brown adipose tissue)가 있다. 보통 성인의 경우 갈색지방세포는 체중의 1% 정도인데, 체내 갈색지방세포가 감소되면 소비열량 감소로 비만이 유도된다.

④ 기초대사량 저하

나이가 들어감에 따라 근육이 감소하고 체지방이 증가하는 체구성비의 변화가 생긴다. 특히, 폐경기가 되면 호르몬의 변화로 근육량이 감소되고 신체 기능이 저하되어 기초대사량이 현저히 감소한다. 따라서 비만을 방지하기 위해서는 중년 이상의 시기에는 체내 기초대사량이 감소되므로 활동량을 늘리고 식사 섭취량을 의도적으로 줄여야 한다.

(2) 외인성 원인

① 잘못된 식행동

비만은 장기간의 식습관과 생활습관이 누적되어 발생하며, 하루 세끼 식사와 식행동에 의해 많은 영향을 받는다.

- **식사속도와 횟수** 식사속도가 빠르면 시상하부의 섭식중추가 자극되어 포만중추가 가동되기도 전에 많은 양을 먹게 되므로 과식을 하게 된다. 식사 횟수를 제한하여 하루 한 끼의 식사를 하는 경우 우리 몸은 장시간의 공복 상태에 대비하기 위해 지방 생성 효소들의 활성이 증가한다. 반면 하루 식사 분량을 소량씩 여러 번 나누어 식사를 하면 공복시간이 짧아 과식하는 일이 적어진다. 하루 세끼 소량의 규칙적인 식사는 식후 인슐린 분비가 과도하게 증가되지 않고, 식품에 의한 열 발생이 증가되어 에너지 소비도 증가되어 체중조절에 일거양득이다.
- **열량, 지질 및 단순당 과다섭취** 비만의 95% 정도가 섭취열량이 소비열량보다 많을 때 과잉의 열량이 체지방으로 축적되는 단순성 비만이다. 식품 중 칼로리가 많은 기름진 음식을 자주 먹거나 잦은 외식을 할 경우 섭취열량이 증가되므로 쉽게 비만이 유도된다. 또 단순당이 많이 함유된 사탕, 초콜릿, 케이크 등의 간식 섭취는 장내에서 빠르게 포도당이 흡수되어 여분의 에너지가 지방으로 합성된다. 설상가상으로 활동량이 감소하면 소비열량도 줄어들어 필요 이상의 열량이 체내에 축적되므로 비만을 초래한다.
- **아침식사 결식** 하루 끼니를 잘 챙겨먹지 않고 한 끼 또는 두 끼만 먹은 사람은 다음 식사 사이의 공복기간이 길어짐에 따라 체내 방어기전이 작동되어 비만이 유도되기 쉽다. 즉, 공복시간이 길어지면 체내 지방 생성 효소의 활성이 증가되고 인슐린 분비량도 많아져서 공복 후 섭취된 음식으로 얻어진 에너지는 쉽게 체지방으로 축적된다. 특히, 아침식사의 결식은 전날 저녁식사 이후 12시간이 훨씬 경과된 후에 음식을 섭취하게 되므로 공복시간에 잦은 간식을 먹거나 점심을 폭식하게 되어 위나 장에 무리를 주게 된다. 또 체내 여분의 에너지는 쉽게 지방으로 쌓이고 무기질과 비타민은

배설되어 자칫 영양 불균형이 되기 쉽다.

- **야식** 야식 증후군(night-eating syndrome)은 하루 섭취하는 칼로리의 최소 25% 이상(대개는 50% 이상)을 저녁식사 이후 다음 날 아침까지 섭취하는 경우로 비만한 사람에게서 흔히 관찰되는 일이다. 우리 몸은 낮 동안은 교감신경의 작용이 활발하여 에너지를 소비하고, 밤에는 부교감신경이 교감신경의 작용을 억제하여 에너지를 축적시킨다. 따라서 같은 양의 음식이라도 낮보다 밤에 섭취하면 지방으로 빨리 전환되어 체내에 훨씬 더 많이 축적된다.

② 에너지 소비 저하 및 섭취량 증가

산업발전이 이루어진 현대인들의 삶은 과거에 비하여 활동량이 현저히 감소되었다. 반면, 다양한 가공식품의 발달과 배달 음식의 증가로 손쉽게 음식을 공급받을 수 있게 되면서 에너지 섭취량과 소비량 간의 불균형을 초래하여 비만이 유도되고 있다.

③ 정신적 요인

심리학적으로 정신적 불안과 사회·문화적 욕구불만은 식욕중추와 포만중추의 비정상을 가져와 과식을 불러올 수 있다. 현대인들의 대다수가 정신적 스트레스와 심리적 불안 등을 해결하는 방법으로 음식을 과식하게 되고, 그로 인해 에너지 불균형을 초래하여 비만이 된다. 설상가상으로 정신적 우울감은 활동량도 감소시켜 체내 에너지 대사의 불균형을 초래하여 더 큰 비만의 원인이 된다.

④ 금연

금연 후에는 하루 100kcal 정도의 휴식대사율이 감소되므로, 하루 총 에너지 소비량이 감소되어 체중이 증가하는 경우가 있다. 대략 금연 후 증가된 체중의 약 1/3 정도는 이렇게 소비 감소에 의한 체중 증가이며, 나머지 2/3는 금연 후 칼로리 섭취 증가에 기인한다. 따라서 금연 전에 식사조절 및 규칙적인 운동을 습관화하여 체중 증가로 인한 금연 중단을 예방해야 한다.

⑤ 기타

기타 항우울제 등과 같은 정신 활동성 약물복용이나 성별, 연령, 교육 정도, 직업, 사회·경제적 지위 등의 요인도 비만에 영향을 준다.

3) 비만 판정

비만은 비정상적인 체지방의 증가로 인해 대사장애가 유발된 상태이다. 따라서 비만 환자의 건강 위험도 평가 및 치료 기준을 마련하기 위해서는 적절한 비만 판정, 즉 정확한 체지방량의 평가가 중요하다.

(1) 신체계측

신체계측법은 체중계와 줄자 등의 간단한 도구를 이용하여 체지방량을 예측하는 방법으로 비교적 간단하고 저렴하며, 고도의 기술과 훈련을 요구하지 않으므로 임상이나 대규모 역학조사에 유용하다. 비만 판정에 이용하고 있는 신체계측의 종류는 체중, 신체둘레 등이다.

① 체중

체중의 증가는 비정상적인 신체 구성의 변화를 초래하여 비만으로 판정된다. 그러나 단순한 무게 측정이므로 부종, 복수 등으로 인한 체중 증가인지 알 수가 없다. 또한 운동선수 등의 경우 체중 초과는 체지방량과 상관없이 근육량이 증가된 경우가 많다.

② 허리/엉덩이둘레(waist hip ratio, WHR)

허리둘레는 복부지방량 및 심혈관계 합병증의 빈도와 일치하는 것으로 보고되어 복부지방량을 반영하는 유용한 지표이다. 허리둘레는 허리가 가장 들어간 부분, 엉덩이둘레는 엉덩이의 가장 튀어나온 부분을 측정하는데, 엉덩이둘레에 비해 허리둘레가 클수록 복부에 지방이 많은 것을 의미한다. 대한비만학회 기준에 의하면, 남성의 경우 WHR가 0.9 이상일 때, 여성의 경우 WHR가 0.85 이상일 때 복부비만으로 정의한다.

(2) 신체지수

신장과 체중의 비율인 신체지수(anthropometric index)는 신체계측치보다 체형을 종합적으로 파악할 수 있다. 또한 측정오차가 상대적으로 적어 대규모 역학연구에서 비만 판정방법으로 많이 이용되고 있다. 신체지수의 종류로는 체질량지수(body mass index, BMI), 브로카(broca) 지수, 뢰러(rohler) 지수 등이 있다.

① 체질량지수

신체지수 중 가장 많이 쓰이는 척도는 체질량지수이며, 체중(kg)을 신장(m)의 제곱으로 나눈 값이다. 세계적으로 통용되는 비만도 판정의 기준이며, 체지방량과 상관관계가 높아 가장 널리 사용되고 있다. 그러나 BMI는 근육이 발달한 운동선수도 비만으로 평가될 수 있는 제한점이 있다. 한국인을 포함한 아시아인의 BMI에 의한 비만 판정기준은 표 5-1과 같다.

표 5-1 BMI에 의한 과체중 분류 및 건강위험도

분류	WHO	아시아-태평양지침	비만 관련 질환 위험
저체중	< 18.5	< 18.5	낮음
정상 범위	18.5~24.9	18.5~22.9	보통
과체중	≥ 25.0	≥ 23.0	위험 증가
비만 전단계	25.0~29.9	23.0~24.9	경한 위험
비만 1단계	30.0~34.9	25.0~29.9	중등도 위험
비만 2단계	35.0~39.9	≥ 30	심한 위험
비만 3단계	≥ 40	-	극심한 위험

체질량지수를 이용하면 질병의 이환율 및 사망률의 상대위험도를 예측할 수 있다. 체질량지수가 너무 낮거나 높을수록 심혈관질환, 비만 관련 암의 발생률이 높아지고 조기 사망 가능성도 높아진다 그림 5-2.

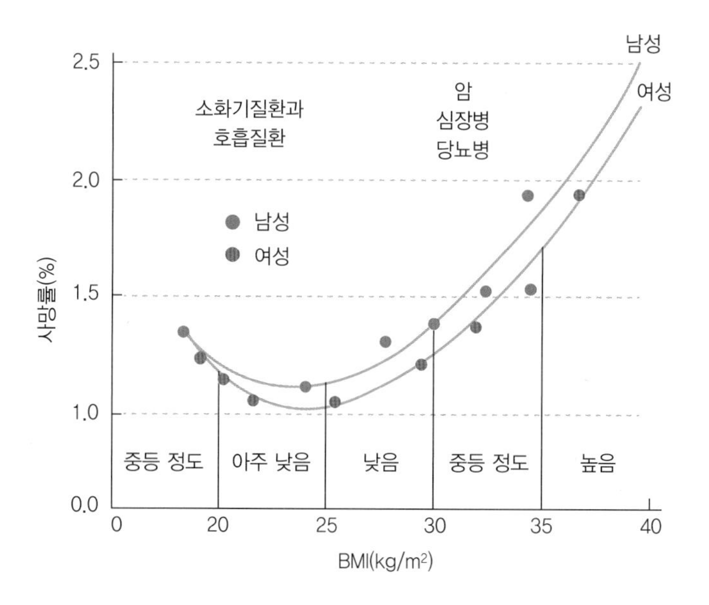

그림 **5-2** BMI와 각종 질병에 따른 사망률 관계

② 표준체중에 의한 비만도 측정

표준체중은 신장에서 100을 뺀 수치에 0.9를 곱한 값으로, 키가 작은 사람은 비만으로 판정될 확률이 높기 때문에 브로카 변법을 많이 사용한다. 또한 성장기 어린이의 경우는 연령별, 신장별 표준 체중을 이용한다.

- **표준체중 계산법**

브로카 변법	신장 160cm 이상인 경우 : 표준체중(kg) = {신장(cm) − 100} × 0.9
	신장 150~160cm인 경우 : 표준체중(kg) = {신장(cm) − 150} ÷ 2 + 50
	신장 150cm 미만인 경우 : 표준체중(kg) = {신장(cm) − 100}
대한당뇨병협회	남자 : 표준체중(kg) = 키(m) × 키(m) × 22
	여자 : 표준체중(kg) = 키(m) × 키(m) × 21

- **비만도 계산법**

비만도(%) = (실제체중 − 표준체중)/표준체중 × 100

표준체중에 의한 상대체중에 의한 비만의 판정은 표 5-2 와 같다.

표 5-2 상대체중에 의한 비만의 판정

분류	상대체중(%)
저체중	< 90
정상	90~110
과체중	110~120
경도 비만	120~140
중등도 비만	140~200
고도 비만	> 200

③ 뢰러 지수

청소년, 신체검사 시 가장 널리 사용되고 있다. 이 지수는 신장에 따라 판정기준이 달라지므로 동일 개인의 장기간의 경과를 관찰하는 데에는 적합하지 않다.

$$\text{뢰러 지수} = \text{체중(kg)}/\text{신장(cm)}^3 \times 10^7$$

뢰러 지수 판정기준은 표 5-3 과 같다.

표 5-3 뢰러 지수의 비만 판정기준

분류	뢰러지수
매우 마름	< 92
마름	92~109
정상	110~140
비만	141~156
고도비만	≥ 157

(3) 체지방량 측정법

일반적으로 체지방량은 남성 15~18%, 여성 20~25%가 정상이며, 남성 25% 이상, 여성 30% 이상을 비만이라고 한다.

표 5-4 는 A와 B의 신체계측치와 체지방률을 측정한 값이다. A와 B의 신장은 비슷하여

표 5-4 신체계측치와 체지방률을 이용한 비만 판정

구분	A	B
신장(cm)	160.0	160.3
체중(kg)	64.5	58.1
체지방률(%)	20.6	29.9
체지방량(kg)	13.29	17.37
복부지방	그림 5-3 왼쪽(정상) 참조	그림 5-3 오른쪽(비만 복부) 참조

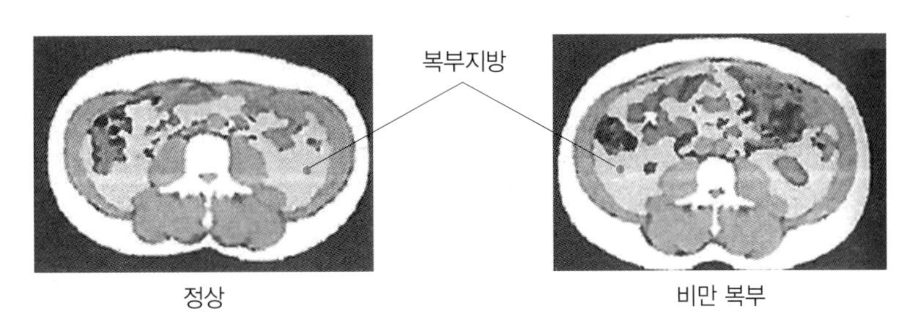

그림 5-3 정상인과 비만인의 복부 CT 사진 비교
출처 : 차연수 외(2011). 실천을 위한 식생활과 운동. 라이프사이언스.

몸무게로만 비만 정도를 판단하면 A를 비만으로 판정하기 쉽다. 그러나 체지방량을 측정한 후 판정하면 B가 비만으로 판정된다. B의 경우 CT촬영에 의한 체지방량 측정결과 체내 체지방량과 내장지방이 많기 때문이다 그림 5-3. 따라서 좀 더 정확한 비만 판정법은 체지방량을 측정하는 방법이다.

① 피부두겹두께 측정

피부두겹두께(skinfold thickness) 측정은 우리 몸에 존재하는 지방의 50% 이상이 피하에 있다는 원리를 이용한다. 캘리퍼(caliper)를 이용하여 피부의 두 층과 피하지방의 두께를 측정하여 회귀식에 의해 체내에 축적된 체지방량을 간접적으로 추정할 수 있다. 이 방법은 피하지방과 총 지방량의 비율이 일정하다는 가정하에 체지방량을 예측하게 되는데, 연령과 성별, 비만도에 따라 그 비율이 일정하지 않으며, 피하지방이 매우 많은 경우 측정 자체가 어렵고, 측정상의 오차가 많은 단점이 있다.

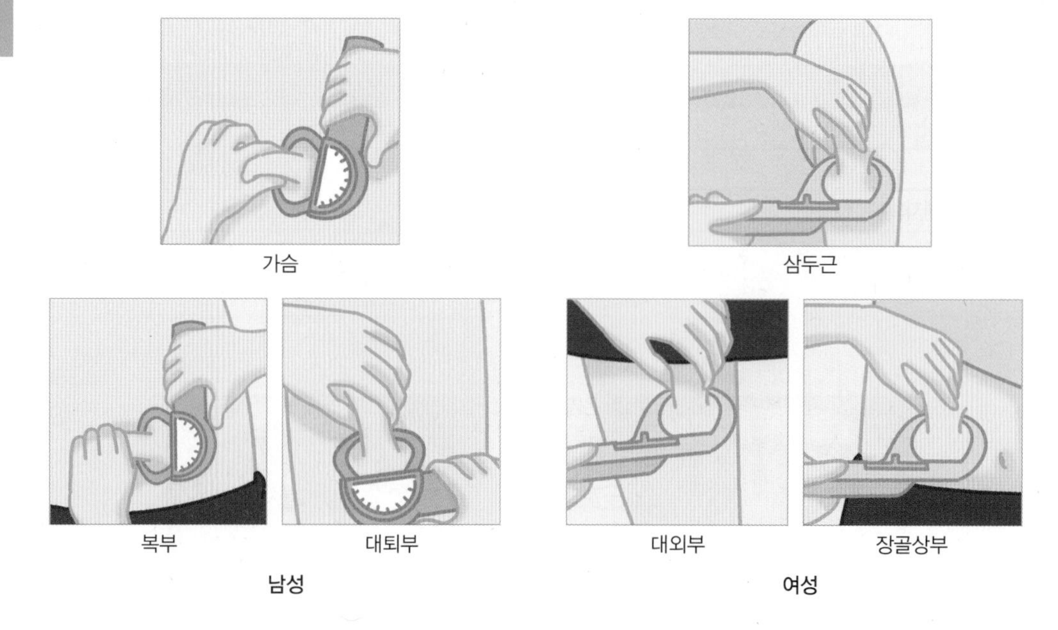

그림 5-4 부위별 피부두겹 측정방법

② 생체전기저항분석

생체전기저항분석(Bioelectric Impedance Analysis, BIA)은 인체에 낮은 교류전압을 통과시키면 주파수에 따라 일정한 저항이 발생하며 이때 생긴 임피던스가 체성분 구성과 연관성을 보이는 것을 이용한 방법이다. 측정오차가 비교적 적고 사용방법도 간편하다는 장점이 있다. 체지방이 적을수록 수분 함량이 많고 체밀도 역시 높다.

③ 컴퓨터 단층 촬영(CT), 자기공명영상(MRI), 이중에너지 흡수계측기(DEXA)

CT(Computer Tomography), MRI 및 DEXA 촬영을 통해 내장지방과 피하지방의 구분이 가능하다. 이 세 가지를 이용하면 복부비만 여부를 확실히 알 수 있으나 비용과 시간이 많이 소요되어 일상적으로 시행하기에는 어려움이 있다.

④ 수중밀도 측정법

수중밀도 측정법(underwater weighting)은 체지방량을 가장 정확하게 측정할 수 있는 표준방법으로 체지방이 많을수록 몸의 비중이 낮아진다는 원리를 이용한 방법이다.

4) 비만 관련 합병증

비만은 다양한 질환의 발생빈도를 증가시킨다 표 5-5. 비만에 의한 성인 남성과 여성에 있어서 나타나는 합병증은 거의 차이가 없으나 남성은 전립선암, 여성은 유방암, 자궁암, 난소암의 발병률에 차이가 있다.

표 5-5 비만과 관련된 질환

확률	관련 질환
3배 증가	인슐린 비의존성 당뇨병, 담낭질환, 고지혈증, 수면무호흡증
2~3배 증가	관상동맥성 심장질환, 중풍, 고혈압, 무릎관절염, 고요산혈증, 통풍
1~2배 증가	유방암, 대장암, 자궁암, 생식기호르몬 이상, 수정이상, 요통

출처 : 권순형 외(2013). 생각이 필요한 임상영양학. 수학사.

(1) 대사증후군

대사증후군(metabolic syndrome)이란 비만과 인슐린 저항성, 고혈압, 이상지질혈증 등이 복합적으로 상호 연관되어 나타나는 임상증상이다.

대사증후군이 주목받는 이유는 대사증후군인 사람은 당뇨병, 심혈관질환(협심증, 심근경색증), 뇌졸중, 암(유방암, 대장암) 등의 심각한 질병을 일으킬 위험이 높기 때문이다.

비만인 경우 지방조직에서 인슐린 분비가 증가되면서 중성지방의 합성이 항진되어

알 아 두 기

대사증후군 진단기준

아래의 진단기준 중 3개 이상에 해당되면 대사증후군으로 판정한다.

- 복부비만 : 허리둘레 남자 90cm, 여자 85cm 이상
- 혈압 : 130/85mmHg 이상
- 공복 시 혈당 : 100mg/mL 이상
- 혈중 중성지방 : 150mg/dL 이상
- HDL-콜레스테롤 : 남자 40mg/dL 미만, 여자 50mg/dL미만

말초조직에서 인슐린 저항성을 보여 공복 시에도 고인슐린혈증이 나타난다. 인슐린의 과잉분비는 지방합성을 더욱 촉진한다. 특히 복부비만은 내장지방이 인체 장기 사이에 쌓이는 것으로 고지혈증, 내당능 장애, 고혈압, 고인슐린혈증을 동반하며 심지어 동맥경화도 일으킨다.

(2) 당뇨병

비만은 당뇨병의 발생 위험성을 높인다. 체중이 증가함에 따라 혈당을 조절하는 호르몬인 인슐린에 대한 감수성이 감소하는 것을 볼 수 있다. 비만과 인슐린 저항성의 관계는 과잉 축적된 지방세포에서 비정상적으로 분비되는 여러 인자들이 지방조직, 간장, 근육 등에 영향을 미쳐 인슐린 작용을 저해하는 것으로 알려져 있다.

(3) 고혈압

체중이 증가함에 따라 혈압은 높아지는 것으로 알려져 있고, 고혈압인 사람의 85% 이상이 비만으로 나타났다. 본태성 고혈압 환자가 체중을 감소시켰을 때 혈압이 낮아진다고 보고되고 있다. 이는 비만과 고혈압의 관계가 상호 양방 관계일 가능성이 있다. 또 과체중인 사람에게 고혈압은 교감신경 활동성과 상관성이 있어 정상 체중이면서 고혈압인 사람보다 심혈관계 질환 및 동맥경화질환이 더 잘 나타난다. 따라서 체중을 조절하여 비만을 예방하는 것은 혈압을 조절할 뿐 아니라 고혈압 합병증 예방에도 도움이 된다.

(4) 관상동맥질환

관상동맥질환은 관상동맥경화로 혈관이 좁아져 심장근육으로 가는 혈액 공급이 부족하여 발생하는 협심증이나 심근경색 같은 심장질환을 말하며, 비만인에게서 많이 발생한다.

(5) 암

비만은 유방암, 대장암, 담낭암, 췌장암, 신장암, 방광암, 자궁경부암, 전립선암의 위험을 증가시킨다. 이러한 기전은 비만에서 증가하는 여러 가지 사이토카인(cytokine)이 암의 발생과 관련된 인자를 자극함으로써 암의 발생이 증가한다고 알려졌다.

(6) 호흡기 장애

비만은 무호흡과 같은 폐기능장애와도 관련이 있다. 수면무호흡이란 수면 중 호흡장애가 발생하는 것을 말하며, 상부기도가 좁아져 저항이 증가하여 무호흡이 나타나는 폐쇄성 수면무호흡이 가장 많이 나타난다. 비만으로 인한 호흡기 합병증 중에서 가장 많이 나타는 증상은 코골이이며, 비만이 심해지면 경부, 인두조직에 지방조직이 많아져 기도를 압박한다. 또한 코골이는 수면무호흡증, 만성피로로 이어지며 비만의 정도가 심할수록 코골이나 수면무호흡증은 더욱 심해진다. 수면무호흡으로 인해 충분한 수면을 하지 못하면 수면 시 분비되는 성장호르몬이 감소하고 인슐린이나 코티솔 같은 스트레스 호르몬은 증가하여 체중, 혈압, 내장지방은 더욱 증가한다.

(7) 기타

비만으로 인하여 과도한 체중으로 담낭질환, 골 관절염 등의 발생위험도 증가한다.

5) 합리적인 체중감량전략

체중조절의 목표는 바람직한 체중인 이상체중(ideal body weight)으로 감소되도록 하고 감소된 체중을 적어도 5년 동안 유지하는 것이다. 이 기준을 적용할 때 비만 치료의 성공률은 암 치료의 완치율보다 낮다고 하니 얼마나 체중감량과 이상체중 유지가 어렵고 힘든 일인지 알 수 있다.

비만 치료법에는 식이요법, 운동요법, 행동요법, 약물요법 등이 있으나 비만의 가장 큰 원인이 과식이므로 식사조절은 가장 필수적이다. 비만에서 회복된 정상체중은 일명 요요현상(yo-yo effect)이라 불리는 재발이 쉬우므로 끊임없는 자기관리와 실천에 의해서만 가능하다. 따라서, 체중감량을 위한 프로그램은 장기간에 걸쳐 섭취열량을 줄이고, 활동량을 늘려 소비열량을 증가시키는 생활습관으로 변화시켜서 감소된 체중을 꾸준히 유지하는 것이 중요하다.

(1) 식사요법

비만인을 위한 식사요법의 원칙은 에너지 섭취를 줄이고 체지방 에너지를 이용하여 체중을 감소하는 것이므로 저열량식이 원칙이다. 그러나 무조건 식사량을 줄이는 것이 아니라 식품을 골고루 섭취하여 영양의 균형을 이루어야 한다. 실제로 식품교환표를 이용하면 각 식품의 영양소 양을 쉽게 알 수 있어 자신에게 필요한 하루의 열량을 균형 있게 섭취하는 데 도움이 된다.

가장 바람직한 저열량식은 하루 필요한 열량에서 500~800kcal 정도 줄여서 섭취하는 것이다. 이러한 저열량 식사요법은 단식이나 극저열량식에 비해 체중 감소 속도는 다소 느리지만 실천이 가능하며, 지속적으로 수행할 수 있어 가장 바람직한 체중감량법이라 할 수 있다.

알 아 두 기

바람직한 체중감량 정도(예)

체지방 1kg은 7,700kcal에 해당된다.

1주일에 0.5kg(약 3,500kcal)의 체중 감소를 위해서는 매일 500kcal씩 감소시키도록 한다.

이때 식사로 300kcal 감량, 운동으로 200kcal의 소비를 권장한다.

① 하루 에너지 필요량 산정

체중감량을 위한 에너지 섭취량 산정방법으로는 표준체중을 이용하는 방법, 조정체중을 이용하는 방법, 현재 체중을 이용하는 방법과 현재 섭취하고 있는 열량에서 감하는 방법 등이 있다.

알 아 두 기

체중감량을 위한 하루 에너지 필요량 산출(예)

1. 표준체중 이용 : 짧은 기간 체중감량 시 이용함

[신장 170cm, 체중 80kg, 중등도 활동, 남성의 예]

표준체중 : (170 − 100) × 0.9 = 63kg　　비만도 : $\frac{(80-63)}{63} \times 100 = 27\%$

표준체중을 기준으로 활동강도에 따라 처방함

1일 에너지 필요량 : 63kg × 30kcal/kg = 1,890kcal

2. 조정체중 이용 : 비만도가 30% 이상인 경우 이용함

[신장 170cm, 체중 91kg, 중등도 활동, 남성의 예]

표준체중 : (170 − 100) × 0.9 = 63kg 비만도 : $\frac{(91-63)}{63} \times 100 = 44\%$

조정체중 = 표준체중 + (현재 체중 − 표준체중)/4

= 63 + (91 − 63)/4 = 70kg

1일 에너지 필요량 : 70kg × 30kcal/kg = 2,100kcal

3. 현재 체중 이용 : 체중감량이 서서히 됨

[신장 170cm, 체중 81kg, 중등도 활동, 남성의 예]

표준체중 : (170 − 100) × 0.9 = 63kg 비만도 : $\frac{(81-63)}{63} \times 100 = 29\%$

현재 체중을 기준으로 활동강도에 따라 처방함

1일 에너지 필요량 : 81kg × 30kcal/kg = 2,100kcal

4. 평소 섭취량 이용 : 일반적으로 많이 사용하는 방법으로 체중감량이 서서히 됨

평소섭취량의 20% 정도를 감량하여 일주일에 약 0.4~0.5kg(최대 1kg)의 체중을 감량하는 방법

[평소 2,000kcal를 섭취하는 사람의 예]

하루 400kcal의 섭취량을 감량하면, 일주일에 총 2,800kcal가 감량되어 0.36kg 체중이 감량됨

현재 체중의 5~15% 정도를 감량하면 비만 환자의 경우 대부분의 비만 합병증을 개선할 수 있으며, 현실적으로 실천 가능하므로 체중감량 목표량으로 적절하다. 그러나 빠른 체중감량을 원할 때는 표준체중이나 조정체중을 이용하기도 한다. 하루 필요 열량은 목표 체중에 활동 정도에 따른 개인의 열량 소비량을 곱하여 결정한다.

대상자의 하루 에너지 필요량은 체중감량을 위한 적절한 감량 목표체중에 활동에 따른 체중당 에너지 요구량 표 5-6 을 곱하여 결정한다.

하루 필요열량(kcal) = 감량 목표체중(kg) × 활동 정도에 따른 에너지 필요량(kcal/kg)

② 바람직한 저열량 식사의 구성

저열량 식사(low calorie diet, LCD)를 이용하여 체중을 조절하기 위해서는 평소의 식

표 5-6 활동 정도에 따른 에너지 요구량

활동 정도	활동 강도	활동 내용	체중 1kg당 필요에너지(kcal)
가벼운 활동	거의 앉아 있는 경우	일반사무직, 관리직, 기술자, 어린 자녀가 없는 주부의 가사노동, 수면, 식사, 독서, 담화, 재봉, 운전, 사무 등	25~30
중등도 활동	가벼운 운동이거나 활동을 정기적으로 하는 경우	제조업, 가공업, 서비스업, 판매직, 어린 자녀가 있는 주부의 가사노동, 걷기, 세탁, 청소, 요리, 아이 보기, 볼링, 자전거 타기 등	30~35
심한 활동	강도 있는 운동을 일주일에 4~5회 하는 경우	농업, 어업, 건설작업원, 등산, 테니스, 에어로빅, 탁구, 줄넘기, 달리기, 수영 등	35~40
아주 강한 활동	매일 아주 강도 있는 활동을 하는 경우	농번기의 농사, 임업, 프로 및 엘리트 운동선수	40~45

사 섭취량을 파악하여 이를 근거로 적절한 영양소가 포함될 수 있도록 계획하여야 한다. 또한 환자의 기호도와 생활습관을 고려하여 변화된 식사에 적응하도록 한다.

- **탄수화물** 단백질 절약, 케톤증 및 심한 수분 손실 예방을 위해 하루 최소 100g 이상의 탄수화물 섭취가 요구된다. 탄수화물 섭취량이 하루 100g보다 적으면 케토시스(ketosis)가 발생하고, 인슐린 분비량이 감소하며, 포도당을 열량원으로 사용하는 조직(예 뇌)에 필요한 열량을 공급하기 위해 체단백질이 분해되므로 탄수화물은 전체 열량의 50~60% 정도 섭취하는 것이 권장된다.

  탄수화물 중에서도 설탕, 꿀, 시럽 등 정제된 당은 피하고 복합당질 형태로 공급하며, 과일과 채소를 통한 식이섬유소는 1일 20~25g 이상 섭취를 권장한다. 이는 식사의 에너지 밀도를 낮추고 위 배출을 지연시켜 만복감을 주며, 변의 용적을 증가시켜 열량 제한식을 할 경우 발생하는 변비를 예방한다.
- **지방** 지방 섭취는 총 열량의 20~25%를 넘지 않도록 권장한다. 지방이 많은 식사는 포화지방산과 콜레스테롤의 양도 많으므로 관상동맥경화증의 위험을 증가시킨다. 지질은 고열량 영양소로서 고소한 맛이 있어 쉽게 과식하게 되므로 에너지 제한을 위하여 주의할 필요가 있다. 그러나 필수지방산이 부족하면 발육장애나 피부염의 원인이 되며 지용성 비타민의 섭취를 위해 총 열량의 20% 정도를 권장한다.

  또 고지혈증, 동맥경화의 다중불포화지방산(polyunsaturated fatty acid), 단일불포화지방산(monounsaturated fatty acid), 포화지방산(saturated fatty acid)의 비율을 1 : 1~1.5 : 1로 섭취하는 것이 바람직하다. 콜레스테롤은 1일 300mg을 초과하지 않도록 한다. 그 외에 등푸른 생선에 많은 EPA와 DHA를 함유한 ω-3계의 지방산 섭취는 혈중 콜레스테롤 수치를 낮추고 혈전 등 심혈관계 질환 예방을 위해 필요하다.

- **단백질** 단백질은 제지방(fat free mass) 합성과 신체 기능 유지에 필수적인 영양소이다. 건강한 성인은 체중 1kg당 하루 최소 0.8g의 양질의 단백질이 필요하다. 단식이나 심한 저열량·저단백질 식사는 체지방과 함께 제지방량까지 빠르게 고갈시키며, 또 면역력 감소 및 탈모 현상과 같은 부작용을 가져 올 수 있으므로 바람직하지 않은 체중관리 방법이다.
- **비타민과 무기질** 비타민과 무기질은 영양소 대사에 있어서 보조촉매제로서 매우 중요하므로 충분히 섭취해야 한다. 특히 수용성 비타민, 칼슘, 철의 결핍이 발생하지 않도록 하며, 감량식의 경우에는 별도의 보충이 필요하다. 저열량식사 동안에는 체지방 분해가 왕성하게 일어나고 노폐물 대사도 원활해야 하므로 조효소로 사용되는 비타민, 무기질 필요량은 오히려 충분히 보충해야 한다. 비타민, 무기질은 동물성 식품에도 포함되어 있으나 과일이나 채소에 풍부하게 함유되어 있으므로 채소를 충분히 섭취해야 하며, 단맛이 강한 과일은 많이 먹을 경우 열량 섭취가 높아지므로 제한해서 섭취하는 것이 좋다.
- **식이섬유소** 섬유소는 에너지 밀도가 낮을 뿐 아니라 탄수화물이나 지질 흡수를 지연

알 아 두 기

저열량 식사요법 원칙

- 식사를 거르지 말고 제 시간에 한다.
- 설탕과 같은 단순당질을 많이 사용한 음식은 피한다.
- 적정량의 단백질을 섭취하여, 열량 제한에 따른 체단백 손실을 최소화한다.
- 섬유소 함량이 높은 음식을 먹는다.
- 콜레스테롤과 동물성 지방이 많은 음식은 적게 먹는다.
- 소금 섭취를 줄이고, 가공식품의 이용을 피한다.
- 조리법에서도 튀김·부침 요리를 피하고, 삶거나 찌거나 굽는다.
- 음주 빈도와 음주량을 제한한다.

시키고 위 내 정체시간을 늘려 포만감을 준다. 또 변의 용적과 수분보유량을 증가시켜 서 식사량 감소로 인한 변비를 예방하는 데 도움을 준다. 현미나 보리 등의 통곡식, 대두류, 버섯류, 채소, 과일, 해초류 등을 통해 하루에 25~30g 정도 섭취하는 것이 좋다.

- **수분**　저열량 식사 시 단백질 분해가 증가되면, 소변으로 배설되는 질소산물이 많아지므로 이를 배설하기 위해 충분한 양의 수분이 필요하다. 저탄수화물 식사의 경우 케톤체의 배설을 위해서도 많은 양의 수분이 요구된다. 대체로 하루에 1L(6~7컵) 이상이나 열량 1kcal당 1mL 이상의 수분 섭취가 필요하다.

(2) 운동요법

운동은 활동에너지를 소모시키는 효과와 체지방 분해를 촉진하여 저장된 지질을 소비시키는 효과가 있어 식사요법 다음으로 체중 조절에 필수적인 요소이다. 뼈에 붙어 있는 근육인 골격근은 움직여야 발달한다. 따라서 활동량이 적은 사람은 소모에너지가 감소되어 에너지 균형이 쉽게 양으로 되고, 점점 근육이 퇴화하여 체지방이 늘어서 비만이 된다.

① 운동의 필요성

체중 조절의 목표는 체지방만을 줄이는 것이므로 제지방, 즉 근육은 보존해야 한다. 식사요법만으로 체중을 감량하면 수분과 근육의 손실을 피할 수 없다. 그러나 운동을 병행하면 운동 시 체지방을 열량원으로 활용하게 되므로 몸에 쌓인 지방량을 감소시키는 한편, 근육은 강화시켜 줌으로써 신체의 구성 성분 중 지방이 줄어들고 근육이 증가하게 된다. 그러므로 체중감량을 위해서는 반드시 식사요법과 운동요법을 병행하여야만 효과를 볼 수 있다.

또한 운동은 조절된 체중을 유지하는 데도 매우 중요하다. 운동 없이 식사요법만 시행하면 요요현상이 발생하기 쉬워 원래 체중으로 돌아가거나 식사요법하기 전보다 더 살이 찌기 쉽다. 특히, 저열량식으로 체중감량을 할 때는 운동이 필수적이다. 우리 몸은 적응능력(adaptation)이 뛰어나서 적게 먹으면 에너지 소모도 줄게 되어 잘 빠지던 체중이 어느 시기가 지나면 감량효과가 저하된다. 이는 처음엔 물을 많이 함유한 근육의 분해로 체중 감소가 크고 나중에는 고열량인 체지방이 연소되므로 체중 변화가 적게 된다. 이때 지속적인 운동은 저열량식에 대한 적응현상을 극복하는 데 도움이 된다. 운동

표 5-7 100kcal를 소모할 수 있는 운동 및 활동

운동 또는 활동	소요시간 또는 횟수	운동 또는 활동	소요시간 또는 횟수
천천히 걷기	28분	빨리 걷기	10분
제자리 달리기	6분	제자리 높이 뛰기	25회
계단 오르기	120계단	등산	24분
달리기	1.2km	정지된 자전거 타기	6분
줄넘기	18회	토끼뜀	12회
턱걸이	6회	윗몸 일으키기	18회
팔 굽혀 펴기	12회	수영	10분
테니스	15분	배드민턴	12분
탁구	10분	배구	32분
농구	12분	볼링	16분
골프	19분	스케이팅	25분
스키	14분	세탁	35분

출처 : 손숙미 외(2018). 임상영양학(3판). 교문사.

이 병행되지 않은 저열량식은 체중이 감소한 후에 더 빨리 체내 단백질 함량은 감소되고 체지방 함량은 증가되는 요요현상이 일어난다.

한편, 운동으로 인한 열량 소비는 우리가 생각하는 것보다 많지 않기 때문에 식사요법 없이 운동만으로 체중을 줄이기는 더더욱 힘들다 **표 5-7**.

② 운동 방법

운동을 할 때는 자신의 체력수준과 목적을 분명히 하고 그에 따라 적절한 강도와 방법을 선택하여 규칙적으로, 안전하게 해야 한다.

규칙적인 운동이 중요한 이유는 인체는 지속적인 외부 자극에 대해서 반응하고 적응하는 과정에는 일정 기간이 필요하며, 언제나 큰 변화를 피하고 안정된 범위 내에 머물고자 하는 생리적 특성, 즉 항상성(homeostasis)이란 특성을 가지고 있기 때문이다. 운동에 의한 효과는 규칙적인 운동 자극이 지속될 때 가장 효율적으로 유지된다. 규칙적인 운동 습관은 인체를 미리 다가올 운동 자극에 대비시키는 역할도 하며, 부상의 가능성도 줄일 수 있다.

알 아 두 기

운동 목적에 따른 운동방법

운동 목적	방법
체중감량	• 일정량 이상의 시간 필요 • 꾸준히 다양한 형태의 운동 • 식사조절 병행(식사량은 줄이되 고른 영양 섭취)
보디빌딩	• 체계적인 웨이트 트레이닝 프로그램 실시 • 충분한 단백질 섭취
지구력 향상	• 총 지구성 운동시간 매우 중요 • 일주일에 6일 이상 꾸준한 운동 • 적절한 시점에 탄수화물 섭취(피로 회복)

• **운동강도** 체중감량을 위해서는 운동의 강도가 강하고 짧은 것보다는 강도는 낮더라도 시간을 길게 하는 것이 좋다. 장시간 저강도로 운동하는 것이 단시간 고강도로 운동하는 것보다 에너지 대사에서 지방의 연소 비율이 높기 때문이다. 총 칼로리 소비와 지방의 연소비율을 고려할 때 중강도의 운동이 바람직하다고 볼 수 있다. 체중감량을 목표로 할 때의 운동 강도는 낮은 강도로 운동시간을 길게 하는 것(약간 땀이 날정도)이 체지방 감소에 효과적이다. 그 이유는 높은 강도의 운동은 주요 에너지원으로 탄수화물이 쓰이고, 낮은 강도로 장시간 운동을 하게 되면 주요 에너지원으로 지질이 쓰이기 때문이다 그림 5-5.

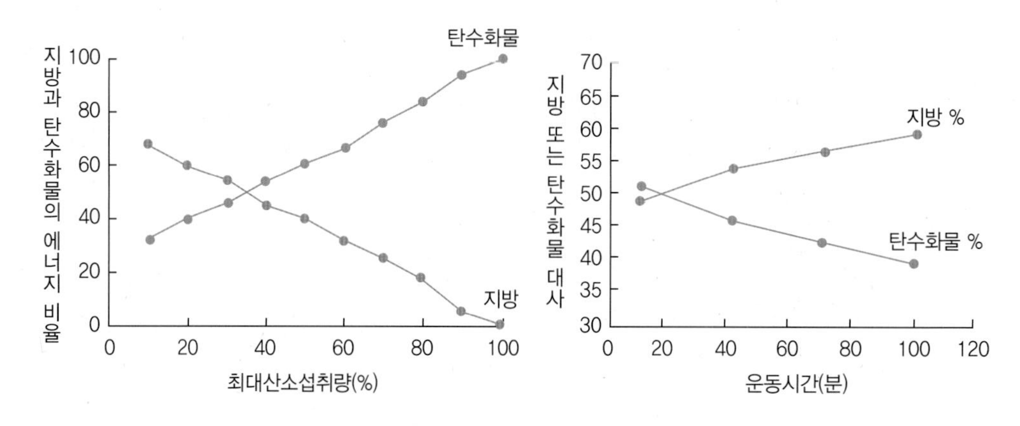

그림 5-5 운동강도와 시간에 따른 에너지 이용
출처 : Edward Howley(2004). Exercise physiology. McGraw-Hill.

알 아 두 기

내몸에 맞은 운동 강도(예)

적절한 운동 강도는 개인별 최대 심박수의 60~75%를 권장하며, 이를 목표 심박수라 한다.
최대 심박수란 심장이 1분 동안 최대로 뛸 수 있는 상한치로서 '최대 심박수 = 220 - 나이'로 구할 수 있다.
40세의 경우 최대 심박수는 180이 되므로,
목표 심박수 = (180 × 0.75) = 108회~135회/분
즉, 분당 108회 이상, 135회 이하의 심장 박동이 되도록 운동하는 것이 적정 강도이다.

- **유산소운동과 무산소(저항)운동** 유산소운동(aerobic exercise)이란 운동 과정에서 산소를 사용하여 체내에 저장되어 있는 지방과 탄수화물을 태워 에너지를 생성하고 이를 통해 운동을 지속하는 것을 말한다. 걷기, 달리기, 수영, 에어로빅 댄스, 자건거 타기 같은 운동이 대표적인 유산소운동이다. 에너지를 서서히 소모하므로 젖산과 같은 대사산물이 쌓이지 않기 때문에 운동을 오래 지속할 수 있으며, 주로 유산소운동을 통해 지방이 연소되어 다이어트 효과가 발생한다.

  무산소운동(anaerobic exercise)이란 산소를 사용하지 않고 에너지가 생성되는 것으로 폭발적이고 강한 힘을 단시간에 낼 수 있지만 피로 물질인 젖산이 축적되므로 장시간을 지속하지는 못한다. 테니스·배구 등의 서브나 스파이크, 단거리 달리기, 팔 굽혀 펴기, 던지기 경기, 도약 경기, 씨름, 잠수, 역도 등과 같은 형태의 운동이 해당된다. 운동효과는 근력 강화, 근비대, 기초 대사량 증가, 근글리코겐 농도를 증가시키는 효과가 있다.

  비만한 사람은 체중 조절을 위해서 체지방을 열량원으로 사용하는 유산소운동을 하도록 한다. 체중감량에 있어서 저항운동(웨이트 트레이닝)의 효과는 논란이 되고 있다. 저항운동은 칼로리 소비와 그 양은 매우 적다. 하지만 저항운동은 제지방량을 증가시켜 이에 따른 평상시 에너지 소비량을 증가시키며, 탄력적인 몸매를 만들어 주기 때문에 유산소운동과 병행한다면 비만에 효과적인 운동이다.
- **운동횟수** 운동의 횟수는 1주에 3회 이상이 좋으며 최하 2일(48시간)이 경과되기 전에 다시 운동을 하여야 그 전의 운동 효과가 지속된다. 처음에는 한 번에 20분 정도 하는 것으로 시작하여 점차 시간을 늘려 정리 운동까지 포함하여 40~60분 정도 하

는 것이 좋다.

체중감량을 위한 적정 운동 빈도는 일주일에 3~5회 이상, 운동 강도는 최대 호흡량의 30~65%(운동하면서 대화를 할 수 있는 정도의 운동 강도), 운동 지속시간은 30분 이상(20~60분)이다. 운동은 자신의 신체조건에 맞는 수준부터 시작해야 하며 절대 무리하게 해서는 안 된다. 운동을 즐기는 정도로 생활화한 사람이 더 건강하고 장수한다는 보고가 있다.

③ 효과적인 운동을 위한 주의사항

운동은 신체 건강에 있어 거의 모든 면에 좋은 영향을 준다. 체력, 면역력, 생리활성, 심리·사회적 측면 등 고루 긍정적인 효과를 미친다. 그러나 운동 역시 부정적인 측면을 가지고 있는데, 운동 부상의 증가, 지나친 운동에 따른 만성 피로, 고강도 운동 중 발생하는 활성산소에 의한 산화스트레스가 그것이다. 따라서 운동을 하되 긍정적인 효과는 극대화시키고, 부정적인 효과는 최소화시키는 방법을 잘 알아야 한다 표 5-8.

표 5-8 안전한 운동을 위한 주의사항 및 효과

운동 전	운동 중	운동 후
정확한 운동 방법을 파악한다.	가벼운 운동을 반복적으로 시작한다.	정리운동을 꼭 한다.
자신의 신체 컨디션을 체크한다.	남과 경쟁하지 말고 자신의 체력수준에 맞게 운동한다.	식사는 운동 후 10~20분 후에 한다.
음식을 먹은 후 2시간 후 운동을 시작한다.	충분한 수분을 섭취한다.	그날 피로는 그날 푼다.
운동 시작 전 10분 정도의 충분한 준비운동을 한다.	단기간 고강도 운동은 삼가야 한다.	충분한 휴식을 취한다.
적절한 장비를 이용한다.	올바른 자세를 유지한다.	단백질 위주의 식사는 근육을 생성하는 데 도움이 된다.
규칙적인 운동습관은 인체에 다양한 긍정적 변화를 유도한다. • 기초대사량(BMR)을 증가시켜 열량 소모량을 증가시킨다. • 인슐린 감수성이 증가함에 따라 혈당이 감소한다. • 지질대사(중성지방 및 콜레스테롤 등)가 개선된다. • 혈압이 감소한다. • 심폐지구력이 향상된다. • 관상동맥 질환의 빈도와 사망률이 감소한다. • 스트레스 해소, 불안, 우울 및 소극적인 태도가 개선되는 등 정신 건강에도 도움이 된다.		

체지방 분해를 목적으로 운동할 경우에는 식사나 간식 전에 운동하는 것이 효과적이다. 운동 전에 단 음료나 군것질은 섭취하는 것은 혈당이 높아져서 인슐린의 분비를 증가시켜 운동 중 지방 분해를 억제하므로 바람직하지 않다.

(3) 행동수정요법

행동수정이란 비만을 일으킨 잘못된 생활습관(식습관 및 섭식 행동)을 스스로 인식하고 수정하여 자기 스스로 행동을 통제하는 것이다. 행동수정을 통해 감량한 체중을 오랫동안 유지시킬 수 있다. 행동수정을 실행하기 위해서는 평소 개인의 식사습관 및 생활습관을 평가하고 분석하는 자기 관찰이 선행되어야 한다. 행동수정을 통해 과식을 유발하는 자극적인 요인을 수정하고 잘못된 식사 행동을 교정하여 바람직한 식습관을 확립하도록 해야 한다.

행동수정만으로는 체중조절 효과가 높지는 않으나, 운동이나 식사요법에 비해 중도 포기율이 낮아(20% 미만) 감량된 체중을 유지하고 요요현상을 방지하면서 장기간의 체중조절에 꼭 필요한 프로그램이다. 즉, 행동수정요법은 비만 치료에 필수적이며, 가장 효과적인 방법이라 할 수 있다.

① 자기 관찰

자기 관찰은 비만을 유발하는 습관을 찾아내기 위하여 먹은 음식의 이름과 양, 시간, 장소, 섭취 상황(예 과자가 식탁에 놓여 있어서, 빵 냄새가 좋아서, 친구가 권해서 등), 먹을 때의 기분과 운동습관을 기록하면서 자신의 문제점을 찾아 행동을 수정하는 데 도움을 준다. 또한 체중을 측정하여 기록하는 것도 식습관과 운동습관이 제대로 개선되고 있는지 알 수 있게 도와준다.

② 자극 조절

자극 조절은 환경을 변화시켜 체중 조절을 방해하는 충동적 요인을 최소화하기 위한 것으로, 식품 구매부터 식행동의 계획, 실행, 특별한 상황, 먹는 방법 등 철저하게 의식적으로 먹는 행위 전반을 통제하는 것을 말한다. 평생 체중 조절을 위한 행동수정은 지식(knowledge)과 더불어 의식의 변화(attitude), 행동의 변화(practice)를 통해 실천함에 있다 표 5-9.

표 5-9 체중 조절을 위한 행동수정원리

원리	방법	내용
자기관찰	체중 조절 일기 쓰기	먹는 시간과 장소 기록하기
		먹은 음식의 형태와 양 목록 작성하기
		곁에 누가 있었는지와 느낀 점 기록하기
		이 기록으로부터 문제점 찾기
자극 조절	식품구매	배부른 상태에서 구매할 것
		구매목록 작성(충동구매 억제)
		냉동식품 및 인스턴트식품 사지 않기
		꼭 필요할 때까지 장보기를 연기하기
	계획	필요한 만큼만 먹도록 계획하기
		간식 먹는 시간에 운동하기
		세끼 식사와 간식을 정해진 시간에만 먹기(끼니 거르지 않기)
	실행	충동적으로 먹지 않도록 음식을 안 보이는 곳으로 치우기
		모든 먹는 것을 한 장소에서만 하기
		많은 음식을 냄비째 식탁에 놓지 않기
		식탁에 간장, 소스 등 치우기
		작은 크기의 그릇과 수저 사용하기
	명절이나 파티	술 적게 마시기
		파티 시작 전에 열량이 낮은 간식 먹기
		음식을 사양하는 공손한 태도 익히기
		간혹 실수해도 포기하지 않기
	먹는 방법	음식을 떠 넣는 사이마다 수저를 상에 내려놓기
		다음 음식을 먹기 전에 입 안의 음식을 완전히 씹기
		음식 약간 남기기
		식사 중에 잠깐 중단하기
		식사 중에 다른 일(TV 시청, 독서, 전화 통화 등) 하지 않기
보상	보상	자기감시 기록을 기준으로 충동조절을 잘 했을 때 상 주기
		특정 행동에 특정 상을 주도록 계약 설정하기
		가족이나 친구에게 말이나 물질로 상을 주도록 협조 구하기
		점차 스스로 보상할 수 있도록 훈련하기

출처 : 손숙미 외(2018). 임상영양학(3판). 교문사.

(4) 기타

① 약물요법

비만 치료제는 작용기전에 따라 식욕억제제, 흡수저해제, 대사항진제 등을 사용하나 약물 사용은 구강 건조, 구역질, 식욕부진, 변비, 불면증, 어지러움, 복부 팽만감, 복통, 설사, 지방변, 배변 증가, 배변실금 등의 부작용을 초래하고 감소된 체중을 유지하기도 어려워 체중감량 후 대부분이 요요현상을 겪는다.

② 수술요법

고도비만으로 비만도가 100% 이상인 경우와 일반적인 방법으로 체중감량이 어려울 경우에만 시행한다. 위나 소장의 일부분을 절제하여 영양소 흡수를 감소시키는 방법이 있다. 또 지방 흡입술은 복부나 엉덩이, 대퇴부의 지방조직을 수술로 제거하는 것이다. 지방 흡입술은 충분하게 체중을 감량시킬 만큼 지방조직을 제거할 수 없으며, 시술 중 지질이 손상된 혈관으로 들어가 폐의 혈액순환을 차단하는 지방색전증 등의 부작용이 있어 가급적 사용하지 않는 것이 바람직하다.

2. 체중부족 및 식사장애

체중부족은 표준체중에 비해 15~20% 또는 그 이상의 체중이 부족한 경우로, 체중부족도 비만과 마찬가지로 여러 가지 질병의 원인이 된다. 주요 증상으로는 신체 저항력 감소가 있고, 유년기나 청년기에는 성장지연이 나타나며 쉽게 피로감을 느끼고 소화기계 질환, 폐질환 등으로 사망위험이 증가될 수도 있다. 여성의 경우에는 호르몬 분비 감소로 무월경 상태가 되며 골밀도의 감소로 골다공증 발병 위험도 높아진다.

1) 체중부족의 원인

(1) 단순성 체중부족

단순성 체중부족은 지속적인 체중 감소 현상은 아니며 일시적으로 보이는 체중부족을 뜻한다. 특별히 치료대상이 되는 일은 드물지만 원인이 분명치 않은 진행성 체중 감소에는 위험한 질병이 발병되는 경우도 있으므로 세심한 주의가 필요하다.

(2) 증후성 체중부족

증후성 체중부족증은 여러 가지 원인에 의해서 나타난다.

- **중추성 체중부족** 종양이나 시상하부의 기질성 병변에 의해서 섭식중추에 장애가 발생해 체중 감소가 나타난다. 이 경우 아직까지 발생 과정에 관한 정확한 기전이 알려져 있지 않다.
- **신경성 식욕부진(anorexia nervosa)과 신경성 폭식증(bulimia nervosa)** 주로 젊은 여성이나 소녀들에게 나타나며 배고픔에도 불구하고 심한 식사제한 등으로 체중 감소가 나타난다. 특징으로는 신경질적인 우울감, 열등의식, 근심, 수면부족, 월경불순, 성욕감퇴 등이 동반된다.
- **식습관 이상** 편식습관, 종교적 문제로 제한되는 음식, 알코올의 과다 섭취, 흡연, 수면부족에 의해 체중 감소 현상이 올 수 있다.
- **흡수장애에 의한 체중부족** 체내의 소화액 부족(무산증, 만성 장염, 위절제 등), 영양소 흡수부위의 면적 감소(장절제, 소장염), 위장관의 운동과다(궤양성 대장염, 알레르기성 설사 등), 흡수 이상(악성빈혈 등)이 있는 경우에는 체중 감소 현상이 나타난다.
- **대사 이상** 간질환, 당뇨병, 갑상선질환, 부신질환 및 뇌하수체질환이 있는 경우 체중부족 현상이 나타난다.

2) 체증증가 전략

(1) 식사요법

우선적으로 식습관을 정상화하고 일정 범위 내에서 체중을 유지하는 것이 중요하다. 일주일에 1kg의 체중 증가를 목표로 하는 것이 이상적이며, 심한 체중부족증인 경우 초기에는 위장관의 부담을 최소화하도록 보충제나 정맥주사 또는 튜브를 이용한 영양공급방법을 실시한다. 기본식사방침으로 적절한 에너지 섭취와 균형 잡힌 영양을 위해 과일,

채소, 양질의 단백질 식품, 유제품 등을 권장한다.

① 에너지

개인의 하루 총 에너지필요량에 500~1,000kcal 정도를 더하여 책정하는 것이 체중 증가를 위한 식사요법이나, 갑작스러운 에너지 증가로 구토, 위장관 장애, 심리적 압박감 등을 받을 수 있으므로 세심한 주의와 점진적 에너지 섭취 증가가 필요하다. 에너지 섭취 증가가 한꺼번에 이루어지는 것은 쉽지 않으므로 위의 부담이 적은 크림수프, 푸딩, 아이스크림, 치즈, 밀크셰이크, 치즈수프 등의 농축음식을 이용한다.

② 단백질

단백가가 높은 양질의 단백질을 하루 100g 이상 섭취할 것을 권장하며 총 단백질 섭취량의 50%는 동물성 단백질로 한다. 심한 체중부족이 장기간 진행되었을 때는, 위장관이 많은 단백질 식품을 소화할 수 있는 능력이 저하되어 있으므로 이런 경우에는 결정형 아미노산의 정맥 투여가 필요하다.

③ 당질과 지방

적당량의 지방은 식욕을 촉진시키며 당질은 쉽게 소화되므로 체중 증가를 위한 좋은 영양원이다. 그러나 지방과 당질의 갑작스런 과잉섭취는 빠른 흡수로 혈당의 급상승을 초래하므로 식용유나 버터, 마가린, 당질 등을 조리 시 소량씩 사용하여 점진적으로 에너지를 증가시키는 것이 효과적이다. 또한 당질 식품은 부피가 커서 식사량이 많아져 환자가 부담을 느끼게 되므로 당질의 의존도를 너무 높아지지 않도록 한다. 당질 공급원으로는 죽 종류, 버터토스트, 크래커와 치즈, 감자 이용 음식 등이 좋으며 식물성 기름으로 무치는 나물, 기름 바른 김구이 등은 지방의 좋은 공급원이 될 수 있다.

(2) 운동요법

체중을 증가시킬 때 체지방이 아니라 제지방량, 특히 근육조직을 증가시키기 위해서는 식사요법과 함께 운동요법도 병행해야 한다.

제지방을 늘리기 위해서는 저항운동(웨이트 트레이닝)이 필요하다. 저항운동은 근육의 크기와 근육량을 증가시키는 효과적인 방법이다. 저항운동은 주 3회 정도가 적당한데 이는 휴식을 취하지 않고 매일 근력운동을 하면 근육이 성장할 시간이 없어 역효과가 나타나기 때문이다. 근력운동의 강도는 정해진 반복 횟수를 힘들게 마칠 수 있는 수준이 적당하다. 저항운동의 초기단계에서는 1주일에 500g 정도의 근육량을 늘려서 체중을 증가시키는 것이 바람직하다.

3) 식사장애

식사장애(eating disorder, 섭식장애)는 식행동(eating behavior)에 대한 심리적 두려움으로 음식을 정상적이지 않은 방법으로 섭취하는 질병이며, 신경성 식욕부진증(anorexia nervosa)과 신경성 대식증, 폭식증(bulimia nervosa)으로 구분할 수 있다. 신경성 식욕부진증은 정상적인 체중의 최저수준을 유지하는 것조차 거부하는 것이며, 신경성 대식증은 마구 먹은 후 부적절한 행동으로 이를 보상하는 일이 반복되는 것이다.

(1) 식사장애의 종류

① 신경성 식욕부진

신경성 식욕부진은 의도적으로 굶거나 토하거나 운동을 많이 하여 체중을 조절하는 것이다. 최소한의 정상체중 유지도 거부하면서 계속해서 음식 섭취를 제한하는 것이 특징이다. 자신의 체형에 대한 잘못된 이미지를 가지고 있어 체중이 정상 이하로 매우 낮음에도 불구하고 여전히 본인이 뚱뚱하다는 생각을 갖고 있다. 또한 본인의 저체중 상태(보통 정상체중의 85% 이하 또는 체질량지수 17.5 이하)의 심각성을 부인한다. 음식을 먹으면 몸의 일부가 되며 먹는 만큼 살이 찐다는 생각을 가지고 있어 음식 섭취를 거부한다.

② 신경성 폭식증

신경성 폭식증은 폭식 후에 체중 증가를 막기 위해 부적절한 보상행동(의도적인 구토, 하제나 이뇨제 사용)을 하며 이러한 행동을 일주일에 2회 이상 3개월 동안 계속할 경우를 말한다. 자신의 폭식 행동을 부끄럽게 생각하며 자아존중감이 낮은 경우가 많다. 폭식을 할 때는 먹는 것을 조절하는 능력이 부족하여 보통 사람이 먹을 수 있는 양보다 훨씬 많은 양의 음식을 먹는다. 보통 체중은 정상 범위 전후인 경우가 많다. 신경성 폭식증은 대체로 신경성 식욕부진의 발병시기보다 더 늦게 발병한다.

(2) 식사장애의 원인

섭식장애의 발병원인은 명확히 알려져 있지 않으나 환경적 요인, 성격적 특성, 유전적 요인 등 여러 요인이 복합적으로 작용하는 것으로 볼 수 있다.

① 환경적 요인

환경적 요인으로는 특히 가족적 요인이 중요하게 작용할 수 있다. 가족의 정서불안, 육체적 학대, 가족 간의 지지 부족 등이 요인으로 작용할 수 있다. 사회·문화적으로 날씬함을 동경하고 요구하는 분위기, 어릴 때 체중 때문에 놀림받은 기억 등 또한 섭식장애의 발병에 기여할 수 있다. 섭식장애는 체중 조절을 요하는 특정 직업군에서 높게 나타나는 경향이 있다.

② 성격적 특성

강박적 성격을 가지거나 자아존중감이 낮은 사람에게서 신경성 식욕부진증이 더 많이 나타나며, 신경성 폭식증을 가진 사람들은 부정적 경험이 많고 충동적 성향을 가지고 있다.

③ 비만

과거에 과체중이었던 사람이 어느 정도 체중감량에 성공한 뒤에 섭식장애가 나타날 수 있다.

(3) 식사장애 관련 건강 이상 증상

섭식장애 환자들은 대부분 섭식장애 자체보다는 섭식장애로 인한 건강 이상 때문에 병원에 가는 경우가 더 많다. 섭식장애로 인한 건강 이상은 신체 전반에 걸쳐 나타나며, 생명에 치명적인 영향을 미칠 수도 있다.

① 신경성 식욕부진 관련 이상

- **치아 부식** 잦은 구토로 인한 위산에 의해 치아가 부식된다.
- **전해질 이상** 저칼륨증·저마그네슘증·저칼슘증이 나타나며, 이러한 전해질의 이상은 부정맥을 초래하게 된다.
- **골다공증** 심각한 골밀도의 감소가 나타나며 조기에 골다공증에 걸릴 위험이 높아지게 된다. 음식물의 섭취가 제한되어 있어 충분한 영양소를 섭취하지 못해 골밀도를 축적하기 힘들게 되며, 에스트로겐 분비 이상 또한 골밀도의 감소를 초래하게 된다.
- **소화기계의 이상** 위무력증과 변비가 흔히 나타난다. 특히 하제를 많이 사용하여 습관성이 될 경우 자발적 능력에 손상이 있게 된다.
- **심혈관계 이상** 맥박이 느려지고 부정맥이 나타나며 저혈압이 나타난다. 심장마비는 신경성 식욕부진 환자의 주요 사망 원인이다.
- **호르몬 이상** 호르몬 분비에 이상이 생겨 우울증이 발생하고, 여성호르몬의 감소로 무월경증을 경험하게 된다.

② 신경성 폭식증으로 인한 이상

신경성 폭식증의 합병증은 대부분 구토나 강제적인 배설을 유도하기 위한 방법의 사용 후유증에 기인한다고 볼 수 있으며, 일반적으로 생명에 아주 위험하지는 않다. 식도염, 변비, 치아부식, 부정맥 등이 동반된다.

(4) 섭식장애의 식사요법

섭식장애의 치료는 의학적·정신과적·심리학적·영양학적 면을 고려한 다각적이고 포괄적인 접근이 필요하다.

① 신경성 식욕부진증의 식사요법

신경성 식욕부진증 환자의 치료 목표는 환자의 체중을 표준체중의 90% 정도 수준까지 증가시키고, 체중 감소를 유발하는 행동들을 멈추게 하며, 식사 습관을 개선하고, 정서적·정신적 건강을 증진하는 것이다.

식사 계획을 할 때는 에너지 공급 계획, 환자의 신체적 활동, 환자의 식사 유형과 식습관을 고려하여 환자가 거부감 없이 식사에 적응하도록 함으로써 점진적으로 체중 증가가 이루어질 수 있도록 해야 한다. 에너지 필요량은 기초 에너지 필요량과 식사력 조사에 의한 칼로리 섭취를 고려하여 결정한다. 초기에 급격히 과도한 에너지를 섭취하도록 하면 환자가 거부감을 느끼고 체중 증가에 대한 불안감으로 치료를 포기할 가능성이 높다.

하루 최소 1,200kcal 이상을 섭취하도록 하며 탄수화물 50%, 단백질 25%, 지방 25%의 조성으로 계획한다. 영양의 재공급에 대한 반응으로 체내에서 전해질의 불균형이 일어날 수 있으므로 수분이나 전해질의 보충이 필요한지 확인한다. 비타민이나 무기질의 보충이 필요한지 관찰하며 특히 골밀도의 감소를 예방하기 위해 칼슘과 비타민 D의 섭취가 적절한지 살펴본다.

② 신경성 폭식증의 식사요법

폭식증 환자의 경우 주요 치료 목표는 폭식과 강제 배설의 악순환을 중단하게 하고 규칙적이고 정상적인 식습관을 회복하도록 하는 것이다. 대부분 폭식증 환자의 체중은 정상 범위에 속하므로 체중 증가에 중점을 둘 필요는 없다. 강제 배설 행위 때문에 전해질의 불균형, 탈수, 대사적 알칼리증의 문제가 있을 수 있으므로 이를 확인하고 조정하여 수분과 전해질의 균형이 유지되도록 한다. 배가 고프면 폭식 행위를 유발하게 되므로 배고픔을 느끼지 않도록 식사량, 식사 횟수, 에너지를 배분하고 적당량의 지방과 과일, 채소 등 부피가 큰 식품을 이용한다.

01. 소아비만(지방세포 증식형)과 성인비만(지방세포 비대형)을 비교 설명하시오.
02. 식행동에 의한 비만의 외인성 원인을 설명하시오.
03. 비만과 대사증후군 발병의 관계를 설명하시오.
04. 저열량 식사 구성의 원칙 5가지를 쓰시오.
05. 저열량식으로 체중조절을 할 경우 운동요법을 병행해야 하는 이유를 쓰시오.

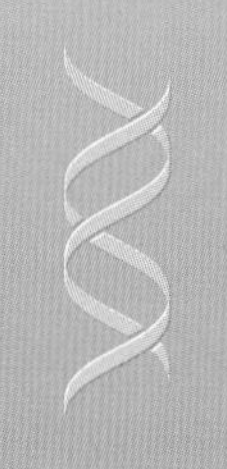

당뇨병

1. 췌장의 구조와 기능 | 2. 당뇨병의 정의와 원인 | 3. 당뇨병의 분류
4. 당뇨병의 진단 검사 | 5. 당뇨병 대사 | 6. 당뇨병의 합병증
7. 당뇨병의 치료 | 8. 당뇨병의 식사요법 | 9. 당뇨병 환자의 식사계획

- **경구포도당내성검사(oral glucose tolerance test, OGTT)** 당뇨병이나 내당능장애를 진단하기 위해 췌장 β-세포의 기능을 측정하는 검사로 일정량의 포도당(예 75g) 용액을 경구투여한 후 신체의 적응력을 측정한다. 일반적으로 포도당 복용 전과 복용 2시간 후에 채혈하여 혈당을 측정한다.
- **공복혈당장애(impaired fasting glucose, IFG)** 8시간 금식 후 공복 혈장 혈당 농도가 100~125mg/dL인 경우에 해당된다. 인슐린 분비가 부족하거나 인슐린에 대한 민감도가 감소되어 간의 포도당대사 조절능력이 약화된 당뇨병의 고위험군 또는 당뇨병의 전 단계이며 1년 안에 당뇨병으로 진행되는 경우가 5~8% 정도 된다.
- **내당능장애(impaired glucose tolerance, IGT)** 75g 경구포도당부하검사 결과 포도당 투여 2시간 후 혈장 혈당 농도가 140~199mg/dL인 경우에 해당된다. 당뇨병 고위험군 또는 당뇨병의 전단계이며 향후 당뇨병이나 심혈관계질환에 걸릴 위험이 증가한다.
- **내분비샘(endocrine gland)** 내분비선이라고도 부르며 호르몬을 만들어 분비관을 통하지 않고 혈관으로 직접 분비하는 조직이나 기관으로 췌장(이자), 부신, 갑상샘, 뇌하수체 등이 이에 속한다.
- **당지수(glycemic index, GI)** 탄수화물이 포함된 식품의 식후 혈당상승도(탄수화물의 흡수속도)를 포도당을 기준(100)으로 반영한 값이다. 특정 식품 속에 포함된 50g의 탄수화물을 섭취한 후 혈당 반응곡선 면적 아래(area under the curve, AUC)의 값을 표준식품(흰빵, 포도당)에 들어 있는 50g의 탄수화물을 섭취한 후의 혈당 반응곡선 면적으로 나눈 값이다. 70 이상인 경우 당지수가 높은 식품군(빨리 소화·흡수되어 혈당이 단시간 내에 오르고 인슐린 분비가 촉진)이며 55 이하(천천히 소화·흡수되어 혈당이 서서히 오르고 인슐린저항성이 감소될 수 있으며 식욕조절과 공복감 지연으로 체중조절에 도움이 됨)인 경우 당지수가 낮은 식품군으로 분류하나 당지수가 낮은 식품군에 속했을지라도 단백질이나 지방 함량이 높은 식품은 인슐린 분비를 촉진할 수 있음을 고려해야 한다. 탄수화물 식품 선택 시 유용하게 사용할 수 있다.
- **당부하지수(glycemic load, GL)** 당부하지수는 일상적인 식품섭취량에 따라 그 안에 포함된 탄수화물 함량이 다른 문제를 보완하기 위해 만들어진 것으로 20 이상일 경우 당부하지수가 높은 군으로 분류하고 10 미만일 경우 당부하지수가 낮은 군으로 분류한다.

  당부하지수 = [(탄수화물g − 식이섬유g) × 당지수]/100
- **당화혈색소(HbA1c)** 혈색소, 헤모글로빈(hemoglobin, Hb)은 적혈구의 산소운반 단백질로 A형은 그중 95~98%를 차지하며 HbA1a, HbA1b, HbA1c의 형태가 있다. 이 중 HbA1c는 혈중 포도당 농도가 높은 상태에 노출되면 포도당과 결합한 형태가 되므로 적혈구의 생존기간인 약 100일 동안의 혈중 포도당 농도를 반영하는 지표로 사용된다.
- **소마토스타틴(somatostatin)** 소화계의 위, 장, 췌장의 δ-세포에서 분비되며 다양한 소화작용을 억제한다. 위에서 소마토스타틴은 D세포에 의해 분비되어 G세포의 가스트린 분비와 부세포의 염산 분비를 억제함으로써 위의 소화작용을 저해한다. 또한 세크레틴과 콜레시스토키닌의 분비를 억제하며 물리적 소화작용(위 비움, 장의 연동운동 및 소화관으로의 혈액 공급)도 저해한다.
- **식품인슐린지수(food insulin index, FII)** 1,000KJ(≒240kcal)에 해당하는 식품섭취 후 인슐린 분비 정도를 수치화한 값으로 탄수화물 외 단백질, 지질의 양과 질 및 상호작용에 의해 영향을 받는 값이다. 당지수와는 달리 탄수화물 함량이 없거나 적은 식품으로도 산출할 수 있으며 대부분의 채소류는 인슐린 반응이 작으므로 FII 값이 낮다. 인슐린 분비에 영향을 미치는 요인들을 통합적으로 고려한 값이므로 인슐린 의존형인 1형당뇨병의 치료에 유용할 수 있다.
- **외분비샘(exocrine gland)** 외분비선이라고도 하며 외부로 연결된 관을 통해 분비물을 분비하는 기관으로 침샘, 땀샘, 소화샘 등이 이에 속한다.
- **인슐린 저항성(insulin resistance)** 세포가 포도당을 흡수하여 에너지원으로 사용할 수 있게 하는 호르몬인 인슐린에 대한 반응이 감소되어 포도당이 세포로 들어가지 못하고, 이때 체내는 부족한 포도당 때문에 더 많은 인슐린을 분비하면서 대사상의 문제가 생기게 된다.

1. 췌장의 구조와 기능

1) 췌장의 위치와 구조

췌장은 '이자'라고도 불리고 길이 약 15cm, 무게 약 100g 정도의 가늘고 긴 모양을 하고 있으며 머리(두부), 몸통(체부), 꼬리(미부)의 세 부분으로 구분된다. 그림 6-1과 같이 위의 뒤쪽에 위치하며 머리 및 구상돌기 부분은 십이지장과 연결되어 있고 가장 가는 부분이 꼬리이다. 췌장은 소화액인 췌장액을 분비하는 외분비샘인 동시에 췌장 세포들 사이에 점점이 섬처럼 흩어져 있는 세포군인 랑게르한스섬(islet of Langerhans)에 의해 인슐린을 포함한 여러 호르몬을 분비하는 내분비샘이다.

2) 췌장의 기능

(1) 외분비 기능

췌장 세포의 약 95%는 소화효소를 분비하여 음식물의 소화를 돕는 외분비 기능을 한다. 췌장의 외분비세포에서 분비되는 소화액인 췌장액은 췌관을 통해 십이지장으로 들어와 섭취한 음식물 중 탄수화물, 지방, 단백질의 소화를 돕게 된다. 정상 성인의 경우

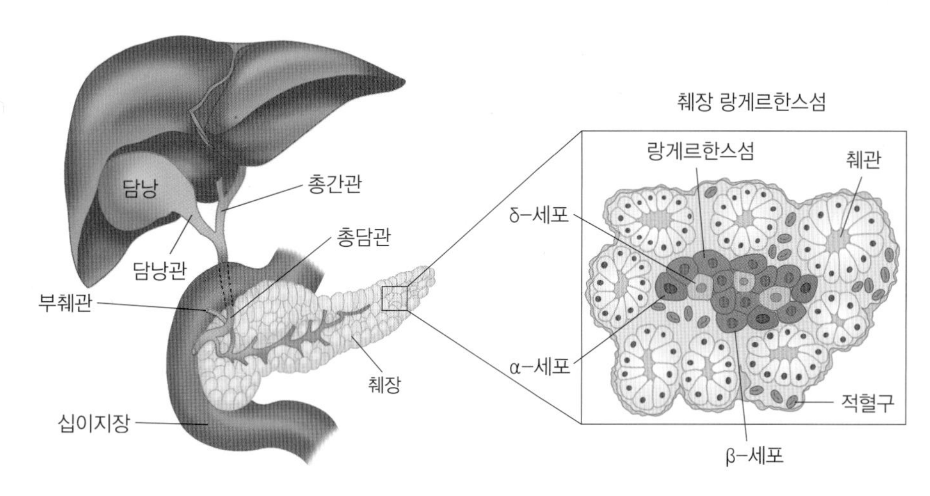

그림 6-1 췌장의 위치, 구조 및 조직

하루 1~2L 정도의 췌장액이 분비되는데 탄수화물 분해효소인 아밀라아제(amylase), 지방 분해효소인 리파아제(lipase), 단백질 분해효소인 트립신(trypsin), 키모트립신(chymotrypsin), 카르복시펩티다아제(carboxypeptidase)를 포함한다 **표 6-1**.

표 6-1 췌장의 외분비 물질의 기능

물질	기능
중탄산염(bicarbonate)	소장에 도달한 산성 위 내용물인 유미즙(chyme)의 중화
아밀라아제	전분을 덱스트린과 맥아당으로 분해
트립신, 키모트립신, 카르복시펩티데이즈	단백질과 폴리펩티드를 디펩티드와 아미노산으로 분해
리파아제	중성지방을 글리세롤, 모노글리세리드, 디글리세리드, 지방산으로 분해

(2) 내분비 기능

췌장은 혈관(혈액) 내로 호르몬을 분비하는 내분비 기능을 한다. 랑게르한스섬에는 α, β, δ, F 등 4종류의 세포가 있으며 약 50%는 β-세포, 35~40%는 α-세포, 10~15%는 δ-세포로 구성된다. β-세포는 인슐린을 분비하여 혈당을 낮추는 반면, α-세포는 글루카곤(glucagon)을 분비하여 떨어진 혈당을 올리는 작용을 한다. δ-세포는 소마토스타틴(somatostatin)을 분비한다 **표 6-2**.

표 6-2 췌장의 내분비 물질의 기능

분비 세포	물질	기능
α-세포	글루카곤	정상치보다 낮은 혈당을 높여 일정하게 유지하는 역할
β-세포	인슐린	정상치보다 상승된 혈당을 낮춰 일정하게 유지하는 역할
δ-세포	소마토스타틴	α-세포와 β-세포에 작용하여 각각 글루카곤과 인슐린의 분비 억제

알 아 두 기

인슐린은 혈당을 낮추는 유일한 호르몬이다. 인슐린과 반대작용을 하는 호르몬에는 글루카곤 외에도 갑상선호르몬(thyroxin), 글루코코르티코이드(glucocorticoid), 부신피질 자극호르몬(adrenocorticotropic hormone, ACTH), 성장호르몬(growth hormone), 에피네프린(epinephrine) 등이 있다.

2. 당뇨병의 정의와 원인

당뇨병(diabetes mellitus)은 소변으로 포도당이 배출된다는 의미로 지어진 것이며 인슐린의 작용이 정상적으로 일어나지 않아서 발생하는 대표적인 내분비질환이다. 당뇨병의 원인에는 연령, 가족력, 과체중과 비만 등이 있다.

1) 연령

일반적으로 인슐린 의존형인 1형당뇨병은 15세 이전에 주로 발생하고, 인슐린 비의존형인 2형당뇨병은 40세 이후에 주로 발생한다. 연령이 증가함에 따라 2형당뇨병 발생률이 증가하는데 이는 연령이 증가할수록 인슐린 합성이 감소하고 인슐린 저항성이 증가하여 인슐린의 효과가 감소하기 때문이다. 또한 나이가 들면서 지방조직이 증가하고 근육량이 감소하는 등 체성분의 변화가 나타나 인슐린의 민감성은 감소하고 저항성은 증가하여 당뇨병 발생 위험이 높아지게 된다.

2) 가족력

일반적으로 직계가족(부모, 형제자매)에 당뇨병이 있는 경우, 부모가 모두 당뇨병인 경우 2형당뇨병 발생률은 현저히 높아진다. 유전 인자의 경우 당뇨병의 유형에 따라 달라, 1형당뇨병의 경우 자가면역결핍 관련 유전 인자가 관여하며, 2형당뇨병의 경우에는 인슐린 저항성 관련 유전 인자가 관여한다.

3) 과체중과 비만

체질량지수 23kg/m^2 이상인 과체중인 경우 2형당뇨병 발생률이 증가한다. 대한당뇨병학회의 2020년 자료에 의하면 당뇨병 유병자 중 절반 정도가 체질량지수 25kg/m^2 이상의 비만이었고, 허리둘레 기준의 복부비만(남자 ≥ 90cm, 여자 ≥ 85cm)을 동반한 당뇨병 유병자가 약 54.0%였다. 비만한 경우 인슐린저항성으로 인해 2형당뇨병의 발생 위험이 증가한다. 또한 세포의 인슐린 수용체 수가 적을 뿐만 아니라 인슐린과 수용체 간의 친화력, 즉 인슐린 민감도가 감소하므로 인슐린 분비를 증가시킨다.

4) 공복혈당장애 또는 내당능장애의 과거력

당뇨병의 전 단계인 공복혈당장애 유병률은 2018년 자료를 기준으로 30세 이상 성인의 26.9%(남자 32.0%, 여자 22.0%)이다. 공복혈당장애나 내당능장애의 과거력은 2형당뇨병의 위험을 높이므로 조기 발견하여 관리하는 것이 필요하다.

5) 임신당뇨병 또는 거대아(4kg 이상) 출산력

임신당뇨병이 있었던 여성 중 40~50%에서 이후 2형당뇨병이 발생하는 것으로 알려져 있다. 임신당뇨병이 있었던 모든 산모는 출산 6~12주 후에 내당능 상태를 검사받아야 하며, 정상일 경우에도 매년 당뇨병 선별검사를 받을 것을 권장한다.

6) 스트레스

정신적 또는 신체적 스트레스를 받으면 스트레스호르몬으로 알려진 여러 가지 항조절 호르몬(예 아세틸콜린, 노르에피네프린, 에피네프린, 코르티솔)이 분비되어 인슐린과 길항작용을 하여 내당능을 감소시키고 간의 당신생합성 증가와 체내 포도당 이용을 감소시켜 혈당을 상승시킨다.

7) 약물

인슐린 저항성을 증가시키고 인슐린 분비를 감소시키는 약제(예 글루코코르티코이드, 비전형적 항정신병 약물 등), 인슐린 저항성을 증가시키는 약제(예 경구피임약 등), 인슐린 분비를 감소시키는 약제(예 프루오로퀴놀론계 항생제 등)로 인해 당뇨병 발생 위험이 증가하거나 기존의 당뇨병이 더욱 악화될 수 있다.

8) 고혈압, 고콜레스테롤혈증, 생활습관

대한당뇨병학회의 2020년 자료에 의하면, 당뇨병 유병자 중 30세 이상의 61.3%, 65세 이상의 74.3%는 고혈압을 동반하였다. 또한 당뇨병 유병자 중 30세 이상의 72.0%, 65세 이상의 68.6%는 고콜레스테롤혈증을 동반하였다. 당뇨병 유병자 중 21.1%, 남자 중 34.9%가 현재 흡연 중이었고, 23.1%가 고위험 음주 중이었다. 반면 당뇨병 유병자 중 규칙적인 걷기 운동을 실천(최근 1주일 동안 걷기 1회 30분 이상, 주 5일 이상 실천)하는 경우는 36.0%이었다.

알 아 두 기

2형당뇨병의 위험인자

- 과체중(체질량지수 23kg/m^2 이상)
- 직계가족(부모, 형제자매)에 당뇨병이 있는 경우
- 공복혈당장애나 내당능장애의 과거력
- 임신당뇨병 또는 4kg 이상의 거대아 출산력
- 고혈압(140/90mmHg 이상 또는 약제 복용)
- HDL콜레스테롤 35mg/dL 미만 또는 트라이글리세라이드 250mg/dL 이상
- 인슐린저항성(다낭난소증후군, 흑색가시세포증 등)
- 심혈관질환(뇌졸중, 관상동맥질환 등)
- 약물(글루코코르티코이드, 비정형 항정신병약 등)

출처 : 대한당뇨병학회(2021). 2021 당뇨병 진료지침 제7판.

3. 당뇨병의 분류

당뇨병은 췌장의 β-세포 이상으로 인한 인슐린 결핍, 인슐린저항성 또는 인슐린 분비능 저하 등으로 인해 혈당이 조절되지 않아 발생하며, 표 6-3과 같이 분류된다.

표 6-3 당뇨병의 분류

분류	분류기준
1형당뇨병	• 췌장 베타세포 파괴에 의한 인슐린 결핍으로 발생한 당뇨병 – 면역 매개성 – 특발성
2형당뇨병	• 인슐린저항성과 점진적인 인슐린분비 결함으로 발생한 당뇨병
임신성당뇨병	• 임신 중 진단된 당뇨병
기타 당뇨병	• 베타세포 기능 및 인슐린 작용의 유전적 결함, 췌장질환, 약물 등에 의해 발생한 당뇨병

출처 : 대한의학회·질병관리본부(2014). 일차 의료용 근거기반 당뇨병 임상진료지침.
대한당뇨병학회(2021). 2021 당뇨병의 진료지침 제7판.

1) 1형당뇨병

1형당뇨병은 전 연령에 걸쳐 발생하며 우리나라에서도 최근 발생률이 증가하는 추세로 인슐린을 분비하는 췌장의 β-세포가 서서히 파괴되어 결국 인슐린 분비가 없어지는 질환이다. 자가면역질환의 형태 중 하나로 나타날 수 있으며 자가면역성을 확인할 수 없는 특발성의 경우 일반적으로 인슐린 결핍이 비교적 서서히 진행되므로 초기에는 2형당뇨병과 구분하기 어려울 수 있다.

2) 2형당뇨병

2형당뇨병은 인슐린저항성(인슐린 작용 감소)과 점진적인 인슐린 분비 저하 때문에 발생하며 인슐린저항성이 주 요인인 경우(예 비만인 경우)와 인슐린 분비 부족(예 저체중인 경우)이 주 요인인 경우로 구분하기도 한다. 모든 2형당뇨병 환자에게 두 요인이 존재하므로 두 요인을 동시에 고려하여 관리해야 장기적인 혈당관리가 가능하다. 특히 2형당뇨병 고위험군(예 공복혈당장애, 내당능장애, 당화혈색소가 5.7~6.4%인 경우)의 경우 식사와 운동요법, 체중 감소 등의 생활습관 개선으로 당뇨병 발생 위험을 감소시킬 수 있으므로 고위험군은 체중 감소뿐만 아니라 생활습관을 개선시키고 유지하도록 하는 것이 중요하다. 체질량지수 23kg/m^2 이상인 성인은 초기 체중에서 5~10% 감소 및 유

표 6-4 1형당뇨병과 2형당뇨병 비교

구분	1형당뇨병	2형당뇨병
주요 발병 시기	• 30세 이전 유년기, 청소년기	• 40세 이후
발병 형태	• 급격히 발병	• 서서히 발병
발병 요인	• 바이러스 감염	• 비만, 유전, 노화, 스트레스
체중	• 정상 또는 저체중	• 과체중 또는 비만
임상 증상	• 다뇨, 다갈, 다식증	• 당뇨, 고혈당증
인슐린에 대한 반응	• 정상	• 인슐린 저항성
혈장 인슐린	• 0~극소량 • 췌장 베타세포의 파괴로 인한 인슐린의 절대적 결핍	• 적정량 또는 과량 • 일부 환자는 서서히 감소하나 부족하지는 않음
혈당 수치	• 췌장 베타세포의 감염 정도와 인슐린 투여량에 따라 혈당 변동폭이 큼	• 인슐린 투여량에 따라 혈당 변동폭이 크게 차이나지 않으며 1형당뇨병보다 혈당 변동폭이 적음
식사요법	• 필요하지만 식사조절만으로 치료가 불충분함	• 식사조절만으로 치료 가능
경구혈당강하제	• 부적절	• 효과적
인슐린 투여	• 모든 환자에게 필요함	• 일부 환자(20~30%)에게 필요함
급성 합병증	• 당뇨병성 케톤산혈증	• 고삼투압성 고혈당 상태

지를 목표로 하고, 적어도 일주일에 150분 이상 중강도 이상의 신체활동을 하도록 한다.

3) 임신당뇨병

임신당뇨병은 임신으로 인한 생리적 변화에 의해서 임신 중 처음 발생한 당뇨병으로 임신 1분기에 당뇨병 진단기준을 만족하는 경우는 임신 전 당뇨병(pregestational diabetes)으로 구분하며, 임신 2분기 혹은 3분기에 처음 발견되었으나 당뇨병 진단기준을 만족하지 않는 경우에만 임신당뇨병으로 진단한다. 이는 최근 가임기 여성에서 비만 유병률이 증가함에 따라 진단받지 않은 2형당뇨병 환자가 늘고 있는 것을 반영하기 위함이다. 임신당뇨병에 대한 자세한 내용은 부록을 참고한다.

4) 기타 당뇨병

어떤 특정한 원인에 의해 당뇨병 상태로 진행하는 경우를 말하는데 대부분 당뇨병이 발생하기 쉬운 유전적 또는 환경적(예 비만, 노화 등) 조건을 가진 경우가 대부분이다. 따라서 원인이 해결되고 혈당이 개선되어도 차후 고혈당이 발생할 가능성이 높으므로 이에 대한 관리가 필요하다.

4. 당뇨병의 진단 검사

1) 진단방법

(1) 소변 검사

당뇨병일 경우 정상 소변량인 하루 1.2~2.0L에 비해 3~10L까지 증가하며, 정상 소변의 비중인 1.008~1.030보다 증가한다. 정상인은 소변으로 포도당이 배설되지 않으나 혈당이 180mg/dL 이상인 경우 소변으로 포도당이 배설되는 것을 이용하여 주로 요시험지봉검사법(urine dipstick), 즉 요시험지봉에 소량의 소변을 묻혀 요당의 존재 여부를 간단히 확인할 수 있다. 또한, 당뇨병의 경우 정상인의 하루 소변 케톤체 배설량 3~15mg에 비해 증가한다.

알 아 두 기

요당 검사

요당 검사는 공복에 하는 것이 좋은데 이는 정상인도 식후에는 혈당이 올라가며 혈당이 180mg/dL 이상이 되면 신세뇨관에서 포도당 재흡수율이 초과되므로 소변으로 당이 배설되기 때문이다. 검사 결과가 양성이라고 해도 모두 당뇨병은 아니며 당뇨병 환자인 경우에도 혈당이 잘 조절되어 180mg/dL이 넘지 않으면 소변에서 당이 나오지 않을 수 있기 때문에 원칙적으로 혈당 검사를 병행한다.

(2) 혈당 검사

요당 검사에서 양성이 나오거나 당뇨병의 자각증상이 있는 경우, 또는 40세 이상 성인이나 당뇨병의 위험인자가 있는 30세 이상 성인을 대상으로 선별검사의 목적으로 혈당검사를 실시한다. 2형당뇨병은 특별한 증상이 없어 환자 중 1/3 정도가 진단되지 않거나 합병증이 나타날 때까지 진단되지 않는 경우가 많다. 정상인의 경우 최소 8시간 이상 음식을 섭취하지 않은 상태에서 공복 혈장 혈당이 100mg/dL 미만, 75g 경구포도당부하 2시간 후 혈장 혈당이 140mg/dL 미만이나 내당능장애나 당뇨병인 경우 그 이상으로 상승한다.

(3) 경구포도당내성 검사

경구포도당내성검사(oral glucose tolerance test, OGTT) 전 적어도 3일 동안 평상시의 활동을 유지하고 하루 150g 이상의 탄수화물을 섭취한다. 검사 전날 밤부터 10~14시간 금식 후 공복혈장포도당 측정을 위한 채혈을 하고 포도당 75g을 물 250~300mL에 희석한 용액이나 상품화된 포도당 용액 150mL를 5분 이내에 마신다. 포도당 용액을 마시기 시작한 시간을 0분으로 하여 2시간 후 혈장포도당 측정을 위한 채혈을 한다. 필요한 경우 포도당부하 후 30분, 60분, 90분에 혈장포도당을 측정할 수 있다.

경구포도당내성검사로 측정된 정상인과 내당능장애, 당뇨병 환자의 포도당 내성 곡선은 그림 6-3과 같다. 식사 후 정상인의 경우 혈당이 상승되지만 인슐린이 분비되면서 혈

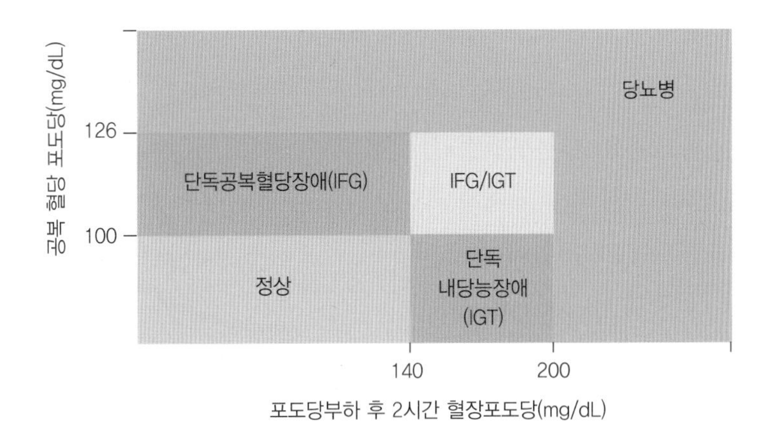

그림 6-2 공복 혈당과 당부하 후 2시간 혈당을 기준으로 한 당대사 이상의 분류
출처 : 대한당뇨병학회(2021). 2021 당뇨병의 진료지침 제7판.

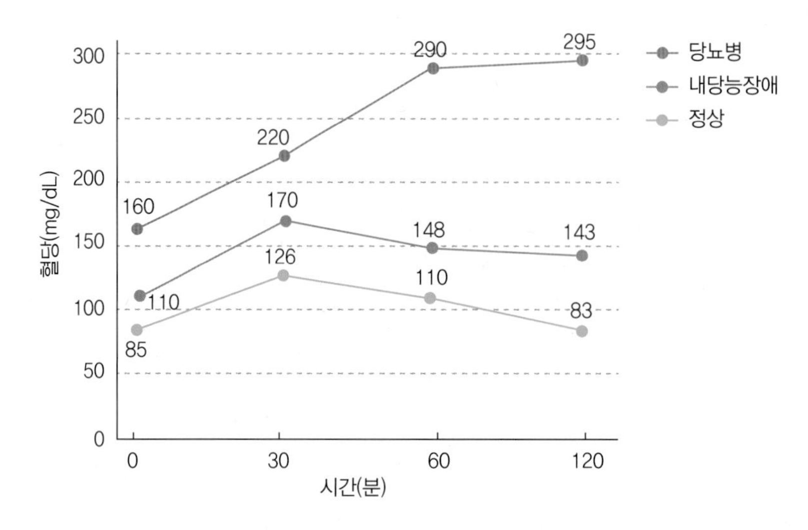

그림 6-3 정상인, 내당능장애, 당뇨병 환자의 포도당 내성곡선
출처 : 이보경 외(2018). 이해하기 쉬운 임상영양관리 및 실습. 파워북.

당이 낮아지므로 식사 후 2시간이 지나면 혈당은 정상수준으로 회복된다.

(4) 당화혈색소 검사

당화혈색소는 적혈구의 헤모글로빈이 포도당과 비가역적으로 결합하여 발생한다. 당화혈색소는 공복 여부와 상관없이 검사가 가능하고, 공복혈당과 식후 2시간 혈당 및 당뇨병 합병증의 위험도와 높은 상관관계를 보여 장기적인 혈당상태를 비교적 정확히 반영한다.

(5) C-펩티드

인슐린 생합성은 췌장 베타세포에 있는 인슐린 유전자에서 전전구인슐린(preproinsulin)이 만들어지며 시작된다. 전전구인슐린에서 24개의 아미노산이 잘려 나가 전구인슐린(proinsulin)이 되고, 전구인슐린에서 다시 4개의 아미노산이 잘려 나가면서 51개의 아미노산을 가진 인슐린과 31개의 아미노산을

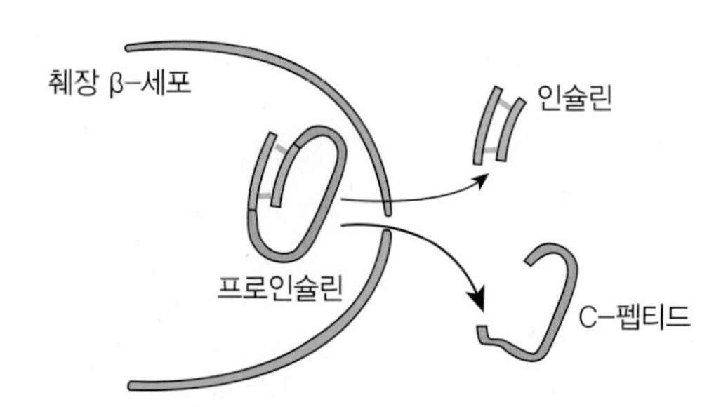

그림 6-4 프로인슐린의 인슐린과 C-peptide 분리 과정
출처 : 질병관리본부. 경기도 고혈압·당뇨병 광역교육센터(2015). 실무자를 위한 당뇨병 교육모듈.

가진 C-펩티드(C-peptide)로 변환된다 그림 6-4. 따라서, C-펩티드 양을 시간별로 측정하면 인슐린 분비량을 측정할 수 있으며 인슐린 투여를 받고 있는 환자의 인슐린 투여량이 적절한지 여부도 확인할 수 있다. C-펩티드는 당뇨병이 1형인지, 2형인지 구분하는 데도 사용된다.

알 아 두 기

성인 2형당뇨병 선별검사의 원칙

❶ 선별검사는 공복혈장포도당, 경구포도당내성검사 또는 당화혈색소로 한다.

❷ 40세 이상 성인이나 위험인자가 있는 30세 이상 성인에게서 매년 한다.

❸ 공복혈장포도당 혹은 당화혈색소 수치가 아래에 해당하는 경우 추가검사를 한다.

1) 공복혈장포도당 100~109mg/dL 또는 당화혈색소 5.7~6.0%인 경우 매년 공복혈장포도당 또는 당화혈색소 측정하며, 체질량지수가 23kg/m^2 이상이라면 경구포도당내성검사를 고려한다.

2) 공복혈장포도당 110~125mg/dL 또는 당화혈색소 6.1~6.4%의 경우 경구포도당내성검사를 한다.

❹ 임신 중 임신당뇨병을 진단받았던 여성은 출산 6~12주 후 경구포도당내성검사를 한다.

출처 : 대한당뇨병학회(2021). 2021 당뇨병 진료지침 제7판.

2) 당뇨병의 진단기준

당뇨병의 진단기준은 아래와 같으며 ①, ②, ③의 경우, 서로 다른 날 검사를 반복해서 확진해야 하나 같은 날 동시에 2가지 이상 기준을 만족한다면 바로 확진할 수 있다.

① 당화혈색소 ≥ 6.5%

② 8시간 이상 공복 후 혈장포도당 ≥ 126mg/dL

③ 75g 경구포도당부하 후 2시간 후 혈장포도당 ≥ 200mg/dL

④ 당뇨병의 전형적인 증상(다뇨, 다음, 설명되지 않는 체중 감소)이 있으면서 무작위 혈장포도당 ≥ 200mg/dL

알 아 두 기

정상 혈당과 당뇨병전단계(당뇨병 고위험군)의 분류

1. 정상 혈당

❶ 최소 8시간 이상 공복 후 혈장포도당 100mg/dL 미만

❷ 75g 경구포도당부하 2시간 후 혈장포도당 140mg/dL 미만

2. 당뇨병전단계

❶ 공복혈당장애 : 공복혈장포도당 100~125mg/dL

❷ 내당능장애 : 75g 경구포도당부하 2시간 후 혈장포도당 140~199mg/dL

❸ 당화혈색소 5.7~6.4%

출처 : 대한당뇨병학회(2021). 2021 당뇨병 진료지침 제7판.

5. 당뇨병 대사

당뇨병의 경우 췌장의 β-세포에서 인슐린 분비가 부족하거나 인슐린의 작용이 감소하기 때문에 혈액 속 포도당이 세포로 유입되지 못하여 혈당이 높아지고 신세뇨관에서 포도당 재흡수율이 초과되므로 소변으로 포도당이 배출된다. 열량영양소인 탄수화물 대사에 관여하는 인슐린 작용에 문제가 발생함으로써 궁극적으로 단백질과 지질 대사 및 수분과 전해질 대사에도 문제가 발생하게 된다.

1) 탄수화물 대사

인슐린은 혈중 포도당이 세포 안으로 이동하는 것을 도와 세포가 필요한 에너지로 사용하게 하거나 여분의 포도당을 글리코겐이나 중성지방으로 저장하도록 한다. 인슐린 부족 또는 인슐린 작용 감소로 혈중 포도당이 세포 내로 유입되지 못하면 세포가 필요한 에너지 생성을 위해 간에서는 글리코겐의 분해는 증가하고 반대로 합성은 감소하게 되며, 포도당이 유일한 에너지원인 뇌세포나 적혈구 등에게 포도당을 공급하기 위해 당

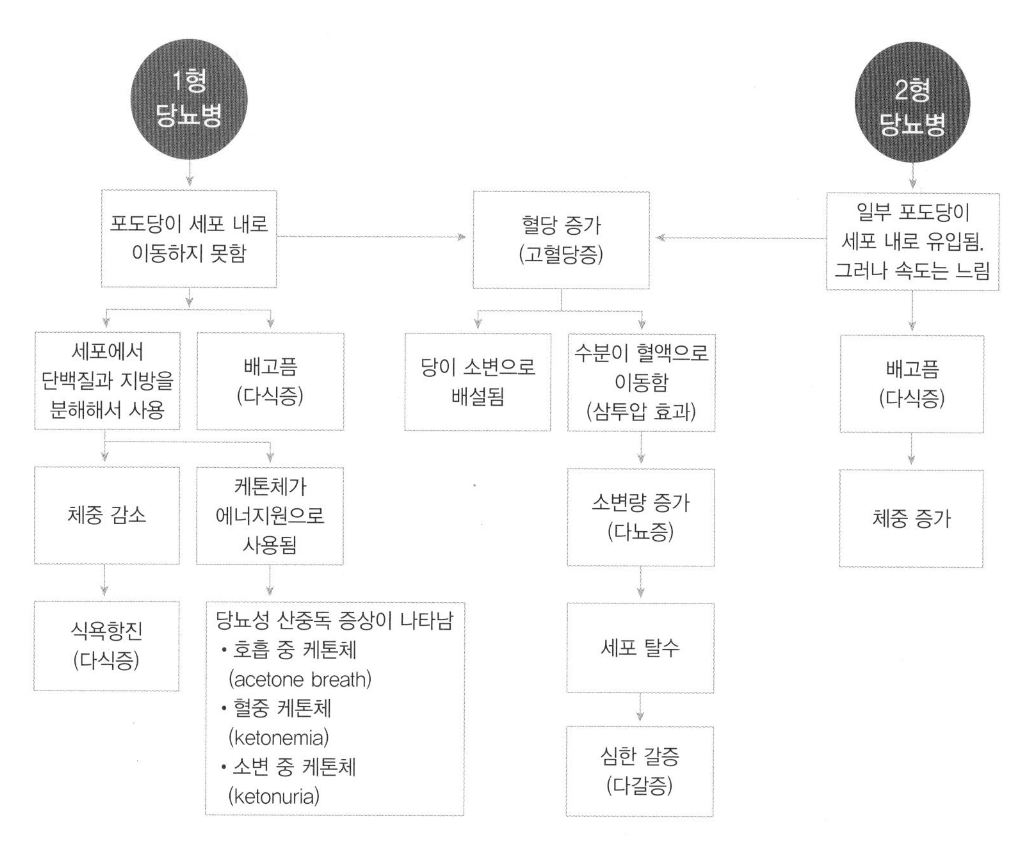

그림 6-5 1형당뇨병과 2형당뇨병의 대사적 변화에 따른 임상 증상
출처 : 양은주 외(2019). 임상영양학. 교문사.

신생합성이 증가하게 된다. 말초조직에서의 포도당 유입이 감소하므로 해당작용은 저하된다. 결국 혈중 포도당의 세포 내로의 유입 감소, 간의 포도당신생합성 등으로 혈중 포도당 농도는 더욱 증가하여 결국 포도당을 소변을 통해 배출하게 된다 **그림 6-6**.

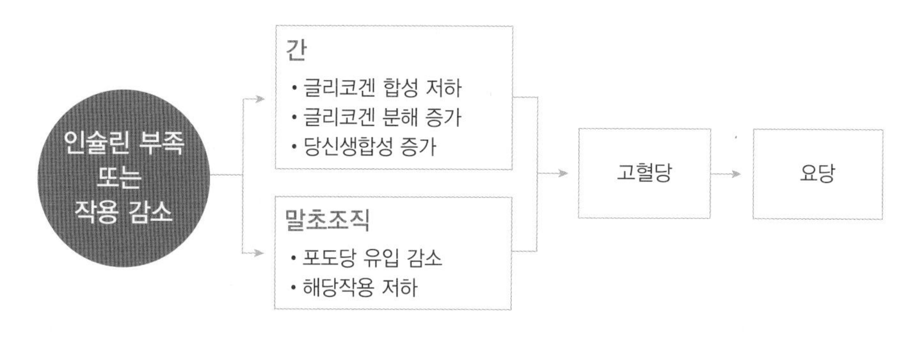

그림 6-6 당뇨병 환자의 탄수화물 대사

2) 지질 대사

인슐린 작용 감소로 세포 내로의 포도당 유입이 감소되면 간은 지방 합성을 감소시켜 세포는 지방을 분해하여 에너지원으로 사용하게 된다. 인슐린 부족은 혈중 지단백 분해효소(lipoprotein lipase, LPL)의 활성을 저하시켜 혈중 지단백질의 농도가 높아진다. 반면 지방조직의 호르몬민감성 지방분해효소(hormone sensitive lipase, HSL)의 활성이 높아져 저장된 중성지방의 분해가 증가되므로 혈중 유리지방산의 농도가 증가하게 된다. 그 결과, 혈중 중성지방과 유리지방산 농도가 증가하여 고지혈증을 유발한다. 간과 지방조직에서 지방산의 산화로 생성된 다량의 아세틸-CoA는 탄수화물 대사 저하로 옥살로아세트산이 부족하여 구연산회로로 유입되지 못하고 케톤체로 전환되어 케톤증을 유발한다. 간에서 증가된 아세틸-CoA로부터 콜레스테롤 합성이 증가되어 혈중 콜레스테롤 농도가 증가하므로 궁극적으로 당뇨병 환자에서 심혈관계 질환 위험이 증가하게 된다 그림 6-7.

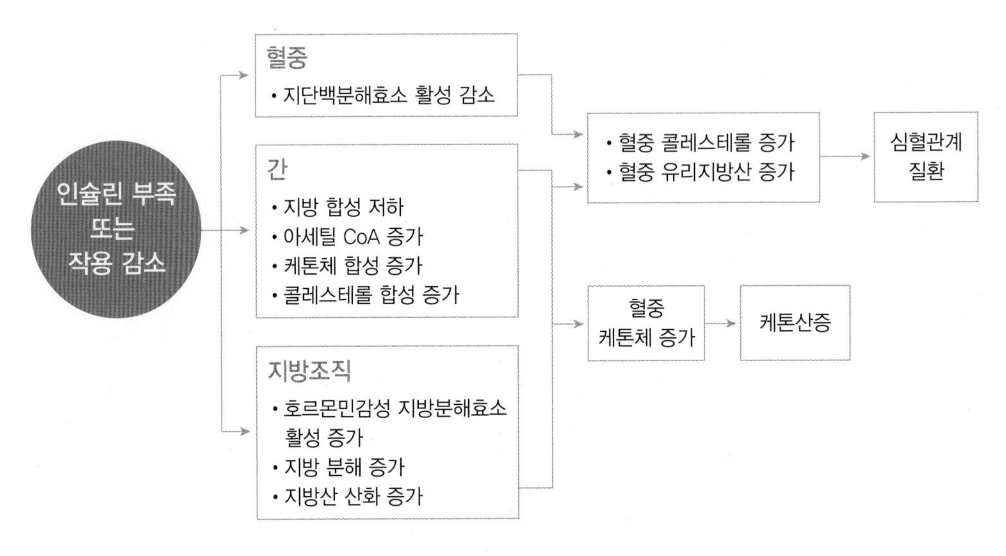

그림 6-7 당뇨병 환자의 지질 대사

3) 단백질 대사

인슐린은 근육세포로의 아미노산 유입을 돕고 근육과 간에서 단백질 합성을 촉진시킨다. 인슐린 부족이나 작용 감소는 근육과 간에서 체단백질 분해를 촉진하여 아미노산 생성을 증가시킨다. 증가된 아미노산은 간에서 포도당으로 전환되고 혈액으로 배출되어 혈당은 더욱 증가하여 소변으로 당이 배출되기도 한다. 제거된 아미노기로부터 요소 합성이 증가하게 되므로 소변 중 질소 배설량이 증가한다. 인슐린 부족으로 혈중 곁가지 아미노산(류신, 이소류신, 발린) 역시 근육세포로 유입되지 못해 혈중 농도가 증가하게 된다. 근육세포 합성 감소와 분해 증가로 체단백질 양이 감소하여 체중이 감소되고 쇠약해지며 감염에 대한 저항력 감소까지 일어난다 그림 6-8.

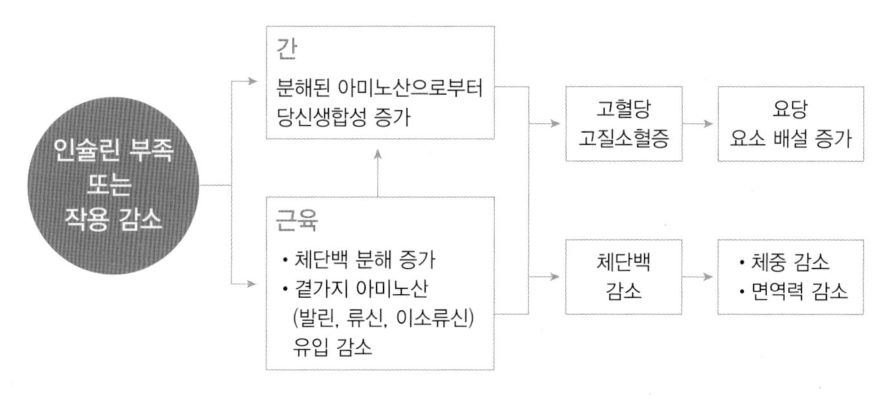

그림 6-8 당뇨병 환자의 단백질 대사

4) 수분 및 전해질 대사

인슐린 부족이나 작용 감소로 세포로의 포도당 유입 감소와 당신생합성 증가가 일어나며, 혈액 중 포도당 농도가 더욱 증가하여 혈액 삼투압이 증가하게 됨으로써 소변으로 수분 배설이 증가하게 된다. 체단백질이 분해될 때 세포의 나트륨과 칼륨이 유출됨으로써 전해질 배설 역시 증가하게 된다 그림 6-9.

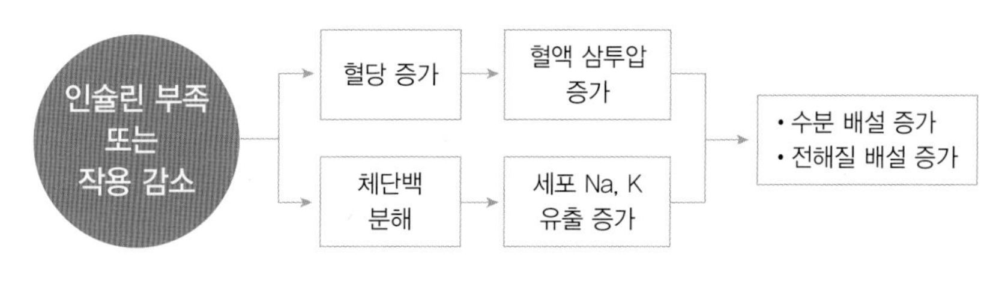

그림 6-9 당뇨병 환자의 수분 및 전해질 대사

6. 당뇨병의 합병증

혈당 변동성(blood glucose variability, 혈당이 가장 높을 때와 가장 낮을 때의 차이)이 클수록 혈당 조절에 어려움이 있다. 최고 혈당치를 낮출 경우 최저 혈당치가 70mg/dL 아래로 내려가 저혈당에 빠질 우려가 있어 당뇨병 환자의 혈당을 조절할 때에는 혈당치를 낮춤과 동시에 혈당 변동성을 작게 하고 저혈당이 발생하지 않도록 한다. 혈당 변동성이 커서 저혈당을 경험한 경우 저혈당에 대한 두려움으로 경구혈당강하제이나 인슐린의 용량을 증량하는 등의 치료 강화에 대한 거부감이 증가하여 지속적으로 혈당 조절의 어려움을 겪을 수 있다. 이는 치료에 대한 순응도 감소로 이어져 만성 고혈당이 지속되어 당뇨병의 합병증에 대한 위험을 증가시킨다. 또한 반복되는 저혈당은 삶의 질을 낮추고 저혈당 무감지증(hypoglycemia unawareness)과 같은 합병증의 원인이 될 수 있다 그림 6-10.

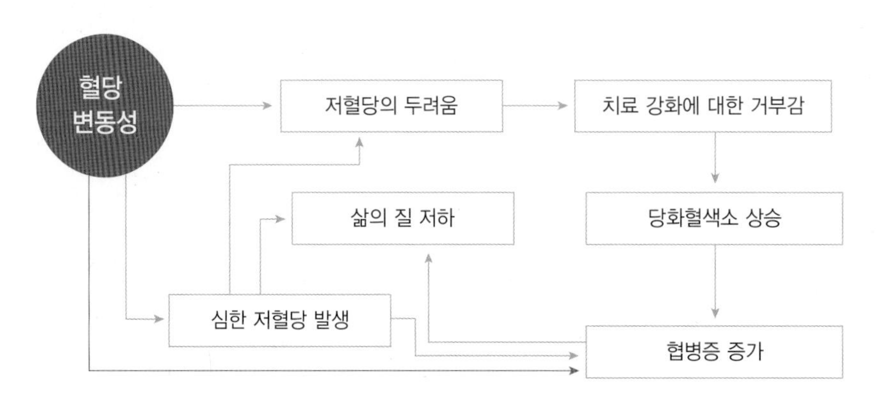

그림 6-10 2형당뇨병 환자에서의 혈당 변동성과 합병증
출처 : 질병관리본부. 경기도 고혈압·당뇨병 광역교육센터(2015). 실무자를 위한 당뇨병 교육모듈.

1) 급성합병증

(1) 고삼투압성 고혈당 상태와 당뇨병성 케톤산증

고삼투압성 고혈당 상태(hyperosmolar hyperglycemic status, HHS, 고삼투압성 비케톤성 혼수)나 당뇨병성 케톤산증(diabetic ketoacidosis, DKA)의 경우 다뇨, 다음, 체중 감소, 구토, 탈수 등의 증상이 나타나며 심하면 혼수와 같은 응급상황이 발생한다. 고삼투압성 고혈당 상태의 경우 혈장포도당이 600mg/dL 이상 되나 소변과 혈청의 케톤량은 소량이다. 환자는 의식이 혼미한 상태나 혼수상태에 처하게 된다. 케톤산증이 모두 당뇨병성 케톤산증은 아니며 금식으로 인한 케톤증와 알코올성 당뇨병성 케톤산증인 경우도 있다. 고혈당 동반이 당뇨병성 케톤산증 진단에 중요한 인자이기는 하나 정상 혈당범위(< 250mg/dL)의 당뇨병성 케톤산증도 있다.

치료를 위해서는 수분 과다, 저칼륨혈증 방지, 인슐린 주입, 뇌부종이 발생하지 않도록 과도한 수분 보충이나 급격한 혈청삼투압 교정을 피하고 점진적으로 혈당을 감소시켜야 한다. 혼수상태가 가라앉고 의식이 회복되면 과일주스(즙), 채소주스(즙), 염분이 있는 맑은 국물을 제공하고 환자가 적응하면 점차 유동식, 연식, 일반식으로 이행한다. **표 6-5**에는 고삼투압성 고혈당 상태와 당뇨병성 케톤산증의 특징이 제시되어 있다.

표 6-5 고삼투압성 고혈당상태와 당뇨병성 케톤산증

구분	고삼투압성 고혈당 상태	당뇨병성 케톤산증
주요 발병군	2형당뇨병 환자(주로 노인)	1형당뇨병 환자
혈당	> 600mg/dL	> 250mg/dL
인슐린	케톤증 예방이 가능한 정도로 분비됨	매우 부족
혈청이나 소변 케톤	음성 혹은 양성	양성
소변 혹은 혈중 베타하이드록시부티레이트	< 3mmol/L	> 3mmol/L
동맥혈 pH	> 7.3	< 7.3

출처 : 대한당뇨병학회(2021). 2021 당뇨병의 진료지침 제7판.

(2) 저혈당

저혈당은 인슐린 또는 인슐린분비촉진제로 치료받는 환자에서 낮은 혈장포도당농도(< 70mg/dL)로 인해, 자율신경항진 또는 신경당결핍 증상이 발생 **표 6-6**하고, 이

표 6-6 저혈당의 증상

자율신경항진 증상	신경당결핍 증상
빈맥, 식은땀, 불안감, 배고픔, 오심, 손떨림, 얼굴이 창백해지는 증상	집중이 안 됨, 의식혼미, 기력 약화, 어지러움, 시력 변화, 말하기 힘듦, 두통

출처 : 대한당뇨병학회(2015). 당뇨병 진료지침.

알 아 두 기

2형당뇨병 환자에서 중증저혈당 발생의 위험인자

- 중증저혈당의 과거력
- 낮은 당화혈색소(< 6.0%)
- 저혈당무감지증
- 당뇨병의 긴 유병기간
- 자율신경병증 동반
- 낮은 경제수준
- 청소년
- 스스로 저혈당을 감지하고 치료할 수 없을 정도의 환자

출처 : 대한당뇨병학회(2015). 당뇨병 진료지침.

러한 증상이 포도당 투여 후 사라지는 것으로 정의된다. 2형당뇨병 환자가 인슐린이나 인슐린분비촉진제 치료를 받고 있는 경우 발생할 수 있으며, 저혈당이 잘 발생할 수 있는 고위험군은 위의 〈알아두기〉와 같다.

당뇨병 환자에게 저혈당이 발생하면 운전 중이거나 기계를 다루고 있을 때 위험할 수 있다. 저혈당이 계속되면 마비나 발작, 뇌병증과 같은 일시적인 신경학적 증상이나 경도의 지적능력 손상, 반신마비 같은 중증저혈당의 장기합병증이 올 수 있다. 또한 저혈당에 대한 방어체계가 무너진 경우 증상 없이 의식소실, 발작, 혼수, 심하면 사망에까지 이를 수 있다.

2) 만성 합병증

지속적인 고혈당은 최종당화산물(advanced glycation end products, AGEs)의 생성을 증가시키고 이로 인해 미세혈관 합병증과 대혈관 합병증이 증가하게 된다. 또는 혈당 변동성이 클 경우 활성산소종의 발생이 증가하여 산화스트레스가 커지고 이로 인해 미세혈관 합병증과 대혈관 합병증이 증가하게 된다 그림 6-11.

우리 몸의 전신에 혈관이 분포하고 있으므로 지속적인 만성 고혈당은 여러 장기에 분포한 혈관에 합병증을 일으킨다. 대혈관 합병증으로 뇌, 심장, 말초혈관질환을 유발하고,

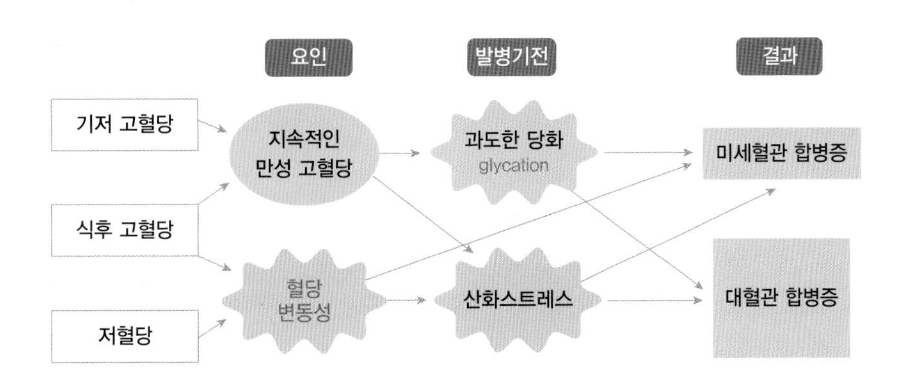

그림 6-11 당뇨병의 합병증 기전
출처 : 질병관리본부. 경기도 고혈압·당뇨병 광역교육센터(2015). 실무자를 위한 당뇨병 교육모듈.

미세혈관 합병증으로 눈, 콩팥, 신경에 손상을 일으키게 된다 그림 6-12.

당뇨병의 미세혈관 합병증으로 망막증이 발생할 경우 시력 저하로 인해 실명에 이를 수 있다. 또한 콩팥 합병증이 발생하여 투석이 필요한 만성 콩팥병으로 진행될 수 있으

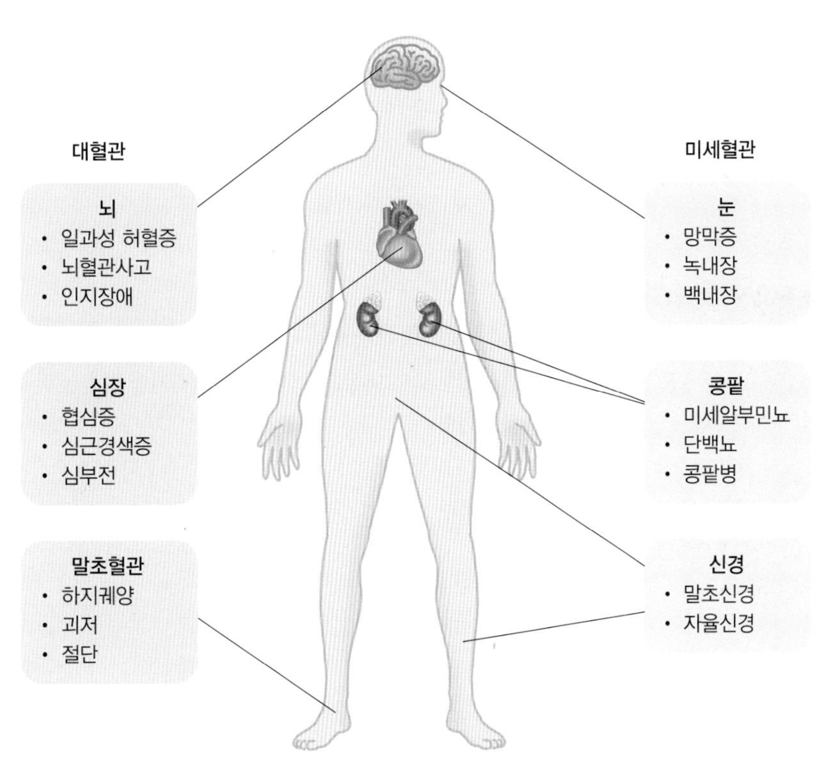

그림 6-12 당뇨병의 만성합병증
출처 : 질병관리본부. 경기도 고혈압·당뇨병 광역교육센터(2015). 실무자를 위한 당뇨병 교육모듈.

며, 말초신경병증이 발생할 경우 통증이 동반되어 수면장애나 우울증을 일으키는 등 삶의 질을 떨어뜨릴 수 있다.

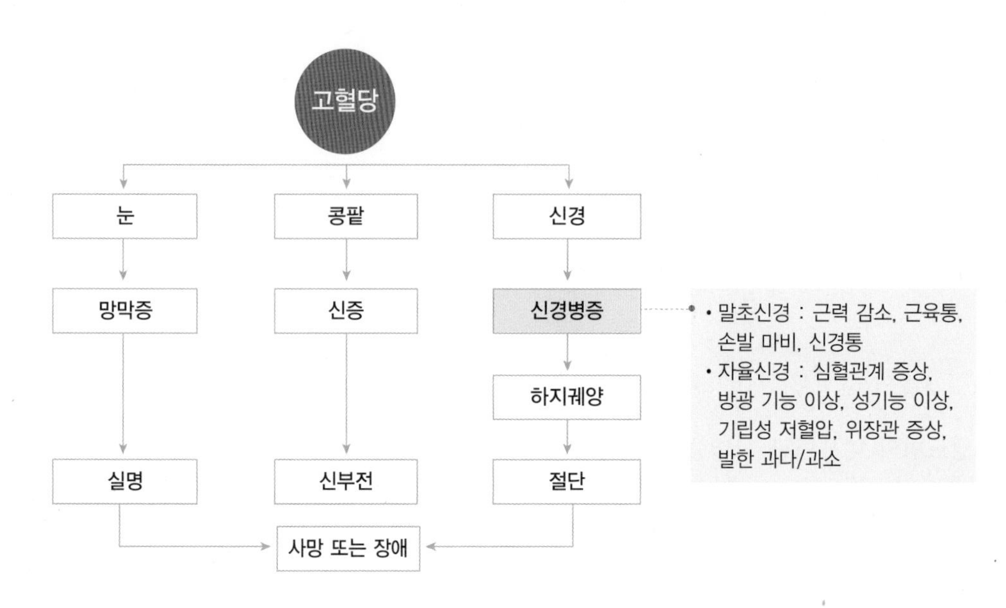

그림 6-13 당뇨병의 미세혈관합병증
출처 : 질병관리본부. 경기도 고혈압·당뇨병 광역교육센터(2015). 실무자를 위한 당뇨병 교육모듈.

알 아 두 기

당뇨병 환자의 고혈압 관리

고혈압은 당뇨병 환자에서 미세혈관과 대혈관 합병증을 일으키는 위험인자이다. 1형당뇨병 환자 중 약 25%, 2형당뇨병 환자 중 50% 이상이 고혈압이며, 혈압 조절률 또한 비당뇨병 환자에 비해 낮다. 고혈압은 혈압 그 자체보다는 당뇨병 환자에서 대혈관합병증의 주된 위험인자로서 의미가 있다. 혈압을 조절할 경우 당뇨병 환자의 주요 사망 원인인 심혈관계 질환 사망률을 낮출 수 있다고 보고되었다. 따라서 당뇨병 환자에서 고혈압을 조절하는 것은 심근경색증, 뇌졸중, 신부전을 예방하고 이에 따른 사망률을 감소시키는 데 매우 중요하다.

(1) 당뇨병성 망막병증

당뇨병성 망막병증(diabetic retinopathy)은 비증식성과 증식성으로 분류된다. 비증식성 망막병증은 망막의 작은 혈관들이 약해져서 혈청이 잘 새거나 혈관이 막혀 영양 공급이 중단되는 상태로서 서서히 점차적인 시력 감퇴와 함께 발생하며 당뇨병성 망막병증의 초기 상태로 볼 수 있다. 증식성 망막병증은 혈액순환이 잘 되지 않는 곳에서 새혈관이 생기고 적절한 치료를 받지 못한다면 새혈관으로부터의 출혈과 망막 박리로 인해 5년 이내에 실명하게 되는 합병증을 동반한 당뇨병성 망막병증의 후기 상태이다. 당뇨병성 망막병증의 발병과 진행을 억제하기 위해서는 최적의 혈당, 혈압, 혈중지질을 조절해야 한다.

(2) 당뇨병성신증

콩팥(신장)은 우리 몸의 노폐물을 걸러내는 역할을 하며 수많은 혈관들이 사구체를 구성하고 있다. 당뇨병으로 신장의 사구체가 손상을 입으면 초기에는 단백뇨가 간헐적으로 나타나다 지속되며 심해지면 노폐물이 배설되지 않고 쌓이는 요독증으로 진행되며,

알 아 두 기

당뇨병과 발 관리

모든 당뇨병 환자에게 일반적인 발 자가관리교육을 시행하라고 권장하며, 아래의 위험인자를 가지는 경우 족부궤양 및 절단의 위험이 증가한다.

- 혈당조절 불량
- 흡연
- 궤양 전 상태의 굳은살 또는 티눈
- 족부궤양의 병력
- 시각장애
- 보호감각 소실을 동반한 말초신경병증
- 발변형
- 말초동맥질환
- 절단
- 당뇨병성 신증(특히 투석 중인 환자)

당뇨 환자의 기본적인 발 관리지침은 다음과 같다.

- 발을 매일 관찰한다. 물집, 개방된 상처, 출혈, 발톱의 문제점, 발적 등을 관찰한다. 만약 스스로 할 수 없다면 다른 사람의 도움을 받는다. 또한 문제를 발견하면 의료진에게 보인다.
- 발을 보호한다. 발을 보호하기 위해 알맞은 신발을 신고, 고위험 발은 치료용 맞춤형 신발을 신는다. 또한 발을 청결하게 유지한다.
- 발을 매일 규칙적으로 닦고, 물에 장시간 담그지 않는다. 발을 닦을 때는 너무 뜨거운 물이 아닌지 온도를 확인한다. 발에 로션을 바르되, 발가락 사이에 바르는 것은 피한다.
- 발톱깎이나 면도날에 발이 다치지 않도록 한다. 발톱은 일자로 자르며, 발톱 가장자리는 줄로 갈아 낸다. 굳은살이나 티눈을 면도날로 자르지 않고, 의료진에게 보인다.

출처 : 대한당뇨병학회(2021). 2021 당뇨병 진료지침 제7판.

궁극적으로 만성 신부전 상태로 진전된다.

당뇨병성신증(diabetic nephropathy)의 발생과 진행을 억제하기 위해서는 혈당과 혈압을 최적으로 조절해야 하며 진단 당시 및 최소 1년마다 소변 알부민 배설량과 사구체여과율을 평가한다. 당뇨병성신증 환자는 단백질의 과도한 섭취나 제한(0.8g/kg/day 이하)은 피하는 것이 좋다. 사구체여과율이 60mL/min/1.73m^2 미만일 때 만성 신질환에 의한 합병증을 검사하고 관리하는 것이 좋으며 신장질환의 식사요법을 따른다.

(3) 당뇨병성신경병증

당뇨병성신경병증(diabetic neuropathy)은 거의 모든 신경에 발생할 수 있으며 당뇨병성 말초신경병증과 자율신경병증의 두 종류가 있다. 말초신경병증의 경우 감각 저하, 통증을 동반하며 팔, 다리로의 신경자극 전달을 저하시켜 감각을 잃게 할 수 있다. 감각을 상실하게 되면 상처가 발생해도 인지하지 못하게 되어 제때 적절한 치료를 받을 수 없게 됨으로써 상처 부위에 괴사가 일어나 심하면 절단까지 초래한다. 자율신경병증의 경우 소화기계, 심혈관계 등에 영향을 미칠 수 있다. 철저한 혈당 조절은 당뇨병성신경병증

알 아 두 기

나일론 모노필라멘트(semmes-weinstein monofilament) 검사

❶ 궤양이 잘 생기는 곳 10곳을 표시하되 궤양이나 굳은살이 있는 곳은 피한다.

❷ 환자가 검사하는 것을 지켜보지 않도록 하면서 해당 부위 피부에 직각으로 모노 필라멘트가 구부러지도록 힘을 가하여 3초 정도 누른 후 살짝 떼어 내면서 느낌이 있는지 확인한다. 감각을 느끼지 못하는 곳이 2곳 이상이면 감각 기능 저하이며, 4곳 이상이면 족부궤양의 위험성 증가로 판정한다.

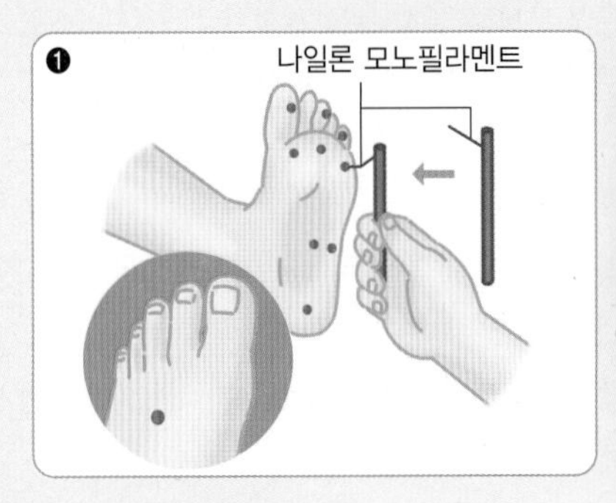

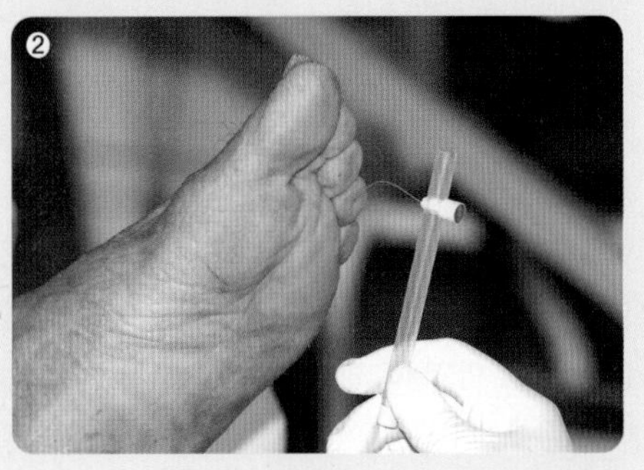

출처 : 보건복지부.

진행을 지연시키고, 통증을 경감시키며, 삶의 질을 향상시킬 수 있다.

(4) 심혈관질환 합병증

심혈관질환은 당뇨병 환자의 주된 사망원인이며 당뇨병이 있는 사람은 없는 이에 비해 남자는 2~3배, 여자는 3~5배 발생 위험이 높은데 이는 당뇨병과 2형당뇨병에 흔히 동반되는 고혈압, 이상지질혈증과 같은 위험인자 때문이다. 2형당뇨병 환자의 약 80%에서 이상지질혈증이 동반되며 이는 심혈관질환 위험을 증가시킨다. 흔히 발생하는 합병증으로는 관상동맥질환, 뇌졸중, 말초동맥질환, 심근병증, 심부전 등이 있다. 2형당뇨병 환자는 심혈관질환 고위험군이므로 심혈관질환 위험인자의 평가를 권고한다.

7. 당뇨병의 치료

당뇨병 자가관리교육과 당뇨병 치료 서비스에 있어 다학제적 협력과 의사소통은 중요하다. 당뇨병 자기관리교육의 중심에는 당뇨병 환자가 있으며, 당뇨교육팀에는 의사, 간호사, 임상영양사가 포함되고, 그 외 건강전문가, 즉 운동처방사, 사회복지사, 약사, 발전문가, 지역사회 전문가가 포함될 수 있다. 모든 팀 구성원은 전문성을 가지고 의사결정, 문제해결, 우선순위 결정에 있어 원활한 의사소통을 바탕으로 서로 협력해야 한다.

1) 혈당 조절의 모니터링과 평가

당뇨병 환자에서 미세혈관 또는 대혈관합병증을 예방하기 위해 적극적인 혈당 조절을 권고한다. 1형당뇨병 성인의 일반적인 혈당 조절 목표는 당화혈색소 7.0% 미만, 2형당뇨병 성인은 당화혈색소 6.5% 미만을 권고하나 환자의 상태나 목표의식을 고려하여 개별화해야 한다.

또한 중증저혈당의 병력, 진행된 미세혈관 및 대혈관합병증, 기대 여명이 짧거나, 나이가 많은 환자에서는 저혈당 등 부작용 발생 위험을 고려하여 혈당 조절 목표를 개별화한다.

(1) 당화혈색소 측정

당화혈색소는 2~3개월마다 측정하나 환자 상태에 따라 시행주기를 조정할 수 있으나, 적어도 연 2회는 검사하도록 한다. 혈당 변화가 심할 때, 약물을 변경했을 때, 철저한 혈당조절이 필요한 경우(예 : 임신 시) 더 자주 검사한다.

(2) 자기혈당 모니터링

자기혈당측정기 사용에 앞서 환자 교육이 선행되어야 하며, 수시로 사용방법이나 정확도를 점검한다. 1형당뇨병 또는 인슐린을 사용 중인 2형당뇨병 성인은 자기혈당측정을 해야 한다. 비인슐린치료 중인 2형당뇨병 성인도 혈당 조절을 위해 자기혈당측정을 고려할 수 있다. 환자 상태에 따라 측정 시기나 횟수는 개별화한다.

알 아 두 기

혈당측정기를 이용한 자기혈당검사

병원에서는 정맥의 혈장을 채혈하여 혈당을 측정하지만 자기혈당검사 시에는 주로 말초혈관에서 얻은 전혈로 혈당을 측정한다. 전혈의 포도당 농도는 혈장보다 낮으므로 대부분의 혈당측정기로 얻은 포도당 농도는 검사실 값보다 12% 정도 낮아 이를 반영하도록 보정되어 있다. 그러나 손가락을 쥐어짜서 주변 조직액이 섞여 혈액이 희석되는 경우, 헤마토크릿 수치가 높거나(탈수) 낮은(빈혈, 임신, 투석, 과다 출혈 등) 경우나 실온에 오래 노출되어 있던 측정 검사지를 사용하거나 사용자에 따른 오차(기계 사용법에 대한 교육과 훈련 부족), 기계 자체의 결함 등에 의해 정확성에 영향을 미치므로 혈장측정기 사용 시 주의가 필요하다.

출처 : 대한당뇨병학회(2021). 2021 당뇨병 진료지침 제7판.

(3) 지속혈당감시장치

자가혈당측정은 간편하나 일회성 혈당측정이므로 환자의 전반적인 혈당변화 패턴 등을 파악하는 데 한계가 있다. ① 다회인슐린요법이나 인슐린펌프 치료를 하는 1형당뇨병 환자와 ② 인슐린 치료를 하는 2형당뇨병 환자의 혈당 변동폭이 크거나 저혈당이 빈번

그림 6-14 지속혈당감시장치

한 경우 혈당 상태를 모니터링하는 방법으로 지속혈당감시장치 사용을 고려할 수 있다. 지속혈당측정기(continuous glucose monitoring, CGM)는 크게 센서(sensor), 송신기(transmitter), 수신기/모니터(receiver/monitor)의 3가지 부분으로 이루어져 있으며, 센서는 환자의 피하지방에 삽입하여 간질액에서 혈당을 측정하고, 송신기를 통해 혈당치를 수신기/모니터로 전달한다. 환자는 모니터를 통해서 혈당값과 변동 추이를 실시간으로 확인할 수 있으며, 혈당은 5분 간격으로 측정되어 3일간의 데이터가 기록되어 그래프로 제시된다. 이 방법은 측정하기 어려운 혈당 변화를 제시하여 놓치기 쉬운 저혈당이나 고혈당을 파악할 수 있는 장점이 있다.

2) 당뇨병의 약물요법

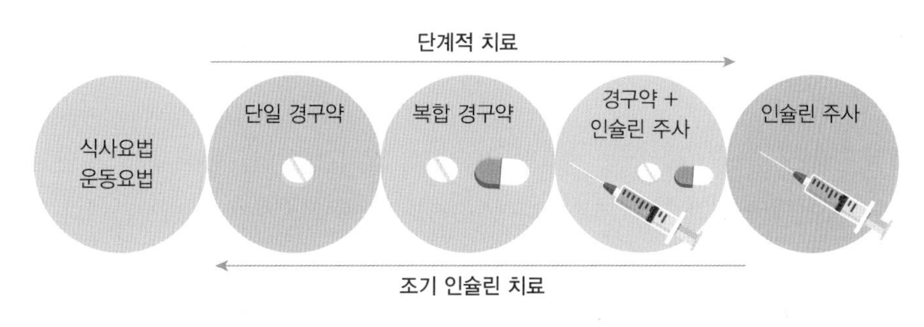

그림 6-15 당뇨병의 약물요법

(1) 경구혈당강하제

당뇨병 진단 즉시 생활습관 교정을 적극적으로 교육하고, 지속하도록 모니터링한다. 심각한 고혈당(당화혈색소 > 9.0%)과 함께 고혈당으로 인한 증상(다음, 다뇨, 체중감소)이 동반된 경우에는 인슐린 치료를 우선 고려해야 한다.

(2) 인슐린

인슐린은 1형당뇨병 환자나 2형당뇨병 환자에서 적절한 경구혈당강하제 치료에도 불구하고 혈당조절 목표에 도달하지 못하는 경우 사용한다. 2형당뇨병에서 대사이상을 동반하고 고혈당이 심할 경우 진단 초기에도 인슐린을 사용할 수 있으며 심근경색, 뇌졸중, 급성 질환, 수술 시에는 인슐린요법을 시행한다.

① **인슐린의 분류**

효과 발현시간과 지속시간에 따라 초속효성, 속효성, 중간형, 지속형, 혼합형 인슐린으로 분류된다. 초속효성에서 지속형으로 갈수록 효과발현시간은 늦어지나 효과 지속시간은 길어진다.

- **초속효성 인슐린** 효과 발현시간은 15분 미만, 효과 지속시간은 3~4시간, 최대효과시간은 30~90분이다.
- **속효성 인슐린** 효과 발현시간은 30~60분, 효과 지속시간은 4~6시간, 최대효과시간은 2~3시간이다.
- **중간형 인슐린** 효과 발현시간은 1~4시간, 효과 지속시간은 10~16시간, 최대효과시간은 6~10시간이다.
- **지속형 인슐린** 효과 발현시간은 1~2시간, 효과 지속시간은 24시간, 최대효과시간은 6~8시간이다.
- **혼합형 인슐린** 초속효성 또는 속효성 인슐린과 장시간형 인슐린을 혼합한 인슐린 요법으로 효과 발현시간은 5~15분이나 30~60분, 효과 지속시간은 24시간이다.

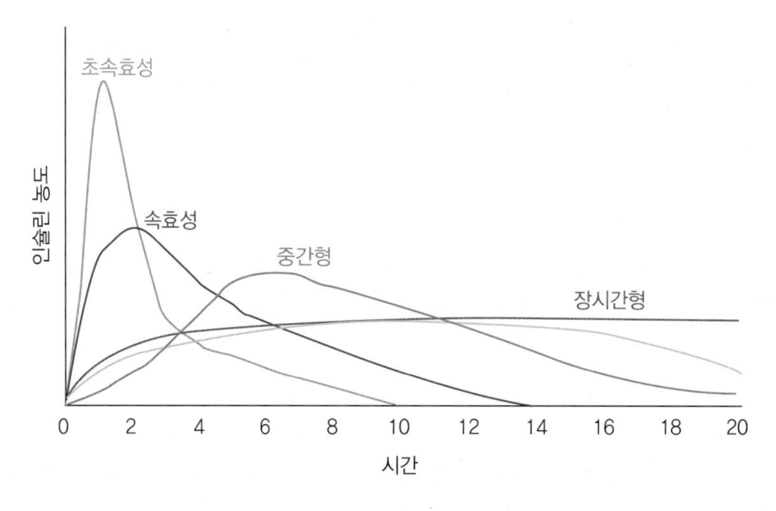

그림 6-16 인슐린 유형별 작용 형태
출처 : 질병관리본부, 경기도 고혈압, 당뇨병 광역교육센터(2015). 실무자를 위한 당뇨병 교육모듈.

② 1형당뇨병환자의 인슐린 치료

- 모든 1형당뇨병 성인에게는 인슐린 용량을 스스로 조절해 유연한 식사가 가능하도록 체계화된 교육을 해야 한다.
- 1형당뇨병 성인의 교육 이해 정도와 수행능력에 대해 진단 시부터 지속적이며 정기적으로 평가하고 피드백을 해야 한다.
- 1형당뇨병 소아청소년과 그의 부모 또는 양육자에게는 소아청소년의 발달단계에 적절하도록 개별화된 자기 관리 교육이 진단 시부터 이루어져야 하고, 성장과 독립적인 자기관리능력 발달에 따라 정기적으로 재평가해야 한다.
- 저혈당무감지증이나 중증저혈당이 발생한 1형당뇨병 성인에게는 저혈당을 예방하고 저혈당 인지능력을 회복하기 위해 전문화되고 특화된 교육을 해야 한다.
- 1형당뇨병 성인에게는 다회인슐린주사나 인슐린펌프를 이용한 치료를 한다.
- 1형당뇨병 성인에게 다회인슐린주사요법 시 초단기작용인슐린유사체와 장기작용인슐린유사체를 우선 사용한다.

③ 2형당뇨병 환자의 인슐린 치료

- 적절한 경구혈당강하제 치료에도 불구하고 혈당조절 목표에 도달하지 못하면 인슐린요법(기저인슐린요법, 혼합인슐린요법 및 다회인슐린요법)을 시행한다.
- 대사이상을 동반하고 고혈당이 심한 경우 당뇨병 초기에도 인슐린을 사용할 수 있다.
- 급성 심근경색증 또는 뇌졸중, 급성 질환, 수술 시에는 인슐린요법을 시행한다.

표 6-7 2형당뇨병에서 경구혈당강하제 실패 시 고려할 수 있는 인슐린요법의 비교

	기저 인슐린요법	혼합형 인슐린요법	기저인슐린에 식전 인슐린요법
장점	• 저혈당 발생 및 체중 증가 면에서 유리	• 비교적 당화혈색소가 높은 경우(> 8.4%) 효과적	• 식후 고혈당 조절에 기저 인슐린요법보다 유리 • 혼합형 인슐린 투여법보다 체중 증가가 적음
단점	• 비교적 당화혈색소가 높은 경우(> 8.5%) 기저 인슐린요법만으로 목표 당화혈색소에 도달하기 어려움	• 기저 인슐린요법에 비해 저혈당 발생 빈도가 높고, 체중 증가가 많으며, 많은 용량이 요구됨	• 기저 인슐린요법에 비해 잦은 주사 • 기저 인슐린요법에 비해 잦은 저혈당
기타	• 식후 혈당을 조절하기 위한 경구혈당강하제 병용 고려	• 치료 만족도 및 삶의 질 평가에는 의견 있음	• 치료 만족도 및 삶의 질 평가에는 이견 있음

• 환자 상태에 따라 인슐린과 타계열 약제의 병합요법이 가능하다.

3) 당뇨병의 운동요법

① 나이, 신체능력, 동반질환 등에 따라 운동의 종류, 빈도, 시간, 강도를 개별화한다.
② 가능하면 운동전문가에게 운동처방을 의뢰한다.
③ 유산소운동은 일주일에 150분 이상, 중강도로, 일주일에 적어도 3일 이상 하며, 연속해서 2일 이상 쉬지 않는다.
④ 저항운동은 금기가 없는 한 일주일에 2회 이상 한다.
⑤ 유산소운동과 저항운동은 함께 하는 것이 좋다.
⑥ 앉아서 생활하는 시간을 최소화한다.
⑦ 운동 전후, 전신상태나 운동의 강도가 변하거나, 운동시간이 길어질 때는 저혈당이나 고혈당 여부를 확인하기 위해 혈당을 측정한다.
⑧ 처음 운동을 시작하기 전 심혈관질환 및 미세혈관합병증 유무를 평가하고, 금기사항이 없는지 확인한다.
- 심한 망막병증이 있는 경우 망막출혈이나 망막박리의 위험이 높으므로 고강도 운동은 피한다.
- 심한 말초신경병증이나 발질환이 있는 경우 체중부하가 많은 운동은 피한다.
- 심혈관질환이 있거나 심혈관질환 위험이 높은 경우 고강도 운동은 피한다.

8. 당뇨병의 식사요법

1) 기본 원칙

① 모든 당뇨병 성인은 개별화된 의학영양요법 교육을 받아야 하며, 반복 교육이 필요하다.
② 의학영양요법은 당뇨병 교육의 자격을 갖춘 임상영양사가 교육하기를 권고한다.
③ 과체중이거나 비만한 성인은 5% 이상 체중을 감량하고, 이를 유지하기 위해 총에너

지 섭취량을 줄여야 한다.

④ 탄수화물, 단백질, 지방의 섭취 비율을 치료 목표와 선호에 따라 개별화한다.

⑤ 장기적인 이득을 입증하지 못한 극단적인 식사방법은 권고하지 않는다.

⑥ 탄수화물은 식이섬유가 풍부한 통곡물, 채소, 콩류, 과일 및 유제품 형태로 섭취한다.

⑦ 당류 섭취는 최소화한다. 당류 섭취를 줄이는 데 어려움이 있는 경우, 인공감미료 사용은 제한적으로 고려할 수 있다.

⑧ 단백질 섭취를 제한할 필요는 없으며, 신장질환이 있는 경우에는 더 엄격하게 제한하지 않는다.

⑨ 포화지방산과 트랜스지방산이 많은 식품은 불포화지방산이 풍부한 식품으로 대체한다. 불포화지방산 보충제의 일반적인 투여는 권고하지 않는다.

⑩ 나트륨섭취는 1일 2,300mg 이내로 권고한다.

⑪ 혈당을 개선하기 위한 비타민, 무기질 등의 미량영양소 보충제의 투여는 일반적으로 권고하지 않는다.

⑫ 가급적 금주를 권고한다. 인슐린이나 인슐린분비촉진제를 사용하는 환자에게는 음주 시 저혈당이 발생하지 않도록 예방 교육을 한다.

2) 1일 총 에너지섭취량 결정

일반적인 성인의 에너지필요량은 표준체중에 신체활동별 에너지량을 곱하여 산출한다. 혈당, 혈압, 지질 조절 정도, 체중 변화, 연령, 성별, 에너지 소비량, 합병증 유무 등을 고려하여 에너지섭취량을 개인별로 조절할 필요가 있다. 당뇨병 환자에서 이상적인 에너지 적정 비율은 정해져 있지 않다. 총 섭취 에너지를 유지하되 다양한 영양소, 목표혈당, 개인의 식사 선호도 등을 고려하여 개별화되어야 한다.

과체중이나 비만한 2형당뇨병 성인과 당뇨병 고위험군에서 에너지 섭취량 감소와 생활습관 중재를 통해 초기 체중에서 5~10%의 체중 감소는 인슐린 감수성, 혈당, 고혈압, 이상지질혈증 등을 개선시킨다고 알려져 있다. 초저에너지 식사를 통하여 단기적으로 혈당 개선 및 체중감량은 가능하지만 장기간 효과와 안전성은 증명되지 않았으며, 지나친 에너지 섭취 감소를 장기적으로 유지하기는 어렵다.

알 아 두 기

대한당뇨병학회의 표준체중 산출법

- 남자 : 표준체중(kg) = 신장(m)×신장(m)×22(체질량지수 22 기준)
- 여자 : 표준체중(kg) = 신장(m) × 신장(m) × 21(체질량지수 21 기준)

신체활동수준별 에너지는 표 6-8에 제시되어 있다. 일반적으로 가벼운 활동은 25~30kcal/kg, 보통 활동은 30~35kcal/kg, 심한 활동은 35~40kcal/kg을 적용한다.

표 6-8 신체활동수준별 표준체중당 에너지량

활동 수준		표준체중당 에너지(kcal/kg)
가벼운 활동	거의 앉아서 하는 일, 사무직, 운전, 가사노동	25~30
보통 활동	걷기, 자전거 타기 등의 가벼운 운동을 정기적으로 하는 경우	30~35
심한 활동	농번기의 농부, 광부, 운동선수, 심한 운동을 정기적으로 하는 경우	35~40

3) 혈당 변화를 고려한 탄수화물 제한

바람직한 혈당 유지를 위해서는 총 탄수화물 섭취량을 조절하는 것이 중요하지만 탄수화물의 과도한 제한 시 탄수화물 대사에 이상이 발생해 인슐린 저항성이 커지므로 적절한 양의 탄수화물을 섭취해야 한다. 탄수화물 섭취량이 비교적 많은 우리나라의 식습관을 고려하여 탄수화물 섭취량은 총 에너지의 55~65%를 권고하되 환자의 대사상태(지질농도, 신기능 등) 및 사용하는 인슐린의 종류에 따라 개별화한다. 성인의 경우 하루 300g 이상의 탄수화물 섭취는 피하며 케톤증을 예방하기 위해 최소 100g 이상을 섭취한다. 어린이의 하루 탄수화물 섭취량은 200g 전후이다. 2020 한국인 영양소 섭취기준에 따라 당류는 총 에너지 섭취량의 10~20%로 제한하고, 첨가당의 경우 총 에너지의 10% 이내로 섭취한다.

당뇨병 환자의 탄수화물은 전곡, 채소, 콩류, 과일 및 유제품 등의 식품으로 섭취하도록 하며, 식이섬유가 많은 식품을 우선적으로 선택한다. 규칙적인 시간에 일정량의 탄수화물을 섭취하는 것이 혈당과 체중 조절에 도움이 된다. 당뇨병 환자의 혈당 조절을 위

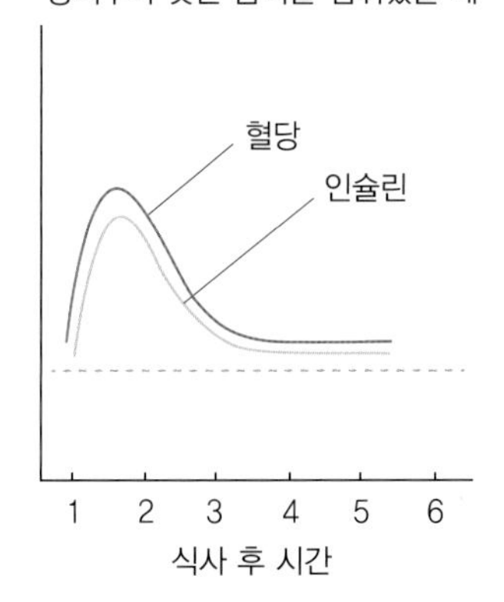

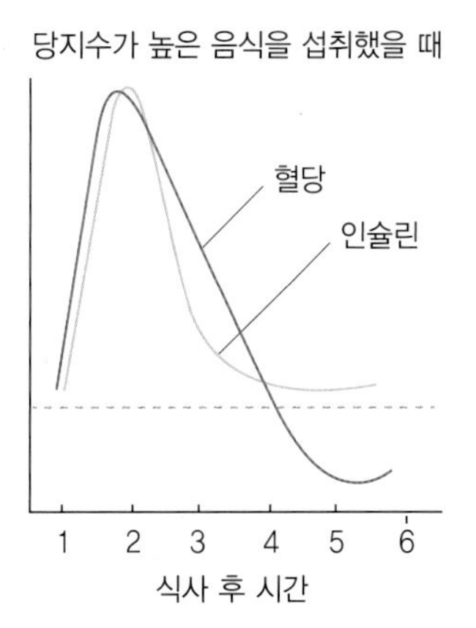

그림 6-17 당지수와 혈당 및 인슐린
출처 : 질병관리본부. 경기도 고혈압·당뇨병 광역교육센터(2015). 실무자를 위한 당뇨병 교육모듈.

표 6-9 식품별 당지수와 당부하지수

식품	당지수 (포도당=100)	1회 섭취량(g)	1회 섭취량당 함유 당질량(g)	1회 섭취량당 당부하지수
흰밥	86	150	43	37
찹쌀밥	92	150	48	44
현미밥	55	150	33	18
떡	91	30	25	23
페스트리	59	57	26	15
호밀빵	50	30	12	6
콘플레이크	81	30	26	21
구운 감자	85	150	30	26
고구마	61	150	28	17
대두	18	150	6	1
우유	27	250	12	3
사과	38	120	15	6
배	38	120	11	4
포도	46	120	18	8
파인애플	59	120	13	7
수박	72	120	6	4
밀크초콜릿	43	50	28	12
아이스크림	61	50	13	8
탄산음료	68	250	34	23
이온음료	78	250	15	12

출처 : 대한당뇨병학회(2010). 당뇨병 식품교환표 활용지침 제3판.

해서 탄수화물 섭취량을 모니터링하는 것이 중요하다. 이때 고려해야 할 식품별 당지수와 당부하지수를 표 6-9에 제시하였다.

당뇨병 환자가 섭취하는 탄수화물의 양뿐만 아니라 당지수 및 당부하지수를 고려하면 혈당 조절에 있어 부가적인 이익을 얻을 수 있다. 당지수(glycemic index, GI)는 당질 50g을 함유한 식품 섭취 후 2시간 동안 혈당 반응 곡선의 면적을 당질 50g을 함유한 표준식품과 비교한 후 백분율(%)로 표시한 것이다. 당부하지수는 당지수에 전형적인 1회 섭취량의 영향을 반영한 것으로 당지수와의 관계는 다음과 같다.

당지수 × 1회 섭취 분량에 함유된 당질의 양/100

대체로 당지수가 55 이하인 경우를 당지수가 낮은 식품, 70 이상인 경우를 당지수가 높은 식품으로 분류한다.

탄수화물 섭취량이 혈당에 직접적으로 영향을 미치며 이는 사용하는 인슐린의 종류에 따라 달라지므로 인슐린의 종류에 따라 끼니별 탄수화물 배분을 달리한다.

4) 충분한 식이섬유 섭취

식이섬유는 물에 대한 용해도를 기준으로 수용성과 불용성 식이섬유로 분류된다. 식이섬유 섭취 증가는 당뇨병 발생 감소, 혈당조절 개선 및 심혈관질환 감소 효과가 있다. 2020 한국인 영양소 섭취기준에서는 식이섬유의 충분섭취량을 12g/1,000kcal로 설정하고 있음을 고려할 때 당뇨병 환자는 1일 20~25g을 섭취할 것을 권장하며 식이섬유가 풍부한 채소류를 1일 300g 이상 섭취하는 것을 목표로 한다.

5) 일반적인 단백질 섭취량 조정

일반적으로 제시하는 단백질 섭취량[총 에너지의 15~20%(1.0~1.5g/kg)]을 권장하며 단백질 섭취 목표량은 개인의 식습관, 혈당조절 및 대사 목표에 따라 개별화한다. 단백질 섭취는 제한할 필요는 없으며, 신장질환이 있는 경우에도 더 엄격하게 제한하지 않는다.

6) 지방 섭취량 제한

당뇨병 환자에서 이상적인 지방에너지 비율은 없으나, 2020 한국인 영양소 섭취기준의 지방 섭취 에너지 적정 비율인 총 에너지의 15~30%를 유지하도록 권고하고 있으며 섭취하는 양뿐만 아니라 심혈관질환 예방을 위하여 섭취하는 지방의 종류 선택에 주의한다. 2형당뇨병 환자를 포함한 다양한 임상연구에서 다가불포화지방산과 단일불포화지방산이 풍부한 지중해식 식사가 혈당조절 및 지질개선 효과와 심혈관질환 사망률 감소 효과를 보였고, 트랜스지방산 섭취의 감소는 심혈관질환 감소와 연관을 보였으며 포화지방산 섭취량의 감소도 복합적인 심혈관질환 감소 효과를 보였다. 당뇨병 환자에서 포화지방산, 콜레스테롤, 트랜스지방산의 섭취량은 건강한 일반인에 대한 기준을 따르며 한국인 영양소 섭취기준의 총 콜레스테롤은 300mg/day 이내, 포화지방산은 총 에너지 섭취량의 7% 이내를 준수하되 가능한 한 불포화지방산으로 대체하고, 트랜스지방산은 섭취를 피할 것을 권고한다. 불포화지방산 보충제의 일반적인 투여는 권고하지 않는다.

7) 충분한 비타민과 무기질 섭취

비타민은 신체의 영양소 대사에 관여하고 무기질은 생체 기능 유지에 필수적이므로 당뇨병 환자의 비타민과 무기질 필요량은 건강인과 동일하게 한다. 1일 1,200kcal 이하를 섭취하는 환자나 노인, 임산부, 채식주의자의 경우에 비타민과 무기질이 결핍될 수 있으므로 지속적인 관찰에 따라 필요한 경우 종합 비타민제를 보충할 수 있다. 단, 혈당을 개선하기 위한 비타민, 무기질 등의 미량영양소 보충제의 투여는 일반적으로 권고하지 않는다.

8) 나트륨 제한

당뇨병합병증의 발생이나 진행의 지연을 위해서는 혈당뿐 아니라 혈압 조절도 중요하다. 합병증 예방을 위해 일반인과 동일하게 1일 나트륨 섭취를 2,300mg 이내로 제한할 것을 권고한다. 단, 심혈관계 질환이나 신장질환을 동반한 당뇨병 환자의 경우에는 5~7.5g(나트륨 2,000~3,000mg) 이내로 제한하도록 한다.

9) 알코올 제한

알코올 섭취는 합병증이 없고 간질환을 동반하지 않은 혈당 조절이 양호한 환자에서는 반드시 금지할 필요는 없지만 간질환, 췌장염, 신경병증이 진행되거나 저혈당을 자주 경험하는 환자, 임산부는 알코올의 섭취를 엄격히 제한하도록 한다. 알코올과 관련된 다양한 건강문제를 고려하여 당뇨병 환자에서는 금주를 권하며, 만약 마시는 경우 1잔 이내(1표준잔, 알코올 15g : 맥주 200mL, 포도주 150mL, 소주 50mL)로 제한한다. 또한 경구혈당강하제 복용 및 인슐린을 주사하는 환자에서는 음주 시 저혈당의 위험이 있으므로 혈당 측정을 자주 하고 식사를 거르지 않도록 주의가 필요하다. 알코올은 간에서의 포도당 신생을 방해하여 저혈당을 유발할 수 있으므로 일부 환자에서 음주 후 아침 저혈당이 나타날 수 있다.

10) 당알코올과 인공감미료 사용

미국 당뇨병학회와 캐나다 당뇨병학회에서는 무열량 또는 저열량 인공감미료(nonnutritive sweetner)의 1일 섭취허용량(acceptable daily intake, ADI)을 설정하고 당뇨병 환자에

표 6-10 감미료의 종류

종류		안정성 및 특징	열량 (kcal/g)	감미도 (설탕 기준 : 1.0)
당알코올	솔비톨	• 과량(50g 이상) 섭취 시 설사 유발	2.6	0.5~0.7
	자일리톨	• 충치 예방 효과	2.4	약 1.0
	만니톨	• 과량(20g 이상) 섭취 시 설사 유발	1.6	0.5~0.7
	말티톨	• 과량 섭취 시 설사 유발	3.0	0.9
	에리스리톨	• 제품별 최대허용량 개별 설정	0.2	0.6~0.8
인공감미료	사카린	• 어린이, 임산부, 당뇨병 환자에게 안전	0	200~700
	아스파탐	• 어린이, 임산부, 당뇨병 환자에게 안전 • 페닐케톤증(PKU) 환자 주의 • 고온에서 맛 변화	4	160~220
	아세설팜칼륨	• 어린이, 임산부, 당뇨병 환자에게 안전	0	200
	슈크랄로오스	• 어린이, 임산부, 당뇨병 환자에게 안전	0	600

출처 : 대한당뇨병학회(2010). 당뇨별 식품교환표 활용지침 제3판.

서도 열량이 있는 감미료 대체제로서 허용 범위 내에서 섭취를 인정하고 있다. 인공감미료의 사용이 혈당 조절에 유의한 효과를 보이지는 않았으나, 전반적인 열량과 탄수화물 섭취를 줄이는 데 도움이 될 수 있다. 당알코올과 인공감미료는 종류별로 소화율이 달라 열량이 다르지만 전반적인 당알코올의 열량은 2kcal/g으로 일반 탄수화물의 열량인 4kcal/g에 비해 낮다.

9. 당뇨병 환자의 식사계획

당뇨병 유형별 에너지와 영양기준량은 **표 6-11**과 같다.

표 6-11 당뇨병 유형별 에너지와 영양기준량

식사명	에너지(kcal)	당질(%)	단백질(%)	지질(%)
당뇨병식	30kcal/표준체중kg	50~60%	15~20%	25% 이내
당뇨병성 신증식	30kcal/표준체중kg	60~65%	0.8g/표준체중kg	25% 이내
임신성 당뇨병식 중반기 후반기	25(임신 전 비만)~30kcal/ 표준체중kg +340kcal +450kcal	-	-	-

1) 일반 당뇨병식

일반 당뇨병 환자의 에너지별 식품교환단위수와 1,800kcal 식단의 예를 **표 6-12**, **표 6-13**, **표 6-14**에 제시하였다. 2형당뇨병의 경우 이상지질혈증이나 동맥경화증을 동반한 경우에는 포화지방산 섭취량을 엄격히 제한하기 위해 일반우유 대신 저지방우유를 사용할 수 있다. 일반우유 1교환을 저지방우유로 대체할 경우 지방군 1교환을 추가하거나 에너지 1,800kcal 이상이라면 중지방 어·육류 1교환과 과일군 1교환으로 대체할 수 있다.

표 6-12 에너지별 식품군 교환단위수 배분 예시

식품군 / 열량(kcal)	곡류군	어·육류군		채소군	지방군	우유군	과일군
		저지방군	중지방군				
1,200	5	1	3	6	3	1	1
1,400	7	1	3	6	3	1	1
1,600	8	2	3	7	4	1	1
1,800	8	2	3	7	4	2	2
2,000	10	2	3	7	4	2	2
2,200	11	2	4	7	4	2	2
2,400	12	3	4	8	5	2	2

출처 : 대한당뇨병학회(2010). 당뇨병 식품교환표 활용지침 제3판.

표 6-13 당뇨식 1,800kcal의 1일 영양소 구성 예시

에너지(kcal)	당질(g)	단백질(g)	지방(g)	C:P:F(%)
1,800	250	80	53	56:18:26

표 6-14 당뇨식의 1일 식단 예시(1,800kcal)

식품군		교환단위수	아침 잡곡밥 근대된장국 조기구이 달걀장조림 브로콜리나물 석박지	간식 귤 두유	점심 잡곡밥 맑은애호박국 두부조림 오리부추볶음 봄동나물무침 배추김치	간식 통밀빵 바나나 우유	저녁 잡곡밥 콩나물국 닭살무침 삼치카레구이 참나물무침 총각김치
곡류군		8	밥 140g (2교환)	–	밥 210g (3교환)	통밀빵 35g (1교환)	밥 140g (2교환)
어·육류군	저지방	2	조기 50g (1교환)	–	오리고기 20g (0.5교환)	–	닭가슴살 20g (0.5교환)
	중지방	3	달걀 55g (1교환)	–	두부 80g (1교환)	–	삼치 50g (1교환)
채소군		7	근대 70g (1교환) 브로콜리 70g (1교환) 무 35g (0.5교환)	–	애호박 35g (0.5교환) 부추 35g (0.5교환) 봄동나물 70g (1교환) 배추김치 35g (0.5교환)	–	콩나물 35g (0.5교환) 참나물 70g (1교환) 총각김치 35g (0.5교환)
지방군		4	참기름 5g (1교환)	–	콩기름 5g (1교환) 참기름 2.5g (0.5교환)	–	콩기름 5g (1교환) 들기름 2.5g (0.5교환)
우유군		2	–	두유 200mL (1교환)	–	우유 200mL (1교환)	–
과일군		2	–	귤 120g (1교환)	–	바나나 50g (1교환)	–

2) 당뇨병성신증식

당뇨병성신증이 있는 환자의 경우 단백질 섭취량을 환자의 신장 기능에 따라 적절하게 조절한다. 단백질 섭취 제한이 알부민뇨의 진행, 사구체여과율의 감소, 말기신부전의 발생을 줄인다는 근거와 과도한 단백질 섭취는 알부민뇨 증가와 빠른 신기능 저하를 야기하므로 단백질 섭취량은 하루 권장량인 0.8g/kg을 유지하도록 한다. 0.8g/kg 이하의 저단백식사는 사구체여과율 감소나 심혈관질환 예방에 도움이 되지 않으므로 권고하지 않는다. 단백질 제한 시 에너지가 부족할 수 있으므로 탄수화물 및 식물성 기름 등을 사용하여 1일 필요에너지를 충분히 공급하도록 하며 부종이 있거나 혈압이 높은 경우 하루 나트륨 섭취량을 2,300mg 이하로 줄이도록 한다.

당뇨병성신증식의 에너지별 식품교환단위수와 1,800kcal 식단의 예를 **표 6-15**, **표 6-16**, **표 6-17**에 제시하였다.

표 6-15 당뇨병성신증식의 열량별 식품군 교환단위수 배분 예시

식품군 / 열량(kcal)	곡류군	어·육류군		채소군	지방군	우유군	과일군
		저지방군	중지방군				
1,200	6	1	–	6	6	1	1
1,400	8	1	–	6	6	1	1
1,600	9	1	–	7	6	1	2
1,800	10	1	1	7	6	1	2
2,000	12	1	1	7	6	1	3
2,200	13	1	2	6	7	1	3
2,400	14	1	2	6	7	1	3

표 6-16 당뇨병성신증식의 1일 영양소 구성 예시

에너지(kcal)	당질(g)	단백질(g)	지방(g)	C:P:F(%)
1,800	295	55	45	65:12:23

표 6-17 당뇨병성신증식의 1일 식단 예시(1,800kcal)

식품군		교환 단위수	아침 쌀밥 팽이버섯미소국 조기구이 숙주나물 저염김치	간식 통밀빵 귤	점심 쌀밥 들기름미역국 두부조림 가지볶음 저염김치	간식 사과 우유	저녁 쌀밥 콩나물국 표고떡볶음 저염김치
곡류군		10	밥 210g (3교환)	통밀빵 35g (1교환)	밥 210g (3교환)	–	밥 140g (2교환) 가래떡 50g (1교환)
어·육류군	저지방	1	조기 50g (1교환)	–	–	–	–
	중지방	1	–	–	두부 80g (1교환)	–	–
채소군		7	팽이버섯 50g (1교환) 숙주 70g (1교환) 저염배추김치 35g (0.5교환)	–	건미역 6g (1교환) 가지 70g (1교환) 저염배추김치 35g (0.5교환)	–	콩나물 35g (0.5교환) 표고버섯 50g (1교환) 저염배추김치 35g (0.5교환)
지방군		6	참기름 10g (2교환)	–	들기름 5g (1교환) 콩기름 5g (1교환)	–	콩기름 10g (2교환)
우유군		1	–	–	–	우유 200mL (1교환)	–
과일군		2	–	귤 120g (1교환)	–	사과 80g (1교환)	–

3) 인슐린 저혈당증에 대비한 식사요법

저혈당 예방은 당뇨병 치료의 가장 중요한 부분이다. 인슐린 사용, 탄수화물 섭취, 그리고 운동 간의 상호 균형이 당뇨병 치료에서 필수적이나 실제로 지키기 어려운 부분이다. 저혈당으로 인해 사회생활이 힘들거나 환자 개인의 부정적인 경험으로 철저한 혈당관리가 어려울 수 있으므로 미리 교육하여 예방하는 것이 중요하다.

의식이 있는 저혈당의 경우에는 15~20g의 포도당을 함유한 탄수화물을 섭취하고, 15분 후 혈당검사를 했을 때 저혈당이 지속되면 포도당 섭취를 반복한다. 1g의 포도당은 혈당을 약 3mg/dL 올릴 수 있으므로 15~20g의 단순당질은 20분 안에 혈당을 약 45~65mg/dL 올릴 수 있기 때문에 대부분의 경우 증상이 없어진다. 의식이 없는 중증 저혈당의 경우 정맥주사로 포도당 수액 20~50mL(포도당 10~25g)을 1~3분에 걸쳐 투여한다. 지방이 포함된 초콜릿, 아이스크림 등은 흡수 속도가 느려 혈당을 천천히 올리므로 저혈당 치료에 적합하지 않다.

저혈당 회복 후라도 투여된 인슐린이나 인슐린분비촉진제의 작용이 계속 남아 있기 때문에 저혈당이 반복해서 발생할 수도 있으므로 자가혈당측정을 통해 확인하고 간식이나 식사를 하여 저혈당 재발을 막을 수 있다. 저혈당에 대한 과잉치료는 반동성 고혈당과 체중 증가를 초래할 수 있으므로 주의가 필요하다. 중증저혈당, 즉 다른 사람의 도움이 필요하고 의식 혼미 때문에 경구로 탄수화물을 섭취할 수 없는 상황이라면 응급실을 내원하거나, 정맥주사가 가능하면 10~25g의 포도당(포도당수액 20~50mL)을 1~3분에 걸쳐 투여한다. 글루카곤키트가 준비되어 있는 경우에는 글루카곤을 주사할 수 있다.

저혈당에서 회복되면 환자 및 보호자와 저혈당의 유발요인에 대해 상의하고 재발하지 않도록 환자 및 보호자에 대한 적절한 교육을 시행해야 한다. 당뇨병 환자임을 인식시킬 수 있는 인식표를 제작하여 환자가 항상 소지할 수 있도록 하는 것도 방법이 될 수 있다. 장시간 운동이나 운전을 할 경우 저혈당 발생을 대비하여 포도당이 함유된 음식을 항상 소지할 수 있도록 교육해야 한다. 야간 저혈당을 예방하기 위해 잠자기 전 혈당을 100~140mg/dL 정도로 유지하도록 하며, 이보다 낮은 경우 스낵이나 우유 한 잔(또는 과일 1교환단위) 정도의 간식을 섭취할 수 있다. 잠자는 동안에 악몽을 꾸었거나 식은땀을 많이 흘린 경우, 잠에서 깨어난 후 두통을 느끼는 경우는 야간 저혈당 발생 여부를 의심해 보아야 한다.

알 아 두 기

단순당질 15~20g에 해당하는 음식의 예

- 설탕물(15% 용액) 1/2컵(100mL)
- 설탕 1큰술(15g)
- 꿀 1큰술(15mL)
- 주스 또는 탄산음료 3/4컵(175mL)
- 요구르트 1개(65mL)
- 사탕 3~4개

당뇨병

QUESTIONS

01. 당뇨병의 진단기준을 설명하시오.
02. 임신성 당뇨병은 무엇인지 설명하시오.
03. 일반 당뇨병식에서 일반우유 1교환을 저지방우유로 대체할 경우 추가할 수 있는 식품군과 교환단위수를 제시하시오.
04. 당뇨병성신증 환자에서 단백질 섭취 제한이 필요한 경우와 단백질의 권장량을 제시하시오.
05. 의식이 있는 저혈당 환자에게 제공할 수 있는 15~20g의 단순당질에 해당하는 음식의 예 3가지를 제시하시오.
06. 당뇨병 환자에게 적절한 지질 섭취량을 설명하시오.
07. 당뇨병 환자의 1일 총 에너지 섭취량을 산출하기 위해서는 표준체중과 신체활동별 표준체중당 에너지량을 알아야 한다. 이 중 대한당뇨병학회가 제시한 남자와 여자의 표준체중 산출법을 설명하시오.
08. 당뇨병 환자에서 수분 및 전해질 대사의 변화에 대해 설명하시오.

MEMO

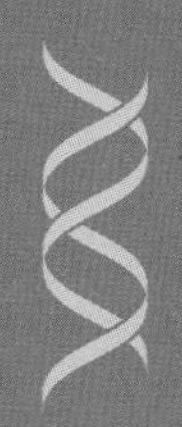

심혈관계 질환

1. 심장과 혈관의 구조 | 2. 고혈압 | 3. 이상지질혈증
4. 동맥경화증 | 5. 뇌·심혈관질환

- **갈색세포종(pheochromocytoma)** 카테콜아민을 대량으로 합성, 저장, 분비하는 종양으로 대표적인 내분비성 고혈압질환이다. 에피네프린이나 노르에피네프린과 같은 카테콜아민을 분비하므로 고혈압, 두통, 심계항진, 발한 등이 특징적인 증상으로 나타난다.
- **괴사(necrosis)** 생체 가운데서 국소의 세포 또는 조직이 죽는 것을 말하며 원인으로는 혈액 공급 부족, 세균 독소, 각종 약품, 신경장애 등이 있다.
- **교감신경계(sympathetic nervous system)** 자율신경계를 구성하는 개개의 원심성 말초신경으로 의식적인 생각 없이 스스로 조절되며 혈압 상승, 혈관 수축, 괄약근 수축 등을 일으킨다.
- **레닌-안지오텐신계(renin-angiotensin system)** 혈관 수축과 신장에서 나트륨의 재흡수를 통하여 혈압과 체액의 항상성을 유지하는 역할을 하며 레닌 분비를 시작으로 안지오텐시노겐이 단백 분해와 가수 분해를 거쳐 안지오텐신 II로 전환되어 작용을 나타내는 내분비계이다.
- **색전(embolus)** 혈관 및 림프관 안에 생긴 유리물이 관의 일부 또는 전부를 막은 상태 또는 그 원인물질이다. 원인물질로는 혈관에 떨어져 나오는 혈전이나 그 파편이 가장 많고 그 밖에 세균, 기생충, 색소, 세포, 조직, 종양세포 등이 있다.
- **스테로이드제(steroids)** 약물로 쓰이는 스테로이드 호르몬 제제를 통틀어 일컫는 용어로 부신피질호르몬제, 남성호르몬제, 여성호르몬제 등이 이에 속한다. 섭취 시 체내 스테로이드에 의해 유지되고 있던 생체 시스템에 영향을 미치므로 전문가의 판단에 따라 사용하여야 한다.
- **심박출량(cardiac output)** 단위시간(주로 분)에 심장으로부터 분출되는 혈액의 양이며, 단위는 L/min이다.
- **중추신경계(central nervous system)** 뇌와 척수로 구성되어 있으며, 우리 몸에서 느끼는 감각을 수용하고 조절하며 운동, 생체 기능을 조절하는 중요한 역할을 한다.
- **쿠싱증후군(Cushing's syndrome)** 뇌하수체 선종, 부신 과증식, 부신 종양 등의 여러 원인에 의해 만성적으로 혈중 코티솔 농도가 과다해지는 내분비 장애로서 체중 증가, 보름달 모양의 얼굴, 고혈압, 복부의 붉은색 줄무늬 형성, 다모증, 안면 홍조 등의 증상을 특징으로 한다.
- **플라크(plaque)** 콜레스테롤, 인지질, 칼슘 등을 함유한 지방성 물질이며, 이 지방물질이 동맥벽에 축적되면 혈관이 좁아져 결국 동맥경화를 유발할 수 있다.
- **혈전(thrombus)** 혈액 응고 과정을 통해 혈액이 지혈되어 생성된 최종 산물로서 보통 섬유소 용해 과정을 통해 자연스럽게 소멸되나, 병적으로 생성된 경우에는 생성량이 증가하여 체내에서 모두 용해시킬 수 없어 온몸을 떠돌다 혈관을 막아 여러 가지 질병을 유발하는 물질이다.

1. 심장과 혈관의 구조

심혈관계는 펌프작용을 하는 심장과 혈액을 운반하는 혈관으로 구성된 순환계이다. 심혈관계 질환으로는 고혈압, 이상지질혈증, 동맥경화증, 허혈성 심장질환, 울혈성 심부전, 뇌졸중 등이 있다. 심혈관계 질환은 서구사회에서 주요 사망 원인이며, 우리나라에서도 사망원인 2위를 차지하고 있고, 특히 허혈성 심장질환의 발생이 증가하는 추세이다.

1) 심혈관계의 구조

심혈관계는 심장, 혈관, 혈액으로 구성되어 있다 **그림 7-1**. 심장은 흉곽 내 중심에 위치하고, 성인의 경우 무게 250~300g, 길이 14cm, 직경 9cm 정도의 크기이다. 심장은 두 개의 심방과 두 개의 심실로 이루어져 있고, 좌심실은 실제로 수축하여 온몸에 혈액을 공급하므로 좌심실 벽이 우심실 벽보다 두껍다. 좌심실에서 내보내는 혈액량을 심박출량이라고 하고, 성인의 경우 1분에 5L 정도이다. 심장의 정상적인 작용을 위해 심장 근육

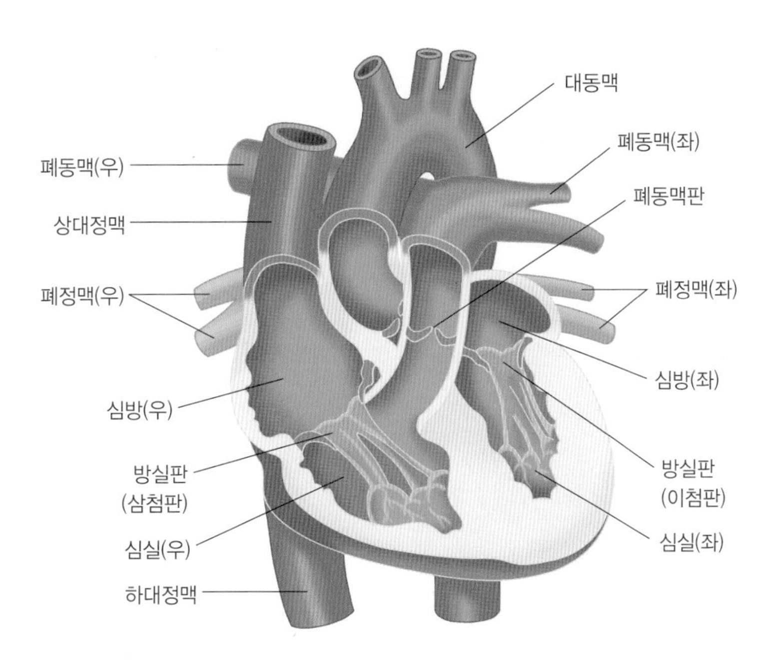

그림 7-1 심장의 구조
출처 : 임윤숙 외(2019). 인체생리학. 교문사.

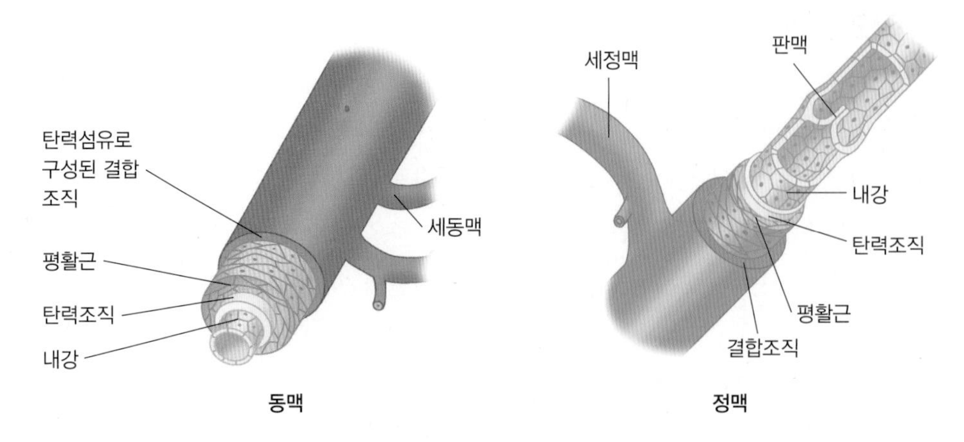

그림 7-2 동맥과 정맥의 구조
출처 : 임윤숙 외(2019). 인체생리학. 교문사.

(심근) 자체에 영양을 공급하는 모세혈관인 관상동맥이 심장 표면을 둘러싸고 있다.

혈액은 혈관을 통해서 이동하면서 조직에 산소와 영양소를 공급하고, 이산화탄소와 영양소 대사산물 등 노폐물을 배출하게 한다. 혈관은 동맥, 정맥, 모세혈관으로 구분된다. 동맥은 혈액을 심장에서 모세혈관으로 보내고, 모세혈관은 혈액과 체세포 사이에 물질을 교환한 뒤 정맥이 되어 심장으로 돌아간다.

동맥혈관벽은 내막, 중막, 외막으로 구분된다. 내막의 가장 안쪽은 내피라고 하는 한 겹의 상피세포로 되어 있으며, 내피 바깥쪽으로 결합조직과 탄력조직이 있다 그림 7-2. 중막은 내막을 싸고 있는 두꺼운 근육층이고, 외막은 결합조직으로 구성되어 있다. 정맥혈관벽은 동맥과 유사하나 근육층이 얇아 탄성이 적고, 모세혈관은 한 겹의 상피세포로 구성되어 있다.

2) 체순환과 폐순환

혈액순환계는 체순환(대순환)과 폐순환(소순환)으로 구분된다 그림 7-3. 체순환은 심장으로부터 폐를 제외한 전신으로 혈액을 보내고 다시 돌아오는 과정으로, 좌심실이 수축하여 동맥혈이 대동맥과 동맥을 지나 모세혈관에서 조직에 산소를 내주고 이산화탄소를 수거하여 정맥과 대정맥을 거쳐 우심방으로 돌아오는 것이다.

폐순환은 심장으로부터 폐로 혈액을 보내면 다시 폐에서 심장으로 혈액이 돌아오는 과정으로, 우심방을 통해 들어온 정맥혈은 우심실로 내려온다. 우심실로 내려온 정맥혈은 폐동맥을 통해 나가서 폐조직에서 가스교환을 하고 폐정맥을 거쳐 좌심방으로 돌아오는 과정이다.

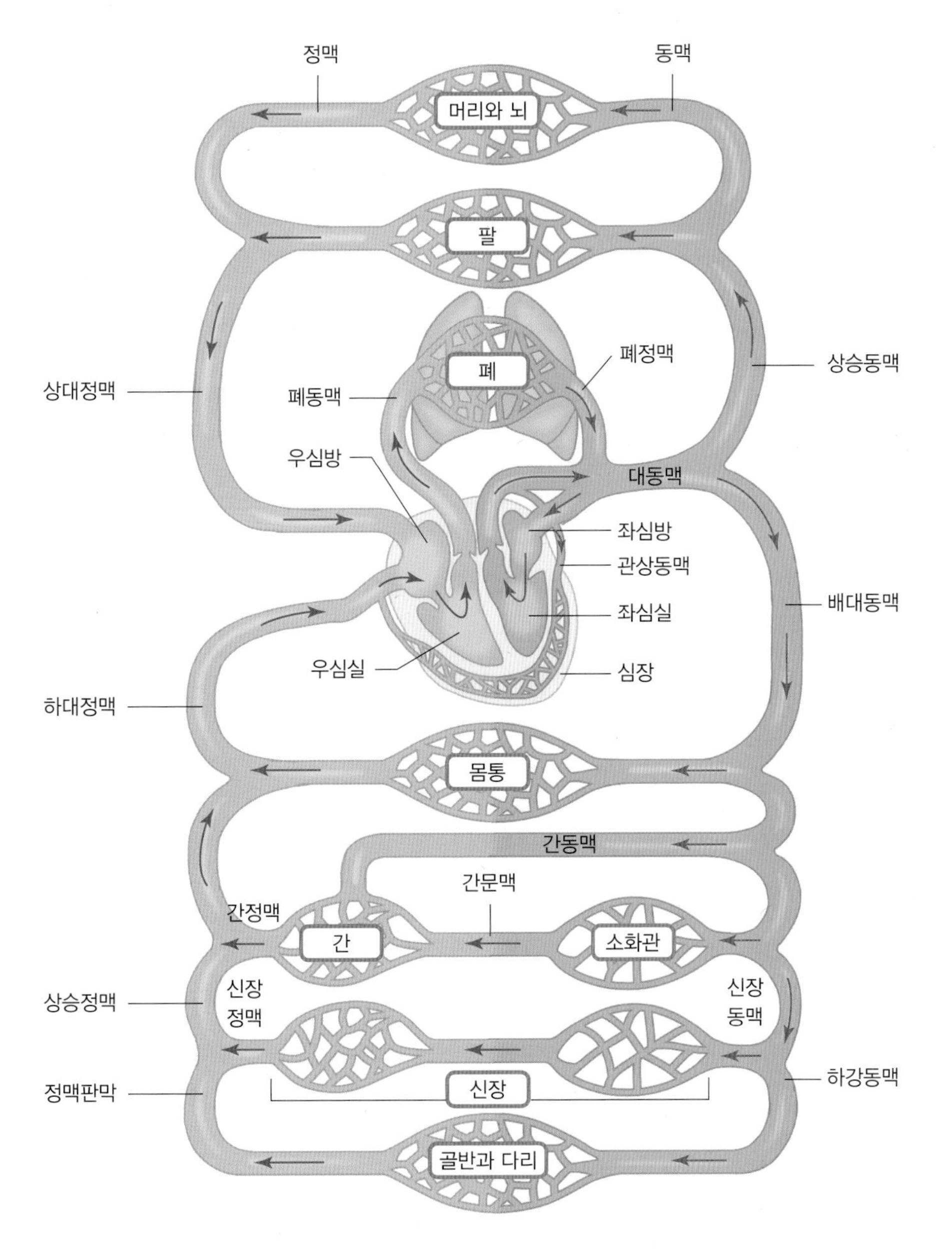

그림 7-3 체순환과 폐순환
출처 : 임윤숙 외(2019). 인체생리학. 교문사.

2. 고혈압

1) 혈압의 정의

혈압은 혈액이 혈관 내벽에 가하는 압력으로 심박출량과 혈관의 저항에 의해 결정된다. 심박출량은 심박수, 심장의 수축력, 혈액량에 의해 영향을 받고, 혈관의 저항은 혈액의 점성, 교감신경계, 혈관의 직경 등에 의해 좌우된다.

심장은 좌심실이 수축할 때 많은 양의 혈액을 대동맥으로 밀어내므로 동맥의 압력이 높아지게 되는데 이때를 수축기 혈압이라고 한다. 좌심실이 이완하여 폐순환을 통해 혈액이 좌심실로 유입되는 시기에는 심실이 확장되고 동맥의 압력이 떨어지는데 이때를 이완기 혈압 또는 확장기 혈압이라고 한다.

2) 혈압 조절 기전

교감신경계, 레닌-안지오텐신계, 신장의 기능에 따라 심박출량이나 혈관의 저항이 조절됨으로써 혈압에 영향을 미친다. 출혈이나 탈수로 인하여 체액량이 감소하거나 신동맥이나 대동맥이 경화 또는 협착되어 신혈류량이 감소할 때, 또는 체액 중 나트륨 결핍 시나 신세뇨관에서 나트륨의 재흡수가 감소되었을 때 레닌 분비가 증가된다 **그림 7-4**. 레닌은 간에서 합성된 안지오텐시노겐(angiotensinogen)을 안지오텐신 I(angiotensin I)으로 만들고, 안지오텐신 I은 혈중이나 폐에 존재하는 효소에 의해 안지오텐신 II로 전환된다. 안지오텐신 II는 혈관을 수축하여 혈압을 상승시킬 뿐 아니라 알도스테론을 분비시켜 신세뇨관에서 나트륨 재흡수를 증가시킴으로써 체액량을 늘려 혈압을 상승시킨다. 또한 정신적으로 긴장 또는 흥분하면 교감신경이 항진되어 노르에피네프린(norepinephrine)이 분비되고 심박수 증가, 심박출량 증가, 혈관 수축으로 혈압을 상승시킨다.

3) 진단기준

혈압은 연령, 성별, 식사 여부, 자세, 시간대, 심리상태, 측정부위에 따라 차이가 있을 수 있고, 개인에서도 생물학적 변동 폭이 넓어 측정할 때마다 달라질 수 있다. 또한 의

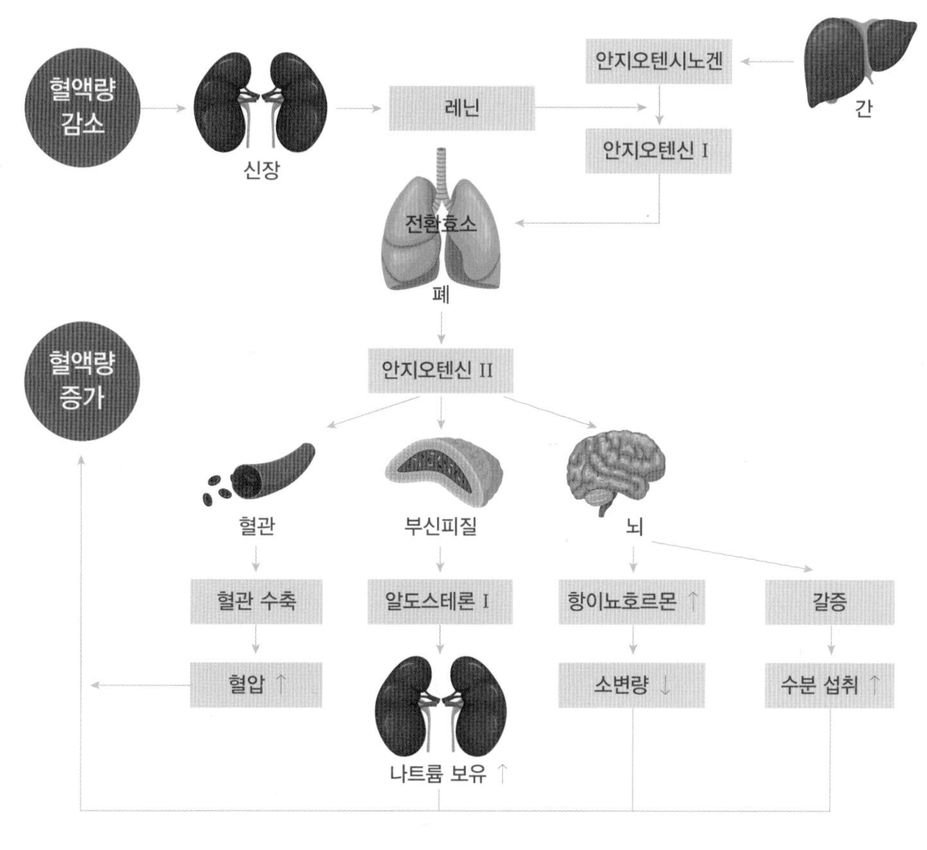

그림 7-4 혈압 조절 기전

사나 간호사가 혈압을 측정할 때 긴장하여 혈압이 높게 나타날 수 있는데 이 경우를 백의고혈압(white coat hypertension)이라고 한다. 따라서 고혈압 진단을 위해서는 20분 이상 휴식을 취한 후 안정 시 혈압을 1~2분 간격으로 2회 이상 측정하여 평균을 내어 진단한다.

고혈압은 수축기 혈압 140mmHg 또는 이완기 혈압 90mmHg 이상으로 정의한다. 정상 혈압은 수축기 혈압 120mmHg 미만과 이완기 혈압 80mmHg 미만을 모두 만족해야 하고, 정상 혈압과 고혈압 중간일 때는 고혈압 전단계로 분류한다. 당뇨병, 심뇌혈관 질환, 만성콩팥병 등 위험인자가 없는 1기 고혈압 환자는 약물치료 전에 생활요법을 시행할 수 있으나 고위험 1기 고혈압 환자부터는 생활요법과 함께 약물치료를 병행한다 **그림 7-5**. 대부분의 2기 고혈압 환자는 약물 효과가 뚜렷이 나타나므로 생활요법과 함께 약물치료를 시작한다.

위험도 \ 혈압(mmHg)	고혈압 전단계 (130~139/85~89)	1기 고혈압 (140~159/90~99)	2기 고혈압(≥ 160/100)
위험인자 0개	생활요법	생활요법* 또는 약물치료	생활요법 또는 약물치료**
당뇨병 + 위험인자 1~2개	생활요법	생활요법* 또는 약물치료	생활요법과 약물치료
위험인자 3개 이상, 무증상 장기 손상	생활요법	생활요법과 약물치료	생활요법과 약물치료
당뇨병, 심뇌혈관질환, 만성 콩팥병	생활요법과 약물치료	생활요법과 약물치료	생활요법과 약물치료

* 생활요법의 기간은 수 주에서 3개월 이내로 실시한다.
** 혈압의 수치를 고려하여 즉시 약물치료를 시행할 수 있다.
*** 설정된 목표혈압에 따라 약물치료를 시작할 수 있다.
10년간 심뇌혈관질환 발생률 : ■ < 5% ■ 저위험군(5~10%) ■ 중위험군(10~15%) ■ 고위험군(> 15%)

그림 7-5 고혈압의 진단 및 치료지침
출처 : 대한고혈압학회.

알 아 두 기

고혈압제제

- ACE 억제제 또는 안지오텐신차단제 : 안지오텐신 II 생성을 억제하여 레닌-안지오텐신계를 억제함
- 베타차단제 : 심박동과 심박출량을 감소시켜 심장의 베타수용체를 차단함
- 칼슘차단제 : 칼슘 이동을 억제하여 혈관 수축을 억제함
- 이뇨제 : 소변 배출량을 증가시켜 혈액량을 감소시킴

4) 원인

고혈압의 90% 이상은 원인 없이 혈압이 상승하는 본태성 고혈압(일차성 고혈압)이고, 이차성 고혈압은 다른 원인질환의 합병증으로 유발된다. 이차성 고혈압은 콩팥질환, 신혈관계 질환, 내분비질환, 중추신경계 질환 등에 의해 발생한다. 본태성 고혈압이라도 유전, 성별, 연령 등 조절할 수 없는 위험인자와 식이, 운동, 흡연, 스트레스, 비만 등 생활습관 요인과 관련이 있다.

알 아 두 기

이차성 고혈압의 원인질환

- 콩팥병 : 사구체신염, 신우염, 신결석, 당뇨병성 신증
- 신혈관계 질환 : 신동맥경화 및 협착
- 내분비계 질환 : 갑상선기능항진, 쿠싱증후군(부신피질호르몬 분비 증가), 갈색세포종(부신수질호르몬 분비 증가)
- 중추신경계 질환 : 뇌종양, 뇌출혈
- 약물 복용 : 경구피임약, 스테로이드제
- 기타 : 임신중독증

(1) 조절할 수 없는 위험인자

부모가 모두 고혈압이면 자녀의 80% 정도에서 고혈압이 발생할 수 있고 부모 중 한쪽이 고혈압이면 자녀의 25~40%에서 고혈압이 발생할 수 있다. 인종적으로는 백인에 비해 흑인에게 고혈압 유병률이 높으며 연령이 증가하면 혈관의 탄력성이 감소하여 혈압이 높아진다. 성별로 보면 50대 이전에는 남성에서 고혈압이 많으나 50대 이후에는 폐경으로 인한 에스트로겐 생성 감소로 여성에서 고혈압 발생이 증가한다.

(2) 조절할 수 있는 위험인자

고혈압 환자의 75% 정도는 비만으로 알려져 있다. 체중이 증가하면 체내 혈액량이 증가하고, 인슐린 저항성이 발생하면 체내에 수분과 나트륨을 저장하려는 작용이 커져서 혈압이 상승하게 된다. 비만인이 체중을 감량 시 수축기 및 이완기 혈압이 모두 감소하는 것으로 알려져 있다.

운동은 심폐 기능을 개선하고 체중을 줄이며, 스트레스를 해소시키고 이상지질혈증을 개선하는 등 혈압을 낮출 수 있다. 유산소 운동과 근력 운동이 바람직하나 무거운 것을 들어올릴 때 일시적으로 혈압이 상승할 수 있으므로 혈압이 조절되지 않는 경우에는 피하는 것이 좋다.

흡연 중에는 담배의 니코틴 성분이 혈관을 손상시키고 에피네프린의 분비가 증가하여 혈압과 맥박을 상승시킨다. 음주와 혈압도 관련이 있는데 과다한 알코올 섭취는 혈관을 자극하고 교감신경계를 자극하여 혈압을 상승시킨다.

소금 섭취는 소변으로 나트륨의 배설을 증가시키는데, 소금 섭취나 소변으로 나트륨의 배설은 수축기 혈압과 양의 상관관계가 있다는 연구결과가 보고되었다. 한국인의 나트륨 섭취량은 4,000mg 정도로, 소금으로 환산하면 10g으로 목표섭취량의 2배 이상이다. 나트륨의 과잉섭취는 체내 삼투압 유지를 위해 수분의 보유량을 증가시키고 체액량과 심박출량을 증가시킴으로써 혈압 상승을 유도한다. 이러한 소금으로 인한 혈압 상승은 특히 소금에 대한 민감성이 큰 유전형을 가진 사람, 노인, 비만인 경우 흔하다.

알 아 두 기

- 나트륨 함량
  소금 양 × 0.393 = 나트륨 양
  예 2.5g 소금 × 0.393 = 1,000mg 나트륨
- 나트륨을 소금 양으로 환산할 때
  나트륨 양 ÷ 0.4 = 소금의 양
  예 1,000mg 나트륨 = 1,000 ÷ 0.4 = 2,500mg 소금

5) 합병증

본태성 고혈압은 두통이나 현기증 등 경미한 증상 외에는 자각증상이 없어서 합병증으로 발전하기 전에는 모르는 경우가 많다. 고혈압 상태가 지속되면 점진적으로 혈관 손상이 진행되는데 혈관이 비정상적으로 수축되어 있어 혈액을 전신에 보내기 위해 심장을 더 수축해야 하므로 심부전, 협심증, 심근경색 등 심혈관계 질환과 신경화, 신부전, 요독증 등 콩팥질환, 뇌경색, 뇌출혈 등 뇌질환의 위험이 증가한다. 고혈압은 죽상동맥경화증과 심뇌혈관질환의 주요 위험요인이다.

6) 고혈압의 식사요법

(1) 에너지 적당히

건강한 식생활, 운동, 금연, 절주 등의 생활요법은 혈압을 감소시키는 데 효과적이므로

모든 고혈압 환자뿐 아니라 고혈압 전 단계인 사람에게도 권장된다. 고혈압 환자는 이상적인 체중을 유지하는 것이 중요한데, 체중을 1kg 감량하면 수축기 혈압 1.1mmHg, 이완기 혈압 0.9mmHg이 감소한다. 그러나 체중을 줄일 때는 환자에게 무리가 가지 않도록 서서히 감량한다 표 7-1. 체중감량을 위해서는 식사를 거르지 않고 천천히 먹으며, 당분이 많은 음식이나 술 등은 피하고 빵, 과자, 청량음료 등 불필요한 간식을 하지 않는 것이 필요하다. 과일과 채소, 전곡류 등 섬유소가 많은 음식을 섭취하고, 기름이 많은 음식이나 기름을 많이 사용하는 조리법을 피한다. 특히 야식을 피하고 규칙적인 식사가 중요하며 운동과 절주를 병행한다.

표 7-1 고혈압의 생활요법

생활요법	혈압 감소 (수축기/확장기 혈압, mmHg)	권고사항
소금 섭취 제한	−5.1/−2.7	하루 소금 6g 이하
체중감량	−1.1/−0.9	매 체중 1kg 감소
절주	−3.9/−2.4	하루 2잔 이하
운동	−4.9/−3.7	하루 30~50분씩 일주일에 5일 이상
식사 조절	−11.4/−5.5	채식 위주의 건강한 식습관*

* 건강한 식습관 : 칼로리와 동물성 지방의 섭취를 줄이고 야채, 과일, 생선류, 견과류, 유제품의 섭취를 증가시키는 식사요법
출처 : 대한고혈압학회 진료지침.

(2) 나트륨 제한

고혈압 환자에게 소금 섭취량을 6g 이하로 제한하면 수축기 혈압 5.1mmHg, 이완기 혈압 2.7mmHg이 감소한다는 보고가 있다. 국민건강영양조사에 의하면 한국인의 나트륨 급원 음식은 김치류, 면 및 만두류, 국 및 탕류, 찌개 및 전골류로 조사되었다 표 7-2. 따라서 나트륨 섭취를 줄이기 위해서는 나트륨 함량이 높은 양념류, 가공식품, 염장식품의 사용을 줄이고, 나트륨 함량이 적은 자연식품을 섭취하는 것이 좋다.

소금의 권장 섭취량은 하루 6g 이하로, 특히 식염 감수성은 고령자, 비만인, 당뇨병이나 고혈압의 가족력이 있은 경우에 더 높다. 소금 섭취를 줄이기 위해서는 먼저 식탁에서 소금을 음식에 추가하지 않아야 하고 소금이 많이 함유된 가공식품의 섭취를 줄여야 한다. 소금 1g에 해당하는 양념의 양이 다르므로 양념 사용 시 고려하고 표 7-3, 가공식품의 나트륨 함량과 제산제, 완화제, 기침약 등 약품의 나트륨 함량도 확인해야 한다.

표 7-2 나트륨의 주요 급원식품

순위	전체(n = 7,040)				
	식품명	섭취량(mg)	표준오차	섭취분율(%)	누적분율(%)
1	소금	759.8	25.7	20.7	20.7
2	김치, 배추김치	389.3	9.2	10.6	31.3
3	간장	374.1	8.6	10.2	41.5
4	된장	214.9	7.7	5.9	47.4
5	라면	181.3	9.9	4.9	52.3
6	고추장	144.0	6.0	3.9	56.2
7	국수	97.0	8.6	2.6	58.9
8	쌈장	71.9	4.7	2.0	60.8
9	메밀국수/냉면국수	57.4	8.0	1.6	62.4
10	빵	55.5	2.8	1.5	63.9
11	단무지	52.7	2.7	1.4	65.4
12	어패류젓	47.0	3.1	1.3	66.6
13	미역	46.1	3.0	1.3	67.9
14	김치, 깍두기	45.9	2.6	1.3	69.1
15	달걀	42.5	1.2	1.2	70.3
16	분말조미료	40.8	1.4	1.1	71.4
17	떡	40.4	2.6	1.1	72.5
18	돼지고기가공품, 햄	37.1	2.5	1.0	73.5
19	닭고기	35.0	2.7	1.0	74.5
20	어묵	34.3	2.2	0.9	75.4

출처 : 질병관리본부(2016).

알 아 두 기

나트륨 섭취량을 줄이는 방법

- 조리 시 간장, 된장, 고추장, 소금 등을 적게 사용한다.
- 식탁 소금을 사용하지 않는다. 단체급식을 할 경우 조리 시 소금류의 사용을 자제하고 식탁에서 저염 간장, 저염고추장 등을 사용한다.
- 마늘, 생강, 카레, 레몬, 박하, 후추 등과 같은 염분이 없는 양념을 사용한다.
- 식품표시에서 소금, 간장 등에 관한 사항을 자세히 읽는다.
- 고염분 음식을 적게 먹고 저염분 또는 무염분 제품을 사용한다.

- 전, 볶음, 튀김 등 기름의 향긋한 맛을 이용하여 소금을 줄인다.
- 깻잎, 미나리, 양파, 파, 무순, 고춧잎 등 독특한 향기가 있는 식재료를 이용한다.
- 깻가루, 마늘가루, 콩가루, 후추, 고추, 계피 등을 조리에 이용한다.
- 파인애플, 사과, 복숭아, 키위 등 향기 나는 과일을 조리에 이용한다.
- 장아찌, 젓갈 등 염장식품, 통조림, 훈제식품, 소금이 첨가된 과자류, 오징어, 쥐포, 육포 등은 피한다.

표 7-3 소금 1g에 해당하는 양념의 양

식품명	중량(g)	목측량
소금	1	0.2작은술
진간장	8	0.5큰술
된장	10	0.5큰술
고추장	15	1큰술
마요네즈	90	6큰술
토마토케첩	40	2.5큰술
마가린	90	6큰술
가염버터	50	3큰술
우스터소스	25	2큰술
쌈장	15	1큰술
다시다	5	1작은술
조미료	3	0.5작은술

출처 : 식품안전정보포털 식품안전나라(2017).

(3) 칼륨 충분히

칼륨이 많은 음식을 섭취하면 고혈압을 예방하는 데 도움이 되고, 고혈압 환자의 경우에는 혈압을 낮출 수 있다. 칼륨은 나트륨을 몸 바깥으로 배설시킴으로써 과잉의 염분 섭취로 인한 혈압 상승을 억제할 수 있는데, 이때 소금 섭취량이 많을수록 칼륨의 혈압 강하 효과는 더욱 뚜렷하다. 그러나 콩팥 기능이 저하된 환자는 칼륨 섭취에 주의가 필요하므로 영양상담을 통해 환자 개개인의 맞춤형으로 진행되어야 한다.

(4) 알코올 제한

과도한 알코올의 섭취는 혈압을 상승시키고 고혈압 약에 대한 저항성을 높이므로 남자는 하루 20~30g, 여자는 10~20g 미만으로 알코올의 섭취를 제한한다. 하루 30g의 알코올은 맥주 720mL(1병), 와인 200~300mL(1잔), 정종 200mL(1잔), 위스키 60mL(2샷), 소주 2~3잔(1/3병)에 해당한다.

(5) 운동

적당한 운동은 혈압을 낮추고 심폐 기능 및 이상지질혈증을 개선하며 체중을 줄이고 스트레스도 해소되므로 고혈압 환자에게 유익하다. 따라서 걷기, 조깅, 자전거 타기, 수영 등 유산소 운동을 일주일에 5~7회 규칙적으로 하는 것이 좋다. 운동의 강도는 분당 최대 심박수(220-연령)의 60~80%가 바람직하다. 또한 근력운동도 일주일에 2~3회 시행하는 것이 좋은데 무거운 것을 들어올리는 것은 일시적으로 혈압을 상승시킬 수 있으므로 혈압이 조절되지 않는 환자는 피하는 것이 좋다.

(6) DASH 요법

고혈압의 식사요법으로 개발된 DASH(dietary approach to stop hypertension) 요법은 채소와 과일을 위주로 하면서 저지방 유제품, 전곡류, 가금류를 섭취하고 붉은색 고기, 단 음식, 가당음료의 섭취를 줄인 식이를 의미한다. 식품군의 섭취 횟수에 따라 에너지 섭취를 조절할 수 있으며 소금 섭취는 5g 이하로 제한한다 표 7-4. DASH 요법에 따른 채소와 과일의 섭취는 나트륨의 섭취를 줄일 뿐 아니라 칼륨의 섭취를 늘릴 수 있는데 칼륨은 나트륨과 길항작용을 하여 동맥을 이완시키고 수분과 나트륨의 배설을 촉진하여 혈압을 낮출 수 있다. 표 7-5는 DASH 식단의 예이다.

표 7-4 DASH 식단의 일일 영양기준표

구분	열량(kcal)	탄수화물(g)	단백질(g)	지방(g)	염분(g)
밥	2,000	275	90	55	5
죽	1,700	205	85	55	5
미음	1,200	200	35	30	< 5

알 아 두 기

DASH와 DASH 나트륨 연구

DASH 연구는 혈압이 높은 미국인에게 3,000mg의 나트륨이 함유된 세 종류의 식이, 즉 대다수의 미국인이 섭취하고 있는 것과 유사한 구성의 식이, 대다수의 미국인이 섭취하고 있는 식사내용과 유사하지만 과일과 채소의 함량이 더 많은 식이, DASH 식이를 섭취하게 하고 혈압의 변화를 관찰하였다. 연구 결과, 채소와 과일을 많이 섭취하게 한 식이와 DASH 식이가 모두 혈압을 낮추었다.

DASH 나트륨(DASH sodium)이라는 두 번째 연구에서는 대다수의 미국인이 섭취하는 식이 또는 DASH 식이를 섭취하는 동안 처음 한 달은 하루 3,300mg의 나트륨을 섭취하고, 두 번째 달에는 2,400mg의 나트륨, 마지막 달에는 1,500mg의 나트륨을 섭취하게 하였다. DASH 연구와 같이 DASH 요법 자체가 혈압을 낮추었으며, 식이의 종류와 관련 없이 나트륨의 섭취를 줄이면 혈압이 낮아졌다. 따라서 DASH 요법을 유지하면서 나트륨을 줄이는 것이 고혈압의 예방 및 치료를 위한 식단으로 제시되었다.

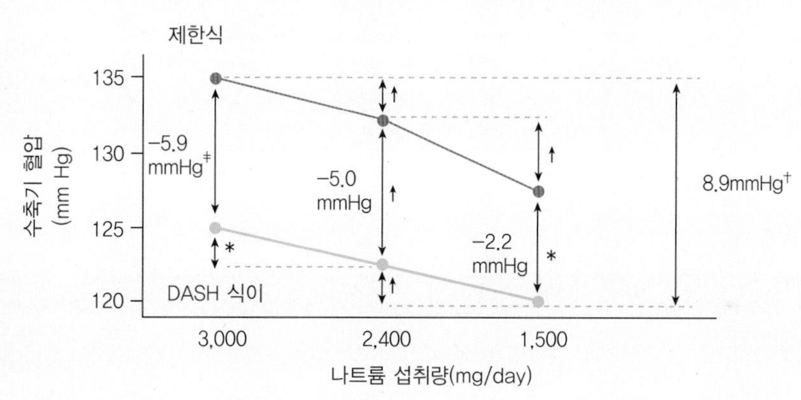

*$p<0.05$; †$p<0.01$; ‡$p<0.001$

표 7-5 DASH에 따른 식사구성(2,000kcal 기준)

식품군	섭취 횟수	1회 분량	허용식품	제한식품	필요성
곡류군	9	빵 1조각, 1/2컵의 조리한 쌀, 파스타, 시리얼	도정이 덜 된 잡곡을 이용한 음식(밥, 떡, 빵, 시리얼 등), 고구마, 옥수수	기름진 빵이나 과자류	에너지, 섬유소가 풍부
채소류	7.5	1컵의 생 잎채소(raw leaf vegetable), 1/2컵의 조리한 채소	각종 제철 채소	절인 채소(피클, 장아찌 등), 김치류, 염장 미역줄기	칼륨, 마그네슘, 섬유소가 풍부

(계속)

식품군	섭취 횟수	1회 분량	허용식품	제한식품	필요성
과일류	2	1개의 중간 사이즈 과일, 1/4컵의 건조과일 1/2컵의 생과일, 냉동·통조림 과일	각종 제철 과일 및 주스	–	칼륨, 마그네슘, 섬유소가 풍부
우유군	2	1컵의 우유 또는 요거트	저지방 우유, 요거트, 요구르트	아이스크림, 치즈, 크림치즈	단백질, 칼슘이 풍부
어·육류군	6	1토막의 육류, 1개의 달걀, 1/6모의 두부	육안으로 보이는 기름이 적은 살코기(쇠고기, 돼지고기, 닭고기 등), 신선한 생선이나 해산물, 콩이나 두부, 달걀	육류의 내장류, 절인 생선, 통조림, 기름진 육류(갈비, 삼겹살, 닭껍질 등), 훈연어육제품(햄, 베이컨, 소시지, 어묵), 건어물(오징어채, 멸치, 뱅어포)	단백질, 마그네슘이 풍부
지방군	4	1작은술의 유지	땅콩, 호두, 잣, 아몬드, 해바라기씨, 참기름, 들기름, 콩기름, 올리브유 등의 식물성 액상기름, 깨류, 견과류	버터, 마가린, 마요네즈, 소금이 첨가된 견과류, 고형 기름	하루 3작은술 정도 내에서 사용

표 7-6 DASH 식단의 예

아침	간식	점심	간식	저녁
현미밥 순두부(100g) 취나물 1접시 야채샐러드 1접시	토마토 1개 저지방 고칼슘우유 1컵	잡곡밥 꽁치구이(100g) 제철야채쌈 2접시	사과 1개 아몬드 1큰술	잡곡밥 돼지고기수육 (사태 80g) 버섯볶음 1접시 가지찜 1접시
참깨오리엔탈드레싱 2큰술		된장 1큰술		간장 1작은술

7) 저혈압

(1) 진단기준

수축기 혈압 100mmHg 이하 또는 이완기 혈압 60mmHg 이하를 저혈압이라고 정의한다. 저혈압은 고혈압에 비해 합병증이 적으나 혈관 내 압력이 낮아 신체의 말단까지 혈액이 운반되지 못하기 때문에 사지가 차가워지거나 무기력, 피로, 어지럼, 두통 등이 나타난다. 원인을 알 수 없는 본태성 저혈압인 경우도 있으나 심장쇠약, 암, 영양 부족, 내분비질환 등으로 인해 저혈압이 발생할 수 있다.

(2) 식사요법

가벼운 운동과 마사지, 보온 등에 유의하고 규칙적인 식습관과 균형 잡인 식사를 유지하는 것이 좋다. 정상체중을 유지하는 범위 내에서 고에너지식, 동물성 단백질, 채소와 과일을 섭취하고 수분 섭취를 적절히 한다.

3. 이상지질혈증

1) 정의

이상지질혈증(dyslipidemia)은 혈중 중성지방이나 콜레스테롤이 비정상적인 상태를 의미한다. 중성지방이 증가하는 고중성지방혈증, 저밀도 지단백질이 높은 고콜레스테롤혈증, 고밀도 지단백질이 낮은 경우도 이상지질혈증에 해당된다. 지단백질의 중심부는 중성지방과 콜레스테롤에스터가 있고 외곽부는 인지질, 콜레스테롤, 단백질로 구성되어 있으며 그림 7-6, 지단백질의 종류에 따라 구성 비율이 다르다 그림 7-7.

킬로미크론(chylomicron)은 음식으로 섭취한 지질을 근육이나 지방조직에 운반하기 위해서 소장벽에서 합성된 지단백질이다 그림 7-8. 킬로미크론에서 중성지방이 제거된 후 킬로미크론의 나머지 부분은 간으로 가서 대사된다. 초저밀도 지단백질(very low density lipoprotein, VLDL)은 간에서 합성된 중성지방과 콜레스테롤을 근육과 지방조직에 운반하기 위해서 간에서 합성되는 지단백질이다. VLDL은 혈류로 나온 뒤 중성지방이 제거된 후 저밀도 지단백질(low density lipoprotein, LDL)로 전환된다. LDL은 간과 이외의 조직에 콜레스테롤을 운반한 뒤 간으로 가서 대사된다. LDL은 콜레스테롤 함량이 가장 많은 지단백질로 심혈관질환의 위험을 증가시켜 해롭다. 반대로 간에서 합성되는 고밀도 지단백질(high density lipoprotein, HDL)은 단백질 성분이 가장 많은 지단백질로 간 외 조직에서 사용하고 남은 콜레스테롤을 제거하여 간으로 운반하는 유익한 지단백질이다. 지단백질 중 유일하게 심혈관질환의 위험을 감소시킨다고 알려져 있다.

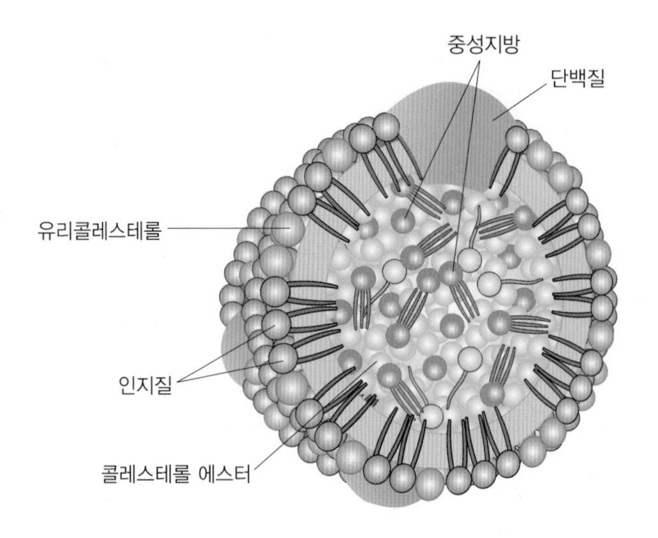

그림 7-6 지단백질의 구조

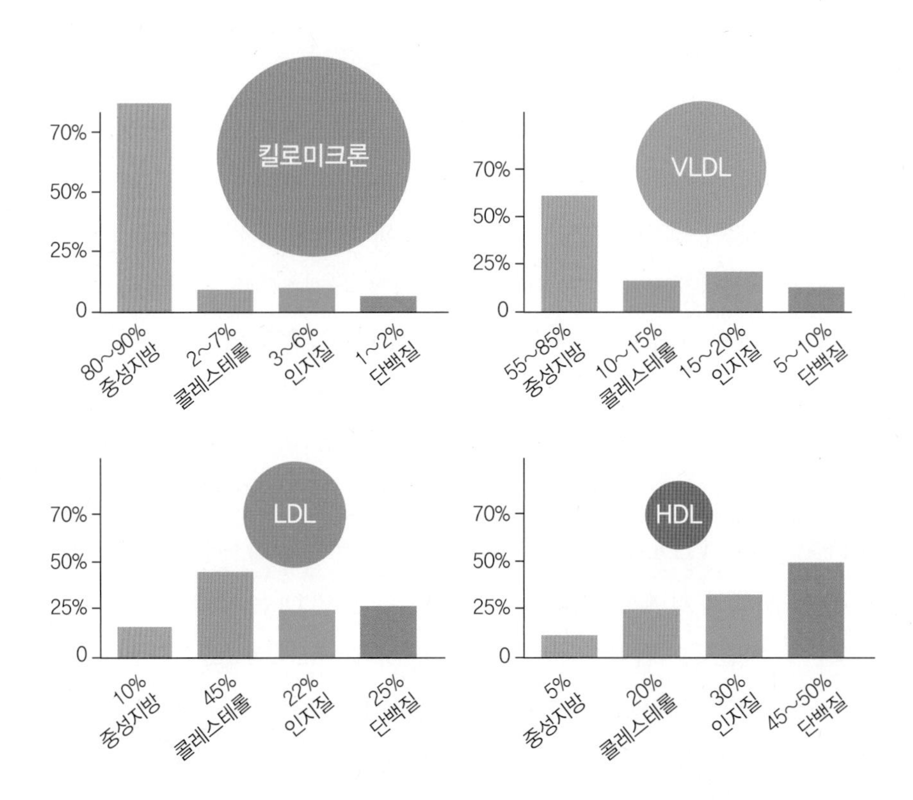

그림 7-7 지단백질의 구성
출처 : 서광희 외(2016). 알기 쉬운 영양학. 효일.

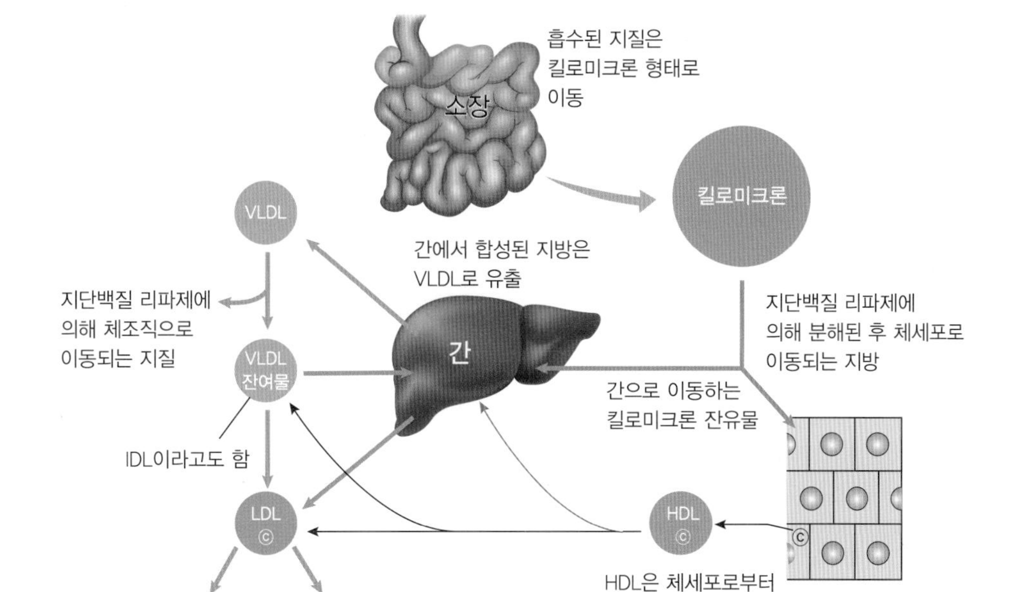

그림 7-8 지단백질의 대사
출처 : 서광희 외(2016). 알기 쉬운 영양학. 효일.

2) 진단기준

혈액 검사 결과로 총 콜레스테롤, 중성지방, HDL-콜레스테롤, LDL-콜레스테롤의 적정 수준, 경계, 높음 또는 낮음에 따라 이상지질혈증을 진단한다 표 7-7. 콜레스테롤, 중성지방, LDL-콜레스테롤이 높음에 해당되거나, HDL-콜레스테롤이 낮음에 해당하는 항목이 하나 이상이면 이상지질혈증이다.

3) 이상지질혈증의 분류

(1) 고콜레스테롤혈증

WHO 분류에 의하면 제IIa형(고LDL혈증)이 고콜레스테롤혈증(hypercholesterolemia)이며, 혈중 총 콜레스테롤과 LDL-콜레스테롤의 농도가 높다 표 7-8. 유전이나 고에너지, 고포화지방 섭취가 원인이 될 수 있다.

표 7-7 한국인의 이상지질혈증 진단기준

(단위 : mg/dL)

종류	수준	기준
총 콜레스테롤	높음	≥ 240
	경계	200~239
	적정	< 200
HDL-콜레스테롤	낮음	≤ 40
	높음	≥ 60
중성지방	매우 높음	≥ 500
	높음	200~499
	경계	150~199
	적정	< 150
LDL-콜레스테롤	매우 높음	≥ 190
	높음	160~189
	경계	130~159
	정상	100~129
	적정	< 100

주) LDL 콜레스테롤=총 콜레스테롤-HDL 콜레스테롤-(중성지방/5)
출처 : 한국지질동맥경화학회.

표 7-8 지단백질의 농도에 따른 이상지질혈증의 분류

형태	지단백	지질농도			유도조건	원인	발병 시기
		Cholestrol	TG	C/TG			
I	킬로미크론 증가	↑~	↑↑↑	< 0.2	• 고지방식	• 지단백 분해효소 결핍	10세 이후
IIa	LDL 증가	↑↑↑	~↑	> 1.5	• 고에너지식 • 고포화지방식 • 고콜레스테롤식	• LDL 수용체 이상 • VLDL, LDL 합성 항진	30세 이후
IIb	LDL과 VLDL 증가	↑↑	↑↑	> 0.5	• 고에너지식 • 고포화지방식 • 고콜레스테롤식 • 고당질식	• LDL 수용체 이상 • VLDL, LDL 합성 항진	30세 이후
III	IDL 증가	↑↑	↑↑	≒ 1.0	• 고지방식 • 고당질식	• 아포단백질 E 이상으로 간에서 IDL 결합 저하	성인
IV	VLDL 증가	~↑	↑↑	≒ 1.0	• 고당질식	• VLDL 합성 항진 • VLDL 처리장애	성인
V	킬로미크론과 VLDL	↑	↑↑↑	0.15~0.6	• 고에너지식 • 고지방식 • 고당질식	• VLDL 합성 항진 • 킬로미크론, VLDL의 처리장애	성인

출처 : WHO.

(2) 고중성지방혈증

WHO 분류에 의하면 제1형(고킬로미크론혈증), 제IV형(고VLDL혈증), 제V형(고킬로미크론혈증과 고VLDL혈증)이 고중성지방혈증(hypertriglyceridemia)이다. 혈중 중성지방 농도가 높고 VLDL이 증가되며, 총 콜레스테롤과 LDL은 약간 증가된다. 고지방, 단순당, 고에너지 섭취가 원인이 될 수 있다.

(3) 복합형

WHO 분류에 의하면 제IIb형(고LDL혈증, 고VLDL혈증)과 제III형(고IDL혈증)이 복합형에 해당한다. 혈중 콜레스테롤과 중성지방이 모두 증가한다. 고에너지식, 고지방식, 단순당, 고포화지방 섭취가 원인이 될 수 있다.

4) 이상지질혈증의 식사요법

(1) 고콜레스테롤혈증의 식사요법

① 에너지 적당히

에너지의 과다섭취는 간에서 콜레스테롤 합성을 촉진하여 혈중 총 콜레스테롤 수치를 상승시킨다. 비만이나 과체중인 성인에서 10kg의 체중감량이 8.9mg/dL의 총 콜레스테롤을 감소시켰다고 보고되었다. 따라서 적정 체중을 유지할 수 있도록 에너지 섭취를 조절하여야 한다 **표 7-9**. 탄수화물, 단백질, 지방의 조성에 의한 체중감량 효과는 나타나지 않았다.

② 총 지방 섭취 조절

고지방식은 에너지 섭취를 높일 뿐 아니라 포화지방산 함량이 높아져 혈중 총 콜레스테롤 및 LDL-콜레스테롤 농도를 높일 수 있다. 그러나 지방 섭취를 지나치게 제한하면 상대적으로 당질 섭취가 증가될 수 있으므로 총 지방 섭취는 에너지의 30% 이내로 조절하는 것이 좋다.

③ 포화지방산 제한

포화지방산은 혈중 LDL-콜레스테롤 수치에 큰 영향을 준다. 포화지방산 섭취량을 총

표 7-9 이상지질혈증의 식사지침

내용	권고수준	근거수준
적정 체중을 유지할 수 있는 수준의 에너지를 섭취한다.	I	A
총 지방섭취량이 과다하지 않도록 한다(총 에너지 섭취량의 30% 미만).	I	A
포화지방산 섭취량을 총 에너지의 7% 이내로 제한한다.	I	A
포화지방산을 불포화지방산으로 대체하되, n-6계 다가불포화지방산 섭취량이 총 에너지의 10% 이내가 되도록 제한한다.	II	B
트랜스지방산의 섭취를 피한다.	I	A
콜레스테롤 섭취량을 하루 300mg 이내로 제한한다.	I	B
총 탄수화물 섭취량이 과다하지 않도록 하고, 단순당 섭취를 줄인다.	I	B
식이섬유 섭취량이 25g 이상이 될 수 있도록 식이섬유가 풍부한 식품을 충분히 섭취한다.	I	A
알코올의 과다섭취를 제한한다(하루 1~2잔 이내).	I	A
통곡 및 잡곡, 콩류, 채소류, 생선류가 풍부한 식사를 한다. • 주식으로 통곡, 잡곡을 이용한다. • 채소류를 충분히 섭취한다. • 생선(특히 등푸른생선)을 주 2~3회 정도 섭취한다. • 과일은 적당량 섭취한다(하루 200g 이내로).	II	B

출처 : 한국지질동맥경화학회(2016).

에너지 섭취량의 7% 미만으로 제한했을 때 LDL-콜레스테롤 수치가 9~10% 감소했다는 보고가 있다. 포화지방산이 많이 함유된 육류, 가금류의 껍질 부위, 버터, 야자유 등은 제한하고 포화지방산을 불포화지방산으로 대체하는 것이 좋다 **표 7-10**. 또한 불포화지방산은 HDL-콜레스테롤의 저하 방지를 위해 총 에너지의 10% 이내로 섭취하는 것이 좋다.

④ 트랜스지방산 제한

식물성 유지에 인공적으로 수소를 첨가하여 만든 부분경화유에는 트랜스지방이 많이 함유되어 있다. 트랜스지방산의 섭취는 LDL-콜레스테롤 수치를 높이고 HDL-콜레스테롤 수치를 낮춘다. 총 에너지의 2%를 트랜스지방산으로 섭취하면 LDL-콜레스테롤/HDL-콜레스테롤 비율이 0.1 정도 높아진다고 보고되어 트랜스지방산의 섭취를 최소화할 것을 권고하고 있다. 트랜스지방산은 마가린, 쇼트닝 등과 높은 온도로 오랜 시간 가열된 기름에도 많다.

표 7-10 급원식품의 지방, 포화지방 및 콜레스테롤 함량

식품명	총 지방(g)	포화지방(g)	콜레스테롤(mg)
쇠고기 안심(60g)	4.3	3.7	42.6
갈비(60g)	10.8	3.9	42.0
간(60g)	2.8	0.6	148.2
돼지고기(60g)	7.9	0	39.6
삼겹살(60g)	17.0	9.3	33.0
등심(60g)	9.7	6.0	33.0
닭고기(60g)	6.2	0	45.0
가슴살(60g)	9.8	0	46.8
날개(60g)	11.2	2.4	66.0
다리(60g)	7.3	0	49.8
베이컨(1접시, 25g)	6.4	3.7	17.8
소시지(40g)	9.8	0	24.0
햄(40g)	1.7	2.0	20.0
가자미(50g)	1.9	0.2	50.0
고등어(50g)	10.4	2.0	41.0
대구(50g)	0.6	0	38.5
연어(50g)	4.1	0.7	30.0
참치캔(50g)	8.3	0	35.0
새우(50g)	0.7	0	148.0
생오징어(50g)	0.5	0.1	114.0
생굴(80g)	1.7	0.2	59.2
달걀(1개, 50g)	5.5	1.6	237.5
난황(1개, 18g)	5.3	1.6	230.5
난백(1개, 32g)	0.2	0	7.0
우유(1컵, 200g)	6.4	4.3	22.0
치즈(1장, 20g)	6.8	4.1	15.0
아이스크림(1컵, 100g)	13.9	7.7	47.0
땅콩(20~30알, 10g)	4.9	0.9	0
마요네즈(1작은술, 5g)	3.5	0	4.8
버터(1작은술, 5g)	4.2	2.6	13.1

⑤ 콜레스테롤 제한

콜레스테롤 섭취가 혈중 총콜레스테롤과 LDL-콜레스테롤에 미치는 영향에 대해 논란

이 있다. 그러나 콜레스테롤 함량이 높은 식품은 동물성 식품으로 대부분 포화지방산의 함량이 높으므로 콜레스테롤 섭취를 300mg 이하로 제한하는 것이 좋다.

⑥ 식이섬유 충분히

콩류, 과일, 채소, 전곡류 등에 포함된 식이섬유, 특히 수용성 식이 섬유소는 혈중 LDL-콜레스테롤 감소시킨다고 알려져 있다. 따라서 25g 이상의 식이섬유를 섭취하는 것이 좋다. 2013 ACC/AHA에서는 채소와 과일을 위주로 하고 저지방 유제품, 전곡류, 가금류를 섭취하고, 붉은색 고기, 단음식, 가당음료의 섭취를 줄이는 DASH, ADA, USDA 식이 패턴이 LDL-콜레스테롤을 감소시킨다고 권고하고 있다.

(2) 고중성지방혈증의 식사요법

① 에너지 섭취 조절

체중감량은 혈중 중성지방뿐 아니라 콜레스테롤도 감소시킨다. 체중이 5~10% 감소하면 혈중 중성지방이 20% 감소한다는 연구도 있다. 따라서 적정 체중을 유지할 수 있도록 에너지 섭취를 조절하여야 한다 표 7-9.

② 알코올, 단순당 제한

혈중 중성지방을 낮추기 위해서는 알코올과 탄수화물, 특히 단순당의 섭취를 줄이는 것이 제안되고 있다. 에너지의 변화 없이 1%의 탄수화물을 지방으로 대체하였을 때 혈중 중성지방이 1~2% 감소하는 효과가 있었다. 그러나 한국인의 지방 섭취량은 총 에너지의 20% 정도이며 한국인을 대상으로 한 임상연구가 없으므로 지방 섭취가 과다하지 않도록 총 열량의 30% 이하로 제한하도록 한다.

③ 오메가-3 불포화지방산 충분히

생선에 다량 함유된 오메가-3 불포화지방산은 혈중 중성지방을 감소시킨다고 알려져 있으므로 일주일에 2~3회 생선 섭취를 권장 한다. 이상지질혈증의 하루 영양기준량 표 7-11, 식단의 구성 표 7-12 및 식단의 예 표 7-13에 제시되어 있다.

표 7-11 이상지질혈증의 영양기준량

구분	열량(kcal)	탄수화물(g)	단백질(g)	지방(g)	콜레스테롤(mg)
밥	1,800	280	80	40	≤ 300
죽	1,400	185	75	40	≤ 300
미음	1,230	200	35	30	≤ 300

표 7-12 이상지질혈증의 식단 구성

식품군	섭취횟수	허용식품	제한식품
곡류군	10	• 잡곡류(밥, 국수, 떡류, 시리얼), 통밀, 감자, 고구마, 옥수수 등	• 달걀, 버터가 주성분인 빵, 고지방 크래커, 비스킷, 칩, 팝콘, 파이, 케이크류, 도넛, 고지방 과자
어·육류군	5	• 저지방 어·육류(하루 200g 미만) : 닭(껍질 제거), 살코기(소, 돼지), 굴, 조개, 참도미, 가자미, 광어, 동태, 삼치, 갈치 등 • 달걀 흰자, 식물성 단백질식품(두부, 콩비지, 순두부 등)	• 고지방 어·육류 : 갈비(소, 돼지), 삼겹살, 돼지머리, 닭껍질, 기름이 많은 등심/안심, 스팸, 소시지, 장어, 쇠고기 같은 것 • 고콜레스테롤식품 : 소 간, 내장류, 생선알, 새우, 전복, 오징어(물오징어, 말린 오징어, 오징어채), 달걀 노른자
지방군	3	• 불포화지방(해바라기유, 대두유, 올리브유, 들기름), 저지방/무지방 샐러드 드레싱 • 견과류(땅콩, 호두 등)	• 버터, 돼지기름, 베이컨기름, 육류의 기름, 코코넛유, 야자유, 쇼트닝, 프림, 단단한 마가린
유제품군	1	• 저지방우유, 저지방 요거트, 두유, 저지방 요구르트, 탈지분유	• 전유, 연유, 치즈, 크림치즈, 아이스크림
채소군	8.5	• 신선한 야채	• 기름에 볶거나 튀긴 야채
과일군	1	• 모든 과일	• 설탕이 첨가된 과일, 가당 가공제품(과일통조림 등)
기타	–	• 조리 후 지방을 제거한 국	• 사탕, 꿀, 엿, 초콜릿, 케이크, 아이스크림, 과자, 콜라, 사이다 등

표 7-13 이상지질혈증의 일주일 식단

	아침	점심	간식	저녁	간식
일요일	잡곡밥 1공기 팽이버섯 왜된장국 정육냉채(고기40g) 가지나물 꽈리고추조림 김치	잡곡밥 1공기 오이, 미역냉국 쇠고기야채말이(쇠고기 40g) 미나리나물 가자미조림 1토막(50g) 김치	토마토 1개	잡곡밥 1공기 통배추된장국 삼치양념장구이 2토막(100g) 오이생채 비름나물 김치	저지방우유 1컵

(계속)

	아침	점심	간식	저녁	간식
월요일	잡곡밥 1공기 시금치된장국 사태찜(사태 40g) 쑥갓나물 곤약야채무침 김치	잡곡밥 1공기(210g) 근대국 갈치구이 1토막(50g) 콩나물무침 장조림(고기 40g) 김치	포도 100g	잡곡밥 1공기 순두부찌개 (콩순두부 200g) 우채중국부추볶음 (고기 40g) 머윗대조림 양상추샐러드(간장소스) 김치	저지방우유 1컵
화요일	잡곡밥 1공기 얼갈이배추된장국 굴비구이(소 1마리) 부추나물 수삼냉채 김치	잡곡밥 1공기 호박잎된장국 동태조림(고기 50g) 생마늘종무침 우엉채조림 김치	사과 1/2개	잡곡밥 1공기 북어해장국 (북어채 1/2토막) 완자오븐구이 (고기 40g) 열무무침 더덕구이 김치	저지방우유 1컵, 오렌지주스 1컵
수요일	잡곡밥 1공기 다시마무국 병어조림 1토막(50g) 오이생채 야채피망볶음 김치	잡곡밥 1공기 열무된장국 쇠고기불고기 (고기 40g) 상추겉절이 가자미구이 1토막(50g) 김치	수박 3조각 (250g)	잡곡밥 1공기 얼갈이배추된장국 삼치양념장구이 2토막 (100g) 부추나물 모듬샐러드 김치	저지방우유 1컵
목요일	잡곡밥 1공기 콩나물국 우채버섯볶음(고기 40g) 통도라지구이 꽈리고추조림 김치	잡곡밥 1공기 근대국 정육냉채(고기 40g) 가지나물 동태조림 1토막(50g) 김치	단감 1/2개	잡곡밥 1공기 호박된장찌개 닭매운양념볶음 (닭살 40g) 시금치나물 오이숙장아찌(고기 40g) 김치	저지방우유 1컵
금요일	잡곡밥 1공기 실파왜된장국 사태찜(사태 40g) 숙주나물 죽순야채볶음 김치	잡곡밥 1공기 미역냉국 굴비구이 1마리 노각생채 쇠고기양상추볶음 (고기 40g) 김치	귤 1개	잡곡밥 1공기 대구매운탕 1토막(50g) 우채중국부추볶음 (고기 40g) 양배추나물 수삼냉채 김치	저지방우유 1컵
토요일	잡곡밥 1공기 다시마무국 삼치양념장구이 1토막 (50g) 애호박나물 곤약야채무침 김치	잡곡밥 1공기 호박잎된장국 장조림(고기 40g) 생마늘종무침 탕수어(생선 50g) 김치	포도 100g	잡곡밥 1공기 실파왜된장국 쇠고기불고기(고기 40g) 꽈리고추조림 해초샐러드 김치	저지방우유 1컵

4. 동맥경화증

1) 정의

동맥경화증(arteriosclerosis)은 동맥의 내벽에 콜레스테롤, 지방, 칼슘 등이 축적되어 생성되는 플라크(plague)에 의해 동맥벽이 단단해지면서 탄력을 잃게 되어 혈액순환이 원활하지 못하게 되는 만성 염증성 질환이다. 동맥경화는 연령이 증가함에 따라 나타나는 변화 과정으로 10세까지는 지방이 혈관 벽에 축적되어 지방줄기(fatty streak)가 형성되고, 20세 이후에는 플라크가 형성되며, 40세 이후에는 석회화가 진행된다 그림 7-9.

2) 분류

동맥경화증에는 죽상동맥경화증, 중막동맥경화증, 세동맥경화증이 있다. 죽상동맥경화증은 동맥경화증의 가장 일반적인 형태로 주로 대동맥, 관상동맥, 뇌동맥 등 비교적 굵은 혈관의 내막에서 진행된다. 내피세포에 상처가 생겨 동맥경화가 시작되는 원인으로

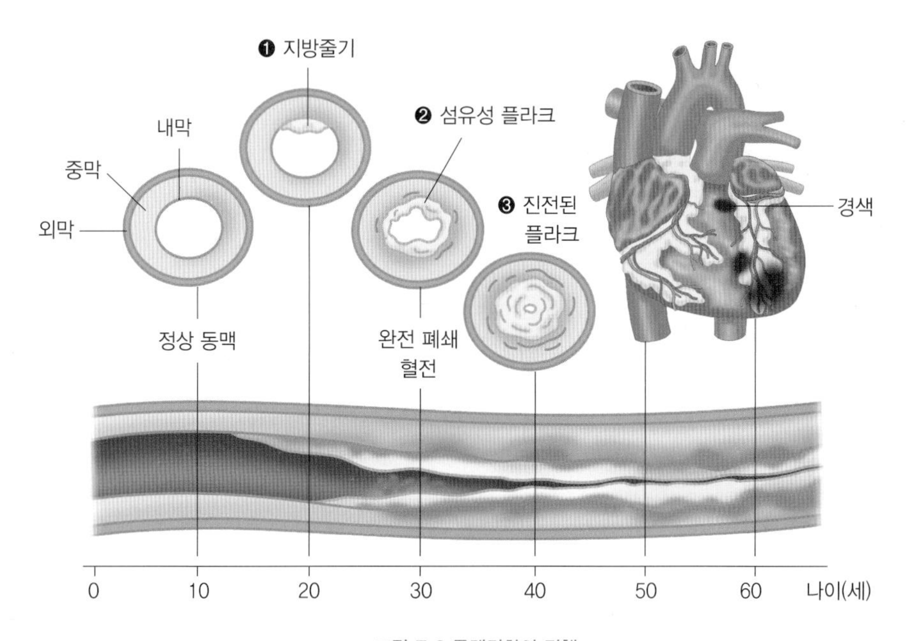

그림 7-9 동맥경화의 진행
출처 : 권순형 외(2013). 최신 식사요법. 효일.

는 고혈압으로 인해 물리적 힘이 가해지거나 혈중 LDL-콜레스테롤의 농도가 높아 내피세포에 축적될 때 또는 유전과도 관련이 있다.

중막동맥경화증은 대퇴동맥, 경골동맥 등의 말초동맥의 중막에 칼슘이 침착되어 석회화가 일어난 것으로 노년층에서 나타난다. 세동맥경화증은 소동맥, 특히 신장, 췌장, 간장 등의 내장의 세동맥에서 경화가 일어나 혈관의 내강이 좁아져 혈류가 나빠지고 혈압을 상승시킨다.

동맥경화증의 증상은 어떤 부위의 혈관에 동맥경화증이 발생했느냐에 따라 다르다. 심장에 혈액을 공급하는 관상동맥에 동맥경화가 발생하면 부정맥으로 심장박동이 일정치 않고 협심증이 나타나 가슴에 통증이 나타난다. 플라크는 작게 부서져서 혈전(thrombus) 또는 색전(embolus)을 형성하여 혈액을 돌아다니다가 혈관을 막아 혈관폐색을 일으킨다. 관상동맥이 막히면 심근경색, 뇌에 혈액을 공급하는 동맥이 막히면 뇌졸중이 발생한다.

3) 위험인자

가족력 등 유전적인 요인이 동맥경화증의 발생에 영향을 준다. 노화는 혈관의 탄력성을 떨어지게 하므로 위험요인이고, 남성에서 더 일찍 동맥경화증이 나타나는 것은 여성의 에스트로겐 보호 효과 때문이다. 따라서 폐경 전 여성은 남성에 비해 동맥경화증 발병률이 낮지만 폐경 후에는 동맥경화증 발병률이 증가한다.

비만은 고지혈증, 고혈압, 당뇨병 등과 밀접하게 연결되어 있어 동맥경화증의 발생과 관련이 있으므로 이상체중으로 유지하는 것이 중요하다. 고혈압 환자에서 동맥경화증으로 인한 허혈성 심장질환, 허혈성 뇌질환 등의 발병률이 높기 때문에 고혈압은 동맥경화증을 촉진한다고 알려져 있다. 혈압이 높아지면 혈관에 미치는 힘이 커져 혈관 내피세포에 상처가 생겨 동맥경화증이 시작될 수 있다. 특히 수축기 혈압이 높을 때 동맥경화의 위험을 증가시킨다.

동맥경화증의 가장 중요한 위험지표는 LDL-콜레스테롤이다. 특히 산화된 LDL-콜레스테롤이 혈관 내막에 플라크를 형성하게 하며, HDL-콜레스테롤은 동맥경화증의 위험을 낮춘다.

흡연 중 발생하는 일산화탄소는 저산소증을 유발하고 혈중 지질 농도를 증가시켜 동맥경화증의 진행을 촉진한다. 또한 담배의 니코틴은 카테콜아민의 분비를 자극하고 혈중 유리지방산을 증가시키며 혈소판의 응집력을 증가시켜 혈전을 유발할 수 있다.

4) 식사요법

비만은 혈류의 증가로 혈압을 상승시키고 심장에 부담을 주며 동맥경화증의 위험을 증가시키므로 표준체중 유지를 위한 에너지 섭취조절이 필요하다. 과잉의 당질 섭취는 비만뿐 아니라 혈중 중성지방과 콜레스테롤을 증가시켜 동맥경화증을 촉진할 수 있다. 혈중 중성지방과 콜레스테롤의 증가는 동맥경화증의 위험요인이므로 고중성지방혈증이나 고콜레스테롤혈증의 식사요법을 따른다. 혈압의 증가도 동맥경화증의 위험요인이므로 고혈압의 식사요법인 나트륨 섭취 조절 및 DASH 식이패턴을 따른다.

5. 뇌 · 심혈관질환

1) 허혈성 심질환

(1) 정의

허혈성 심질환(ischemic heart diseases)은 심근허혈이라고도 하는데 관상동맥 경화나 협착, 확장기 저혈압으로 인해 심근에 혈류가 불충분하거나 심근의 산소 요구량에 비하여 관상동맥으로부터 산소 공급량이 부족할 때 발생한다. 허혈은 심장을 관류하는 관상동맥이 죽상경화증으로 인해 혈관의 내경이 좁아져 심근 혈류량이 감소하거나, 특히 운동에 의해 심장의 혈액 필요량이 증가할 때 공급량이 충분하지 않아 산소 부족 시 발생하며 심근이 허혈 상태에 빠지게 되면 협심증이나 심근경색이 나타난다. 고령, 가족력, 흡연, 고혈압, 저HDL-콜레스테롤혈증, 당뇨병 등은 허혈성 심질환의 위험요인이다.

(2) 분류

① 협심증

허혈성 심질환은 협심증, 심근경색 및 돌연사 등으로 나눌 수 있는데, 돌연사와 급성 심근경색은 치사율이 높아 병원 도착 전에 25% 정도의 환자가 사망한다. 협심증은 관상동맥의 경화로 협착이 생겨 혈류가 감소하면서 심근에 산소 공급이 부족하면 일시적으로 심근의 허혈로 통증이 유발되는 것이다. 통증은 흉골 아래 부위에서 시작하여 왼쪽 어깨나 양쪽 팔을 따라 등, 목, 턱 쪽으로 뻗어 나가는 것이 전형적이다 그림 7-10 . 통증은 심해지다가 덜해지기도 하며 보통 1~5분 정도 지속된다. 운동, 흥분, 과식이 협심증 발작의 3대 요인이고 돌연사의 가능성도 있으므로 일상생활에서 세심한 주의가 필요하다.

협심증은 안정성 협심증과 불안정성 협심증으로 나눌 수 있다. 안정성 협심증은 최소 2개월 이상 특별한 변화 없이 흉통이 반복되는 경우이다. 불안정성 협심증은 최근 흉통이 새로 발생했거나 점점 심해지는 경우 또는 수면이나 휴식 상태에서 흉통이 발생하는 경우로 돌연사를 유발하는 심근경색의 전구질환으로 치료가 필요하다.

② 심근경색

심근경색은 협심증과 달리 관상동맥이 막혀서 그 부위 혈관 지배 영역의 심근이 괴사하는 것이다. 심근경색증은 흉통이 30분 이상 계속된다. 관상동맥이 막히는 원인은 대부분 관상동맥경화로 혈관의 내경이 뚜렷하게 좁아져 있고 때로는 심장 속에서 생긴 작은

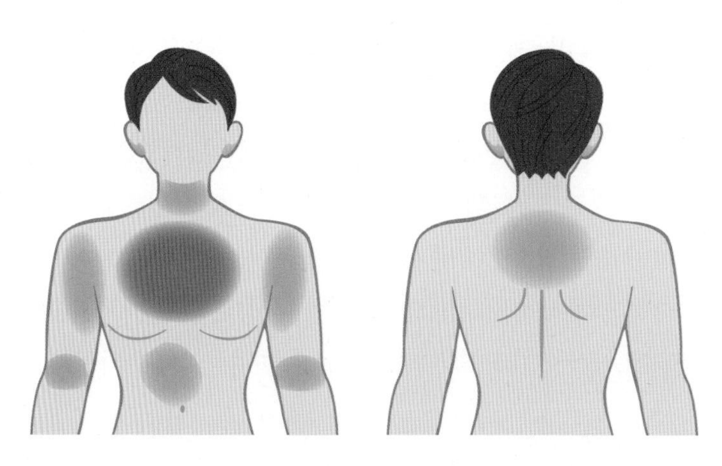

그림 7-10 허혈성 심질환의 통증부위

혈전이 관상동맥으로 들어가서 혈관을 막는 경우이다.

(3) 식사요법

① 초기 금식, 증상 완화에 따라 일반식사 이행

초기에는 금식하고 2~3일째부터 유동식, 연식, 일반식으로 이행하며 심장이나 소화관에 부담을 피한다. 금식 후 에너지 공급은 서서히 증가시키고 환자가 비만일 때는 이상체중에 도달하기 위해 장기간 에너지를 제한할 수 있다.

② 필요시 나트륨 제한

혈압이 높은 경우 염분을(< 5g 소금) 제한하여 수분이 체내에 축적되는 것을 막아 심장의 부담을 줄인다.

③ 카페인, 알코올 제한

커피의 카페인은 심장 박동에 장애를 가져 올 수 있으므로 하루 2잔 이하로 제한하고, 알코올 섭취는 혈중 중성지방을 높여 동맥경화를 악화시키므로 제한한다.

④ 기타

질감이 부드럽고 소화가 쉬운 식품을 선택하고, 너무 뜨겁거나 찬 음식도 피하는 것이 좋다. 허혈성 심질환을 예방하거나 재발을 방지하기 위해 고혈압, 이상지질혈증 등의 심장 순환기계 질환과 당뇨병 및 비만 등 만성 질환에 적용되는 식사요법을 따른다.

2) 울혈성 심부전

(1) 정의

울혈성 심부전(congestive heart failure)은 심장 기능에 이상이 발생하여 심장이 전신으로 혈액을 순환시키는 능력이 감소되고 전신과 혈관에 울혈이 나타나는 것이다. 울혈성 심부전의 원인으로는 심장판막이나 근육과 관련된 심장질환, 고혈압, 폐기종, 만성 신염 등이 있다. 울혈이 발생하면 심실과 심방이 확장되며, 심장의 수축력이 감소하고 심

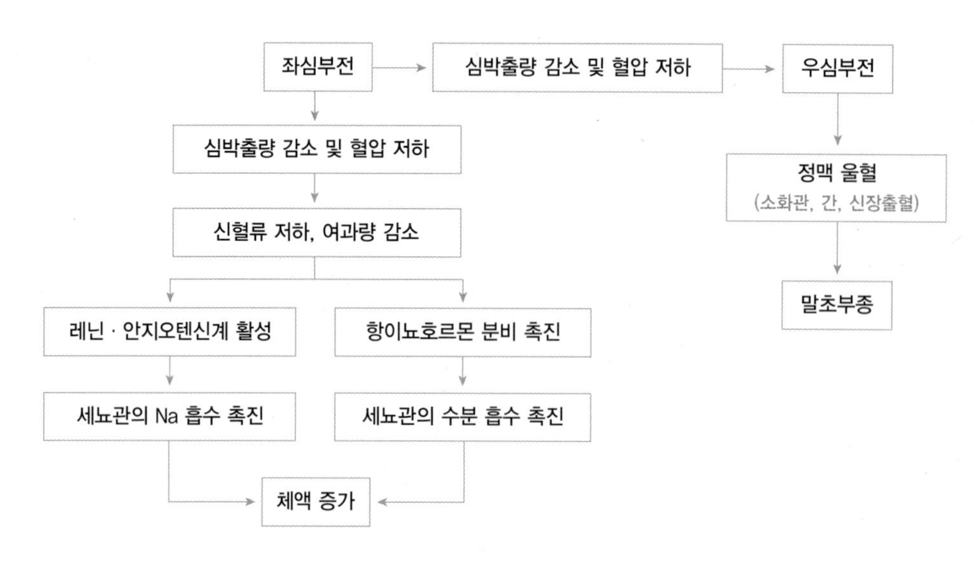

그림 7-11 울혈성 심부전의 증상발현 기전
출처 : 권순형 외(2013). 최신 식사요법. 효일.

박출량이 저하되어 인체 조직이나 기관에서 요구하는 혈액의 양이 부족하게 된다. 좌심부전이 흔하게 발생한다.

좌심실의 수축 부진이 있을 경우 신장의 혈류량이 감소하고 사구체 여과률이 감소하여 신장에서 레닌 분비가 증가하고 레닌-안지오텐신-알도스테론의 활성이 증가하여 부종이 발생하고 심부전이 악화된다. 부신에서는 혈류의 부족으로 카테콜아민이 분비되어 심장을 수축시킨다. 또한 좌심실에 혈액이 잔류하게 되어 폐정맥에서 좌심방을 통해 좌심실로 들어와야 할 동맥혈이 들어오지 못하게 되므로 폐정맥에 혈액이 잔류하게 되고 폐모세혈관의 압력이 높아져 폐울혈과 폐부종이 발생한다. 폐포에 물이 차게 되면 폐부종이 발생하여 호흡곤란, 발작성 야간 호흡곤란, 기침 등의 증상이 나타난다. 뇌에 저산소증이 발생하면 자극과민, 불안증상 등이 생기고 심하면 혼수상태에 빠질 수 있다.

우심실의 수축부진이 있으면 좌심부전과 달리 폐울혈은 심하지 않으나 전신과 문맥계의 울혈, 전신의 정맥압이 높아져 폐를 제외한 모든 장기와 조직의 모세혈관압이 높아져 부종이 나타난다 그림 7-11. 우심실에 잔류하는 혈액 때문에 체순환이 원활하지 않아 정맥혈압이 높아지고 말초부종과 간부종이 나타난다. 심박출량의 감소로 쉽게 피로하고 복수, 간비대 증세가 나타나며 알부민 수치가 감소하고 BUN이 증가하며 칼륨 농도는 감소한다.

(2) 식사요법

① 나트륨 제한, 수분 조절

부종을 완화하고 심장의 부담을 경감하기 위해서 나트륨을 제한하고 수분 섭취를 조절해야 한다. 그러나 지나친 나트륨과 수분 제한은 심부전 환자의 식사를 어렵게 하여 심장성 악액질이라고 불리는 극심한 영양실조 상태에 처하게 할 수 있다. 실제로 심부전 환자의 50% 정도에서 영양상태가 낮다고 보고되고 있다. 울혈성 심부전 환자의 영양관리는 환자의 증상에 따라 맞춤형으로 진행되어야 하므로 영양상담이 반드시 병행되어야 한다. 심한 울혈성 심부전 환자가 폐울혈로 호흡이 곤란하면 저염의 연식이나 유동식을 소량씩 나누어 공급하고 회복 후 점차 일반식으로 이행한다. 이뇨제를 사용하는 환자의 경우 나트륨과 칼륨의 배설 증가로 저나트륨혈증과 저칼륨혈증이 유발되지 않도록 주의한다.

② 에너지 섭취 조절

체중 감소는 심장에 부담을 줄이므로 비만인 경우에는 체중을 줄여서 정상체중 또는 정상체중보다 약간 적은 체중으로 유지할 수 있도록 에너지 섭취량을 조절한다. 과식은 소화·흡수 기능을 활성화시켜 심장 활동을 증가시키고 위가 늘어나 횡경막을 압박하므로 소량씩 여러 번에 나누어 섭취하는 것이 좋다. 에너지를 제한하는 경우 비타민과 무기질의 섭취가 감소하지 않도록 충분히 보충한다. 그러나 부종을 경감하기 위해서는 나트륨 섭취를 2,000mg으로 제한하고 환자의 상황에 따라 1,000mg, 500mg으로 조정한다. 수분 섭취도 환자의 심장과 신장의 상태에 따라 조절해야 하므로 부종의 정도와 전날 환자의 24시간 소변량을 관찰해야 한다. 수분섭취량은 식품, 음료와 수액량을 포함하는 것으로 1mL/kcal 또는 35mL/kg이 사용된다. 갈증을 해소하기 위해 물로 가글을 하거나 얼린 식품을 사용한다. 이뇨제를 사용하는 경우는 저칼륨혈증이 유발될 수 있으므로 바나나, 감자, 토마토 등 칼륨이 풍부한 식품의 섭취를 권장한다.

③ 양질의 단백질 충분히

심부전은 위, 장, 간 등 장기에 울혈을 일으켜 단백질 흡수 장애와 간에서의 알부민 합성 저하를 초래하므로 심근의 보수를 위해 양질의 단백질을 충분히 공급하는 것이 좋다. 지나친 식이섬유 섭취는 소화장애를 일으키거나 가스 생성으로 심장에 부담을 줄 수 있다. 또한 소량씩 나누어 섭취하는 것도 심장에 부담을 줄일 수 있다.

④ 자극적인 음식 제한

심장에 자극을 주지 않도록 무자극성 식사를 하며, 카페인이 많은 커피, 홍차, 콜라, 코코아 등의 섭취를 제한한다. 너무 뜨겁거나 찬 음식도 피하는 것이 좋다. 울혈성 심부전을 예방하거나 재발을 방지하기 위해 고혈압, 이상지질혈증 등의 심장 순환기계 질환과 당뇨병 및 비만 등 만성 질환에 적용되는 식사요법을 따른다.

3) 뇌졸중

(1) 정의

뇌졸중(stroke)은 뇌혈관의 동맥경화로 뇌혈관이 막히거나 터져서 뇌조직에 손상이 일어나는 질환으로 뇌경색, 뇌출혈이 있다. 뇌경색은 혈관에 협착 또는 혈전이 발생해 신경조직에 산소와 영양소가 공급되지 않아 괴사된 것이다. 뇌출혈이나 뇌경색에 의해 손상된 뇌신경조직의 부위에 따라 의식장애와 신체마비, 언어장애 등의 증상이 나타나며, 손상된 뇌의 부위가 클수록 뇌졸중 후유증이 커진다. 뇌출혈은 뇌혈관이 파열되어 출혈이 일어나는 것으로 갑자기 시작되어 혼수상태에 빠지는 경우가 많다. 뇌경색으로 인한 동맥의 약한 부분이 풍선처럼 부풀어 오른 동맥류가 발생하거나 이 부분이 고혈압 등의 원인으로 인해 터져서 뇌출혈이 나타날 수도 있다 그림 7-12.

(2) 위험인자

뇌동맥의 죽상동맥경화가 원인이며 고혈압, 당뇨병, 이상지질혈증, 흡연, 음주, 비만이 뇌졸중의 위험을 높인다. 혈압이 높은 사람의 뇌졸중 발병률이 혈압이 정상인 사람에 비해 2~4배 높고, 흡연자의 뇌졸중 발병률도 비흡연자에 비해 1.5~3배 높다. 혈압이 지속적으로 높으면 뇌혈관에 동맥경화가 발생하여 점차 딱딱해지고 좁아지다가 어느 순간 막히면 뇌경색이 발생하며, 혈관이 터지게 되면 뇌출혈이 발생한다. 담배의 니코틴은 혈관을 수축시켜 뇌로 가는 혈액량을 감소시킨다. 고혈압과 흡연은 조절할 수 있는 뇌졸

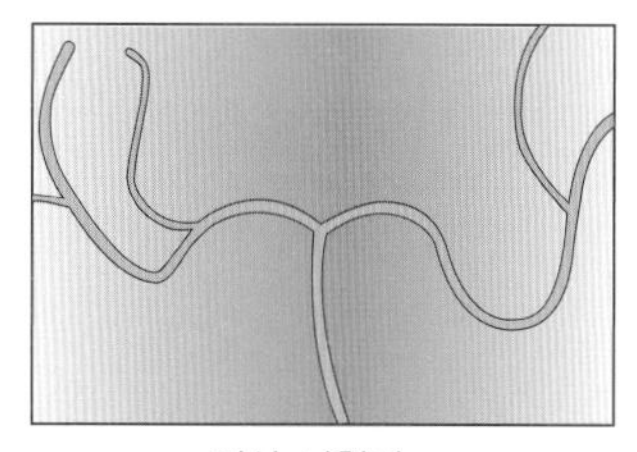
정상 뇌혈관

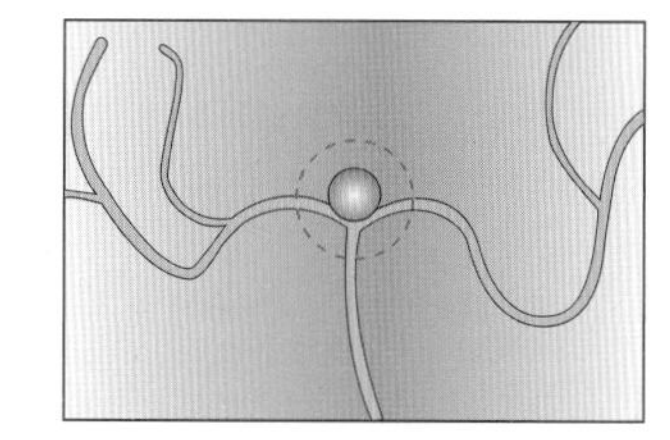
동맥류가 생긴 뇌혈관

뇌경색

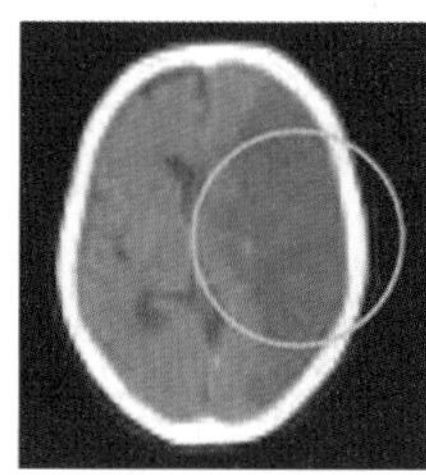
뇌경색 CT사진

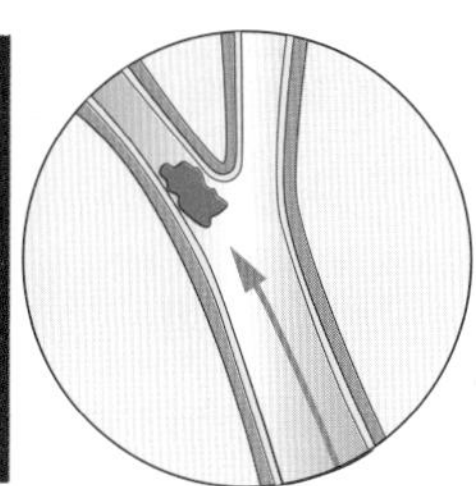

뇌출혈

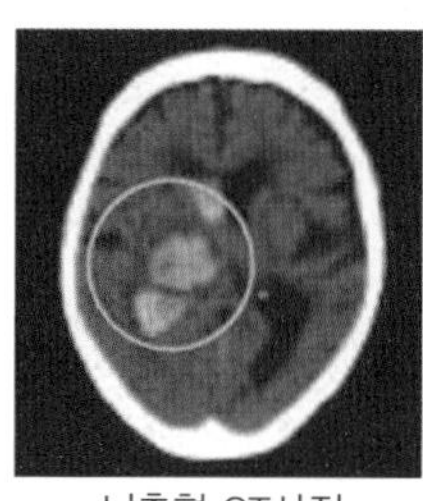
뇌출혈 CT사진

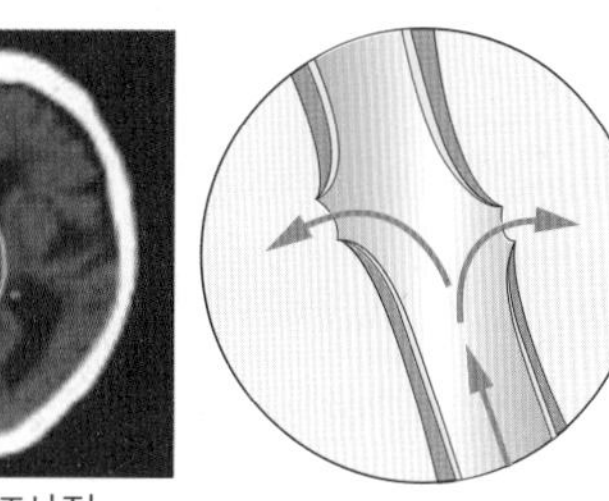

그림 **7-12** 뇌동맥류와 뇌출혈
출처 : 대한뇌졸중학회.

중의 가장 중요한 위험요인이며, 노령은 조절할 수 없는 뇌졸중의 주요 원인이다.

(3) 식사요법

뇌졸중의 치료방법으로는 절대안정, 약물치료, 수술, 식사요법, 물리치료 등이 있다. 혈전 생성을 억제하기 위해 항혈소판제로 아스피린을 사용하는 경우 위장장애 등의 부작용이 발생할 수 있다. 또한 항응고제로 사용하는 와파린은 출혈을 일으킬 위험이 있으므로 상처를 입지 않도록 주의한다. 와파린은 비타민 K 섭취에 의해 약효가 감소될 수 있으므로 비타민 K 섭취를 일정 수준으로 유지한다. 식물성 급원으로부터 얻은 비타민 K는 체내 이용률이 낮지만 섭취하는 비타민 K가 큰 폭으로 증가하는 것이 좋지 않으므로 비타민 K가 다량 함유된 녹색 채소류, 콩류 등의 섭취에 주의한다 **표 7-14**.

뇌졸중으로 인한 혼수상태에서는 정맥영양을 통한 영양 공급이 중요하고 뇌부종이나 뇌압항진이 발생하지 않도록 전해질과 수분 공급에 주의한다. 의식이 있으며 연하곤란증이 있을 경우에는 연하곤란식이나 관급식을 공급한다.

뇌졸중 환자의 예후에는 영양상태가 중요하며 이는 사망률이나 입원일수와 밀접한 관

표 7-14 비타민 K의 급원식품

분류	함유식품
녹색 채소류	시금치, 부추, 근대, 순무, 양상추, 케일, 파슬리, 양배추, 콜리플라워, 브로콜리, 아스파라거스 등
콩류	각종 콩류
육류	쇠간, 돼지간, 베이컨 등
난류	난황
과일	아보카도
유지류	마요네즈, 각종 샐러드유(콩기름, 올리브유 등), 피스타치오

련이 있다. 뇌졸중의 재발 방지에는 일상생활에서 균형 잡힌 영양 섭취와 적당한 운동을 권하고 흡연, 음주, 스트레스를 피하는 것이 권장된다. 뇌졸중의 위험인자인 고혈압, 이상지질혈증 등의 심장 순환기계 질환과 당뇨병 및 비만 등 만성질환이 있다면 그에 맞는 식사요법을 따른다.

01. 혈압 조절 기전에 대해 설명하시오.
02. 고혈압의 진단기준은 무엇인가?
03. 본태성 고혈압의 조절할 수 없는 위험인자와 조절할 수 있는 위험인자를 나열하시오.
04. DASH 식사요법의 정의와 효능에 대해 설명하시오.
05. 지단백질의 종류와 특징에 대해 설명하시오.
06. 이상지질혈증의 진단기준은 무엇인가?
07. 이상지질혈증의 분류 중 제IIa형(고LDL혈증)의 원인이 되는 식이는 무엇인가?
08. 울혈성 심부전의 증상 중 좌심실부전과 우심실부전에 대해 비교 설명하시오.
09. 부종을 완화하기 위한 대표적인 식사요법 2가지는 무엇인가?
10. 뇌졸중 환자가 와파린을 사용하고 있다면 섭취량을 조절해야 하는 영양소는 무엇인가?

MEMO

신장질환

- **$1.25(OH)_2D_3$(1,25-dihydroxycholecalciferol 또는 calcitriol)** 신장에서의 비타민 D의 호르몬 활성 형태. 소장에서 칼슘과 인의 흡수 촉진 및 신세뇨관에서 칼슘과 인의 재흡수를 촉진한다.
- **MDRD(modification of diet in renal disease) 공식** 나이, 성별 및 혈청 크레아티닌 농도로부터 사구체여과율을 쉽게 구할 수 있는 공식. 미국신장재단, 미국신장학회, NIH의 신장질환 교육 프로그램 등에서 사구체여과율 측정의 표준방법으로 추천(대한 신장학회 제공 MDRD 계산 http//www.ksn.or.kr/sub10/sub_n_03.html)하고 있다.
- **건체중(dry weight)** 혈압이 떨어지지 않고 근육경련이 일어나지 않는 상태로 몸 속에 축적되었던 필요 없는 수분이 거의 또는 모두 제거된 투석 후의 목표 체중치를 의미한다.
- **동정맥루 조성술(arteriovenous fistula operation)** 만성 콩팥병 환자의 지속적인 혈액투석을 위해 많은 양의 혈액이 정맥을 지나가도록 확장시키고 동맥처럼 튼튼하게 하기 위해서 동맥과 표피 정맥을 연결하는 수술이다.
- **사구체여과율(glomerular filtration rate, GFR)** 1분 동안 양측 신장의 모든 신장단위에서 생산되는 사구체 여과액의 양으로 정상 사구체여과율은 분당 90~120mL. 다양한 신장질환에 의해 신장 기능이 저하되면 사구체여과율도 함께 감소하기 때문에 사구체여과율은 신장의 기능을 반영하는 중요한 지표로 사용된다.
- **신대체요법(renal replacement therapy)** 신장 기능이 크게 저하되어 수분이나 전해질 균형 등 신체의 평형상태를 유지할 수 없을 정도로 악화되고, 체내에 축적된 노폐물로 인해 각종 증상이 발생할 때 다른 방법을 동원하여 원래의 신장을 대체하는 치료법으로 혈액투석, 복막투석, 신장이식 등이 해당된다.
- **신성골형성장애(renal osteodystrophy)** 신성골이영양증. 뼈의 무기질 침착의 결핍을 특징으로 하는 것으로 만성 콩팥병과 관련하여 우리 몸의 호르몬 분비와 전해질의 장애로 발생. 뼈와 관절의 통증, 뼈의 변형과 골절의 증상이 나타난다.
- **신소체(renal corpuscle)** 신동맥에서 나온 모세혈관이 구상으로 된 사구체와 이 사구체를 둘러싸는 내엽과 외엽으로 된 보먼주머니로 구성된다.
- **신원(nephron)** 신장의 구조와 기능의 기본이 되는 단위. 사구체, 보먼주머니, 세뇨관으로 구성된다.
- **안지오텐신 전화효소 억제제(angiotensin-converting enzyme inhibitor)** 안지오텐신 전환효소의 작용을 억제하여 혈중 안지오텐신 II 농도를 감소시킴으로써 혈관 이완 및 혈액량 감소 유도. 고혈압 및 울혈성 심부전 치료제로 사용된다.
- **안지오텐신(angiotensin)** 혈액에 존재하는 폴리펩티드. 동맥의 혈관 평활근에 작용하여 혈관을 수축시키고, 혈압을 상승시키는 작용을 함과 동시에 부신피질에 작용하여 알도스테론을 분비시키는 작용을 한다.
- **에리스로포이에틴(erythropoietin)** 신장에서 생산되는 165개의 아미노산으로 이루어진 당단백질로 골수에서의 적혈구 생산 조절 기능을 한다.
- **질소혈증(azotemia)** 혈액 중에 BUN, 크레아티닌 또는 다른 질소화합물의 농도가 증가된 상태를 의미한다.
- **크레아티닌 제거율(creatinine clearance)** 신장에서 제거되는 크레아티닌의 양을 이용하여 사구체여과율을 추정하는 방법이다.
- **항이뇨호르몬(antidiuretic hormone)** 시상하부에서 만들어지고 뇌하수체 후엽에서 저장되었다가 분비되는 펩티드호르몬. 신장에서 물을 재흡수하거나 혈관을 수축시키는 기능을 한다.
- **혈액요소질소(blood urea nitrogen, BUN)** 단백질 대사의 최종산물인 혈중 요소를 측정하는 것. 단백질의 대부분은 간에서 요소로 전환된 후 콩팥에서 콩팥 사구체와 세뇨관에서의 여과 및 재흡수, 분비 과정을 통해 최종적으로 소변으로 배설되므로, 이 농도를 콩팥 기능의 지표로 사용한다.

신장은 신체 대사 결과로 생성된 노폐물이나 독성 물질을 체외로 배출하는 기능 이외에도 체액, 전해질 및 산-염기 평형 유지, 혈압조절, 호르몬 분비 등 생명 유지에 아주 중요한 장기이다. 최근 당뇨병, 고혈압, 비만 유병률 증가와 함께 만성 콩팥병의 유병률이 지속적으로 증가하고 있는 추세이다. 본 장에서는 신장질환 및 그 치료법에 대해 정확히 이해한 후 각 질환에 맞는 적절한 영양관리에 대해 학습하고자 한다.

1. 신장의 구조와 기능

1) 신장의 위치와 구조

신장은 후복막에 위치한 한 쌍의 장기로, 오른쪽은 간의 아래쪽, 왼쪽은 횡격막 아래의 비장 근처에 있으며, 높이로는 11번 흉추와 3번 요추 사이에 자리 잡고 있다. 성인의 경우 길이 11~12cm, 폭 5~6cm, 두께 2.5~3cm 정도이며, 무게는 한쪽이 150~170g 내외인 강낭콩 모양의 장기이다. 혈액 중의 노폐물을 거르는 것이 신장의 주요 기능이므로 신동맥 및 신정맥을 통해 복부대동맥 및 하대정맥과 같은 우리 몸의 큰 혈관에 연결되어 있으며, 신장에서 만들어진 소변은 신배, 신우 및 요관을 거쳐 방광에 저장된 후 요도를 통하여 몸 밖으로 배출된다 그림 8-1.

신장의 실질은 겉질(피질)과 속질(수질)로 나누어지며 신장의 기본적인 단위인 신원(네프론)은 신장 피질에 위치하고, 한쪽 신장에 약 100~150만 개의 신원이 있다. 신원은 신소체와 그에 이어진 근위세관, 헨레고리 및 원위세관으로 이루어져 있으며 신소체는 다시 모세혈관 뭉치인 사구체와 사구체낭(보먼주머니)으로 구성된다. 이 사구체를 통해서 신장의 주요 기능인 혈액 여과가 이루어진다.

2) 신장의 기능

신장은 ① 신체 대사 결과로 생성된 노폐물이나 독성 물질을 배설하는 기능과 ② 체액, 삼투압, 전해질 및 산-염기 평형을 조절하는 기능, ③ 체내 칼슘과 인의 평형 유지 및 조혈 조절 호르몬 분비 기능을 한다. 신장질환으로 인해 위와 같은 기능을 하지 못할 경우 신장의 이상 증상이 발생하게 되며, 신장질환 시 나타나는 일반적인 이상 증상은 표 8-1에 제시하였다.

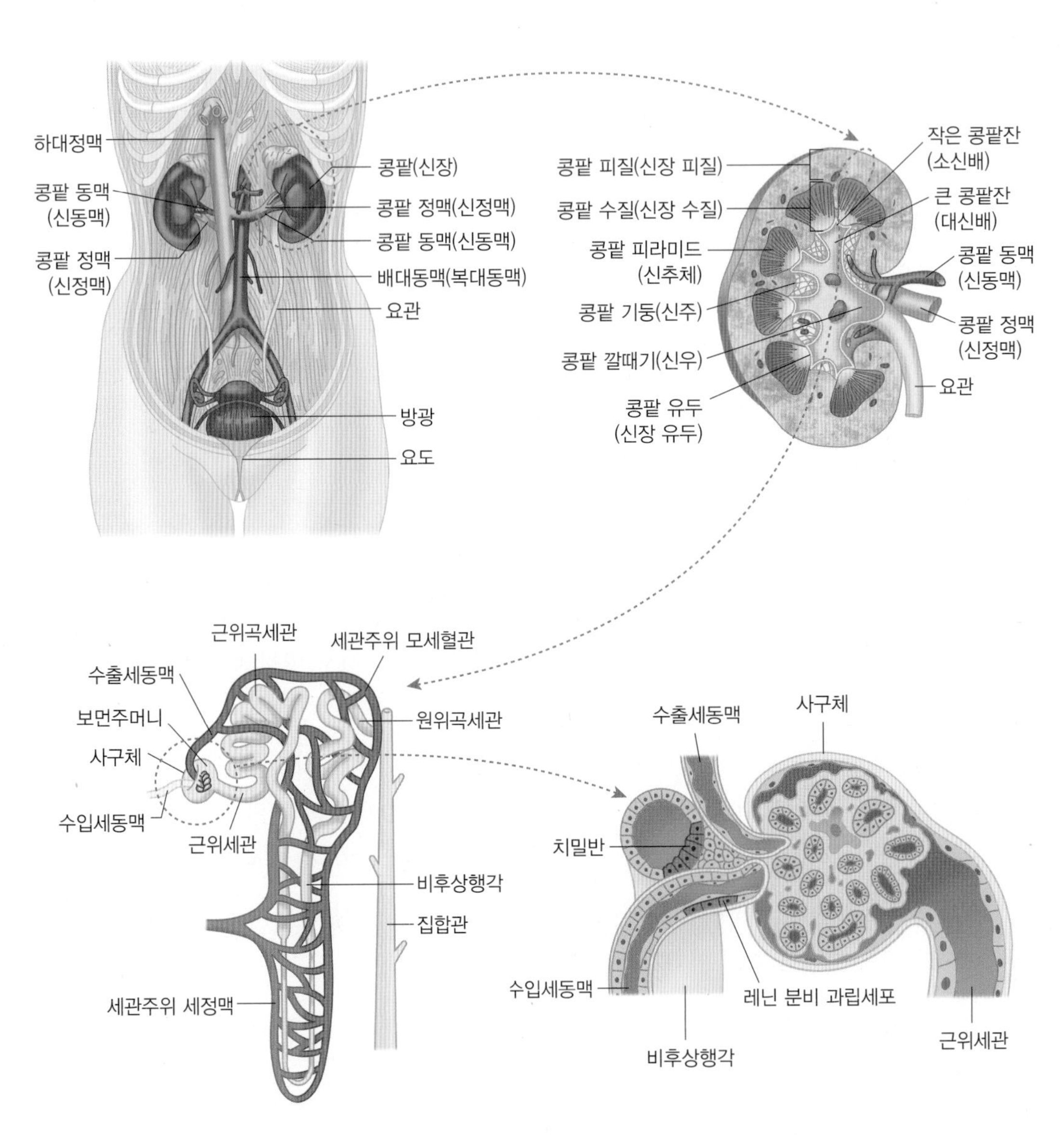

그림 8-1 신장의 구조

표 8-1 신장질환의 일반적인 증상과 특징

증상	특징
단백뇨	• 소변 중 단백질 500mg/일 이상 배출(정상 소변 중 단백질 배설량 150mg/일 미만) • 사구체 염증으로 인해 여과막의 구조가 변화되어 다량의 단백질이 사구체로부터 보먼주머니로 여과되며, 여과된 단백질 양이 너무 많아 세뇨관에서 모두 재흡수되지 못해 소변 중으로 단백질 배출
혈뇨	• 소변 중 적혈구 다량 배출 • 신장염, 신결석, 요로계통의 질환에서 흔히 나타나는 증상
핍뇨와 다뇨	• 일일 소변량 500mL 이하(핍뇨), 100mL 이하(무뇨) • 일반적으로 부종 시 소변량이 감소하고, 부종이 제거되면 소변량이 증가함 • 세뇨관의 재흡수 능력 저하로 인해 소변 농축력이 저하되며 이로 인해 다뇨 증상이 나타남
고질소혈증	• 신장의 비단백성 질소(요소, 요산, 크레아티닌, 아미노산, 암모니아 등) 배설능력 저하로 인해 혈중 질소화합물 증가
부종	• 사구체 장애로 인해 사구체여과율 저하 → 핍뇨 → 나트륨, 수분 체내 보유 → 부종 • 신 혈류량 저하로 인해 레닌-안지오텐신 활성화 → 혈관 수축, 항이뇨호르몬 분비, 알도스테론 분비, 뇌하수체 갈증유발중추 자극 → 나트륨, 수분 체내 보유 → 부종, 고혈압 • 단백뇨로 인해 혈액 내 알부민 농도 저하(저알부민혈증, 1g/dL 이하) → 삼투압 저하 → 혈액으로부터 조직 사이로 수분 이동 → 부종
빈혈	• 신장의 조혈인자(에리스로포이에틴) 생성 감소로 인해 적혈구와 헤모글로빈 감소
고혈압	• 신혈류량 감소 및 사구체 여과량 감소로 인해 혈압 상승 • 지속적인 고혈압으로 신경화증, 신부전 유발

(1) 소변의 생성–노폐물 배설

체내 노폐물을 제거하여 혈액을 깨끗하게 하는 것이 신장의 가장 주요 기능이다. 소변의 형성은 혈장 성분이 사구체, 사구체낭(보먼주머니)을 통해 150~180L/일 초여과가 이루어지면서 시작된다. 혈액 세포들이나 대부분의 단백질과 같은 큰 분자들은 투과되지 못하며, 수분이나 작은 요질들은 자유롭게 투과된다. 여과된 체액은 보먼피막에 모여 세뇨관으로 들어가 돌아서 나가는 동안 약 99%는 재흡수되고, 1%만 체외로 배설된다(약 1.8L/일). 신장은 단백질의 대사산물인 요소, 요산, 크레아티닌 및 기타 질소 분해산물을 배설하며, 이러한 노폐물의 양을 부하량이라고 하고 사구체의 여과력이 저하되면 혈액 내에 이 노폐물들이 축적된다. 또한 신장은 독성 물질과 약물 등의 외부 물질을 배설한다.

(2) 산–염기 평형 조절

신장은 혈액 내 과도한 수소이온(H^+)을 제거하고 중탄산이온(HCO_3^-)을 재흡수함으로써 혈액 내의 산-염기 균형을 조절하는 중요한 역할을 한다.

(3) 혈압 조절

혈액량이나 혈압의 저하로 신동맥압이 떨어지면, 수입 세동맥의 관벽 내에 결사구체장치에서 혈압 상승 물질인 레닌이 분비된다. 레닌은 안지오텐시노겐을 안지오텐신으로 활성화시키며, 안지오텐신은 부신피질에서 알도스테론의 분비를 촉진시킨다. 안지오텐신은 강력한 혈관수축제로 나트륨 균형과 혈압 조절에 중요한 역할을 한다. 알도스테론은 신장의 세뇨관에서 나트륨의 재흡수를 촉진시켜 체액을 증가시켜 저하된 혈압을 상승시키는 데 기여한다. 신장질환의 진행은 레닌-안지오텐신-알도스테론체계(RAAS)의 이상을 유발하여 혈압이 상승되면서 나타난다.

(4) 체액 및 삼투압 조절

체액 부족이나 과잉으로 인해 혈액 내 삼투압이 상승하거나 감소하면 음성 되먹임(negative feedback) 조절 시스템을 통해 시상하부와 뇌하수체에 의해 감지된다. 체액

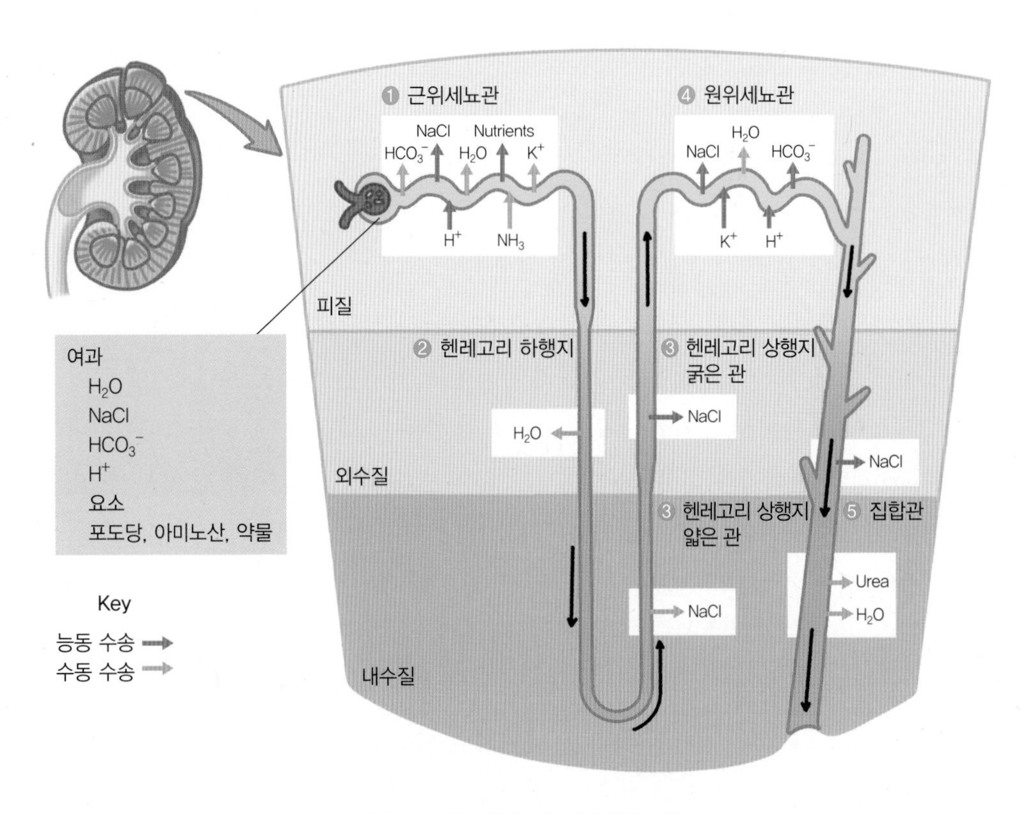

그림 8-2 수분, 전해질, 산-염기 평형 조절

이 부족하면 뇌하수체 후엽에서 항이뇨호르몬(antidiuretic hormone)이 분비되어 체액의 재흡수와 소변 농도 증가. 조직의 체액의 농도는 다시 정상화된다. 또한 사구체의 여과액은 신세뇨관을 통과하는 동안 나트륨, 칼륨, 염소 이온 등의 전해질 및 수소이온의 흡수, 분비 과정을 거쳐 소변으로 배설되는 물과 이온들의 양이 결정되며, 이를 통하여 체액량, 삼투압, 전해질량과 농도, 산성도 등이 조절된다 그림 8-2.

(5) 호르몬 분비를 통한 대사 조절

신장은 생명 현상에 필요한 호르몬과 효소를 생산 및 분비함으로써 우리 몸의 정상적인 상태를 유지한다.

- **조혈 조절** 신장 피질의 간질 세포에서 분비되는 조혈인자인 에리스로포이에틴(erythropoietin)은 골수에서 적혈구 성숙을 촉진하여 빈혈을 방지한다. 만성 신장병 환자에서 조혈인자 생산 감소는 빈혈의 중요한 원인이 된다.
- **무기질 평형 유지** 신장은 칼슘, 인, 비타민 D 대사에 관여하는 무기질 평형을 유지시킨다. 1.25$(OH)_2D_3$는 체내 칼슘과 인산염 균형 조절에 중요한 역할을 하는 스테로이

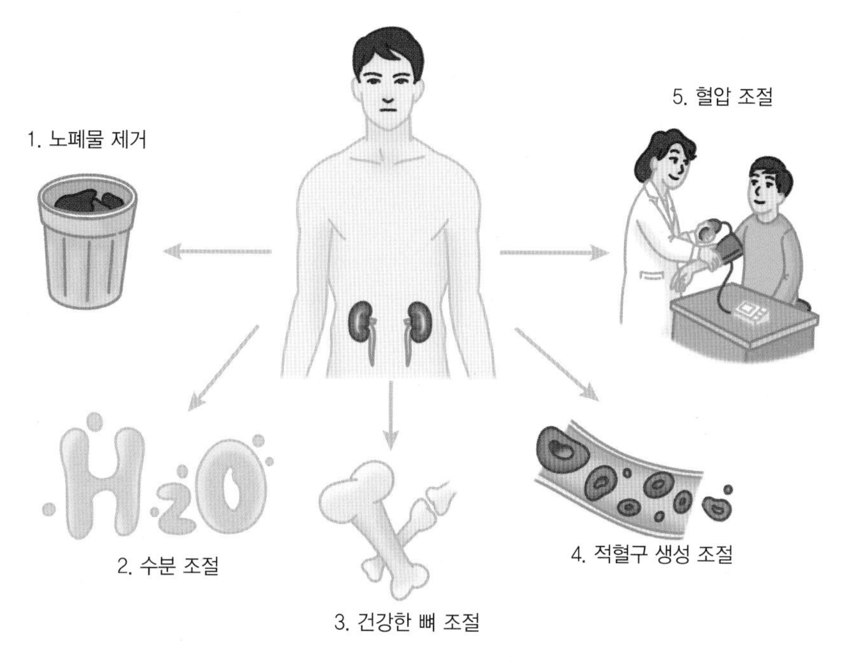

그림 8-3 신장의 주요 기능

드 호르몬으로서 근위신세뇨관 세포에서 활성화된다. $25(OH)_2D_3$는 혈액 내 칼슘이나 인의 농도가 저하되어 부갑상선호르몬의 분비량이 증가될 경우에 형성되어 장에서 칼슘과 인의 흡수를 증가시키므로 체내의 칼슘, 인의 균형 및 뼈의 건강 유지에 중요한 역할을 한다.

2. 신장질환의 진단

1) 소변검사

소변검사는 간단하고 저렴하지만 다양한 종류의 신장질환 진단에 유용한 단서를 제공한다. 소변 검사를 통해 소변의 색, 비중, 산도를 측정하며, 소변 내 단백질, 당, 케톤 등의 성분을 측정하는 화학적 검사, 소변 내 적혈구, 백혈구 및 원주체, 결정체를 현미경을 통해 관찰하는 현미경적 검사가 있다 표 8-2.

2) 혈액검사

혈중 요소질소(BUN)와 크레아티닌은 소변을 통해 배설되는 물질이며, 신장 기능 저하시 제대로 배설되지 못하면 혈액 내 그 농도가 정상범위 이상으로 상승하므로 신장의 기능 상태를 반영하는 대표적인 지표로 사용된다. 혈액검사는 신장 기능 이외에도 환자의 영양상태, 빈혈, 신성골형성장애, 고인산혈증 및 고칼륨혈증 등의 진단이 가능하다 표 8-3.

3) 신장 기능검사

사구체여과율(glomerular filtration rate, GFR)은 신장의 기능 측정을 위해 가장 일반적으로 많이 사용되는 방법이다. 사구체여과율은 신장이 1분 동안 걸러주는 혈액의 양을 의미하며, 신장 기능이 정상인 사람의 사구체여과율은 90~120mL/min이다(120~180L/일). 사구체여과율을 정확하게 측정하려면 이눌린이나 동위원소 등을 주사하여 그 배설률

표 8-2 소변검사 항목

검사명		정상치	비정상 조건
색		미색	• 흰색, 빨강, 주황, 갈색, 청록색 등 소변에 포함된 물질에 따라 색 변화
비중		1,005~1,030	• 소변의 농축 여부를 평가 • 세뇨관에서 소변을 농축시킬 수 있는 능력을 의미 • 매우 낮은 요비중(희석뇨)은 신부전(체내 수분량이 정상이라고 가정함)과 관계 있음
화학적 검사	pH(산도)	4.5~8.0	• 당뇨병, 통풍, 감염증, 과호흡 등 체내 산염기 평형 유지 이상 시 변화
	단백뇨 (proteinuria)	검출되지 않음(—)	• 정의 : > 150mg/일 • 반정량적 검사(dipstick test) • 1 + (30mg/dL), 2 + (100mg/dL), 3 + (300~500mg/dL), 4 + (2,000mg/dL 이상) • 염증에 의한 사구체의 심한 손상, 사구체 투과율 증가나 세뇨관의 재흡수 이상일 때 알부민이 유출되거나 혈청 단백질이 여과액에 섞여 나옴
	당(glucose)	검출되지 않음(—)	• 조절되지 않은 당뇨병에서 검출
	케톤(ketone)	검출되지 않음(—)	• 조절되지 않은 당뇨병에서 검출
	빌리루빈(bilirubin)	검출되지 않음(—)	• 간염, 간경변, 황달 시 검출
	혈뇨	검출되지 않음(—)	• 사구체 모세혈관 벽의 손상이나, 세뇨관 주위 모세혈관과 같은 조직의 파괴에 의해 혈뇨 발생 • 감염, 염증 또는 요로의 종양과 연관
현미경적 검사	적혈구(RBC)	0~4	• RBC ≧ 2개/HPF(현미경 400배)
	백혈구(WBC)	0~4	• 사구체와 요도 사이의 이상에 의함 • 사구체신염, 간질성 신염, 요로염증에 의함
	원주체(casts)	없음	• 세뇨관에 형성된 미세한 크기의 반투명하거나 무색의 겔, 한 개 혹은 여러 개의 세포, 단백질 등 과립원주, 지방원주, 세포원주, 세균원주 • 소변 내의 단백질이 증가하거나 pH가 낮아지면 원주 형성
	결정체(crystals)	없음	• 인산칼슘, 옥살산, 시스테인, 약물 등
미량알부민뇨 (microalbuminuria)		< 20mg/L	• 20~200mg/L(30~300mg/일, 20~200μg/분) • 면역학적 방법(immunoturbidimetry, ELISA)으로 측정 • 당뇨병성 신증 초기, 고혈압 초기, 신염 초기 등 조기의 사구체 손상의 지표로 사용

출처 : 이종호 외(2013). 임상영양치료를 위한 병태생리학. 교문사.

을 측정해야 하나 측정이 번거롭고 비용이 많이 들어 실제 임상에서 사용하기에는 적합하지 않다. 대신 24시간 소변을 사용하는 크레아티닌 청소율이나 혈액 검사를 통해 측

표 8-3 혈액검사 항목

검사	정상 범위	신장질환 3~4단계	비정상 결과 원인
콜레스테롤	150~200mg/dL	120~240mg/dL	• 증가 : 고콜레스테롤·고지방식사, 유전성 지질대사질환, 신증후군, 코르티코스테로이드 치료 • 감소 : 급성 감염, 기아
알부민	3.3~5.0g/dL	3.5~5.0g/dL	• 증가 : 탈수, 수액 과공급 • 감소 : 과수화, 만성 간질환, 지방변, 영양불량, 신증후군, 감염, 화상
나트륨	136~145mEq/L	136~145mEq/L	• 증가 : 탈수, 설사, 요붕증 • 감소 : 수분의 과잉축적, 부적절한 이뇨제 사용, 과도한 나트륨 제한, 화상, 기아
칼륨	3.5~5.0mEq/L	3.5~5.5mEq/L	• 증가 : 신부전, 조직분해, 산증, 탈수, 고혈당, 변비, 감염, 소화관 출혈, 부적절한 투석 • 감소 : 이뇨제, 알코올 남용, 구토, 설사, 흡수불량, 관장제 남용
칼슘	8.5~10.5mg/dL	8.4mg/dL	• 증가 : 비타민 D 과잉, 골연화성 질환, 부갑상선기능항진증, 탈수, 위장관 흡수 증가 • 감소 : 인 수치 증가, 지방병증, 비타민 D 결핍, 흡수불량, 부갑상선기능저하증
인	2.5~4.7mg/dL	2.5~4.6mg/dL	• 증가 : 비타민 D 과잉, 신부전, 부갑상선긴기능저하증, 마그네슘 결핍, 골질환 • 감소 : 비타민 D 결핍, 인슐린과잉증, 부갑상선기능항진증, 인 결합제 과잉 복용, 과다한 식이제한, 골연화증
크레아티닌	0.7~1.5mg/dL	⇧	• 증가 : 급·만성 신부전, 근육 손상, 이화, 심근경색, 근이영양증 • 감소 : 체근육의 과다 손실
BUN	4~22mg/dL	⇧	• 증가 : 급·만성 신부전, 생물가가가 낮은 단백질과 총 단백질의 과도한 섭취, 위장관 출혈, 악성 종양, 이화작용(화상, 수술, 감염) • 감소 : 단백질 섭취의 부족, 구토, 설사, 잦은 투석, 과수화, 흡수불량 • 사구체여과율의 감소로 인해 단백질 대사산물인 질소 노폐물이 배출되지 않는 것을 의미함
요산	4.0~8.5mg/dL	⇧	• 증가 : 통풍, 신기능 부전, 관절염, 고단백질 식사, 백혈병, 부갑상선기능저하증, 알코올의 남용 • 감소 : 간부전, 살리실산염(salicylate)의 과다 사용
헤마토크릿	남 35~39% 여 34~36%	33~36%	• 증가 : 탈수, 다혈구증 • 감소 : 빈혈, 혈액 손실, 만성 신부전, 조혈 부족
페리틴	12~300ng/dL	10~80ng/dL	• 증가 : 철분 과부하, 탈수, 감염, 간질환 • 감소 : 철분 결핍
헤모글로빈	12~17g/dL	11~12g/dL	• 증가 : 탈수 • 감소 : 과수화, 철분 결핍, 빈혈, 혈액 손실, 만성 신부전 • 적혈구 생성인자 분비 감소 또는 노폐물 축적으로 인한 골수기능 억제를 의미
CO_2	23~30mEq/L	≥ 22	• 증가 : 대사성 산증 • 감소 : 대사성 알칼리증

출처 : 이종호 외(2013). 임상영양치료를 위한 병태생리학. 교문사.

정한 혈청 크레아티닌 등의 측정치를 공식에 넣어 계산한 추정 사구체여과율(estimated GFR, eGFR)을 사용한다.

이 중 가장 많이 사용되는 것이 혈청 크레아티닌 농도를 사용하여 eGFR을 구하는 방법으로 이 공식들은 근육에 의한 크레아티닌 생산량을 보정하기 위해 나이, 성별, 인종, 신체 크기를 변수로 포함한다. 1999년에 개발된 MDRD(modification of diet in renal disease) 공식이 현재 국내에서 가장 많이 사용되고 있으나, GFR치가 높은 경우(GFR ≥ 60mL/min/1.73m^2) 정확도가 떨어지는 것이 단점이다. 2009년 Chronic Kidney Disease Epidemiology Collaboration(CKD-EPI)에서 발표한 CKD-EPI 공식은 GFR이 60mL/min/1.73m^2 이상인 경우도 MDRD 공식보다 정확도가 높기 때문에 최근 널리 사용되고 있는 추세이다.

MDRD 공식

❶ GFR(mL/min/1.73m^2) = 170 × (Scr) − 0.999 × (나이) − 0.176 × (BUN) − 0.170 × (Alb) + 0.318 (× 0.762, 여자인 경우)

❷ GFR(mL/min/1.73m^2) = 186 × (Scr) − 1.154 × (나이) − 0.203 (× 0.742, 여자인 경우)

사구체여과율 CKD-EPI 공식

GFR(mL/min/1.73m^2) = 141 × min(Scr/κ, 1)$^{\alpha}$ × max(Scr/κ, 1)$^{-1.209}$ × 0.993^{나이} (× 1.018, 여자인 경우)

여기서, K = 0.7(여자), 0.9(남자)　　α = −0.329(여자), −0.411(남자)

min = Scr/κ 또는 1 중 작은 값　　max = Scr/κ 또는 1 중 큰 값

Scr = 혈청 크레아티닌(mg/dL)

알 아 두 기

사구체여과율 단위

GFR의 흔한 표현방식으로 mL/min/1.73m^{2}이 잘 쓰이는데, 이는 GFR이 체표면적(body surface area, BSA)으로 보정되는 수치임을 암시한다. 성인 평균 BSA가 1.73(1.6~1.9)이고, 벗어난 범위(지나친 비만이나 지나치게 마른 경우) 개개인의 BSA(weight와 height로 산출)로써 보정을 한다.

GFR corrected = GFR × 1.73/individual BSA

위에서 언급한 공식은 모두 크레아티닌을 사용하여 계산하는 방법이기 때문에 너무 나이가 어리거나 많은 경우, 산모, 그리고 심하게 저체중이거나 과체중인 경우에 정확도가 떨어진다는 것이 일반적인 의견이다. 이 경우에는 크레아티닌이 아닌 아이오탈라메이트(iothalamate)와 같은 외부물질을 이용한 방법을 사용하거나 크레아티닌 제거율을 직접적으로 측정하여 임상에 사용하는 것이 적절하다.

4) 방사선검사

신장질환에서 흔히 사용되는 방사선검사로는 복부단순촬영, 경정맥 요로조영술, 초음파 및 컴퓨터 단층촬영, 신동맥조영술 등이 있다. 신장질환에서 실시하는 가장 유용한 검사는 초음파검사로 이를 통해 신장의 크기 및 구조 이상을 알 수 있다.

3. 사구체질환

신장에서 혈액을 여과하는 기본 단위인 사구체는 모세혈관들의 덩어리로 이루어진 조직이다. 사구체의 혈관막은 내피세포(endothelial cell)와 기저막(basement membrane)과 이를 둘러싸고 있는 상피세포(epithelial cell)들로 이루어져 있으며, 모세혈관 사이는 사구체간질 세포들로 채워져 있다 그림 8-4A. 사구체질환은 염증성 혹은 비염증성 기전에 의해 사구체가 손상되어 발생하는 질환들을 총칭하며, 흔히 신장염이라고도 한다. 사구체질환은 주로 면역학적 기전에 의해 발생되며, 그 밖에 대사장애, 혈류역학적 손상, 독성물질, 감염 및 유전성 등 면역학 이외의 기전으로도 발생한다.

사구체 질환은 임상적으로 급성 사구체신염(acute glomerulonephritis), 급속 진행형 사구체신염(rapidly progressive glomerulonephritis, RPGN), 신증후군(nephrotic syndrome), 무증상성 요이상(asymptomatic urinary abnormality), 만성 사구체신염(chronic glomerulonephritis)의 다섯 가지 임상증후군으로 분류하며 각 질환의 특징은 표 8-4 와 같다.

표 8-4 사구체질환의 분류 및 특징

분류	특징
급성 사구체신염	목감기 등으로 소아에서 잘 발병하며 갑자기 혈뇨와 단백뇨, 신기능 저하, 부종이 나타나는 증후군으로서, 연쇄상구균 등의 세균, 바이러스 감염 등이 원인이다.
급속 진행형 사구체신염	혈뇨와 단백뇨가 나타나며 2~3개월 내 신부전으로 진행되는 사구체신염으로 감염, 약물, 전신성 질환, 다른 사구체신염 등이 원인이다.
신증후군	심한 단백뇨와 부종을 보이는 것으로, 스테로이드에 반응하는 미세변화 신증후군을 비롯하여 국소성 분절성 사구체경화증, 막성 신증, 막증식성 사구체신염 등이 있다. 타 질환에 의한 이차성 사구체신염으로는 낭창성 신염과 B형 간염 바이러스에 의한 사구체신염 및 당뇨병성 신증이 우리나라에서 대표적이다.
무증상성 요 이상	아무런 증상 없이 요검사상 혈뇨 또는 경한 단백뇨가 발견되는 경우로서 IgA 신증 환자들의 많은 수가 여기에 속한다. IgA 신증은 우리나라에서 제일 흔한 사구체신염이며, 요검사상으로만 혈뇨가 나타나고 예후가 좋은 경우가 많으나, 일부에서는 신증후군과 고혈압 또는 신기능 저하를 일으키기도 한다.
만성 사구체신염	수년에서 수십 년간 지속되며 신기능이 저하되는 증후군으로 위 사구체신염의 대부분이 여기에 속한다.

1) 급성 사구체신염

(1) 원인

급성 사구체신염(acute glomerulonephritis)의 원인은 대부분 세균, 바이러스, 곰팡이에 의한 감염 후에 면역학적인 기전에 의해 발생하는데, 감염과 관계없이 면역학적 이상에 의해서만으로도 발생하기도 한다. 주로 3~7세 아동에서 많이 발생하며, 상기도 감염, 중이염 및 연쇄구균 인두염 감염 후 항체가 형성되는 기간인 7~12일 정도의 잠복기를 거

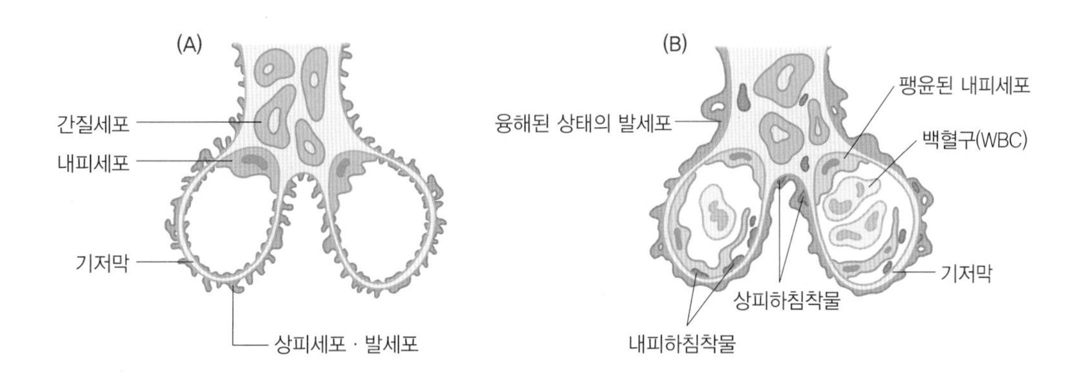

그림 **8-4** 정상사구체(A)와 사구체신염(B)

쳐 사구체신염이 나타난다. 질환의 원인이 되는 세균이나 바이러스 등의 감염에 의해 생성되는 항체는 항원-항체 복합체를 형성하여 사구체 기저막에 침착하여 그 부위에 염증을 일으킴으로 급성사구체신염이 발생된다 그림 8-4B.

(2) 증상

급성 사구체신염의 주요 증상은 혈뇨, 빈뇨, 단백뇨, 부종으로 고혈압이 동반되어 두통, 구역질 등이 나타날 수 있고 부종이 심할 때에 호흡곤란이 나타날 수 있다. 염증반응이 심해지면 울혈과 세포 증식으로 인해 신장에서 여과작용이 제대로 일어나지 못하고 사구체여과율이 감소하여 노폐물과 수분이 체내 축적되어 부종과 핍뇨 증상이 더욱 심해지며, 신장에서의 혈류 감소에 의해 레닌 분비가 촉진되어 혈압이 상승한다.

(3) 치료

사구체신염은 면역매개 염증성 질환이 원인이므로 염증을 줄이기 위한 스테로이드제가 처방되고 주요 증상인 혈압을 낮추기 위해 이뇨제와 항고혈압제가 처방된다. 소아의 경우 1주 내에 이뇨가 발생하고, 3~4주 내에 혈청 크레아티닌도 정상 수준이 되나, 성인의 경우 약 20% 이상은 1년 후에도 지속적으로 단백뇨가 나오고 사구체여과율이 감소하는 증상을 보이므로 지속적인 관리가 중요하다.

(4) 식사요법

급성 사구체신염의 식사관리 목표는 좋은 영양상태를 유지하면서 만성으로 진행되는 것을 예방하는 데 있다. 급성사구체신염의 단계별 1일 영양기준량은 표 8-5에 제시하였다.

표 8-5 급성 사구체신염의 1일 영양기준량

영양소	1일 영양기준량		
	핍뇨기	이뇨기	회복기
단백질(g/kg 건체중)	< 0.5	0.5~0.7	1.0
에너지(kcal/kg 건체중)	35~40		
나트륨(mg)	< 1,000	1,000~2,000	2,000~3,000
수분(mL)	전날 소변량 + 500~600	1,000~1,500	자유

① **초기 단백질 제한, 증상 완화 시 증가** 초기인 핍뇨기에는 단백질 대사산물 배설이 어려우므로 건체중 1kg당 0.5g(25~30g)으로 제한한다. 이뇨기와 회복기에는 사구체 조직의 재생을 위해 0.5~0.7g(40~50g), 1g(50~60g)으로 증가시킨다.

② **충분한 에너지 공급** 초기 단백질 제한 시 체조직 단백질의 이화를 막고, 회복기에는 사구체 조직의 재생을 위해 충분한 에너지를 공급한다. 주로 당질 위주로 공급하되 지방은 고지혈증, 케톤증이 유발되지 않도록 적절하게 공급한다.

③ **나트륨 제한** 발병 후 초기에는 부종 및 고혈압의 악화를 방지하기 위해 나트륨 섭취를 제한한다. 나트륨은 환자의 상태에 따라 정해지나 부종과 고혈압이 심한 환자의 경우에는 하루 소금 섭취량을 5g(나트륨 2000mg) 이하로 제한한다.

④ **수분 조절** 부종 및 핍뇨가 있는 경우에는 섭취하는 수분량을 전날 소변량 + 500~600mL로 제한하다가 부종과 고혈압 증상이 없어지는 회복기에는 자유롭게 섭취한다.

알 아 두 기

수분 섭취량 계산방법

우리가 섭취하는 수분의 종류는,

❶ 실온에서 액체 상태인 것(예 음료수, 우유, 국 국물, 얼음, 아이스크림 등), ❷ 과일이나 채소 등 식품 자체에 함유되어 있는 수분, ❸ 식품이 체내에서 대사되면서 생성되는 수분 등이 있다.

❷와 ❸을 합한 수분의 양은 체내 불감수분 손실량(대변, 호흡, 땀 등으로 손실되는 수분량)과 거의 일치하므로 허용수분 섭취량(전날 소변량 + 500mL)은 상온에서 액체상태인 수분으로 계산하면 된다.

예 전날 소변량이 300cc인 경우 허용수분섭취량은 800cc가 되므로 이때 마실 수 있는 수분으로는 우유 1컵 200cc, 약 먹을 때 물 1회 100cc × 3회(300cc), 국 국물 1회 100cc × 3회(300cc)이다.

알 아 두 기

염분 제한 시 고려사항

1. 염분이 다량 함유되어 있어 염분 제한 시 가급적 피해야 할 식품

- 김치류, 젓갈류, 장아찌 등의 염장식품
- 화학조미료, 베이킹파우더가 많이 함유된 음식
- 치즈, 베이컨, 햄, 통조림 등의 가공식품
- 인스턴트 식품

2. 염분은 적게, 음식은 맛있게 조리하는 요령

- 허용된 양념(후추, 고추, 마늘, 생강, 양파, 카레가루)을 사용하여 싱거운 맛에 변화를 주도록 한다.
- 신맛(식초, 레몬즙)과 단맛(설탕)을 적절하게 이용하여 소금을 넣지 않아도 먹을 수 있도록 조리한다.
- 식물성 기름(참기름, 식용유 등)을 사용하여 튀기거나 볶아서 고소한 맛과 열량을 증진시키도록 한다.
- 허용된 소금(간장)을 한 가지 음식에만 넣어 조리하는 것이 좋다.
- 식사 바로 전에 간을 하여 짠맛을 더 느낄 수 있도록 한다.

3. 염분 섭취를 줄이는 방법

- 조리할 때 소금, 간장, 된장, 고추장 등을 줄여 넣는다.
- 식탁에서 소금을 더 넣지 않는다.
- 짜게 조미된 김치, 장아찌, 젓갈, 가공된 소시지 및 햄, 런천미트, 치즈, 생선 통조림 등의 섭취를 피하도록 한다.
- 음식 조리 시 화학조미료는 사용하지 않는다.
- 하루 종일 먹을 수 있는 김치의 양은 김치나 깍두기 4~5쪽 정도이다.
- 생선을 조리할 때는 소금을 뿌리지 않고 굽거나 식물성유에 튀긴다.
- 물미역, 파래 등은 생것으로 먹지 않도록 하고 조리 시 소금기를 미지근한 물에서 충분히 빼도록 한다.
- 김에는 소금을 뿌리지 말고 들기름이나 참기름을 발라 굽는다.
- 된장찌개, 김치찌개와 짠 국 국물은 먹지 않도록 하고 조리 시에도 싱겁게 간을 맞춘다.

표 8-6 저염식사의 허용식품과 제한식품

구분	허용식품	제한식품
곡류	쌀, 보리, 옥수수, 감자, 고구마 등 소금을 넣지 않은 곡류	소금을 넣고 조리한 곡류
빵류	제한식품 이외의 모든 식품	소금, 베이킹파우더, 소다를 넣어 만든 빵
고기, 생선류	쇠고기, 돼지고기, 간, 신선한 생선, 소금을 안 뿌리고 말린 생선 등	통조림, 소금에 절인 고기나 생선, 베이컨, 햄, 장조림, 졸인 생선이나 치즈 등
달걀류	제한식품 이외의 모든 식품	소금을 넣은 달걀요리
채소류	소금을 넣지 않고 조리한 신선한 채소류	김치, 깍두기, 장아찌, 통조림, 채소, 해조류
지방류	참기름, 식물성 기름	버터, 마가린
과일류	신선한 과일 모두	과일통조림
당류 및 후식류	흰 설탕, 흑설탕, 잼, 젤리, 커스터드 푸딩	케이크, 베이킹파우더, 소다를 넣은 과자
음료수	우유, 과즙, 보리차, 홍차, 커피, 탄산음료	통조림에 들어 있는 채소즙(채소주스, 토마토주스)
기타	고추, 후춧가루, 식초, 겨자 등의 양념을 사용한 것	마요네즈(소금을 넣은 것), 화학조미료

알 아 두 기

신장질환자를 위한 식품교환표

신장질환의 경우 수분과 전해질의 불균형, 노폐물의 혈중 농도의 상승으로 초래될 수 있는 부종, 고혈압, 요독증을 경감시키기 위해서 식사 조절이 강조되고 있다. 대한영양사회 병원분과의원회에서는 단백질, 나트륨, 칼륨 조절을 위한 식품교환표를 제정하였다(1997년). 이 식품교환표는 신장질환뿐만 아니라 간질환이나 심장순환기계 질환자의 식사요법에도 이용되고 있다 부록.

2) 신증후군

신증후군(nephrotic syndrome)은 신장 내 사구체 모세혈관의 형태학적 변화나 기능적 이상으로 성인 기준으로 하루 3~3.5g 이상의 많은 양의 단백질이 소변으로 배설되고, 이로 인한 저알부민혈증(혈중 알부민 농도 3.0g/dL 이하), 고지혈증 및 전신부종을 특징으로 하는 임상 증후군이다.

(1) 원인

신증후군에는 신장 자체의 이상(여러 가지 형태의 사구체신염)으로 인해 발생하는 일차성 신증후군과 간염, 악성 종양, 루푸스 등과 같은 전신질환에 의해 나타나는 이차성 신증후군이 있다. 일차성 신증후군의 주요 원인질환으로는 미세변화신병증, 막성사구체신염, 국소분절사구체경화증 등이 있다. 이차성 신증후군으로는 대표적으로 20~30대 여성에서 호발하는 전신성 홍반성 낭창에 의한 낭창성 신염(lupus nephritis)이 있으며, 대사장애 질환으로는 당뇨병성 신증(diabetic nephropathy)이 대표적으로서 인슐린 의존형 당뇨병에서 발병 13년 이후에 25~50% 환자에서 단백뇨가 시작된다.

(2) 증상

신증후군 환자는 사구체 모세혈관의 투과성이 증가하여 다량의 혈장 단백질, 특히 알부민이 사구체 모세혈관에서 여과되어 손실되면 혈중 알부민의 급격한 감소로 혈장 삼투압이 감소하고, 이로 인해 혈액 내 수분이 세포간질로 이동하여 얼굴, 수족 등 전신에 부종이 나타난다. 부종이 심하게 되면 복수와 늑막에도 물이 차서 복부팽만, 호흡곤

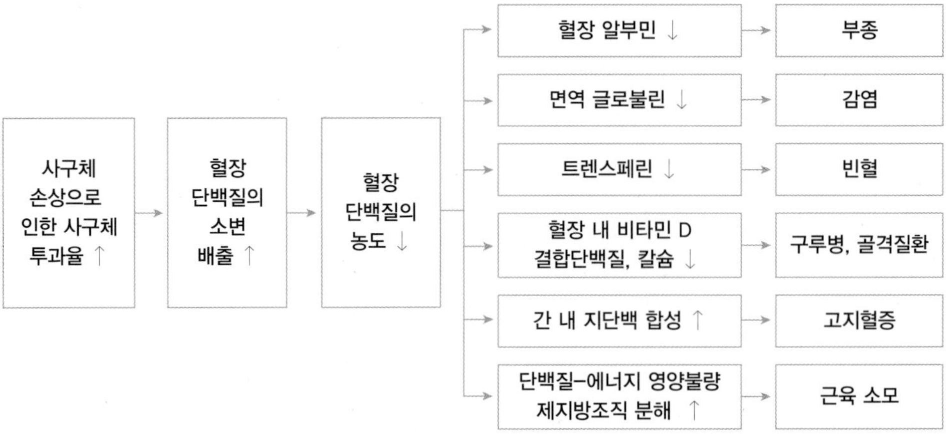

사구체 손상으로 인한 사구체 투과율 ↑ → 혈장 단백질의 소변 배출 ↑ → 혈장 단백질의 농도 ↓

- → 혈장 알부민 ↓ → 부종
- → 면역 글로불린 ↓ → 감염
- → 트렌스페린 ↓ → 빈혈
- → 혈장 내 비타민 D 결합단백질, 칼슘 ↓ → 구루병, 골격질환
- → 간 내 지단백 합성 ↑ → 고지혈증
- → 단백질-에너지 영양불량 제지방조직 분해 ↑ → 근육 소모

그림 8-5 신증후군의 증상

란 등이 동반되기도 한다. 혈액 내 면역 글로불린 트랜스페린, 비타민 D 결합단백질 등의 단백질 농도가 저하되므로 감염에 대한 저항성 저하, 빈혈 및 구루병 등의 골격질환이 유발된다. 또한 저알부민혈증에 대한 보상으로 간에서 지단백 합성이 촉진되어 고지혈증(혈중 LDL-콜레스테롤과 콜레스테롤 농도가 증가)이 나타나며, 이로 인해 죽상동맥경화의 위험이 증가하게 된다. 그 밖에 전신권태감, 설사, 식욕부진, 저혈량증 및 단백질-에너지 결핍성 영양불량으로 인한 근육소모 증상이 발생할 수 있다 그림 8-5.

(3) 진단

진단은 환자가 호소하는 임상 증상과 요단백 정량검사, 즉 소변 안에 포함된 단백질의 양을 측정하는 검사로 이루어진다. 또한 원인이 되는 질환을 확인하기 위해서는 대부분 신장 조직검사가 필요하다. 하지만 소아의 경우에는 대부분이 미세변화형 신증후군이기 때문에 조직검사를 하지 않고 치료를 시작한 후 반응을 지켜보는 경우도 있다.

(4) 식사요법

스테로이드 등의 면역억제요법을 통해 신증후군의 주요 원인질환인 사구체신염 치료가 중요하며, 주 증상인 단백뇨를 감소시키기 위해 안지오텐신 전환효소 억제제(ACE 억제제 ; angiotensin converting enzyme inhibitor) 등 사구체 내부의 압력을 낮추는 약제,

부종 완화를 위한 이뇨제가 처방된다.

신증후군의 식사처방은 좋은 영양상태를 유지하는 것이 목표이며 체조직의 분해를 예방하기 위해 충분한 열량 섭취와 적절한 단백질 섭취가 필수적이다. 그러나 사구체의 손상을 막고, 콩팥병이 진행되는 것을 막기 위해 과다한 단백질 섭취는 피하는 게 좋다. 또한 부종을 조절하고, 혈압을 조절하기 위해서는 나트륨 섭취를 줄이는 게 필요하다. 신증후군의 1일 영양기준량은 표 8-7 에 제시하였다.

표 8-7 신증후군의 1일 영양기준량

영양소	1일 영양기준량	
	심한 부종	부종소실
단백질(g/kg 건체중)	0.8~1.0	
에너지(kcal/kg 건체중)	35	
나트륨(mg)	< 500	1,000~2,000
수분(mL)	전날 소변량 + 500	갈증 없을 정도로 허가
칼륨	제한 없음(이뇨제 사용 시 주의)	

① **적당한 단백질 보충** 과거에는 소변으로 배출되는 단백질을 보충하고 부종을 경감시키기 위해 고단백 식사(1일 100g)를 권장하였으나 최근 연구에 의하면 고단백 식사가 사구체여과율을 증가시켜 오히려 소변으로 더 많은 단백질을 배출시킬 수 있고, 신경화증을 촉진시킬 수 있다고 보고되고 있어 보통 성인의 1일 단백질 권장섭취량인 건체중 1kg당 0.8~1.0g을 권장한다. 신장 기능이 정상인 환자가 1일 소변으로 배출되는 단백질량이 15g을 넘거나 심한 영양불량 상태, 고단위 스테로이드 치료를 받는 환자의 경우에는 일정기간 동안 단백질 섭취량을 증가(1.5g/kg)시킨다. 신장 기능이 정상 이하로 떨어진 경우에는 신부전 환자와 동일하게 단백질을 제한(0.6~0.8g 이하/kg 표준체중 + 24시간 소변으로 배출되는 단백질량 또는 40~50g 이하)한다.

② **충분한 에너지 공급** 단백질이 체조직 합성에 이용되고 체조직이 에너지원으로 분해되지 않도록 에너지를 충분히 공급한다. 단순당질(예 설탕, 꿀 등)보다는 복합당질(예 곡류, 감자류) 위주로 섭취하고, 고지혈증의 위험을 줄이기 위해 지방과 단순당의 섭취에 주의한다. 콜레스테롤이 많은 음식(예 달걀노른자, 메추리알, 소간, 오징어, 새우,

장어 등)은 가끔씩 소량만 주 2~3회 정도 섭취한다.

③ **나트륨 및 수분 제한** 심한 부종의 경우 나트륨 500mg 이하로 제한하거나 무염식을 섭취한다. 부종이 소실되는 회복기나 이뇨제 사용 시 1,000~2,000mg까지 증가시킨다. 부종 완화를 위해 수분 또한 제한한다.

④ **필요시 칼륨 제한** 소변량이 정상인 경우 칼륨 제한은 필요 없으나, 칼륨소모이뇨제(예 lasix) 사용 시 칼륨 섭취를 증가하고, 칼륨절약이뇨제(예 spironolactone)의 경우 칼륨을 제한한다.

3) 만성 사구체신염

만성 사구체신염(chronic glomerulonephritis)은 지속적인 단백뇨와 혈뇨 등이 동반되면서 신장 기능의 소실을 가져와 만성 콩팥병으로 진행되는 것을 총칭하며, 급성 사구체신염에서 이행하기도 하지만 환자의 85%가 급성기를 거치지 않고 처음부터 만성으로 진행하는 경우가 많다. 만성 신부전증의 원인 질환 중의 하나로 당뇨병, 고혈압 다음으로 세 번째로 많은 질환이다.

(1) 원인

만성 사구체신염은 원인질환 없이 일차적으로 발생할 수 있으며, 감염이나 여러 다른 특정 질환(예 루푸스, 당뇨병 등)이 있을 경우 이차적으로 발생할 수도 있다. 신독성이 있는 진통제나 항생제의 사용, 감염 등이 사구체신염을 일으킬 수 있으므로 주의해야 한다.

(2) 증상

자각증상이 없을 수도 있으나 대부분 두통과 야뇨증 등이 생기고 소변에 알부민과 신장의 상피세포, 적혈구 등이 소량 검출되기도 한다. 병이 진행됨에 따라서 고혈압과 단백뇨가 심해지고 혈청 단백질 수준이 낮아져서 부종이 나타나기도 한다. 만성 사구체신염 말기에는 만성 콩팥병으로 이어져 요독증을 초래하여 식욕부진, 구토, 경련 등이 있고 혼수상태로 사망에 이르기도 한다.

(3) 식사요법

만성 사구체신염의 식사요법은 급성사구체신염과 유사하지만, 환자의 신장 기능에 따라 적절하게 조절한다 표 8-8.

표 8-8 만성 사구체신염의 1일 영양기준량

영양소	1일 영양기준량
단백질(g/kg 건체중)	1.0
에너지(kcal/kg 건체중)	35~40
나트륨(mg)	3,000
수분(mL)	전날 소변량 + 500

① **적당한 단백질 섭취** 신장 기능이 "정상"인 경우에는 건체중 kg당 1g 정도 섭취하는 것이 적절하나, 신장 기능이 "정상 이하"로 떨어진 경우에는 신장 기능에 따라 단백질을 제한한다.

② **충분한 에너지 섭취** 신장 기능이 "정상 이하"여서 단백질을 제한할 경우에는 체내 단백질이 분해되는 것을 막고 식사로 섭취한 단백질이 열량원으로 사용되는 것을 막기 위해 충분한 에너지 섭취를 권장한다.

③ **나트륨 제한** 다뇨일 경우 하루 3,000mg(소금 7.5g) 정도를 섭취한다. 증상에 따라 나트륨을 제한하며 부종이 있거나 혈압이 높을 경우에는 하루 나트륨 섭취량을 2,000mg(소금 5g) 이하로 한다.

④ **필요시 수분 제한** 일반적으로 수분량을 제한하지는 않으나 부종 및 핍뇨가 있는 경우에는 섭취하는 수분량을 전날 소변량 + 500mL로 제한한다.

4. 급성 신손상

이전에는 급성 신부전(acute renal failure)으로 알려졌던 급성 신손상(acute kidney injury)은 신장 기능의 급격한 저하로 정상적으로 신장에서 배설되어야 하는 질소대사 산물이나 다른 노폐물이 축적이 일어나는 상태를 말한다. 급성 신손상은 단일 질병이라기보다는 흔히 소변량 감소와 동반되는 혈액요소질소(BUN)나 혈청 크레아티닌 농도 상승 등의 공통적인 진단적 특징을 공유하는 다양한 질병 상태를 일컫는다. 급성 신손상으로 인한 사망률이 35~65%로 매우 높지만 적절한 치료 후에 가역적으로 신장 기능의 회복이 가능하다.

1) 원인

급성 신손상의 원인은 ❶ 신장이전의 문제로 인해 신장으로의 혈액 공급 감소가 주 원인인 신전성(prerenal), ❷ 신장 내부의 질환으로 인한 신성(intrarenal), ❸ 신장에서 생성된 소변의 배출 통로 문제로 인한 신후성(postrenal)으로 분류한다 표 8-9.

표 8-9 급성 신손상의 원인

구분 (발생률)	원인	특징
❶ 신전 (40~80%)	• 저혈압, 체액 부족 : 출혈, 화상, 감염, 이뇨제 사용 • 색전증, 혈관협착 • 심부전 : 심박출량 감소 • 간부전	• 신장으로의 혈류 감소로 인한 GFR 감소 • 신장실질의 손상이 없고 세뇨관 기능이 정상이므로 혈류량을 정상화하면 신장의 기능 회복
❷ 신성 (10~30%)	• 세뇨관 손상 : 장시간 허혈, 신독성 약제(방사선 조영제), 식중독 • 신장 손상 : 악성 고혈압, 혈관염, 전신성 홍반성 낭창증, 사구체병증, 항암요법 후 요산 침착, 다발성 골수종 • 신장 내 폐색 : 색전증, 감염, 악성 종양, 신결석	• 신장 내 혈관, 사구체, 세뇨관, 간질 등의 손상에 의해 신장실질의 조직학적 변화를 수반하므로 원인 질환이 개선되어도 신기능은 신속하게 개선되지 않고 수주에서 수개월에 걸쳐 서서히 개선
❸ 신후 (5~15%)	• 요도폐쇄 : 혈괴, 결석, 종양 • 방광 출입구 폐쇄 : 신경성 방광, 양성 전립선비대증	• 요로의 급성 폐쇄 → 보우만 내강 내의 압력 상승으로 인한 GFR 감소 • 원인 교정 시 신장의 기능 회복

2) 증상 및 합병증

급성 신손상은 특별한 증상 없이 단지 사구체여과율의 일시적 저하를 보이는 경우부터 혈액량이나 혈청 전해질 또는 산염기 상태가 급격히 변화하는 심각하고 위중한 경우까지 다양한 증상을 보일 수 있다. 급성 신손상으로 인한 합병증에는 요독증, 소변의 용적 증가 및 용적 감소, 저나트륨혈증, 고칼륨혈증, 대사성 산증, 고인산혈증과 저칼슘혈증, 빈혈, 출혈, 감염, 부정맥, 심낭염, 심낭삼출액 등의 심장합병증, 영양실조 등이 있다.

특히 핍뇨형 또는 무뇨형 급성 신손상에서 염과 수분의 배설장애로 인해 세포 외 용적의 팽창이 일어나는 것은 급성 신손상의 주요 합병증이다. 그 결과 체중 증가, 부종 및 경정맥압의 증가가 초래되며, 생명을 위협하는 폐부종도 발생한다. 급성 신손상에서 회복되는 과정에서는 다뇨를 보이게 되는데 적절하게 치료되지 않으면 심각한 용적 감소가 일어날 수도 있다. 회복기에 나타나는 다뇨는 요소를 포함한 여러 노폐물이 체내에 축적되었다가 배설되는 삼투성 이뇨 혹은 세뇨관의 재흡수 기능의 회복이 지연되는 것에 기인한다.

3) 식사요법

급성 신손상의 치료는 신전성 원인의 신속한 교정, 신독성 유발 약제 중단 등의 교정 가능한 원인을 우선 제거하는 데 중점을 둔다. 또한 급성 신손상으로 인한 합병증 치료를 위해 수분을 제한하기도 하고, 체액 및 전해질 균형을 위한 약물 치료와 충분한 칼로리

표 8-10 급성 신손상의 1일 영양기준량

영양소	1일 영양기준량		
	핍뇨기	이뇨기	회복기
단백질(g/kg 건체중)	< 0.6	0.6~0.8	
에너지(kcal/kg 건체중)	35~40		
나트륨(mg)	< 1,000	1,000~2,000	
수분(mL)	전날 소변량 + 500~600	1,000~1,500	자유
칼륨(mg)	1,200~2,000	–	

공급, 단백질 제한, 감염 예방 및 치료가 있다. 합병증이 심각하여 약물 치료에도 해결되지 않는 경우에는 투석을 진행하기도 하며, 급성 신부전 시의 투석에는 주로 혈액투석을 적용한다. 영양불량은 급성 신손상 환자의 생존율을 악화시키는 주요 원인이므로 환자 상태에 따른 경장 및 정맥영양 공급을 통한 지속적인 영양관리를 실시한다.

① **단백질 제한** 질소노폐물 생성 억제를 위해 단백질을 제한(핍뇨기 건체중 1kg당 0.6g 미만, 이뇨기와 회복기 건체중 1kg당 0.6~0.8g)한다. 투석 등의 지속적인 신대체요법을 시행하는 경우 손실되는 단백질 보충을 위해 단백질 섭취량을 증가(1.5~2.5g/kg 건체중)시킨다.

② **충분한 에너지 섭취** 단백질 제한 시 체조직 단백질의 이화를 막고, 회복기에는 사구체 조직의 재생을 위해 충분한 에너지를 공급한다. 주로 당질 위주로 공급하되 지방은 적절하게 공급한다.

③ **나트륨 제한** 부종 및 고혈압의 악화를 방지하기 위해 나트륨 섭취를 제한한다. 핍뇨기에는 1,000mg 미만으로 조리 시 소금을 무첨가(무염식)하고, 이뇨기와 회복기(부종, 고혈압 소실)에는 1,000~2,000mg 수준을 허용한다.

④ **증상에 따라 수분 조절** 부종 및 핍뇨가 있는 경우에는 섭취하는 수분량을 전날 소변량 + 500~600mL로 제한하다가 이뇨기에는 1,000~1,500mL, 부종과 고혈압 증상이 없어지는 회복기에는 자유롭게 섭취한다.

⑤ **칼륨 제한** 소변 배설량, 투석 정도, 혈중 칼륨 수치에 따라 칼륨 섭취를 제한한다. 육류, 우유, 채소, 과일 등 칼륨 함량이 높은 식품을 제한한다.

⑥ **칼슘 보충, 인 제한** 사구체여과율이 정상의 1/3 이하로 감소하면 신장의 인 배출이 감소하여 혈중 인 농도가 증가하고 칼슘 농도는 감소한다. 인 제한을 위해 잡곡류, 견과류, 유제품 사용을 제한한다. 1일 1,200~1,600mg의 칼슘 공급을 위해 보충제(탄산칼슘, 젖산칼슘 등)를 사용한다.

⑦ **비타민, 철, 아연 보충** 칼슘 흡수율의 증가를 위해 비타민 D를 보충한다. 빈혈과 이미증 예방을 위해 철, 아연을 보충한다.

알 아 두 기

칼륨 섭취를 줄이는 방법

- 칼륨은 단순당과 지방질을 제외한 모든 식품에 대부분 함유되어 있는데 주로 마른 과일, 견과류, 감자, 고구마, 밤, 채소, 과일 등에 많이 함유되어 있다.
- 식이조절에 있어서 중요한 점은 칼륨이 많이 함유되어 있는 식품들은 한꺼번에 많은 양을 섭취하지 말고 간격을 두고 소량씩 먹도록 하고, 칼륨을 줄여서 섭취할 수 있는 조리방법을 선택하는 것이다. 그리고 가능한 한 칼륨이 적게 함유된 식품을 선택해서 먹도록 한다.
- **채소 섭취 시 주의사항**
  - 칼륨(K^+)은 수용성 물질이므로 물에 오래 담가두거나 데치면 그 함량을 줄일 수 있다.
  - 조리법에 따른 칼륨 제거 효과를 보면 날것에 비해 얇게 썰어서 흐르는 물에 씻은 것은 10%, 물에 담갔다 데친 것은 30~50%의 칼륨을 제거해 낼 수 있다.
  - 일반적으로 채소의 잎보다는 껍질이나 줄기에 칼륨이 많으므로 껍질을 벗기거나 잎만 사용한다.
  - 잎이 큰 야채보다는 열매로 생긴 야채를 이용한다.
  - 초록색이 진한 야채보다는 연두색, 흰색 위주의 야채를 이용한다.
- **채소의 칼륨 제거법**
  - 채소의 10배 이상의 미지근한 물에 채소를 최소 2시간 이상 담갔다가 헹군 후 조리한다.
  - 재료의 5배 되는 물에서 데치거나 삶은 뒤 여러 번 헹궈서 조리한다.
  - 물을 버리고 1회분씩 원하는 방식으로 조리한다.
  - 나머지는 1회분씩 비닐봉지에 넣어 얼렸다가 필요할 때 사용한다.
- **과일 섭취 시 주의사항**
  - 과일은 비타민도 많지만 칼륨, 인, 수분도 많으므로 제한한다.
  - 과일의 껍질은 꼭 벗기고, 1일 과일 섭취량을 준수한다.
  - 과일은 통조림 형태로 섭취하게 되면 가공 과정 중에 칼륨 함량이 감소하고 열량 보충이 필요한 경우 열량 증가에 도움이 된다. 단, 당뇨병이 동반된 경우에는 단순당 함량이 높아 혈당을 증가시킬 수 있으므로 섭취를 제한한다.
- **어·육류 섭취 시 주의사항**
  - 생선이나 육류는 날것을 먹지 말고 가열하여 조리한 것을 먹는다.
- **기타**
  - 주식으로는 잡곡을 피하고 흰밥을 먹는다.
  - 열량 보충을 위하여 사탕을 먹을 경우 초콜릿이나 견과류(호두, 잣, 땅콩), 코코넛, 건포도가 함유된 사탕은 먹지 않도록 한다.
  - 간식 섭취 시 칼륨이 많이 함유되어 있는 음식을 제한한다.
  - 근육의 분해가 일어나지 않도록 적절한 식사와 운동을 한다.

표 8-11 식품군별 칼륨 함량이 높은 식품

식품군	칼륨 함량이 높은 식품(주의식품)
곡류	잡곡밥, 조, 현미, 율무, 수수, 팥, 밤, 은행, 메밀국수, 옥수수, 시루떡, 감자, 고구마, 토란
어·육류	검은콩, 노란콩, 햄, 치즈, 통조림햄, 생선통조림, 조갯살, 어묵, 건어물(멸치, 오징어), 굴, 꽃게, 새우, 소대창
채소류	고춧잎, 아욱, 근대, 머위, 물미역, 미나리, 부추, 쑥, 쑥갓, 시금치, 죽순, 취나물, 단호박, 늙은호박, 양송이, 무말랭이, 홍고추, 갓
과일류	곶감, 멜론, 바나나, 앵두, 참외, 키위, 천도복숭아, 토마토, 방울토마토
유제품	초콜릿 우유
지방류	땅콩, 아몬드, 잣, 호두, 해바라기씨, 참깨, 들깨
기타	초콜릿, 흑설탕, 황설탕, 로얄제리, 젤리, 잼종류(딸기잼, 사과잼 등)

출처 : 세브란스 병원. 고칼륨혈증의 이해와 치료.

알 아 두 기

인이 많이 함유되어 있는 식품

구분	식품명
곡류	현미, 검은쌀, 녹두, 녹두묵, 율무, 수수
어·육류	말린 어·육류, 생선 통조림, 검은콩, 노란콩, 달걀노른자
채소류	느타리버섯, 양송이버섯
과일류	곶감, 건포도 등 말린 과일
우유 및 유제품	우유, 아이스크림, 치즈
지방	땅콩, 땅콩버터, 아몬드, 잣, 호두, 피스타치오
열량 공급원	초콜릿, 코코아
기타	콜라, 피자

5. 만성 콩팥병

만성 콩팥병(chronic kidney disease, CKD)은 신기능 이상과 점진적인 사구체여과율의 감소를 동반한 여러 형태의 병태생리학적 변화를 나타내는 질환이다. 만성 콩팥병은 인구의 고령화, 만성 질환의 증가와 함께 늘어나고 있으며 많은 국가에서 높은 유병률과 발생률, 뇌졸중, 심질환, 당뇨병 및 감염 등의 합병증, 의료비 증가를 야기하는 등 보건학적으로 중요한 문제이다. 대한신장학회에서는 이전에 주로 사용하던 만성 신부전이란 진단명 대신 만성 콩팥병을 사용할 것을 권고하였는데, 이는 만성 신부전이 초기 신기능 저하에서 말기 신부전증에 이르기까지 너무 광범위한 질병의 개념을 포함하고 있어 신질환의 진행에 따른 평가 및 적용에 어려움이 있었기 때문이다.

1) 원인

만성 콩팥병의 주요 원인은 당뇨병성 신증, 사구체신염, 고혈압성 신증(혈관 및 허혈성 신장질환, 고혈압이 일차적 원인인 사구체질환)이며, 그 외 상염색체 우성 다낭성 신증, 낭종성과 세뇨관간질질환, 신독성약물, 결석, 종양, 자가면역질환 및 급성 신손상의 과거력 등이 있다. 신장은 여러 요인으로 손상을 받으면 사구체여과율이 정상으로 회복되지 못하고 점진적으로 감소되는 비가역적으로 진행되어 결국 말기신부전으로 이행된다. 사구체여과율의 감소속도는 특히 요단백의 배설이 많을수록 빠르며, 말기 신부전으로 급속하게 진행된다.

2) 진단

만성 콩팥병의 정의는 신손상의 증거가 있거나, 사구체여과율이 60mL/min/1.73m^2 미만으로 감소한 상태가 3개월 이상 지속되는 경우이다. 2002년 제안된 미국신장재단(National Kidney Foundation)의 K/DOQI(kidney disease outcomes quality initiative) 진료지침에 의하면 만성 콩팥병은 신질환의 종류와 관계없이 신손상의 증거 유무와 사구체여과율로 대표되는 신장 기능의 감소 정도로 진단할 수 있다. 젊은 성인의 사구체여과율은 120~130mL/min/1.73m^{2}이며 연령이 증가할수록 감소한다. 또한, 사구체여과율은 성별, 체격에 따라 변화하며 이외에도 고단백식이나 약물에 의해서도 영향을 받는다. 90mL/min/1.73m^2 미만이면 사구체여과율이 감소된 것으로 판단할 수 있다.

표 8-12 만성 콩팥병의 분류와 단계별 치료 지침(K/DOQI, 2002)

만성 콩팥병 단계	사구체여과율 (mL/min/ 1.73m²)	정의	증상	치료	콩팥 기능의 특징
1	≥ 90	콩팥 손상은 존재하나, GFR은 정상 또는 증가	• 특이한 증상 없음	진단, 치료, 동반질환 치료, 진행속도 완화, 심혈관 위험인자 치료	콩팥 기능은 정상임. 이 경우 혈뇨, 단백뇨 등 소변검사에 이상이 없을 경우 정상임. 그러나 혈뇨, 단백뇨 등 초기 콩팥 손상의 증거가 있는 경우에는 사구체여과율이 정상이라도 만성 신질환 1단계에 해당될 수 있음
2	60~89	콩팥 손상은 존재하나, GFR이 경도 저하	• 특이한 증상은 없으나 크레아티닌 수치가 정상보다 높음	진행속도 평가	신장 기능이 감소하기 시작
3	30~59	GFR이 중등도 저하	• 피로, 식욕감퇴, 손발의 붓기, 요통, 수면장애 • 빈혈로 인한 무기력감으로 일상생활에 지장	합병증 평가 및 치료	신기능이 더욱 감소
4	15~29	GFR이 고도 저하	• 피로, 무기력감, 피부 가려움증 • 식욕감퇴로 식사를 제대로 할 수 없음 • 이전 단계의 증상들이 악화	신대체요법 준비	생명 유지에 필요한 신장의 기능을 겨우 유지
5	< 15 (또는 투석)	신부전	• 피부 가려움증, 어지러움, 구토, 무기력감 • 얼굴, 손, 다리, 발 등의 심한 붓기 • 구취, 호흡곤란	신대체요법 시행(요독증 존재시)	신장 기능이 심각하게 손상되어 투석이나 이식 없이는 생명을 유지하기 어려움

만성 콩팥병은 원인과 병리학적 소견이 다양하나 임상적으로 단백뇨 검출을 위한 소변검사와 사구체여과율 추정을 위한 혈액검사를 통해 비교적 간단하게 확인할 수 있다. 임상분야에서는 환자의 진단 및 치료를 위해 추정 사구체여과율(estimated GRF)에 따라 만성 콩팥병의 병기를 1기(stage 1)부터 5기(stage 5)까지 5단계로 나눈다 표 8-12.

신장질환국제기구(Kidney Disease Improving Global Outcome, KDIGO) 가이드라인(2012년)에서는 알부민뇨가 만성 콩팥병의 진행, 심혈관 사망, 모든 원인으로 인한 사망률에 미치는 영향을 고려해 중증도 구분을 제시하고 있다 그림 8-6.

KDIGO 2012년 CKD 카테고리 사구체여과율 및 알부민뇨 평가 기반				지속적 알부민뇨 카테고리 : 설명 및 범위		
				A 1	A 2	A 3
				정상 수준~ 경도 수준 증가	중간 수준 증가	중증 수준 증가
				< 30mg/g < 3mg/mmol	30~300mg/g 3~30mg/mmol	> 300mg/g > 30mg/mmol
GFR 카테고리 (ml/min/1.73m²) : 설명 및 범위	G1	정상 또는 높음	≥ 90			
	G2	경도 감소	60~89			
	G3a	경도~중간 수준 감소	45~59			
	G3b	중간~중증 수준 감소	30~44			
	G4	중증 수준 감소	15~29			
	G5	신부전	< 15			

AHA 가이드라인에서는 신장질환국제기구(KDIGO)의 2012년 가이드라인에서 알부민뇨가 CKD의 진행, 심혈관 사망, 모든 원인으로 인한 사망률에 미치는 영향을 고려해 중증도 구분을 제시하고 있다며 KDIGO 2012년 중증도 분류표를 인용했다.

그림 8-6 KDIGO의 만성 콩팥병 분류
주) 녹색부터 빨간색까지 색 변화는 만성 콩팥병의 위험도 증가와 관련 있음

3) 증상

만성 콩팥병 1, 2기에는 사구체여과율 감소에 의한 증상은 보통 나타나지 않는다. 사구체여과율이 감소하여 3, 4기에 이르면 만성 콩팥병의 임상적 소견과 검사 소견으로 합병증이 점진적으로 뚜렷하게 나타나게 된다. 모든 기관이 영향을 받게 되며, 특히 빈혈과 연관된 피로감, 식욕 감퇴와 동반된 점진적인 영양불량, 칼슘과 인 및 $1,25(OH)_2D_3$(calcitriol), 부갑상선호르몬과 같은 무기질 조절 호르몬 이상, 나트륨, 칼륨, 수분 및 산-염기 장애 등의 합병증이 발생하게 된다. 만성 콩팥병 5기는 말기 신부전으로, 환자들은 일상 활동, 신체적 안정감, 영양상태, 수분과 전해질 항상성 등에 장애를 유발할 수 있는 독소가 축적되어 요독증이 발생하고, 핍뇨와 무뇨가 발생하기도 하여 투석이나 신장이식 등 신대체요법이 필요하게 된다.

표 8-13 만성 콩팥병 증상 및 합병증

증상	내용
수분 및 전해질 이상	• 나트륨 축적에 의한 부종, 고혈압, 폐울혈 • 소변으로 배설되는 H^+ 감소로 인한 대사성산증 • 칼륨 배설능력 저하로 인한 고칼륨혈증 • 고인산혈증으로 인한 혈관 및 심장 석회화 유발 → 심혈관계 사망률 증가
신성골형성장애 골이영양증	• 만성 콩팥병 환자의 40~90% • 고인산혈증, 대사성산증, 저칼슘혈증, 이차성 부갑상선기능항진증, 칼시트리올 수용체 수의 감소, 활성형 비타민 D의 혈중 농도 감소 등 복합적인 작용으로 인한 뼈 손상 • 골연화증, 섬유성 골염, 골조송증(골다공증), 골경화증 등
심혈관계 이상	• 만성 콩팥병의 주요 사망원인으로 약 50% 차지 • 나트륨과 수분의 축적으로 인한 레닌-안지오텐신계의 활성도 증가, 알도스테론의 과다분비, 교감신경계 활성도 증가로 인한 고혈압 • 고혈압, 수분과다, 이상지질혈증, 고칼륨혈증, 저칼슘혈증으로 인한 심부전
혈액학적 이상	• GFR 30mL/min 이하일 경우 에리트로포이에틴 생합성 감소로 인한 적혈구성 빈혈 발생 • 혈소판 기능 장애, 혈소판 인자 감소, 프로트롬빈 제거 감소로 인한 출혈 • 화학주성 및 포식작용, 림프구 및 T-세포 감소로 인한 면역조절 이상
위장관계 이상	• 중추신경계 이상에 의한 식욕부진, 메스꺼움, 구토 • 요독성 구취 • 점막의 궤양이나 위염으로 인한 복통 및 위장관 출혈
신경계 이상	• 초기 : 중추신경계 이상으로 인한 기억 및 집중력장애, 수면장애 • 중기 : 흥분성 증가로 인한 딸꾹질, 경련, 근수축 • 말기 : 경련, 혼수, 환각, 기면
피부 증상	• 빈혈로 인한 창백 • 지혈작용 장애로 인한 반상출혈 및 혈종 • 칼슘인염 침착으로 인한 가려움증, 표피박리 • 색소성 대사산물인 우로크롬의 침착으로 인한 황색 피부

알 아 두 기

요독증(uremia)

요독증이란 신장(콩팥)의 기능이 감소하면서 체내에 쌓인 노폐물들이 배설되지 못해 나타나는 질환이다. 혈중 요소 농도가 정상의 5배 이상(100mg/dL), 혈중 크레아티닌 농도도 정상의 10배 정도(10~12mg/dL)가 되며, 칼륨 배설이 저하되어 고칼륨혈증이 발생한다. 계속적으로 노폐물이 배출되지 못하고 각 장기에 축적되어 부위에 따른 증상이 다음과 같이 나타난다.

(계속)

부위	증상
소화기	구역, 구토, 식욕부진, 설사, 복통, 변비 등
신경계	두통, 기억력과 집중력 저하, 현기증, 근력 저하, 의식장애, 지남력장애, 경련, 혼수 등
혈관계	잇몸 출혈, 성기 출혈, 하혈, 비출혈, 빈혈, 고혈압, 심부전, 부정맥 등
피부	색소침착, 극심한 가려움증, 습진 등
골격계	골절 등
내분기계	무월경, 골이양증, 성기능장애 등
체액 및 전해질 이상	부종, 고칼륨혈증, 대사성산증 등
기타	면역계 이상, 시력장애

4) 식사요법

만성 콩팥병 치료의 목표는 사구체여과율의 저하를 막거나 감소 속도를 늦추고 고혈압, 빈혈, 대사성 산증, 신성골이영양증과 같은 합병증에 의한 추가 신손상을 예방하며, 적당한 영양상태를 유지하여 요독증의 합병증을 예방 또는 치료하는 것이다. 약물치료로는 항고혈압제, 이뇨제, 인결합제, 항고칼륨제, 조혈제(에리스로포이에틴) 등이 사용된다.

만성 콩팥병의 식사요법은 급성 신손상의 회복기와 유사하며, 만성 콩팥병 환자의 영양관리는 체계화된 영양치료 프로토콜에 따라 지속적으로 진행되어야 한다.

표 8-14 만성 콩팥병의 1일 영양기준량

영양소	1일 영양기준량
단백질(g/kg 건체중)	• 0.6~0.8
에너지(kcal/kg 건체중)	• 30~35(60세 이상) • 35(60세 미만)
나트륨(mg)	• 1,000~3,000(감뇨기에는 1,000 미만)
수분(mL)	• 소변량이 정상이면 제한 없음
칼륨(mg)	• 환자 상태에 따라 다름

① **단백질 제한** 건체중 1kg당 0.6~0.8g을 공급하나 만성 콩팥병이 악화되어 감뇨기가 되면 0.6g 미만으로 제한한다.

표 8-15 만성 콩팥병의 1일 영양소 구성 예시

에너지(kcal)	당질(g)	단백질(g)	지방(g)	나트륨(mg)	칼륨(mg)	C:P:F(%)
1,900	323	43	48	2,000	1,500	68:9:23

표 8-16 만성 콩팥병의 1일 식품구성 예시(1,900kcal)

식품군	곡류군	어·육류군	채소군			지방군	우유군	과일군			열량 보충군
			1	2	3			1	2	3	
교환단위	11	2	2	2	–	5	0.5	1	–	–	3

표 8-17 만성 콩팥병의 1일 식단 예시(1,900kcal)

식품군		교환 단위수	아침 쌀밥 고사리나물 애호박볶음 무초절이	간식 토스트 + 잼 사과	점심 쌀밥 삼치튀김 가지볶음 마늘종볶음	간식 우유 절편 + 꿀	저녁 쌀밥 닭가슴살겨자무침 표고버섯볶음 양상추나물
곡류군		11	밥 210g (3교환)	토스트 35g (1교환)	밥 210g (3교환)	절편 50g (1교환)	밥 210g (3교환)
어·육류군	저지방	1	–	–	–	–	닭가슴살겨자무침 40g (1교환)
	중지방	1	–	–	삼치튀김 50g (1교환)	–	–
채소군	저칼륨	3	고사리나물 35g (0.5교환) 무초절이 35g (0.5교환)	–	가지볶음 35g (0.5교환) 마늘종볶음 20g (0.5교환)	–	표고버섯볶음 25g (0.5교환) 양상추나물 35g (0.5교환)
	중칼륨	1	애호박볶음 70g (1교환)	–	–	–	–
지방군		5	콩기름 5g (1교환) 참기름 5g (1교환)	–	콩기름 5g (1교환) 참기름 5g (0.5교환)	–	콩기름 5g (1교환) 참기름 2.5g (0.5교환)
우유군		0.5	–	–	–	우유 100mL (0.5교환)	–
과일군 (저칼륨)		1	–	사과 80g (1교환)	–	–	–
열량 보충군		3	–	잼 53g (1.5교환)	–	꿀 45g (1.5교환)	–

* 사과는 껍질 벗겨서 물에 담갔다가 제공

② **충분한 에너지 섭취** 이상체중 유지 및 단백질의 효과적인 이용을 위해 충분한 에너지를 섭취한다. 주로 당질 위주로 공급하되 지방은 적절하게 공급한다.

③ **나트륨 제한** 다뇨기에는 1,000~3,000mg을 허용하나 만성 콩팥병이 악화되어 부종 및 고혈압이 동반된 감뇨기에는 1,000mg 미만으로 제한한다.

④ **소변량에 따라 수분 조절** 1일 소변량이 정상이면 수분을 제한하지 않으나 소변량이 줄어드는 감뇨기에는 갈증이 없을 정도로만 제한한다.

⑤ **증상에 따라 칼륨 조절** 급성 신손상 환자에 비해 혈중 칼륨 수준이 정상 범위에 있다. 소변량이 급격히 줄면(1L 미만) 칼륨을 제한한다.

⑥ **칼슘 보충, 인 제한** 인 섭취는 0.8~1.2g/일로 제한하며 필요시 인결합제제를 처방한다. 혈청 칼슘 농도를 정상으로 유지하도록 칼슘을 보충한다.

⑦ **비타민 보충** 단백질 제한 시 비타민 결핍이 초래되므로 엽산, 피리독신, 비타민 B 복합체, 비타민 C, 비타민 D 권장량 수준으로 공급한다. 비타민 A는 만성 콩팥병이 진행될수록 체내 축적되므로 보충하지 않는다.

6. 신대체요법

신대체요법(renal replacement therapy)을 시작해야 하는 일반적인 기준은 요독증, 치료에 반응하지 않는 고칼륨혈증, 이뇨제 치료에도 불구하고 지속되는 세포외액 용적의 팽창, 약물치료에 효과가 없는 대사성산증 및 추정 사구체여과율 10mL/min/1.73m^2 미만

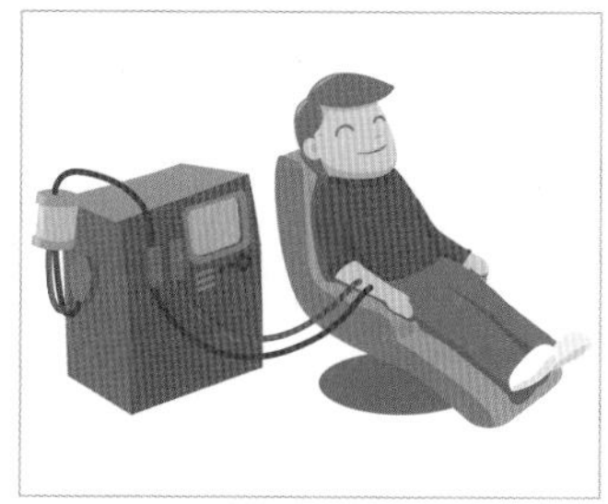
혈액투석

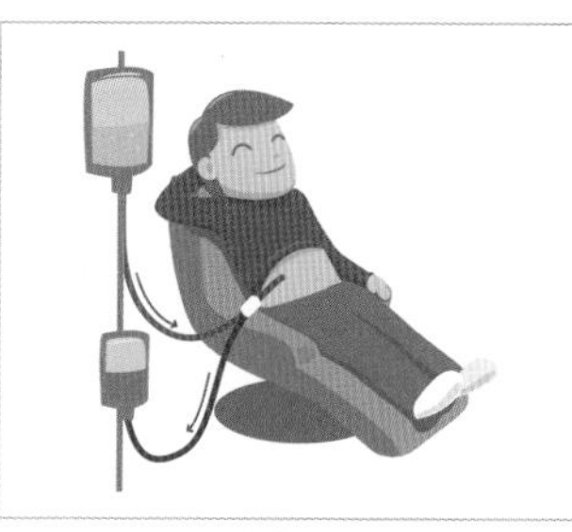
복막투석

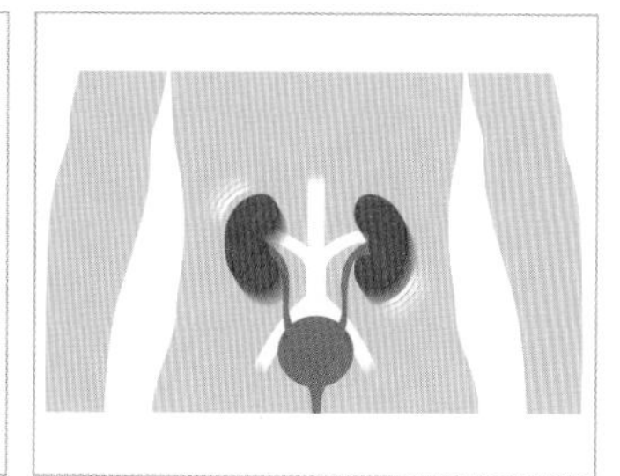
신이식

그림 8-7 신대체요법

등이다. 우리나라 말기 신부전환자의 대부분이 혈액투석(75%) 치료를 받고 있고 복막투석과 신장이식을 받는 환자는 각각 6%와 19%이다 그림 8-7.

1) 혈액투석

(1) 원리

혈액투석(hemodialysis)은 혈액 중 요독과 과다한 수분을 투석기의 반투막(사구체 역할을 하는 필터)을 통해 체외에서 기계적으로 제거한 후 혈액을 다시 환자의 체내에 주입하는 치료방법이다 그림 8-8. 투석은 반투과성 막을 사이에 두고 혈액과 투석액 간의 농도 차이에 의한 확산작용에 따라 용질이 제거된다. 혈액투석은 몸에서 분당 200mL 이상의 혈액을 빼낸 뒤 필터로 혈액을 걸러 다시 몸속으로 넣어주는 것으로, 일반적인

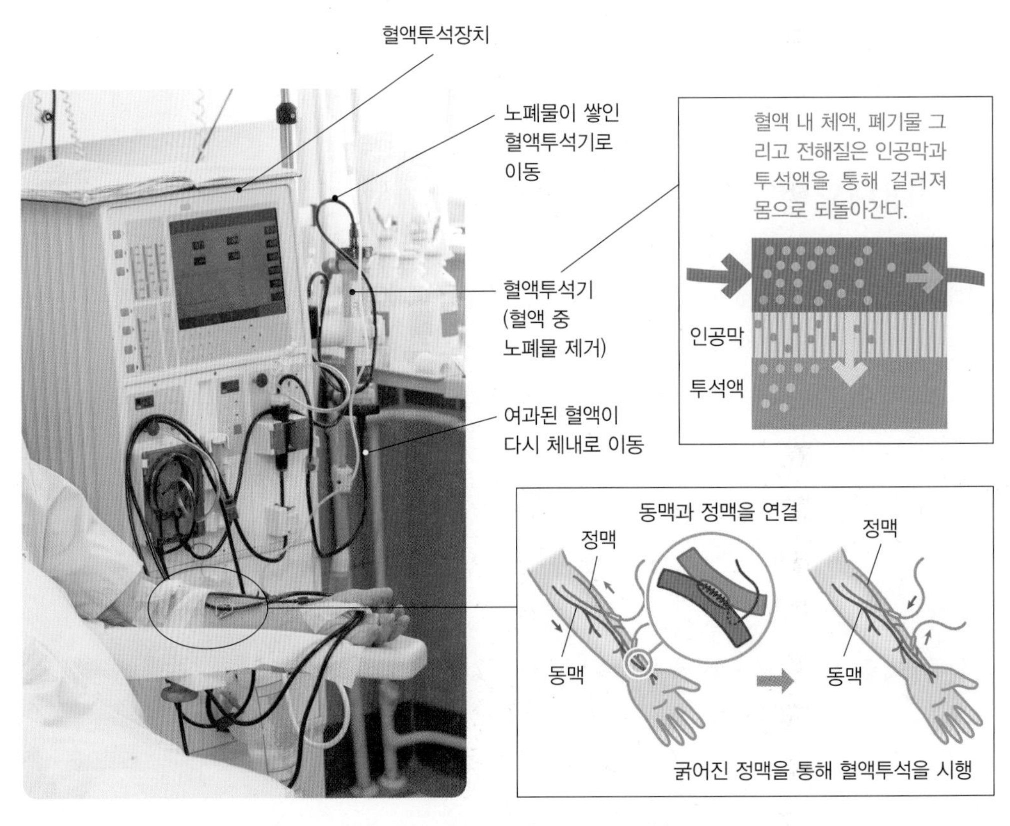

그림 8-8 혈액투석

말초혈관을 통해서는 이처럼 많은 양의 혈액 이동 및 투석은 불가능하다. 따라서 말기 신부전 환자가 지속적으로 혈액투석을 하기 위해서는 정맥을 많은 양의 혈액이 지나가도록 확장시키고 동맥처럼 튼튼하게 하기 위해서 동맥과 표피 정맥을 연결하는 동정맥루 조성술이 필요하다. 혈액투석 치료시간은 1회 4시간씩, 주 3회로 총 12시간 투석하는 것이 표준 혈액투석 치료이며, 환자의 상태에 따라 시간과 횟수를 조절할 수 있다. 혈액투석은 단시간에 급속한 혈액 노폐물을 제거하고 과잉의 체액을 제거하는 장점이 있으나 혈역학적으로 불안정한 환자에게는 저혈압, 근경련 및 투석불균형증후군 등의 합병증이 발생할 수 있다.

(2) 혈액투석의 영양관리

혈액투석을 시행한다 해도 투석과 투석 사이 동안 노폐물이 위험수준까지 축적될 수 있으며, 투석기계는 몸에 필요한 것과 불필요한 것을 선택하여 재흡수하거나 배설하는 기능을 못하기 때문에 반드시 식사요법이 병행되어야 한다. 또한 투석을 통해 노폐물만 제거되는 것이 아니라 몸에 필요한 아미노산, 수용성 비타민이 손실되기 때문에 지나친 식사제한은 영양불량의 원인이 될 수 있다. 따라서 투석 빈도수, 영양상태, 체격상태, 전해질 불균형 정도 등을 고려한 영양관리가 필요하다 **표 8-18**.

표 8-18 혈액투석의 1일 영양기준량

영양소	1일 영양기준량
단백질(g/kg 건체중)	• 1.2~1.4
에너지(kcal/kg 건체중)	• 30~35(60세 이상) • 35(60세 미만)
나트륨(mg)	• 2,000~3,000
칼륨(mg)	• 2,000~3,000
수분(mL)	• 소변량 + 1,000

① **충분한 단백질 섭취** 투석 중 손실되는 단백질 양을 보충한다. 50% 이상을 생물가가 높은 동물성 단백질로 섭취한다. 과량의 단백질 섭취는 투석 간 노폐물을 축적시키므로 주의한다.

② **충분한 에너지 섭취** 체조직 분해를 막기 위해 충분한 에너지를 섭취한다. 말기 신질

표 8-19 혈액투석식의 1일 영양소 구성 예시

에너지(kcal)	당질(g)	단백질(g)	지방(g)	나트륨(mg)	칼륨(mg)	C:P:F(%)
2,100	340	68	52	2,000	2,000	65:13:22

표 8-20 혈액투석식의 1일 식품구성 예시(2,100kcal)

식품군	곡류군	어·육류군	채소군			지방군	우유군	과일군			열량 보충군
			1	2	3			1	2	3	
교환단위	10	5	3	1	–	5	1	1	–	–	3

표 8-21 혈액투석식의 1일 식단 예시(2,100kcal)

식품군		교환 단위수	아침 쌀밥 갈치구이 고사리나물 애호박볶음 무초절이	간식 토스트 + 잼 파인애플통조림	점심 쌀밥 불고기 달걀말이 가지볶음 마늘종볶음	간식 우유 사탕	저녁 쌀밥 닭가슴살겨자무침 삼치튀김 표고버섯볶음 양상추나물
곡류군		10	밥 210g (3교환)	토스트 35g (1교환)	밥 210g (3교환)	–	밥 210g (3교환)
어·육류군	저지방	2	–	–	소불고기 40g (1교환)	–	닭가슴살겨자무침 40g (1교환)
	중지방	3	갈치구이 50g (1교환)	–	달걀말이 55g (1교환)	–	삼치튀김 50g (1교환)
채소군	저칼륨	3	고사리나물 35g (0.5교환) 무초절이 35g (0.5교환)	–	가지볶음 35g (0.5교환) 마늘종볶음 20g (0.5교환)	–	표고버섯볶음 25g (0.5교환) 양상추나물 35g (0.5교환)
	중칼륨	1	애호박볶음 70g (1교환)	–	–	–	–
지방군		5	콩기름 5g (1교환) 참기름 5g (1교환)	–	콩기름 5g (1교환) 참기름 2.5g (0.5교환)	–	콩기름 5g (1교환) 참기름 2.5g (0.5교환)
우유군		1	–	–	–	우유 100mL (0.5교환)	–
과일군 (저칼륨)		1	–	파인애플 통조림 70g (1교환)	–	–	–
열량 보충군		3	–	잼 35g (1.5교환)	–	사탕 25g (1.5교환)	–

환 환자에서 내당능장애가 있는 경우 당질 조절이 필요하다.

③ **나트륨 제한** 나트륨 제한은 지나친 갈증을 예방하여 과량의 수분 섭취와 과도한 체중 증가를 막으므로 부종과 고혈압을 조절하는 효과가 있다. 투석 동안 저혈압, 근육경련을 예방하기 위해 투석 7~10시간 전 나트륨을 섭취한다.

④ **필요시 칼륨 제한** 체격, 혈중 칼륨 수준, 소변량, 투석횟수를 고려하여 칼륨제한을 결정한다.

⑤ **수분 조절** 투석을 하더라도 투석 간 혈액 증가로 인한 체중 증가가 2~3kg 정도 되도록 수분 섭취를 조절한다. 갈증해소를 위해 얼음, 차게 썬 과일, 신맛 나는 사탕, 구연산이 함유된 스포츠껌 등을 활용한다.

⑥ **칼슘 보충, 인 제한** 인 섭취는 800~1,000mg/일로 제한한다. 칼슘 보충 및 인 흡수억제를 위해 탄산칼슘, 초산칼슘, 젖산칼슘 등의 칼슘보충제(인 결합제)를 이용한다. 식사와 보충제를 포함하여 칼슘을 2,000mg/일 이하로 공급한다.

⑦ **비타민 보충** 투석 중 손실되는 수용성 비타민(비타민 B 복합체, 비타민 C)을 보충한다. 활성형 비타민 D를 공급하면 칼슘 흡수에 도움이 된다.

2) 복막투석

(1) 원리

복막은 간, 위, 비장, 대장 및 소장과 같은 다양한 복부 장기를 덮고 있는 얇은 막으로 장기들의 원활한 움직임과 마찰 방지 기능을 한다. 복막투석(peritoneal dialysis)은 복막을 경계로 복강 내의 투석액과 복막 모세혈관의 혈액 사이에 용질과 체액이 교환됨으로써 혈액 속에 존재하는 노폐물과 과도한 수분을 제거하는 치료방법이다 그림 8-9. 복막투석의 원리는 복강과 연결되어 있는 실리콘 도관(튜브 또는 카테터)을 삽입한 후 고농도의 포도당(덱스트로스)을 함유한 투석액을 복강 내로 주입하면 복막 모세혈관으로부터 요소, 크레아티닌, 칼륨 등의 노폐물이 복강 내 투석액으로 확산되는 것이다. 또한 고농도의 포도당이 들어 있는 복막투석액은 혈장에 비해 삼투압이 높으므로 체액을 초여과에 의해 제거한다. 4~6시간 정도 일정 시간이 지나면 투석액이 복강 내에 머무는 동안 노폐물의 농도가 점점 더 증가하여 혈액 내 노폐물 농도와 투석액 내 노폐물 농도가 같아지는 포화 상태가 되며, 노폐물이 더 이상 투석액 쪽으로 이동하지 않게 되면 복강 내 투석액을 배출하고 이어서 새로운 투석액을 복강 내로 주입해주게 된다.

복막투석에는 지속성 외래복막투석(continuous ambulatory PD, CAPD), 지속성 사이클러 이용 복막투석(continuous cyclic PD, CCPD), 야간 간헐적 복막투석(nocturnal intermittent PD, NIPD) 등이 있다 그림 8-9C. CAPD는 2L의 투석액(포도당 농도 1.5~4.25%)을 복강 내에 4~6시간 머무르게 한 후 다시 체외로 배출한다. 일반적으로 투석액은 하루 4~5회 교환한다. CCPD는 자동복막투석기를 이용하여 밤에 8~10시간 동안 8L의 투석을 하고, 낮에는 복강 내에 남아 있는 2L의 투석액을 지닌 채 생활하는

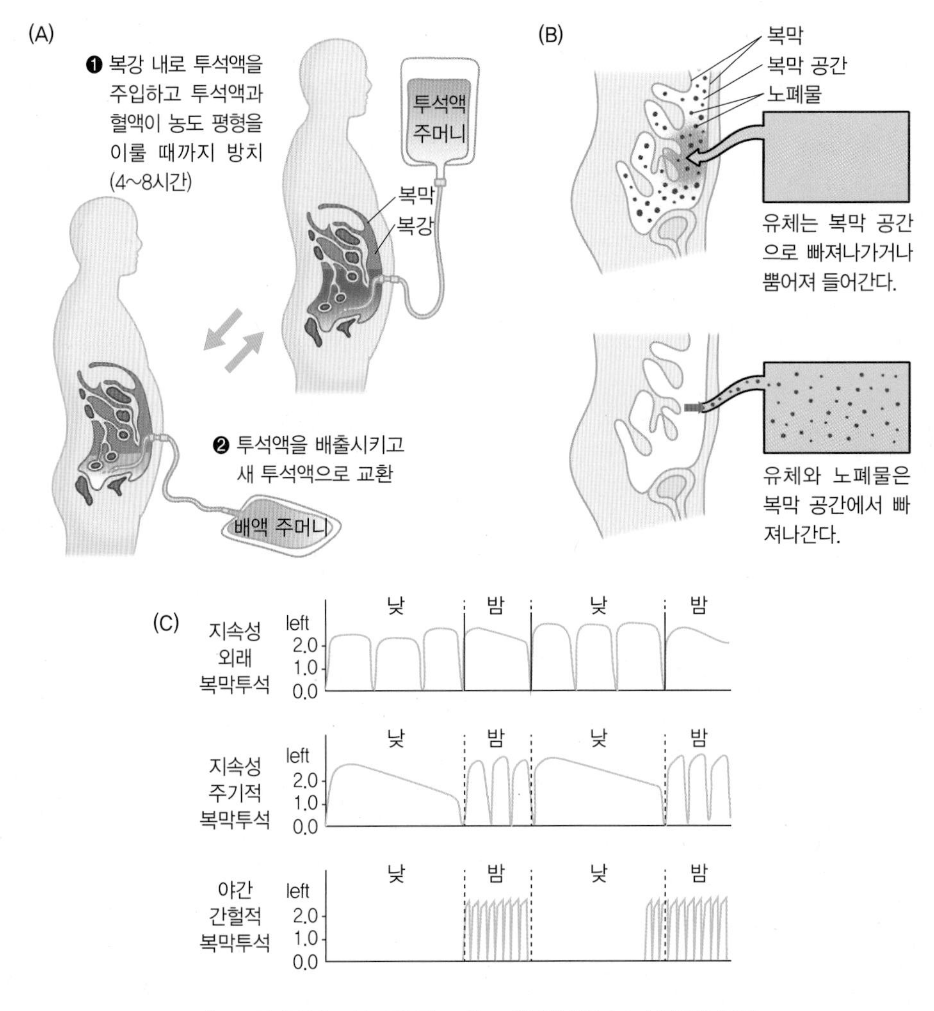

그림 8-9 복막투석(A. 복막투석액 교체, B. 복막투석원리 C. 복막투석 종류)

방법이다. NIPD도 자동복막투석기를 이용하나 밤에만 약 10시간 동안 투석을 하고 낮에는 복강을 비운 채로 있는 방법이다.

복막투석의 장점은 혈액투석에 비하여 분자량이 큰 중간분자량 물질을 제거할 수 있어서 요독증의 증상이 덜하고 항응고제 사용과 혈관 접근이 필요 없으며, 지속적으로 투석이 수행되어 체내의 노폐물, 전해질, 수분 등이 일정한 상태로 유지되므로 엄격한 식사 제한에서 벗어날 수 있다는 점이다. 반면에 단점으로는 단백질, 비타민, 아미노산

표 8-22 혈액투석과 복막투석 비교

	혈액투석	복막투석
우선 고려	• 최근에 복부수술을 했거나 과거 여러 번의 복부수술로 복강 내 유착이 있는 환자 • 탈장환자, 다낭성 신질환자 • 심한 염증성 장질환자 • 책임감이 적고 위생관념이 부족한 환자 • 시력장애자 • 잔여 신기능이 없는 환자	• 소아 또는 청소년, 고령 환자 • 심부전 환자나 저혈압 발현이 잦은 심혈관계 불안정 환자 • 심한 빈혈, 출혈성 경험이 있거나 출혈 상태인 환자 • 혈관 확보가 어려운 환자 • 여행을 자주 가는 환자 • 가정에서 투석하기를 원하는 환자
수술 (통로)	• 투석을 시작하기 전에, 팔에 혈관장치인 동정맥루를 만들어야 함 • 동정맥루가 준비되지 않은 상태에서 응급으로 혈액투석을 하려면 목이나 어깨의 정맥에 플라스틱관을 삽입	• 복막투석 도관이라고 하는 가는 관을 복강 내에 삽입하는 수술을 함 • 이 도관은 영구적으로 복강 내에 남아 있음
방법	• 인근 혈액투석실(병, 의원)에서 보통 일주일에 3회, 매회당 4~5시간 동안 시행	• 집이나 회사에서 투석액을 교환 • 대부분의 환자들은 하루에 3~4회, 6~8시간마다 교환함 • 새로운 투석액을 복강 내에 주입 • 약 6시간 후에 투석액을 빼고 새 투석액으로 교환(30~40분 소요)
장점	• 병원에서 의료진이 치료 • 자가관리가 어려운 노인이나 거동이 불편한 사람에게 가능 • 주 2~4회 치료 • 동정맥루로 투석을 하는 환자는 통목욕이 가능	• 주삿바늘에 찔리는 불안감은 없음 • 한 달에 1회만 병원 방문 • 혈액투석에 비해 신체적 부담이 적고 혈압조절이 잘 됨 • 식사제한이 적음 • 교환 장소만 허락되면 일과 여행이 자유로움
단점	• 주 2~3회 투석실에 와야 하므로 수업이나 직장생활에 지장 • 식이나 수분의 제한이 심함 • 빈혈이 좀 더 잘 발생 • 쌓였던 노폐물을 단시간에 빼내므로 피로나 허약감을 느낄 수 있음	• 하루 4회 청결한 환경에서 투석액을 갈아주어야 하는 점이 번거로움 • 복막염이 생길 수 있음 • 복막투석 도관이 몸에 달려 있어 불편 • 간단한 샤워만 가능하며 통목욕은 불가능

출처 : 질병관리본부 국가건강정보포털.

등의 소실 우려가 있으며 합병증으로 복막염의 발생 위험이 높고 이상지질혈증이 나타날 수 있다는 점이다. 따라서 환자의 여러 가지 요인과 질병의 상태를 고려하여 투석 방법을 선택한다. 표 8-22에 혈액투석과 복막투석을 비교 제시하였다.

(2) 복막투석의 영양관리

복막투석 시 단백질과 수용성 비타민도 같이 손실되는 반면 투석액으로부터 흡수되는 포도당은 체중 증가, 이상지질혈증, 혈당 상승 등의 문제가 발생될 수 있으므로 이에 대한 적절한 식사요법이 필요하다 표 8-23.

표 8-23 복막투석의 1일 영양기준량

영양소	1일 영양기준량
단백질(g/kg 건체중)	• 1.3~1.5
에너지(kcal/kg 건체중)	• 30~35(60세 이상) • 35(60세 미만)
나트륨(mg)	• 2,000~4,000
칼륨(mg)	• 3,000~4,000
수분(mL)	• 1,500~2,000

① **충분한 단백질 섭취** 혈액투석보다 투석액으로 손실되는 단백질량이 많다. 또한 복막염이 있을 시 단백질 필요량이 증가한다.

② **적당한 에너지 섭취** 총 에너지 요구량으로부터 투석액으로 인해 흡수되는 에너지를 제하고 결정하는데, 보통 투석액으로부터 하루 약 300~500kcal 정도가 흡수된다. 당질 위주의 간식이나 단순당 추가 섭취를 제한하고, 심혈관질환 예방을 위해 동물성 지방과 콜레스테롤 섭취를 제한한다.

③ **나트륨 제한** 혈액투석에 비해 나트륨 섭취가 비교적 자유롭다. 그러나 고염식을 할 경우 과잉으로 축적된 수분 제거를 위해 고농도의 투석액을 사용하여 체중 증가와 고중성지방혈증의 위험이 증가할 수 있다.

④ **칼륨 주의** 혈중 칼륨 수준이 정상일 경우 칼륨을 제한하지 않는다. 단백질이나 칼륨 함량이 높은 식사로 인해 고칼륨혈증이 유발될 수 있으므로 주의한다.

EXAMPLE

복막투석환자의 에너지 필요량 계산방법(복막투석액으로부터 흡수된 포도당 고려)

정상체중 70kg인 환자의 하루 투석액 사용액이 1.5%(포도당 농도) 2L 2회, 2.5% 2L 2회인 경우 식사로부터 섭취해야 하는 에너지는 필요량은 다음과 같이 계산한다.

- 환자의 에너지 필요량 : 70kg × 35/kg 체중 = 2,450kcal
- **투석액으로 유입되는 에너지* : 약 380kcal**
- 식사로부터 섭취해야 하는 에너지 : 2,450 − 380 = **2,070kcal**

*** 투석액으로부터 흡수된 포도당 에너지 계산**

투석액 중 포도당 농도 = 2,000mL × 0.015(포도당 농도) × 2(투석횟수) + 2,000mL × 0.025 × 2 = 160g

투석액으로부터 흡수된 포도당 에너지 = 160g × 3.4kcal[1] × 0.7[2] = 380.8kcal

주 1) 투석액 중 포도당으로부터 열량 1g당 3.4kcal
2) 투석액 중 포도당 체내 흡수율 평균 70%

⑤ **필요시 수분 제한** 부종이 없는 한 수분을 제한할 필요는 없다.

⑥ **칼슘 보충, 인 제한** 인 섭취는 800~1,000mg/일로 제한한다. 칼슘 보충 및 인 흡수 억제를 위해 탄산칼슘, 초산칼슘, 젖산칼슘 등의 칼슘보충제(인 결합제)를 이용한다. 식사와 보충제를 포함하여 칼슘을 2000mg/일 이하로 공급한다.

표 8-24 복막투석식의 1일 영양소 구성 예시

에너지(kcal)	당질(g)	단백질(g)	지방(g)	나트륨(mg)	칼륨(mg)	C:P:F(%)
1,800	255	80	50	3,000	3,000	57:18:25

표 8-25 복막투석식의 1일 식품구성 예시(1,800kcal)

식품군	곡류군	어·육류군	채소군			지방군	우유군	과일군		
			1	2	3			1	2	3
교환단위	9	6	4	3	−	4	1	1	−	−

표 8-26 복막투석식의 1일 식단 예시(1,800kcal)

식품군		교환 단위수	아침 쌀밥 닭가슴살겨자무침 갈치구이 고사리나물 당근전 열무무침	간식 토스트 파인애플통조림	점심 쌀밥 불고기 달걀말이 가지볶음 무초절이 애호박나물	간식 우유	저녁 쌀밥 삼치튀김 두부구이 표고버섯볶음 양상추나물 연근전
곡류군		9	밥 140g (2교환)	토스트 35g (1교환)	밥 210g (3교환)	–	밥 210g (3교환)
어·육류군	저지방	2	닭가슴살겨자무침 40g (1교환)	–	소불고기 40g (1교환)	–	–
	중지방	4	갈치구이 50g (1교환)	–	달걀말이 55g (1교환)	–	삼치튀김 50g (1교환) 두부구이 80g (1교환)
채소군	저칼륨	4	고사리나물 35g (1교환) 당근전 35g (0.5교환)	–	가지볶음 35g (1교환) 무초절이 35g (0.5교환)	–	표고버섯볶음 25g (0.5교환) 양상추나물 35g (0.5교환)
	중칼륨	3	열무무침 70g (1교환)	–	애호박나물 70g (1교환)	–	연근전 40g (1교환)
지방군		4	콩기름 5g (1교환) 참기름 2.5g (0.5교환)	–	콩기름 5g (1교환) 참기름 2.5g (0.5교환)	–	콩기름 2.5g (0.5교환) 참기름 2.5g (0.5교환)
우유군		1	–	–	–	우유 200mL (1교환)	–
과일군 (저칼륨)		1	–	파인애플 통조림 70g (1교환)	–	–	–

3) 신장이식

신장이식은 말기신부전의 신대체요법 중 가장 이상적인 치료방법이다 그림 8-10. 신장이식을 받은 환자는 투석을 받고 있는 비슷한 위험요인을 가진 환자에 비해 거의 정상적인 식사와 생활이 가능하며, 기대 여명수준이 훨씬 더 높다. 그러나 신장이식 후에는 이식된 타인의 신장을 거부하는 반응을 억제하기 위하여 면역억제제를 평생 복용해야 하며, 만성 거부반응과 이식신기능부전증, 그리고 부작용 전해질 이상, 체중증가, 내당능불내증와 같은 만성 대사성 질환 등이 발생할 수 있으므로 정기적인 영양관리가 필요하다 표 8-27.

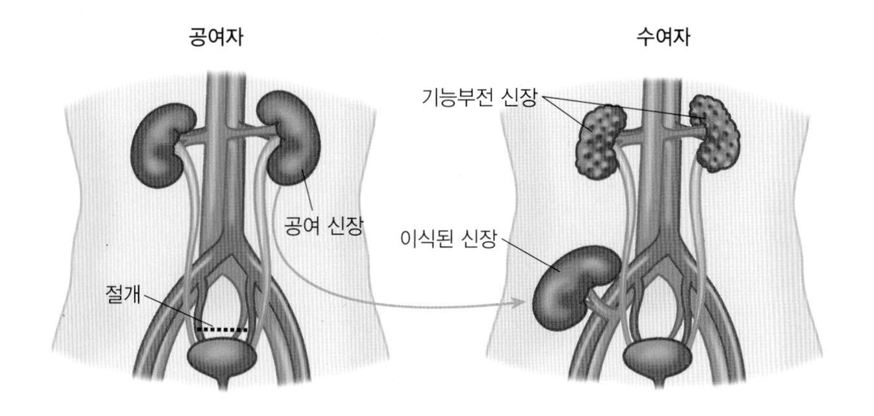

그림 8-10 신장이식

표 8-27 신장이식환자의 1일 영양기준량

영양소	1일 영양기준량	
	이식 직후(~6주)	이식 후 장기관리
단백질(g/kg 건체중)	1.3~1.5	1
에너지(kcal/kg 건체중)	30~35	정상체중 유지
나트륨(mg)	2,000~4,000	고혈압일 경우 2,000~4,000
칼륨(mg)	제한 없음	동일
칼슘(mg)	1,200	동일
수분(mL)	제한 없음	동일

① **충분한 단백질 섭취** 이식 직후에는 수술에 따른 스트레스와 다량의 스테로이드 치료에 따른 체내 단백질 이화 증가로 인해 단백질 요구량이 증가한다.

② **적당한 에너지 섭취** 장기간 스테로이드 사용으로 인한 식욕 증가로 체중 증가가 유발되므로 정상 체중 유지를 위해 에너지 섭취 조절이 필요하다. 혈당 조절이 부적절할 경우 단순당을 제한한다. 스테로이드 사용으로 인한 이상지질혈증 예방을 위해 포화지방 및 콜레스테롤 섭취를 제한한다.

③ **신장 기능 회복 시까지 나트륨, 수분 조절** 이식 직후와 신장 기능이 회복될 때까지 수분, 전해질, 혈압을 엄격하게 조절한다.

④ **칼륨 주의** 이식 직후 면역억제제(cyclosporin) 사용으로 고칼륨혈증이 유발될 수 있으므로 주의 깊게 관찰한다.

⑤ **충분한 칼슘 섭취** 장기간 스테로이드 사용으로 인해 장에서의 칼슘 흡수를 저하시켜 골다공증이 유발되므로 충분한 칼슘 섭취가 필요하다.

⑥ **충분한 식이섬유 섭취** 당뇨병이나 심장질환 예방을 위해 충분한 식이섬유를 공급한다.

알 아 두 기

만성 콩팥병 예방과 관리를 위한 9대 생활수칙

1. 음식은 싱겁게 먹고 단백질 섭취는 가급적 줄입니다.
2. 칼륨이 많은 과일과 채소의 지나친 섭취를 피합니다.
3. 콩팥의 상태에 따라 수분을 적절히 섭취합니다.
4. 담배는 반드시 끊고 술은 하루에 한두 잔 이하로 줄입니다.
5. 적정 체중을 유지합니다.
6. 주 3일 이상 30분에서 1시간 정도 적절한 운동을 합니다.
7. 고혈압과 당뇨병을 꾸준히 치료합니다.
8. 정기적으로 소변 단백뇨와 혈액 크레아티닌 검사를 합니다.
9. 꼭 필요한 약을 콩팥 기능에 맞게 복용합니다.

출처 : 대한신장학회, 대한소아신장학회(2013).

표 8-28 신장질환자의 치료에 따른 영양관리

구분	사구체신염			신증후군	신부전			혈액투석	복막투석
	급성		만성		급성		만성		
단백질 (g/kg 건체중)	핍뇨기	< 0.5	1.0	0.8~1.0	핍뇨기	< 0.6	다뇨기이므로 0.6~0.8(감뇨기에는 0.6 미만)	1.2~1.4	1.3~1.5
	이뇨기	0.6~0.8			이뇨기	0.5~0.7			
	회복기	1.0			회복기				
에너지 (kcal/kg 건체중)	35~40			35	35~40		30~35(60세 이상), 35(60세 미만)*		
나트륨 (mg/일)	1,000~3,000 (핍뇨기에는 1,000 미만)			1,000~2,000 (심한 부종 시에는 500 미만)	1,000~3,000 (핍뇨기에는 1,000 미만)		1,000~3,000 (감뇨기에는 1,000 미만)	2,000~3,000	2,000~4,000
칼륨 (mg/일)	핍뇨기에 제한			제한 없음 (단, 이뇨제 사용 시 주의)	2,000		고칼륨혈증이 없으면 제한 없음	2,000~3,000	2,000~4,000

(계속)

구분	사구체신염		신증후군	신부전		혈액투석	복막투석
	급성	만성		급성	만성		
인 (mg/일)	핍뇨기에 제한		–	핍뇨기에 제한	800~1,000		
칼슘 (mg/일)	–		–	–	1,200 (혈중 칼슘 농도 정상치 유지 수준)	≤ 2,000 (보충제 포함)	
수분 (mL/일)	핍뇨기에 제한		–	핍뇨기에 제한	소변량이 정상이면 제한 없음	소변량 + 1,000	1,500~2,000

* 복막투석에서는 1일 에너지 공급량에 투석액 에너지가 포함되어야 함

7. 신결석

신결석은 미네랄 등의 물질들이 결정을 이루어 신장에 단단하게 침착된 것이며, 주로 신장 안에서 소변이 내려가기 시작하는 부위인 신우에서 돌이 생겨서 점차 주위 요로계통의 조직으로 퍼지는 질환이다. 신장결석은 평균 10명에 한 명 꼴로 가지고 있는 것으로 추정될 만큼 흔한 신장질환 중 하나이다. 특히 여자보다는 남자에서, 그리고 20~60세 사이에서 발생률이 높은 것으로 알려져 있으며 한 번 결석을 앓았던 사람은 10년 이내에 재발할 가능성이 50% 정도로 높다. 신결석의 가족력이 있는 경우에도 그렇지 않은 경우에 비해 발생률이 2배 정도 높다고 알려져 있는데, 이는 아마도 유전적 소인이 있거나 공통된 생활 습관에 기인하는 것으로 추정된다. 신결석은 비교적 통증이 거의 없고 작더라도 방치할 경우 추후 크기가 성장할 수 있으므로 반드시 정확한 검사를 통하여 진단과 치료방법을 결정해야 한다.

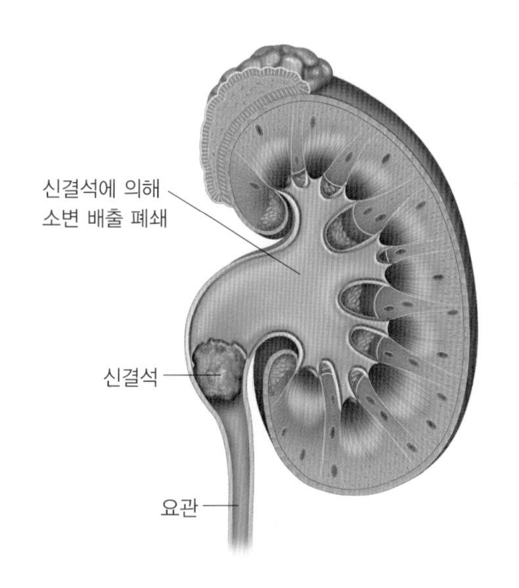

그림 **8-11** 신결석

1) 원인과 증상

신결석의 원인은 요의 정체 및 농축, 세균 감염, 대사 이상, 결석 성분을 포함하는 식품의 과잉섭취 등이다. 결석의 생성은 여과액에 과도한 양의 불용성 염이 존재하거나 부족한 수분 섭취로 여과액이 심하게 농축되어 과포화 상태가 될 때 생기기 쉽다. 과포화 상태에서 단단한 물질이나 파편이 생기면 이를 핵으로 삼아 침착이 일어나 점점 커지면서 결국 거대한 덩어리를 형성하게 된다.

작은 크기의 신장 결석은 큰 증상없이 소변으로 배출되기도 하나, 크기가 큰 결석은 옆구리에 심한 통증, 구역, 구토, 혈뇨 등의 증상을 일으킨다. 환자가 참을 수 없을 정도의 통증을 호소할 경우 방사선 촬영, CT, 초음파 검사를 실시하여 신결석 여부를 확인하게 된다.

2) 결석의 종류 및 치료

결석의 75~85%는 칼슘수산염과 칼슘인산염의 혼합형이고, 그 외 요산결석 5~10%, 시스틴결석 1%, 스투르바이트, 마그네슘 등의 감염결석이 5~10%를 차지한다. 칼슘결석은 소변에 과량의 칼슘 및 수산염이 존재하거나 구연산과 같은, 자연적인 결석 예방물질이 감소되어 있는 경우에 발생 가능하다. 수산이 많이 함유된 식품(예 시금치, 코코아, 초콜릿, 땅콩 등)의 과다섭취로 인해 소변의 수산염 수치가 증가되어 수산칼슘결석이 생길 수 있다. 요산결석은 소변 내에 산(acid)과 요산이 과량으로 존재할 때 발생하며, 시스틴결석은 세뇨관 재흡수의 유전적 결함에 의해 소변 내에 시스틴이 과량으로 존재하면서 발생한다. 스투르바이트결석은 마그네슘-암모늄-인산의 세 가지 성분이 결합한 것이다. 요로계 감염시 소변 내 요소분해효소 생성균에 의해 요소가 암모니아와 탄산으로 가수분해되고, 생성된 암모니아는 인산과 마그네슘과 함께 침전되어 스트루바이트결석이 형성된다.

신장 내에 있는 대부분의 결석은 물을 많이 마시게 되면 자연스럽게 빠져나가게 된다. 그러나 만약 결석이 빠져나가기 너무 크거나 통증이 심한 경우 또는 감염이 있거나 심한 출혈이 있는 경우에는 체외 충격파 쇄석술, 경피적 초음파 쇄석술, 레이저 쇄석술 등의 방법으로 결석을 쉽게 빠져나갈 수 있도록 분쇄하는 치료가 주로 이루어진다.

3) 식사요법

신결석 식사요법은 결석의 종류에 따라 다르나 공통적으로 하루에 적어도 3L(15컵) 정도의 수분을 섭취하도록 한다. 다량의 수분을 섭취함으로써 소변의 농도를 희석시켜 돌을 형성하는 염류가 결정화되는 것을 막을 수 있다. 결석의 종류에 따른 식사요법은 표 8-29 에 제시되어 있다.

표 8-29 결석의 원인, 치료 및 식사요법

결석유형	원인	식사요법
칼슘결석 (75~85%) 수산칼슘결석 인산칼슘결석	고칼슘혈증 고칼슘뇨증 활동량 저하 신세뇨관성산증 원발성 부갑상선기능항진증 고수산뇨증 저구연산뇨증	• 수분 섭취 증가 • 과도한 동물성 단백질 섭취 제한 : 과도한 단백질 섭취는 칼슘의 배설을 증가시키므로 과량의 생선, 육류, 가금류, 달걀 섭취 제한 • 칼슘 적당량 제한 : 칼슘결석 환자에게 흔하게 나타는 고칼슘혈증을 치료하고 고수산증과 음(−)의 칼슘평형을 방지하기 위해 600~800mg 정도 권장 • 나트륨 과잉 섭취 제한 : 다량의 나트륨 섭취는 사구체여과율의 증가, 칼슘의 재흡수 감소 등으로 인해 소변으로의 칼슘 배설을 증가시켜 칼슘결정을 형성하므로 나트륨을 중정도로 제한 • 수산, 비타민 C 보충제 제한 : 수산은 적은 양으로도 결정체를 형성할 수 있고, 소변 내 수산 농도는 식사에 따라 영향을 크게 받으므로 식사 내 수산을 제한해야 함. 비타민 C 보충 시 몸에서 대사 후 수산으로 전환되므로 제한
요산결석 (5~10%)	고요산뇨증 퓨린 섭취 과다 통풍 소변 pH 감소	• 수분 섭취 증가 • 과도한 동물성 단백질 섭취 제한 : 요산 배설을 증가시키므로 제한 • 퓨린 섭취 제한 : 통풍과 같은 퓨린 대사 이상 환자는 식사 내 퓨린의 함량을 조절하기 위해 육류, 전곡류, 두류 섭취량 감소
시스틴결석 (1%)	고시스틴뇨증	• 수분 섭취 증가 • 단백질 적정 섭취 : 시스틴은 아미노산 중 메티오닌의 최종 대사산물로 메티오닌을 제한해야 하는데 식품 중에 있는 대부분의 단백질은 메티오닌을 가지고 있으므로 단백질을 적당량 또는 약간 적은 정도로 섭취
스트루바이트 결석 (5~10%)	요소분해효소 생성균에 의한 요로 감염	• 수분 섭취 증가

표 8-30 식품 중 수산 함량(100g당)

식품명	적은 식품(2mg 이하)	보통식품(2~10mg)	많은 식품(10mg 이상)
음료	병맥주, 콜라, 위스키, 백포도주, 적포도주	-	생맥주, 차, 코코아
우유	버터밀크, 저지방우유	-	-
육류 및 육가공품	달걀, 치즈, 쇠고기, 양고기, 돼지고기, 가금류, 생선, 조개류	정어리	토마토소스가 첨가된 구운 육류요리, 땅콩버터, 두부
채소류	콜리플라워, 버섯, 양파, 완두콩(생, 냉동), 감자, 무	아스파라거스, 브로콜리, 당근, 오이, 완두콩통조림, 양상추	콩, 겨자, 셀러리, 파슬리, 실차, 부추, 가지, 꽃상추, 근대, 케일, 시금치, 호박
과일 및 주스류	사과주스, 아보카도, 바나나, 자몽, 청포도, 수박, 멜론, 복숭아	사과, 건포도, 오렌지, 배, 파인애플, 말린 자두	블랙베리, 블루베리, 프루트칵테일, 오렌지껍질, 딸기, 귤
빵 및 전분류	마카로니, 국수, 밥, 스파게티, 빵	옥수수빵	옥수수, 밀의 배아
유지류	베이컨, 마요네즈, 샐러드드레싱, 식물성유	-	견과류, 땅콩, 아몬드, 호두
기타	소금, 후추	-	초콜릿, 코코아, 토마토수프

출처 : 대한영양사협회(2008). 임상영양관리 지침서 제3판.

01. 정상적인 신장의 기능과 신장질환 시 신장의 기능 이상으로 나타날 수 있는 증상에 대해 설명하시오.
02. 신증후군 증상과 이에 따른 식사요법은?
03. 급성 신손상의 원인에 따른 분류 및 그 특징에 대해 설명하시오.
04. 칼륨 섭취를 줄이기 위한 전략에 대해 설명하시오.
05. 만성 콩팥병의 3대 주요 원인과 진단기준은?
06. 혈액투석과 복막투석 식사요법의 차이에 대해 설명하시오.
07. 정상 체중의 환자가 하루에 1.5%(포도당 농도)의 복막투석액 2회와 2.5%의 복막투석액 2회를 사용하는 경우 투석액으로부터 흡수된 에너지는 얼마인가?
08. 만성 콩팥병 예방과 관리를 위한 생활수칙은?
09. 당뇨병성 신증 환자의 식사요법에 대해 설명하시오.
10. 신장결석의 종류에 따른 식사요법에 대해 설명하시오.

MEMO

암

1. 암 발생과 진단 | 2. 암과 영양소 대사 | 3. 암 식사요법

- **기전(mechanism)** 병의 증상이나 생리 현상이 나타나는 원리
- **대사(metabolism)** 생물체가 섭취한 영양물질을 체내에서 분해 또는 합성하여 생명활동에 필요한 물질이나 에너지를 생성하고, 생성된 노폐물은 몸 밖으로 내보내는 작용. 물질대사 또는 신진대사라고도 한다.
- **발암원(carcinogen)** 암세포를 유발하는 원인 물질
- **방사선 요법(radiation therapy)** 고에너지의 방사선(X-선, γ-선, 전자선 등)을 이용하여 암세포를 죽이거나 암종양 크기를 줄이는 국소적 암치료법
- **방사성 물질(radioactive material)** 방사선을 낼 수 있는 물질 또는 붕괴되면 에너지가 높은 입자나 전자파를 방출하는 물질. 방사선 (radiation)이란 높은 에너지를 가진 전자파로서 알파(α)선, 베타(β)선, 감마(γ)선 등이 있으며, 세포를 파괴하거나 유전자 변형을 일으켜서 암세포를 유발할 수 있다. 예 우라늄, 라돈 등
- **사이토카인(cytokine)** 다양한 종류의 세포가 분비하는 단백질의 일종이며, 주로 면역세포가 분비하는 면역 관련 단백질을 지칭한다.
- **세포 분화(cell differentiation)** 미분화된(undifferentiated) 세포가 특정 조직 및 기관을 구성하는 특수한 세포로 변환되는 과정. 분화된(differentiaed) 세포는 미분화 세포와 달리 고유한 구조와 기능을 가진다. 예 줄기세포 분화 등
- **세포 사멸(apoptosis)** 비정상세포가 정상세포 및 조직을 방어하기 위해서 스스로 사멸하는 것. 정상적인 세포 생리기전에 속한다.
- **세포 증식(cell proliferation)** 세포분열에 의해서 세포 수가 증가하는 것
- **소모성 질환(wasting disease)** 몸의 에너지를 소비하면서 서서히 야위어 가는 질환. 예 암, 폐결핵 등
- **암(cancer)** 종양 세포가 지속적으로 성장해서 주위 세포조직으로 침범하거나, 신체 타 기관까지 전이되는 전신적이고 소모적인 질환. 악성 종양(malignant tumor)
- **암 개시단계(cancer initiation)** 발암원(carcinogen)이 정상세포 DNA에 변이를 일으켜서 종양세포를 만드는 단계
- **악성 신생물(malignant neoplasm)** 악성 종양 또는 암을 뜻한다.
- **암 악액질(cancer cachexia)** 암질환 말기에 나타나는 극도의 영양실조로서 암 특유의 쇠약상태가 나타난다.
- **암 진행단계(cancer progression)** 암종양 형성이 진행되고 증대되어 암이 실질적으로 유발되는 단계
- **암 촉진과정(cancer promotion)** 발암원의 작용이 암종양 촉진제에 의해서 지속적으로 유지되는 단계로서 암세포 형성 촉진단계
- **양성 종양(benign tumor)** 종양세포가 일정 범위까지만 성장하며 타 조직으로 침범하지 않고 전이도 없는 종양. 인체에 크게 해가 되지 않는다.
- **예후** 병이 회복된 뒤의 경과
- **원발암(primary cancer)** 처음 암이 생긴 세포조직 부위의 암. "원발종양"이라고도 한다.
- **전이(metastasis)** 암세포가 원래 암이 생긴 장기에서 혈관이나 림프관을 타고 타 장기로까지 이동하는 것
- **항암제 화학요법(cancer chemotheraphy)** 항암제를 사용하여 암세포를 죽이는 내과적 약물치료법. 전신적 암치료법

1. 암 발생과 진단

1) 암 정의 및 특성

(1) 암 정의

세포는 정상 조절 기능에 의해 분열하여 증식하고 성장하며, 수명이 다하면 사멸하여 세포의 기능과 수의 균형을 정상적으로 유지한다. 세포가 손상을 받은 경우에도 자연적으로 치료하여 회복되거나, 회복이 안 되는 경우에는 스스로 세포사멸을 함으로써 인체를 방어한다. 그러나 정상적 세포 증식 및 조절을 하지 못하고, 세포들이 과다증식하여 주위 조직 및 장기까지 침입하여 정상 세포조직을 파괴하고 종괴를 형성하는 상태를 암(cancer) 또는 종양이라고 한다.

(2) 암세포의 특성과 암 발생

종양은 양성 또는 악성으로 분류할 수 있다. 양성 종양은 비교적 서서히 성장하며 신체 여러 부위에 확산이나 전이를 하지 않기 때문에 제거하여 치유할 수 있고 생명에 큰 위협을 초래하지 않는다. 반면에 악성 종양(암)은 세포 성장이 빠르고 지속적이며,

알 아 두 기

암 관련 용어들

암을 악성 종양 또는 악성 신생물이라고도 하는데, 정확한 뜻과 용어 차이점은 다음과 같다.

❶ 종양(tumor)
- '크기 및 기능이 비정상적인 세포 덩어리'를 지칭함
- 혹(tumor)은 종양의 비의학적 용어. 의학적으로 세포조직이 자율적이긴 하지만 비정상적으로 과잉 성장하며, 정상조직에 대해서 이롭지도 않으며, 해는 없는 편임
- 종양을 신생물(neoplasia)이라고도 함. neo(new) + plasia(growth)

❷ 암(cancer) : 악성 종양 또는 악성 신생물
- 악성 종양(malignant tumor), 악성 신생물(malignant neoplasia)
- 양성 종양(benign tumor)
- malignant '악성의', benign '양성의'

다른 세포조직으로 파고들거나 퍼져 나가는 침윤성이 있어서 신체 각 부위로 확산 및 전이를 하여 생명에 위험을 초래하는 종양을 말한다 그림 9-1, 표 9-1.

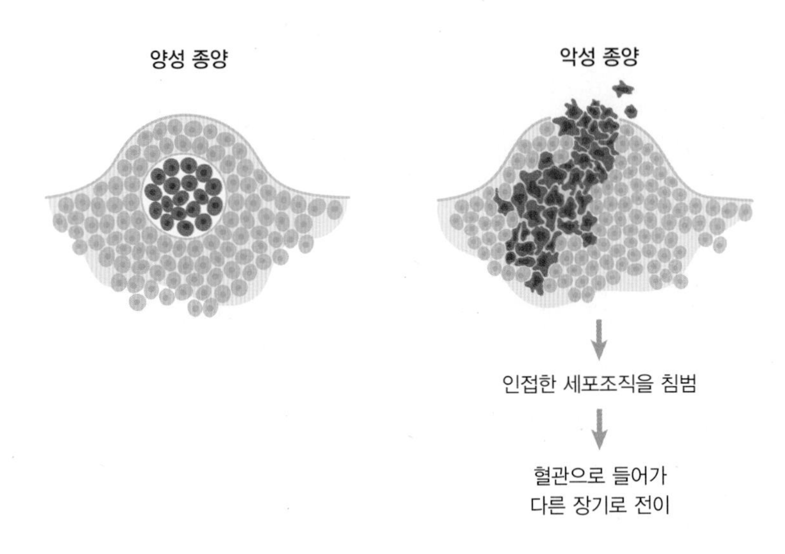

그림 9-1 양성 종양과 악성 종양

표 9-1 양성 종양과 악성 종양 특성

특성	양성 종양	악성 종양(암)
성장 속도	• 천천히 자람 • 성장이 멈추는 휴지기가 있음	• 빨리 자람 • 성장이 멈추지 않고 계속 자람
성장 형태	• 주위 세포조직으로 침윤성이 없음 • 종양 성장 범위가 한정되어 있음	• 주위 세포조직으로 침윤하면서 성장함
피막 형성 여부	• 피막이 있어서 종양이 주위 조직으로 침윤하는 것을 방지함 • 피막이 있어서 수술적 제거가 쉬움	• 피막이 없어서 종양이 주위 조직으로 쉽게 침윤함 • 피막이 없어서 수술적 제거가 쉽지 않음
세포 특성	• 세포분화(cell differentiation)가 잘 되어 있음. 따라서 세포가 성숙함	• 세포분화(cell differentiation)가 잘 되어 있지 않음. 따라서 세포가 미성숙함
인체 영향	• 인체에 거의 해가 없음	• 인체에 해가 됨
전이 여부	• 없음	• 있음
재발 여부	• 수술로 제거 시, 재발은 거의 없음	• 수술 후에도 재발 가능성 있음
예후	• 회복 경과가 좋은 편임	• 종양 크기 및 전이 여부에 따라서 예후 정도가 다름

출처 : 국립암센터(2020).

2) 국내 암 발생 현황

암은 혈관이 존재하는 모든 세포조직과 기관에서 발생할 수 있다. 통계청이 사망원인 통계를 발표하기 시작한 1983년 이래, 암은 지속적으로 한국인 사망 순위 1위를 유지하고 있다 그림 9-2. 이전에는 주로 50~60대에서 발병률이 높았으나, 2000년대 후반부터는 암 발생 연령이 점점 낮아지고 있으며, 근래에는 20~30대에서도 암 유병률이 높아지고 있다. 따라서 젊어서부터 암 예방을 위한 건강한 생활습관 및 국가의료체계를 통한 조기 암검진이 중요하다.

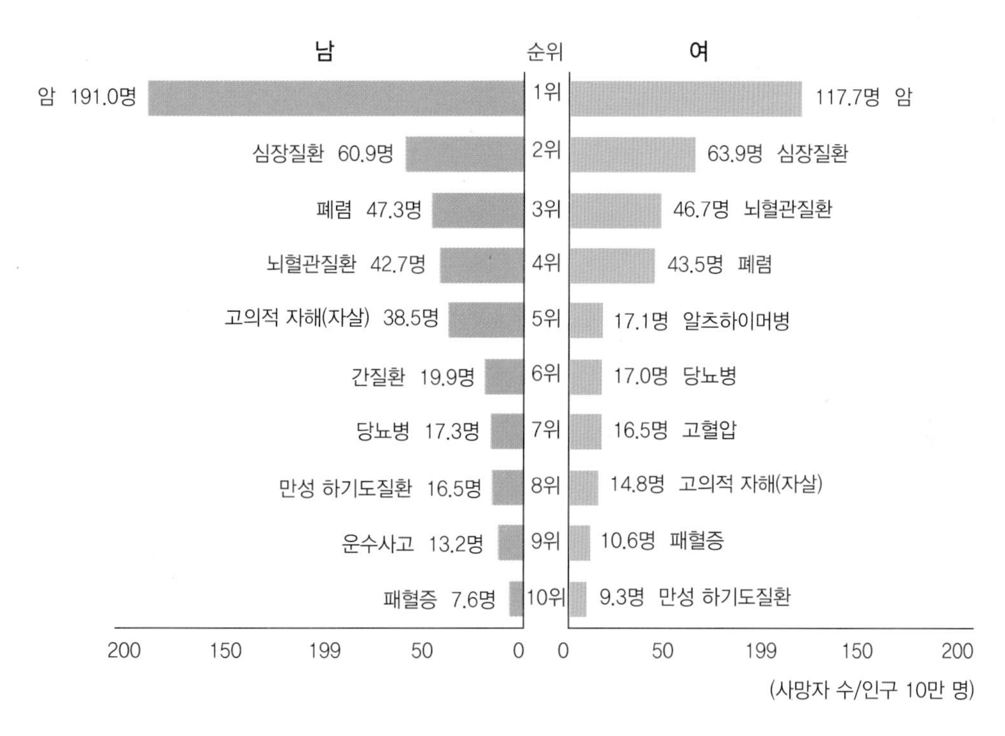

그림 9-2 한국인 사망원인 순위(2018)
출처 : 통계청(2019).

한국인 사망률이 높은 암은 폐암, 간암, 위암, 대장암, 췌장암 순이며, 남자는 전립선암, 여자는 유방암순이다. 선진국형 노령화 사회가 됨에 따라 폐암의 발병률이 높고, 동물성 고지방식사로 인해 대장암 및 췌장암의 발병률이 높은 편이다 그림 9-3.

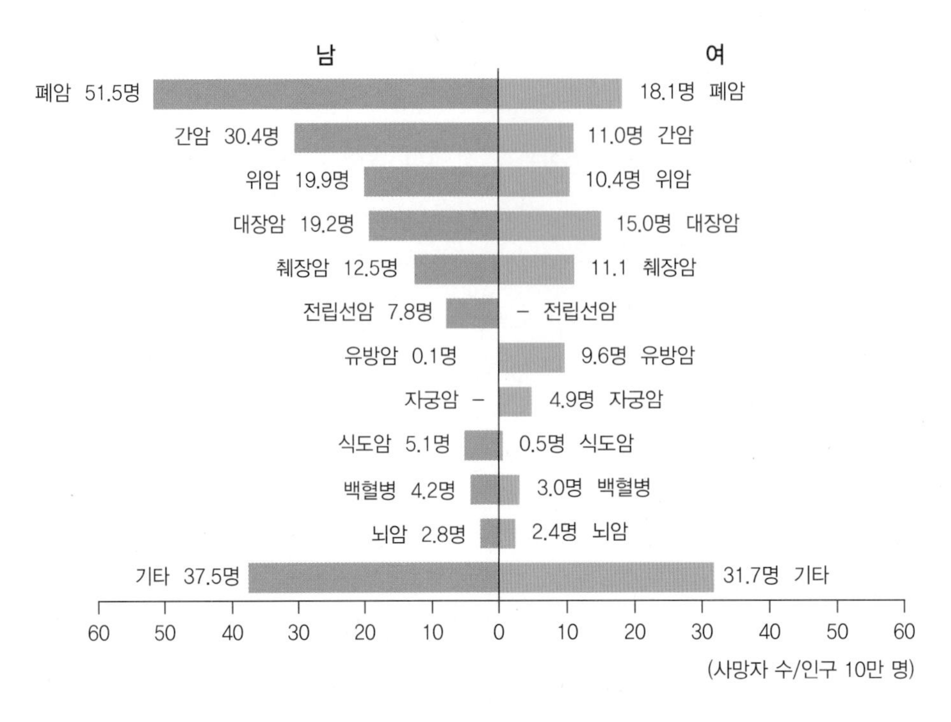

그림 9-3 암 종류별 사망원인 순위(2018)
출처 : 통계청(2019).

3) 발암 기전 및 암 유형

(1) 발암 기전

암이 유발되는 과정은 다음의 3단계를 거치게 된다 그림 9-4.

① **개시단계(1단계)** 암세포를 유발하는 원인물질(발암원, carcinogen)이 정상세포의 DNA 변이를 일으켜서 종양세포를 만드는 과정이다. 이 단계에서는 손상된 DNA가 정상적인 세포 복구 기능에 의해서 회복되기도 하고, 변이된 세포들은 제거의 목적으로 세포사멸하기도 한다.

② **촉진단계(2단계)** 개시단계에서 발생한 DNA 변이 종양세포가 모두 암으로 되는 것은 아니며, 암세포가 되기 위해서 종양촉진제가 개입하여 발암원의 작용을 지속적으로 유지시켜 주는 단계가 필요하다. 이 단계가 암 촉진 과정이다.

③ **진행단계(3단계)** 암세포의 특성이 증대되는 과정으로서 암세포가 계속 증식하여 암

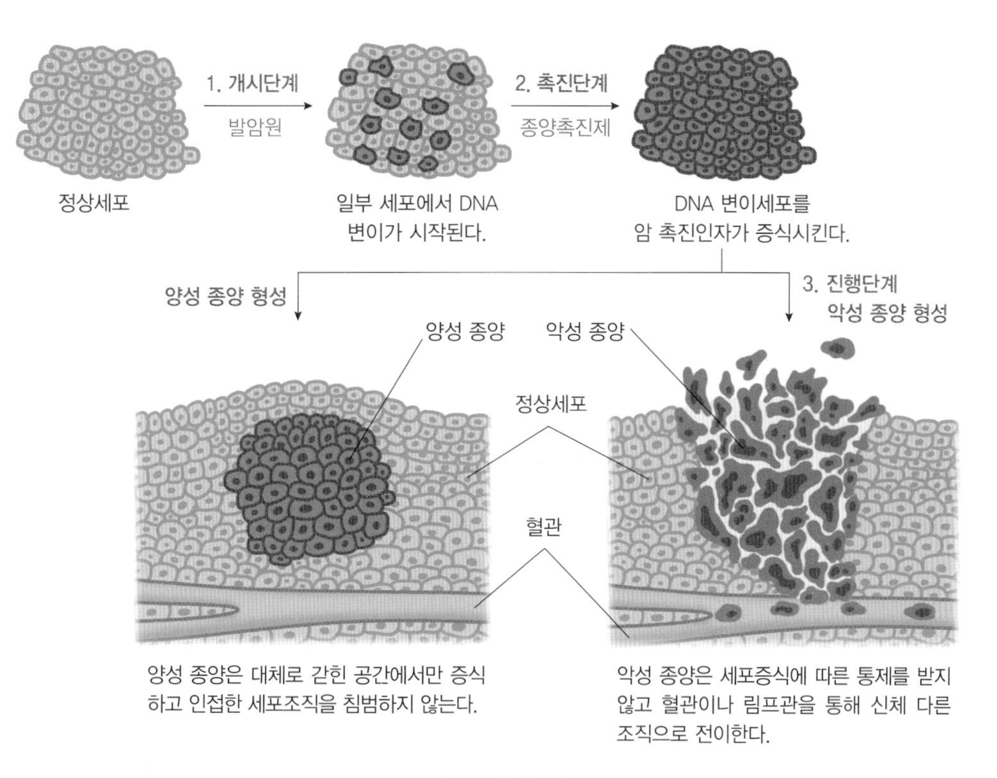

그림 9-4 발암 기전
출처 : 이보경 외(2018). 이해하기 쉬운 임상영양관리 및 실습. 파워북.

알 아 두 기

발암의 원리

발암의 원리는 크게 다음과 같다. 즉, 암은 정상세포의 유전자 변이와 면역계 이상에 의해서 생길 수 있다.

❶ 정상세포의 유전자 변이에 의한 암 발생의 경우 : 정상 세포가 유전자 변이를 일으키는 위험요인에 노출되었을 때 암세포로 변해서 발생하게 된다. 발암물질에 의해서 세포핵의 DNA 구조가 변화하여 암세포가 생성되고, 생성된 암세포는 분열하여도 계속 변형된 DNA를 가진 암세포들이며, 이 세포들이 과다 증식하여 암이 된다. 암 발생은 단기간에 생겨나는 것은 아니며, 길게는 10~30년에 걸쳐 암이 발생한다.

❷ 면역계 이상에 의한 암 발생의 경우 : 인체의 정상적인 면역기능으로는 인체 내에서 생성되는 암종양세포 천만 개 정도까지는 파괴할 능력이 있다. 그러나 임상적으로 암으로 진단되는 경우에는 암세포의 분열과 증식이 최소한 10억 개의 암세포를 의미하는데, 이는 정상적인 면역기능으로는 암세포를 파괴할 수준을 넘어서게 된 경우이다. 노화에 의한 면역기능 저하, 면역억제제나 면역계 기능장애 등의 경우에도 암 발생에 주의하여야 한다.

이 진행되는 과정이다. 이 과정에서 일부 양성 종양도 악성 종양으로 바뀌게 된다.

전이란 암세포가 원래 암이 발생했던 장기를 떠나서 다른 장기로까지 이동하는 것을 뜻한다. 전이 과정은 원발암 장기에서 암조직이 성장하여 주위의 장기를 침윤한 다음, 혈관이나 림프관을 타고 타 장기로 이동하는 경우이다. 예를 들면, 폐암의 경우 암세포는 원발 장기인 폐에서 생긴 것이나 암세포가 흉막까지 침윤해서 혈관과 림프관을 따라서 간, 뼈 및 뇌 등 다른 장기로 퍼질 수가 있다.

(2) 암 유형

암은 인체 어느 조직에서나 발생할 수 있으며, 수명이 길어지면 암발생률도 높아진다. 소아일 때는 세포 분열이 빠른 조직에서 잘 발생하며(뇌, 뼈, 근육 등), 성인의 경우에는 상피조직에서 많이 발생한다. 암은 발생 조직과 유형에 따라서 다음과 같이 분류할 수 있다.

① **상피암(또는 선종, carcinoma)** 가장 흔한 암의 형태로서 인체 표면의 안과 밖을 싸고 있는 상피세포에서 발생한다. 폐암, 유방암, 대장암 등이 이에 속한다. 선종(adenoma, 腺腫)이란 위, 장관, 침샘 등 선조직(샘조직, gland)의 상피세포에서 발생하는 종양을 뜻한다.

② **육종(sarcoma)** 피부 밑이나 장기 사이에 있으면서 조직과 조직을 연결하는 조직을 결합조직(결체조직, connective tissue)이라고 하는데, 지방이나 근육조직이 이에 속한다. 이러한 결합조직이나 지지조직 세포에서 발생하는 암을 육종이라 한다.

③ **혈액암** 백혈구(골수)와 같은 조혈조직에서 발생하는 혈액암과 림프절(lymph node)에서 발생하는 악성 림프종(malignant lymphoma)이 있다. 백혈병 중 암에 속하는 백혈병은 골수에서 자라나는 미성숙 혈액세포가 암세포화된 경우로 혈액 내에 백혈구가 비정상적으로 많은 경우이다.

4) 암 원인

암 발생 원인으로는 다음과 같은 요인들이 있다.

① **유전적 요인(돌연변이, mutation)** 암세포는 발암원에 의해서 세포 DNA 유전자가 손상되어 생기며 정상적인 면역 시스템에 의해서 제거가 되나, 제거되지 못하면 암으로 진전된다. 유전, 면역, 호르몬 대사 등의 이상으로 세포 DNA 유전자가 손상되어 암세포로 변하는 경우이며, 이러한 세포 돌연변이는 유전될 수 있다. 종양촉진유전자가 과발현되거나 종양억제유전자가 저발현되는 경우도 유전적 요인에 속한다.

② **환경적 요인** 화학적 발암물질, 방사성 물질, 미생물 등에 의해서 암이 생기는 경우이다. 화학적 발암물질에는 흡연 물질, 살충제, 수질 및 대기오염 물질, 식품오염 물질, 환경 물질 등이 있다. 방사성 물질로는 우라늄, 라돈 등이 내는 방사선, X-ray, 햇볕에 의한 방사선 물질 등이 있다. 미생물체인 바이러스와 박테리아도 암을 유발할 수 있는데, 간암(B형 간염 바이러스), 위암(헬리코박터 파일로리, helicobacter pylori)의 경우가 이에 속한다.

③ **식사적 요인** 식사 요인들 중에도 암 발생 촉진 물질들이 있다 표 9-2. 암 발생을 예방할 수 있는 식사 요인으로는 항산화영양소 및 식물성 화학물질(파이토케미컬, phytochemical)이 많이 함유되어 있는 과일과 채소를 충분히 섭취하는 것이 좋다(비타민 C, 비타민 E, β-carotene, 무기질 및 식이섬유 등).

④ **심리적 및 역학적 요인** 스트레스에 과다하게 노출되면 면역 기능이 저하되고, 식행동 및 영양상태의 부실로 암 발생 위험도가 높아진다. 일부 역학적 요인들(인종, 성별, 직

표 9-2 환경적 및 식사적 발암물질

발암원(carcinogen)	화학물질명(compound)	특성 및 소재
1. 니트로소 화합물 (n–nitroso compound)	• 니트로소아민류 등 (n–nitrosodimethylamines 등)	• 식품가공 중 색소보존제인 질산염이 변형되어서 발생(햄, 훈연제품, 치이즈 등)
2. 방향족 아민류 및 아미드류 (aromatic amines/amides)	• 나프틸 아민류 등 (naphthylamines 등)	• 훈연식품 색소 보존제 등
3. 다환방향족 탄화수소(polycyclic aromatic hydrocarbons)	• 벤조파이렌 등(benzopyrene 등)	• 담배 연기, 콜 타르(coal tar), 훈연가공육, 직화구이 육류
4. 자연 발암물질 (natural carcinogens)	• 아플라톡신 B_1(aflatoxin B_1)	• 땅콩 곰팡이 등
5. 금속성 물질(metals)	• 석면, 카드뮴, 니켈 등	• 함석, 환경오염 등
6. 과산화물 및 활성 산소	• 과산화물(H_2O_2), 활성 산소 등	• 세포산화를 야기하는 과산화물 및 활성 산소
7. 농약 등	• 살충제 등	• 농약 살충제 등

업, 연령, 종교 등)도 암 발생과 관련이 있다고 알려져 있다.

알 아 두 기

종양억제유전자와 종양촉진유전자

- 종양억제유전자(tumor suppressor gene) : 암세포 유발을 억제하는 유전자. 세포주기를 조절해서 암세포 생성을 막고, 손상된 세포 DNA를 복구하며, 암세포를 사멸하고 전이를 억제하여 암종양 생성을 억제하는 데 관여하는 유전자
- 종양촉진유전자(oncogene) : 세포 분열과 증식을 과다하게 해서 암종양을 촉진하는 유전자. 일반적으로 종양유전자는 원종양유전자(proto-oncogene)가 종양촉진유전자가 되면서, DNA 염색체 변이 및 특정 단백질의 과다 생성 등으로 암을 유발함

알 아 두 기

방사성 물질, X-ray와 암 발생

방사성 물질이란 그 안에 불안정한 핵이 있어서 이것들이 붕괴하며 에너지가 높은 입자나 전자기파를 방출하는 물질을 말한다. 여기서 나오는 입자나 전자기파는 에너지가 높아 생명체의 세포를 파괴하거나 유전자 변형을 일으켜서 암세포를 유발할 수 있다. 자연계에 존재하는 방사성 물질로는 우라늄, 라듐, 라돈, 플루토늄 등이 있으며, 이들 중 일부는 핵무기 원료로도 쓰인다. X-ray는 방사선의 한 종류로 자외선보다 파장이 짧은 전자파다. 투과력이 매우 크고 의료 분야에서는 X선 사진, X선 CT 등이 인체에 해가 되지 않는 수준에서 의학용으로 응용되고 있다.

5) 암 증상 및 진단

(1) 암 증상

암 증상은 종류, 크기와 위치에 따라 다양하며, 직접적인 암 증상은 암세포 덩어리가 암이 생긴 조직 자체와 주위 장기에 영향을 줄 때 나타난다. 암 초기에는 특별한 증상이 없는 경우도 많고, 다른 질환과 구별이 잘 안 되기도 한다. 그러나 암조직이 커지면서 주위 기관과 혈관, 신경을 누르게 되면 통증과 증상이 나타나게 된다. 예를 들면 뇌하수체 암인 경우에는 뇌와 같이 좁은 공간 내 주위에 복잡한 뇌 기관들이 많으므로 증상

이 쉽게 나타나지만, 췌장암의 경우는 넓은 복강에 위치하고 주위에 복잡한 장기가 없으므로 암이 크게 자랄 때까지도 별다른 증세를 느끼지 못하는 경우도 많다. 암이 피부층 가까이에서 증식하는 경우는 암종양이 쉽게 만져지기도 한다. 암은 발생 부위에 따라 각기 다른 증상이 나타나며, 각 기관별 주요 암 증상을 **표 9-3**에 나타내었다.

표 9-3 주요 암 증상

암 종류	증상
식도암	연하곤란, 흉통, 체중 감소 등
후두암	음성 장애 등
간암	식욕부진, 체중 감소, 간의 팽배로 상복부 혹이 느껴짐
위암	구토, 연하곤란, 소화불량, 식욕부진, 체중 감소, 영양실조, 객혈 및 혈변, 빈혈, 상복부 팽만감
폐암	기관지 통증, 기침, 객담, 객혈·흉통, 체중 감소, 호흡곤란, 쉰 목소리
췌장암 및 담도암	황달, 식욕부진, 체중 감소, 오심, 영양실조
대장암	배변 이상, 출혈 및 혈변, 직장 출혈, 철 결핍성 빈혈
유방암	주위 조직과 경계가 뚜렷한 혹이 만져짐, 가슴 형상 변형
자궁암	배변 배뇨 시 출혈, 악취 분비물
전립선암	배뇨장애, 신장 기능장애
방광암	요통, 방광염, 혈뇨, 빈뇨, 배뇨 통증
피부암	피부 궤양, 피부 융기, 검은 반점, 출혈

(2) 암 진단

암 진단에는 다음과 같은 방법들이 있다.

① **의사 진찰** 진찰을 통해 암 증상을 상담하고 신체 부위 검진을 받는 경우이다.

② **내시경 검사** 내시경을 통해서 암의 크기, 모양, 부위 등을 검사하고, 세포조직 검사도 할 수 있다(예 위내시경, 대장내시경 등).

③ **세포조직 및 세포병리 검사** 암이 생긴 조직에서 종양세포를 떼어서 직접 검사하는 방법이다(암조직 검사). 세포병리란 질병 원인을 세포에서 판정하고 진단하는 것이다.

④ **영상진단 검사** 진단기기를 사용하여 신체 기관을 촬영하고, 촬영한 영상을 보고 암종양을 진단하는 경우이다(예 단순방사선영상, 전산화단층촬영 검사(computed tomography, CT), 초음파 검사, 자기공명영상 검사(magnetic resonance imaging, MRI) 등).

⑤ **핵의학 검사** 방사능 표지물질을 정맥주사하여 종양이 있는 부위에 방사능 물질이 축척되는 원리를 이용한 검사 방법이다.

⑥ **종양표지자 검사** 암세포가 만드는 단백질(종양표지자) 등을 혈액이나 조직, 배설물 등에서 검사하는 방법이다. 암세포가 나타내는 종양표지자가 없는 경우도 있다.

알 아 두 기

국민 암예방 수칙

1. 담배를 피우지 말고, 남이 피우는 담배 연기도 피하기 (금연)
2. 채소와 과일을 충분히 먹고, 다채로운 식단으로 균형 잡힌 식사하기 (식사)
3. 음식물을 짜게 먹지 말고, 탄 음식 먹지 않기 (음식)
4. 하루 한두 잔의 소량 음주도 피하기 (금주)
5. 주 5회 이상, 하루 30분 이상, 땀이 날 정도로 걷거나 운동하기 (운동)
6. 자신의 체격에 맞는 건강 체중 유지하기 (체중)
7. 예방접종 지침에 따라 B형 간염과 자궁경부암 예방접종 받기 (예방접종)
8. 성 매개 감염병에 걸리지 않도록 안전한 성생활하기 (성생활)
9. 발암성 물질에 노출되지 않도록 작업장에서 안전 보건 수칙 지키기 (발암성 물질)
10. 암 조기 검진 지침에 따라 암검진을 빠짐없이 받기 (암검진)

출처 : 보건복지부, 국립암센터(2019).

2. 암과 영양소 대사

1) 암환자 영양소 대사

암환자는 기초대사량 및 에너지 요구량이 증가하고, 암조직 증대로 인한 심한 식욕부진, 당신생을 위한 체조직 및 지방조직 분해와 체중 감소 등이 나타난다. 다음은 암환자의 에너지 및 영양소 대사 변화에 관한 설명이다 표 9-4.

(1) 에너지 대사

암환자는 암 세포조직의 증대로 기초대사량이 증가하고, 정상세포의 기능을 유지하기 위해서 에너지요구량도 높아지게 된다. 그러나 암환자 특유의 식욕부진으로 인해 잘 먹지 못하고, 섭취하여도 소화불량 및 흡수불량으로 세포가 영양소를 잘 활용하지 못한다. 증가된 에너지필요량 때문에 체단백질이 분해되어 체내 당신생 과정을 통해 에너지를 공급하며, 특히 일반 기아상태와는 다르게 근육에 있는 젖산을 활용하여 포도당신생합성을 한다(코리회로). 체내 지방조직도 분해되어 에너지원으로 쓰이게 된다. 그러나 암환자는 이러한 과정에서 생긴 에너지를 효율적으로 잘 이용하지 못하므로 혈액 중에는 당과 지방의 농도가 높아지게 된다. 체단백 및 체지방 분해, 암조직 증대로 인한 에너지소비량이 높아져서 체중 감소도 일어난다.

알 아 두 기

코리회로(Cori cycle) 또는 젖산회로(lactate cycle)

혈중 포도당 수치가 갑자기 내려갈 때, 포도당의 수준을 올리기 위해서 근육의 젖산을 활용해서 포도당을 만드는 과정이다. 목적은 혈당 농도의 항상성을 유지하기 위하여 가동되는 회로이다. 산소가 없는 혐기성 상태에서 근육 등에서 만들어진 젖산이 간으로 가서 포도당으로 합성되고, 합성된 포도당이 다시 혈중으로 방출되어서 세포가 활용하는 과정이다. 급격한 운동을 한 경우 절식, 기아 및 암 악액질 상태에서는 이 회로가 항진되고, 반대로 섭식상태에서는 코리회로 활성이 낮다. 발견자의 이름을 붙여서 코리회로(Cori cycle)라고 한다.

(2) 탄수화물 대사

일반인이 에너지 섭취량이 부족할 경우에는, 일차적으로 근육과 간의 글리코겐을 분해해서 포도당을 이용하고, 글리코겐이 고갈되면 지방조직, 그 다음에는 근육단백질(체단백질) 순서로 포도당을 신생 합성하여 에너지원으로 쓰게 된다. 그러나 암환자의 경우에는 이러한 정상적 포도당 대사기전이 원활하지 못하고, 대부분 체단백질 분해를 통한 포도당신생합성을 하게 된다. 암세포는 근육 등에서 혐기성 당분해(anaerobic glycolysis)로 젖산(lactate)을 생성하며, 이들은 코리회로(Cori cycle)를 통해서 포도당으로 재합성해서 에너지원으로 사용한다. 또한 암환자는 인슐린민감성이 낮아져서 혈중 포도당이 세포 내로 유입되는 속도가 감소하여 혈당이 높아지게 된다. 높은 혈당 수준에도 불구하고 해당작용은 도리어 증가하고, 혈중 포도당 농도가 높아도 글리코겐 합성은 감소한다.

(3) 지방 대사

암환자는 기초대사량이 증가하므로 에너지필요량이 많아져서 여분의 포도당이 지방으로 잘 전환되지 않고 모두 쓰이게 된다. 에너지필요량이 높아지므로 체내 지방조직 분해가 높아지는데, 이는 암환자들의 높아진 인슐린저항성에 의해서 더욱 악화된다. 즉, 높아진 인슐린저항성으로 인해 세포가 포도당을 세포 내로 잘 유입하지 못하여 포도당을 에너지로 충분히 활용하지 못하므로 지방조직 분해가 더욱 촉진된다. 따라서 혈액 중에는 글리세롤과 지방산 농도가 증가하여 고지혈증을 유발하기 쉽다.

(4) 단백질 대사

암조직이 증가하면 체백단질이 소모되어서 체단백질 분해 증가, 근육단백질의 합성 감

표 9-4 암환자의 영양소 대사 변화

에너지 대사	• 암조직 증대로 인한 기초대사량 증가(체중 감소 원인) • 당신생 합성 증가 • 조직세포의 비효율적 열량영양소 이용 • 저장 글리코겐 분해 활용보다 체단백질 및 지방조직 분해 증가
탄수화물 대사	• 코리회로(Cori cycle, 젖산 회로) 활성 증가 • 근육의 젖산 산화에 의한 포도당 신생 증가 • 인슐린 민감성(insulin sensitivity) 감소 • 인슐린 저항성(insulin resistance) 증가 • 내당능장애(glucose tolerance disorder, 내당능 저하) • 당불내증(glucose intolerance) 증가 • 혈당 농도 증가
지질 대사	• 체지방 분해(lypolysis) 증가 • 지방 합성(lipogenesis) 감소 • 체지방조직으로부터 유리지방산(free fatty acid) 방출 증가 • 혈중 지방 농도 증가
단백질 대사	• 체단백질 분해 증가 • 근육단백질 합성 감소 • 골격근 분해로 아미노산을 이용한 포도당 신생 증가 • 효소, 호르몬 및 면역단백질 합성 저하 • 음의 질소평형

출처 : 대한영양사회(2013). 임상영양관리지침서.

알 아 두 기

인슐린 민감성과 인슐린 저항성

인슐린 민감성(insulin sensitivity)이란 세포가 인슐린에 대해서 얼마나 민감하게 반응하는 정도를 나타내는 것이다. 인슐린 민감성이 높으면 세포는 혈액 중의 포도당을 이용하는 효율이 높아지고 인슐린 민감성이 낮으면 세포의 혈중 포도당 이용률이 낮아지기 때문에 혈당은 높아진다. 인슐린 민감성이 낮아지면 인슐린 저항성(insulin resistance)은 높아진다.

내당능 장애(glucose tolerance disorder)

내당능이란 세포가 포도당을 이용하는 능력을 뜻하며, 내당능 장애란 세포의 포도당 처리 능력이 낮아지는 증상이다. 내당능 장애가 있으면 포도당이 세포 안으로 잘 들어가지 않아 혈당은 높아진다. 정상인과 당뇨병 환자의 중간 단계로 당뇨병이 본격적으로 시작되기 전에 혈당이 높아지는 경우를 내당능 장애라고 한다.

당불내증(glucose intolerance)

인슐린 분비가 적거나, 인슐린이 분비되어도 세포가 인슐린저항성이 있어서 혈중 포도당이 세포 내로 들어가는 능력이 낮아져서 혈당이 높은 경우를 말한다. 당불내증이 있다는 말은 혈당이 세포 내로 유입이 잘 안 되어서 혈당 농도가 높다는 뜻이다.

소, 음의 질소평형 등의 단백질 대사 이상이 나타난다. 암환자의 근육량 감소는 일반 기아 상태와 달리 에너지와 단백질을 적절하게 섭취하여도 쉽게 회복되지 않는다. 세포의 효소, 호르몬 합성작용 및 면역세포가 만드는 면역글로불린 합성도 저하되어서 혈중 이들 단백질의 농도가 낮아진다. 탄수화물 대사 이상으로 포도당신생합성이 증가하면 골격근 단백질에서 아미노산이 유출되어 당신생에 이용되므로, 근육단백질 소모가 더 일어나게 되고 근육소모는 체중 감소를 유발하게 된다.

2) 암 암액질

(1) 암 악액질 특성 및 기전

암 악액질(cancer cachexia)이란 말기 암환자에 나타나는 극도의 영양실조 및 신체쇠약 상태를 말한다. 이는 암조직 증대에 따른 에너지필요량의 증가와 이에 따른 체조직 손실, 신체가 필요한 단백질 합성 불량 등에 기인한다. 암 악액질의 일반적 특성과 기전은 다음과 같다.

① 암 악액질은 암으로 인한 식욕부진, 단백질-에너지 영양불량, 심한 체중 감소로 암 환자의 특이적 허약체질 증세이다.
② 암세포 증식에 따른 기초대사량 증가 및 세포의 에너지 소모 증대로 인해 신체가 극도로 쇠약해진 상태이다.
③ 기아 상태는 영양지원을 하면 영양 상태가 회복되지만, 암 악액질은 영양지원을 해도 쉽게 회복되지 않는데, 이는 암 특이적 식욕부진과 에너지대사 항진에 기인한다.
④ 암환자 특유의 식욕부진은 암세포가 분비하는 사이토카인(cytokine)이나 대사산물이 식욕부진이나 조기 만복감을 유발하거나, 또는 뇌 시상하부의 식욕조절중추에 영향을 끼쳐서 일어나기도 한다.

알 아 두 기

대사(metabolism)

대사는 물질의 ❶ 분해 과정(catabolism, 예 세포 내에서 6탄당 포도당이 3탄당 피루브산으로 되는 과정)과 ❷ 합성 과정(anabolism, 예 세포 내에서 아미노산이나 염기를 이용하여 단백질이나 핵산을 합성하는 과정)으로 나눌 수 있다. 대사의 목적은 섭취한 식품을 ❶ 에너지로 바꿔서 세포가 활용하게 하고, ❷ 신체 구성분을 만들며(단백질, 지질, 글리코겐, 핵산 등), ❸ 세포대사 후 노폐물은 제거하는 과정을 포함한다. 대사 과정은 음식의 소화 과정뿐만 아니라, 세포 내외로 물질을 운반하는 과정 등도 포함된다.

(2) 원인 및 증상

암 악액질을 일으키는 직접적인 원인으로는 암종양으로 인한 통증, 메스꺼움과 구토, 소화기관 장애, 암에 대한 심리적 스트레스나 걱정, 우울과 불안 등이 있고, 생리적으로는 암세포가 생성하는 사이토카인이 식욕부진을 일으키거나, 암세포가 체내 단백질과 지방을 소모하기 때문인 것으로 알려져 있다.

암 악액질이 진행되면 지방과 근육이 손실되고, 뼈의 무기질도 감소하면서 심한 전신

허약체질이 된다. 주요 증상으로는 식욕부진, 체단백 소모, 영양소 대사 이상, 면역 기능 저하, 무기력증, 소화기관 장애(예 저작불량, 연하곤란, 소화불량, 흡수불량, 구토 등) 등이 나타난다.

알 아 두 기

세포 사이토카인

사이토카인(cytokine)이란 세포가 분비하는 단백질의 일종인데, 주로 면역세포가 분비하는 단백질 성분을 뜻한다. 분비된 후에는 다른 세포의 세포막에 있는 특정 수용체단백질과 결합하여 면역반응 및 염증 조절에 관여한다. 그 외 세포증식, 세포분화 및 세포사멸 등에도 관여한다. cyto- '세포의', -kine '움직이다'

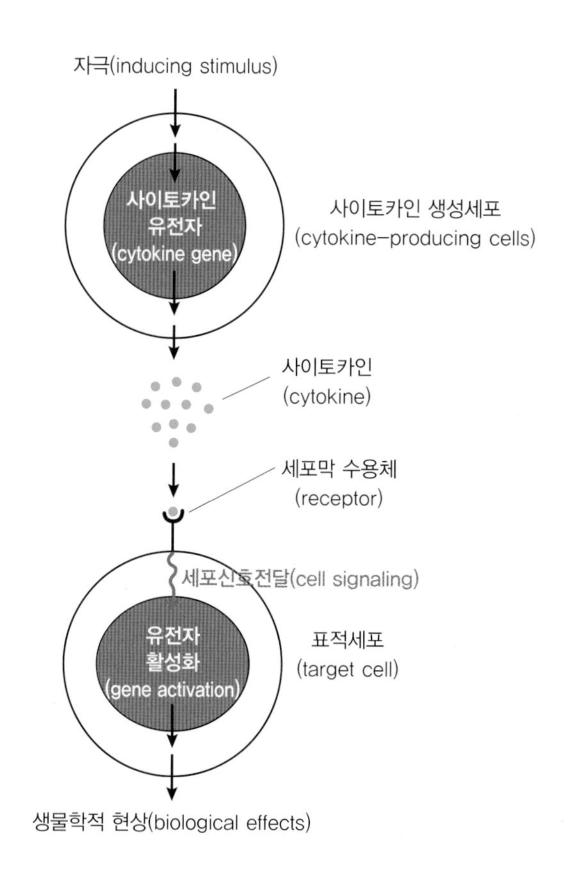

그림 9-5 사이토카인 분비와 작용

3) 암 치료방법에 따른 영양문제

암 치료방법에는 수술요법, 방사선요법(국소적 치료법), 항암제 화학요법(내과적, 전신적)이 주로 이용되어 왔으며, 그 외 면역요법, 줄기세포 치료법(골수이식), 호르몬요법 및 최근에는 표적치료법, 정밀의학 등이 활용되고 있다. 암 치료방법에 따른 영양문제에 대해서 아래에 설명하였다 표 9-5.

(1) 수술요법

수술요법(surgery)은 암 부위를 절제하는 것으로 암의 가장 일차적인 치료방법이며, 암 증상을 신속하게 완화시켜주고 조직학적 진단을 할 수 있다. 암 전이를 막고 병의 진행 속도를 늦추기 위해서는 방사선 치료, 항암제 치료와 병행하여 사용해야 한다.

암 외과적 수술은 식품 섭취를 감소시키고, 소화기 암인 경우는 연하곤란(식도암), 덤핑증후군(위암), 흡수불량(소장암, 대장암 및 췌장암) 등의 부작용이 나타난다. 구강 및 식도 절제는 씹거나 삼키는 것이 어렵고, 췌장 절제는 췌장액 분비를 감소시켜 영양소 흡수불량을 야기할 수 있다.

(2) 방사선요법

방사선요법(radiation therapy)은 고에너지의 방사선(X-선, γ-선, 전자선 등)을 이용하여 암세포를 죽이거나, 암종양 크기를 줄이는 국소적 암 치료법이다. 암세포는 빠르게 성장하는 특성이 있는데 세포증식이 빠른 다른 정상세포들, 즉 혈구세포나 위장 점막세포들도 같이 파괴되는 단점이 있다.

방사선 치료의 부작용으로는 메스꺼움, 식욕부진, 전신피로감 등이 있으며, 타액선에 방사선 조사를 하면 점도 증가와 함께 타액 분비가 감소하고, 이는 메스꺼움, 구강건조, 연하곤란 등을 야기한다. 복부 방사선치료는 장관 내벽에 위염이나 장염을 일으켜서 구토, 설사 및 흡수불량을 일으킨다.

(3) 항암제 화학요법

항암제 화학요법(chemotherapy)은 화학적 항암제(anticancer drug)를 사용하여 암세포를 죽이는 내과적·전신적인 약물치료를 뜻한다. 종양절제 수술이 불가능하거나, 암이

표 9-5 암 치료법에 따른 영양문제

치료방법	치료 부위	영양문제
수술요법	뇌, 목	• 저작곤란, 연하곤란 • 식품 섭취 이상으로 영양불량 유발
	식도	• 연하곤란, 구토 • 식도 협착, 식도 누공
	위	• 덤핑증후군, 흡수불량, 조기만복감, 탈수 • 위운동 및 위 염산 분비 감소, 내적인자단백질 결핍(비타민 B_{12} 흡수불량) • 비타민 D, 무기질(Ca, Fe 등) 흡수불량
	소장	[절제 부위별] • 공장 : 영양소 흡수불량 • 회장 – 설사나 지방변으로 담즙산염 손실 – 지방 및 지용성 비타민, 비타민 B_{12}, 무기질 흡수불량 • 결장 : 수분 및 전해질 불균형 • 절제 부위가 많은 경우 : 생명이 위험한 흡수불량, 대사적 산성증, 탈수증 [일반적 증상] • 유당불내증, 설사, 담즙 손실 • 수분 및 전해질 불균형 • 열량 영양소 및 비타민, 무기질 흡수불량
	대장	• 설사, 탈수, 수분 및 전해질 불균형 • 비타민 및 무기질 흡수불량
	췌장	• 고혈당, 당뇨병(인슐린 분비 이상) • 지방, 단백질, 지용성 비타민, 무기질 흡수불량
방사선요법	뇌, 목 (혀, 인두, 후두, 편도선 등)	• 구강 건조, 구내염, 구강 및 인두 궤양 • 미각 손실, 후각 장애, 미각 감퇴 • 점성 타액, 치아 손상
	흉부 (식도, 폐, 유방)	• 연하곤란, 연하통증, 식욕부진, 피로 • 식도염, 식도 협착, 식도 섬유증 • 폐렴
	복부, 골반	• 메스꺼움, 구토, 식욕부진, 피로 • 장손상, 위장관 궤양, 장염, • 흡수불량, 유당불내증, 설사
	뇌, 척수(중추신경계)	• 메스꺼움, 구토, 식욕부진, 피로
항암제 화학요법	전신	• 메스꺼움, 구토, 식욕부진, 피로 • 구강 및 인후두 통증, 점막 염증, 미각장애
면역요법	전신	• 메스꺼움, 구토, 설사, 점막 궤양, 소화기계 장애 • 구강 건조 및 통증, 미각장애, 식욕부진
골수이식	골수	• 수술 직후(48시간) : 구토, 메스꺼움, 설사 • 수술 후(1달) : 구강 섭취 불가능, 경장영양 또는 정맥영양 • 수술 후(2달) : 점막염, 식도염, 위염, 타액 분비 저하

출처 : 대한영양사회(2013). 임상영양관리지침서.

전신에 전이되었을 때, 종양 제거 수술 후 재발했을 때 주로 쓰이는 치료법이다. 세포증식이 빠른 일반 정상세포도 파괴되는 부작용이 있다(장관과 생식기관의 내피세포, 두피세포, 골수세포 등).

항암제 치료를 받는 암환자들은 내피세포가 파괴되어 점막층에 염증이 쉽게 생기고, 파괴된 점막층으로 감염이 잘 되며, 골수에서 만들어지는 백혈구나 혈소판이 감소해서 면역이 저하된다. 두피세포층이 약해져서 머리카락이 잘 빠지기도 한다.

(4) 그 외 암 치료법

① **면역요법** 면역요법(immunotherapy)은 신체 면역시스템이 암세포를 죽이게 하는 치료방법으로 백혈구 중 자연살해세포(natural killer cells)를 주입하거나, 백혈구가 만드는 면역물질을 주입하여 암세포를 죽이는 방법이다. 항암제를 복용하는 화학요법보다 부작용이 약할 수 있으나, 여전히 구강건조 및 통증, 장점막 염증과 궤양, 메스꺼움, 구토 및 설사, 식욕부진 및 흡수불량 등의 증상이 나타날 수 있다.

② **줄기세포 치료법** 줄기세포 치료법(stem cell transplantation, 골수이식)은 혈구를 만드는 골수조직을 이식하는 치료법으로서, 골수에서 백혈구를 생성하는 혈구줄기세포를 재생하여 암을 치료하는 방법이다. 백혈구는 면역 기능이 있는 면역세포들이 많이 포함되어 있다. 항암치료로 인해 백혈구가 많이 파괴된 암환자에게 적용할 수 있다. 골수 이식 후에는 식욕부진, 구토 및 설사, 연하곤란, 소화기 염증 등의 부작용이 있을 수 있다.

③ **호르몬 요법** 호르몬 요법(hormone therapy)은 암세포가 증식할 때 필요한 호르몬의 합성이나 작동을 방해해서 암 치료를 하는 방법이다. 종양 제거 수술이나 전신 방사선요법을 사용하기 어려운 경우에 사용한다.

④ **표적치료법** 표적치료법(targeted therapy)이란 암세포가 분열하고 증식하기 위해서는 세포막에 암세포 특유의 분자물이 발현하는데, 이 암 분자물(표적물)을 제거해서 암세포가 성장하지 못하도록 하는 치료법이다. 암 치료물질을 혈액에 투여하면 치료물질이 암세포막에 있는 특정 수용체(receptor) 단백질과 결합해서 암세포 증식을 막는다. 림프종(백혈구 암의 일종)의 경우, B 림프구(B lymphocyte, B 임파구) 표면에 CD20이라는 분자물이 있는데 이 분자물을 표적으로 투여하는 분자화합물 약제 등이 이에 해당된다.

⑤ **정밀의학** 정밀의학(precision medicine)이란 환자 개인의 유전자(DNA) 정보에 근거해서 암을 치료하는 방법이다. 같은 암이라도 환자 개개인의 유전자가 다르기 때문에 암의 진행 정도 및 양상이 다를 수 있으며, 따라서 각 개인 유전자 정보에 근거해서 '정밀(precision)'하게 접근한다는 개념의 새로운 암 치료법이다.

3. 암 식사요법

1) 암 식사요법

암환자는 기초대사량이 높아져서 열량요구량이 높아지며, 따라서 충분한 탄수화물 공급과 적절한 양의 지방 공급이 필요하다. 체단백이 분해되므로 단백질 섭취도 충분하게 공급해야 한다. 에너지 영양소 대사에 필요한 비타민과 무기질의 공급도 충분히 되어야 하며, 점막세포 손상 및 발열과 설사 등으로 수분과 전해질의 손실도 많아지므로 충분히 보충해 주어야 한다. 다음은 암환자의 일반적 식사요법에 대한 내용들이다.

① 충분한 에너지 섭취

암환자는 암세포 증식으로 기초대사량이 증가하고, 체조직 소모가 심해지기 때문에 에너지 공급이 충분해야 한다. 에너지 공급이 충분하지 않으면, 체단백질이 포도당으로 쓰이면서 체조직 소모는 더욱 가속화된다. 암환자의 에너지 권장량은 영양상태가 비교적 양호한 암환자의 경우에 2,000kcal/일 정도이고, 체조직이 소모된 영양불량 상태인 경우는 3,000~4,000kcal/일 정도 공급할 수 있다. 그러나 암 종류나 환자 상태에 따라서 달라질 수 있다.

② 충분한 탄수화물 및 적당한 지방 섭취

대부분의 에너지 공급은 탄수화물에서 활용하게 되므로 탄수화물을 충분히 공급하여 체단백질이 에너지원으로 소모되는 것을 막아야 한다. 지방도 에너지를 생성하므로 부족되지 않게 공급해야 한다. 그러나 지방은 일부 암 발생과도 관련이 있으므로 많이 섭취하는 것은 좋지 않으며, 에너지 필요량의 30% 이내를 권장하고 있다.

③ 충분한 단백질 섭취

암환자는 체단백질 분해가 증가하여 음의 질소평형을 나타내며, 이는 체단백 감소로 인한 체중 감소와 알부민(albumin)이나 트랜스페린(transferin) 등과 같은 혈액 내 단백질의 감소도 유발하게 된다. 또한 항암치료를 받게 되면 세포증식이 빠른 일반 정상세포도 같이 죽게 되므로 손상된 조직 및 세포 재생을 위해서도 단백질을 충분히 섭취하여야 한다. 충분한 단백질 섭취는 면역물질인 감마-글로불린(γ-globulin) 합성에도 사용되어 면역 기능을 높일 수도 있다. 일반 정상인과 암환자의 단백질 권장량은 다음과 같다.

- 정상 성인 권장량 : 0.8~1.0g 단백질/kg 체중
- 스트레스가 없는 암환자 : 1~1.2g/kg
- 대사항진이 있는 암환자 : 1.2~1.6g/kg
- 심한 스트레스 상태 및 골수이식 암환자 : 1.5~2.5g/kg

④ 비타민과 무기질의 적절한 섭취

암환자는 식사장애와 암치료로 인한 소화기관 점막세포 파괴로 소화불량 및 흡수불량이 있으므로 비타민이나 무기질이 결핍되기 쉽다. 따라서 채소나 과일 섭취를 늘리고, 비타민 및 무기질 보충제 섭취도 고려해 볼 만하다. 단, 지용성 비타민이나 무기질은 체내에 축적될 수 있으므로 영양소 섭취기준(dietary reference intakes, DRI) 이상은 섭취하지 않는 것이 좋다.

⑤ 수분 섭취

암환자는 치료과정에서 성장이 빠른 정상세포도 손상되어 감염과 발열이 생기며, 소화기 장관 손상 등으로 수분 손실이 많으므로 수분 섭취를 충분히 해주는 것이 좋다. 충분한 수분 섭취는 신장에서의 체내 노폐물 배설을 도와주고 항암제가 희석되어 원활히 배설되는 것을 도와준다. 그러나 수술이나 신장 및 간 기능 이상과 같은 수분상태를 변화시킬 수 있는 상황에는 잘 모니터링하여 수분 공급을 해주어야 한다.

표 9-6 암환자 일반적 영양관리

1. 적절한 영양상태를 유지하여 체중 감소 최소화 (체중손실 방지)
2. 체지방 및 체단백질 손실 최소화 (신체소모 방지)
3. 영양결핍에 의한 면역 기능 저하 방지 (면역 기능 향상)
4. 적절한 영양소 섭취를 통한 암 치료 효과 극대화 (영양소 섭취)
5. 항암치료에 의한 합병증 예방 (합병증 예방)
6. 암환자의 정신적 스트레스 및 삶의 질 향상 (삶의 질)

2) 암환자 식욕부진 기전 및 식욕증진 방법

(1) 암환자 식욕부진 기전

① 식욕부진 원인 및 기전

식욕부진은 암환자의 주요 영양문제이다. 식욕부진은 암 자체의 생리적 변화가 원인이 되기도 하지만, 항암제나 방사선조사 같은 치료 과정에 의해서도 생긴다. 음식 섭취량이 감소되므로 영양불량을 초래하며, 체단백질이 소모되고 면역 기능이 저하된다. 식욕부진이 심하면 단백질-열량 영양불량 상태가 되며, 결국은 암환자 특유의 체중 감소, 허약체질 등이 나타나는 암 악액질 상태가 되기 쉽다.

암환자의 식욕부진 원인 및 기전은 다음과 같다.

- **통증, 미각 및 후각의 변화** 암환자는 암세포가 분비하는 사이토카인(cytokine)에 의해서 미각, 후각에 대한 감각이 둔해지며, 맛에 대한 감지능력이 떨어지고 냄새에도 예민해져 음식을 잘 섭취하지 못한다. 식욕조절 호르몬 대사에도 변화가 생겨서 식욕부진이 된다.
- **항암제 화학요법 및 방사선 치료 부작용** 항암제 치료를 하게 되면 구토나 메스꺼움으로 식욕부진은 더욱 심하게 된다.
- **스트레스 및 심리적 요인** 암 질병에 대한 두려움과 암 치료 과정에 따른 힘들고 우울한 심리적 스트레스도 식욕부진의 원인이 된다.
- **소화기관 장애 및 포만감 증가** 암환자는 소화기능이 감소하고 소화기관 상피세포층이 위축되어 소화액 합성이 저하되어서 쉽게 포만감을 가지게 되므로 식욕부진 증상이 나타난다.

② 단백질-에너지 영양불량 상태

암이 진행될수록 암환자 특유의 식욕부진 증상과 체단백질 손상은 암환자를 심한 단백질-에너지 영양불량(protein-energy malnutrition, PEM) 상태로 만들게 된다. 체단백질을 분해해서 부족한 에너지 섭취를 활용하므로 체중 감소를 동반한다. 이러한 단백질-에너지 영양불량 상태는 정상세포와 면역 기능을 저해해서 암치료 효과를 더욱 떨어뜨리며 암 말기로 갈수록 암 악액질로 나타나게 된다. 대부분의 암에서 이러한 영양불량 증상이 나타나지만 암의 종류에 따라서는 유방암처럼 잘 나타나지 않는 경우도 있다.

(2) 식욕증진 방법

암환자 식욕부진의 대표적 증상은 메스꺼움과 구토이다. 메스꺼움이나 구토를 예방하기 위해서는 천천히 자주 먹고, 배가 고프면 구토 증상이 심하므로 배가 고파지기 전에 식사를 하며, 뜨거운 음식은 구토를 유발하기 쉬우므로 차거나 실온 정도의 음식을 제공한다. 특히 식욕부진이 심할 때는 부족한 에너지 급원을 위해서 소량의 간식을 자주 주

표 9-7 암환자 식욕증진을 위한 식사지침

1. 식욕부진 시

❶ 식사 지침
- 식사시간에 얽매이지 말고 환자 상태가 좋을 때, 먹고 싶을 때 먹는다.
- 소량씩 자주 먹도록 한다.
- 배가 고프지 않더라도 2~4시간 간격으로 음식을 먹도록 한다.

❷ 식품 선택
- 간식 섭취로 부족한 에너지를 보충한다.
- 고형물을 먹기 힘들면 유동식 형태의 음료를 마시도록 한다(예 주스, 수프, 우유 등).
- 식사 시 수분 섭취는 포만감을 주므로 조금만 마시고, 식전이나 식후 30분 정도에 수분을 섭취한다.

2. 메스꺼움 및 구토가 있을 시

❶ 식사 지침
- 조금씩 천천히 자주 먹는다.
- 배가 고프면 메스꺼움 증상이 심해질 수 있으므로 배가 고프기 전에 식사한다.
- 뜨거운 음식은 메스꺼움을 유발하기 쉬우므로, 식품을 차게 하거나 실온 정도로 해서 먹는다.
- 구토가 심하면 억지로 먹지 말고 구토가 멈추면 물이나 육수 같은 맑은 유동식부터 조금씩 먹는다.
- 화학요법이나 방사선치료 도중 증세가 나타날 수 있으므로, 치료 1~2시간 전에는 먹지 않는다.

❷ 식품 선택
- 비교적 위에 부담이 적은 식품들을 섭취한다(예 맑은 유동식, 부드러운 과일이나 채소, 요구르트, 토스트나 크래커, 탄산음료 등).
- 자극적인 음식들은 가급적 피한다(예 기름진 음식, 너무 단 음식, 맵고 짠 음식, 향이나 냄새가 강한 음식, 뜨거운 음식).

고, 식사 시 수분 섭취는 포만감을 주므로 되도록 식사 전이나 후에 마시도록 한다. 암환자 식욕부진에 대한 식사지침을 표 9-7에 제시하였다.

3) 암환자 영양관리 및 식사지침

(1) 암환자 영양문제에 따른 식사지침

암환자는 일반적으로 다음과 같은 영양문제를 가지게 된다. 암환자 영양문제 및 이에 대한 식사지침을 표 9-8에도 기술하였다.

① **연하곤란 및 저작곤란** 항암제, 방사선 조사 또는 감염으로 입 안에 염증이 생기며, 인후두와 식도에도 통증이 나타나 연하곤란 현상이 발생한다. 약해진 입 안을 자극하지 않고, 씹고 삼키기 쉬운 음식을 섭취한다.

② **구강 건조증** 침은 입안을 촉촉하게 유지해서 삼키는 것을 도와주고 치아와 잇몸 건강을 도와준다. 그러나 머리와 목 주위에 항암제나 방사선치료를 하게 되면 침샘세포가 파괴되어 침 분비가 감소하며, 구강이 건조해지고 음식물을 씹고 삼키는 것이 어려워진다. 또한 입안이 건조하면 침 성분이나 농도가 변화되어 감염이나 충치의 위험도 높다.

③ **미각 및 후각 장애** 암이나 항암치료로 미각세포 및 후각세포가 파괴되어 이상이 생길 수 있다. 단맛에 둔해지고, 고기 맛에 예민해질 수 있으며 식욕 저하를 유발하기도 한다.

④ **조기 만복감** 암환자는 소화관 상피세포층 파괴로 장관 염증이 생기고, 장 점막세포가 위축되어서 소화기능이 감소되며 쉽게 포만감을 가진다. 소화속도도 느리며 포만감은 식욕부진의 원인이 된다.

⑤ **설사** 설사는 항암제 사용, 감염, 음식 과민반응, 불쾌감 등으로 생길 수 있다. 음식이 장을 빨리 통과하므로 비타민 및 무기질, 수분 등이 제대로 흡수되지 못하여 탈수가 되기 쉽고 감염의 위험을 증가시킨다.

⑥ **변비** 일부 항암제와 항구토제, 대장의 일부 절제 수술은 변비를 유발한다. 물을 충분히 마시고, 특히 아침에 차가운 물을 마시면 장운동에 도움이 되며 섬유소가 많은 식품도 도움이 된다.

⑦ **면역 기능 저하** 항암제 및 방사선 조사로 백혈구 수가 감소되어 면역 기능이 저하되므로 감염이 쉽게 된다. 음식은 되도록 익혀서 먹어야 하며, 이는 음식 중의 세균 감염을 예방하기 위함이다.

(2) 특수 영양지원

암환자에게 적절한 영양공급을 하기 위해서는 종양 제거 수술 전이나 항암치료, 방사선 치료, 골수이식 수술 전에는 적극적인 특수 영양지원을 고려할 수 있다.

① 경장영양

경장영양(enteral nutrition)은 유동식을 경구나 위장관에 삽입한 관을 통해 제공하는 것으로 경관급식(tube feeding), 경구영양(oral nutrition), 경구보충(oral supplement) 방식이 있다. 경관급식은 위장관의 기능은 정상이지만 입으로 식사하는 것이 어려운 사람에게 위장관으로 관을 삽입하여 영양을 공급하는 방법이며(주로 미음 형태), 경구영양은 저작 곤란, 식욕부진 및 허약체질로 정상적인 식사가 불가능한 경우에 액상으로 장기간 경구급식을 하는 것을 말한다. 경구보충은 경구섭취는 가능하나 섭취량이 현저히 부족하거나, 식욕부진 등으로 영양불량 상태가 아주 심할 때 영양소를 보충하는 방식이다.

② 정맥영양

정맥영양(parenteral nutrition)은 소화기 장관을 이용할 수 없거나 경장영양이 바람직하지 않을 때 정맥을 통해서 영양소를 공급하는 방법이다. 항암치료에 도움이 될 수는 있지만, 단순히 생명을 연장시키는 수단으로 사용하는 경우에는 잘 고려해야 한다.

(3) 말기 암환자 식사요법

말기 암환자는 암 악액질 증상으로 신체조직의 기능이 전반적으로 많이 떨어져 있다. 특수 영양지원을 통한 적극적인 영양공급을 고려할 수 있으며, 이는 영양과 수분의 공급이라는 임상영양학적 의의도 있지만, 환자와 가족에게는 긍정적인 생각을 줄 수 있는 계기가 된다. 특히 암 악액질로 인해서 체중 감소가 심한 말기 암환자의 경우에는 적극적 영양지원(경장영양 및 정맥영양)이 어쩌면 생존율이나 편안함에 도움이 되지 않을 수도 있고, 도리어 고혈당, 수분과 전해질 이상과 같은 대사적 문제 등을 유발할 수도 있다. 신체가 극도의 소모적 상태에 이르면 섭취한 영양성분이나 수분을 제대로 처리할 수 없게 되어, 음식물을 억지로 공급한다고 해서 생명이 연장될 수는 없고, 오히려 과잉의 영양과 수분 공급은 환자에게 고통이 될 수도 있다. 따라서 환자가 편안히 받아들일 수 있는 범위 내에서 영양 섭취의 중요성을 잘 설명하고 긍정적인 마음을 갖도록 도와주어야 한다.

표 9-8 암환자 영양문제와 식사지침

영양문제	식사지침	권장식품	제한식품
1. 식욕부진	• 소량씩 자주 공급 • 고열량, 고단백 간식 • 맛, 향기, 식사 분위기 조성	• 아이스크림, 밀크셰이크 • 과일 주스, 요구르트 • 고열량, 고단백이면서 산뜻한 음식	• 고지방 식품
2. 구토, 메스꺼움	• 식사 중 수분 공급 제한 • 식후 바로 눕지 않기 • 신선한 공기 마시기 • 옷을 여유 있게 입기	• 맑고 찬 음료(탄산음료) • 지방이 적은 음식, 짭짤한 음식 • 마른 음식(과자, 크래커) • 차거나 실온 음식	• 단 음식 • 향이 강한 음식 • 고지방 식품 • 자극성 식품 • 뜨거운 음식
3. 연하곤란, 저작곤란	• 씹고 삼키기 쉬운 식품 • 식염수로 입 헹구기(세균과 음식찌꺼기 제거) • 빨대 사용(입 안이 쓰린 경우)	• 부드러운 음식, 요구르트 • 죽, 미음, 으깬 채소 • 차거나 실온 음식	• 거칠고 굵고 건조한 식품 • 자극적 음식 • 뜨거운 음식
4. 구강 건조증	• 물을 조금씩 자주 마심 • 식욕 촉진 음식	• 달거나 신 음식 • 부드러운 음식 • 국물 음식 • 차거나 실온 음식	• 딱딱하고 마른 음식 • 뜨거운 음식 • 카페인, 고당도 음식 • 담배
5. 미각, 후각 장애	• 차거나 상온 음식 • 식욕 촉진 음식	• 육류 대신 닭고기, 생선 • 양파, 아몬드 등 • 레몬, 식초, 향신료 (식욕 촉진제)	• 강한 냄새가 나는 육류, 생선 • 초콜릿, 커피
6. 조기 만복감	• 식사는 소량씩 자주 공급 • 식사 후에 수분 섭취	• 고에너지 식품	• 식사 직전이나 식사 중에 음료수 섭취 제한(만복감 유발 방지)
7. 설사	• 소량씩 자주 식사 • 충분한 수분 섭취 • 맑은 유동식	• Na, K 함유식품(육수, 바나나, 감자, 스포츠 음료–전해질 보충)	• 너무 차거나 뜨거운 음식 • 유당 함유식품(유제품) • 카페인 음료(커피, 콜라, 초콜릿, 장 자극을 유발하므로)
8. 변비	• 수분 및 섬유소 식품 제공	• 수분, 과일 주스 • 익힌 채소 및 과일	• 과일 감 등(탄닌 함유식품) • 술, 알코올 음료
9. 면역 기능 저하	• 식사 및 조리 전에 손 씻기 • 음식은 익혀서 섭취(세균 소독) • 식기구 소독	• 멸균우유, 분유, 두유 • 통조림, 캔주스	• 생채소, 생과일, 우유 • 발효식품(치즈, 요구르트)

4) 암 종류별 영양관리

암은 초기에는 국부적으로 발생하나, 병이 진행되면서 전신으로 퍼지면서 고에너지를 필요로 하는 소모성 질환이다. 암 종류별 영양관리 및 식사지침에 대해서 아래에 설명하였다.

(1) 폐암

① **원인 및 증상** 폐암은 암환자 5년 생존율(암 진단 후 환자가 5년 뒤에도 생존할 확률)이 15% 정도로 비교적 사망률이 높은 암이다. 폐암 발병은 흡연과 밀접하며, 폐암 환자의 80% 이상이 흡연을 하거나 과거 흡연 경력이 있는 편이다. 흡연 이외에 연소와 관련된 벤조피렌 발암물질(물질을 태울 때 생성되는 물질), 석면 발암물질, 라돈 같은 환경방사능 물질이 원인이며, 만성폐쇄성 폐질환도 폐암 발병과 관련이 있다. 폐암 초기에는 증상이 거의 없으나, 병이 진행되면 전반적인 호흡기 증상이 나타난다(**예** 기침, 가래, 객혈, 호흡곤란, 가슴 통증, 쉰 목소리 등).

② **영양문제 및 영양관리** 폐암 환자는 숨 쉬기가 어렵고, 식욕부진으로 열량불량 및 체중감소가 나타난다. 폐암 환자의 영양관리 원칙은 금연을 해야 하며, 균형 있는 영양소 섭취를 통해 신체 회복을 돕고, 치료 과정에서 나타나는 부작용을 최소화해야 한다.

> **알 아 두 기**
>
> **벤조피렌, 라돈과 폐암**
>
> 벤조피렌(benzopyrene)과 라돈(radon)은 발암물질로서 특히 폐암과 관련 있다. 벤조피렌은 고온(300~600℃ 사이)에서 물질을 불완전 연소시킬 때 생성되는데, 공장에서 석탄을 태울 때 발생하는 굴뚝 연기, 자동차 배기가스, 담배연기 등에 함유되어 있으며, 음식을 태울 때도 생성된다(탄수화물, 단백질, 지방 등이 불완전 연소할 때). 라돈은 방사능이 있는 비활성 기체로서 라돈의 방사능을 흡입하면 폐암이 발병할 수 있다.

(2) 간암

① **원인 및 증상** 간염 및 알코올성 간경화 등으로 발병하며, 초기에는 거의 증상이 없다

가 증상이 나타나면 이미 병이 진행된 경우가 많다. 간은 대부분 만성 간염에서 간경화증으로 되고, 간암으로 변하기가 쉽다. 주요 증상은 복통, 피로감, 체중 감소, 소화불량, 복부 팽만감, 식욕 부진 등이다.

② **영양문제 및 영양관리** 간은 체내 영양소 대사과정에서 중심적 기능을 하는 주요 기관이다. 따라서 간에 종양이 생기면 체내 항상성(homestasis)을 조절하는 기능이 저하되어 심각한 영양문제를 야기하게 된다. 영양관리의 목표는 영양필요량에 맞추어 환자가 식사에 잘 적응하도록 도와주고, 영양 결핍과 체중 감소를 막고 병의 증상과 치료로 인한 부작용을 완화시키는 데 있다. 일반적으로 만성 간염과 간경화증에 준하는 영양관리 및 식사요법을 실시한다.

(3) 대장암

① **원인 및 증상** 대장암은 동물성 고지방식이 섭취와 발병 관련성이 높다. 대부분은 대장의 점막세포에서 발생하며, 가장 많이 생기는 부위는 변이 머무는 직장과 에스(S)결장, 하행결장이다 그림 9-6. 초기에는 대부분 증상이 없으며 증상이 나타나면 이미 상당히 진행된 경우가 많다. 주된 증상은 배변 습관 변화, 설사, 변비, 잔변감, 혈변, 점액변, 가늘어진 변, 복부 불편감, 소화불량, 식욕부진, 체중 감소 등이 있다.

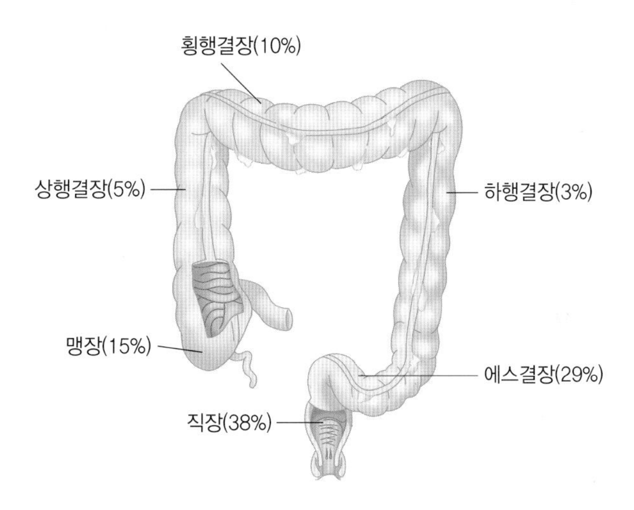

그림 9-6 대장암 발생 부위 및 발생률(%)

② **대장 수술 후의 영양관리**

- 장 자극을 최소한으로 줄이고, 영양소 섭취를 위해서 저잔사식을 섭취한다.
- 저잔사식을 오랜 기간 섭취하는 것은 바람직 하지 않은데, 이유는 장의 정상적 운동을 위축시키고 변비를 초래할 수 있기 때문이다.
- 충분한 에너지와 단백질, 비타민과 무기질을 공급한다.
- 수분과 전해질(Na, K) 손실이 있으므로 잘 보충해준다.

(4) 위암

① **원인 및 증상** 헬리코박터 파이로리(*helicobacter pylori*) 균에 감염되면 위염, 위궤양이 생기고 이어서 위암으로 발병할 수 있다. 위암 초기에는 대부분 증상이 없거나 소화성 궤양 증상과 비슷하여 쉽게 발견하지 못하지만(예 속쓰림, 공복 시 통증 등), 암이 어느 정도 진행되면 위장장애, 오심과 구토, 식욕부진, 복부팽만, 체중 감소, 혈변, 빈혈, 조기 포만감, 연하곤란 등의 증상이 나타난다.

② **위암 절제 수술 후의 영양관리**

- 위 절제 수술로 위의 크기가 작아지고, 위 배출시간(gastric emptying time)이 단축되면서 덤핑증후군 등의 부작용이 나타난다.
- 체중 감소, 저혈당, 흡수불량, 역류성 식도염, 철분 결핍성 빈혈, 악성 빈혈(pernicious anemia), 거대적아구성 빈혈(magaloblatic anemia) 증상이 나타난다.
- 위 절제 수술 후에는 환자의 영양요구량에 맞게 영양소를 공급해준다.

알 아 두 기

위 배출시간과 덤핑증후군

- 위 배출시간(gastric emptying time) : 위에서 음식물이 12지장으로 이동하는 시간. 고형 음식의 경우 약 1~2시간, 액체를 포함한 음식은 10~40분 정도 소요된다.
- 덤핑증후군(dumping syndrome) : 다량의 위 내용물이 소장으로 급격히 이동하면서 발생하는 증상. 부분적 또는 전체적 위절제술 후에 섭취한 음식이 정상적인 소화과정을 거치지 못하고 급격히 소장으로 유입되는 현상을 말한다.

(5) 유방암

① **원인 및 증상** 대장암과 함께 동물성 고지방식이와 발병 관련이 높다. 유방암은 유관에서 주로 발생하며, 증상은 유방 형태 변화와 겨드랑이 밑에 있는 림프절로 전이하는 경우에는 응어리가 만져진다.

② **영양관리** 일반적 암질환 영양관리 원칙을 따르며, 균형 있는 영양섭취를 통해 회복을 돕고 치료 과정의 부작용을 최소화한다.

(6) 갑상선암

① **원인 및 증상** 호르몬 내분비기관인 갑상선(thyroid gland) 조직세포에 암이 생기는 것으로 여자가 남자보다 3~5배 발병률이 높다. 목 앞쪽에 위치한 갑상선에 종양이 생기게 되므로 목에 혹이 만져지며, 주변 조직으로 전이하면 호흡곤란, 객혈, 연하곤란, 쉰 목소리 등의 증상이 나타난다.

② **영양관리** 갑상선 종양 제거 수술 후에 방사성 요오드 치료를 하게 되는데, 이때는 요오드 제한식을 해야 한다. 요오드 제한식은 암치료 시 투여하는 방사성 요오드의 체내 흡수를 최대로 하기 위한 목적으로, 식품으로 섭취하는 요오드의 양을 최소로 줄이는 방법이다.

알 아 두 기

갑상선암과 방사성 요오드 치료

갑상선암 수술 후에는 방사성 요오드 치료를 후속으로 시행한다. 방사성 요오드 치료는 다량의 방사능이 함유된 요오드를 갑상선 주변에 투여하여, 수술 후 남은 암세포를 방사성으로 파괴하는 치료이다. 수 주간 저요오드식을 통해 체내 세포의 요오드를 고갈시킨 뒤에, 방사능이 함유된 요오드를 투여해 주면 요오드가 고갈된 갑상선 암세포들이 방사성 요오드에 조사되어 암세포가 파괴되는 것이다.

01. 양성 종양과 악성 종양의 주요 특성을 비교하시오.
02. 발암기전과 진행단계를 설명하시오.
03. 암환자 특유의 식욕부진 원인에 대해 설명하시오.
04. 암환자는 왜 단백질–에너지 영양불량 증상이 잘 나타나는지 설명하시오.
05. 암을 소모성 질환이라고 하는 이유와 암 악액질에 대해서 설명하시오.
06. 암환자의 식욕부진 중 메스꺼움과 구토를 줄일 수 있는 식사지침을 제시하시오.
07. 암환자의 에너지, 탄수화물, 지방, 단백질 대사 변화에 대해서 설명하시오.
08. 암환자의 에너지, 탄수화물, 지방, 단백질의 일반적 식사요법에 대해서 설명하시오.

호흡기 및 감염성 질환

- **감염성 질환(infectious diseases)** 바이러스, 세균, 곰팡이, 기생충 등의 병원체가 우리 몸에 들어와 증식하여 일으키는 질병
- **공기연하증(aerophagia)** 침과 함께 공기를 많이 삼켜서 트림이 자주 나고 복부팽만감을 느끼는 증상
- **객혈(hemoptysis)** 피가 섞인 기침
- **대사항진(hypermetabolsim)** 기초대사율이 높아지는 상태로 에너지 소모가 많아진다.
- **만성 폐쇄성 폐질환(chronic obstructive pulmonary disease, COPD)** 폐기종과 만성 기관지염 등으로 기도가 폐쇄되어 폐를 통한 공기의 흐름 속도가 감소하고 폐기능이 저하되어 호흡곤란이 나타나는 질환
- **만성 기관지염(chronic bronchitis)** 기침과 가래가 1년에 3개월 이상 지속되고 2년 이상 연속되는 질환
- **바이러스(virus)** 다른 유기체(숙주) 세포 안에서 생명활동을 하는 생물과 무생물의 중간적 존재
- **알도스테론(aldosterone)** 부신피질에서 분비되는 호르몬으로 신장의 세뇨관에서 나트륨 이온의 재흡수를 촉진하며 혈압을 높인다.
- **장티푸스(typhoid)** 살모넬라균(*salmonella*)에 오염된 음식물이나 음류수 등에 의해 발병되는 수인성 전염병
- **중추신경계(central nervous system)** 뇌와 척수로 구성되어 우리 몸의 신경정보를 수집, 통제, 조정하는 기능을 한다.
- **콜레라(cholera)** 비브리오 콜레라균(*vibrio cholerae*)에 오염된 식수, 음식물, 어패류 등에 감염되어 심한 설사, 구토, 탈수, 허탈 증상을 일으키는 수인성 전염병
- **폐기종(emphysema)** 폐포의 점막세포층이 파괴되어 산소 접촉 표면적이 줄어들고 폐의 탄력성이 저하되는 질환
- **폐포(alveoli)** 기관지 끝에 달려 있는 작은 공기주머니로, 산소가 혈액으로 들어가고 이산화탄소가 혈액에서 빠져나오는 나오는 장소의 기능을 하며 허파꽈리라고도 불린다.
- **표면활성제(surfactant)** 폐포 면을 부드럽게 하는 물질로 폐포의 공기-액체 경계면의 표면장력을 감소시켜 폐포의 팽창을 쉽게 하며 호흡 시 폐포가 찌그러지지 않도록 한다. 너무 일찍 태어난 신생아의 호흡곤란증은 폐포의 표면활성제가 부족하기 때문이다.
- **항이뇨호르몬(antidiuretic hormone)** 뇌하수체후엽에서 분비되는 호르몬으로 소변 배설을 억제한다.
- **천식(asthma)** 기관지에 염증이 생겨 기관지가 좁아지면서 호흡곤란을 일으키는 질환
- **호흡성 산증(respiratory acidosis)** 우리 몸에서 생성된 이산화탄소를 호흡으로 배출하지 못하여 pH가 낮아진 질환
- **객담(sputum)** 기관지나 폐에서 유해되는 분비물로 가래라고도 한다.
- **호흡계수(respiratory quotient)** 어떤 물질을 연소시키기 위해 일정 시간 동안 체내에서 소비하는 산소의 양과 배출된 이산화탄소 양의 비율
- **폐렴(pneumonia)** 폐렴 구균이나 감기 바이러스 등에 의한 감염으로 발생하는 폐의 염증질환
- **폐결핵(pulmonary tuberculosis)** 결핵균이 호흡기를 통해 폐에 침입하여 감염을 일으키는 질병

1. 호흡기 질환

1) 호흡기 구조 및 기능

호흡기계는 코, 인두, 후두, 기관, 기관지, 세기관지 및 폐로 구성되어 있으며 코에서 후두까지를 상부기도, 기관부터 폐까지를 하부기도라 한다. 공기 중의 산소는 입 또는 비강에서 인두, 후두를 지나 기관에서 좌우 기관지를 통해 양쪽 폐로 들어간다. 기관은 약 10cm의 튜브 모양의 관이며 C자 모양의 연골 링에 의해 둘러싸여 있어 주위 근육에 눌리지 않고 항상 개방될 수 있는 특수한 구조로 공기의 흐름을 원활하게 한다.

폐는 오른쪽에 3개, 왼쪽에 2개의 엽으로 나누어지며, 오른쪽이 좀 더 크고 총 환기량도 오른쪽이 약 55%, 왼쪽이 45%이다. 폐를 이루고 있는 폐포에는 모세혈관이 발달하여 외부로부터 유입된 공기 중의 산소와 조직으로부터 혈액으로 수송해 온 이산화탄소를 교환한다. 폐포의 수는 약 3~5억 개이고 평균 폐포의 표면적은 40~100m^2로 많은 양의 산소를 저장하고 이용할 수 있다 **그림 10-1**.

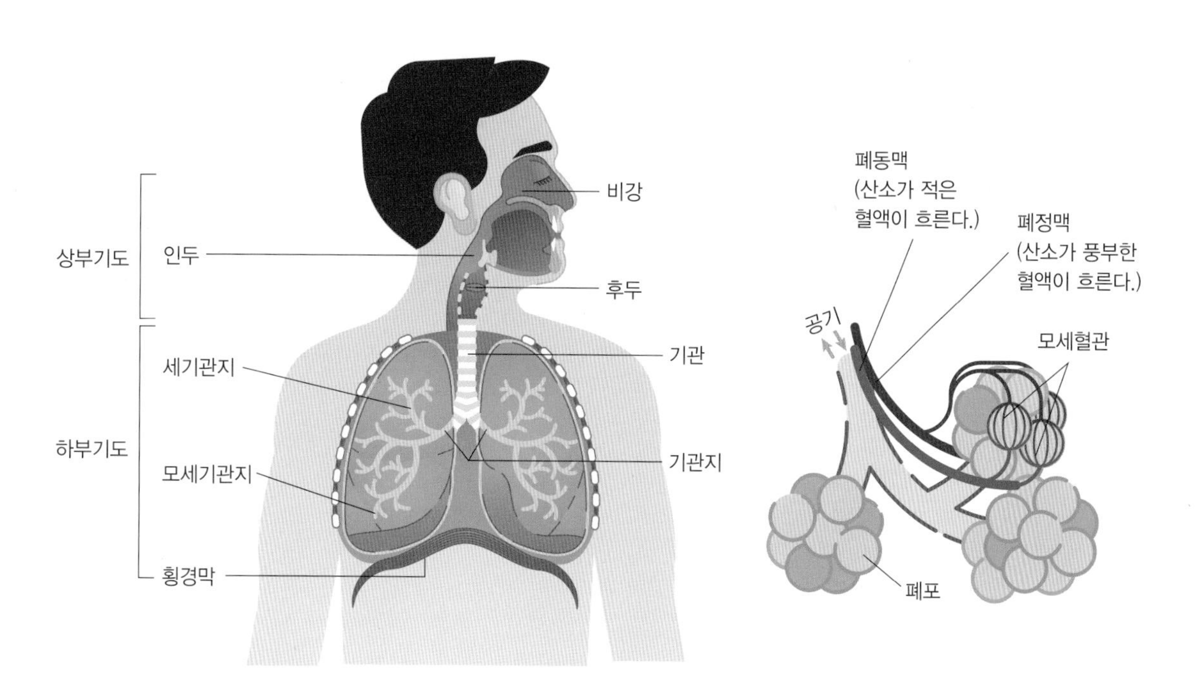

그림 **10-1** 호흡기계의 구조

호흡기의 기능은 다음과 같다.

- 산소를 체내에 공급하고 이산화탄소를 배출하는 가스교환이다. 외부에 있는 산소를 폐 내로 흡입하여 혈액을 통하여 산소를 각 세포로 운반하고 세포에서 생성된 이산화탄소는 혈액으로 방출되어 폐로 운반되고 호흡을 통해 체외로 방출된다.
- 체액의 pH 7.4를 유지한다. 호흡을 통해서 이산화탄소를 배출하거나 잔류시켜 혈액의 이산화탄소 농도를 조절한다 그림 10-2.
- 외부의 병원성 세균이나 자극성 물질로부터 방어 기능을 갖는다. 폐의 공기 여과, 점액물질 분비, 대식세포 등이 해로운 외부물질 침입로부터 방어한다.
- 호흡을 통하여 수분 및 열을 방출하여 체온을 유지한다. 그 외 폐는 표면활성제를 합성하고 안지오텐신 I 을 II 로 전환하는 등의 기능을 담당한다.

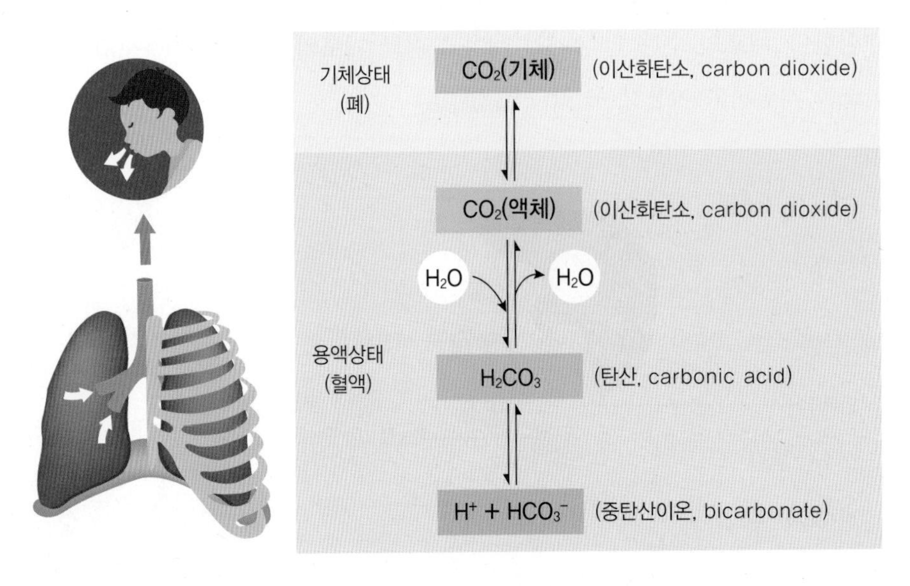

그림 10-2 폐를 통한 혈액의 이산화탄소 농도 조절

2) 체내 대사 변화 및 증상

인간이 생명을 유지하고 활동하는 데 필요한 ATP라는 에너지는 세포에서 탄수화물, 지질, 단백질 영양소가 산소를 이용하여 산화되어 생성된다. 따라서 호흡 기능에 문제가 발생하면 산소 공급 부족으로 에너지 생성이 부족해진다. 또한 호흡을 통한 이산화탄소가 제대로 배출되지 못하면 체액의 pH는 산성화되어 호흡곤란(호흡성산증)을 일으킨다.

호흡기 질환의 일반적인 증상은 기침, 가래, 호흡곤란(숨참), 가슴통증, 발열, 허약감 등이 다양하게 나타나며, 심하면 객혈이 발생한다. 또한 호흡기 질환은 빠른 포만감, 식욕부진, 식사 중 호흡곤란 등으로 식사 섭취를 방해하여 체중 감소 증상이 나타난다. 따라서 호흡기 환자의 영양상태가 나빠지면 호흡근육의 강도가 감소되어 호흡 기능이 저하되고 면역 기능이 감소되면 호흡기계는 감염이 발병되어 합병증을 유발한다.

알 아 두 기

호흡기계 질환 진단방법

기관지내시경, 흉부 X선, 숨을 쉬는 동안 폐의 횡경막의 움직임을 관찰하는 형광투시법 등이 있다. 폐기능을 측정하는 폐활량 검사는 폐에서 교환되는 기체의 부피를 특정하여 환기량과 유량을 측정한다. 객담검사는 폐렴과 악성 종양을 진단하는 데 도움이 된다.

3) 호흡기 질환

(1) 폐기종

① 원인과 증상

폐기종(emphysema)은 폐의 폐포벽이 파괴되고 인접한 폐포가 융합되면서 폐의 탄력성이 감소되는 질병으로, 폐포의 탄력성 감소로 공기 배출이 어려워지면 폐포에 공기가 차서 팽창된다.

폐기종의 가장 흔한 원인은 흡연이며 이 외에 대기오염, 만성 기관지염, 기관지 천식, 노화 등의 원인이 있다. 폐의 탄성이 감소되면서 들이마신 숨을 내쉬기 힘들게 되는 호흡곤란을 주 증상으로 하며 마른 기침, 체중 감소, 영양불량 등이 발생한다.

② 식사요법

금연하고 폐조직의 보수와 재생을 위해 고에너지, 고단백식을 제공한다.

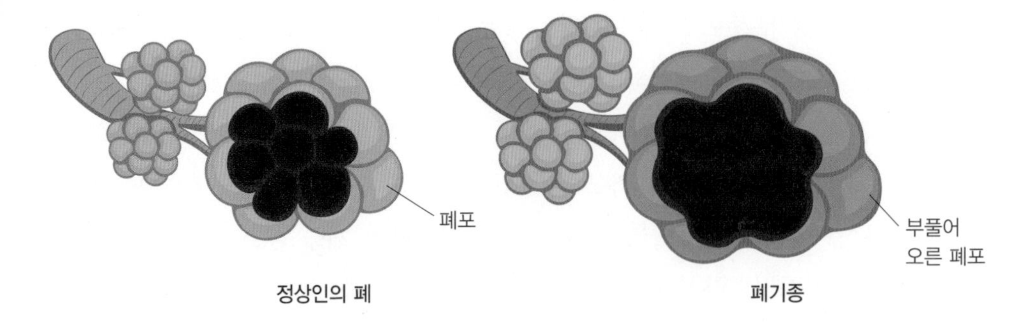

그림 **10-3** 정상 폐포와 폐기종 폐포

- **고에너지식** 소화가 쉬운 부드러운 형태의 고에너지 식사를 제공한다.
- **고단백질식** 체내 단백질이 에너지로 사용되는 것을 막아주고(단백질 절약작용) 폐조직의 보수와 재생을 위하여 고단백질 식사를 제공한다. 또한 농축된 식품을 소량씩 자주 공급한다.
- **고섬유소 식품 제한** 섬유질이 많거나 질긴 음식은 피한다.

(2) 만성 폐쇄성 폐질환

① 원인과 증상

만성 폐쇄성 폐질환(chronic obstructive pulmonary disease, COPD)은 만성 기관지염, 폐기종 등으로 기도가 폐쇄되어 폐를 통한 공기 흐름에 장애가 발생하여 폐기능 저하로 호흡곤란이 나타나는 소모성 전신질환 중 하나이다.

주요 위험요인은 흡연이며, 호흡기 감염, 대기오염, 직업성 분진 등이 원인이다. 주된 증상은 호흡곤란, 기침, 객담 배출로 만성적인 체중 감소와 영양결핍 상태를 보인다.

② 식사요법

환자의 호흡부전을 완화하고 체중 감소를 막고 신체의 저항력을 향상시키는 것을 목표로 한다. 호흡계수를 기초로 하여 당질과 지방의 구성비를 조정한다. 호흡계수(respiratory quotient, RQ)는 영양소를 에너지로 만들 때 소비하는 산소의 양과 생성하는 이산화탄소 양의 비율를 나타내는 것으로 호흡계수가 높으면 필요한 산소에 비해서 생성되는 이산화탄소의 양이 많아지므로 폐에 무리가 발생하기 때문에 에너지 필요량은 호흡계수를 고려하여 영양소를 구성한다.

호흡곤란을 줄이기 위해 식사 전 30분간은 휴식을 취하고 식후 한 시간 내에는 운동을 하지 않는다.

알 아 두 기

호흡계수

어떤 물질을 연소시키기 위해 일정 시간 동안 체내에서 소비하는 산소의 양과 배출된 이산화탄소(CO_2) 양의 비율을 말한다.

$$RQ = CO_2/O_2$$(탄수화물 = 1, 지질 = 0.707, 단백질 = 0.801)

- **고에너지식** 건강한 사람은 호흡 시 총 에너지의 1~2%가 소모되지만 만성 폐쇄성 폐질환 환자는 기도의 저항이 증가되어 호흡할 때 힘이 더 들면서 산소요구량이 증가된다. 따라서 만성 폐쇄성 폐질환 환자의 총 에너지요구량은 정상인보다 30~50%까지 더 필요하다. 체중 감소를 방지하고 표준체중을 유지하기 위해 체중 kg당 30~35kcal를 제공하는 것이 좋으며, 과잉의 에너지 섭취는 이산화탄소 배출을 증가시켜 폐에 부담을 줄 수 있으므로 주의한다.
- **당질 제한** 당질 섭취가 많으면 산소 소모량과 이산화탄소 생성이 증가하므로 열량의 35~40% 정도를 공급하며 50%를 넘지 않도록 한다.
- **고단백질식** 호흡기 근육 강화를 위해 체중 kg당 1.2~1.5g 정도를 공급하며, 체중이 감소된 환자에게는 체중 kg당 1.5~2.0g 정도를 공급한다.
- **적절한 지방 사용** 지질의 호흡계수는 0.7로, 탄수화물의 호흡계수 1보다 낮고 농축된 에너지원이므로 총 에너지의 30~40%를 공급한다.
- **무기질 및 비타민의 충분한 섭취** 무기질과 비타민의 항산화 작용은 폐기능을 향상시키므로 충분히 공급한다. 특히 인 결핍은 근육 약화, 호흡 기능 저하를 유발할 수 있다.
- **저잔사식** 가스를 많이 생성하는 채소나 탄산음료는 복부팽만감과 공기연하증을 유발할 수 있으므로 제한하며, 섬유질이 많거나 질긴 음식도 피한다.
- **소량씩 자주 섭취** 농축된 식품을 소량씩 자주 공급한다. 음료는 식간에 섭취한다.

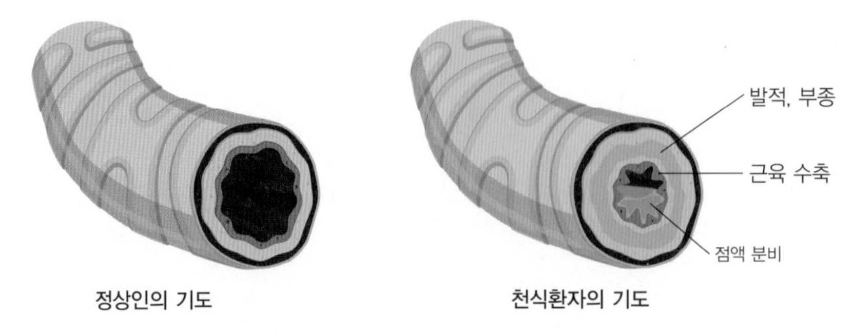

그림 10-4 정상과 천식의 기도

(3) 천식

① 원인 및 증상

천식(asthma)은 폐의 기관지가 예민해져 좁아지면서 숨이 차고 기침을 심하게 하는 질환이다. 천식은 곰팡이, 꽃가루, 음식물 등에 의한 알레르기성과 차고 건조한 공기, 흡연, 감염, 기관지염 등에 의한 비알레르기성으로 나눈다.

천식은 기관지 근육이 수축하여 기도가 좁아지며 점막은 부어서 관을 더욱 좁게 만든다. 초기 증상으로는 들이쉬는 숨보다 내쉴 때 힘들어지는 호흡곤란, 기침, 가슴이 조이는 느낌의 숨참 등이 나타난다 그림 10-4.

천식은 금연을 하고 알레르기성일 경우 원인 물질을 가능한 한 피한다. 기관지 확장제, 에피네프린(epinephrine) 주사는 급성 발작을 치료하는 데 쓰인다.

② 식사요법

- **알레르기 유발식품 섭취 제한** 식품 알레르기 천식의 경우에는 유발식품을 섭취하지 않는다.
- **고에너지식, 균형잡힌 영양소 섭취** 고에너지, 고단백질, 충분한 무기질과 비타민을 섭취하여 면역력을 강화한다. 살코기, 생선, 두부, 신선한 과일 및 채소를 권장한다.

2. 감염성 질환

감염성 질환(infectious diseases)은 바이러스, 세균, 곰팡이, 기생충 등의 병원체가 우리 몸에 들어와 증식하여 일으키는 질병이다. 음식물 섭취, 호흡에 의한 흡입, 다른 사람과의 접촉 등 다양한 경로를 통해 감염된다. 감염성 질환은 병원체에 감염되었다고 모두 발병하는 것이 아니라 숙주인 사람의 면역력이 저하되었거나 영양상태가 불량할 때 잘 발병한다.

감염성 질환은 급성과 만성으로 구분되며, 급성은 진행기간은 짧으나 병의 진행이 빠르고 고열이 지속되면서 급성으로 영양결핍을 일으킨다. 반면, 만성은 장기간 동안 에너지 소비와 체단백질 손실로 인한 영양결핍을 초래한다. 급성 감염성 질환에는 감기, 폐렴, 장티푸스, 콜레라 등이 있고 만성 감염성 질환에는 폐결핵이 있다.

1) 체내 대사 변화 및 증상

병원체의 종류와 감염기관에 따라 증상은 다르나 주요 증상은 발열이다. 발열에 의한 체온 상승은 대사 항진, 호흡수 증가, 발한량 증가 및 식욕부진을 초래한다. 또한 중추신경계에 영향을 미쳐 두통과 현기증을 일으키고 소화장애로 구토 및 설사를 유발하기도 한다.

발열로 인해 체온이 1℃ 상승하면 기초대사량은 13% 정도 증가한다. 감염 시에는 성장호르몬(growth hormone), 글루카곤(glucagon) 및 당질코르티코이드(glucocorticoid) 호르몬 분비 증가로 글리코겐이 분해되어 체내 글리코겐 저장량이 감소하고 당신생이 촉진되어 혈당은 상승하게 된다. 급성 감염 시에는 근육 단백질이 분해되어 아미노산을 에너지원으로 사용하고 단백질 분해가 항진되어 소변 중 질소 배설이 증가함에 따라 칼륨, 마그네슘, 인, 아연 등의 소변 손실도 증가된다.

알 아 두 기

발열 시 체내 대사 변화

- 발열로 인한 체온 상승, 에너지 대사항진, 호흡수 및 발한량이 증가한다.
- 체온이 1℃ 상승함에 따라 기초대사량은 약 13% 정도 증가한다.
- 글리코겐이 분해되어 체내 저장량이 감소한다.
- 단백질 대사가 증가하여 체단백질 소모가 많아진다.
- 체내 수분손실이 많아지고 염분과 칼륨의 배설이 증가한다.
- 식욕 감퇴와 소화·흡수 능력이 저하된다.

감염 시 발열로 인한 발한량 증가, 토사, 설사를 통해 각종 영양소 및 수분 손실이 많아지고 염분과 칼륨 등의 전해질 배설이 증가한다. 이에 대한 보상기전으로 알도스테론(aldosterone)과 항이뇨호르몬(antidiuretic hormone)의 분비가 증가되어 소변량이 감소한다. 그러나 회복기에는 탈수, 발열, 발한 등이 멈추고 이뇨작용도 회복된다.

2) 급성 감염성 질환

(1) 감기

① 원인과 증상

감기(common cold)는 다양한 바이러스에 의해 발생하는 상부 호흡기계 감염성 질환으로 가장 흔한 급성 질환 중 하나이다. 바이러스 감염뿐만 아니라 과로, 영양상태 불량, 기후, 환경, 신체의 면역력 저하 등도 원인이 될 수 있다.

증상은 바이러스 종류에 따라 약간 다르나, 일반적으로 콧물, 코막힘, 인후통, 두통, 기침, 근육통, 발열 등이 나타난다.

② 식사요법

- 감기는 대개 1주일 정도면 치유되지만 심한 경우에는 한 달 이상 지속되어 합병증을 유발할 수 있기 때문에 안정을 취하면서 영양을 충분히 보충해야 한다.
- **고에너지·고단백질식, 충분한 비타민 섭취** 감염으로 증가한 대사량과 에너지 소모를 보충하고 체조직 단백질의 분해를 방지하기 위해 고에너지, 고단백, 고비타민 식사를 공급한다. 비타민 A는 코와 목 등의 점막세포 저항력을 강화하여 바이러스 침입을 막아준다. 비타민 B 복합체는 에너지 대사에 필요하므로 충분히 공급한다. 비타민 C는 항산화 작용에 의해 면역 기능을 강화하므로 충분히 공급한다.

(2) 폐렴

① 원인과 증상

폐렴(pneumonia)은 폐렴 구균이나 감기 바이러스 등에 의한 감염으로 발생하는 폐의 염증이다. 감기 증세가 악화되어 폐렴이 되는 경우가 많다.

일반적인 증상은 오한과 발열로 시작하여 기침, 가래, 식욕부진, 호흡수 증가, 흉통 등이 나타난다. 또한 폐포의 상피세포가 변성되어 괴사하면 산소와 이산화탄소의 가스 교환에 이상이 생겨 산소 부족을 일으켜 호흡곤란을 초래한다.

② 식사요법

- **고에너지·고단백질식, 충분한 비타민 섭취** 폐렴은 대사항진을 일으키므로 이로 인한 영양소 소모를 보충하고, 발열에 의한 수분과 나트륨 손실을 보충하는 것이 중요하다. 고에너지, 고단백질, 고비타민 식사를 2~3시간 간격으로 소량씩 공급하여 심장에 부담을 줄인다.

  폐렴 초기에 호흡이 곤란하고 식욕 감퇴로 식품 섭취가 어려운 경우 정맥주사로 수분과 전해질을 공급한다. 소화가 잘 되는 전유동식(full liquid diet)이 좋으며, 아이스크림이나 우유가 섞인 미음, 수프, 과즙 등은 환자의 상태에 맞게 제공한다. 수분은 소량씩 자주 보충한다.

> 알 아 두 기
>
> **장티푸스와 콜레라**
>
> 장티푸스는 살모넬라 티포사균(*salmonella typosa*), 콜레라는 비브리오 콜레라균(*vibrio cholerae*)에 오염된 음식물이나 음류수 등에 의해 발생하는 감염성 질환이다. 증상은 심한 고열과 설사를 동반하며 두통, 복부 발진 등도 일어나고 장티푸스의 경우 심하면 장궤양, 장출혈이 발생한다. 따라서 수분과 전해질을 보충하고 고에너지, 무자극, 저잔사식을 소량씩 자주 공급한다.

3) 만성 감염성 질환

(1) 폐결핵

① 원인과 증상

폐결핵(pulmonary tuberculosis)은 결핵균이 호흡기를 통해 폐에 침입하여 감염을 일으키는 질병으로 초기에는 자각 증세가 별로 없으나 점차 권태감, 기침 등의 증상을 보이게 된다. 폐결핵 초기에는 가래가 없는 마른 기침을 하다가 병이 진행되면서 가래가 섞인 기침이 나온다. 결핵균이 증식하면서 체내 영양분을 소모시키기 때문에 기운이 없고 식욕이 저하되어 체중 감소가 나타나기도 한다. 질병이 상당히 진행되면 객혈하고 심한 기침과 함께 호흡곤란이 나타난다.

② 식사요법

폐결핵은 대표적인 소모성 질환이므로 체중 감소와 체조직의 소모 방지, 손실된 체단백 보충, 약물치료로 인한 비타민 B_6의 결핍 예방, 객혈로 인한 영양소 손실을 보충하고 신체의 저항력을 증진시키기 위하여 고에너지, 고단백질 식사를 기본으로 한다.

- **고에너지식** 보통 체중 kg당 40~50kcal로 하루에 3,000~3,500kcal를 제공한다.
- **고단백질식** 폐결핵은 체조직의 소모가 심한 질병이므로 양질의 단백질을 충분히 공급한다. 체중 kg당 1.5~2.0g으로 공급하며, 총 단백질의 1/3~1/2은 동물성 단백질로 섭취하도록 한다.
- **적절한 지방 보충** 충분한 에너지를 공급하기 위하여 지방 보충이 도움이 되나 소화가 잘 되는 유지식품과 식물성 기름을 사용한다.
- **충분한 무기질 섭취** 활동성 결핵환자의 경우 칼슘이 결핵 병소를 석회화하여 세균 활동을 억제하기 때문에 칼슘 소모가 많아 영양이 불량한 결핵환자에게 저칼슘혈증(hypocalcemia)을 발생시키므로 충분한 칼슘을 제공한다. 우유나 유제품, 멸치 또는 뼈째 먹는 생선, 달걀 등이 좋은 식품이다. 철분은 결핵균의 중요한 성장인자로 결핵환자에서 철결핍 발생률이 높다는 보고가 있는 반면, 고농도의 철분 섭취가 오히려 결핵을 촉진한다는 보고도 있다. 그러나 객혈로 빈혈 증상이 있을 경우 조혈 기능이 있는 철과 구리를 충분히 섭취한다.

알 아 두 기

결핵 발병 조건

당뇨병, 규폐증, HIV, 스테로이드계 면역 억제제를 복용하는 환자와 같이 면역력이 떨어진 환자에게 발병할 수 있다. 또한 질병이 없어도 영양결핍, 극도의 스트레스, 과로할 경우에도 발병한다.

표 10-1 고단백식의 1일 영양소 구성 예시

에너지(kcal)	당질(g)	단백질(g)	지방(g)	C:P:F(%)
2,200	259	120	75	47:22:31

표 10-2 고단백식의 1일 식품구성 예시(2,200kcal)

식품군	곡류군	어·육류군		채소군	지방군	우유군	과일군
		저지방군	중지방군				
교환단위	9	5	4	7	7	2	1

표 10-3 고단백식의 1일 식단 예시(2,200kcal)

	아침	간식	점심	간식	저녁
식단	밥 북어포무국 닭고구마조림 갈치구이 브로콜리무침 배추김치	우유 바나나	밥 육개장 고등어구이 달걀말이 미나리나물 석박지	호상요구르트	밥 두부된장국 돈육간장구이 코다리조림 숙주나물 총각김치

- **충분한 비타민 섭취** 한국인 영양소 섭취기준에 준하여 비타민을 보충한다. 특히, 비타민 A와 C는 결핵에 대한 저항력을 높이는 데 필요하므로 간, 녹황색 채소, 달걀노른자, 과일 등을 충분히 섭취한다. 치료제로 사용되는 항생제 아이소나이아지드(isoniazid)는 비타민 B_6를 소모하고 비타민 D 대사를 저해하여 칼슘과 인의 흡수를 떨어뜨릴 수 있다. 따라서 결핵 치료 시기 동안 비타민 B_6와 비타민 D를 보충한다.
- **충분한 수분 섭취** 수분을 충분히 섭취하고 균형 잡힌 식사를 한다.

01. 호흡기 환자에서 영양소의 호흡계수를 고려하는 이유에 대해 설명하시오.
02. 만성 폐쇄성 폐질환 환자에서 지방이 유리한 에너지원인 이유에 대해 설명하시오.
03. 감염으로 인한 체내 기초대사량의 변화에 대해 설명하시오.
04. 급성 감염성 질환과 만성 감염성 질환의 차이점에 대해 설명하시오.
05. 감염성 질환의 호르몬 변화로 인한 글리코겐과 단백질 대사의 변화에 대해 설명하시오.

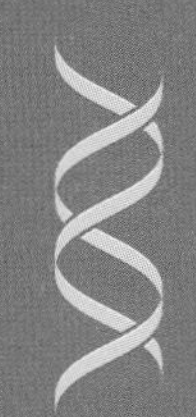

수술 및 화상

- **간질액(interstitial fluid)** 세포와 세포 사이에 있는 세포외액으로 세포에게 영양을 공급하고 세포에서 생성된 노폐물을 혈액으로 보내는 역할을 한다.
- **글루카곤(glucagon)** 췌장의 α-세포에서 분비되는 호르몬으로 혈당이 떨어지면 간에 저장된 글리코겐을 글루코오스로 분해하여 혈당을 높인다.
- **교감신경계(sympathetic nerve system)-부신수질(adrenal medulla)** 교감신경과 부신수질이 연결되어 일어나는 반응이다.
- **뇌하수체 후엽(posterior pituitary)** 옥시토신과 항이뇨호르몬을 분비하는 장소
- **다발성 외상(polytrauma)** 여러 신체 부위 및 장기에 동시에 외상이 발생한 경우
- **당신생(gluconeogenesis)** 비탄수화물 전구체(젖산, 피루브산, 아미노산 등)로 부터 당을 생성하는 반응이다.
- **덤핑증후군(dumping syndrome)** 다량의 위 내용물이 소장으로 급격히 이동하면서 발생하는 증상
- **수술전식(pre-surgical diet)** 수술 전에 환자의 불편함을 줄이고 수술 후 빠른 회복을 위해 섭취하는 탄수화물 보충음료와 미음 등으로 구성된 식사
- **수포(blister)** 피부층과 층 사이에 림프액이 고여 부풀어 오른 것
- **사이토카인(cytokine)** 면역 세포가 분비하는 단백질을 통틀어 일컫는다. 사이토카인은 세포로부터 분비된 후 다른 세포나 세포 자신에게 영향을 준다.
- **심박수(heart rate)** 분당 심장박동 횟수로 일반적으로 성인의 휴식기 심박수는 분당 60~100회이다.
- **심박출량(cardiac output)** 1분 동안 좌심실에 의해 박출되는 혈액량으로 안정 시 성인의 심박출량은 5L 정도이다.
- **인슐린저항성(insulin resistance)** 인슐린의 기능이 저하되어 혈당을 떨어뜨리지 못하는 것을 의미한다.
- **제지방(lean body mass)** 체지방을 제외한 뇌, 간, 근육, 뼈 등을 의미한다.
- **카테콜아민(catecholamine)** 에피네프린, 노르에피네프린, 코티솔과 같은 카테콜에서 유래된 모노아민 계열의 호르몬
- **패혈증(sepsis)** 세균감염에 의해 신체 전반에 일어난 염증반응
- **화상(burn)** 열(뜨거운 물질), 빛(방사선, 자외선, 적외선), 전기, 화학약품 등으로 인한 조직 손상
- **활력 징후(vital signs)** 체온, 맥박수, 호흡수, 혈압 등의 측정값

1. 수술과 영양

수술환자의 경우 수술 전후 검사에 따른 금식 또는 경구섭취 제한으로 적절한 영양 공급이 이루어지지 않는 경우가 많고 치료를 위해 사용되는 여러 약물과 신체활동의 감소로 단백질 분해와 같은 이화작용(catabolism)이 촉진되어 영양불량의 발생 위험이 높아진다 그림 11-1. 수술환자의 영양불량 빈도는 35~60%로 높게 보고되어 있으며, 이는 수술 후 합병증 증가, 재원기간 연장 등 불량한 예후와 관계된다. 따라서 수술 전후 환자의 영양상태를 파악하여 적절한 영양관리를 하는 것은 성공적인 수술과 회복을 위해서 매우 중요하다.

1) 수술에 의한 대사변화

수술은 교감신경계-부신수질 반응을 자극하여 혈중 카테콜아민 농도를 높여 심박수와 심박출량을 증가시키고 말초혈관을 수축한다. 또한 뇌하수체 후엽에서 항이뇨호르몬(antidiuretic hormone, ADH)이 분비되고 레닌-안지오텐신(renin-angiotensin)계가 활성화되어 소변량이 감소한다. 이와 같은 반응은 주요 장기에 혈액을 보내기 위해 일어나는 즉각적인 반응으로 수술 후 대개 수 시간 정도 지속된다.

수술 후 분비가 증가하는 코티솔, 카테콜아민(에피네프린, 노르에피네프린), 글루카곤 호르몬은 근육조직과 지방조직의 단백질과 지방을 분해하여 손상된 조직 및 뇌조직에 필요한 에너지를 공급한다. 골격근의 단백질은 분해되어 당신생합성에 필요한 아미노산

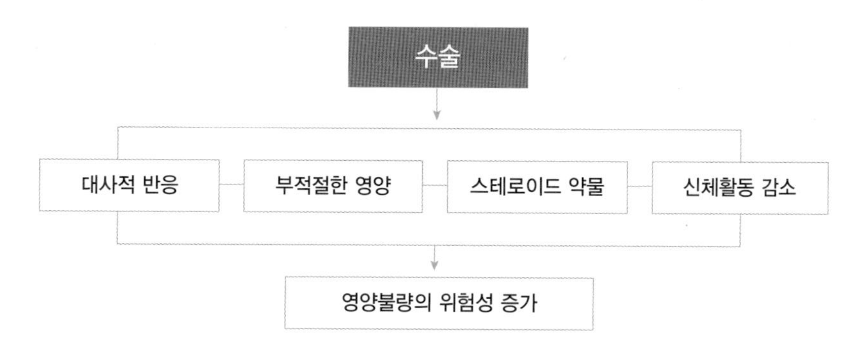

그림 11-1 수술과 영양불량의 위험성
출처 : 대한외과대사영양학회(2013). 외과대사영양 지침서 제1판.

을 제공한다. 또한 카테콜아민은 간에서 저장되어 있는 글리코겐을 분해하고 글루카곤은 당신생합성을 증가시켜 고혈당 상태가 된다. 이때 교감신경계에 의한 췌장 β-세포의 활성이 억제되어 적절한 인슐린 분비가 이루어지지 못하고 말초조직에서는 코티솔의 영향으로 인슐린 저항성을 보인다 그림 11-2 표 11-1. 이러한 변화는 수술 후 합병증을 일으키고 회복을 지연시키는 것으로 보고되어 있다.

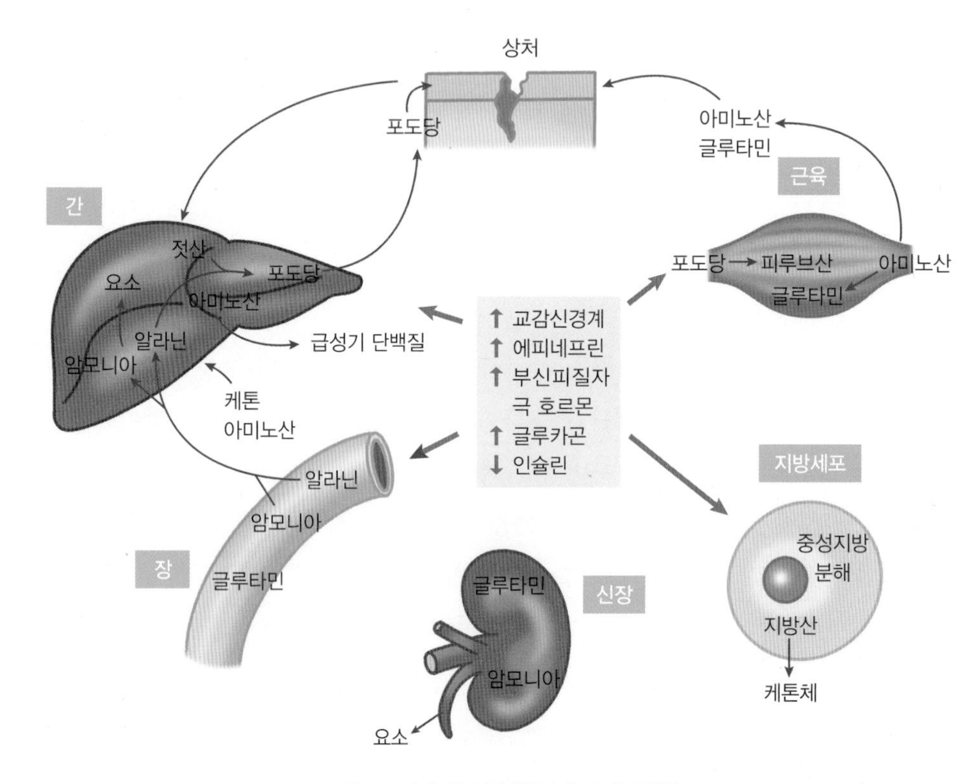

그림 11-2 수술 후 신경내분비계 및 대사 변화

표 11-1 수술에 의한 체내 대사변화

영양소	대사 변화
에너지	• 단백질과 지질을 분해하여 에너지 생성이 증가한다.
당질	• 간조직의 글리코겐 분해 및 당신생 촉진으로 고혈당이 유발된다.
단백질	• 체단백질은 분해되고 단백질 합성은 억제되므로 음의 질소평형을 초래한다.
지질	• 지방조직을 분해하여 간이나 조직에서 지방산을 에너지원으로 사용하므로 체지방량이 감소한다.
무기질	• 항이뇨호르몬 분비 증가와 레닌-안지오텐신계 활성화로 소변량 및 나트륨 배설이 감소한다. • 체단백질의 분해로 칼륨, 황, 인산의 배설이 증가한다.

이후 시간이 지남에 따라 코티솔, 카테콜아민, 글루카곤 호르몬 분비가 감소되고 인슐린 분비가 증가되어 이화상태에서 동화상태로 바뀌어 회복상태에 이르게 된다.

2) 수술 전 식사요법

수술 전 식사요법의 목적은 충분한 영양섭취를 통해 수술을 잘 견디고 수술 후 회복을 돕는 것이다. 중증의 영양결핍이 있는 환자는 수술 전 7~14일 동안 영양지원을 권고한다.

① 고에너지식

수술 전 환자는 원인질환으로 인해 체내대사가 평상시보다 항진되기 때문에 30~50%의 에너지를 증가시킨다. 충분한 양의 탄수화물 공급은 체내 단백질 필요량을 절약하며, 특히 포도당은 수술 후 케톤증과 구토를 방지할 수 있고, 간의 글리코겐 저장량을 증가시켜 간 기능을 보호한다.

② 고단백질식

단백질은 수술 시 상처나 혈액 손실 및 수술 직후의 조직 파괴를 방지하기 위해서 적절한 체내 축적이 바람직하다. 특히, 수술 전 1~2주간의 충분한 단백질 공급은 상처 치유 및 면역 기능 향상에 매우 중요하다. 1일 요구량은 체중 kg당 1.2~1.5g이며, 영양불량이 심하거나 대사항진 상태에서는 더 증가시킬 수 있다. 단백질 필요량의 50~70% 정도만 식사로 섭취가 가능하다면 나머지 요구량은 정맥영양이나 경구보충제로 보충하는 것이 필요하다.

③ 비타민과 무기질의 충분한 섭취

비타민과 무기질은 한국인 영양소 섭취기준에 준하여 공급한다. 특히, 비타민 A, 비타민 C, 아연, 철분 등은 상처 치유 과정에 중요한 영양소이며 에너지 및 단백질 필요량 증가에 따라 비타민 B군의 충분한 섭취가 권장된다. 지혈에 필요한 비타민 K를 보충할 수 있으며, 출혈로 인한 빈혈을 예방하고 조혈에 도움이 되는 철과 구리도 필요하다.

④ 수분과 전해질의 충분한 섭취

수술하는 동안 혈액, 전해질, 수분이 손실되므로 수술 전 탈수되지 않도록 수분을 충분히 섭취하게 하며 경구 섭취가 부족할 때에는 정맥주사를 통해 충분한 양의 수분과 전해질을 공급해야 한다.

알 아 두 기

수술 전 먹는 '탄수화물 보충 음료'

수술 전 금식하는 이유는 전신마취 시 위에 남아 있는 음식물이 역류하여 기도로 넘어가 흡인성 폐렴이나 질식 발생을 예방하기 위해서다. 그러나 자주 반복되고 오랫동안 지속되는 금식은 환자의 만족도 저하와 영양불량의 원인이 되며 환자의 예후에도 좋지 않은 영향을 미치는 것으로 알려져 있다.

최근 국제 관련 학회에서 발표한 가이드라인에 따르면 수술 전 가능한 한 금식을 최소화하고 마취를 필요로 하는 수술 2시간 전까지 맑은 액체(clear liquids) 섭취가 가능하다. 따라서 수술 전 금식 시간을 줄이기 위해 탄수화물 보충음료 섭취를 고려하며 현재 다양한 종류의 탄수화물 보충음료가 시판되고 있다.

탄수화물 보충음료는 100mL당 50kcal의 에너지를 내며, 삼투압은 $<$295mOsm이다. 원재료는 12.5%의 탄수화물(말토덱스트린, 과당)과 정제수, 합성착향료 등으로 구성되어 있다. 권장 섭취방법은 경구로 수술 전날 저녁에 800mL를 마시고, 수술 2시간 전에 400mL를 마신다.

최근 연구에 의하면 수술 전 탄수화물 보충음료 섭취는 인슐린 저항성을 개선하고 구토, 메스꺼움, 허기, 갈증, 불안감, 우울증, 피로감, 쇠약감을 감소시키는 데 효과가 있다. 이러한 연구 결과들을 토대로 현재 국내 많은 병원에서 환자의 불편함을 줄이고 수술 후 빠른 회복을 위해 탄수화물 보충음료와 미음 등으로 구성된 수술전식(pre-surgical diet)을 제공하고 있다.

3) 수술 후 식사요법

수술 후 식사요법의 목적은 적절한 영양관리를 통해 수술로 인한 후유증 기간을 단축하고 빠른 상처회복을 위함이다. 수술부위, 수술시간, 환자의 전신상태, 활력 징후, 만성질환 여부 등 여러 조건에 따라 영양공급의 경로, 종류 및 방법이 결정된다. 위장관 수술 24시간 이내에 경장영양으로 영양을 조기에 공급해 주면 수술 후 합병증, 재원기간, 사망률이 낮아졌다는 보고가 있으므로 특별한 문제가 없는 한 수술 후 조기 영양공급을 원칙으로 한다.

① 고에너지식

수술의 종류와 환자 상태에 따라 에너지 요구량을 결정하며, 주로 수술 후 에너지 대사가 항진되므로 충분한 에너지를 공급한다. 합병증이 없는 경우 환자의 평상시 필요량보다 10% 정도 증가시킨다. 다발성 외상 환자의 경우에는 평소보다 50% 정도 에너지 요구량을 증가시킨다. 당질은 충분히 공급하여 체단백질 손실을 최소화한다.

② 고단백질식

수술 후 가장 필요량이 증가하는 영양소로서 수술로 인한 체조직 손실, 소변 중의 질소 배설량 증가, 혈액 손실, 상처 회복, 면역 기능 증진을 위하여 체중 kg당 1.2~1.5g의 충분한 단백질 섭취를 권장한다. 환자가 체조직 손실이 극심한 경우에는 추가 공급도 가능하며, 체조직 합성에 필요한 필수아미노산이 풍부한 양질의 단백질을 권장한다.

③ 비타민과 무기질의 충분한 섭취

비타민과 무기질은 한국인 영양소 섭취기준에 준하여 공급하되, 상처 치유 과정에 필수적인 비타민 A, 비타민 C, 아연, 철분 등을 충분히 공급한다. 에너지 필요량이 증가하므로 에너지 대사에 필요한 비타민 B군의 충분한 섭취가 권장된다. 필요에 따라 지혈에 필요한 비타민 K를 보충할 수 있다. 체조직의 분해로 칼륨과 인이 손실되고, 수분 손실에 따른 나트륨, 염소 등의 손실 및 출혈로 인해 철분의 손실이 일어나기 쉬우므로 이러한 무기질 공급에 유의한다.

④ 수분과 전해질의 충분한 섭취

수술하는 동안 혈액, 전해질, 수분 등의 손실이 크므로 수술 직후에 탈수로 인한 위급

표 11-2 수술부위에 따른 식사요법

수술 종류	식사요법
위 절제술	• 덤핑증후군 예방을 위해 액상 음식이나 삼투압을 증가시키는 음식은 제한한다.
담낭 절제술	• 지방 섭취는 제한하고 중쇄지방산을 권장한다.
간 절제술	• 간세포 재생을 위해 충분한 열량과 단백질 공급한다.
소장 절제술	• 지방은 설사와 지방변의 원인이 되므로 제한한다.
대장/직장 수술	• 저잔사식과 저식이섬유식을 권장한다.

상황을 피할 수 있도록 정맥영양을 통한 충분한 수분과 전해질 공급이 필요하다. 환자마다 질병의 상태에 따라 수분의 요구량은 차이가 있으나, 일반적으로 정상 성인의 일일 수분 필요량은 체중 kg당 30~40mL 또는 섭취하는 에너지 kcal당 1~1.5mL이다. 수술 후 합병증이 없는 경우에는 하루 약 2~3L의 수분 공급이 필요하며 수술 후 체온 상승, 패혈증 등의 합병증이 발생할 때는 하루에 3~4L의 수분을 공급한다.

2. 화상과 영양

화상(burn)은 열(뜨거운 물질), 빛(방사선, 자외선, 적외선), 전기, 화학약품 등으로 인한 조직 손상이다. 화상은 피부조직의 손상 정도에 따라 1도 화상(표면층), 2도 화상(부분층), 3도 화상(전층)으로 나눈다. 1도는 피부의 홍반, 2도는 수포가 생기고 진물이 나며 심한 통증을 느끼고, 3도는 세포괴사를 초래한다. 2도 이상 화상에서 피부 표면적의 20% 이상(소아는 15% 이상)인 경우와 3도 이상의 화상은 면적이 적어도 입원을 요하는 중증 화상이다 그림 11-3.

1) 화상에 의한 대사 변화

화상은 다음과 같은 체내 대사 과정을 거치면서 회복하게 된다.

- **감퇴기** 화상 직후부터 3~5일 정도는 초기단계 또는 감퇴기로 대사율이 감소하고 산소소비량, 심박출량, 혈압, 체온이 저하되는 시기이다. 이 시기에는 다량의 수분손실을 보충하기 위한 수분 공급이 필요하다.
- **유출기** 감퇴기 다음 단계로 카테콜아민, 글루카곤 등의 분해작용 호르몬이 증가하여 당신생, 지질 분해, 단백질 분해가 촉진되며 화상 후 7~12일에 대사율이 최고에 이른다.
- **회복기** 적응과 회복단계로 상처가 회복되고 피부조직이 정상화되면서 점차 대사율과 분해작용이 감소된다.

화상은 상처를 통한 수분손실 증가로 열손실이 일어나며 체온 유지를 위한 열생산이 증가하므로 영양소 요구량이 증가한다. 또한 화상 부위에 많은 분비물이 배출되므로 체액의 손실이 증가하여 수분 및 전해질의 불균형이 일어나기 쉽고 화상으로 피부보호막이 손상되어 영양소의 손실이 많아지고 병원균의 침입이 쉬어지므로 영양결핍과 감염이 일어나기 쉽다.

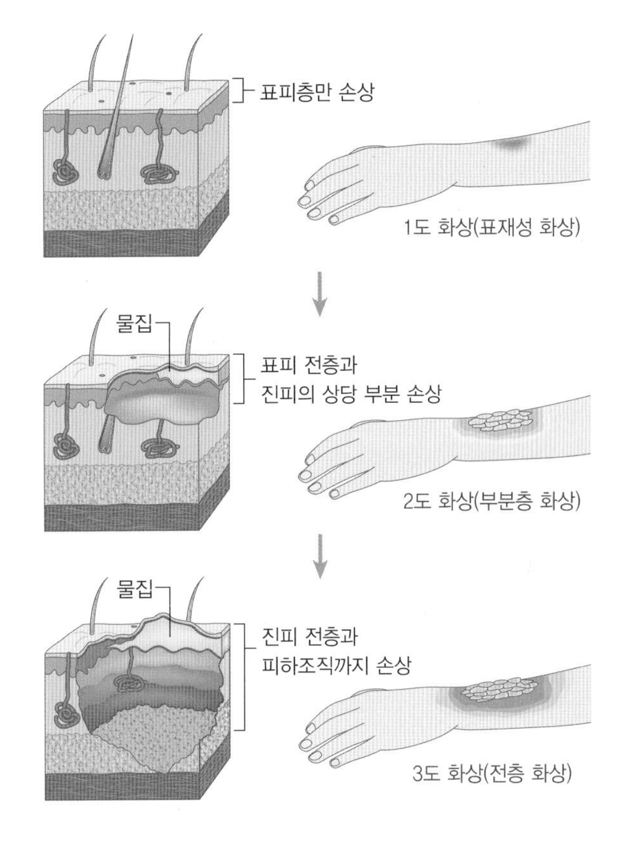

그림 11-3 화상의 분류
출처 : 임경숙 외(2019). 임상영양학 2판. 교문사.

2) 식사요법

화상으로 증가된 대사요구량을 충분히 공급하고 체조직의 재생과 회복이 목적이다. 경구섭취가 가능한 환자는 고에너지, 고단백질식을 제공한다. 화상 부위가 20% 이상인 경우나 식욕부진과 얼굴의 화상으로 저작이 곤란할 경우 적절한 영양을 섭취하기가 어려우므로 경관영양이 필요하다. 위장관을 통한 영양소의 공급이 불충분하거나 불가능할 때는 정맥영양을 공급한다.

① 수분과 전해질 보충

화상 후 가장 중요한 것이 수분과 전해질 보충이다. 화상 직후에는 혈중의 수분과 전해질이 모세혈관을 통해 상처 부위의 간질액(interstitial fluid)으로 유출되며, 피부 보호막의 파괴로 체표면적을 통한 수분 손실이 증가한다. 이러한 현상은 성인보다 체중당 체표면적이 큰 소아에게서 더 큰 문제가 된다.

표 11-3 쿠레리 공식을 이용한 연령별 1일 에너지 요구량 계산법

연령(세)	계산법(kcal)
1세 미만	기초량 + (15 × 화상 부위의 체표면적 백분율)
1~3	기초량 + (25 × 화상 부위의 체표면적 백분율)
4~15	기초량 + (40 × 화상 부위의 체표면적 백분율)
16~59	25kcal × 평소 체중 + (40 × 화상 부위의 체표면적 백분율)
60세 이상	기초량 + (65 × 화상 부위의 체표면적 백분율)

기초량 = 연령별 체중 kg당 에너지 권장량 × 화상 전의 체중

② 고에너지식

화상 환자의 기초대사량은 정상인에 1.3~1.5배 증가되며, 화상의 범위나 합병증에 영향을 받지만 화상 후 2~6주째 최고조에 이르게 된다. 1일 3,000~5,000kcal의 충분한 에너지 공급은 면역 증가와 빠른 상처회복에 도움이 된다. 가장 보편적으로 이용하는 1일 에너지 요구량 계산법은 쿠레리(Curreri) 공식에 준한다 표 11-3.

③ 적절한 당질 섭취

화상 환자의 주 에너지원인 당질은 단백질을 절약하고 높아진 에너지 요구량을 충족하기 위하여 총 에너지의 60~65% 수준으로 공급한다. 그러나 화상 환자처럼 스트레스가 많은 환경에서 과잉의 당질은 고혈당을 유발할 뿐만 아니라 당질이 지질로 저장되거나 당뇨병, 탈수, 호흡기 등의 문제를 초래할 수 있다.

④ 고단백질식

화상으로 단백질 분해작용이 촉진되어 골격 근육의 손실이 일어난다. 단백질은 상처를 치유하고 면역 기능과 제지방 손실을 최소하기 위하여 보충이 필요하다. 일반적으로 화상을 입은 면적 1%에 대하여 약 0.2g의 단백질이 상처를 통하여 손실되므로 화상 부위가 체표면적의 20% 미만인 경우에는 체중 kg당 1.5g, 20% 이상일 경우에는 2g을 공급한다. 아래 공식에 준해 필요량을 계산하기도 한다.

1일 단백질 요구량(g) = [1g 단백질 × 화상 전 체중(kg)] + [3g 단백질 × 화상부위의 체표면적 백분율]

⑤ 적절한 지방 섭취

지방은 필수지방산 결핍을 막기 위해 필요하다. 총 에너지의 약 15% 정도의 지방 공급을 권장하고 있다. 지방의 구성 성분도 고려되어야 하는데 n-3 지방산은 면역 증강과 혈전성 합병증 감소효과가 있어 화상 환자의 좋은 예후를 이끌 수 있다.

⑥ 비타민과 무기질의 충분한 섭취

에너지 대사항진과 새로운 조직 합성을 위해 비타민의 필요량도 증가한다. 비타민 C는 콜라겐 합성과 상처 치료에 필요하므로 하루에 1g까지 권장하고 있다. 에너지 대사와 관련이 있는 비타민 B군과 빠른 상처 회복에 도움이 되는 비타민 A와 E의 보충도 필요하다.

화상 환자에서 다량의 체액 손실과 체조직 손실로 저칼륨혈증과 저나트륨혈증이 나타나며, 화상 면적이 30% 이상인 환자는 혈청 내 칼슘 농도가 저하되므로 칼슘의 충분한 섭취가 요구된다. 또한 면역반응과 창상 치유에 중요한 역할을 하는 아연은 화상으로 손상된 피부를 통해 삼출액으로 소실되기 때문에 혈청 내 수준이 감소한다. 따라서 상처 치유를 위해 권장량의 2배를 공급한다.

01. 수술 전 금식을 하는 이유에 대해 설명하시오.
02. 수술로 인한 무기질 대사의 변화는 무엇인가?
03. 수술 전후 적절한 단백질의 공급이 중요한 이유에 대해 설명하시오.
04. 화상 환자의 식사요법 목적은 무엇인가?
05. 체중 70kg의 40세 남자가 체표면적 25%의 화상을 입었다. 쿠레리 공식을 이용하여 1일 에너지와 단백질 필요량을 산출하시오.

빈혈

1. 혈액의 기능 및 구성성분
2. 빈혈의 정의와 판정방법 | 3. 빈혈의 종류와 영양관리

- **글로불린(globulin)** 단순단백질 중 물에 잘 용해되지 않는 단백질군을 글로불린이라 총칭한다. 약산성으로 열에 응고되며 순수한 단백질로서 얻어지는 것은 적다.
- **내적 인자(instrinsic factor)** 위 점막에서 분비되는 당단백질로 식품 중의 비타민 B_{12}의 장관 흡수에 필요한 인자이다.
- **백혈구(leucocyte)** 감염성 질병과 외부 물질로부터 신체를 보호하는 면역계의 세포로서 혈액에서 적혈구를 제외한 나머지 세포를 말한다.
- **빈혈(anemia)** 혈액이 인체 조직의 대사에 필요한 산소를 충분히 공급하지 못해 조직의 저산소증을 초래하는 경우이다.
- **알부민(albumin)** 구형의 단순단백질로 혈장에 존재하는 알부민을 혈장 알부민(plasma albumin)이라 한다. 인체를 구성하는 단백질 중 50~60% 정도가 알부민이며, 삼투조절을 통해서 혈액과 체내의 수분량을 조절하는 등 중요한 역할을 한다. 그 밖에 조직에 영양분을 제공하며 호르몬, 비타민, 약물, 칼슘 같은 이온과 결합하여 신체의 각 부분으로 전달하는 역할도 한다.
- **적혈구(red blood cell)** 붉은색 납작한 원반 모양의 혈액세포로 혈관을 통해 전신조직에 산소를 공급하고 이산화탄소를 제거한다.
- **조혈(hematopoiesis)** 조혈 과정은 적혈구, 백혈구, 혈소판 등 생체 내의 모든 혈구세포를 생성하는 과정이다.
- **트랜스페린(transferrin)** 철과 결합하여 철을 각 조직으로 운반하는 단백질이다.
- **페리틴(ferritin)** 철의 주요 저장단백질이다.
- **피브리노겐(fibrinogen)** 혈액 응고의 중심적 역할을 하며, 효소 트롬빈에 의하여 불용성인 피브린이 된다.
- **헤마토크릿(hematocrit)** 전혈 중에 차지하는 적혈구 용적을 %로 표시한 것으로 적혈구 용적이라고도 한다. 또한 혈구 성분과 혈장 성분의 용적비를 알 수 있어서 혈액 농축의 지표가 된다.
- **헤모글로빈(hemoglobin)** 적혈구 내에 존재하는 산소 운반작용을 하는 혈색소로 각각 네 개의 헴과 글로빈을 갖는 단백질이다.
- **혈소판(platelet)** 지혈과 혈액의 응고에 필수적인 역할을 한다.
- **혈장(plasma)** 혈액에서 혈구가 제거된 액체 부분으로 응고인자가 포함된다.
- **혈청(serum)** 응고인자가 제거된 전혈의 액체 부분이다.
- **호산구(eosinophil)** 세포질에 호산성의 과립을 가지고 있으며, 핵이 두 개의 엽으로 이어져 구성된 것이 특징이며, 주로 알레르기 반응과 기생충에 대한 면역 반응에 관여한다.
- **호염기구(basophil)** 주로 히스타민을 분비하여 혈관을 확장함으로써 알레르기 반응과 항원에 대한 반응을 일으킨다.
- **호중구(neutrophil)** 골수 내의 조혈 줄기 세포에 의해 형성되며, 선천 면역의 주요한 역할을 담당하고 있는 대표적인 과립구 세포이다.

빈혈은 적혈구의 크기, 수, 용적 혹은 헤모글로빈의 농도 등이 낮아져 혈액의 산소 운반능력이 떨어진 상태를 의미한다. 갑작스런 외상이나 수술에 의한 출혈을 제외하고, 빈혈은 자각하지 못한 상태에서 진행되는 경우가 많다. 특히 빈혈은 철 섭취 부족을 비롯한 영양 상태 불량으로 오는 경우가 많다. 또한 여러 질환의 이차적인 증상으로 나타나기도 하는데 빈혈로 인한 혈액의 산소 운반능력 감소는 각 조직에 충분한 산소를 공급할 수 없게 되어 또 다른 질환을 유발하는 악순환이 반복된다.

1. 혈액의 기능 및 구성성분

1) 혈액의 기능

인체의 혈액량은 체중의 약 8%(성인의 경우 4~5L)로 산소를 폐에서 각 조직으로, 각 조직에서 나온 이산화탄소를 폐로 이동시키며, 소화·흡수한 영양소를 각 기관과 조직세포로 운반하고 여기서 생성된 노폐물을 신장, 폐, 피부 및 장 등을 통해 배설시킨다. 또한 혈액은 신체 각 부위에 체열을 분포시켜 체온을 조절하고, 조직 세포에서의 삼투압과 산염기 평형을 조절한다. 이 밖에도 면역성 물질을 함유하고 있어 감염으로부터 생체 방어작용을 하며 호르몬을 운반하는 역할도 한다.

2) 혈액의 구성성분

혈액은 액체 성분인 혈장에 적혈구, 백혈구 및 혈소판 등의 혈구가 떠 있는 유동성 현탁액이다 그림 12-1.

(1) 혈장

혈장(plasma)은 혈액 속의 세포 성분을 제외한 액체 성분으로 혈액의 약 55% 정도를 차지하며 항응고제를 처리한 혈액을 원심 분리할 때, 상층에 나타나는 맑고 연한 노란색의 액체를 말한다. 혈장은 수분 90%, 혈장 단백질 7%, 무기물질 1%, 유기물질 1%로

성분				주요 기능
물				물질 운반 및 혈압과 체온 조절
무기염류	Na^+, K^+, Ca^{2+}, Mg^{2+}, Cl^-, HCO_3^-, HPO_4^{2-} 등			pH와 삼투압 조절
유기물질	노폐물	요산, 요소, 크레아티닌 등		신장으로 운반
	각종 호르몬			내분비선에서 표적 장기로 운반
	영양소	포도당(80~100mg/dL)		혈당 유지
		지단백(0.9%)	킬로미크론 VLDL, LDL, HDL	중성지방, 콜레스테롤의 운반
		단백질(6~8g/dL)	알부민	삼투압 및 체액량 조절
			글로불린	면역 기능, 영양소의 운반
			피브리노겐	혈액 응고(피브린으로 전환되어 작용)
백혈구	과립성 백혈구		호중구	식작용으로 세균 제거
			호산구	알레르기 반응 관여
			호염기구	헤파린의 혈액 응고 방지
	무과립성 백혈구		단핵구	식작용(조직에서 대식세포로 전환되어 작용)
			림프구	항체 생성
혈소판				혈전 형성, 혈액 응고로 지혈작용
적혈구				산소와 이산화탄소의 운반

그림 12-1 혈액 성분과 기능

구성되어 있다.

(2) 적혈구

적혈구(erythrocyte, red blood cell, RBC)는 혈구 중에서 가장 많은 부분을 차지하며, 적혈구 중량의 34%를 차지하는 헤모글로빈은 산소와 이산화탄소의 운반 및 산염기 평형에 중요한 역할을 한다. 골수에서 형성되어 순환계로 나온 후 그 기능을 수행하다가, 약 120일이 지나면 주로 비장에서 파괴되어 수명을 다하게 된다. 적혈구는 원반형으로 크기는 6~8μm 정도이고, 그 수는 정상 성인 남자는 평균 약 500만/mm^3, 여자는 약 450만/mm^3 정도이다.

(3) 백혈구

백혈구(leukocyte, white blood cell, WBC)는 혈구 중에서 가장 크고 유일하게 핵을 가지고 있으며 여러 형태로 존재한다. 골수와 림프절에서 형성되는 백혈구의 크기는 8~25μm 정도로 일정하지 않으며 정상 성인의 백혈구 수는 평균 7,500/mm^3개이고 신생아의 경우 20,000/mm^3개다.

(4) 혈소판

혈소판(platelet, thrombocyte)은 혈액 응고작용에 관여하며, 골수의 거대핵세포에서 생성된다. 모양이 일정하지 않고 핵이 없으며 직경이 2~4μm 정도로 작고 정상 순환혈액 내에 20~30만/mm^3 정도 함유되어 있다. 평균 수명은 3~5일로, 혈소판은 출혈 시 혈장 성분 속의 피브린에 부착하여 지혈작용을 한다.

2. 빈혈의 정의와 판정방법

빈혈(anemia)은 헤모글로빈 농도 또는 적혈구의 크기, 수, 용적 등이 낮아져 혈액의 산소 운반능력이 감소된 저산소 상태를 의미한다. 그 병태생리에 따라서는 혈액 손실, 적혈구 파괴 증가, 적혈구 생성 부족, 영양소 결핍으로 인한 비효율적인 적혈구 생성으로 구분할 수 있다.

빈혈을 판정하는 데는 여러 가지 방법이 이용된다. 헤마토크릿은 일정량의 혈액을 원심 분리하여, 전체 혈액에서 차지하는 적혈구 용적비율로 계산되며, 헤모글로빈 농도와 함께 가장 자주 사용된다. 건강한 성인 남자의 적혈구 수는 1mm^3 중 410~530만 개, 혈색소 농도는 14~18g/100mL, 적혈구 용적은 43~52%이다. 여자는 적혈구 수 380~480만 개, 혈색소 농도 12~16g/100mL, 적혈구 용적 35~48%이다. 적혈구 지수(red cell indices)는 헤모글로빈, 헤마토크릿 및 적혈구 수를 이용하여 적혈구의 크기 및 적혈구 한 개당 헤모글로빈의 양과 농도를 구하고, 빈혈 여부와 종류를 구분하는 데에 이용된다 표 12-2.

표 12-1 WHO의 빈혈 판정 기준

분류	빈혈 판정 기준
헤모글로빈(g/dL)	
성인 남자	≤ 13
성인 여자	≤ 12
임신부	≤ 11
헤마토크릿(%)	
성인 남자	≤ 39
성인 여자	≤ 38
임신부	≤ 33

표 12-2 적혈구 지수의 계산식과 판정기준

적혈구 지수	계산식	정상치	변화요인
평균 적혈구 용적(MCV)	헤마토크릿/적혈구 수	80~92fL	• 철 결핍으로 감소 • 엽산이나 비타민 B_{12} 결핍으로 증가
평균 적혈구 헤모글로빈 농도(MCHC)	헤모글로빈/헤마토크릿	320~360g/L	• 철 결핍, 저색소성 빈혈에서 감소 • 거대적아구성 빈혈에서는 정상
평균 적혈구 혈색소량(MCH)	헤모글로빈/적혈구 수	27~81pg	• 철결핍, 저색소성 빈혈에서 감소

주) MCV : mean corpuscular volume
MCHC : mean corpuscular hemoglobin concentration
MCH : mean corpuscular hemoglobin

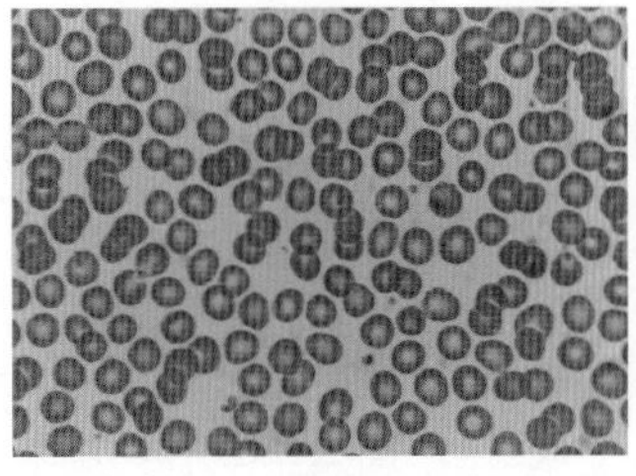
정상

철결핍성 빈혈

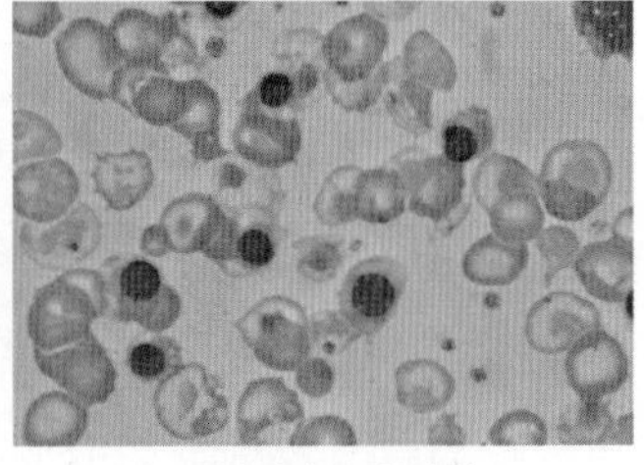
거대적아구성 빈혈

그림 **12-2** 빈혈의 종류에 따른 말초혈액 현미경 소견

3. 빈혈의 종류와 영양관리

1) 철 결핍성 빈혈

① 원인과 증상

철의 섭취량 부족이나 위 절제, 무산증, 흡수불량 증후군 등 철의 흡수장애에 의한 이용 효율이 저하될 때뿐 아니라 성장, 임신 및 수유, 월경 등에 의한 체내 철의 필요량이 증가함으로써 철 영양상태가 저하될 때 발생한다. 또한 출혈성 궤양, 위염, 암, 출혈성 치질 또는 기생충이나 악성 종양으로 인하여 발생하는 혈액 손실도 원인이 된다.

철결핍성 빈혈이 나타나기까지는 체내 철 보유의 고갈(1단계), 철결핍성 조혈 부족(2단계), 임상적 빈혈(3단계)로 나타난다.

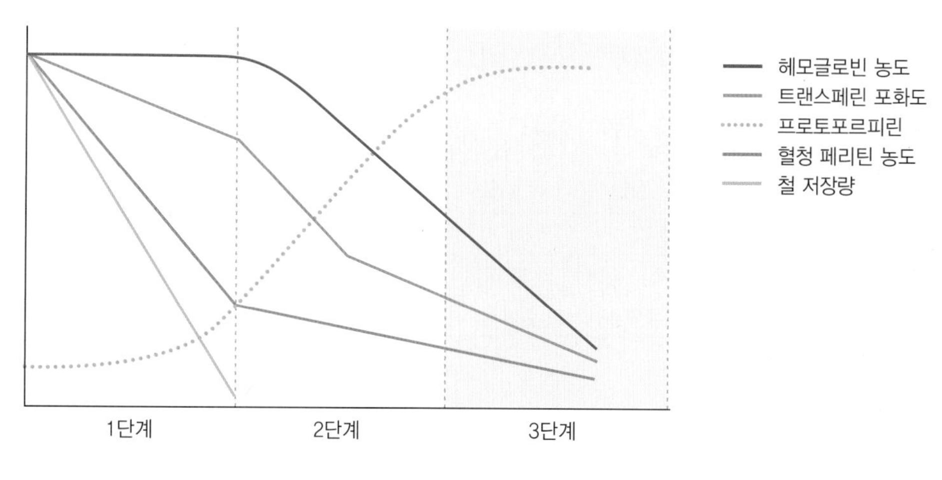

그림 **12-3** 철결핍 단계별 영양상태 지표

체내 철 보유 고갈단계(1단계)인 초기에는 철 저장단백질인 페리틴과 헤모시데린이 고갈되며 철 흡수가 증가한다. 골수와 간에 있는 철 저장량이 감소함에 따라 철 운반단백질인 트랜스페린의 철 결합능이 증가되기 시작한다.

혈장으로 들어가는 철이 충분하지 않은 조혈부족 단계(2단계)의 경우 혈장의 철 농도는 정상 수준보다 떨어지는데 그것이 60mg/dL 이하일 때, 헤모글로빈과 적혈구를 만드는 데 필요한 골수의 철 요구량이 충족되지 않고, 혈장의 철 운반단백질인 트랜스페린의 철 포화율이 낮은 수준으로 감소한다. 트랜스페린의 포화율이 15% 이하로 떨어지면 골수로의 철 전달이 손상된다. 골수에서 성장하고 있는 적혈구로 충분한 철이 전달되지 않으면 프로토포르피린이 헴으로 전환되지 못하게 되고, 따라서 순환하고 있는 적혈구의 프로토포르피린 수준이 정상 이상으로 증가한다.

철 저장량이 지속적으로 고갈되면 임상적 빈혈단계(3단계)로 혈장의 철 수준이 감소하고 간과 골수에서의 조혈이 어려워지며, 헤모글로빈 농도는 감소하고 적혈구의 크기는 작아진다.

표 12-3 철결핍성 빈혈의 단계별 검사치

구분	정상	초기 철 불균형 단계	철 저장고의 고갈단계(1단계)	조혈 부족단계(2단계)	임상적 빈혈단계(3단계)
골수 철	2~3+	1+	0~1+	0	0
트렌스페린 철 결합능 (μg/L)	330 ± 30	330~360	360	390	410
혈장 페리틴(μg/L)	100 ± 60	< 25	20	10	< 10
철 흡수(%)	5~10	10~15	10~15	10~20	10~20
혈장 철(μg/dL)	115 ± 50	< 120	115	< 60	< 40
트렌스페린 포화도(%)	35 ± 15	30	30	< 15	< 10
적혈구 프로토포르피린	30	30	30	100	200
적혈구	정상	정상	정상	정상	소혈구저색소

피로, 두통, 어지러움, 권태감, 호흡곤란, 창백한 안색 등이 나타난다. 이는 혈액을 중요한 장기에 우선적으로 공급하기 위해 그 외 조직의 활동성을 감소시키기 때문이다. 그 이상 빈혈이 지속되면 심장에 부담이 커져서 가벼운 운동에도 숨이 차고 심하면 호흡곤란과 심부전이 초래된다. 빈혈이 더 심해지면 손톱 이상(얇게 부스러짐, 납작해짐, 스푼형 손톱), 구강점막 위축, 설염, 구각염 등이 나타난다. 이는 철이 헤모글로빈 구성뿐 아니라 피부,

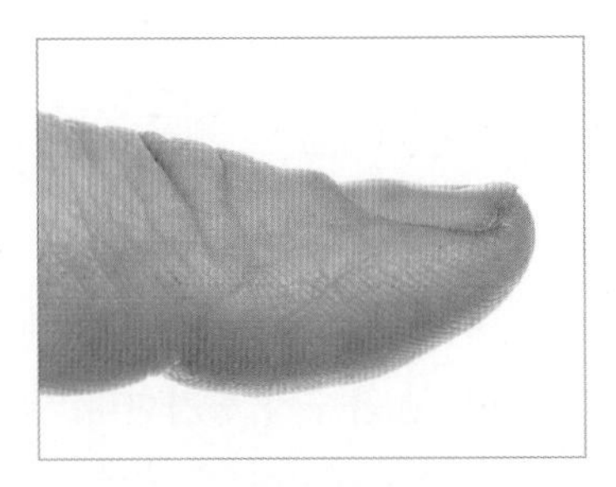

그림 12-4 스푼형 손톱

점막, 손발톱 등 세포 분열이 활발한 세포에서 필수작용을 하기 때문이다.

② 식사요법

철결핍성 빈혈은 그 원인을 정확히 밝혀내는 것이 중요하다. 철결핍성 빈혈의 식사는 헤모글로빈의 구성 성분이 되는 철과 단백질뿐 아니라 조혈작용에 관여하는 구리, 비타민 B_6, 비타민 B_{12}, 엽산 및 비타민 C 등이 풍부한 식품을 많이 포함토록 한다 표 12-4.

철분 공급을 위해 동물성 단백질을 충분히 공급하고 고철분식을 하며 비타민도 충분히 섭취시킨다. 식사 후에는 바로 차 또는 커피를 마시는 것을 피하여 탄닌이 철 흡수를 억제하는 것을 막는다. 철분이 많이 함유된 식품으로는 간, 굴, 생선, 쇠고기, 닭고기 등 육류가 대표적이다. 녹색채소와 해조류는 철 함량은 많으나 수산과 섬유소가 많아 흡수율이 좋지 않다.

표 12-4 철결핍성 빈혈 시 식품 선택

분류	역할	영양소	함유식품
권장식품	헤모글로빈 생성	단백질	육·어·난류, 콩류, 우유 등
		철	간, 살코기, 굴, 달걀, 녹황색채소, 다시마 등
	조혈작용	엽산	간, 강낭콩, 밀배아, 시금치, 케일, 브로콜리, 호두, 땅콩 등
		비타민 B_{12}	간, 조개, 굴, 고등어, 대두발효식품, 해조류 등
		비타민 C	신선한 채소와 과일 등
제한식품	커피, 녹차, 홍차, 현미 등		

경구용 철 제제를 섭취 시에는 철 제제의 부작용으로 메스꺼움, 소화불량, 변비, 설사 등이 나타날 수 있다. 제일철(Fe^{2+}, ferrous 형태) 흡수율은 같은 양의 제이철(Fe^{3+}, ferric 형태)보다 3배 더 크다. 구강으로 철을 섭취할 수 없는 경우나, 위장질환 또는 철 흡수능력이 손상되어 철 필요량이 증가되는 환자의 경우에는 비경구적인 철 투여가 권장된다.

알 아 두 기

헴철과 비헴철

식품 속의 철은 헴철(heme iron)과 비헴철(nonheme iron) 두 가지가 있는데, 철의 생체이용률이 식품의 철 함량 자체보다 더 중요하다.

헴철	비헴철
• 흡수율이 높고 다른 식사인자에 의해 영향을 받지 않음 • 생체 내에서 혈액 내의 헤모글로빈, 근육의 미오글로빈 및 시토크롬계 효소의 성분으로 존재 • 육류, 가금류, 어류의 내장 및 살코기가 비헴철뿐 아니라 헴철의 좋은 급원	• 헴철에 비해 흡수율이 낮음 • 철의 함량이 높은 난황, 말린 과일, 말린 콩, 땅콩, 당밀 등은 비헴철이어서 흡수율이 낮지만, 헴철이 풍부한 식품과 함께 섭취하면 흡수율은 증가됨

2) 거대적아구성 빈혈

(1) 원인과 증상

거대적아구성 빈혈(megaloblastic anemia)은 DNA의 합성이 저해되어 적혈구의 성숙과 분열이 억제되기 때문에 정상 적혈구보다 크고, 미성숙한 적아구(erythroblast)가 혈액에 나타나며, 적혈구 수와 헤모글로빈 농도가 감소한다. 이 형태의 빈혈은 엽산이나 비타민 B_{12}의 결핍이 원인인데 엽산 결핍이 더 흔하다. 일부 세포독성약물(예 methotrexate, hydroxyurea)이나 항레트로바이러스 약물(5-azacytidine)도 거대적아구성 빈혈의 원인이 될 수도 있다.

① 엽산 결핍

채소류 섭취가 충분하지 않거나 만성 간염, 흡수불량 증후군 등 엽산의 흡수와 이용에 장애가 생기고 성장, 임신, 암 등으로 인해 필요량이 증대될 때 등이다. 이 빈혈은 일부 임신부, 엽산 결핍을 가진 모체에서 태어난 유아, 노인이나 알코올중독자와 같은 영양불량자 및 암환자에게서 발견된다. 임신기에는 엽산의 필요량이 증가되는데, 입덧으로 식품 섭취가 부족하면 엽산 섭취가 부족할 가능성이 커진다. 엽산 결핍식사를 하면 정상적인 체내의 엽산 저장량이 2~3개월 안에 빠르게 고갈되고 빈혈이 나타난다.

② 비타민 B_{12} 결핍

비타민 B_{12}는 동물성 식품에 많이 함유되어 있으므로 채식주의자 식단에서 부족되기 쉽다. 비타민 B_{12}의 흡수를 위해서는 위에서 분비되는 내적 인자(instrinsic factor)와 결합하는 것이 필수적인데 위액분비장애, 위절제, 위암 등에 의해 위액분비의 저하가 일어나는 경우, 거대적아구성 빈혈이 발생할 수 있다.

비타민 B_{12}와 엽산의 결핍은 공통적으로 거대적아구성 빈혈과 위장 점막세포 손상에 따른 증상이 나타난다. 그 외에도 허약하고 숨이 차며, 입과 혀가 쓰리고, 설사와 부종, 식욕 감퇴와 체중 감소, 맥박수 증가, 현기증, 탈력감 등 일반적인 빈혈 증상이 있다.

비타민 B_{12} 결핍은 위와 같은 엽산 결핍과 공통 증상 외에도 신경장애의 원인이 된다. 즉, 손발 저림, 지각마비, 균형 상실 및 보행 곤란 등이 나타나고, 심해지면 편집증, 환각, 의식혼란 및 기억 상실이 초래된다. 노인에게서는 협심증과 발목 부종이 나타날 수 있다. 비타민 B_{12} 결핍 시에는 빈혈 증상이 없어도 신경 증상이 나타날 수 있지만 엽산 결핍에서는 신경학적 증상이 나타나지 않는다. 엽산이나 비타민 B_{12}의 결핍은 고호모시스테인혈증과 상관관계가 있고, 고호모시스테인혈증은 심혈관계질환의 위험인자이다.

(2) 식사요법

① 엽산 결핍

매일 적당량의 엽산 급원 식품을(신선한 과일, 녹황색 채소, 간, 육류, 어류, 아스파라거스, 말린 콩, 시금치 등) 섭취하며, 엽산은 열에 쉽게 파괴되므로 신선한 상태로 섭취한다.

② 비타민 B_{12} 결핍

비타민 B_{12}의 주된 급원식품은 동물성 식품이고, 식물성으로는 된장, 청국장과 같은 대두발효식품과 일부 해조류가 있다. 일반적으로 비타민 B_{12} 결핍이 심하지 않을 때는 엽산 공급이 거대적아구성 빈혈을 치료할 수 있으나, 비타민 B_{12}의 결핍이 신경계 질병을 일으킬 정도로 심한 경우에는 엽산을 투여해도 비타민 B_{12} 결핍으로 인한 빈혈이 사라지지 않는다. 비타민 B_{12} 외에 단백질, 철, 그리고 다른 비타민의 섭취량도 증가시키는 것이 좋으므로 이들 영양소를 함유한 균형 잡힌 식사가 비타민 B_{12} 결핍성 거대적아구성 빈혈 환자에게 권장된다.

표 12-5 거대적아구성 빈혈의 원인에 따른 식사요법

엽산 결핍	비타민 B_{12} 결핍
• 녹황색 채소류와 간, 육류, 어류, 말린 콩 등에 엽산이 풍부하므로 충분히 섭취 • 엽산은 체내 저장량이 적으므로 매일 섭취 • 엽산은 가열에 의해 쉽게 파괴되므로 과일과 채소는 최대한 신선한 상태로 섭취	• 비타민 B_{12}가 풍부한 간, 쇠고기, 돼지고기, 달걀, 우유와 유제품, 된장, 해조류 등 자주 섭취 • 간 기능과 조혈작용을 위해 고단백식이 섭취 • 녹황색 채소에는 철과 엽산이 많으므로 충분히 섭취

3) 그 외 영양성 빈혈

① 단백질-에너지 불량성 빈혈

헤모글로빈과 적혈구의 생성과 성숙에 필요한 단백질과 에너지 섭취불량, 그 외에도 철이나 다른 영양소의 결핍과 흡수불량, 세균 감염, 기생충 감염 등에 의해 복합적으로 발생한다. 균형 잡힌 식사, 엽산 및 철의 충분한 공급, 비타민 B_{12} 경구투여로 영양관리한다.

② 구리 결핍성 빈혈

구리를 포함하는 셀룰로플라즈민(ceruloplasmin)은 체내 저장소에서 혈액으로 철을 이동시키는 단백질로 구리가 부족하면 헤모글로빈 합성에 필요한 철의 이용률이 저하되어 빈혈이 유발된다. 헤모글로빈 합성에 필요한 구리 양은 매우 적으므로 일상 식사로부터 충분히 공급되지만 생우유를 먹거나 구리가 부족한 조제분유를 먹는 영아, 흡수불량 증후군을 앓고 있는 어린이나 성인, 오랜 기간 구리가 함유되어 있지 않은 정맥영양액을 투입한 환자들은 구리결핍이 일어날 수 있다.

③ 비타민 E 결핍성 빈혈

적혈구 세포막은 대부분 산화되기 쉬운 다가 불포화지방산으로 구성되어 있어 산화적 요인에 의한 손상으로 용혈되기 쉽다. 항산화제인 비타민 E의 저장량이 적어 용혈성 빈

혈을 유발한다. 특히 조산아나 저체중아의 경우 비타민 E의 저장량이 적어 용혈성 빈혈 위험이 크며, 불포화지방산의 섭취가 늘어날 경우 비타민 E의 필요량이 높아져 부족증상이 나타날 수 있다.

④ 비타민 B_6 결핍성 빈혈

비타민 B_6는 헴 합성 과정에서 조효소로 관여하므로, 부족하면 헤모글로빈 합성 부족에 의해 빈혈이 생긴다. 또한 헴 합성 과정 중에 피리독살-5-인산을 조효소로 하는 효소(δ-아미노레블린산 합성효소)의 선천적 결함으로 미성숙된 적혈구가 축적되고 헤모글로빈에 철이 결합되지 않는 빈혈이 발생하는 경우도 있다. 혈청 철과 조직 철 농도는 정상 또는 그 이상이나 적혈구의 크기가 작고, 저색소성 빈혈(microcytic, hypochromic anemia)을 일으킨다. 치료방법은 다량의 피리독신을 지속적으로 투여하는 것이다.

01. 혈액의 기능에 대해 설명하시오.
02. 빈혈의 정의에 대해 서술하시오.
03. 철 결핍성 빈혈의 원인에 관하여 설명하시오.
04. 엽산 결핍으로 발생하는 빈혈의 특징에 대해 설명하시오.
05. 비타민 B_{12} 결핍 빈혈의 원인에 관하여 설명하시오.

신경계 질환

1. 치매 | 2. 파킨슨병 | 3. 뇌전증 | 4. 다발성 경화증 | 5. 중증 근무력증

- **L-도파(levodopa)** 티로신으로부터 생합성되는 아미노산의 일종으로 신경전달물질인 도파민, 노르에피네프린과 에피네프린 합성의 전구체로 이용된다.
- **노인반(senile plaque)** 뇌의 회백질에서 발견되는 β-아밀로이드 단백질의 세포외 침착으로 신경반(neuritic plaque) 혹은 아밀로이드반(amyloid plaque)으로도 불린다.
- **뇌전증(epilepsy)** 뇌신경세포의 일시적이고 불규칙한 이상흥분현상에 의해 경련, 감각장애, 의식불명 등의 발작이 반복적으로 재발되는 신경계 질환
- **다발성 경화증(multiple sclerosis)** 중추신경계를 구성하는 수초와 축삭이 염증으로 인해 탈락하여 신경자극전달에 장애를 초래하는 만성퇴행성 신경계 질환
- **신경섬유다발(neurofibrillary tangle)** 신경세포의 미세소관(microtubule) 관련 단백질인 타우단백질이 과인산화되면서 세포질 내에 비정상적으로 엉겨 붙은 덩어리
- **알츠하이머형 치매(Alzheimer's disease)** 베타-아밀로이드 침착으로 생긴 노인반과 타우단백질로 형성된 신경섬유다발의 비정상적인 축적으로 뇌세포의 점진적인 파괴 및 기능 손상이 나타나는 질환
- **중증 근무력증(myasthenia gravis)** 아세틸콜린 수용체에 대한 자가 항체 생성으로 아세틸콜린과 수용체 간의 결합장애가 발생하게 되는 신경-근육 자가면역질환. 근육에 대한 신경전도장애로 인해 골격근의 수축부전, 근력 약화 및 근육 피로 발생을 특징으로 한다.
- **치매(dimentia)** 뇌의 병변으로 인하여 기억과 인지능력이 점차적으로 소실되는 증후군으로 정상적인 노화과정에서 나타나는 생리적 건망증과는 구별되는 질환
- **케톤식(ketogenic diet)** 단백질과 당질의 섭취량을 줄이고 지방을 총 에너지의 70~80%로 공급하는 식사
- **케톤증(ketosis)** 혈중 케톤체가 증가된 상태. 케톤체인 아세토아세트산과 β-하이드록시부티르산은 산성이 강하기 때문에, 케톤체가 혈중에 많아지면 혈액이나 체액의 pH가 산성으로 되고 케토산증(ketoacidosis)이 발생한다.
- **케톤체(ketone body)** 아세톤(acetone), 아세토아세트산(acetoacetate, 디아세트산, diacetate), 그리고 베타-하이드록시부티르산(β-hydroxybutyrate)의 총칭. 단식, 기아, 탄수화물 제한식, 장시간의 심한 운동, 알코올 중독, 혹은 1형당뇨병과 같이 포도당이 우리 몸의 에너지원으로 이용되지 못할 경우 간에서 지방산으로부터 합성된다.
- **파킨슨병(Parkinson's disease)** 도파민 분비 부족으로 발생하는 신경계 질환으로 수의적인 섬세한 움직임과 운동장애가 나타나는 질환
- **혈관성 치매(vascular dimentia)** 뇌 혈관이 터지거나(뇌출혈) 막히면서(뇌경색) 뇌의 혈액공급 문제로 인한 뇌세포 손상으로 발행하는 치매

신경계는 신체의 모든 운동과 감각 기능을 조절하는 기관계로 치매, 파킨슨병과 같은 신경계의 질환은 생명에 치명적인 손상을 입히거나 삶의 질을 현저히 떨어뜨리게 된다. 영양적인 면에서는 인지 및 신체 기능 저하, 연하곤란 등의 문제로 인해 식사섭취에 어려움을 겪게 되고, 후각 및 미각의 둔화로 식욕 저하 등이 발생할 수 있다. 따라서 영양불량이 발생하지 않도록 개인의 상태에 맞추어 음식의 형태나 점도를 조정하고 필요에 따라 영양지원을 계획하는 것이 필요하다.

1. 치매

1) 원인과 증상

치매(dementia)는 뇌의 병변으로 인하여 기억과 인지 그리고 신체활동 능력이 점차적으로 소실되는 증후군으로 정상적인 노화 과정에서 나타나는 생리적 건망증과는 구별된다. 치매는 크게 알츠하이머병과 혈관성 치매로 나눌 수 있으며 그 외에 루이체 치매, 전두측두엽치매, 알코올성 치매, 기억성 치매 등이 있다. 우리나라 치매 환자의 50% 정도는 알츠하이머병이며 40%는 뇌출혈이나 뇌경색으로 인한 혈관성 치매이다.

(1) 알츠하이머병

알츠하이머병(Alzheimer's disease)은 전체 치매의 55~70%를 차지하는 가장 대표적인 치매의 원인 질환으로 1907년 독일의 정신과 의사인 알로이스 알츠하이머(Alois Alzheimer) 의사에 의해 처음으로 보고되면서 알려졌다. 알츠하이머병은 여성이 남성에 비해 평균 2배 정도 더 잘 발생하며, 고령(65세 이상), 가족 병력 및 유전, 저학력, 심한 머리 손상(예 교통사고, 낙상) 또는 약하지만 반복적으로 머리 손상을 입은 경우(예 권투선수) 등에 잘 발생한다. 알츠하이머병 환자의 뇌는 일반인보다 위축되고 작아진 것을 볼 수 있으며 특징적으로 베타-아밀로이드(β-amyloid) 단백질이 침착되면서 생긴 노인반(신경반, 아밀로이드반, senile plaque), 그리고 타우단백질이 비정상적으로 엉겨 붙으면서 형성된 신경섬유다발(neurofibrillary tangle)을 볼 수 있다 그림 13-1. 이러한 노인반

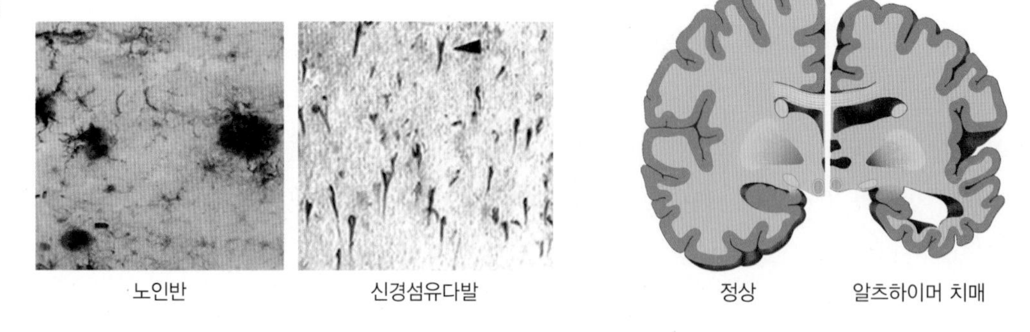

그림 13-1 알츠하이머치매 환자의 뇌 특징
출처 : 중앙치매센터.

과 신경섬유다발의 비정상적인 축적으로 인해 뇌세포가 점진적으로 파괴되고 뇌의 기능이 손상되면서 알츠하이머병이 발생하는 것으로 생각하고 있으나 두 물질이 축적되는 원인은 아직 밝혀지지 않았다.

알츠하이머병은 매우 서서히 발병하여 점진적으로 악화되는 것이 특징이고 초기에는 대부분 기억력, 특히 몇 시간 혹은 며칠 전의 일에 대한 단기 기억력 저하가 나타난다. 병이 진행되면서 언어 구사력, 이해력, 읽고 쓰기 능력 등의 장애가 나타나고 행동 및 인격의 변화, 운동장애 등으로 이어지면서 결국은 모든 지적 활동과 몸의 움직임이 멈추는 상태가 된다.

(2) 혈관성 치매

혈관성 치매는 두 번째로 흔한 치매 유형으로 전체 치매 환자의 15~20%를 차지한다. 고혈압, 당뇨병, 고지혈증, 동맥경화, 흡연, 음주 등이 원인이 되어 뇌의 혈관이 터지거나(뇌출혈) 막히면서(뇌경색) 뇌의 혈액 공급 문제로 인한 뇌세포의 손상으로 발생한다 그림 13-2. 손상받은 뇌의 부위에 따라 다양한 증상과 경과를 보이게 된다. 흔히 나타나는 인지 기능 증상으로는 주의력 저하, 자기조절능력 저하, 계획력 저하 등이 있으며 팔다리나 얼굴의 마비, 발음장애, 삼킴 곤란, 요실금 등과 같이 뇌졸중에서 나타나는 증상들을 보일 수도 있다.

허혈성 뇌혈관질환에 의한 혈관성 치매
(발병기전/뇌영상 소견)

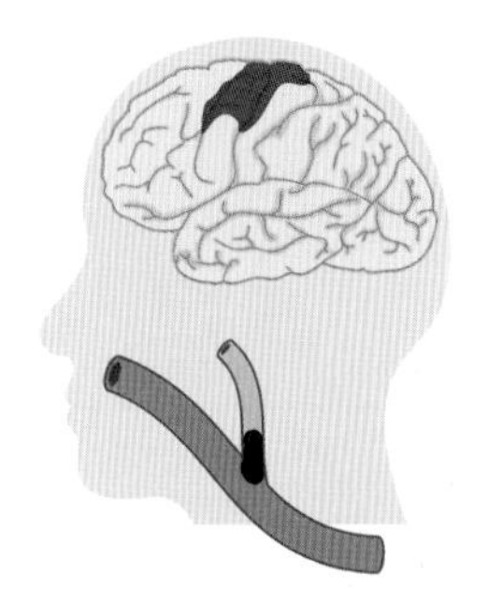
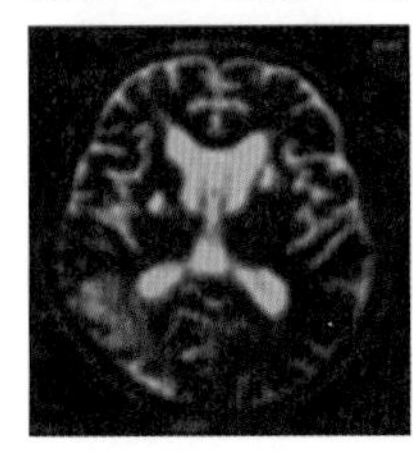
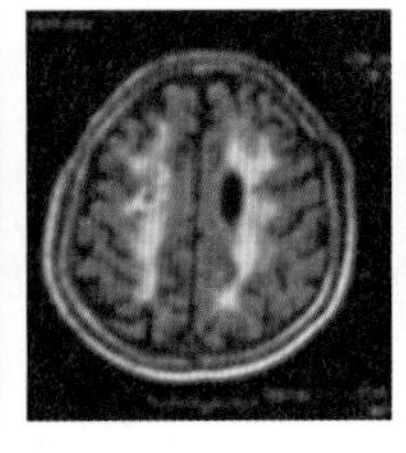
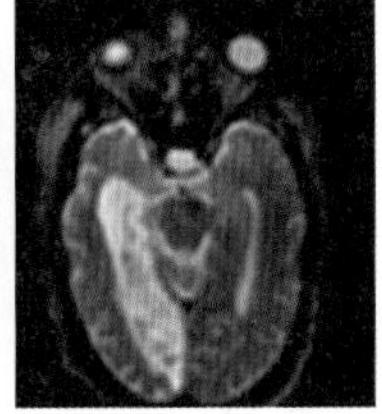

출혈성 뇌혈관질환에 의한 혈관성 치매
(발병기전/뇌영상 및 뇌조직 소견)

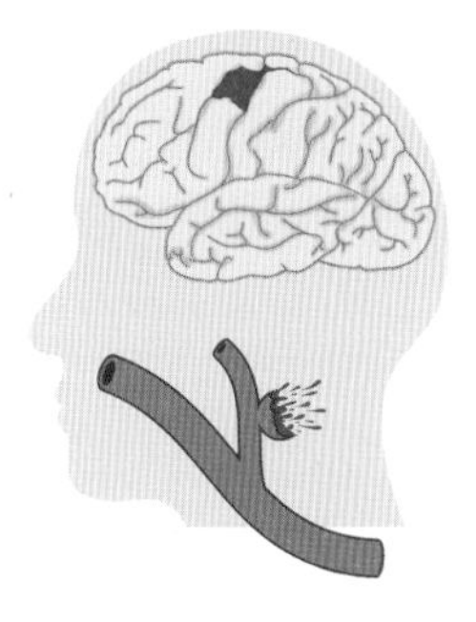
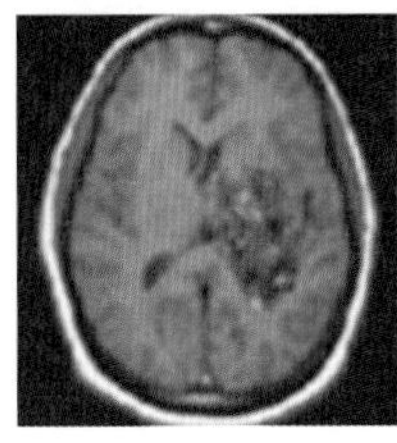
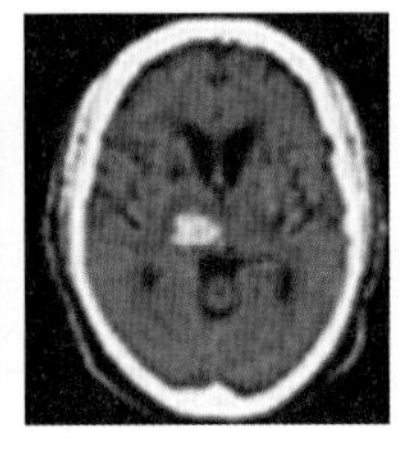
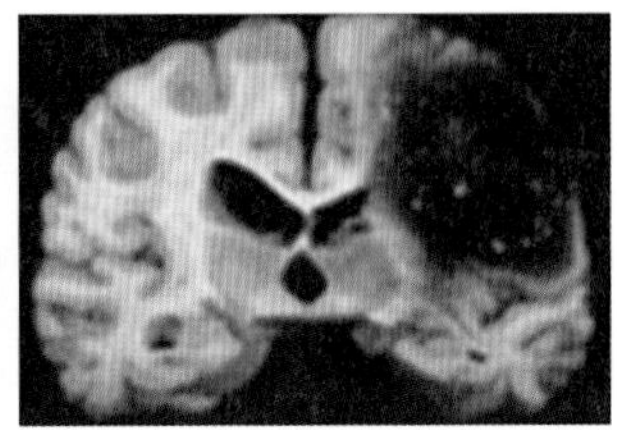

그림 **13-2** 허혈성 및 출혈성 뇌혈관질환에 의한 혈관성 치매
출처 : 중앙치매센터.

2) 식사요법

치매 환자에 대한 영양관리의 목표는 다양한 영양적 섭취를 최대화함으로써 체중 감소를 줄이고 치매 증상 완화 및 병의 진행속도를 늦추는 것에 있다. 드물게 식욕의 이상증진이나 활동량 부족으로 체중이 증가하는 경우도 있지만 대부분 치매가 진행될수록 인지 기능 장애, 저작이나 연하와 같은 섭식행동 장애, 우울증과 같은 정서적 문제, 미각·후각과 같은 감각의 둔화 등에 의해 식사섭취량이 줄어들 뿐만 아니라 활동량이 많은 환자의 경우에는 에너지 소비량의 증가로 영양결핍이 되기 쉽다. 또한 단백질 섭취 부족이나 활동량 부족에 의한 근육량 감소는 면역력 저하로 인해 각종 감염성 질환에 대한 위험이 커질 뿐만 아니라 갈증감각 둔화에 의한 탈수, 공복감과 만복감과 같은 감각의 저하로 인한 식사의 불규칙성과 같은 문제도 나타날 수 있으므로 세심한 관리를 통하여 영양상태를 양호하게 유지하는 것이 필요하다. 치매 환자에 대한 영양 및 식사관리의 원칙은 다음과 같다.

- 매끼 음식을 골고루 섭취할 수 있도록 하고 소화가 잘 되는 균형식으로 제공한다.
- 충분한 단백질과 에너지 섭취로 정상 체중을 유지하도록 한다.
- 뇌혈관 건강에 도움이 되는 오메가-3 지방산, 비타민 C, 비타민 E, 엽산, 코발라민과 같은 항산화 영양소가 풍부한 식품을 충분히 섭취하도록 한다.
- 탈수 예방과 열량보충을 위해 주스, 물, 잘 상하지 않는 간식 등은 눈에 잘 띄는 곳에 두어 수시로 먹을 수 있게 한다.
- 변비 예방을 위해 채소와 과일을 충분히 섭취하도록 하고 유산균 음료를 규칙적으로 제공한다.

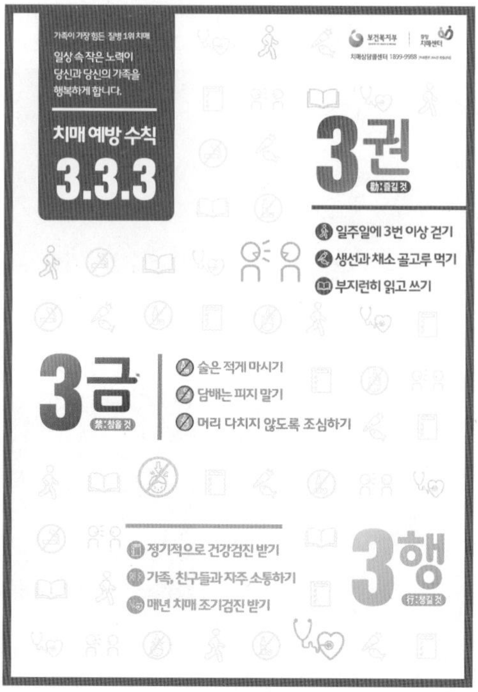

그림 13-3 치매예방수칙 3.3.3
출처 : 보건복지부 & 중앙치매센터.

- 필요시 복합 비타민제나 영양제를 복용하도록 한다.
- 알코올 섭취는 제한한다.
- 가능한 한 식사는 규칙적으로 하되 편안한 분위기에서 천천히 식사하도록 하고 식사하는 동안 세심하게 관찰한다.
- 숟가락, 젓가락 등 도구를 정상적으로 사용하기 어려운 경우에는 손가락으로 집어 먹을 수 있는 핑거푸드(finger food, 예 김밥, 샌드위치, 감자, 고구마 등)를 제공한다.
- 연하곤란이 있는 경우에는 연하보조식이나 경장영양, 정맥영양을 시행하도록 한다.
- 식사 시 사고가 발생하지 않도록 음식의 크기, 온도, 생선가시와 같은 이물질 제거 등에 주의한다.

2. 파킨슨병

1) 원인과 증상

파킨슨병(Parkinson's disease)은 1817년 영국 의사 제임스 파킨슨(James Parkinson)에 의해 최초로 보고되었다. 치매 다음으로 흔한 신경계 질환 중 하나로 주로 50대 이후에 발병하며 전 세계 60세 이상 인구의 약 1%가 이 질환을 가지고 있는 것으로 추정된다. 발병원인은 신경전달물질인 도파민의 부족이며, 이는 도파민을 분비하는 중뇌의 흑색질(substantia nigra) 내 신경세포의 사멸 때문이다. 노화, 도파민성 신경세포를 파괴하는 바이러스, 뇌종양, 뇌수종, 허혈성 뇌 손상, 독성물질(일산화탄소, 망간, 수은 등)의 흡입 등과 관련이 있다는 보고가 있으나 아직까지 흑색질 신경세포의 변성원인에 대해서 확실하게 밝혀진 바는 없다. 유전적 요소는 거의 영향을 끼치지 않는 것으로 알려져 있는데 일부 40대 이전에 파킨슨병이 발병하는 경우를 제외하고 대부분의 노인 파킨슨병 환자는 가족력 없이 발병한다.

도파민을 분비하는 신경세포의 소실은 점진적으로 진행되며 50~70%까지 소실되면 임상증상이 나타난다. 도파민의 분비가 감소하면 수의적인 섬세한 움직임과 자발적인 행동의 개시 및 통제가 어려워져 운동장애가 나타난다. 파킨슨병의 3대 주요 증상은 진전(tremor, 떨림), 강직(rigidity) 그리고 서동(slow movement)이며, 자세 불안정(postural instability)도 특징적인 증상 중 하나이다 그림 13-4.

- **진전(떨림)** 가장 흔한 초기 증상으로 손의 떨림, 머리를 앞뒤로 흔듦, 목소리 떨림 등이 해당된다. 특히 손을 가만히 있는 상태에서 떨림이 심하다.
- **강직** 몸이 뻣뻣하게 되는 것을 말하는 것으로 팔을 펴거나 굽힐 때 일부러 힘을 줘서 안 펴거나 안 굽힐려고 하는 것과 같은 느낌이 든다. 후두근이 경직되면 씹고 삼키는 것이 힘들어질 뿐만 아니라 말소리가 작아지고 억양이 단조로워지며 발음장애도 나타나 심한 경우에는 말을 알아듣기가 힘들어진다. 안면 근육의 경직은 무표정한 얼굴로 변하게 한다.
- **서동** 몸의 움직임이 느려지는 증상으로 서동이 심해지면 결국 움직일 수 없게 되어

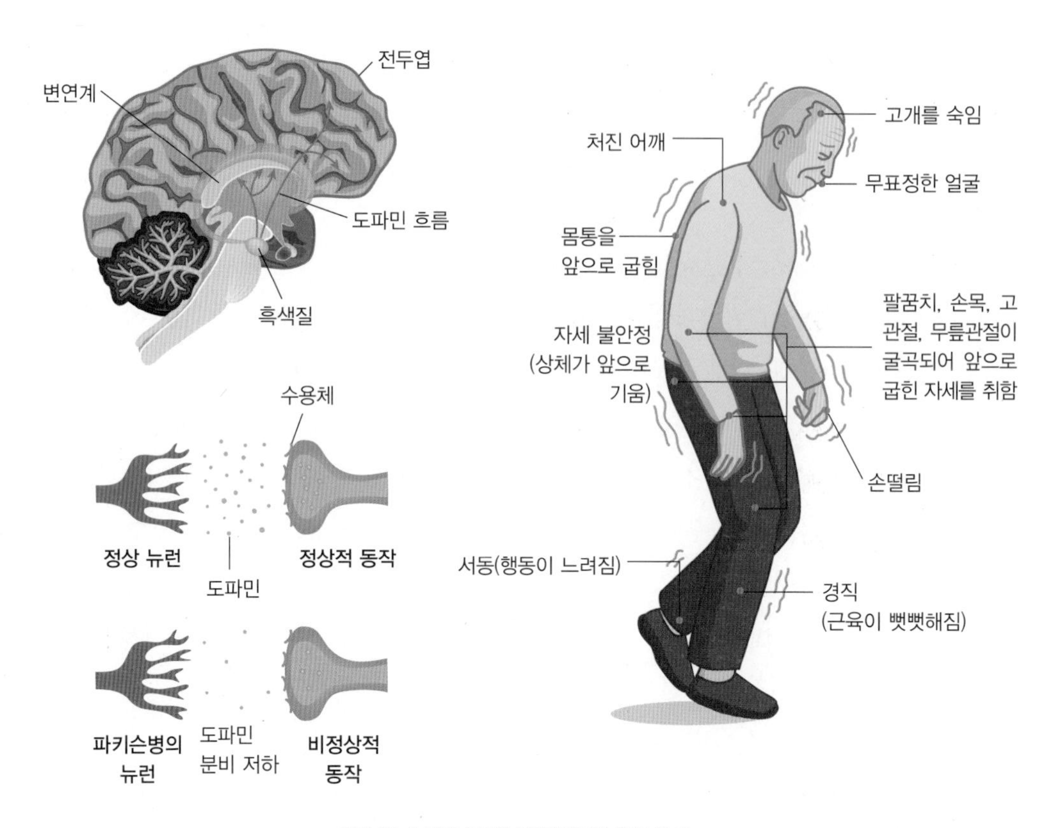

그림 13-4 파킨슨병의 발병원인 및 주요 증상

일상생활을 전혀 할 수 없게 되기도 한다.

- **자세 불안정** 걸을 때 보폭이 작아지고 발이 지면에서 많이 떨어지지 않으며 발을 끌면서 걷는 보행장애가 나타난다. 걷기의 시작은 어려우나 일단 걷기 시작하면 가속화되어 정지하기가 힘들고 걸을 때 팔을 흔들지 않는다.

그 외 증상으로는 배뇨장애 및 변비와 같은 자율신경계 이상, 근육 통증, 뜨겁게 타는 듯한 감각, 벌레가 피부 위로 기어가는 듯한 감각, 피부 가려움증, 수면장애, 우울증, 그리고 치매와 같은 정신 기능 이상 등이 있다. 파킨슨병의 증상은 서서히 시작되고 그 진행속도도 느리나 적절히 치료하지 않으면 일상생활을 할 수 없게 되고 욕창, 패혈증과 같은 다양한 합병증으로 사망하게 된다.

2) 식사요법

파킨슨병의 주요 치료방법은 1970년대에 처음으로 개발된 L-도파(levodopa, 레보도파, L-3,4-dihydroxyphenylalanine)를 투여하는 것이다. 뇌혈관장벽(brain blood barrier)을 통과할 수 없는 도파민과 달리, L-도파는 소장에서 흡수되어 뇌에서 도파민으로 전환됨으로써 파킨슨병 환자에서 감소된 도파민 수준을 회복시킬 수 있다. 식사요법은 약물치료에 비해 효과가 적으나 L-도파 투여 효과를 돕고, 질병의 진행 및 증상 악화를 방지하며, 식사능력 증진, 적절한 체중 및 신체 기능 유지, 변비 예방에 목표를 두고 시행하도록 한다.

① 과도한 단백질 섭취 제한

L-도파와 아미노산이 장 흡수 과정에서 경쟁하게 되므로 과도한 단백질 섭취는 적정한 L-도파 수준을 유지하는 데 방해가 된다. 따라서 L-도파 투여 시 보통 체중 1kg당 0.5~0.8g 정도로 단백질을 제한한다. 이때 단백질은 생물가가 높은 단백질로 제공하도록 한다. 활동량이 많은 아침과 점심에는 저단백식을 제공함으로써 약물의 효과를 극대화하고, 활동이 적은 저녁과 밤에는 단백질 섭취를 증가시켜 1일 단백질 권장섭취량을 충족시킬 수 있도록 한다.

② 충분한 영양공급

파킨슨병 환자는 신체의 떨림과 강직으로 인하여 혼자 식사를 하는 것이 어려울 뿐만 아니라 손발의 떨림으로 에너지 소모가 증가하므로 체중 감소가 일어나기 쉽다. 따라서 큰 숟가락이나 포크를 사용하여 혼자 식사할 수 있도록 돕고, 충분한 영양소 섭취를 지원하도록 한다. 식사는 소량씩 자주 제공하며, 턱 및 혀의 근육이 원활하게 기능을 하지 않아 저작이 어렵거나 연하곤란이 있는 경우에는 쉽게 씹고 삼킬 수 있도록 식품을 작게 자르거나 다지고 부드러운 형태로 제공한다. 빨고 삼키기가 힘든 경우에는 반고형식 형태로 공급하거나 빨대를 이용하도록 하고 심할 경우 경장영양지원을 고려한다. L-도파의 부작용으로 식욕부진, 구토, 미각감퇴. 변비 등의 증상이 나타날 수 있으므로 변비가 생기지 않도록 식이섬유도 충분히 공급하도록 한다.

③ 과량의 비타민 B_6와 알코올 제한

비타민 B_6는 L-도파가 도파민으로 전환되는 데 필요한 효소 중 하나인 DOPA 탈카복실화효소(decarboxylase)의 조효소로 작용한다. 따라서 비타민 B_6를 충분히 섭취하는 것은 도파민으로의 전환을 촉진시키는데 도움이 된다. 그러나, 과량의 비타민 B_6가 존재하는 경우 L-도파는 뇌가 아닌 간에서도 도파민으로 전환되어 오히려 뇌에서 L-도파의 효력이 상실될 수 있으므로 비타민 B_6 보충제 섭취와 같이 과다한 섭취는 피하는 것이 좋다. 알코올은 L-도파와 길항작용을 하므로 제한하도록 한다.

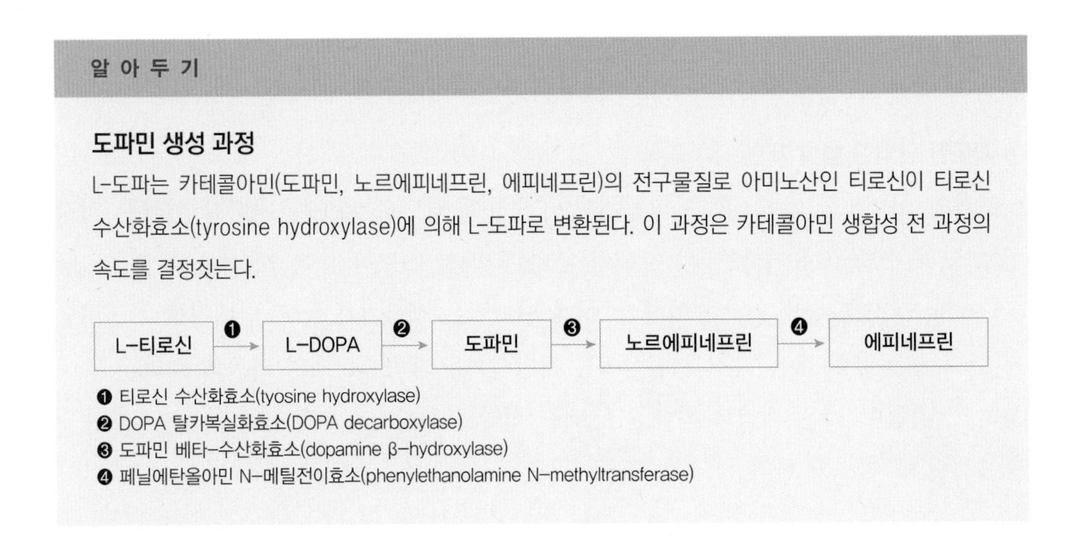

3. 뇌전증

1) 원인과 증상

뇌전증(epilepsy, 간질)은 특별한 몸의 이상이 없음에도 불구하고 뇌신경세포의 일시적이고 불규칙적인 이상흥분현상(과도한 전기방출)에 의해 경련, 감각장애, 의식불명 등의 발작(seizure)이 반복적으로 재발되는 신경계 질환군을 말한다. 뇌전증이 발생하는 원인은 알 수 없는 경우가 50% 이상이며 유전적 요인 이외에 분만 시 뇌 손상, 뇌의 발달

이상, 선천성 기형, 중추신경계 및 두개강 내 급성 감염(뇌수막염, 뇌염 등), 열성 경련, 뇌종양, 뇌혈관질환 등에 의해 발생할 수 있다. 전 세계적으로 뇌전증의 유병률은 1,000명당 4~10명 정도이며 우리나라 뇌전증 환자 수는 약 40~50만 명 정도로 보고되고 있다. 특히, 소아기(0~9세)와 노년기(60세 이상)에서 많이 발생하는데 뇌전증은 소아 신경계 질환 중 가장 흔한 질병으로 전체의 80~90%가 소아기에 발생한다. 보통 일정 기간 후에 저절로 좋아지며 2회 이상 발작이 나타나는 경우 항경련제와 같은 약물을 사용하거나 미주신경 자극 혹은 수술로 뇌의 원인병소를 제거하면 증상의 완화 및 치료가 가능하다.

뇌전증의 주된 증상은 의식장애와 경련을 특징으로 하는 발작이며 발작의 종류는 크게 부분발작과 전신발작으로 나눌 수 있다 **그림 13-5**, **표 13-1**.

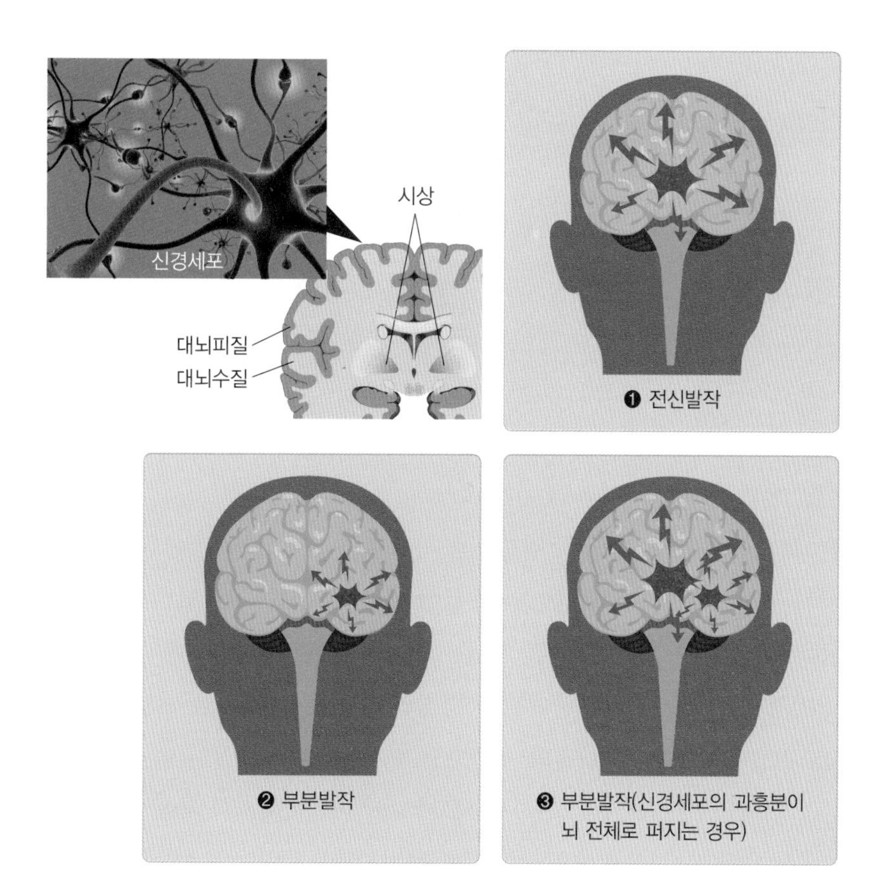

그림 **13-5** 뇌전증 발작의 종류

표 13-1 뇌전증 발작의 종류

	발작의 종류	특징
부분발작	단순부분발작	• 의식의 소실 없음 • 팔을 까딱까딱 하거나 입고리가 당기는 형태의 단순부분운동발작 • 한쪽의 얼굴, 팔, 다리 등에 이상감각이 나타나는 단순부분감각발작 • 속에서 무언가 치밀어 올라오거나, 가슴이 두근거리고 모공이 곤두서고 땀이 나는 등의 증상을 보이는 자율신경계 증상 • 이전의 기억이 떠오르거나 물건이나 장소가 친숙하게 느껴지는 증상 등이 나타나는 정신증상
	복합부분발작	• 의식의 손상 있음 • 하던 행동을 멈추고 초점 없는 눈으로 한곳을 멍하게 쳐다보는 증상 • 입맛을 쩝쩝 다시던가 물건을 만지작거리거나 단추를 끼웠다 풀었다 하는 등의 의미 없는 행동 반복(자동증)
	부분발작에서 기인하는 이차성 전신발작	• 쓰러져서 전신이 강직되고 얼굴이 파랗게 되며(청색증) 소변을 바지에 지리거나 혀를 깨무는 증세가 나타나다 팔다리를 규칙적으로 떨게 되는 발작이 나타남
전신발작	전신긴장간대발작	• 발작 초기부터 갑자기 정신을 잃고 호흡곤란, 청색증, 근육의 지속적인 수축이 나타나다 몸을 떠는 간대성 운동이 나타남
	결신발작(소발작)	• 갑자기 하던 행동을 중단하고 멍하니 바라보거나 고개를 떨어뜨리는 증세가 5~10초 정도 지속됨
	간대성근경련발작	• 깜짝 놀란 듯한 불규칙한 근수축이 양측으로 나타나는 발작으로 식사 중 숫가락을 떨어뜨리거나 양치질 시 칫솔을 떨어뜨리거나 하는 행동이 나타남
	무긴장발작	• 근육의 긴장이 갑자기 소실되어 머리를 반복적으로 땅에 떨어뜨리거나 길을 걷다 푹 쓰러지는 발작의 형태로 머리나 얼굴에 외상을 많이 입는 것이 특징

2) 식사요법

대부분의 뇌전증 환자(약 80%)는 항경련제 사용에 의해 발작증상이 잘 조절되지만 약물에 내성이 생기거나 약물치료만으로 증상이 잘 조절되지 않는 일부 환자들에게는 혈장 내 케톤체의 수준을 높이는 케톤식(ketogenic diet)을 하였을 때 항경련 효과가 큰 것으로 알려져 있다. 케톤식은 단백질과 당질의 섭취량을 줄이고 지방을 총 에너지의 70~80%로 공급하는 식사로 당질의 제한으로 인해 지방이 불완전 연소를 하면서 케톤증(ketosis) 상태에 이르게 된다. 특히 10세 이하의 어린이에게서 발작 조절효과가 크며 난치성 소아뇌전증 환아를 대상으로 널리 시행되고 있다. 어린이들은 혈액 케톤체의 생체지표로 혈중 베타-하이드록시부티르산(β-hydroxybutyrate)을 측정하며 그 농도가

4mmol/L 이상으로 유지될 때 발작이 잘 조절된다. 케톤식을 통한 뇌세포의 포도당 사용의 감소가 신경막의 흥분을 일으킬 수 있는 에너지 부족을 야기하여 발작을 조절하는 것으로 보이나 정확한 기전은 아직 밝혀지지 않았다.

① 케톤식(저당질, 고지방식)

보통 일반식에서 지방(케톤성) : 비지방(항케톤성) 영양소의 비는 1 : 3(지방 1g : 탄수화물 및 단백질 3g) 정도이나 케톤식에서는 지방 : 비지방의 비는 3 : 1~4 : 1 정도로 유지하여 지방으로부터 공급되는 케톤체를 뇌세포가 주요 에너지원으로 사용하도록 한다. 이 비율은 세끼 식사에서 매 끼니마다 일정하게 유지되도록 한다. 케톤증 유발 여부는 소변의 케톤체(아세톤(acetone), 아세토아세트산(acetoacetate), 베타-하이드록시부티르산(β-hydroxybutyrate)) 검출을 통해 확인할 수 있다.

② 에너지 섭취 약간 제한

케톤체 형성을 촉진하기 위하여 일반적으로 에너지는 연령별 필요량의 75~85% 정도로 제한하여 제공한다. 중쇄중성지방(medium chain triglyceride, MCT)을 사용하는 케톤식은 중쇄중성지방이 일반지방에 비해 더 쉽게 케톤체를 형성하므로 섭취열량은 1일 권장열량으로 제공한다. 케톤식 시작 전 24~48시간은 금식하고 첫째 날은 1일 필요에너지의 1/3을, 둘째 날은 1일 필요에너지의 2/3, 그리고 셋째 날부터는 필요에너지 전부를 제공하도록 한다.

③ 충분한 단백질 섭취

어린이 뇌전증 환자의 경우, 적절한 성장이 이루어질 수 있도록 단백질은 1~1.2g/체중kg을 공급하고 당질은 비지방(항케톤성) 영양소 총량 중 단백질을 뺀 나머지 양으로 제공하도록 한다.

④ 충분한 비타민·무기질 공급

지방 위주의 케톤식은 식사의 특성상 비타민과 무기질이 부족하기 쉬우며 특히 페니토인(phenytoin)과 같은 항경련제 사용은 비타민 D와 엽산의 대사를 억제하여 골다공증과 빈혈을 일으킬 수 있다. 따라서 비타민과 무기질은 충분히 제공하도록 하며 필요한 경우 보충제(당분 제외된 것)를 사용하도록 한다.

⑤ 적당한 수분 섭취

수분 섭취량은 혈중 케톤체 농도에 크게 영향을 주지 않을 뿐만 아니라 수분을 제한하였을 때 발작을 억제하는 효능이 증가되는 것도 아닌 것으로 알려져 있다. 오히려 케톤체의 이뇨작용으로 인한 탈수와 신장결석을 방지하기 위하여 수분을 적당량 섭취할 수 있도록 하는 것이 좋으며 다만 하루 섭취량이 2L는 넘지 않도록 한다.

케톤식은 지방 섭취량을 늘리기 위해 조리 시 식물성 기름, 휘핑크림, 마요네즈, 견과류 등을 많이 사용하고 튀김, 구이, 볶음과 같은 조리법을 사용하게 된다. 따라서 느끼하고 맛이 없기 때문에 환자가 섭취하기 어려울 수 있으며 식욕 저하, 음식 거부, 메스꺼움, 구토, 설사, 체중 감소 등이 일어날 수 있다. 따라서 케톤식은 환자의 체중, 영양상태, 합병증 여부 등을 계속 모니터링하면서 에너지 섭취량과 케톤 비율 등을 지속적으로 조정해 가야 한다. 케톤식을 시행한 후 2년 정도 발작이 나타나지 않으면 환자의 상태에 따라 1년 이상의 기간에 걸쳐 케톤성 : 항케톤성 비율을 3 : 1에서 2 : 1로, 그리고 정상식사로 서서히 전환하도록 한다. 장기간 케톤식 섭취를 하는 경우 저혈당, 산독증, 탈수, 고지혈증, 고요산혈증, 신결석, 감염과 같은 부작용이 일어날 수 있으므로 주의해야 한다.

4. 다발성 경화증

1) 원인과 증상

다발성 경화증(multiple sclerosis)은 중추신경계를 구성하는 신경세포(neuron, 뉴런)의 수초와 축삭이 염증으로 인해 탈락하여 신경자극 전달에 장애가 초래되는 만성퇴행성 신경계 질환이다. 정확한 원인은 밝혀지지 않았으나 가족력, 자가면역체계의 이상, 바이러스 등 유전적 요인과 환경적 요인이 복합적으로 작용하여 발생하는 것으로 보인다.

표 13-2 케톤식의 허용 식품과 제한 식품

허용식품 (단백질, 지방, 당질이 거의 함유되어 있지 않으므로 식사계획 시 자유롭게 사용 가능)	제한식품 (당질이 많이 함유된 식품으로 반드시 피해야 함)
겨자, 무가당 젤라틴, 소금, 식초, 실파, 육수, 차, 커피, 향료, 후추, 카페인 제거 커피, 무가당 코코아가루(1일 1작은술)	가당 연유, 껌, 꿀, 롤빵, 사탕, 셔벗, 설탕, 시럽, 아이스크림, 잼, 젤리, 케이크, 케찹, 쿠키, 탄산음료, 파이, 페스트리, 푸딩, 당분이 함유된 감기약, 허용량 이외의 모든 빵, 곡류제품

표 13-3 케톤식의 1일 영양소 구성 예시

에너지(kcal)	당질(g)	단백질(g)	지방(g)	C:P:F(%)	케톤성:항케톤성(%)
1,000	10	15	100	4:6:90	4:1

끼니	식단	식품(g)		영양소 구분			
				탄수화물(g)	단백질(g)	지방(g)	에너지(kcal)
아침	연두부찜	연두부	19.5	0.917	0.819	0.546	12.090
	치즈 가지구이	치즈	14.5	0.895	2.720	3.089	42.630
		가지	4	0.174	0.045	0.001	0.600
	우유	우유	16	0.885	0.493	0.531	10.560
	호두	호두	6	0.475	0.928	4.314	41.580
	올리브유	올리브유	25	0.000	0.000	25.000	230.250
		계		3.346	5.005	33.481	337.710
점심	달걀찜	달걀	9.8	0.334	1.219	0.722	12.740
	새우브로콜리볶음	새우	10.2	0.010	1.847	0.061	7.752
		브로콜리	13	0.822	0.400	0.026	3.640
	우유	우유	20	1.106	0.616	0.664	13.200
	잣	잣	6	1.056	0.924	3.690	38.340
	올리브유	올리브유	28.5	0.000	0.000	28.500	262.485
		계		3.328	5.007	33.663	338.157
저녁	닭볶음	닭정육	12.8	0.013	3.072	0.179	13.568
	당근전	당근	28.3	1.989	0.289	0.037	7.075
	두유	두유	20	0.940	0.880	0.720	14.000
	호두	호두	5	0.396	0.774	3.595	34.650
	올리브유	올리브유	28.5	0.000	0.000	28.500	262.485
		계		3.338	5.014	33.031	331.778
총계				10.012	15.026	100.175	1007.645

* 영양소 함량 기준 : 농촌진흥청 국립농업과학원(2016), 국가표준식품성분표 제9개정판.

증상으로는 뇌, 척수, 시신경을 포함하는 중추신경계의 여러 부위가 경화됨으로써 나타나는 운동성 약화, 부분적 마비, 시력 저하, 연하곤란, 경련 등이 있으며, 질병이 진행되면서 점차 보행 및 일상생활 능력이 감퇴하게 된다. 대부분의 환자에서 완화-악화를 반복하는 재발성이 나타나고 이러한 과정이 반복될수록 신경계 손상이 심해진다. 주로 젊은 층(20~40세) 여성과 백인에게서 많이 발생한다.

2) 식사요법

다발성 경화증 환자는 활동량 감소와 우울증으로 체중 증가가 일어나기 쉬우므로 영양관리의 우선 목표는 적절한 체중관리와 수분조절, 그리고 관련 신경성 질환에 대한 영양적 대처이다. 신경장애성 대장(neurogenic bowel) 질환이 발생하게 되면 설사 또는 변비가 생길 수 있으므로 수분의 조절과 배변을 돕는 고섬유소식사를 제공하도록 한다. 신경장애성 방광(neurogenic bladder)으로 급하게 자주 소변을 보는 습관이 생기는 경우에는 잠자기 전 수분 섭취를 제한하도록 한다.

5. 중증 근무력증

1) 원인과 증상

중증 근무력증(myasthenia gravis)은 신경-근육 자가면역질환으로 근육에 대한 신경전도 장애로 인한 골격근의 수축부전, 근력 약화, 그리고 근육 피로를 특징으로 한다. 정상적으로 근육의 수축은 운동신경의 말단에서 분비되는 신경전달물질인 아세틸콜린(acetylcholine)이 근육 세포막에 존재하는 아세틸콜린 수용체에 결합함으로써 시작된다. 그러나 근무력증 환자에서는 자가면역반응에 의해 아세틸콜린 수용체에 대한 항체가 생성되어 아세틸콜린 수용체와 아세틸콜린의 결합을 방해하고 점차적으로 아세틸콜린 수용체의 수를 감소시켜 근수축이 잘 일어나지 않게 된다. 20~40세의 여성에게 많이 발생하며, 여성이 남성보다 2~3배 정도 발병률이 높다.

주로 많이 사용하는 근육인 눈, 얼굴, 인두, 후두, 호흡기계에 문제가 발생하며, 발병 초기에는 피로, 쇠약감, 눈감기 기능 저하, 안검하수(눈꺼플 처짐), 복시(사물이 두 개로 보임) 등이 나타난다. 간혹 호흡근육의 수축 부전으로 호흡곤란이 올 수 있으며, 배뇨 조절장애, 근육통, 감각이상, 후각과 미각의 감퇴 등도 나타날 수 있다. 활동량이 많을 경우 근력 약화가 더 심해지고 휴식을 취하면 증세가 개선되며 완화기와 악화기가 반복된다. 얼굴이나 목 근육에 문제가 생기면 저작이나 연하곤란이 발생할 수 있으며 근육 피로와 연하곤란으로 체중 감소 현상이 나타날 수 있다.

2) 식사요법

적절히 치료하면 환자의 약 70% 이상에서 완전한 정상생활이 가능하며 치료방법으로는 아세틸콜린 분해를 억제하기 위한 항콜린에스터레이즈(anticholinesterase), 면역억제제 사용과 같은 약물요법, 항체 생성을 차단하기 위한 흉선제거술, 혈장의 항체를 제거하기 위한 혈장교환술 등이 있다. 연하곤란이 심할 경우 음식의 점도를 조절하여 공급하며 경구섭취가 불가능한 경우에는 경관급식으로 영양을 공급한다. 일반적으로 환자는 저작과 연하운동 장애로 영양 불량이 발생하기 쉬우므로 소량씩 자주 공급하며 고영양식을 제공하도록 한다. 에너지는 정상체중을 유지할 수 있도록 조절하며 단백질은 근력강화를 위하여 체중 kg당 1~1.5g 정도로 충분히 제공한다. 근육강도는 밤 동안의 휴식으로 아침에 최대가 되므로 하루 식사 중 아침식사를 영양적으로 가장 농축된 것으로 제공하도록 한다.

01. 치매의 영양관리 원칙에 대해 설명하시오.
02. 파킨슨병의 발병원인과 식사요법에 대해 설명하시오.
03. 케톤식의 정의와 효능에 대해 설명하시오.
04. 케톤식에서 제한해야 하는 식품의 종류를 열거하시오.
05. 중증 근무력증의 발병원인과 식사요법에 대해 설명하시오.

골격계 질환

1. 뼈 구조 및 대사 | 2. 골다공증 | 3. 관절염 | 4. 통풍

- **골감소증(osteopenia)** 생애 중 어떤 시기에서 골질량이 너무 적어지는 질환
- **골관절염(osteoarthritis, OA)** 주로 노인에게서 발생하며 과다 사용으로 인한 관절 연골의 손상으로 발생하는 퇴행성 관절염
- **골다공증(osteoporosis)** 특정 뼈 조직의 소실로 일상적인 힘 또는 무게 부하를 지탱할 수 없게 되어 골절의 위험이 증가하는 질환
- **골밀도(bone mineral density, BMD)** 성장이 완료된 후의 골질량. 뼈 넓이(cm^2)당 무기질 함량(g)으로 나타낸다.
- **골질량(bone mass, bone mineral content, BMC)** 성장이 완료되기 전의 골질량. 뼈 길이(cm)당 무기질 함량(g)으로 나타낸다.
- **골흡수(bone resorption)** 파골세포가 뼈의 표면에 산과 가수분해효소를 분비하여 무기질을 용해하는 과정
- **류마티스 관절염(rheumatoid arthritis, RA)** 주로 관절에 나타나는 만성 염증성 자가면역질환
- **뼈 재형성(bone remodeling)** 손상된 뼈의 수리, 성장, 그리고 체내 필요 칼슘을 제공하기 위하여 뼈가 끊임없이 해체되고 다시 만들어지는 과정
- **이차성 골다공증(secondary osteoporosis)** 간질환이나 신장질환과 같이 다른 질병으로 인해 골밀도가 감소하는 질환
- **자가면역(autoimmune)** 신체의 정상조직 구성성분에 대해 발생하는 특정 체액성 혹은 세포매개성 면역반응
- **조골세포(osteoblast)** 뼈의 형성에 관여하는 뼈 세포
- **칼슘 항상성(calcium homeostasis)** 혈청 칼슘 농도가 높을 때는 뼈로 칼슘을 침착시키고 혈청 칼슘 농도가 낮을 때는 뼈에서 칼슘 용출, 소장에서 칼슘 흡수, 신장에서 칼슘 재흡수를 증가시킴으로써 일정한 혈청 칼슘 농도를 유지하는 과정
- **통풍(goat)** 체내 퓨린 대사의 이상으로 고요산혈증과 요산 축적을 특징으로 하는 질환
- **파골세포(osteoclast)** 뼈의 흡수와 분해에 관여하는 뼈 세포
- **폐경 후 골다공증(postmenopausal osteoporosis)** 여성에서 폐경으로 인한 에스트로겐의 급격한 감소로 골밀도가 감소하는 질환. 주로 해면골에 발생하며 척추와 손목골절이 많이 발생한다.
- **퓨린(purines)** 질소 화합물로 DNA의 염기인 아데닌(adenine)과 구아닌(guanine)이 대표적인 퓨린 유도체이다. 퓨린의 최종 대사산물인 요산은 소변으로 주로 배설된다.
- **하이드록시아파타이트(hydroxyapatite)** 콜라겐 기질 안에 존재하는 인산칼슘(calcium phosphate)과 탄산칼슘(calcium carbonate)으로 구성된 결정 구조로 뼈에 강도와 단단함을 제공한다.

골격(skeleton)은 인체를 구성하고 보호하며 근육과 연결되어 신체의 움직임을 가능하게 해 주는 기관으로서 대표적인 골격계 질환으로는 골다공증, 관절염, 통풍 등을 들 수 있다. 이들 질환은 생명에 치명적이지는 않지만 통증을 느끼기 전에는 자각 증상이 없어 조기 발견이 어려운 반면, 질병이 진행된 후에는 치료가 쉽지 않다. 또한 질환이 심할 때는 신체활동에 제약을 받게 되어 일상생활에 장애를 초래하게 됨으로써 삶의 질이 떨어지게 된다. 골격의 건강과 기능 유지를 위해서는 충분한 영양이 필수적이므로 무엇보다도 평상시 올바른 영양 및 생활습관 관리로 질환이 발생하지 않도록 예방하는 것이 중요하다.

1. 뼈 구조 및 대사

1) 뼈 조성 및 구조

뼈(bone)는 2~5%의 뼈 세포(osteocytes)와 95~98%의 무기물(nonliving material)로 구성된 조직이다. 무기물은 주로 콜라겐 단백질 기질에 칼슘과 인산 결정체(하이드록시아파타이트, hydroxyapatite, $Ca_{10}(PO_4)_6(OH)_2$)가 침착되어 석회화된 물질로, 골 기질(bone matrix)을 형성한다.

성인의 골격은 총 206개의 뼈로 구성되어 있으며 그 형태에 따라 장골(long bone, 예 팔, 다리뼈), 단골(short bone, 예 손목뼈, 발목뼈), 편평골(flat bone, 예 갈비뼈, 두개골) 등으로 구분된다. 장골을 기준으로 뼈의 각 부분의 명칭을 살펴보면, 가운데 길고 좁은 부분을 골간(diaphysis)이라 하고 양 끝의 구형 부분을 근위 골단부(proximal epiphysis)와 원위 골단부(distal epiphysis)라 한다 그림 14-1. 골간의 중

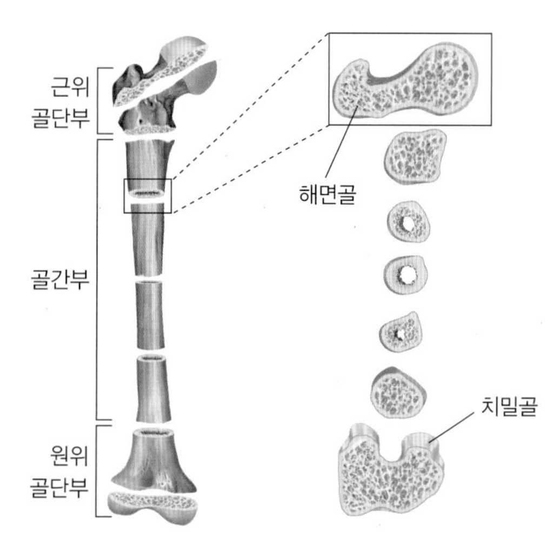

그림 14-1 장골의 구조

심부는 주로 황색 골수(yellow marrow)로 채워져 있고 골단부의 내강은 적색 골수(red marrow)로 채워져 있다. 뼈 조직은 바깥쪽의 조밀하고 단단한 치밀골(compact bone)과 안쪽의 부드러운 해면골(sponge bone)로 구분할 수 있으며 전체 골격의 80%는 치밀골로 구성되어 있다. 팔과 다리의 긴 뼈는 주로 치밀골을 포함하고 있으며 손목, 발목뼈, 척추 등의 짧은 입방형 뼈는 해면골을 많이 함유하고 있다.

2) 뼈 대사

뼈의 대부분은 무기물로 구성되어 있어 단단하고 생명이 없는 것 같아 보이지만, 실제로는 대사적으로 활발한 조직이다. 뼈 조직을 구성하는 뼈세포는 그 속에 분포하고 있는 많은 혈관으로부터 산소와 영양분을 공급받으면서 일생 동안 쉬지 않고 손상된 뼈를 분해하고 새로운 뼈를 생성한다. 이러한 뼈 재형성(bone remodeling) 과정에는 뼈 생성(골형성)을 담당하는 조골세포(osteoblast, 골아세포, 뼈 형성세포)와 뼈의 분해(골흡수, bone resorption)를 담당하는 파골세포(osteoclast, 뼈 흡수세포)가 관여하는데 파골세포가 뼈의 표면에 산과 가수분해효소를 분비하여 무기질을 용해하면 조골세포가 뼈의 용해된 빈자리에 콜라겐

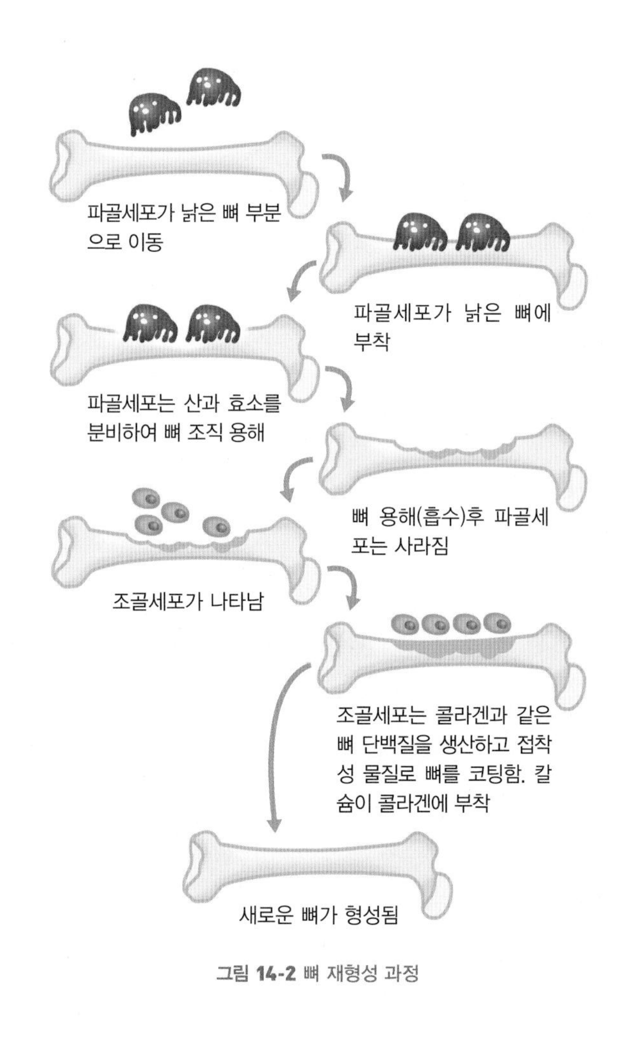

그림 14-2 뼈 재형성 과정

조직을 형성하고 무기질을 침착시켜 석회화함으로써 뼈를 재생하게 된다 그림 14-2. 건강한 성인에서 이러한 재형성 과정은 시작부터 끝까지 대략 3개월 정도 소요되는데 뼈의 용해 과정에 약 2~3주, 형성 과정에 2~3개월 정도 소요된다.

알 아 두 기

골질량과 골밀도

뼈에 함유되어 있는 무기질 함량은 골질량(bone mass, bone mineral content, BMC)이라는 용어로 나타내며 성인기 이후에는 뼈의 무기질 밀도를 나타내는 골밀도(bone mineral density, BMD)라는 용어로 많이 표현된다.

3) 칼슘 항상성

튼튼한 골격조직을 위해서는 뼈의 골질량이 정상적으로 유지되는 것이 중요한데 이는 호르몬에 의한 혈중 칼슘 농도의 항상성 유지에 의해서 가능하게 된다. 혈중 칼슘 농도 조절에 중요한 호르몬으로는 부갑상선에서 분비되는 부갑상선 호르몬(parathyroid hormone, PTH), 신장에서 생성되는 활성형 비타민 D(1,25-$(OH)_2$ Vitamin D_3, calcitriol), 그리고 갑상선에서 분비되는 칼시토닌(calcitonin)이 있다 그림 14-3. 이 중 부갑상선 호르몬은 혈중 칼슘 농도가 저하되었을 때 소장에서 칼슘 흡수와 신장에서 칼슘 재흡수율을 높이고, 뼈에서 칼슘 용출을 촉진시켜서 혈중 칼슘 농도를 높인다. 또한 신장의 1-수산화 효소(1-hydroxylase) 활성을 증가시켜서 간에서 합성된 25(OH)-Vitamin D_3가 신장에서 1,25-$(OH)_2$ Vitamin D_3로 전환되는 것을 촉진한다. 활성형 비타민 D는 소장에서 칼슘 흡수율을 높여 혈중 칼슘 농도를 증가시킴으로써 뼈로 칼슘 축적을 촉진하는 작용을 한다. 반면, 혈중 칼슘 농도가 높아지게 되면 칼시토닌의 작용으로 소장 칼슘 흡수와 신장에서 칼슘 재흡수가 감소되는 반면 뼈에 칼슘 침착이 촉진되어 혈중 칼슘 농도가 낮아지게 된다. 이와 같은 호르몬의 작용에 의해 인체의 혈중 칼슘 농도는 항상 일정한 농도로 조절되며 골질량도 정상적인 범위에서 유지된다.

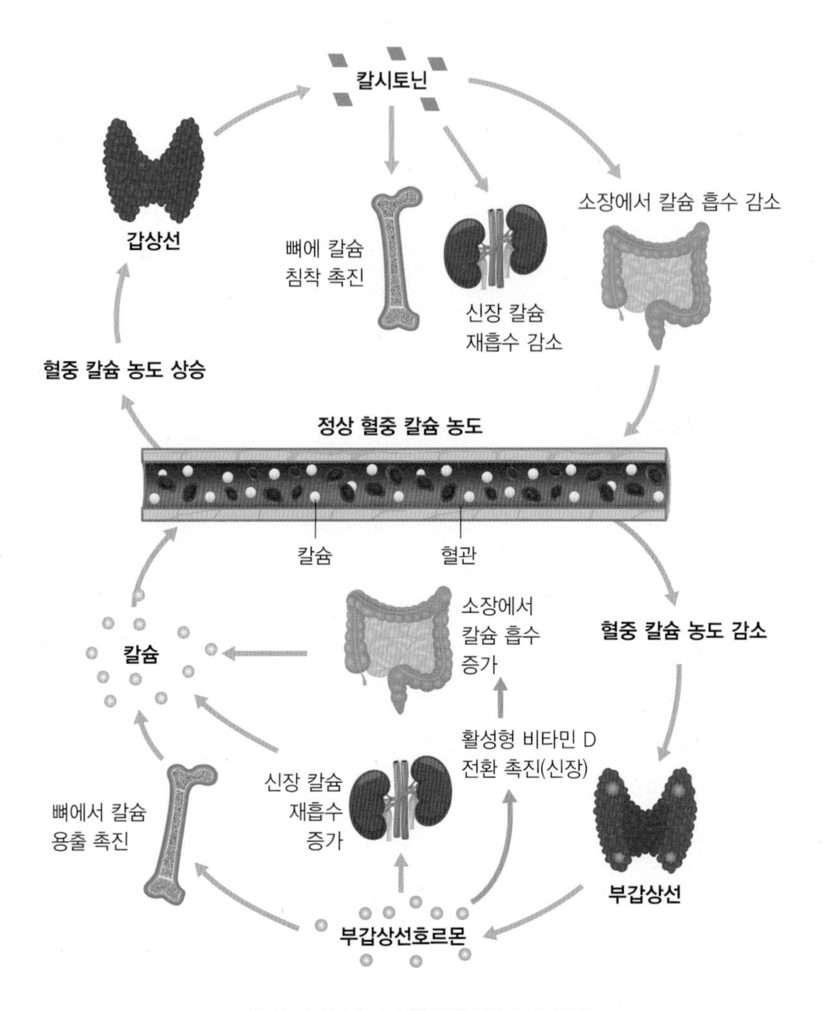

그림 14-3 호르몬에 의한 혈중 칼슘 농도 조절

2. 골다공증

골다공증(osteoporosis)은 점진적인 골기질과 골질량의 감소로 뼈의 강도가 약해져 골절의 위험이 증가하는 질환이다 그림 14-4. 총 골밀도는 뼈의 재형성 과정에서 파골세포에 의한 골 흡수와 조골세포에 의한 골형성 사이의 균형에 의해 결정되는데 나이가 들면서 파골세포 활성이 조골세포 활성보다 커지기 때문에 자연적으로 골손실이 증가한다. 우리나라도 노인 인구의 증가로 골다공증 유병률이 증가하는 추세이다.

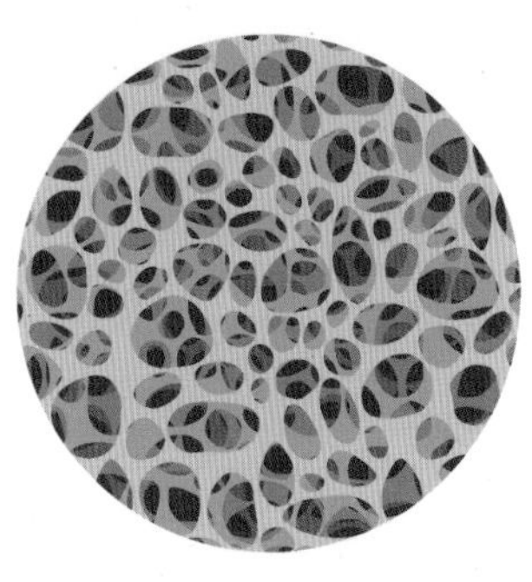
(A) 정상인의 뼈

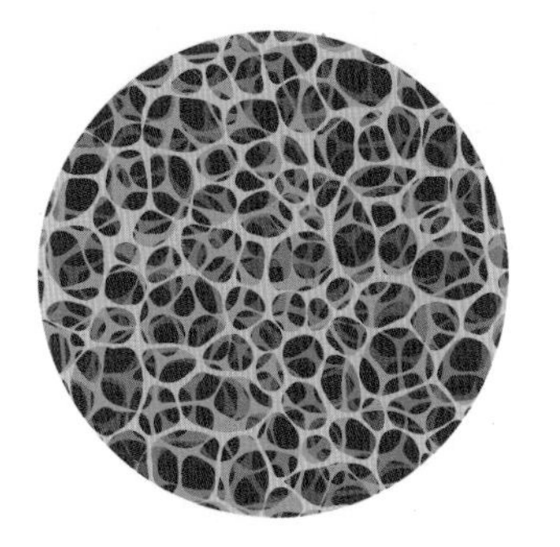
(B) 골다공증 환자의 뼈

그림 14-4 정상인(A)과 골다공증 환자(B)의 뼈

1) 골다공증 진단

골다공증은 골절이나 뼈의 변형과 같은 증상이 나타나기 전에는 뚜렷한 자각 증상과 통증이 없기 때문에 골밀도를 측정하여 골의 무기질 소실 정도를 파악하는 것이 필요하다. 골밀도 측정방법으로는 에너지가 높은 X-선과 에너지가 낮은 X-선을 두 번 촬영하여 골밀도를 계산하는 이중에너지 X-선 흡수계측법(dual energy X-ray absorptiometry, DXA)이 가장 많이 이용되고 있으며 그 외 컴퓨터 단층촬영(computed tomography, CT)이나 초음파(ultrasound)를 이용하여 골질량을 정량적으로 측정하는 방법도 있다. DXA는 골다공증이 흔히 발생하는 요추와 대퇴골의 골밀도를 측정하여 가장 낮은 수치를 기준으로 연령별, 성별, 종족별 정상 평균값과 비교하여 해석한다 그림 14-5. T-값은 골질량이 가장 높은 젊은 연령층의 골밀도와 비교한 값으로 세계보건기구(world health organization, WHO)에서는 T-값이 -1.0 이상이면 정상 골밀도, -1.0과 -2.5 사이면 골감소증(osteopenia), -2.5 이하면 골다공증으로 진단한다. 소아, 청소년, 폐경 전 여성과 50세 미만 남성에서는 T-값 대신에 같은 연령대의 평균 골밀도와 비교한 수치로 Z-값을 사용하여 진단하는데 Z-값이 -2.0 이하면 연령 기대치 이하(below the expected range for age)로 정의한다. 이 경우, 이차성 골다공증의 가능성에 관한 추가 검사가 필요할 수 있다.

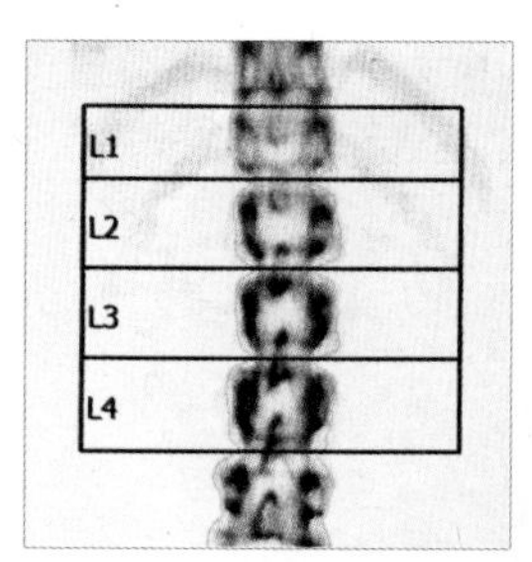

부위	BMD (g/cm²)	T-값	진단
L1	0.737	−2.7	L1과 L2의 T-값 평균치를 이용하여 골다공증으로 진단
L2	0.803	−2.6	
L3	1.010	−0.9	−
L4	1.162	0.3	−

그림 14-5 DXA를 이용한 요추 골밀도 측정 예
출처 : 대한골대사학회(2018). 골다공증 진료지침.

2) 골다공증 분류

골다공증은 크게 폐경이나 노화로 인한 일차성 골다공증과 다른 원인질환이나 약물복용에 의해 발생하는 이차성 골다공증으로 분류할 수 있다 **표 14-1**.

일차성 골다공증 중 폐경 후 골다공증은 에스트로겐(여성)이나 안드로겐(남성)과 같은 성호르몬의 감소로 인해 발생하는 골다공증으로 남성보다는 주로 여성에서 많이 발생한다. 폐경여성은 폐경 전 여성에 비해 골 손실(특히 해면골)이 2~6배 정도 가속화되는데 특히 척추와 손목골절이 많이 발생한다.

노인성 골다공증은 70세 이후의 여성과 남성 모두에게서 발생할 수 있으며 여성과 남성에서의 발생비율은 2 : 1 정도이다. 해면골과 치밀골 모두에서 골 손실이 발생하며 주로 고관절 골절과 척추 골절이 많이 나타난다. 특히 척추에 골 손실이 있게 되면 체중의 압박으로 인해 뼈가 변형되거나 눌리게 되어 허리와 등의 통증이나 등이 굽고 키가 작아지는 현상이 나타나기도 한다 **그림 14-6**. 노인성 골다공증의 원인은 연령 증가에 따른

표 14-1 폐경 후와 노인성 골다공증의 특성

구분	폐경 후 골다공증	노인성 골다공증
발병 대상	여성에게 발생, 남성은 적음(남 : 여 = 1 : 6)	여성과 남성 모두(남 : 여 = 1 : 2)
발병 시기	50세 이후(폐경)	70세 이후
발생 뼈 조직	해면골	해면골과 치밀골
골절 부분	척추와 손목	엉덩이뼈와 척추
발생 원인	에스트로겐이나 안드로겐 손실	연령 증가, 칼슘 흡수 감소, 뼈 무기질 손실 증가

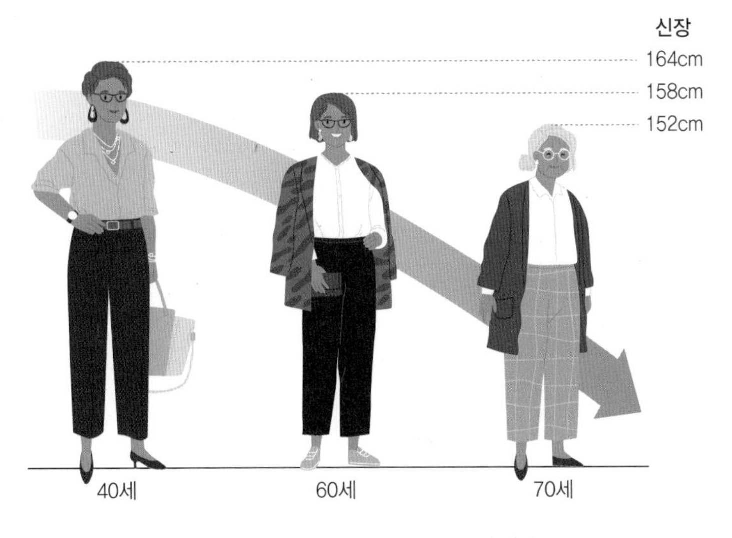

그림 14-6 노인성 골다공증에 따른 골격 변화

파골세포의 활성 증가, 활성형 비타민 D의 생합성 감소, 그리고 부갑상선 호르몬의 활성 증가를 들 수 있다.

이차성 골다공증은 원인 질환으로 인해 골대사에 이상이 생겨 발생하는 골다공증으로 질환 자체가 골대사에 직접적인 영향을 미쳐서 발생하는 경우와 질환 치료를 위해 복용한 약물로 인해 골질량 감소가 유발되어 발생하는 경우가 있다. 원인 질환으로는 갑상선 기능 항진증, 부갑상선 기능 항진증, 일부 암(림프종, 백혈병, 다발성 골수종), 칼슘 흡수 및 비타민 D의 활성형 전환 장애 등이 있다.

3) 골다공증 위험요인

골다공증은 다양한 원인에 의해 나타날 수 있으며 골다공증의 발병 위험을 높이는 유전적 요인과 환경적 요인은 다음과 같다 표 14-2.

① 유전과 종족

최대 골질량은 골격의 크기, 칼슘 대사 등 유전적 요인에 의해 영향을 많이 받는다. 따라서 유전적으로 골질량이 낮은 여성이나 가족 중에 골다공증 환자가 있는 경우에는 골다공증이 유발될 확률이 높아진다. 종족으로 보면 백인은 골밀도가 낮고 골다공증도 많이 발생하는 반면, 흑인은 골밀도가 높아 골다공증 위험률이 가장 낮은 것으로 보고되고 있다.

② 연령과 성

골질량은 30세까지는 연령이 증가함에 따라 거의 직선적으로 증가하여 30~35세에 최대 골질량에 도달한다 그림 14-7. 45세까지는 최대 골질량이 유지되다가 45세 이후에는 남녀 모두 골질량이 감소하기 시작한다. 여성이 남성보다 골다공증 위험률이 높은데 그 이유는 여성은 남성보다 기본적으로 골질량이 낮을 뿐만 아니라 폐경기 이후 에스트로겐 분비 감소로 골질량이 급격히 감소하기 때문이다. 폐경 후 골다공증과 노인성 골다공증의 여성 발병률은 남성에 비해 각각 약 6배와 2배가 높은 것으로 나타났다.

③ 여성 호르몬

폐경 여성에게서 골질량 손실이 급격히 발생하는 이유는 에스트로겐 분비량의 감소와 밀접한 관계가 있는 것으로 보인다 그림 14-8. 에스트로겐 결핍은 칼슘 배설을 증가시키고 부갑상선 호르몬의 분비를 감소시킴으로써 칼슘 흡수율 감소와 골소실을 증가시킨다. 무월경, 난소절제, 출산 무경험 등으로 에스트로겐 분비가 감소되거나 생리불순과 같이 호르몬 분비가 일정하지 않은 경우에도 골다공증의 발생위험이 증가하는 것으로 나타났다. 한편, 최대 골질량이 높았던 사람은 낮은 사람에 비해 골손실량이 적어 골다공증이나 골절의 위험성이 줄어들므로 35세까지 최대 골질량을 확보하는 것이 중요하다.

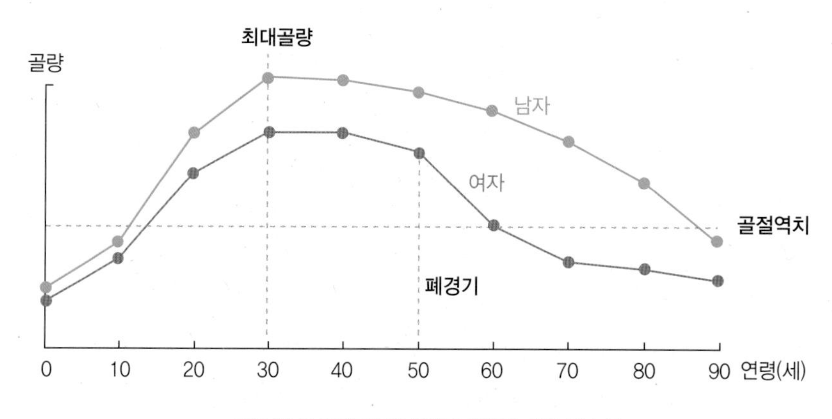

그림 14-7 최대골량의 형성과 연령별, 성별 골소실
출처 : 대한골대사학회(2018). 골다공증 진료지침.

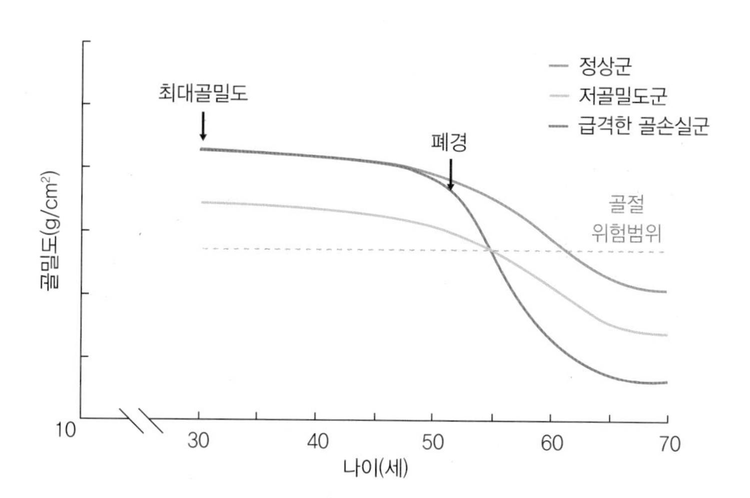

그림 14-8 폐경 이후 골밀도 변화
출처 : Krause's Food, Nutriticn & Diet Therapy 11th ed.

④ 체중 및 체조성

일반적으로 체중이 많이 나갈수록 골밀도가 높고 골절에 대한 위험률이 낮은 반면, 낮은 체질량지수(body mass index, BMI)와 체중 손실은 골밀도 저하와 골절에 대한 위험요인이 된다. 이는 체중 자체가 골격에 물리적 힘을 가해 골질량을 증가시키기 때문인 것으로 보인다. 그러나 동일 체중에서는 복부지방조직이 증가할수록 골다공증에 대한 위험이 증가하는 것으로 나타났다.

⑤ 신체활동

체중부하 운동 및 근력운동은 골밀도를 증가시키고 근력을 강화하여 골다공증과 골절로부터 보호하는 효과가 있다. 반면에 장기간의 부동(不動)이나 운동부족은 뼈에서 칼슘 용출을 증가시켜 골밀도를 감소시킨다. 걷기, 조깅, 등산 등 체중에 의한 물리적 힘이 골격에 가해지는 운동을 1주일에 30분씩, 적어도 3회 이상 땀이 날 정도로 하는 것이 골밀도를 증가시키는 데 좋다.

⑥ 식사요인

골다공증은 칼슘과 비타민 D의 섭취 부족과 단백질, 인, 나트륨, 그리고 식이섬유의 과다섭취와 관련이 있는 것으로 알려져 있다. 칼슘의 섭취부족은 골질량을 감소시키고 비타민 D의 섭취부족은 소장의 칼슘 흡수율 저하로 뼈에서 칼슘 용출을 증가시킨다. 단백질은 뼈의 구성성분인 콜라겐을 제공함으로써 골격의 재형성 및 유지에 중요하지만 과다섭취 시에는 함황아미노산의 대사산물인 황산이 칼슘과 황산칼슘염을 형성하여 소변으로의 칼슘 배설을 증가시킨다. 인은 칼슘과 흡수부위에서 경쟁을 하므로 인의 과다섭취는 소장에서의 칼슘 흡수, 신장에서의 칼슘 재흡수율을 낮추어 골질량 소실을 초래한다. 나트륨도 칼슘과 흡수부위에서 경쟁하며 나트륨 과다 섭취 시에는 소변으로 칼슘 배설이 증가한다. 식이섬유는 칼슘과 결합하므로 칼슘 배설을 증가시키고 흡수율을 낮추므로 과량의 식이섬유는 골다공증 발병 위험요인이 될 수 있다.

⑦ 만성 질환 및 약물

최근 증가하고 있는 갑상선 질환이 골다공증과 연관이 있는 것으로 보고되고 있다. 갑상선 기능 항진증 환자는 낮은 골밀도를 보이며 갑상선 호르몬인 티록신(T4)의 분비와 골밀도 간의 음의 상관관계가 보고되었다. 한편 갑상선질환이나 갑상선암으로 갑상선을 절제한 경우에도 부갑상선 호르몬 분비 소실과 그에 따른 활성형 비타민 D 전환 저하로 뼈에서 칼슘 용출이 증가하게 된다. 그 외 당뇨병, 간질환, 신부전, 만성 폐쇄성 폐질환, 근위축증과 같은 근육질환, 염증성 장질환에서도 골다공증의 위험이 증가하는 것으로 나타났다.

칼슘 흡수를 방해하거나 뼈로부터 칼슘 용출을 증가시키는 약물복용 또한 골다공증 발병위험을 높인다. 특히 항염증 혹은 면역억제제로 광범위하게 사용되고 있는 스테로이드제는 이차성 골다공증의 가장 흔한 원인으로, 스테로이드 유발성 골다공증(corticosteroid-induced osteoporosis)이 전체 골다공증 환자의 20%를 차지한다. 스테로이드제가 골소실을 일으키는 기전으로는 조골세포 활성 저하, 칼슘 흡수 억제, 성장호르몬 분비 억제, 부갑상선 호르몬 분비 변화 등을 들 수 있다.

⑧ 알코올, 카페인, 흡연

만성적인 알코올 섭취는 비타민 D와 칼슘을 포함하여 전반적인 영양결핍을 유발할 뿐만 아니라 골형성을 억제하고 골밀도를 감소시켜 골다공증 위험을 증가시킨다. 과량의 카페인은 칼슘 흡수를 저해하며 소변으로의 칼슘 배설을 증가시킬 수 있다. 골다공증

표 14-2 골다공증 위험 요인

구분	내용
유전	• 골다공증 가족력
인종 및 성별	• 백인 > 아시아인 > 흑인 • 여성 > 남성
연령	• 60세 이상의 노령, 폐경기 여성
호르몬	• 에스트로겐 분비 저하
식사요인	• 칼슘과 비타민 D 섭취 부족 • 동물성 단백질 과다 섭취 • 낮은 칼슘/인의 비율 • 나트륨 과다 섭취 • 섬유소 과다 섭취 • 비타민 K, 마그네슘, 불소의 부적절한 섭취
만성 질환 및 약물	• 스테로이드제 복용 • 갑상선 호르몬(티록신) 과잉 분비 혹은 티록신 과잉 복용
기타	• 흡연, 알코올, 카페인 과다 섭취 • 운동 부족 • 저체중

의 위험을 증가시키는 카페인 수준은 1일 330mg으로 표준컵(240mL)의 커피에는 약 100mg의 카페인이 함유되어 있다. 따라서 커피는 하루에 3잔 이상 마시지 않도록 한다. 흡연은 여성에서 에스트로겐 대사를 촉진시켜 혈중 에스트로겐 농도를 감소시키므로 폐경 시기를 앞당길 뿐만 아니라 폐경 후 골다공증 발생 위험을 높인다. 남성에서 흡연자는 비흡연자에 비해 척추의 골밀도가 낮은 경향을 보이고 특히 1년에 30갑 이상 흡연을 한 사람에서 골다공증 위험도가 증가하였다는 보고가 있다.

4) 골다공증 예방 및 치료

한 번 소실된 골질량을 복구하는 것은 쉽지 않으므로 골다공증은 치료와 더불어 예방이 중요한 질환이다. 적절한 영양섭취와 운동으로 최대 골질량을 확보하고 골손실을 증가시키는 위험인자를 최소화함으로써 일생동안 뼈 건강을 유지하는 것이 중요하다.

(1) 식사요법

① 충분한 칼슘 섭취

칼슘은 골질량의 주요 무기질로 성인 체내 칼슘의 약 99%가 하이드록시아파타이트 형태로 뼈에 저장되어 있다. 칼슘 섭취 부족은 골질량 감소와 골소실을 발생시키므로 적절한 섭취가 반드시 필요하다. 한국인 영양소 섭취기준(2020)에서 제시하는 19~49세 성인의 1일 칼슘 권장섭취량은 남자 800mg, 여자 700mg이고, 50~64세는 남자 750mg, 여자 800mg이다. 65세 이상 노인의 경우는 남자 700mg, 여자 800mg이다.

칼슘의 주요 급원식품으로는 멸치, 미꾸라지 등의 뼈째 먹는 생선과 우유 및 유제품을 들 수 있다 **표 14-3**. 그 밖에 미역, 다시마, 김과 같은 해조류, 콩류, 견과류 및 종실류, 녹황색 채소류에도 칼슘이 풍부하다. 그러나 채소와 콩류는 옥살산염(oxalate)과 피틴산염(phytate) 때문에 칼슘 흡수율이 낮을 수 있다 **표 14-4**. 우유는 1컵당 칼슘함량이 약 200mg으로 칼슘 함유량이 높을 뿐만 아니라 유당과 유단백질로 인해 칼슘 흡수율이 높아 골다공증 예방에 좋은 식품급원이다.

식사를 통한 칼슘 섭취가 부족할 때에는 칼슘 보충제를 복용할 수 있다. 칼슘 보충제는 칼슘염의 종류에 따라 칼슘 함량이 다른데 탄산칼슘염이 칼슘 함량 40%로 가장 많고, 구연산칼슘과 구연산말산칼슘제가 약 24%, 젖산 칼슘이 13%로 가장 적다. 그러

표 14-3 칼슘 주요 급원식품 및 함량

(가식부 100g당 함량)

급원식품	칼슘 함량(mg)	급원식품	칼슘 함량(mg)
멸치	2,486	건미역	1,109
우유	113	상추	122
배추김치	50	들깻잎	296
요구르트	141	깨	854
미꾸라지	1,200	대두	158
치즈	626	굴	428

출처 : 보건복지부·한국영양학회. 2020 한국인 영양소 섭취기준.

표 14-4 칼슘 흡수에 영향을 주는 요인

칼슘 흡수에 도움을 주는 요인	칼슘 흡수를 방해하는 요인
비타민 D, 유당, 단백질	섬유소, 옥살산염, 피틴산염, 나트륨, 인, 지방, 카페인, 흡연, 음주

나 탄산칼슘은 위산 분비가 감소된 경우 흡수율이 낮아지므로 음식과 함께 복용하는 것이 좋다. 구연산 칼슘의 흡수율은 식사와는 무관하다. 일반적으로 칼슘 보충제는 위장 장애나 변비 외에 심한 이상증상은 없으나 한꺼번에 많은 양을 복용하는 것보다 하루 2~3회로 나누어 복용하는 것이 칼슘 흡수를 증가시킬 수 있다. 그러나 신결석이나 고칼슘뇨증이 있는 경우에는 칼슘 섭취를 제한하도록 한다.

② 충분한 비타민 D 섭취

활성형 비타민 D는 장에서 칼슘 흡수를 도와 골밀도를 증가시킬 뿐만 아니라 뼈와 근육의 기능과 근력을 향상시켜 넘어져 다치는 낙상의 위험 또한 줄일 수 있다. 비타민 D는 등푸른 생선(연어, 꽁치, 고등어 등), 어류의 간유, 난황과 같은 동물성 식품과 버섯(자외선에 노출된 버섯)과 같은 식물성 식품으로부터 얻을 수 있으며 **표 14-5**, 자외선에 의해 피부에서도 합성된다. 비타민 D의 식품급원은 제한적이어서 햇볕 노출이 비타민 D 영양 상태에 중요하게 작용하는데 봄부터 가을까지 하루 20~40분 정도 햇볕에 노출되면 충분한 양의 비타민 D를 얻을 수 있다. 그러나 노인이나 실내근무자, 겨울철, 일조량이 적은 북쪽 지역에 사는 사람들과 같이 햇볕 노출이 부족하거나 일광차단제 사용 등으로 피부에서의 비타민 D 합성 부족 위험이 증가할 때에는 음식을 통해서 비타민 D를 섭취하는 것이 중요하다. 식품으로의 비타민 D 섭취량이 충분하지 않을 경우 비타민 D 강화식품(우유, 두유, 치즈)이나 비타민 D 보충제 복용이 권장된다. 그러나 보충제의

표 14-5 비타민D 주요 급원식품 및 함량

(가식부 100g당 함량)

급원식품	비타민D 함량(μg)	급원식품	비타민D 함량(μg)
달걀	20.9	쥐치포	33.7
돼지고기(살코기)	0.8	미꾸라지	5.0
연어	33.0	시리얼	3.8
오징어	6.0	오리고기	2.0
조기	8.4	어패류알젓	17.0
멸치	4.1	메추리알	2.3
꽁치	13.0	전갱이	11.7
고등어	2.1	연유	7.0
두유	1.0	잉어	12.3

출처 : 보건복지부·한국영양학회. 2020 한국인 영양소 섭취기준.

경우 장기간 과량 섭취 시 고칼슘혈증과 고칼슘뇨증이 나타나 신결석 또는 신석회화가 발생할 수 있으므로 과도한 양은 복용하지 않도록 한다.

③ 단백질과 인의 적당한 섭취

권장섭취량 이상의 단백질 섭취는 혈액의 산 부하량(acid load)을 증가시켜 뼈에서 칼슘 용출과 칼슘의 소변 배설량을 증가시키는 것으로 알려져 왔다. 그러나 최근에는 저단백질 식사는 오히려 소장에서 칼슘 흡수율을 저하시켜 골밀도 유지에 불리하게 작용하는 반면, 장기간의 고단백질 식사는 특히 노인에게서 골밀도를 증가시키고 골절률을 감소시키는 것으로 보고되고 있다. 따라서 칼슘이 풍부한 식품과 더불어 적정량의 단백질을 채소, 과일과 같은 알칼리성 식품과 함께 섭취하는 것은 근육과 뼈 건강에 도움이 될 뿐만 아니라 골다공증 예방에도 중요하다.

인은 칼슘과 함께 뼈와 치아를 구성하는 주요 성분으로 뼈 무기질의 약 60%(약 40%는 칼슘)를 차지한다. 따라서 인의 부족은 골형성에 문제를 초래하지만 인은 거의 모든 식품에 골고루 함유되어 있어 정상적인 식사를 하는 사람에게서 결핍되는 경우는 거의 없다. 인은 오히려 과량 섭취 시에 문제가 되는데, 칼슘과 결합해 대변으로 배설시키므로 칼슘의 흡수율을 떨어뜨리고 골밀도를 낮추게 된다. 따라서, 인이 특히 많이 함유되어 있는 육류, 콩류, 우유, 달걀, 탄산음료, 가공식품 등을 자주 섭취하는 것은 주의하도록 한다. 칼슘 흡수를 저해하지 않는 범위 내에서 칼슘과 인의 적정 섭취비율은 1 : 1이다.

④ 비타민 C와 K의 충분한 섭취

비타민 C는 콜라겐 합성에 필수적이므로 비타민 C 결핍은 조직 콜라겐 합성 및 골밀도 감소에 영향을 줄 수 있다. 따라서, 비타민 C가 풍부한 딸기, 키위, 귤, 고추, 브로콜리 등의 과일과 채소를 충분히 섭취하는 것이 좋다. 비타민 K는 뼈에 칼슘 축적, 뼈세포 생성, 그리고 골절 치유에 필요하다. 비타민 K가 풍부한 식품은 녹색잎채소, 과일, 육류, 곡류, 치즈 등이다.

⑤ 충분한 무기질 섭취

마그네슘은 하이드록시아파타이트 결정 형성에 중요한 무기질로 골강도를 증가시키며 칼륨은 신장 칼슘 재흡수를 촉진하고 뼈에서 칼슘 용출을 억제한다. 철, 구리, 아연, 망간 등의 무기질도 골격대사에 관여하는 효소의 보조인자로 작용하여 콜라겐 합성과 뼈 형성에 도움을 주므로 충분히 섭취하도록 한다. 불소는 플루오로아파타이트(fluoroapatite, $Ca_{10}(PO_4)_6F_2$)를 형성하여 뼈 형성을 촉진하고 뼈에 단단함을 증가시킬 수 있다. 그러나 과량 섭취 시에는 뼈의 유연성 감소로 오히려 골절률을 증가시킬 수 있으므로 적정량 섭취가 필요하다. 단, 나트륨의 과량 섭취는 신장 칼슘 배설을 증가시킬 수 있으므로 권장 수준으로 섭취하는 것이 바람직하다.

⑥ 기타

이소플라본은 에스트로겐과 구조가 유사하여 식물성 에스트로겐이라고 불리며 대두 및 대두제품(예 두부, 두유, 된장 등)에 풍부히 함유되어 있다. 폐경 후 골다공증의 예방과 치료에 효과적이라는 보고가 있으나 결과가 일관적이지는 않다.

알 아 두 기

골다공증 식사지침

- 칼슘이 풍부한 식품을 매일 2회 이상(소아나 청소년, 임신부 등은 3회 이상) 섭취한다. 저지방우유, 요구르트(유당 불내성 시) 등이 좋고 어류, 해조류, 들깨, 달래, 무청 등을 많이 섭취한다.
- 균형 있는 식사를 통해 단백질, 칼슘, 비타민D, K, 마그네슘, 구리, 망간, 보론 등을 충분히 섭취한다.
- 싱겁게 먹고(소금은 하루 5g 이하) 과다한 양의 단백질과 섬유소 섭취는 피한다.
- 비타민 D와 오메가-3 지방산이 풍부한 생선을 1주일에 2회 이상 섭취한다.
- 콩, 두부를 충분히 섭취한다. 콩제품은 익힌 것일수록 단백질 흡수에 좋다.
- 비타민 C, K와 칼륨, 마그네슘 등 무기질 섭취를 위해 신선한 채소와 과일을 충분히 섭취한다.
- 체중 미달일 때에는 총 열량, 칼슘, 단백질 섭취를 늘린다.
- 무리한 체중감량은 삼가고 체중을 감량할 때에는 칼슘을 보충한다.
- 탄산음료와 커피 섭취를 줄인다. 카페인 음료가 필요할 때는 녹차, 홍차 등 차로 마신다.
- 흡연은 피하고 술은 1~2잔 이내로 마신다.

출처 : 대한골대사학회(2018). 골다공증 진료지침.

표 14-6 고칼슘식의 1일 영양소 구성 예시

에너지(kcal)	당질(g)	단백질(g)	지방(g)	칼슘(mg)	C:P:F(%)
2,000	290	95	51	1,000~1,500	58:19:23

표 14-7 고칼슘식의 1일 식품구성 예시(2,000kcal)

식품군	곡류군	어·육류군		채소군	지방군	우유군		과일군
		저지방군	중지방군			일반	저지방	
교환단위	10	3	3	7	3	2	1	1

표 14-8 고칼슘식의 1일 식단 예시(2,000kcal)

	아침	간식	점심	간식	저녁
식단	잡곡밥 무청된장국 닭정육볶음 뱅어포구이 다시마쌈 배추김치 저지방우유	호상요구르트 귤	잡곡밥 맑은순두부국 멸치볶음 비름나물 냉이무침 석박지	우유	잡곡밥 미역국 제육볶음 고등어조림 고춧잎나물 깍두기

(2) 운동요법

지속적인 운동은 조골세포를 자극하여 골밀도를 증가시킬 뿐만 아니라 근력을 강화하고 균형감각을 증진시키는 효과가 있어 낙상의 위험을 줄일 수 있다. 유산소 운동, 근력, 그리고 체중은 골질량과 매우 밀접한 상관관계가 있어 골다공증과 골절 예방을 위해서는 체중을 싣는 유산소 운동(예 걷기, 자전거 타기, 계단 오르기, 달리기 등)과 근력강화를 위한 저항성 운동(resistance exercise, 예 가벼운 아령 들기, 가슴, 팔, 어깨 근육 운동, 팔굽혀펴기, 무릎 굽혔다 펴기 등)을 병행하는 것이 좋다. 청소년기 이전의 운동은 성인기 이후의 운동보다 골질량 증가에 더 효과적이며, 여성의 경우 같은 운동이라도 폐경 전에 하는 운동이 폐경 후에 하는 운동보다 더 효과적으로 골밀도를 상승시킨다.

(3) 약물요법

약물요법을 시행하는 경우는 대퇴 또는 척추 골절이 된 경우, 대퇴골경부, 대퇴골 전체 또는 요추의 T-값이 -2.5 이하로 나온 골다공증 환자의 경우, 그리고 폐경 여성과 50세 이상 남성에서 골감소증이 나타난 경우이다. 환자에 따라 적절한 약물을 개별적으로 시행할 수 있다.

① 비스포스포네이트계 약물

현재 전 세계적으로 골다공증 치료 목적으로 가장 많이 처방되고 있는 약제는 비스포스포네이트계 약물(알렌드로네이트(alendronate), 리세드로네이트(risedronate), 이반드로네이트(ibandronate), 졸레드로네이트(zoledronate))로 강력한 골흡수 억제제이다. 비스포스포네이트제는 경구 투여 시 장에서의 흡수율이 1~5%로 매우 낮기 때문에 흡수를 최대화하기 위해 아침에 일어나자마자 아침 식사 최소 30분 전에 200mL의 물과 함께 복용하도록 해야 하며, 이후 1시간 동안 눕지 않도록 권한다.

② 여성호르몬

폐경 이후 에스트로겐 결핍에 의해 발생할 수 있는 질환들을 예방 또는 치료할 목적으로 에스트로겐 단독요법이나 에스트로겐-프로게스토겐(progestogen) 병합요법을 시행할 수 있다. 그러나 여성호르몬 치료는 유방암, 자궁내막염, 심혈관계 부작용, 정맥혈전색전증 등의 위험성이 증가하기 때문에 골다공증과 골절 예방만을 위해서는 권장되지 않는다.

③ 선택적 에스트로겐 수용체 조절제

선택적 에스트로겐 수용체 조절제(selective estrogen receptor modulator, SERM)는 에스트로겐은 아니지만 에스트로겐 수용체에 결합하여 신체조직에 따라 에스트로겐과 동일한 효과를 내거나 혹은 반대 효과를 내는 길항제로 작용할 수 있는 특징을 가진 약제이다. 현재 랄로시펜(raloxifene), 바제도시펜(bazedoxifene)이 국내에서 처방 가능하며 뼈 조직에서는 약한 에스트로겐으로 작용하여 뼈의 질 개선과 강도를 증가시키는 반면, 자궁내막과 유방에서는 길항작용을 하는 것으로 알려져 있다.

④ 부갑상선 호르몬

유일한 골형성 촉진제로 골량을 증가시키는 효과가 골흡수 억제제에 비하여 크다. 주로 조골세포의 분화와 골표면세포의 재활성화를 증가시키는 것으로 알려져 있으며 특히 척추에서의 골량 증가 효과가 우수하다.

3. 관절염

1) 관절의 구조와 기능

관절(joint)은 두 개 또는 그 이상의 뼈들이 연결되어 있는 부위를 말하며 관절을 이루는 뼈들은 각각 독립적으로 움직이나 관절막으로 서로 연결되어 있다 그림 14-9. 관절을 이루는 뼈의 끝은 관절연골로 덮여 있어 뼈의 움직임에 대한 완충 역할을 한다. 관절 연골 사이의 내강은 섬유막과 활막으로 구성되어 있는 관절낭이 주머니처럼 싸고 있는데 관절막 안쪽의 활막은 관절이 부드럽게 움직이도록 윤활유 작용을 하는 활액을 관절강 쪽으로 분비한다. 관절염(arthritis)은 활막이 감염이나 외상으로 인해 손상되어 연골이 손실되면서 관절이 붓고 통증이 나타나는 질환이다. 관절염에는 원인에 따라 여러 종류가 있으며, 이 중에서 가장 흔한 것은 국소적으로 나타나는 골관절염(퇴행성 관절염)과 신체 골격 전반에 나타나는 류마티스 관절염이다.

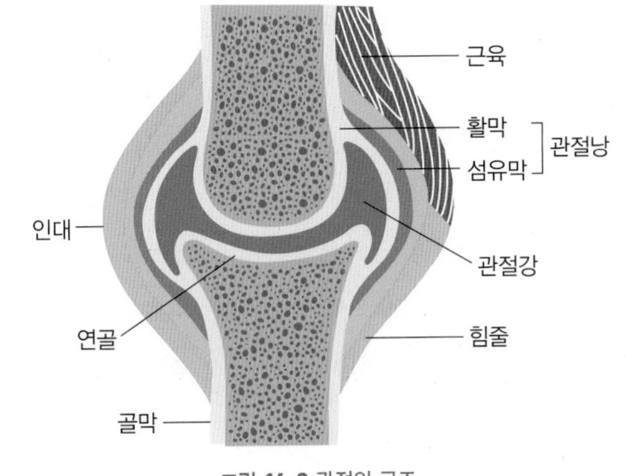

그림 14-9 관절의 구조

2) 골관절염

(1) 원인과 증상

골관절염(osteoarthritis)은 관절염 중 가장 흔한 것으로 관절연골이 점진적으로 손상되고 닳아 없어지면서 관절에 염증이 발생하는 질환이다. 노화나 관절에 생기는 감염 등이 원인이 되어 발생하고 여성이 남성보다 발생률이 높다. 체중을 지탱하거나 자주 사용하는 관절인 무릎, 척추, 엉덩이, 고관절, 발목, 팔꿈치 등에서 많이 발생하며, 특히 무릎 골관절염은 체질량지수(BMI)가 증가할수록 발병률이 증가하는 것으로 알려져 있다. 그 외, 외상이나 골절, 과도한 운동 등이 원인인 경우에는 모든 관절 부위에 발생될 수 있다. 증상은 비대칭적으로 나타나는데 관절이 붓고(관절강에 물이 차기도 함) 뻣뻣해지며 관절 주위에 통증이 나타난다. 춥고 습기가 많은 날에는 증상이 더 심해지며 주로 관절을 많이 사용한 날 저녁시간에 통증이 심하고 움직임을 줄이고 쉬면 통증이 덜하다. 질환이 심해지면 관절을 움직이는 것이 힘들어지며 관절 변형이나 골격의 기형이 나타나기도 한다.

(2) 치료 및 식사요법

치료의 목표는 관절의 통증을 감소시키고 질병의 진행속도를 늦추며 관절의 변형을 예방하는 것이다. 치료방법으로는 약물요법, 운동요법, 수술요법, 그리고 식사요법 등이 있다.

① 약물요법

주로 사용하는 약제로는 아스피린, 아세트아미노펜과 같은 비스테로이드성 항염증(소염)·진통제(non-steroid anti-inflammatory drugs, NSAIDs)와 스테로이드성 항염증제가 있으며 부종과 통증이 심할 때는 관절강 안으로 스테로이드제를 주사하기도 한다. 약물 사용을 줄이기 위한 대체요법으로 연골 생성에 필요한 물질인 글루코사민(glucosamine)과 황산콘드로이친(chondroitin sulfate) 등이 사용되고 있는데 이들 제품들을 복용했을 때 관절 통증이 감소하고 움직임이 개선되었다는 보고가 있으나 치료효과에 대해서는 아직 확실한 검증이 되어 있지 않다.

② 운동요법

관절염이 더 심해지는 것을 예방하고 관절을 보호하기 위하여 운동과 물리치료를 병행하면 도움이 된다. 체중 부하로 관절에 무리를 주지 않으면서 관절 주위 근육의 강도를 높여 관절의 움직임을 좋아지게 하는 운동으로 스트레칭이나 수영, 아쿠아 에어로빅, 자전거 타기와 같은 유산소 운동이 권장된다. 그러나 너무 심하게 운동하여 증상이 악화되는 것은 피해야 한다.

③ 수술요법

통증이 심하고 약물요법이나 다른 치료방법이 효과가 없으면 수술을 고려할 수 있는데 이때 시행하는 수술로는 연골을 재생시키는 세포이식술, 연골이식수술, 조직을 만들어서 넣어주는 수술, 금속을 씌워 관절을 보호하는 관절성형술, 그리고 인공관절로 바꿔주는 인공관절치환술 등이 있다. 수술 후에도 꾸준한 운동과 적절한 영양섭취로 관절을 보호하는 것이 중요하다.

④ 식사요법

과체중이나 비만은 체중을 지탱하는 관절에 부담을 주므로 에너지는 정상체중을 유지할 수 있도록 섭취하고 연골재생과 염증으로 손상된 조직의 회복을 위하여 단백질을 충분히 섭취하도록 한다. 노화와 과다한 신체활동 등에 의한 지속적인 산화는 세포 손상과 퇴행성 변화의 원인이 되므로 비타민 C, 비타민 E, 베타카로틴, 셀레늄과 같은 항산화영양소 섭취도 도움이 된다. 관절염으로 움직임의 제한이 있게 되면 골밀도의 감소로 골다공증이나 골연화증과 같은 합병증이 발생할 수 있으므로 칼슘과 비타민 D 섭취를 충분히 하도록 한다.

3) 류마티스 관절염

(1) 원인과 증상

류마티스 관절염(rheumatoid arthritis)은 자가면역성 질환으로 우리 몸의 면역체계에 이상이 생겨 발생하는 관절염이다. 관절의 활막에 염증이 생겨 부으면서 연골이 파괴되고 관절의 뼈나 연골조직에 심한 손상이 나타난다. 주로 손과 발의 관절에서 많이 발생하고 한쪽에서 발생하면 다른 쪽에도 발생하는 대칭적인 양상을 나타낸다. 그 외 엉덩이, 무릎, 팔꿈치 등의 관절에서 발생되기도 하며 세 개 이상의 관절에서 발생하면 다발성 류마티스 관절염이라고 한다.

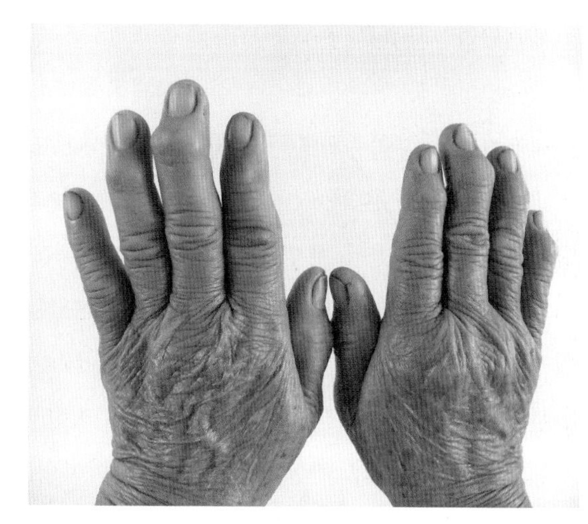

그림 14-10 중증 류마티스 관절염 환자의 손

다른 자가면역성 질환과 마찬가지로 질병의 발생 원인은 정확히 알지 못한다. 유전적 요인과 환경적 요인(세균, 바이러스, 화학물질, 약물, 호르몬 등)이 복합적으로 관련되어 나타나는 것으로 보인다. 주로 20~50세 여성에서 많이 발생하며 여성 발병률이 남성에 비해 3배 이상 높다. 흔하지는 않지만 어린아이에게서 발병하는 경우도 있다.

류마티스 관절염은 발병 초기에는 피로, 식욕부진 등의 가벼운 증상이 나타나지만 점차 진행되면서 심한 통증과 함께 부종과 관절 변형이 나타나게 된다 그림 14-10. 특히 아침에 관절이 뻣뻣해지는 강직증상이 30분 이상 지속되는 특징을 나타낸다. 변형된 형태의 관절이 굳으면 관절을 정상적으로 움직이지 못하게 되어 불구가 되는 경우도 있다. 류마티스 관절염의 증상은 완화와 악화가 반복되는 특징을 보인다.

(2) 치료 및 식사요법

류마티스 관절염의 치료목표는 관절 염증 감소, 통증 완화, 뼈와 연골 손상 방지와 기능 유지, 그리고 관절 기능 손실을 최소화하고 관절 파괴와 변형을 예방하는 것이다. 치료 방법으로는 약물요법, 운동요법, 수술요법, 식사요법 등이 있으며 이 중에서 주된 치료방법은 통증과 염증 조절을 위한 약물치료이다.

① 약물요법

비스테로이드성 항염증제로는 살리실레이트(salicylates), 아스피린(aspirin) 등이 있으며 스테로이드성 항염증제로는 프레드니손(prednisone)이 있다. 스테로이드제는 강력한 소염진통 효과가 있으나 장기간 복용 시에는 쿠싱증후군, 골다공증과 같은 심각한 부작용이 나타날 수 있다. 류마티스 관절염의 진행을 억제하기 위해 사용하는 항류머티즘성 약제로는 페니실라민(penicillamine), 하이드록시클로로퀸(hydroxychloroquine), 설파살라진(sulfasalazine), 메토트랙세이트(methotraxate) 등이 있다. 약물 복용 시에는 위장관장애, 간 기능 이상, 면역억제 등의 부작용이 나타날 수 있으므로 정기적인 추적검사를 시행해야 한다. 엽산 복용은 약물과 독립적으로 약물 부작용을 완화시키는 효과가 있는 것으로 알려져 있다.

② 운동요법

운동요법은 관절 움직임과 근력을 개선하여 관절을 보호하는 효과가 있다. 자전거 타기, 수영, 걷기 등을 꾸준히 하는 것은 근육 강화뿐만 아니라 류마티스 관절염 환자에게 나타나는 악액질의 발생을 감소시키는 효과도 기대할 수 있다.

③ 수술요법

관절 염증과 통증이 심하고 약물요법으로 개선이 되지 않을 때는 수술을 고려한다. 활막을 절단하는 수술이나 관절을 인공관절로 교체하는 수술이 시행된다.

④ 식사요법

류마티스 관절염 환자는 관절 염증으로 인해 식사준비가 힘들 수 있으며 구강과 턱관절에 염증이 있는 경우 저작에도 문제가 있을 수 있다. 또한 염증으로 인한 장 점막 변화로 영양소 흡수율 감소, 대사율 항진 및 체단백 분해로 영양요구량은 증가하는 데 반해 식욕부진, 연하곤란, 미각변화, 통증 등으로 인한 섭취부족으로 영양불량이 되기 쉽다. 또한 복용하는 약물의 부작용으로 위장관 장애가 있을 수 있으므로 균형잡힌 식생활과 적절한 영양섭취가 중요하다.

- **에너지의 적절한 섭취** 과체중이나 비만은 관절에 부담을 줄 수 있으므로 이상체중을 유지할 수 있을 정도로 적절한 에너지를 섭취한다.
- **충분한 단백질 섭취** 영양상태가 정상인 경우에는 하루에 1.0g/kg, 체단백질 분해가 증가하는 경우에는 1.5~2.0g/kg 정도의 양질의 동물성 단백질을 충분히 섭취하도록 한다.
- **지질의 적절한 섭취** 저지방식사는 혈청 비타민 A와 E 수준을 저하시키고 지질 과산화와 아이코사노이드(eicosanoid) 생성을 증가시켜 오히려 류마티스 관절염을 악화시킬 수 있다. 따라서 지방섭취를 제한하기보다는 지방의 종류를 바꾸어 섭취하는 것이 좋은데 오메가-3 지방산, 올리브유, 아마씨유 등은 항염증 효과가 있는 것으로 알려져 있다. 한편, 약물을 복용하는 환자들에서 고호모시스테인혈증, 고혈압, 고혈당 등이 나타나 심혈관계 질환의 위험이 높아지는 경우가 있다. 따라서 포화지방과 트랜스지방, 콜레스테롤 섭취는 가능한 한 제한하도록 한다.
- **무기질과 비타민의 충분한 섭취** 움직임의 제한이나 약물 부작용으로 골다공증이나 골연화증이 나타나기 쉬우므로 칼슘과 비타민 D를 충분히 섭취하도록 한다. 또한, 관절의 기질인 콜라겐 합성을 촉진하는 비타민 C와 손상된 관절조직 재생 및 면역력 증진을 위한 아연, 그리고 에너지 대사에 필요한 비타민 B군 등을 보충하도록 한다. 메토트랙세이트나 아스피린과 같은 약물을 복용하는 환자의 경우 부작용으로 위장관 출혈이 나타날 수 있으므로 빈혈 방지를 위해 철 섭취를 보충하고 엽산 결핍으로 인한 고호모시스테인혈증이 유발될 수 있으므로 엽산 보충을 고려한다.

4. 통풍

통풍(gout)은 체내 요산(uric acid)이 용해 한계점에 도달했을 때 관절에 요산결정이 침착되면서 나타나는 질환이다 그림 14-11. 관절과 주변 조직에 날카로운 형태의 요산결정 침착과 통풍결절 형성으로 관절이 빨갛게 붓고 갑작스러운 극심한 통증이 나타나는 것이 특징이다. 바람만 불어도 많이 아프고 온몸에서 열이 난다고 하여 통풍이라는 이름이 붙게 되었다. 통풍결절은 엄지발가락, 팔꿈치, 귓바퀴 부분에 흔히 발생하며 요산결정

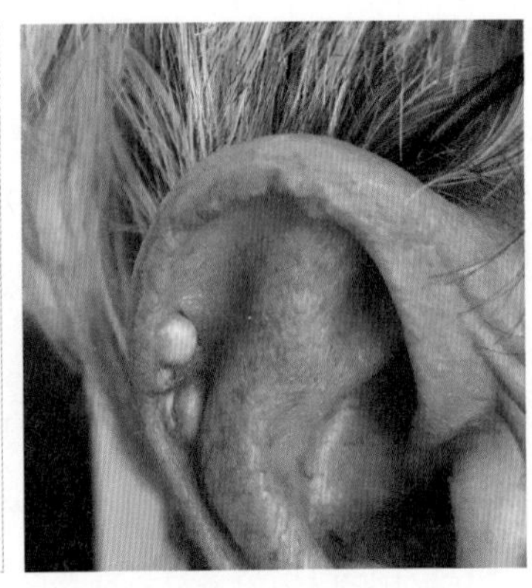

그림 14-11 엄지발가락의 통풍성 관절염 및 귓바퀴의 통풍결절

에 의해 관절 조직이 손상될 경우 관절염으로 진행되기도 한다. 보통 35세 이후, 연령이 증가할수록 발병률이 증가하며 여성보다는 남성에서 20배 정도 더 많이 발생한다.

1) 원인과 증상

요산은 체내 퓨린 대사의 최종 생성물로 고요산혈증(hyperuricemia)이 통풍의 위험 요인이 된다. 혈중 요산 농도의 증가는 체내 요산 생성량의 증가(환자의 약 10%) 혹은 배설량의 감소(환자의 90%)로 발생한다. 체내 퓨린 뉴클레오타이드 풀(pool)은 세포 내 핵산(퓨린과 피리미딘으로 구성)의 분해, 생합성된 퓨린, 그리고 식사로 섭취한 퓨린으로 구성되는데 그림 14-12 표 14-9, 이 중 혈중 요산 농도에 더 많은 기여를 하는 것은 음식 섭취에 의한 외인성 요산보다는 체조직의 분해로 생성되는 내인성 요산으로 체내 요산 생성량의 약 2/3를 차지한다. 요산의 과잉생성은 스트레스, 과로, 용혈성 빈혈, 심한 운동으로 인한 체조직 분해 증가, 선천적 퓨린대사 이상, 비만, 고퓨린식 섭취 등에 의해 발생할 수 있다. 혈중 요산은 주로 신장을 통해 소변으로 배설되고 일부는 대변으로 배설되는데 요산 배설량이 저하되는 경우는 신장질환, 탈수, 당뇨병성 산독증, 음주 혹은 특정 약물(이뇨제, 항결핵제, 아스피린 등) 복용 등이 있을 때이다.

통풍의 증상은 보통 밤에 갑자기 나타나는데 대표적인 증상으로는 해당 관절 부위가 빨갛게 변하며 붓고, 열이 나고, 부드러워지는 염증 증상과 함께 찌르는 듯하면서 욱신거리는 극심한 통증이다. 통증 시작 후 첫 1~12시간 사이에 통증이 가장 심하며 급성

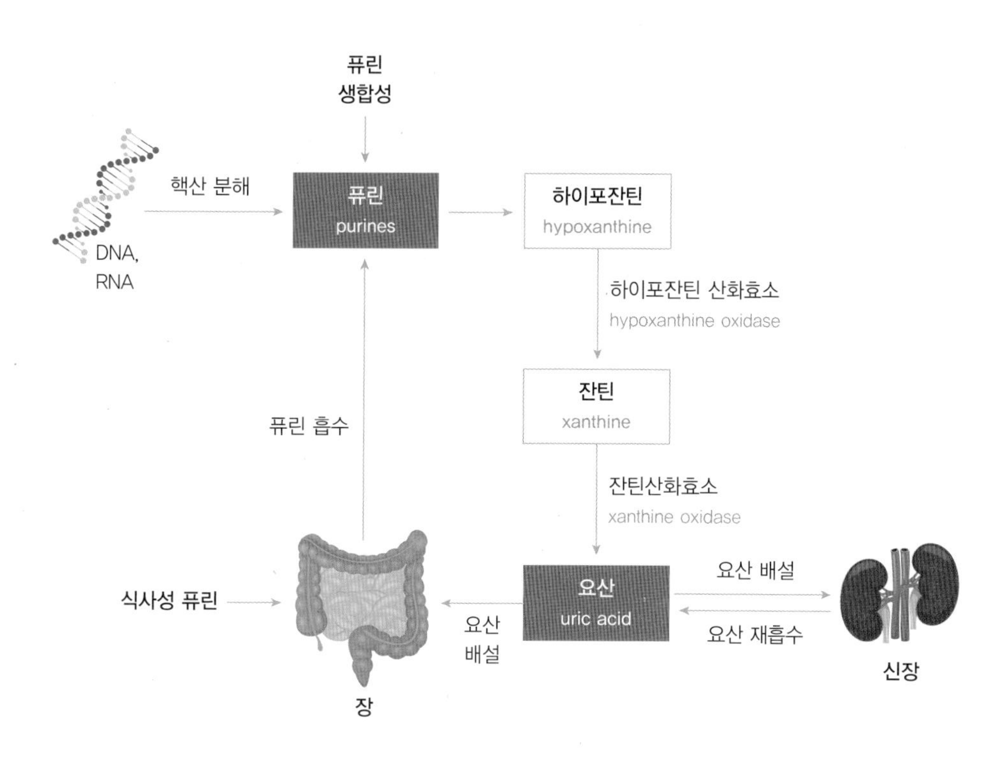

그림 14-12 체내 퓨린 대사

표 14-9 고요산혈증의 원인

구분	내용
체내 요산 생성량의 증가(10%)	체조직 분해 증가, 선천적 퓨린대사이상, 비만, 고퓨린식 섭취
요산 배설량의 감소(90%)	신장질환, 탈수, 당뇨병성 산독증, 음주, 약물 복용

통풍 발작이 지난 후에도 짧으면 일주일에서 심하면 한 달 정도 통증이 지속되면서 일상생활에 불편을 초래하게 된다. 고요산혈증을 오래 앓는 환자들은 토피(tophi)라 불리는 요산염(요산나트륨) 결정체가 귓바퀴, 엄지발가락, 손가락, 팔꿈치 등의 관절 연골이나 주위 연조직에 침착하면서 흰 결절이 생성되는데 이를 통풍결절이라고 한다. 통풍결절이 서로 융합해서 커지게 되면 관절 조직을 파괴시켜 만성 관절염, 관절 변형, 그리고 관절기능장애까지 초래할 수 있다. 요산이 신장에 축적되면 신우염, 신장결석(요산결석), 드물게는 통풍성 신부전까지 생길 수 있으며 고혈압, 이상지질혈증, 심혈관계 질환, 대사증후군, 당뇨병 등 여러 만성질환을 유발할 수 있다.

2) 치료 및 식사요법

통풍의 치료목표는 급성기의 통증을 완화하고, 더 이상 질병이 진전되는 것을 막으며, 혈중 요산 농도를 낮추는 것으로 약물요법과 식사요법이 이용된다.

(1) 약물요법

급성기 통증 및 염증을 완화하기 위하여 1차적으로 선택하는 약은 소염진통제인 인도메타신(indomethacin), 스테로이드제, 콜키신(colchicine) 등이 있다. 증상이 심할 때는 스테로이드제를 관절 내에 주사한 다음 증상이 호전되면 빠른 시간 내에 용량을 줄이며 중단한다. 통풍 증상의 진전을 막으며 혈중 요산 농도를 낮추는 약물로는 요산생성을 억제하는 알로푸리놀(allopurinol)이 있다. 요산 결절을 용해시키고 요산 배설을 촉진하는 약물인 프로베네시드(probenecid)는 관절 내 요산의 침착을 방지하는 효과가 있다. 그러나 부작용으로 신결석(요산결석)의 위험이 증가하기 때문에 충분한 수분 섭취로 소변 내 요산 농도를 희석시킬 수 있도록 한다.

(2) 식사요법

전통적으로 통풍에 대한 치료는 저퓨린식이 처방되었으나 요즘은 대부분 약물치료로 대체되고 있을 뿐만 아니라 음식 섭취로 인한 혈중 요산 농도의 변동도 크지 않기 때문에 식사성 퓨린에 대한 엄격한 제한은 필요하지 않다. 그러나 복용하는 약의 용량을 줄이고 대사적 스트레스를 감소시키는 차원에서 퓨린을 많이 함유한 식품은 가능한 한 섭취를 제한하는 것이 바람직하다.

① 단백질과 퓨린 과량섭취 제한

단백질은 1일 1~1.2g/kg으로 적절히 섭취하되 퓨린이 많이 함유되어 있는 육류와 어패류 등은 제한하도록 한다. 특히 내장(간, 콩팥 등), 진한 육수, 멸치, 멸치육수, 등푸른 생선(고등어, 연어, 청어 등)은 퓨린 함량이 높으므로 섭취량을 조절하는 것이 좋다 표 14-10. 저지방 유제품, 달걀, 두부는 고단백, 저지방식품이면서 퓨린 함량이 적으므로 통풍 환자에 대한 좋은 단백질 급원이 될 수 있다. 콩류, 시금치, 버섯 등의 식물성 식품에도 퓨린이 어느 정도 포함되어 있으나 통풍 발생에는 거의 영향을 미치지 않으므로 섭취를 제한할 필요는 없다. 퓨린은 물에 쉽게 용해되므로 육류 조리 시 삶아서 그 국물은 버리고 섭취하고, 생선을 구울 때도 물을 조금 넣으면 퓨린이 녹아나와 퓨린 섭취량을 줄일 수 있다. 심한 통풍의 경우 1일 퓨린 섭취량은 100~150mg으로 제한하도록 한다.

② 에너지와 지방의 적절한 섭취

에너지는 표준체중을 유지할 수 있도록 적절히 섭취한다. 비만은 요산 생성을 증가시키는 반면 체중감량은 혈중 요산 농도를 감소시킬 수 있다. 그러나 단식이나 급작스러운 체중감량은 일시적으로 요산 농도를 증가시키거나 케톤증을 일으킬 수 있기 때문에 피하도록 한다. 탄수화물은 요산 배설을 촉진하고 지방은 요산 배설을 방해하므로 탄수화물 위주로 섭취하되 지방 섭취는 적절히 제한하도록 한다(콜레스테롤 < 300mg/일).

③ 충분한 수분 섭취

하루 2~3L 정도로 물을 충분히 마셔 혈중 요산 농도를 희석하고 요산 배설을 촉진하며 신결석의 형성을 최소화하도록 한다. 그러나 과당이 많이 함유된 단 음료는 제한하도록 하는데 과당은 요산의 체내 생성을 촉진하고 인슐린 저항성을 높이는 원인이 될 수 있기 때문이다.

④ 알코올 섭취 제한

알코올은 요산 생성을 증가시켜 고요산혈증을 유발하고 요산 배설을 방해할 수 있다. 따라서 금주 혹은 섭취를 제한하도록 한다. 특히 맥주는 발효 과정에 사용되는 효모에 퓨린 함량이 높아 통풍 발생을 증가시키는 것으로 알려져 있다.

⑤ 알칼리성 식품과 비타민 C의 충분한 섭취

고요산혈증의 경우 요산으로 인한 소변의 산도 증가를 중화시키기 위해 곡류, 채소, 과일 등 알칼리성 식품을 적극적으로 섭취하도록 한다. 특히 비타민 C는 소변으로 요산 배설을 증가시키는 효과가 있으므로 충분히 섭취하는 것이 좋다.

⑥ 나트륨 섭취 제한

통풍으로 인한 고혈압, 이상지질혈증 등의 합병증 발생을 예방하기 위하여 염분 섭취를 하루 10g 이내로 제한하고 염장 가공품은 피하도록 한다.

표 14-10 식품의 퓨린 함량

(퓨린질소 함량/100g)

식품군	극소퓨린 함유식품	중퓨린 함유식품(9~100mg)	고퓨린 함유식품(100~1,000mg)
곡류	• 중퓨린 함유 곡류를 제외한 모든 곡류, 빵, 국수, 비스킷	• 전곡, 오트밀	–
고기·생선 달걀·콩류	• 달걀	• 육류 : 쇠고기, 돼지고기, 닭고기 등 • 생선류, 조개류 • 콩류	• 어패류 : 청어, 고등어, 정어리, 연어, 멸치, 가리비조개 • 육류 : 고깃국물, 내장부위(간, 콩팥, 심장, 지라, 뇌, 혀 등)
채소류	• 중퓨린 함유 채소를 제외한 모든 채소	• 시금치, 버섯, 아스파라거스	–
과일류	• 모든 과일 및 과일주스	–	–
우유류	• 우유 및 유제품	–	–
유지류	• 버터, 마가린, 식용유	–	–
기타	• 설탕, 커피, 차류, 탄산음료, 소금, 향신료, 조미료	–	• 효모
섭취기준	• 자유롭게 섭취 가능	• 회복상태에 따라 소량 섭취 가능 : 1일 어·육류 1교환, 채소류 1교환 섭취 가능	• 급성기 또는 증세가 심한 경우 섭취 제한

출처 : 이보경 외(2018). 이해하기 쉬운 임상영양관리 및 실습. 파워북.

표 14-11 저퓨린식의 1일 영양소 구성 예시

에너지(kcal)	당질(g)	단백질(g)	지방(g)	퓨린(mg)	C:P:F(%)
1,900	328	71	34	150	69:15:16

표 14-12 저퓨린식의 1일 식품구성 예시(1,900kcal)

식품군	곡류군	어·육류군		채소군	지방군	우유군 (저지방)	과일군
		저지방군	중지방군				
교환단위	12	2	2	7	3	1	2

표 14-13 저퓨린식의 1일 식단 예시(1,900kcal)

	아침	간식	점심	간식	저녁
식단	밥 닭고구마조림 가지나물 브로콜리무침 배추김치	귤	밥 돈육구이 버섯장조림 청경채나물 총각김치	사과 저지방우유	밥 달걀찜 가자미조림 얼갈이나물 석박지

* 멸치 육수, 고기 육수 제한

01. 폐경 후 골다공증 발생의 증가 이유와 에스트로겐의 골다공증 예방 원리에 관해 설명하시오.
02. 골다공증 유발의 위험요인으로는 어떤 것이 있는가?
03. 칼슘 흡수를 촉진하는 인자와 저해하는 인자는 무엇인가?
04. 칼슘 함량이 많은 식품들을 열거해 보시오.
05. 골다공증의 식사요법에 관해 설명하시오.
06. 관절염의 영양관리원칙에 관해 설명하시오.
07. 통풍의 원인과 증상, 그리고 통풍 환자에 대한 식사요법에 관하여 설명하시오.

선천성 대사장애

1. 페닐케톤뇨증 | 2. 단풍당뇨증 | 3. 갈락토오스혈증
4. 당원병 | 5. 호모시스틴뇨증 | 6. 유당불내증 | 7. 윌슨병

CHAPTER 15

- **간 비대(hepatomegaly)** 간의 일부 또는 전부가 어떤 원인으로 인해 정상보다 커지는 상태를 의미한다.
- **갈락토오스혈증(galactosemia)** 포도당으로 전환되는 과정에서 필요한 효소인 갈락토키나아제(galactokinase), 갈락토오스-1-인산-우리딜 전이효소(galactose-1-phosphate uridyl transferase) 결핍으로 갈락토오스가 포도당으로 전환되지 못해 발생하는 질환이다.
- **곁가지 아미노산(branched chain amino acid, BCAA)** 아미노산의 곁사슬 부분이 Y자 형태의 분지 형태를 하고 있는 구조를 가진 것으로 류신(leucine), 이소류신(isoleucine) 및 발린(valine)이 포함되며, 모두 필수아미노산이다. 분지 또는 측쇄아미노산이라고도 한다.
- **경관급식(tube feeding)** 튜브를 끼워 영양물을 공급하는 영양법이다. 경구적으로 영양물이 충분히 섭취할 수 없는 경우에 이 방법을 사용하고, 식도에서 장에 이르는 각 부위에 수술 또는 코를 통하여 튜브를 삽입하여, 그곳으로 영양물을 주입한다.
- **단풍당뇨증(maple syrup urine disease)** 선천적으로 곁가지아미노산인 류신, 이소류신, 발린의 산화적 탈탄산화(oxidative decarboxylation)에 관여하는 효소의 결핍으로 발생하는 질환이다.
- **당원병(glycogen storage disease)** 글리코겐을 포도당으로 전환하지 못하여 글리코겐이 간이나 근육조직에 비정상적으로 축척되어 일어나는 대사이상 질환이다.
- **멜라닌(melanin)** 피부색을 결정짓는 중요한 역할을 담당한다. 표피와 진피에 존재하는 흑색 소포인 멜라닌 세포 내에서 생성되며, 사람의 피부에 자외선을 쪼이게 되면 갈색으로 변한다.
- **윌슨병(Wilson's Disease)** 구리대사의 이상으로 인해 주로 간과 뇌의 기저핵에 과다한 양의 구리가 축적되는 유전질환이다.
- **유당불내증(lactoase intolerance)** 유당 소화효소인 락타아제(lactase)의 결핍이나 활성 저하로 발생한다.
- **전격성 간염(fulminant hepatic failure)** 간질환의 병력이 없는 건강한 사람에게서 간 기능 손상으로 인한 최초 증상 발생 후 8주 이내에 급격히 간성뇌증으로 진행하는 경우, 혹은 황달이 생긴지 2주 이내 간성뇌증이 발생하는 경우를 전격성 간염이라고 한다.
- **페닐케톤뇨증(phenylketonuria, PKU)** 단백질 속에 함유되어 있는 페닐알라닌을 분해하는 효소의 결핍으로 체내에 페닐알라닌이 축적되어 경련 및 발달장애를 일으키는 상염색체성 유전 대사 질환이다.
- **페리틴(ferritin)** 철의 주요 저장단백질이다.
- **피리독신(pyridoxine)** 수용성비타민의 일종으로 피리독살 포스페이트, 피리독사민과 함께 비타민 B_6라 하며 피리독신을 비타민 B_6군의 총칭으로 사용하기도 한다.
- **호모시스틴뇨증(Homocystinuria)** 메티오닌(methionine)이라는 아미노산의 대사 과정 중 시스타티오닌(cystathionine) 합성효소의 장애에 의해 발생되는 선천성 대사질환이다.

선천성 대사장애는 영양소 대사에 관여하는 효소나 조효소의 결함으로 일어나는 질환이다. 관련된 효소나 조효소에 의해 대사되어야 할 물질이 체내에 축적되어 독성이 나타나거나 반면에 반응물이 결핍되어 생체에 중요한 물질이 형성되지 못하게 되어 뇌와 장기 등에 손상을 초래한다. 초기에 발견하여 치료하지 않으면 평생 신체기능장애, 지능장애, 신경증상과 성장장애 등을 일으킨다. 선천성 대사장애는 조기진단이 무엇보다 중요하다.

1. 페닐케톤뇨증

1) 원인과 증상

페닐케톤뇨증(phenylketonuria, PKU)은 주로 백인에게서 나타나는 선천적 페닐알라닌 대사장애이다. 페닐알라닌(phenylalanine)이 페닐알라닌 수산화효소(phenylalanine hydroxylase)의 부족으로 인해 티로신(tyrosine)으로 분해되지 못하여 혈중 농도가 증

그림 15-1 페닐케톤뇨증 대사 과정

가하고, 페닐알라닌 및 페닐알라닌 대사물[페닐피루브산(phenylpyrubic acid), 페닐아세트산(phenylacetic acid)]이 소변으로 배출된다.

혈중 페닐알라닌 농도가 6~10mg/dL이면서 티로신 농도가 3mg/dL 이하이면 페닐케톤뇨증으로 진단한다. 영아가 초기에 치료를 받지 못하면 티로신 합성이 중단되어 멜라닌 색소의 생성이 감소되므로 눈동자 색이 옅어지며 피부와 모발색도 매우 연해진다. 또한 페닐알라닌과 그 대사물의 축적으로 중추신경계가 손상되어 경련, 과다행동증 및 정신지체가 발생한다. 생후 1개월 이내에 발견하여 치료하면 이러한 문제들을 해결할 수 있으므로 가능한 한 빨리 발견해서 식사요법을 실시하는 것이 치료의 관건이다. 페닐케톤뇨증 시 페닐알라닌 제한식을 지속적으로 하는 경우 인지 기능에 긍정적 효과가 있다는 보고가 있으므로 생애전반을 통해 페닐알라닌 제한식을 하는 것이 바람직하다.

2) 식사요법

정상적인 성장과 발달을 위해 혈청 페닐알라닌이 2~6mg/dL 범위에서 유지될 수 있도록 페닐알라닌을 공급한다. 영아와 소아의 경우에는 정상적인 성장발달과 영양상태를 유지하며 정신지체를 예방하는 것을 목표로, 성인의 경우에는 적절한 체중 유지와 골감소증을 방지하는 것을 목표로 영양관리를 한다. 분유나 우유를 먹어야 하는 어린이들은 페닐알라닌을 제거하거나 함량이 낮은 특수 분유를 모유나 분유와 병행한다. 일반적으로 모유의 페닐알라닌 함량이 분유보다 낮지만 모유만 먹이면 페닐알라닌을 지나치게 많이 섭취할 수 있게 되므로 페닐알라닌 함량을 조절한 특수 조제분유와 병행하는 것이 필요하다.

① 페닐알라닌 제한식

페닐알라닌 제한식을 시작하는 초기에는 주 2~3회 페닐알라닌 농도를 측정하여 그 측정치에 따라 식사 내 페닐알라닌 함량을 조정하며, 페닐알라닌 혈중 농도가 적정 범위 내에서 유지될 때까지는 식사 내 페닐알라닌 함량을 늘려나간다. 페닐알라닌이 결핍되면 소아의 경우 성장속도 및 정신발달 정도가 저하되고, 성인의 경우에는 체중이 감소하며 빈혈, 저단백혈증, 머리숱 감소 및 혈장 알부민, 프리알부민이 감소하므로 페닐알라닌 혈중 농도 이외에도 대상자의 발달 상태 및 이들 검사결과들을 주의 깊게 모니터링 한다. 1세 전까지는 혈장 알부민과 프리알부민을 3개월마다, 그 이후는 6개월마다 측정하며, 이들 수치가 정상보다 낮으면 단백질 섭취량을 증가시킨다. 조직의 이화작용 역시 혈중 페닐알라닌의 농도를 높일 수 있으므로 적절한 열량을 보충하고, 대상자가 이화상태에 있는 경우 페닐알라닌이 없는 특수 조제식을 이용하여 단백질량을 필요한 만큼 보충하도록 한다. 빈혈이 오기 쉬우므로 혈장 페리틴(ferritin)을 측정하고 정상보다 낮은 경우에는 철분을 보충하며, 영유아의 경우 성장, 발달, 및 영양 상태를 정기적으로 평가하여 적정한 성장상태를 유지하도록 한다.

② PKU 식이교육

아이가 성장함에 따라 식품 선택에서 자기 주장을 하게 되므로 어릴 적부터 적절한 식품 선택을 하는 과정에 아이를 참여시켜 훈련하는 것이 필요하다. 2~3세경에는 금지 식품과 허용 식품에 대한 훈련을, 3~4세부터는 각 식품별 섭취량을 교육하고 점차 더 복잡한 상황에 노출시켜 교육함으로써 아이들 스스로가 식사를 계획 하는 책임을 질 수 있도록 하는 것이 필요하다.

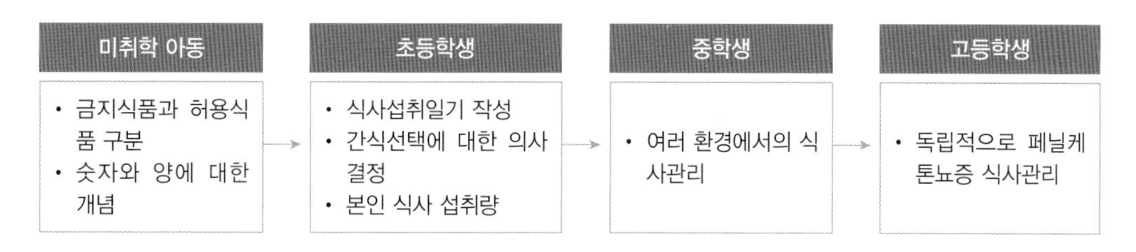

그림 15-2 시기별 교육내용

② PKU 식사계획

식사계획은 계속 변화하는 아동의 열량, 단백질, 페닐알라닌 필요량을 충족시키고 아동의 식습관 변화에 맞추기 위해서 자주 조정해 주어야 한다. 페닐케톤뇨증 아동의 보호자들을 대상으로 자세한 영양교육을 실시하고, 혈청 페닐알라닌 검사 전 3일 동안의 식사기록지를 작성하여 식품섭취의 적절성을 평가하고 필요시 섭취량을 조정해준다.

① 열량, 단백질, 페닐알라닌의 필요량은 아동의 연령에 맞는 열량, 단백질, 페닐알라닌 양으로 결정한다.

② 일반분유/모유의 1일 사용량을 해당 식품의 페닐알라닌 함량에 준하여 결정한다. 나이가 들면 좀 더 다양한 식품을 이용할 수 있다.

③ 단백질 및 페닐알라닌 권장량에 맞추어 특수 조제식 사용량을 결정한다. 열량이 부족한 경우 무단백 조제식이나 단백질을 함유하지 않은 식품을 이용하여 열량을 보충한다.

④ 페닐알라닌 함량이 조정된 특수 조제식은 일반적으로 단백질과 당질이 농축되어 있어 이 조제식을 먹는 아이들은 모유나 일반분유를 먹는 아이들보다 더 갈증을 느끼기 쉬우므로 식사와 식사 사이에 수분을 추가로 공급하도록 한다.

⑤ 영아가 4~6개월이 되면 고형식을 시작하므로 1일 페닐알라닌, 열량, 단백질 처방량에서 일반 분유와 페닐알라닌 함량이 조정된 특수 조제식으로부터 공급되는 양을 제외한 나머지 페닐알라닌 양을 고형 음식으로 제공한다.

2. 단풍당뇨증

1) 원인과 증상

단풍당뇨증(maple syrup urine disease)은 선천적으로 곁가지아미노산(branched chain amino acid, BCAA)인 이소류신(isoleucine), 류신(leucine), 발린(valine)의 산화적 탈탄산화(oxidative decarboxylation)에 관여하는 효소의 결핍으로 발생하는 질환이다. 혈액과 소변에서 이들 세 아미노산과 여기서 유래된 케토산의 농도가 증가한다. 소변에서 단풍나무 시럽과도 같은 단 냄새가 난다.

출생 시에는 정상으로 보이나 출생 후 4~5일 정도 되면 수유 곤란, 구토, 무기력 등의 증상이 나타나고, 제대로 치료를 받지 못하면 경련, 발작, 혼수가 나타나며 심하면 사망할 수도 있다.

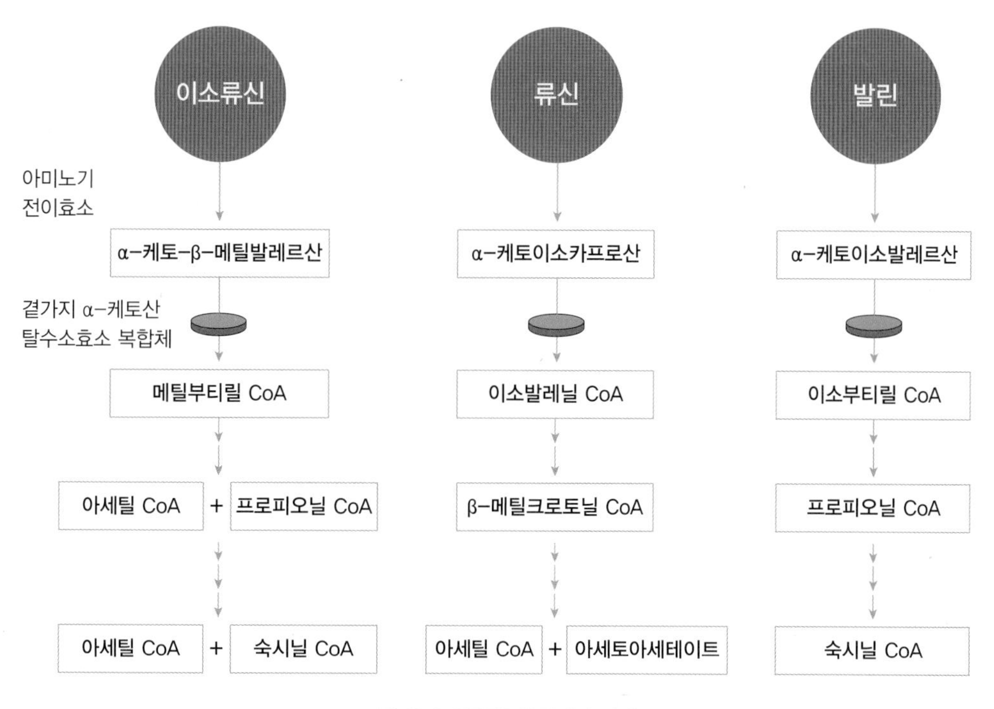

그림 15-3 단풍당뇨증의 대사 과정

2) 영양관리

영양관리의 목표는 곁가지아미노산(이소류신, 류신, 발린)을 제한하여 혈중 농도를 정상으로 유지시키는 것이다. 그러나 성장발육과 건강 유지를 위한 필수아미노산이므로 필요한 최소량은 공급하여야 한다.

개개인의 연령, 체격, 활동 정도 등을 고려하여 필요한 열량과 단백질을 정하고 이를 토대로 이소류신, 류신, 발린의 필요량을 표 15-1 을 참고하여 결정한다. 치료를 처음 시작할 때는 가장 적은 양부터 시작하고, 혈장의 곁가지아미노산 농도 및 소변의 케토산 농도를 모니터링하면서 필요량을 조절한다.

일상적인 단백질 식품에는 이들 아미노산이 3.5~8.5% 내외 함유되어 있으므로 이 아미노산을 제거한 특수 조제식을 이용하여 공급한다. 체내 단백질의 분해에 의한 곁가지아미노산의 분해를 막기 위해 충분한 열량과 단백질, 무기질·비타민을 공급하여야 한다.

표 15-1 단풍당뇨증의 경우 연령별 영양권장량

연령	영양소				
	이소류신	류신	발린	단백질	열량
영아	(mg/kg)	(mg/kg)	(mg/kg)	(g/kg)	(kcal/kg)
0~3개월	36~60	60~100	42~70	3.0~3.5	120(95~145)
3~6개월	30~50	50~85	35~60	3.0~3.5	100(95~145)
6~9개월	25~40	40~70	28~50	2.5~3.0	110(80~135)
9~12개월	18~33	30~55	21~35	2.5~3.0	105(80~135)
소아	(mg/일)	(mg/일)	(mg/일)	(g/일)	(kcal/kg)
1~4세 미만	165~325	275~535	190~400	≥ 30	1,300(900~1,800)
4~7세 미만	215~420	360~695	250~490	≥ 35	1,700(1,300~2,300)
7~11세 미만	245~470	410~785	285~550	≥ 40	2,400(1,650~3,300)
여아	(mg/일)	(mg/일)	(mg/일)	(g/일)	(kcal/kg)
11~15세 미만	330~445	550~740	385~520	≥ 50	2,200(1,500~3,000)
15~19세 미만	330~445	550~740	385~520	≥ 55	2,100(1,200~3,000)
19세 미만	330~445	400~620	420~650	≥ 60	2,100(1,400~3,000)
남아	(mg/일)	(mg/일)	(mg/일)	(g/일)	(kcal/kg)
11~15세 미만	325~435	540~570	375~505	≥ 55	2,700(2,000~3,700)
15~19세 미만	425~570	705~945	495~665	≥ 65	2,800(2,100~3,900)
19세 이상	575~700	800~1,100	560~800	≥ 70	2,900(2,000~3,300)

3) 식사요법

단풍당뇨증 식사계획 시에는 단풍당뇨증의 식품교환표를 이용하여 류신, 이소류신, 발린의 1일 권장량 범위 내에서 각 식품군별 교환수를 정하고 각 식품군별로 해당 교환수에 해당하는 식품의 종류와 양을 선택한다.

표 15-2 단풍당뇨증 식품교환표의 평균 영양조성

식품군	이소류신(mg)	류신(mg)	발린(mg)	단백질(g)	열량(kcal)
곡류	18	35	25	0.4	25
지방	7	10	7	0.4	70
과일	17	25	22	0.6	75
채소	22	30	24	0.6	15
우유(100mL)	203	329	224	3.4	62

식사계획의 적절성을 평가하기 위해 혈장의 곁가지아미노산 농도 및 소변의 케토산을 정기적으로 측정한다. 성장·발달이 적절하게 진행되고 있는지를 평가하기 위해 키와 체중 및 혈청 알부민, 프리알부민, 철분 상태를 모니터링하면서 영양상태가 적절하지 않은 경우 단백질과 열량 섭취량을 조절한다. 아동의 성장에 따라 변화되는 영양소 필요량을 충족시키기 위해서는 식사계획을 자주 수정 또는 변경할 필요가 있다.

3. 갈락토오스혈증

1) 원인 및 증상

갈락토오스혈증(galactosemia)은 갈락토오스가 포도당으로 전환되는 과정에서 필요한 효소인 갈락토키나아제(galactokinase), 갈락토오스-1-인산-우리딜 전이효소

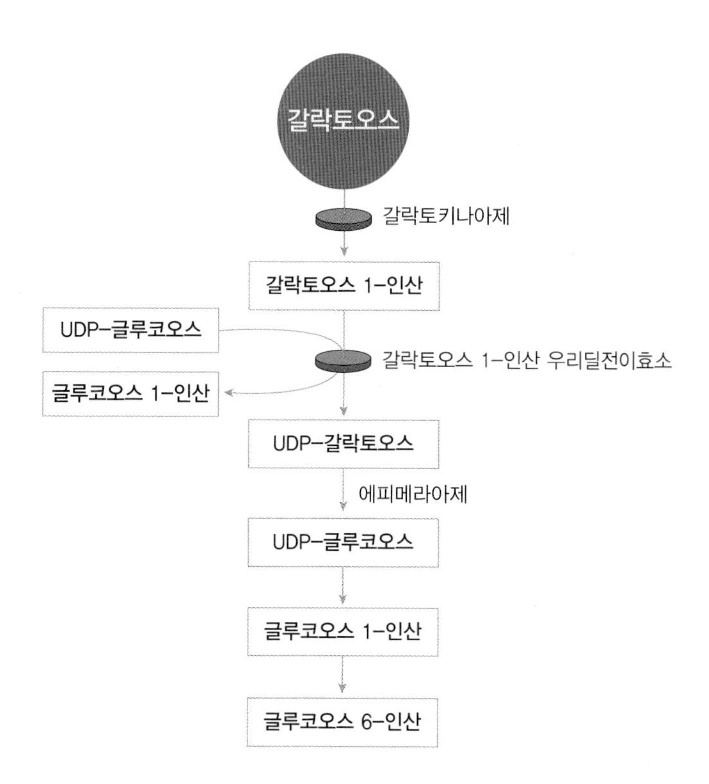

그림 15-4 갈락토오스혈증의 대사 과정

(galactose-1-phosphate uridyl transferase) 결핍으로 갈락토오스가 포도당으로 전환되지 못해 발생하는 질환이다.

모유 또는 갈락토오스를 함유한 분유를 먹은 신생아에게서 출생 후 수일 이내에 구토, 황달, 체중 감소 및 간 비대 등의 증상이 나타난다. 제대로 치료를 하지 않는 경우 백내장, 간경화 및 성장부전, 정신지체의 증세가 나타날 뿐 아니라 사망률도 매우 높다.

2) 영양관리

유당 함유제품인 우유 및 유제품 등 갈락토오스를 함유한 모든 식품은 엄격히 제한해야 한다. 카제인 가수분해물이나 두유를 사용하는 것이 좋으며, 고형식을 공급할 경우에도 유당이 함유되지 않도록 주의해야 한다. 연령에 따른 발달 정도 및 활동량에 알맞은 열량과 단백질, 비타민, 무기질 등이 공급될 수 있도록 식사를 계획한다. 열량 섭취가 충분하지 않는 경우에는 성장부전이 생기거나 체중유지가 어려울 수 있으니 유의한다.

3) 식사요법

단백질은 대상자의 1일 영양섭취기준에 맞게 제공한다. 타우린(taurine)은 메티오닌(methionine)으로부터 합성될 수 있으나, 신생아의 경우 해당 효소가 부족하므로 신생

표 15-3 갈락토오스 제한식의 제한식품

식품 종류	제한식품
유제품	• 우유, 요구르트, 치즈, 버터, 생크림 등을 포함하는 모든 유제품 • 우유, 생크림, 버터, 요거트가 들어간 빙과/아이스크림류
곡류	• 우유, 유당을 함유하는 빵, 케이크 • 우유를 포함한 시리얼 • 우유나 버터가 들어간 으깬 감자 • 유당 함유 프렌치프라이
육류	• 분유를 포함하고 있는 육가공품(소시지류) • 간, 췌장, 뇌, 신장, 심장 등의 조직
달걀	• 우유나 버터, 크림이 들어간 스크램블, 오믈렛
수프	• 우유나 생크림이 들어간 크림수프, 시판 수프, 가루 수프
지방	• 버터, 마가린, 시판 샐러드드레싱, 크림소스 제품

아 분유에는 타우린이 첨가되어야 한다. 콩단백질 내의 피틴산의 작용으로 아연의 흡수가 방해받을 수 있으므로 필요시 아연을 보충한다. 이 외에 유제품에 풍부하게 들어 있는 칼슘, 인을 비롯하여 비타민 D, 마그네슘 등도 부족해질 수 있으므로 섭취량을 평가하고 부족 시 보충한다.

4. 당원병

1) 원인 및 증상

당원병(glycogen storage disease)은 글리코겐을 포도당으로 전환하지 못하여 글리코겐이 간이나 근육조직에 비정상적으로 축적되어 일어나는 대사이상 질환으로, 결함이 있는 효소의 종류에 따라 제 I, IIb, III, IV, V형으로 나눈다.

표 15-4 당원병의 분류

분류	결함효소	임상증상
Type I	포도당-6-탈인산효소(glucose-6-phosphatase) 결핍	저혈당증, 고지혈증, 간 비대, 고요산증(hyperuricemia), 성장부진, 골다공증
Type IIb	리소좀 신성 알파 글루코시아제(lysosomal acid-alpha-glucosidase) 결핍	신생아의 심장 비대, 저혈압
Type III	글리코겐 분지 제거 효소(glycogen debranching enzyme)	간 비대, 다양한 저혈당증, type I과 유사
Type IV	분지 효소(branching enzyme)	간·비장 비대증상, 성장 멈춤, 복수
Type V	근육 가인산 분해효소 결핍(muscle phosphorylase)	쉽게 피로해짐, 근육통, 미오글로빈뇨증(myoglobinuria)

- 제I형 당원병은 간과 신장 및 기타 기관에서 글리코겐이 포도당으로 전환 마지막 단계에 작용하는 효소인 glucose-6-phosphatase의 결핍 및 이동 저하로 발생하는 질환이다. 이 때문에 간에 글리코겐 및 지방이 축적되어 간 비대가 발생하며 대사산증 및 통풍이나 신질환이 발생하기도 한다. 간에서 글리코겐으로부터 포도당이 생성되지 못하여 생기는 지속적인 저혈당은 성장부전, 사춘기 발달부진 및 뇌손상도 일으킨다.

- 제Ⅱ형 당원병은 글리코겐을 리소좀 내에서 분해하는 역할을 하는 α-1,4-glucosidase의 부족으로 생긴다. 이 때문에 글리코겐을 포도당으로 분해·처리하지 못하므로 글리코겐이 심장근육 및 기타 근육의 리소좀 내에 축적되어 심장 근육 약화 및 호흡곤란을 일으키게 된다. 이때 가장 먼저 관찰되는 증상은 근력의 약화이며, 특히 다리의 큰 근육이 우선적으로 약해지며 이후 몸통 및 팔 근육 약화가 관찰된다.
- 제Ⅲ형 당원병은 간의 탈분지효소(debrancher enzyme)인 amylo-1,6-glucosidase 활성의 결핍으로 글리코겐의 분해가 제한되며, 제Ⅵ형 당원병은 phosphorylase 결핍으로 글리코겐의 분해가 제한되는 질환으로 제Ⅰ형과는 달리 갈락토오스로부터 포도당 신생이 가능하다.
- 제Ⅲ형 및 Ⅵ형 당원병은 어린이에게서 성장부전이 일어나나 대부분 정상적인 성인 키에 다다를 수는 있으며 간 비대도 사춘기 이후에는 호전된다.
- 제Ⅳ형 당원병은 분지효소의 결함으로 아밀로펙틴과 같은 다당류가 축적되는 대사 이상 질환이다. 출생 시에는 정상처럼 보이나 성장부전을 보이고, 일정 시점이 되면 신체적·정신적 성장이 멈추며 간경변증, 문맥고혈압, 복수, 식도정맥류 등의 문제를 보이면서 5세 이전에 사망한다.

2) 식사요법

- 제Ⅰ형 당원병의 영양치료의 목표는 체내 산증을 최소화하고 저혈당을 예방하는 것이다. 저혈당을 예방하기 위해서 낮 동안은 식사를 소량씩 자주 하도록 하고, 취침 전에는 생옥수수 전분을 먹거나 취침하는 동안 경관급식을 지속적으로 공급한다. 또한 과당과 유당을 제한한다. 식사에 많은 제한이 있으므로 종합영양제 및 칼슘제를 보충한다.
- 제Ⅱ형 당원병은 영아기에 발현하여 음식을 삼키기 어렵거나 인공호흡기를 사용하는 경우 경장영양을 통해 필요한 영양소를 공급할 필요가 있다.
- 제Ⅲ형 및 Ⅵ형 당원병은 고단백 저당질 식사를 소량씩 자주 섭취하고 당질 중 단순당질 섭취를 제한한다. 취침 시의 저혈당을 예방하기 위해 전분을 이용하기도 한다.
- 제Ⅳ형 당원병은 저혈당을 예방하기 위해 취침 시 옥수수 전분이나 지속적인 경관급식을 이용하는 것이 효과적이다.

5. 호모시스틴뇨증

1) 원인 및 증상

호모시스틴이 시스타티오닌(cystathionine)으로 전환되는 과정에서 필요한 시스타티오닌 합성효소(cystathionine β-synthetase) 결핍에 의하여 상염색체열성으로 발생한다. 전 세계를 기준으로 한 일반적 발생빈도는 20~30만 명 중 한 명이며, 국내 신생아 스크리닝 검사 결과에 의하면 약 33만 명 신생아당 한 명의 빈도로 발생한다고 보고되고 있다.

지능장애, 경련, 골격이상, 안과적 이상, 동정맥의 혈전증이 주 증상이다. 지능장애는 가장 조기에 나타나는 증상이며, 호모시스틴뇨증의 영아는 보통 초기 몇 달 동안은 증상이 없고 영아기 이후부터 발달지연이 나타난다. 그러나 지능장애의 정도는 비교적 경증으로 IQ가 30~75인 경우가 많고, 약 20%에서는 지능은 정상이다. 10~15%의 환자에게서 경련발작이 나타나고 영아기에 처음으로 발작하는 경우가 많다. 척추의 측만 등 전신에서 골격의 변형을 볼 수 있으며, 또한 사지와 몸통이 길고, 거미 모양의 긴 손가락을 동반하는 경우도 있다. X-선상에는 광범위한 골다공증이 특징이기도 하다. 수정체 탈구가 가장 특징적인 소견이며, 환자의 90% 이상에서 수정체 탈구를 볼 수 있고, 수정체 탈구는 3세 이후에 발생하는 경우가 많다. 다른 이상으로는 홍채진탕, 근시, 녹내장, 백내장, 망막의 이상 등이 이차적으로 나타난다. 전신의 동정맥에 발생하여 심근경색, 뇌혈전 색전증, 폐색전증 등이 나타나며 주요 사인이 된다.

메틸렌 테트라하이드로폴레이트(methylene tetrahydrofolate) 환원효소 결핍으로 인한 호모시스틴뇨증은 발달장애, 정신질환, 혈액순환장애 그리고 호모시스틴뇨증을 일으킨다. 전형적인 호모시스틴뇨증과는 달리 수정체 탈구나 골격계 이상 소견을 보이지 않고, 혈청 메티오닌이 정상이거나 낮은 것이 특징이다.

2) 영양관리

호모시스틴뇨증 환자의 치료목표는 총 호모시스테인 농도를 가능하면 정상으로 유지하며 혈장 시스틴 농도를 정상범위(50~90μmol/L)로 유지하는 것이다. 먼저 피리독신(pyridoxine)에 대한 반응을 평가하기 위해 비타민 B_6(200~1,000mg/일)를 대량 투여한다. 혈액 내의 메티오닌(methionine)치가 정상화되고 소변의 호모시스틴 배설이 소실되면, 식이조절 없이 비타민 B_6의 투여를 계속하여도 예후가 좋다. 효과가 없으면 될 수 있는 대로 빨리 시스틴을 첨가한 저메티오닌식과 베타인(betaine, 6~9g/일)을 투여하여 치료한다. 특수분유를 복용하며, 피리독신에 반응하는 환자는 단백질 제한식만 필요하고, 반응하지 않는 환자는 철저한 메티오닌제한 식이와 시스틴의 보충이 필요하다.

메틸렌 테트라하이드로폴레이트 환원효소 결핍으로 인한 호모시스틴뇨증은 엽산 20mg을 경구로 투여하면 소변에서 호모시스틴이 감소한다. 이런 치료로 뇌 기능이 호전되고 혈액 응고로 인한 순환장애도 호전될 수 있다.

6. 유당불내증

1) 원인 및 증상

유당불내증(lactoase intolerance)은 유당 소화효소인 락타아제(lactase)의 결핍이나 활성 저하로 발생한다. 장내에서 락토오스(lactose)가 단당류인 글루코오스(glucose)와 갈락토오스(galactose)로 분해되어 흡수되지 않으면, 장내의 삼투압 상승으로 수분이 유입되어 설사나 복부팽만, 장 경련, 복통 등을 유발한다. 전 세계적으로 흑인, 아시아인, 아프리카인은 백인보다 유당불내증이 많이 나타난다.

2) 영양관리

유당을 유산으로 발효시킨 유제품을 이용하거나 유당분해효소를 첨가하여 유당을 분해시킨 저락토오스 우유 등의 대체식품을 섭취한다. 후천적인 유당불내성의 경우에는 소량의 우유를 천천히 늘려가면서 마시면 유당분해효소가 다시 증가하기도 한다.

7. 윌슨병

1) 원인 및 증상

윌슨병(Wilson's disease)은 ATP7B(윌슨병단백질) 유전자의 돌연변이에 의해 발생한다. ATP7B는 간세포 안으로 운반된 구리를 셀룰로플라스민(ceruloplasmin)과 결합시켜 세포 밖으로 운반하거나 담도로 배출하는 등 구리를 운반하는 데 필요한 단백질이다. 그러나 윌슨병에서는 이 염색체에 돌연변이가 생김으로써, 구리가 담즙으로 배설되지 못하고 간에 축적된다.

어린 나이에 발병된 경우에는 주로 간질환으로 발현되는 경우가 많으며, 늦게 발병되는 경우에는 신경학적 이상이 주된 증상이 된다. 초기에는 간 효소 활성이 약간 증가되나 증상이 없는 간 비대로 시작되어 만성 활동성 간염, 간경화, 전격성 간염으로 발현하게 된다. 신경학적 증상은 대개 15세 이후 청소년기에 시작된다. 초기에는 손 떨림이 오고, 발음이 불분명해지며, 침 흘림 및 특징적인 얼굴 표정이 나타날 수 있다. 진행이 진전되면 보행장애, 정서장애, 행동장애 및 치매가 나타나기도 한다. 기타 용혈성 빈혈, 신세뇨관장애, 골격 관절이상, 부갑상선저하증이 나타나며, 각막에 구리가 침착기도 한다.

2) 영양관리

간이나 코코아, 초콜릿, 버섯, 조개, 건조된 과일 등 구리가 많이 함유된 음식은 삼가는 것이 좋다. 또한 페니실아민(pemcillamine)은 구리 배설을 촉진하므로 윌슨병 치료의 기본이다. 이 약제는 항피리독신 작용이 있으므로 피리독신을 보충해야 한다. 10%의 환아에서 페니실라민의 부작용이 발생하는데 이 경우 트리엔틴(trientine)을 투여하기도 한다. 이러한 치료와 함께 고용량의 아연을 복용함으로써 구리의 흡수를 낮출 수 있다.

QUESTIONS

01. PKU의 증상에 대해 설명하시오.
02. 페닐케톤뇨증의 영양관리 원칙에 대해 설명하시오.
03. 단풍당뇨증에 대한 증상을 서술하시오.
04. 갈락토오스혈증의 원인에 관하여 설명하시오.
05. 유당불내증의 영양관리 방안에 대해 설명하시오.

면역질환 및 식사성 알레르기

1. 면역 개념 | 2. 영양과 면역 | 3. 후천성면역결핍증(AIDS) | 4. 식사성 알레르기

CHAPTER 16

- **B-림프구(B-임파구, B-세포)** 골수(bone marrow)에서 유래하며 항체를 생성해서 체액성 면역(humoral immunity)을 수행한다.
- **T-림프구(T-임파구, T-세포)** 흉선(thymus)에서 최종 세포 분화하며 세포성 면역(cell-mediated immunity, 또는 세포매개성 면역)을 수행한다.
- **골수(bone marrow)** 장골(long-bone) 중앙에 위치하며 혈구세포들(적혈구, 백혈구 등)이 생성되는 조직 기관. 특히 후천성 면역에서 항체를 생성하는 B-세포가 완성되는 기관
- **교차반응성(cross-reactivity)** 항체가 고유의 항원에만 반응하는 것이 아니라, 유사한 항원에도 반응하는 것이다.
- **기억세포(memory cell)** 면역세포인 림프구가 처음으로 특정 항원에 반응하였을 때 생성되며, 항원이 제거된 이후에도 항원에 대한 기억을 하고 있는 세포. 추후 같은 항원에 대해서 반복적으로 노출될 때, 더 빠르고 강화된 후천성 면역 (항체 형성 등) 기능을 한다.
- **대식세포(macrophage)** 선천면역에서 백혈구 일종인 단핵구가 병원체를 만나면 대식세포로 변한다. 염증성 사이토카인(cytokine)을 분비하며, 혈관보다 세포조직에 있는 병원체, 미생물, 암세포에 대해서 식세포작용을 한다.
- **리소좀(lysosome)** 세포질에 있는 세포소기관으로서, 단백질 또는 핵산을 분해하는 효소가 들어 있다. 세포 안으로 들어온 병원체를 분해하거나(식세포작용), 세포 내 구성 성분을 조절한다.
- **면역글로불린(immunoglobulin, Ig)** 면역세포인 B-림프구가 생성하는 항체 단백질. IgG가 가장 일반적이며(혈액, 조직에 존재), 그 외 IgA(땀, 눈물, 콧물 등), IgM, IgD, IgE 등이 있다.
- **비만세포(mast cell)** 알레르기에 관여하는 면역세포로 IgE 항체가 부착되면 활성화되어 히스타민과 사이토카인을 분비하여 알레르기 반응을 일으킨다.
- **사이토카인(cytokine)** 면역세포가 분비하는 단백질로서 염증반응을 유도해서 면역 기능을 수행한다. 선천성 면역에서는 대식세포, 후천성 면역에서는 T-세포 등이 분비한다.
- **선천성 면역(innate immunity)** 선천적으로 가지고 태어나는 면역 기능. 물리적 방어막인 피부와 식세포 작용이 있는 백혈구에 의한 면역 기능
- **세포성 면역(cell-mediated immunity)** 세포 매개성 면역이라고도 한다. T-세포와 면역에 관여하는 다른 여러 세포들이 서로 세포 매개해서 수행하는 면역. T-세포가 매개하는 적응면역의 한 유형
- **식사성 알레르기(food allergy)** 식품이나 식품첨가물에 대해 면역학적으로 일어나는 과민반응
- **아나필락시스(anaphylaxis)** 특정 식품을 섭취 후 몇 분내 빠르게 전신에 걸쳐 진행되는 심각한 알레르기 반응. 증상은 기도협착, 혈압저하로 인한 쇼크, 맥박수 증가, 현기증, 의식불명을 동반한다.
- **알레르겐(allergen)** 알레르기를 유발하는 항원물질
- **에이즈(acquired immune deficiency syndrome, AIDS)** HIV에 감염되어서 T-세포가 파괴되어 면역 기능이 저하되는 질환
- **이중맹검 위약대조 식품유발검사(double-blind placebo-controlled food challenge)** 제삼자가 검사식품과 위약을 준비하므로 환자와 의료진 모두 제공되는 식품이 무엇인지 모르게 하여 환자와 관찰자의 편견을 최소화하는 검사
- **인체 면역결핍 바이러스(human immuno deficiency virus, HIV)** 혈액 중의 면역 T-세포를 감염시키는 바이러스
- **집단 면역(herd immunity)** 집단 내에서 면역을 가진 개체의 수가 많아질수록 면역력이 없는 개체가 감염될 확률이 낮아지는 경우를 말한다. 집단 대부분이 감염병에 대한 면역성을 가지게 되면 감염병 확산이 느려지거나 멈추게 되는 경우이다.
- **체액성 면역(humoral immunity)** 후천성 면역에서 B-세포가 만든 항체를 체액(혈액)에 방출해서 병원체를 죽이는 면역 반응
- **팽진 반응(wheal reaction)** 알레르기 피부 반응에서 관찰되는 특징적인 즉시 반응. 항원을 주사한 지 15분 이내에 불규칙하고 창백하게 부풀어 오르는 증상, 두드러기 등
- **피부단자검사(skin prick test)** 피부에 항원을 떨어뜨리고 주사 바늘로 피부에 통과시킨 후 15~20분 이내에 피부의 발적과 팽진 정도를 측정하는 알레르기 반응검사
- **항원(antigen)** 외부 병원체의 일부분으로서 항체를 생성한다.
- **항체(antibody)** 항원을 인지해서 B-세포가 만드는 단백질. 항원-항체 결합을 함으로써 항원의 작용을 중화한다.
- **형질세포(plasma cell)** 실제로 항체를 만드는 B-세포
- **후천성 면역(acquirea immunity)** 출생 이후에 병원체에 노출되면 항체 형성이나 다양한 면역세포 간 협업에 의해 생기는 면역 기능. 주로 림프구에 의해서 수행되며, 체액성 면역(B-세포 항체 형성)과 세포성 면역(T-세포 매개)이 해당된다.

1. 면역 개념

면역(immunity)이란 면역세포가 외인성 또는 내인성 이물질(항원, antigen) 및 병원체에 대해서 인체가 이물질을 식별하고 방어기전으로 제거하는 반응을 말한다. 백혈구 식세포의 자연살생에 의한 이물질 제거에서부터 항원에 대하여 특이적으로 항체(antibody)를 생성하여 제거하는 반응 등을 포함한다. 항원이 되는 외부 이물질로는 단백질, 다당류, 당지질, 핵산 등이 있으며, 병원체인 세균 및 바이러스도 이에 속한다.

항원에 대해서 항체가 반응하는 현상에서 일반적으로 인체에 유리한 현상을 면역이라 하고, 불리한 현상을 알레르기(allergy)라고 한다. 면역은 인체가 특정 항원에 노출되었을 때 항체 생성으로 항원을 제거하는 정상적 기능임에 비해서, 알레르기는 항체에 재노출되었을 때 정상적 항원-항체 반응을 하지 못하고 이물질로 과민하게 반응하는 경우이다 **그림 16-1**.

우리 몸의 면역 반응은 선천성 면역과 후천성 면역으로 구분된다. 선천성 면역은 일차적 면역 방어기전으로서 즉각적이고 비특이적인 면역과정이다. 피부를 통해서 병원체의 침입을 막거나 백혈구의 일종인 대식세포의 식균작용이 이에 속한다. 후천성 면역은 병

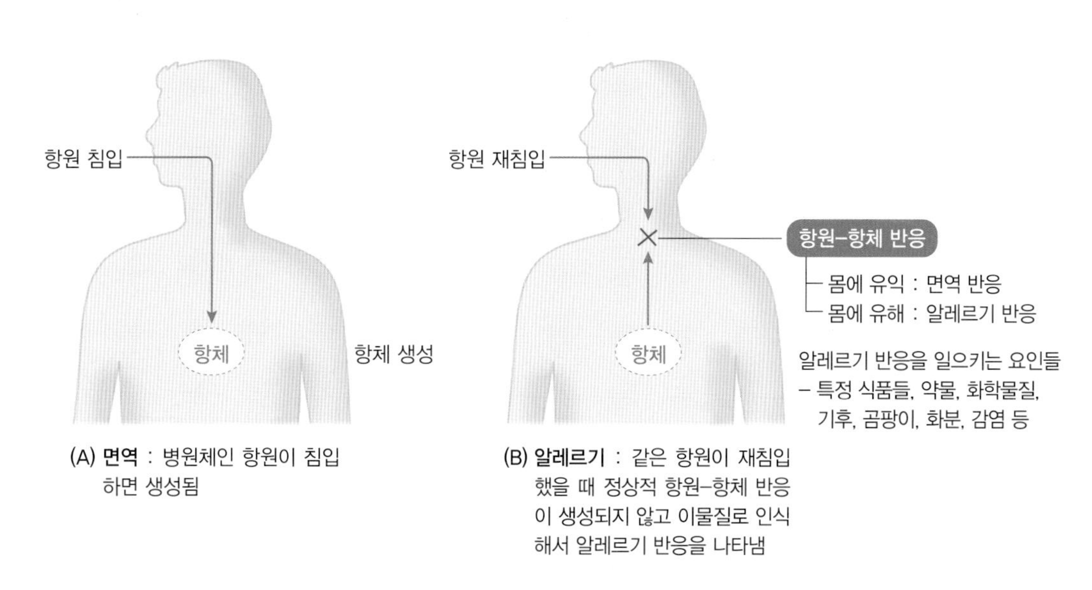

그림 16-1 면역과 알레르기 반응
출처 : 이보경 외(2018). 이해하기 쉬운 임상영양관리 및 실습. 파워북.

원체에 대한 기억에 의해서 특이적으로 반응하는 면역과정으로서, 항원에 대한 항체 형성 등이 이에 속한다. 선천성 및 후천성 면역 특성과 기전을 표 16-1, 그림 16-2에 나타내었다.

표 16-1 선천성 면역과 후천성 면역 특성

구분	선천성 면역	후천성 면역
면역 특성	선천적 면역	후천적 획득 면역
면역 특이성	비특이적	특이적
감염 후 면역 반응 기간	수 시간 이내	수 일간
면역 기전	상피 반응	면역 유도 반응
면역 분비 물질	사이토카인(cytokine), 리소자임(lysozyme)	항체(antibody)
면역 담당 세포	백혈구(식세포 등)	림프구(lymphocyte)

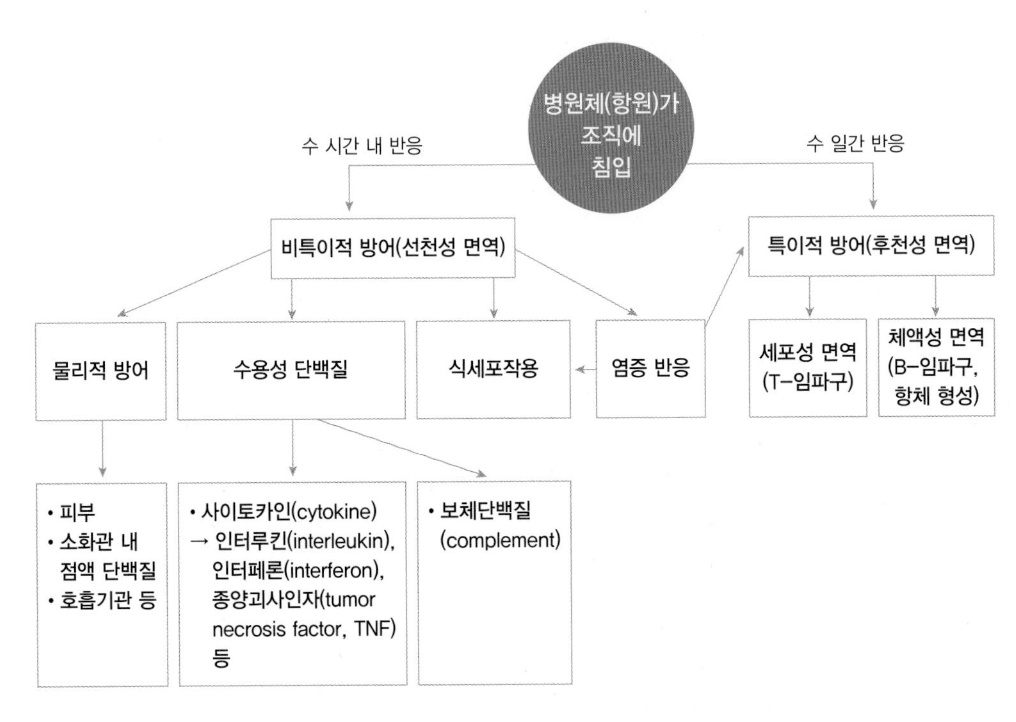

그림 16-2 선천성 면역과 후천성 면역 기전

1) 선천성 면역

선천성 면역(innate immunity)은 일차적인 면역 방어기전으로서 ① 피부나 소화관 내의 점액질, 호흡기관을 통해서 병원체가 들어오는 것을 물리적으로 차단하거나, ② 대식세포가 식균작용을 하는 경우이다. 외부병원체에 대해서 즉각적이며 비특이적이고 전방위적으로 반응하는 일차적 면역 과정이다. 선천성 면역 기능에는 외부 방어 기전

알 아 두 기

림프구(lymphocyte)

임파구라고도 하며 백혈구의 한 종류로서 면역에 관여한다. T-세포, B-세포, NK-세포(natural killer cell, 자연살해세포) 등이 림프구에 속한다. 자연살해세포는 암세포와 바이러스에 감염된 세포를 살해하는 세포식작용이 있으며(선천성 면역 기능), T-세포와 B-세포는 각각 세포매개성 면역과 항체 형성 기능으로 병원체를 제거한다(후천성 면역 기능). 림프구는 골수조직에서 조혈줄기세포로부터 만들어지는데, B-세포는 골수(bone marrow)에서 림프구가 완전히 성숙되고, T-세포는 흉선(thymus)에서 세포가 완전히 성숙되는 데서 명명되었다. 성숙된 림프구는 림프계를 순환하면서 암세포나 외부로부터 들어온 병원체를 제거한다.

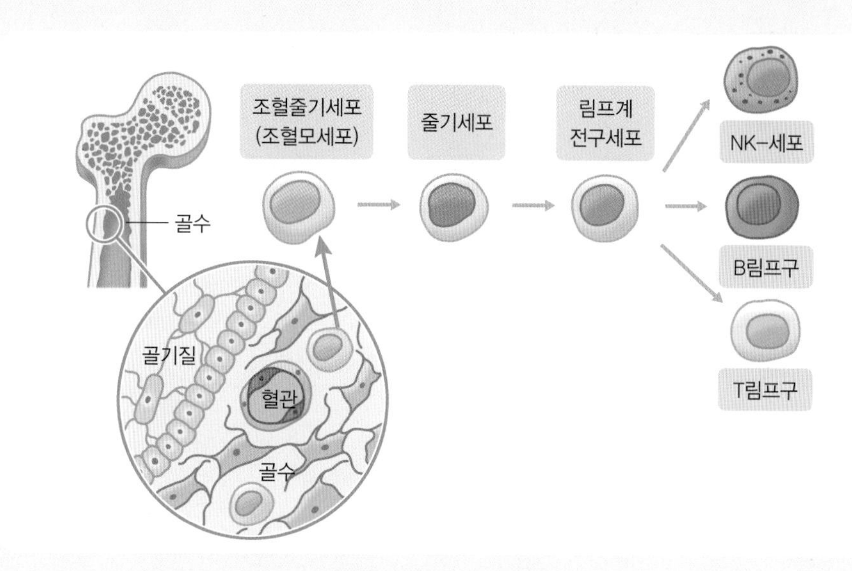

그림 **16-3** 림프구 생성 과정

(예 피부, 소화기 및 호흡기 점막, 타액, 콧물, 눈물, 땀샘, 피지선 등)과 내부 방어기전(예 백혈구 대식세포 및 보체단백질 등)이 있다. 선천성 면역을 담당하는 체내 기관 및 기능에 대해서 표 16-2에 제시하였다.

표 16-2 선천성 면역기관 및 기능

구분	기관 및 면역물질	면역 기능
1. 외부 방어	피부	• 외부 병원체 침입에 대한 방어벽 기능 • 피부세포가 리소자임(lysozyme)을 분비해서 병원체를 분해함
	소화기관	• 타액, 위액의 강산성은 세균 억제 • 대장의 유익 세균에 의한 보호
	호흡기관	• 점액 분비와 이물질을 외부로 내보내려는 이동작용 • 폐포의 대식세포
	요관 및 생식기관	• 소변 및 질액의 산성
2. 내부 방어	대식세포	• 세균, 변성 단백질, 독소 등의 식작용 및 파괴
	보체계(complement system)	• 세균 파괴 및 염증 반응 촉진 • 보체 단백질
	인터페론(interferon)	• 바이러스 복제 및 증식 억제

알 아 두 기

리소좀(lysosome)

동물세포의 세포질에 있는 과립 형태의 세포소기관으로서 안에 가수분해 효소들이 함유되어 있어서 세포 내 이물질을 녹이거나 소화해서 제거한다. 백혈구가 식균작용으로 세균을 녹여 없애는 것도 리소좀에 의한 것이다. 리소좀은 죽거나 병든 세포를 분해해서 깨끗하게 하는 일도 한다.

리소자임(lysozyme)

리소자임은 동물세포가 생성하는 항균성 효소이다(lyso- 녹이다. -zyme 효소 enzyme을 뜻함). 리소자임은 박테리아 세균벽을 가수분해해서 세균을 용해하고 파괴한다(선천면역). 리소자임은 눈물, 침, 모유, 점액 등에 많이 들어있다.

그림 16-4 리소자임

(1) 외부 방어기전

면역의 1차 방어는 피부에서 일어나며 체표면, 즉 소화기관과 호흡기관의 상피 점막세포는 면역의 1차 방어기관으로서 아주 중요하다. 이 과정에서 외부 병원체의 약 90% 정도가 제거된다. 피부는 세균의 침입을 기계적으로 막고, 땀샘이나 피지선 조직의 분비물은 피부의 pH를 산성으로 낮추어 세균의 증식을 억제한다. 타액과 콧물의 점액은 세균이 점막세포에 흡착되는 것을 막아주며 눈물, 타액, 소변 중에는 리소자임(lysozyme)이 있어서 세균의 세포막을 용해하고 분해한다.

소화기관은 특히 중요한 면역 방어기관이다. 소화기관의 융모층 점막세포는 점액 단백질을 분비해서 면역 기능을 하는 세포들이 분포해 있으며, 타액과 위산은 강산성으로 세균작용을 억제한다. 체내 림프계(lymph system)에 존재하는 대식세포(macrophage)와 면역세포들은 외부로부터 들어온 이물질을 제거하고 있다.

또한 대장(결장 부위)에는 인체에 유익한 세균집단이 성장하고 있는데(수백만 장내 세균의 서식지), 장내 해로운 세균의 증식을 막아준다. 따라서 장내 유익한 세균의 성장(프로바이오틱스, probiotics)과 이들이 필요로 하는 영양소의 공급(프리바이오틱스, prebiotics)은 면역 기능을 좋게 한다.

알 아 두 기

프로바이오틱스 & 프리바이오틱스

- 프로바이오틱스(probiotics) : 섭취했을 때 인체에 유익한 세균(박테리아)을 지칭하는 용어이다. 유산균(*Lactobacillus*)이 대표적이며, 최근에 비피더스균(*Bifidobacterium*), 엔테로콕쿠스(*Enterococcus*) 등 이로운 균주를 포함하고 있는 프로바이오틱스 제품이 발효유, 과립, 분말 형태로 판매되고 있다. 프로바이오틱스인 유산균은 위산과 담즙산에서도 살아 남아서 소장까지 도달하여 장에서 증식하며, 우리 몸에 유익한 효과를 준다. 프로바이오틱스는 독성이 없고 비병원성이어야 한다. 프로바이오틱스는 치즈, 요구르트, 김치, 된장 등의 젖산 발효식품에 많이 함유되어 있다. pro- '좋은', '친한'의 뜻
- 프리바이오틱스(prebiotics) : 장내 유익한 박테리아의 생장을 돕는 난소화성 성분으로서, 프로바이오틱스 세균들의 영양급원이 되는 물질을 말한다. 대표적 프리바이오틱스로는 이눌린(inuline) 또는 이눌린을 이용한 프락토올리고당(fructo-oilgo 당), 식이섬유소 등이 있다. pre- '이전의', '전단계' 뜻

(2) 내부 방어기전

선천성 면역에서 내부 방어기전은 ① 혈액 내에 존재하면서 항체 활성을 보조해 주는 보체계(complement계) 단백질에 의한 방어, ② 백혈구인 호중구(neutrophil)과 대식세포(macrophage)의 식작용에 의한 방어가 있다. 보체계는 혈액 내에 존재하는 약 20~30개의 효소로 구성되어 있으며, 병원체가 침입하면 즉시 급성 염증 반응을 일으킨다. 식세포 작용은 세포막에 흡착된 세균을 세포 내로 유인해서 세포 안의 세포소기관인 리소좀(lysosome)에 의해서 세균을 분해한다.

2) 후천성 면역

후천성 면역(acquired immunity, 획득 면역)은 2차 면역 방어기전으로서, 특정 병원체(항원)와 면역물질 생성에 대한 기억을 해서 면역 기능을 수행한다. 후천성 면역의 기억은 이전에 인체에 침범했던 병원체의 정보를 기억하여 추후에 같은 병원체에 감염되면 더 빠르고 강한 면역 반응을 유도한다. 후천성 면역은 자아(self)와 항원인 비자아(non-self)에 대한 식별이 뚜렷하며, 특정 항원에 대해서 항체를 만들어서 반응하므로 특이적 면역 반응에 속한다. 면역물질 생성을 기억해서 면역을 수행하기 때문에 선천성 면역에 비해서 세포 수준에서의 면역 방어기전이다. 질병에 미리 걸린 경험이 있거나 항원에 대한 학습, 백신(vaccine) 예방 접종 등이 후천성 면역의 원리이다.

후천성 면역에는 세포성 면역과 체액성 면역이 있다. ① 세포성 면역은 면역작용을 수행함에 있어서 여러 종류의 면역세포들이 각각의 세포 기능을 매개하면서 면역을 수행하며, 주로 T-림프구가 관여한다. ② 체액성 면역(humoral immunity)은 B-림프구에 의하여 만들어진 항체가 체액을 타고 전신을 돌면서 항원-항체 반응에 의해서 항원을 제거하는 면역기전으로서, 체액(혈액이나 림프액)을 이용하므로 체액성 면역이라고 한다. T-림프구와 B-림프구는 모두 백혈구의 종류들이며, 항원에 특이적으로 반응하는 후천성 면역에 관여한다 그림 16-5, 그림 16-6.

(1) 세포성 면역 (T-세포)

세포성 면역(cell-mediated immunity, 세포매개성 면역)은 주로 T-세포에 의해서 수행되며, 여러 종류의 T-세포들이 서로 다른 면역 기능을 서로 매개하면서 면역을 수행하는 기전이다. 다양한 면역 기능을 수행하는 세포들에는 보조 T-세포, 세포독성 T-세포, 자연살해 T-세포 등이 있으며 서로 세포 매개적 작용에 의해서 면역을 수행한다. 예를 들면, 특정 항원이 T-세포에 감지되면 ① 보조 T-세포가 B-세포의 세포 분화를 촉진해서 항체 만드는 것을 도와주거나, ② 독성 T-세포가 독성 사이토카인을 분비하여 암세포나 바이러스에 감염된 세포를 파괴하는 경우가 이에 속한다 **그림 16-5**.

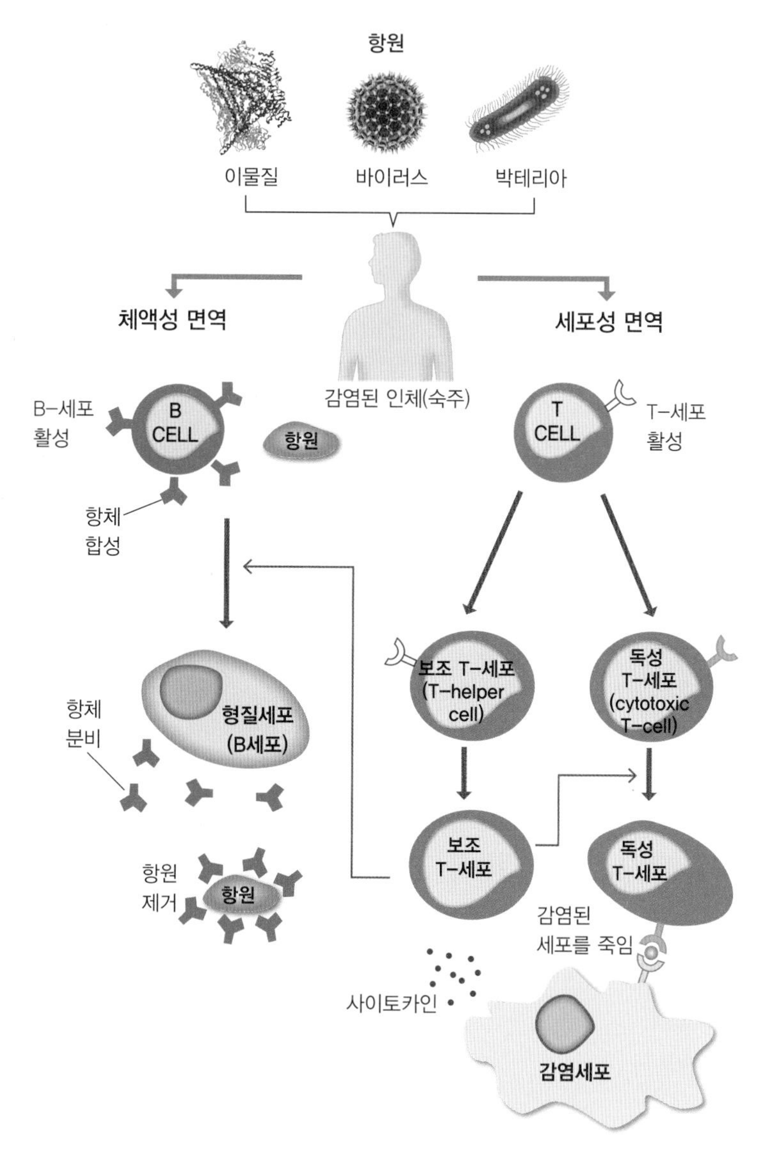

그림 16-5 세포성 면역 및 체액성 면역 기전

(2) 체액성 면역(B-세포)

체액성 면역(humoral immunity)은 B-세포가 만든 항체가 전신의 체액(혈액, 림프액)을 돌면서 항원-항체 반응에 의해서 항원을 제거하는 면역이다. B-세포가 항원과 결합하면 형질세포(plasma cell)라는 면역세포로 변하면서 이 형질세포가 항체를 생성한다. 이렇게 한 번 항체에 활성화된 B-세포는 전에 자신이 반응했던 항원에 대한 정보를 기억세포(memory cell)에 저장하게 되고, 이 기억세포가 남아서 다음에 같은 항원이 들어오면 기억하였다가 항체를 만들어서 면역작용을 하게 된다. 이 원리가 질병을 한 번 앓으면 두 번째에는 잘 걸리지 않는 이유이며, 이를 이용하여 항원(병원균)을 주사하여 기

알 아 두 기

백신(vaccine)과 예방접종

병원체를 약하게 만들어 인체에 주입하면 항체가 형성되는데, 이 원리를 이용하여 후천면역이 생기도록 하는 의약품을 백신이라고 하며, 백신을 주사하는 것을 예방접종이라고 한다. 백신 접종을 통해 병원성은 없지만 특정 병원체에 대한 항원을 인체에 주입하면, 우리 몸에서는 가벼운 증상 또는 질병에 대한 증상 없이도 병원체에 대한 기억 림프구들을 생성한다. 홍역 백신 같은 경우는 평생의 면역 기억을 유지할 수 있고, 천연두는 예방 접종에 의해서 집단면역이 생겨서 지구상에서 사라진 질병의 한 예이다.

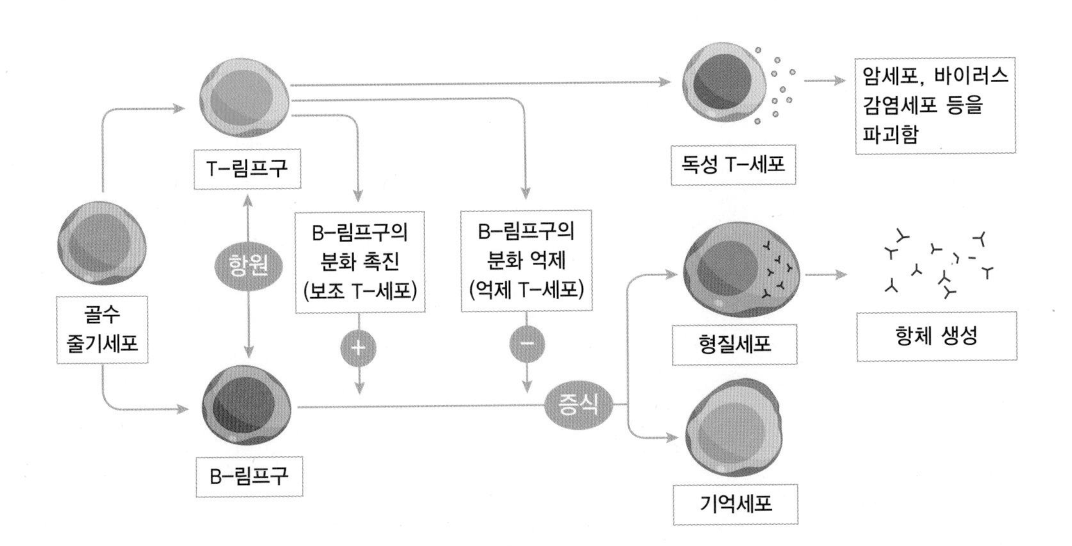

그림 16-6 T-림프구와 B-림프구 생성 과정 및 기능

억세포를 미리 만드는 것을 예방접종(백신)이라고 한다. 항체 주성분은 단백질 면역글로불린(immunoglobulin, Ig)이며 골수(bone marrow)에서 만들어진다.

표 16-3에 선천성 및 후천성 면역에 관여하는 면역세포에 대해 제시하였다.

표 16-3 면역세포 종류 및 작용

면역 종류	면역세포 형태	백혈구 종류	기능	면역 현상
1. 선천성 면역 (비특이적 면역)	식세포	대식세포 (macrophage)	세포 식작용	• 병원체 대식 및 파괴
			사이토카인, 림포카인 분비	• 발열 유발, 식욕 억제 • 림프구 활성
		호중구 (neutrophil)	세포 식작용	• 병원체 대식 및 파괴
2. 후천성 면역 (특이적 면역)	림프구	B-림프구 (체액성 면역)	항체 생성	• 병원체 직접 사멸 • 식세포가 병원체를 쉽게 인지하도록 도와줌
		T-림프구 (세포성 면역)	보조 T-세포 : 항체 인식	• T-세포와 B-세포에 항체 전달
			살해 T-세포 : 면역물질 분비	• 병원체 파괴
			유도 T-세포 : T-세포 발달 자극	• 흉선에서의 T-세포 생성 증가

주 1) 림포카인(lymphokine) : 림프구가 분비하는 물질. 단백질, 면역에 관여함
2) B-림프구(B-세포), T-림프구(T-세포)

2. 영양과 면역

1) 면역과 항산화작용

항산화작용이란 세포가 산화에 의해서 파괴되는 것을 억제하는 작용을 말한다. 세포는 산소를 활용한 정상적 세포호흡을 함으로써 섭취한 에너지영양소를 대사하여 에너지 저장물질인 ATP를 만든다. 이 과정은 주로 세포 내 미토콘드리아에서 일어나며, 이 과정에서 산소가 과다할 때 예외적으로 활성산소(reactive oxygen species, ROS)가 생길 수 있다. 활성산소는 화학적으로 반응성이 과하게 높은 산소분자물로서, 세포 내 활성

산소가 증가하면 생체세포의 지질막, 단백질(세포 내 효소 등), DNA 등에 손상을 일으키며 이는 질병이나 노화를 유도하게 된다. 세포 내 활성산소 물질이 과다하게 많아지는 상태를 세포의 산화적 스트레스(oxidative stress)라고 부르며, 활성산소에 의한 세포 산화작용을 방지하는 세포의 항산화작용은 질병 예방에 매우 중요하다.

2) 면역과 항산화영양소

세포의 항산화작용을 도와주는 영양소들은 세포 면역 기능도 증강시킬 수 있다. 아래에 항산화영양소 종류와 관련된 면역 기능을 제시하였다 표 16-4. 이들 외에 미량무기질 셀레니움(Se)과 비타민 C도 항산화영양소에 속한다.

표 16-4 항산화영양소와 면역 기능

영양소	면역 기능	함유식품
아연	• 면역 기능 증강. 미량 무기질 • 림프구(T-세포) 생성 증가 • 감염에 대한 저항력 증가	육류, 생선, 굴, 해산물, 곡류, 달걀, 콩류 등
비타민 A	• 항체 생성 증가 • 림프구(T-세포) 생성 증가 • 감염에 대한 저항력 증가	등푸른 생선, 당근, 녹황색 채소, 과일 등
비타민 E	• 항체 생성 증가 • 식세포 및 림프구 생성과 반응성 증가 • 바이러스에 대한 저항력 증가	토코페롤, 씨 또는 종자류, 견과류 등
비타민 B_6	• 항체 생성 증가 • 림프구 생성 및 반응성 증가	육류, 바나나, 해바라기씨, 감자, 시금치 등

출처 : Whitney EN & Rolfes SR(2013), Understanding Nutrition(13th), Wadsworth Publishing.

3. 후천성면역결핍증(AIDS)

후천성면역결핍증(acquired immune deficiency syndrome, AIDS, 에이즈)이란 인체면역결핍바이러스(human immunodeficiency virus, HIV)가 몸속에 침입하여 면역세포(특히 T-세포)를 파괴시켜 전반적으로 면역 기능이 저하된 증상을 말한다.

1) 발병 기전과 증상

(1) 발병 기전

인체면역결핍바이러스(HIV)에 감염되면 면역세포인 T-세포가 HIV에 의해서 파괴되어서 후천성 면역 기능이 저하되어, 후천성면역결핍증에 걸리게 된다. 따라서 에이즈 환자는 가벼운 감염이나 병원체 침입에도 쉽게 병에 잘 걸리며, 면역 기능이 저하되어 있기 때문에 병의 회복도 어렵다. HIV가 인체에 감염되면 수 주(6~12주)가 지나서야 항체가 형성되는데, 이 항체가 검사되어야만 AIDS 진단을 할 수 있기 때문에 현재는 조기진단도 어렵다. 초기에 증상이 명확하지도 않고 미리 예방적 진단검사가 어려우며, 아직까지는 이 바이러스에 대한 백신(vaccin)이 개발되어 있지 않아 예방이 어려운 만큼 특별히 바이러스 감염에 주의해야 한다.

(2) 전염 경로

HIV 감염은 이 바이러스를 가지고 있는 사람의 체액이 다른 사람에게 옮겨 갈 때 전염된다. 해당되는 체액의 종류는 혈액, 정액, 질액, 모유 등이 있으며, 감염된 체액들이 체내 기관의 표면에 있는 점막세포층이나 상처난 조직을 통해서 혈액으로 들어가거나, 또는 혈액주사 바늘을 통해서 혈액에 감염되는 경우, 성생활 등에 의해서 감염될 수 있다.

2) 증상

HIV에 감염되면 초기에는 별 특징적인 증상이 나타나지 않으며, 체중 감소(평균 체중의 10% 정도), 만성 설사, 발열, 기침, 전신 피로 등 일반적으로 병원체 감염에 의한 비특이적 면역증상이 나타난다. 질병이 진행되어서 무증상기(평균 10년)를 지나면 면역력이 많이 저하되고, 피부염과 물집, 구강 및 식도염, 대상포진, 임파선 종창 등이 나타나며, 폐렴 등 기회감염증이나 임파암 같은 기회암이 나타난다. HIV 바이러스 치료제가 있으나 전반적으로 후천성 면역 기능이 저하되므로 완치가 쉽지 않다.

알 아 두 기

기회 감염증

기회 감염증(opportunistic infection)이란 면역 기능이 저하되면 나타나는 감염증으로서, 면역 기능이 정상 일 때는 걸리지 않다가 면역이 저하되면 병원체 감염이 쉬운 경우를 말한다. 예를 들면 기회암 같은 경우가 이에 해당된다. 따라서 병원체에 대한 저항력이 약해지거나 면역이 저하되어서 질병이 발생하게 되는 경우를 주의해야 한다.

알 아 두 기

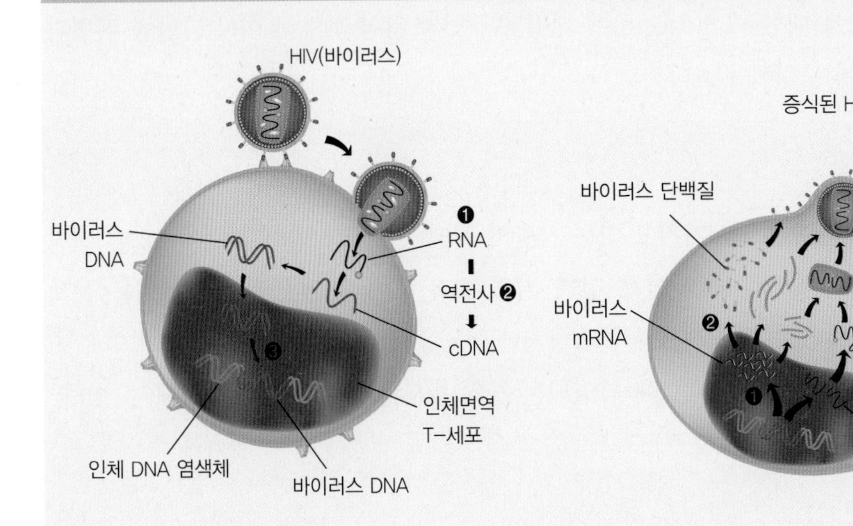

(A) HIV가 면역세포를 감염시키는 과정

❶ HIV(인체면역결핍 바이러스)는 DNA는 없고 RNA만 존재하는데, 인체 면역세포인 T-세포를 감염시켜서 세포 안으로 들어오게 되면, ❷ T-세포 안에서 바이러스 RNA는 cDNA(complementary DNA)로 합성되는 역전사 과정을 거쳐서 바이러스 DNA를 합성한다. ❸ 합성된 바이러스 DNA는 인체 T-세포의 DNA에 삽입된다. 이와 같이 바이러스는 자신의 DNA를 합성할 수 없기 때문에 숙주(사람, 동물 등)을 이용하여 DNA를 합성하며, 인체 면역세포를 감염 파괴시킨다.

(B) 인체 내 HIV 증식 과정

❶ 인체 면역세포 안에서 증식된 바이러스 DNA는 mRNA (messenger RNA)를 합성하여(전사 과정), ❷ mRNA로부터 단백질을 합성하고(번역 과정), 이러한 과정을 반복하면서 바이러스의 생존을 유지한다. ❸ 또, 바이러스 RNA를 합성하여 증식한 다음, T-세포를 파괴하고 나와서 또 다른 숙주 T-세포를 감염시킨다.

그림 **16-7** HIV 감염 및 증식 기전

2) 식사요법

(1) AIDS 영양관리

후천성면역결핍증(AIDS) 환자에 대한 식사요법 및 영양관리는 저하된 면역 기능을 도와주기에 필요한 영양소를 충분히 공급하고, 질병이 진행되면 나타나는 영양불량 상태를 개선하는 데 그 목적이 있다. 발병 초기의 식사요법 목적은 체세포 소모 예방, 치료효과 증진, 임상적 및 심리적 안정 등이며, 말기에는 극도의 영양불량 상태를 치유하고 증후를 경감시키는 데 그 목적이 있다. HIV 감염자 및 AIDS 환자의 구체적인 식사요법 목표는 다음과 같다.

① 체중감소 및 영양결핍증 예방
② 면역기능 저하 방지 및 감염 예방
③ 소화기 기능의 정상화 유도(적절한 식품 섭취의 목적)
④ 질병 초기에는 체중 감소 유의 및 예방
⑤ 질병 말기에는 심한 단백질-에너지 영양불량 상태 관리

(2) AIDS 식사요법

다음은 AIDS 환자의 일반적 식사요법이며, 합병증이나 기저질환이 있는 경우에는 그 질병과 관련된 식사요법을 병행하면 된다.

① **충분한 칼로리 섭취** AIDS는 소모성질환이므로 에너지 요구량이 증가한다. 환자의 기초대사량에 맞게 열량요구량을 공급하고, 동화작용(합성작용)을 위해 칼로리를 충분히 공급한다. 발열로 인한 에너지요구량 증가 시에도 충분한 에너지를 공급한다(체온 1도 상승 시 열량 13%, 단백질 10% 정도 증가).
② **적절한 탄수화물 섭취** AIDS 환자는 발열이나 체조직 소모로 열량이 많이 요구된다. 따라서 탄수화물이 부족되지 않게 공급하도록 한다.
③ **충분한 단백질 섭취** 체단백 유지 및 보충을 위해 충분한 단백질을 섭취하는 것이 좋다. 그러나 신장질환이나 간질환이 있을 때에는 단백질 양이 제한되어야 한다.
④ **지방 섭취량은 적절히 조절** 지방에 대한 지침은 아직 유동적이며, 흡수불량이 있을 때

에는 저지방식과 중쇄중성지방을 공급할 수 있다. 오메가-3 지방산에 대한 섭취 권고도 있으나 아직은 더 많은 연구가 필요하다.

⑤ **비타민과 무기질의 적절한 섭취** 열량 요구량이 높아지는 만큼, 에너지 대사에 필요한 비타민과 무기질 공급이 부족되지 않아야 한다. 지용성 비타민과 무기질의 과잉 섭취는 도리어 면역 기능 저하를 유도할 수도 있다.

⑥ **손실에 따른 수분 보충** 설사, 구토, 오한 및 발열 등으로 수분 손실이 있을 때는 수분 공급을 늘려서 손실된 체액을 보충한다.

4. 식사성 알레르기

1) 식사성 알레르기 반응

알레르기는 외부물질(예 음식, 꽃가루, 먼지 등)에 대한 항체가 생겨서 일어나는 과잉의 항원·항체 반응이다. 알레르기를 유발하는 항원물질을 알레르겐(allergen)이라고 하며 기관지 천식, 비염, 결막염, 피부염, 두드러기, 발작 등의 증상을 일으킨다.

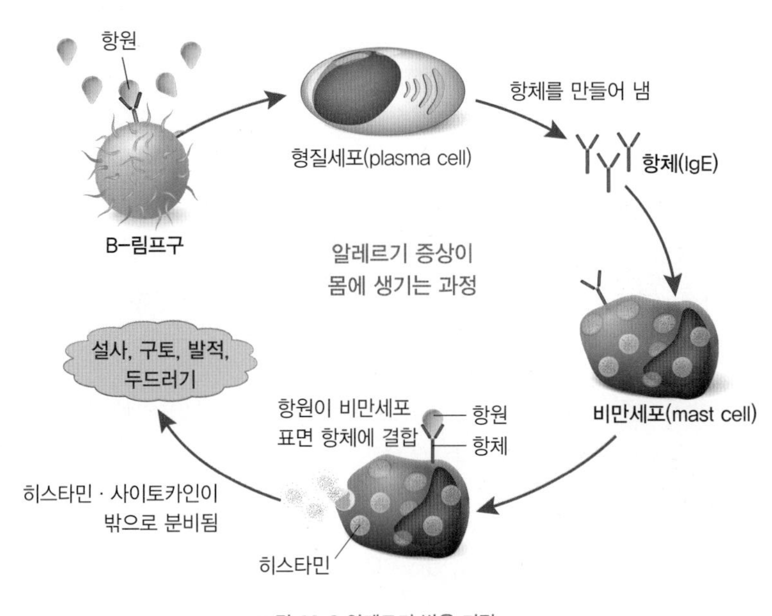

그림 16-8 알레르기 반응 기전

알레르기 반응은 알레르겐(항원)에 노출되면 체내는 알레르겐에 대한 특이적인 면역글로불린 E(IgE) 항체를 만든다. 이러한 항체가 만들어진 상태에서 동일한 알레르겐에 다시 노출되면 형질세포에서 분비하는 IgE 항체가 혈액을 순환하다가 비만세포에 부착하고 항원과 결합하게 되면 비만세포는 히스타민을 포함한 염증매개물질을 분비하여 국소적인 염증 반응을 일으킨다 그림 16-8. 알레르기 반응은 항체 의존적인 제1형, 제2형, 제3형과 T-세포 의존적인 제4형 4가지로 분류된다 표 16-5. 항체 IgE가 관계하는 갑작스런 제1형 과민 반응이 가장 일반적이다.

알 아 두 기

알레르기와 히스타민

히스타민(histamine)은 면역세포가 외부자극에 대하여 신체가 빠른 방어 행위를 하기 위하여 분비하는 물질이다. 히스타민이 분비되면 감염된 곳이 붓거나 통증과 염증 반응(inflammation)이 일어난다. 항히스타민제는 히스타민의 작용을 억제해서 두드러기, 염증, 부종 등의 알레르기성 반응을 저하시킨다(소염제 등). 알레르기 외에도 콧물, 재채기, 불면, 어지러움, 구토, 멀미 등을 완화하는 데도 사용된다. 따라서 항염증제 목적이나 피부 알레르기를 완화시키기 위해 항히스타민제를 복용하면 졸음이 잘 오고, 장기 복용 시에는 약물 내성이 생길 수 있다.

표 16-5 알레르기 반응의 분류

분류		항원	항체	주요 질환 및 증세
즉시형 알레르기	제1형 (IgE 매개형, 아나필락시스형)	식품 내 단백질, 다당류, 핵산 또는 꽃가루, 먼지, 곰팡이 등	IgE	기관지 천식, 두드러기, 구토, 설사, 아토피성 피부염, 알레르기성 비염, 대부분 식품 알레르기
	제2형 (항체 매개형)	적혈구, 약물 등	IgG, IgM	혈액형 부적합 수혈 반응, 자가면역성 용혈, 약물 알레르기
	제3형 (면역복합체 매개형)	세균, 바이러스 또는 일부 식품 내 성분	IgG, IgM과 순환 항원의 복합체	사구체신염, 폐렴, 대장염, 출혈성 장염, 흡수불량증, 일부 식품 알레르기
지연형 알레르기	제4형 (T-림프구 매개형)	조직세포, 화장품, 페인트 등의 성분, 결핵균 등	T-세포	이식 거부 반응, 접촉성 피부염, 투베르쿨린 반응, 단백질 손실성 장질환, 궤양성 결장염, 소아지방변증

식사성 알레르기는 식품이나 식품첨가물을 섭취 한 후 발생하는 면역학적 과민 반응이며, 식품 과민성(food hypersensitivity)이라고도 한다. 식사성 알레르기 반응은 특이항체 IgE가 형성되는 제1형 알레르기가 대부분이며, 면연기전과 관계없이 발생하는 식품불내성과 구분된다 표 16-6. 식사성 알레르기는 주로 영유아기에 발생률이 높고 특히, 아토피성 피부염 환자들에서 흔하며 나이가 들면서 현저히 감소한다.

표 16-6 식품 이상 반응

분류	면역기전 관련성	요인 및 증상
식품 알레르기 (food allergy)	관련 있음	• IgE 연관증상 – 국소 증상 : 두드러기, 혈관부종, 발진, 비염, 구강알레르기 – 전신 증상 : 아나필락시스 • IgE 무관증상 – 위장 증상 : 소장결장염, 직장염 – 장외 증상 : 접촉성 피부염 • IgE–비 IgE 혼합형 – 아토피성 피부염, 호산구성 식도염과 위장염, 천식
식품 불내증 (food Intolerance)	관련 없음	• 효소 결핍 : 락타아제 등 • 감염 : 대장균, 포도상구균 등 • 약물 반응 : 카페인, 데오브로민(theobromine), 티라민(tyramine) 등 • 독성물질 : 테트로톡신(복어독) • 오염물 : 중금속, 농약, 항생제 • 기타 정의되지 않는 것

알 아 두 기

식사성 알레르기와 식중독의 차이점

식사성 알레르기의 알레르겐은 식품 내 단백질로 특정 사람에게 나타나는 과민 반응이나, 식중독은 식품 성분이 아닌 독소나 세균에 의해 발생하는 것이 알레르기와 다른 점이다.

2) 원인과 증상

① 원인

식품 성분 중 당단백질이나 단백질이 주요 유발물질로 알려져 있다. 식사성 알레르기를 일으키는 대표적인 식품에는 우유, 달걀, 땅콩, 대두, 밀, 견과류, 새우나 게 등의 갑각류, 조개류, 생선, 식품첨가물 등이 있다 표 16-7.

표 16-7 알레르기 유발 식품

식품군	알레르기 유발식품
곡류군	빵, 메밀, 밀, 옥수수, 밤, 콩
어·육류군	고등어, 꽁치, 청어, 연어, 새우, 오징어, 낙지, 조개류, 쇠고기, 돼지고기, 닭고기, 햄, 소시지, 베이컨, 달걀
채소군	가지, 죽순, 시금치, 버섯, 양파, 고사리, 토란
우유군	우유, 아이스크림
과일군	복숭아, 살구, 딸기, 토마토, 키위, 사과, 배, 바나나, 체리, 멜론, 파인애플, 자두
지방군	땅콩, 호두, 잣, 아몬드
기타	주류(맥주, 청주, 위스키 등), 곰팡이(간장, 된장 고추장 등에 생긴 곰팡이), 식품첨가물(착색제, 조미료, 산화방지제, 발색제 등)

② 증상

식사성 알레르기 증상은 표적기관에 따라 두드러기 또는 아토피성 피부염과 같은 피부질환, 기관지 천식, 알레르기 비염과 같은 호흡기질환, 설사, 구토 같은 위장관질환 등이 다양하게 나타나며, 소화기 증세가 가장 빈번하고, 다음으로 피부와 호흡기계 증상이 나타난다. 아나필락스 같은 전신적인 반응이 나타나기도 한다. 급성형은 노출 후 몇 분 내에서 1~2시간 내에 일어나며, 만성형은 섭취 후 2시간 이후부터 1~2일 이후에 나타나기도 한다.

3) 알레르기 진단

① 병력조사

환자의 식사력, 임상증상, 가족력으로 알레르기 원인이 될 수 있는 것을 파악하는 것으로 진단을 위한 첫 단계이다. 환자에게 문진을 통해 임상 양상, 음식물 섭취 후 증상이 발현되는 데 소요되는 시간, 증상의 빈도, 최근 증상 및 시기 등 여러 요소들을 확인한다. 보다 정확한 정보를 파악하기 위해서 식사일기를 작성하는 것이 도움이 된다.

② 피부반응검사

피부반응검사는 의심되는 알레르겐을 피부에 떨어뜨리고 바늘로 살짝 찔러서 항원이 피부 안으로 들어가게 한 후 15~20분 정도 되었을 때 피부의 발적 및 팽진 정도를 측정하는 방법이다. 식사성 알르레기 반응이 IgE-매개성이면 실시할 수 있지만, 아나필락시스와 같은 부작용이 발생할 수 있어서 일반적으로 피부의 표피에만 항원에 노출되도록 하는 피부단자검사를 시행한다 그림 16-9.

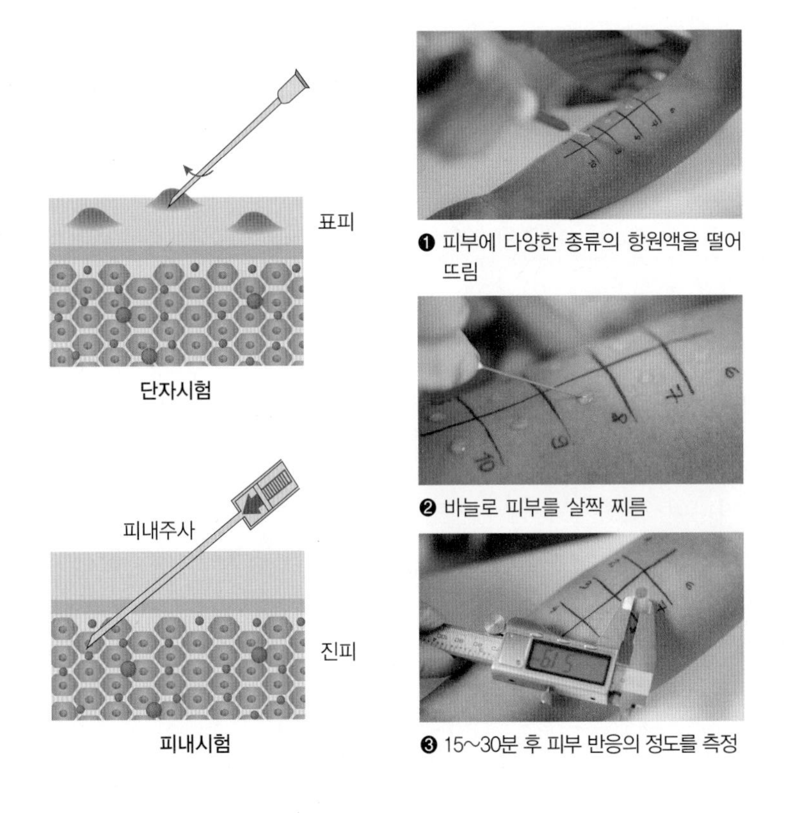

그림 16-9 피부단자시험 및 피내시험

③ 혈액검사

혈액 중의 IgE 농도를 측정하여 IgE-매개성 알레르기 여부를 측정하는 방법이다. 라스트(RAST)와 엘라이자(ELISA) 법이 있으며, 최근에는 한 번의 혈액 검사를 통해 수십 가지의 항원에 대한 알레르기 반응을 확인할 수 있는 마스트(MAST)와 유니캡(UniCAP)

검사법을 사용하고 있다.

④ **식품시험**

- **유발식사에 의한 시험** 알레르기가 의심되는 음식물을 환자에게 직접 섭취하게 한 후 임상증상이 발생되는지를 관찰하여 진단하는 방법으로 이중맹검 위약대조 식품유발 시험을 원칙으로 한다. 의심이 되는 알레르겐을 캡슐 안에 넣어 투여해야 하며 환자뿐만 아니라 관찰자나 검사자도 그 물질에 대하여 알지 못하도록 한다. 알레르기 반응이 의심되는 식품을 소량에서 시작하여 단계적으로 늘려 증세가 나타나면 원인식품으로 판단한다. 이 방법은 시간과 노력이 많이 들고 아나필락시스의 위험성이 있어서 특히 소아에게 시행은 감소되고 있다.
- **제거식사에 의한 시험** 제거식사법은 알레르기를 일으키는 것으로 의심되는 음식을 제거한 후 알레르기 반응을 관찰하여 진단하는 방법이다. 증상의 종류에 따라 검사 기간은 달라지나 일반적으로는 1~6주간의 기간이 필요하다.
- **유발식사와 제거식사의 응용식사에 의한 시험** 항원으로 의심되는 식품을 모두 제거하여 흰죽과 설탕으로 구성된 기본 식사에 한 가지씩 가해서 알레르기 반응 유무를 관찰하는 방법이다.

4) 식사요법

식사성 알레르기는 원인식품을 제한하여 증상을 예방 또는 치료하며, 다른 식품으로 대체하여 식품 제한으로 야기될 수 있은 영양문제를 해결한다.

① **원인식품 제한**

식사성 알레르기 치료에는 우선적으로 알레르기 원인식품를 제거한다. 원인 식품이 소량 들어 있거나 가공처리된 식품도 제한한다. 가공식품의 경우 원인식품이 포함되어 있는지 식품성분표시를 통해 확인할 수 있다. 섭취 중단 후 시간이 지나면 다시 소량 섭취하게 한 후 이상이 없을 때까지 점차 섭취량을 증가시킬 수 있다.

알 아 두 기

식품알레르기 유발물질 표시

식약처의 '식품 등 표시기준' 고시에 따르면 알레르기 유발물질은 함유된 양과 관계없이 원재료명을 표시해야 한다.

❶ 표시대상

난류(가금류에 한한다), 우유, 메밀, 땅콩, 대두, 밀, 고등어, 게, 새우, 돼지고기, 복숭아, 토마토, 아황산류(이를 첨가하여 최종제품에 SO_2로 10mg/kg 이상 함유한 경우에 한한다), 호두, 닭고기, 쇠고기, 오징어, 조개류, 굴, 전복, 홍합, 잣을 원재료 사용

❷ 표시방법

원재료명 표시란 근처에 바탕색과 구분되도록 별도의 알레르기 표시란을 마련하여 알레르기 표시대상 원재료명을 표시

② 유사대체식품 사용

제한식품이 많아지고 장기화되면 영양적으로 충분할 수 없으므로 제한된 식품과 영양가가 비슷한 식품으로 대체할 필요가 있다 표 16-8. 특히 성장기 어린이의 경우에는 적절한 영양 공급을 위해 더욱 주의가 필요하다. 유사식품으로 대체할 경우 유사한 단백질로 인한 교차 반응이 있을 수 있으므로 주의해야 한다.

표 16-8 식사성 알레르기 유발식품과 대체식품

제한식품	피해야 하는 식품	대체식품
우유	치즈, 아이스크림, 요구르트, 크림수프, 버터 등의 우유가 함유된 제품, 캔디, 푸딩, 커스터드	두유, 우유를 함유지 않은 식품, 코코넛
달걀	커스터드, 푸딩, 마요네즈, 제과제품, 국수(달걀이 포함된 것), 기타 달걀을 포함한 식품	달걀을 포함하지 않은 제과제품, 스파게티, 쌀
밀	밀가루를 포함한 조질식품(튀김옷 포함), 과자, 크래커, 마카로니, 스파게티, 국수, 그레이비 소스, 간장, 핫도그, 소시지	쌀로 만든 빵, 떡, 시리얼, 보리, 쌀, 오트밀, 옥수수가루, 당면, 팝콘, 옥수수전분
대두	간장, 데리야키 소스, 우스터 소스, 참치 통조림, 대두, 두유, 두유제품, 마가린	견과류우유, 코코넛우유
옥수수	제과제품, 옥수수빵, 팝콘, 팬케이크 시럽	설탕, 메이플시럽, 꿀
쇠고기	쇠고기수프, 쇠고기소스	콩으로 만든 육류제품
초콜릿	캔디, 코코아	설탕

③ 조리법 조절

조리법에 따라 알레르기 반응이 달라질 수 있으므로 조리법을 달리하여 알레르기를 예방한다. 달걀을 가열하거나 산으로 처리하면 생달걀에 비해 알레르기 반응이 일어나지 않을 수 있는데 이는 단백질 변성이 일어나서 항원으로 작용하지 않기 때문이다. 우유를 데워 마시거나 전분식품과 함께 크림 수프, 푸딩, 케이크 등으로 제공할 때 알레르기가 발생하지 않기도 한다. 빵에 과민 반응을 보이는 사람도 바싹 구운 토스트에는 아무런 반응을 보이지 않기도 한다.

④ 기타

식품 재료는 신선한 것을 선택하고 가공식품, 향신료, 자극성 조미료는 사용을 피한다. 소화가 잘 되는 음식을 섭취하며, 단백질과 지방 식품을 과식하지 않는다. 또한 알레르기는 염증 반응이므로 알코올 섭취는 금한다.

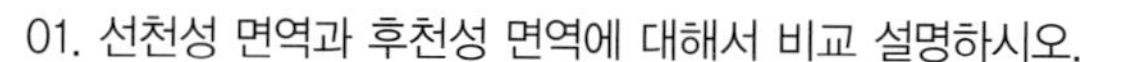

QUESTIONS

01. 선천성 면역과 후천성 면역에 대해서 비교 설명하시오.
02. 후천성 면역에 속하는 세포성 면역과 체액성 면역에 대해서 비교 설명하시오.
03. B-세포(B-림프구, 체액성 면역)와 T-세포(T-림프구, 세포성 면역)의 기능을 비교 설명하시오.
04. 세포의 항산화작용이란 무엇을 의미하는가?
05. 면역 기능을 향상시키는 항산화영양소를 열거하시오.
06. 후천성 면역결핍증후군(AIDS)의 발병 원리를 설명하시오.
07. 후천성 면역결핍증후군의 식사요법을 제시하시오.
08. 식사성 알레르기의 유발 기전을 설명하시오.
09. 식사성 알레르기와 식품불내성의 차이점을 제시하시오.
10. 우유를 섭취하면 두드러기가 발생하는 소아에게 대체할 수 있는 식품은?
11. 우유를 데워 마시면 찬 우유를 마실 때보다 알레르기 반응이 약화되는 이유는?

S U P P L E M E N T

부록

부록 1 영양관리과정(Nutrition Care Process, NCP)

1단계 : 영양판정 (Nutrition Assessment)

- 영양과 관련된 문제와 원인을 파악하기 위해 관련 자료를 수집하고 분석하는 과정
- 식사 및 영양소 관련 식사자료, 생화학적 자료, 신체적 자료, 환자의 과거력 및 가족력 등 영양과 관련된 지표에 대해 기술하고 객관적 표준치와 비교함

2단계 : 영양진단 (Nutrition Diagnosis)

- 영양사가 독립적으로 치료할 책임이 있는 특정 영양문제를 규명하고 기술하는 과정
- 영양진단문은 문제(P, problem), 원인(E, etiology), 징후/증상(S, sign/symptoms)이 포함된 PES문의 형식으로 작성

3단계 : 영양중재 (Nutrition Intervention)

- 영양문제를 해결하기 위한 구체적인 목표를 설정하고 이를 달성하기 위한 계획 수립 및 실행과 관련된 전반적인 과정
- 모니터링 단계에서 평가할 수 있는 객관적 목표를 설정

4단계 : 모니터링 및 평가 (Monitoring & Evaluation)

- 환자의 영양문제 해결을 위해 영양중재 단계에서 설정한 목표의 달성 여부를 확인하는 과정

1) 이상지질혈증

1단계 : 영양판정(nutrition assessment)

<table>
<tr><th>의학정보 및 병력</th><td>• 진단명 : 이상지질혈증
• 병력 : 고혈압
• 약물처방 : Lipitor Tab 20mg(고콜레스테롤혈증약), Norvasc Tab 5mg(고혈압약), Dichlozid Tab 25mg(이뇨제)
• 기타 특이사항
– 가족력(부 : 협심증, 모 : 고혈압), 52세 남성 기혼, 택시기사
– 고혈압 있던 환자로 정기 건강검진받기 위해 병원을 방문했다가 이상지질혈증 진단</td></tr>
<tr><th>신체계측</th><td>• 키 : 170cm, 체중 : 68kg, 평소체중 : 66kg
• 최근 체중 변화 : 체중 증가 2kg/월
• BW : 63.5kg, PIBW : 107%, BMI : 23.5kg/m²</td></tr>
<tr><th>생화학적 자료, 의학적 검사와 처치</th><td>
<table>
<tr><th>구분</th><th>결과</th><th>정상범위</th><th>구분</th><th>결과</th><th>정상범위</th></tr>
<tr><td>Glucose</td><td>99</td><td>74~106mg/dL</td><td>HbA1c</td><td>5.3</td><td>4.4~6.4%</td></tr>
<tr><td>T-protein</td><td>7.4</td><td>6.6~8.3g/dL</td><td>Albumin</td><td>4.2</td><td>3.5~5.2g/dL</td></tr>
<tr><td>Hgb</td><td>14</td><td>13~17g/dL</td><td>Hct</td><td>43</td><td>39~52%</td></tr>
<tr><td>T-Chol</td><td>215↑</td><td>0~199mg/dL</td><td>Triglyceride</td><td>165↑</td><td>1~150mg/dL</td></tr>
<tr><td>HDL-C</td><td>25↓</td><td>39~59mg/dL</td><td>LDL-C</td><td>108↑</td><td>0~99mg/dL</td></tr>
</table>
</td></tr>
<tr><th>영양 관련 신체 검사 자료</th><td>• 활력 증후 : BP 140/100mmHg
• 소화기 관련 증상 : 없음</td></tr>
<tr><th>식품/영양소와 관련된 식사력</th><td>1. 식사처방 및 식사 관련 경험, 환경
– 고혈압, 이상지질혈증 식사에 대한 영양교육 경험 없음
– 하루 2끼 불규칙한 식사 섭취, 식사시간 10분 내외로 빠른 편
2. 식품 및 수분/음료 섭취
– 아침 : 거르는 경우가 많고 늦게 출근한 뒤 바로 점심을 먹음
– 점심 : 항상 외식하며 주로 기사식당에서 백반메뉴(쌀밥 1공기 + 찌개 + 어·육류찬 2교환 + 나물찬 2교환) 섭취
– 저녁 : 퇴근 후 집에서 쌀밥 1공기 + 찌개 + 채소찬 2~3교환(주로 김치나 장아찌) + 어·육류찬 3교환 섭취, 주 2~3회 일이 늦게 끝나는 경우 라면이나 배달음식(족발, 보쌈) 섭취
– 간식 : 주 1~2회 과일 1교환, 주 5회 비타음료 1병
– 찌개, 김치, 장아찌류 선호도 높아 매끼 2~3종류씩 섭취함
– 주 1~2회 동료들과 회식하며 소주 2~3병을 마시고 안주는 주로 치킨, 곱창, 삼겹살 2인분 이상 섭취

* 에너지 및 영양소 섭취량
<table>
<tr><td>• 에너지 : 2,200kcal
• 단백질 : 112g
• 당질 : 232g
• 염분 : 19g</td><td>• C : P : F ratio = 42% : 20% : 38%
• 지방 : 94g
– 포화지방 : 55g
– 불포화지방 : 39g
• 콜레스테롤 : 475mg</td></tr>
</table>
</td></tr>
</table>

(계속)

식품/영양소와 관련된 식사력	3. 지식/신념/태도 – 본인의 건강에 큰 문제가 없다고 생각함 – 식생활 변화에 대한 고려를 하지 않음 4. 약물과 약용 식물 보충제, 생리활성물질 – 없음 5. 알코올 섭취 및 흡연 – 주 1~2회 동료들과 회식하며 소주 2~3병 – 흡연 경험 없음 6. 신체활동 및 기능 – 직업 특성상 대부분 시간을 앉아서 근무 – 잦은 야근으로 인해 평상시 따로 운동하기 어려움
영양필요량	• 에너지 1,900kcal(산출근거 : 가벼운 활동 수준 30kcal/kg, 표준체중 63.5kg) • 단백질 71~95g(산출근거 : 총 열량의 15~20%) • 지방 ≤ 63g(산출근거 : 총 열량의 ≤ 30%) • 포화지방 ≤ 14g(산출근거 : 총 열량의 ≤ 7%) • 콜레스테롤 < 300mg • 염분 ≤ 6g

2단계 : 영양진단(nutrition jiagnosis)

문제	원인	징후/증상
지방 섭취 과다	• 식품 및 영양지식 부족으로 고지방 식품 섭취 과다	• 비정상적인 지질 프로필 T–Chol/Triglyceride/HDL–C/LDL–C: 215/165/25/108mg/dL • 지방 섭취량 94g(섭취열량의 38%) • 포화지방 섭취량 55g(섭취열량의 22%) • 콜레스테롤 475mg(권장량 < 300mg) • 고지방 식품(치킨, 곱창, 삼겹살, 족발, 보쌈 등) 섭취 주 3회 이상으로 잦음
무기질(나트륨) 섭취 과다	• 식품 및 영양지식 부족으로 염분 섭취 과다	• 고염식품(찌개, 김치, 장아찌류)에 대한 선호도 높고 자주 섭취함 • 염분 섭취량 19g(권장량 ≤ 6g)
식사/생활양식 변화에 대한 준비 부족	• 영양교육 경험 없으며 식품 및 영양 관련 지식 수준 낮음	• 본인의 건강상태에 대한 심각성을 인지 못함 • 식생활 변화에 대한 고려 전단계

3단계 : 영양중재(nutrition intervention)

<table>
<tr><td>영양처방</td><td colspan="3">에너지 1,900kcal, 단백질 80g, 지방 ≤ 63g, 포화지방 ≤ 14g, 콜레스테롤 < 300mg, 염분 ≤ 6g</td></tr>
<tr><td rowspan="5">영양중재</td><td colspan="3">■식품/영양소 제공 ■영양교육 ■영양상담 □다분야협의</td></tr>
<tr><td>영양진단</td><td>중재내용</td><td>목표/기대효과</td></tr>
<tr><td>지방 섭취 과다</td><td>1. 지방 섭취 과다와 이상지질혈증과의 관련성 설명
2. 고지방·고콜레스테롤 식품 목록 및 저지방 식단 레시피 교육</td><td>1. 지질 프로필 개선
– TG < 150mg/dL
– T-Chol < 195mg/dL
– HDL-C ≥ 60mg/dL
– LDL-C < 90mg/dL
2. 지방 섭취 감소
– 총 지방 ≤ 63g
– 포화지방 ≤14 g
– 콜레스테롤 < 300mg
3. 고지방 식품섭취 횟수 주 1회로 제한</td></tr>
<tr><td>무기질(나트륨) 섭취 과다</td><td>1. 나트륨 섭취와 고혈압과의 관련성 설명
2. 고염분 식품 목록과 염분 섭취량 감소를 위한 식사지침 교육
3. 저염식 레시피 교육</td><td>1. 식사 시 국물은 섭취하지 않고 건더기 위주로 섭취
2. 김치나 장아찌류는 평소 섭취량의 1/3 이하로 줄이기
2. 염분 섭취량 < 8 g</td></tr>
<tr><td>식사/생활 양식 변화에 대한 준비 부족</td><td>1. 동기부여 면담 및 영양상담 시행(식생활 변화 시 장점, 현재 식행동 문제점, 고지방·고염 식품 목록)</td><td>1. 질병과 식습관 사이의 관련성 숙지
2. 식생활 변화 시도(식행동의 단계가 고려 전 단계에서 행동단계로 변화)</td></tr>
<tr><td>제공 교육자료</td><td colspan="3">• 고지혈증 및 고혈압 식사요법 인쇄물
• 고지방, 고콜레스테롤, 고염분 식품 목록 인쇄물
• 식사일기장</td></tr>
<tr><td>Follow up 일정</td><td colspan="3">다음 외래 진료 시 F/U</td></tr>
</table>

4단계 : 영양 모니터링 및 평가(nutrition monitoring & evaluation)

2) 비만

1단계 : 영양판정

의학정보 및 병력

- 진단명 : 비만
- 병력 : 고중성지방혈증
- 약물처방 : Contrave ER Tab(식욕억제제), fenofibrate 160mg(고지혈증약)
- 기타 특이사항
  - 가족력(부 : 당뇨병), 32세 여성, 기혼, 회사원
  - 청소년기부터 비만이었고 다이어트 경험(다이어트약, 한의원, 주사 등) 수 회 있으나 매번 요요 왔음
  - 마지막 다이어트 후 체중감량 상태 1년간 유지했으나 3달 전 결혼한 이후 다시 요요 발생하여 외래 비만센터 방문

신체계측

- 키 : 163cm, 체중 : 74kg, 평소체중 : 60kg
- 최근 체중 변화 : 체중 증가 14kg/3개월
- IBW : 55.8kg, PIBW : 132%, BMI : 27.8kg/m^2, 조정체중 : 60kg

생화학적 자료, 의학적 검사와 처치

구분	결과	정상범위	구분	결과	정상범위
Glucose	105	74~106mg/dL	HbA1c	5.8	4.4~6.4%
T-protein	7.0	6.6~8.3g/dL	Albumin	3.8	3.5~5.2g/dL
Hgb	16	13~17g/dL	Hct	43	39~52%
T-Chol	195	0~199mg/dL	Triglyceride	250↑	1~150mg/dL
HDL-C	50	39~59mg/dL	LDL-C	102	0~99mg/dL

영양 관련 신체 검사 자료

- 활력증후 : BP 110/70mmHg
- 소화기 관련 증상 : 없음

식품/영양소와 관련된 식사력

1. 식사처방 및 식사 관련 경험 및 환경
   - 비만클리닉과 보건소에서 체중조절과 관련된 영양상담받은 경험 있음
   - 하루 2~3끼 불규칙한 식사 섭취, 수시로 간식 섭취
2. 식품 및 수분/음료 섭취
   - 아침 : 거르거나 주 2~3회 출근길에 빵이나 도넛을 아이스라떼(시럽 추가)와 함께 섭취
   - 점심 : 주중에는 회사 동료들과 외식하며 구내식당보다는 맛집 찾아다니는 것을 선호하고 피자, 파스타, 돈가스, 자장면, 분식 등 다양하게 섭취(1인 제공량 모두 섭취). 주말에는 늦게 일어나서 라면, 볶음밥, 배달 떡볶이 등 섭취
   - 간식 : 출근 후 입이 심심할 때마다(하루 3~4회) 과자, 초콜릿, 쿠키, 빵 등 섭취
   - 저녁 : 퇴근 후 집에서 남편과 함께 식사, 쌀밥 1공기 반 + 찌개류 + 육류 4~5교환 + 채소 2교환 섭취하거나 주 1~2회 배달음식(치킨, 족발, 보쌈) 섭취
   - 야식 : 자기 전 과일 3~4교환 섭취, 주 2~3회 남편과 함께 맥주 1캔 마시면서 안주로 냉동 튀김 음식이나 과자 섭취

* 에너지 및 영양소 섭취량

- 에너지 : 2,200kcal
- 단백질 : 112g
- 당질 : 232g
- 염분 : 19g
- C : P : F ratio = 42% : 20% : 38%
- 지방 : 94g
  - 포화지방 : 55g
  - 불포화지방 : 39g
- 콜레스테롤 : 475mg

(계속)

식품/영양소와 관련된 식사력	3. 지식/신념/태도 – 단 음식에 대한 선호도 높고 스트레스받을 때 식욕 조절 어려움 – 반복되는 다이어트 실패로 인해 다이어트를 새로 시작하는 것에 대한 두려움이 있고 또 요요가 올 것이라고 생각함 4. 약물과 약용 식물 보충제, 생리활성물질 – 각종 다이어트 보조제(가르시니아, 녹차추출물) 5. 알코올 섭취 및 흡연 – 주 2~3회 맥주 1캔 – 흡연 경험 없음 6. 신체활동 및 기능 – 출퇴근 시 자가용을 이용하고 이동 시 엘레베이터나 에스컬레이터 사용 – 직장에서 대부분 앉아서 생활함 – 한 달에 1~2회 주말에 남편과 함께 등산 2시간
영양필요량	• 에너지 1,300kcal(산출근거 : 가벼운 활동 수준 30kcal/kg, 조정체중 60kg, 일주일에 0.5kg 체중 감량 목표 –500kcal) • 단백질 49~65g(산출근거 : 총 열량의 15~20%) • 지방 ≤ 36g(산출근거 : 총 열량의 ≤ 25%) • 포화지방 ≤ 10g(산출근거 : 총 열량의 ≤ 7%)

2단계 : 영양진단

문제	원인	징후/증상
에너지 섭취 과다	• 고열량 식품 섭취 과다 • 열량 섭취와 소비 불균형	• 열량 섭취 2,500kcal(권장량 1,300kcal) • 최근 체중 증가 14kg/3개월 • 평소 활동량 적고 따로 하는 운동 없음
과체중/비만	• 바람직하지 못한 식품 선택 • 적절한 열량 섭취에 대한 식품 및 영양 관련 지식 부족	• 단 음식(과자, 초콜릿, 쿠키 등)에 대한 선호도 높고 간식을 자주 섭취함(3~4회/일) • 외식 시 고열량메뉴(피자, 파스타, 돈가스, 자장면, 분식 등) 위주로 섭취하며 1인 제공량 모두 섭취
자기 관리 의욕 부족 또는 능력 부족	• 자아효능감 부족 • 잘못된 신념 및 태도	• 반복되는 요요로 인해 다이어트에 대한 두려움이 있고 또 실패할 것이라고 생각함 • 스트레스를 먹는 것으로 해소함

3단계 : 영양중재

영양처방	에너지 1,300kcal, 단백질 60g, 지방 ≤ 36g, 포화지방 ≤ 10g		
영양중재	■식품/영양소 제공 □영양교육 ■영양상담 ■다분야협의		
	영양진단	중재내용	목표/기대효과
	에너지 섭취 과다	1. 하루 필요열량 섭취를 위한 식단표 및 식품교환표 설명 2. 일상생활에서 활동량을 늘리는 방법 교육	1. 열량 섭취 1,300kcal 2. 체중감소 2kg/달 3. 매일 계단으로 오르내리기, 매주 2시간씩 산행하기

(계속)

영양중재	과체중/비만	1. 저열량 간식에 대한 교육 2. 외식메뉴별 열량과 외식 시 섭취 조절 요령 교육	1. 간식으로 단 음식 섭취 제한 및 간식 섭취 횟수 감소(주 3회 미만) 2. 외식 시 고열량 메뉴 선택 제한하고 1인 제공량의 1/2만 섭취
	자기 관리 의욕 부족 또는 능력 부족	1. 자기모니터링 시행 방법 교육 2. 다양한 스트레스 해소 방안 찾기(운동, 취미생활 등)	1. 매일 식사일기와 운동일지 작성 2. 스트레스받을 때 먹는 것 제한. 주 1~2회 취미생활하기
제공 교육자료	• 1,300kcal 식단표, 식품교환표 • 간식별 열량표 • 외식 시 메뉴 선택 요령 및 외식 메뉴별 열량표 • 식사일기장, 운동일지		
Follow up 일정	1달 뒤 비만센터 방문 시 F/U		

4단계 : 영양 모니터링 및 평가

3) 만성 신부전

1단계 : 영양판정

의학정보 및 병력	• 진단명 : 만성 신부전 4기 • 병력 : 고혈압, 빈혈 • 약물처방 : Tritace Tab 5mg(고혈압약), Feroba-You SR Tab(빈혈약), Argamate Jelly 5g(고칼륨혈증약) • 기타 특이사항 – 가족력(부 : 고혈압, 모 : 당뇨병), 60세 남성, 기혼, 학원강사 – 10년 전 만성신부전 진단받은 환자로 최근 외래 진료 시 칼륨 수치 상승하여 영양교육받기 원해 의뢰됨
신체계측	• 키 : 174cm, 체중 : 58kg, 평소체중 : 58kg • 최근 체중 변화 : 없음 • IBW : 66.6kg, PIBW : 87%, BM I: 19.2kg/m^2
생화학적 자료, 의학적 검사와 처치	(아래 표 참조)

구분	결과	정상범위	구분	결과	정상범위
Glucose	88	74~106mg/dL	HbA1c	5.8	4.4~6.4%
T-protein	6.3↓	6.6~8.3g/dL	Albumin	2.8↓	3.5~5.2g/dL
Hgb	8.1↓	13~17g/dL	Hct	25.3	39~52%
T-Chol	175	0~199mg/dL	Triglyceride	160↑	1~150mg/dL
HDL-C	45	39~59mg/dL	LDL-C	87	0~99mg/dL
Ca	8.9	8.6~10.3mg/dL	P	2.9	2.5~4.5mg/dL
Uric acid	6.9	3.5~7.2mg/dL	Na	137	136~146mEq/L
K	5.9↑	3.5~5.5mEq/L	Cl	107	101~109mEq/L
BUN	36.2↑	8~20mg/dL	Creatinine	3.4↑	0.67~1.17mg/dL
MDRD* GFR	24↓	≥90mL/min/1.73m^2			

* Modification of Diet in Renal Disease

(계속)

<table>
<tr><td>영양관련 신체 검사 자료</td><td>• 활력증후 : BP 150/105mmHg
• 소화기 관련 증상 : 최근 소화불량 증상 호소</td></tr>
<tr><td>식품/영양소와 관련된 식사력</td><td>1. 식사처방 및 식사 관련 경험 및 환경
– 처음 만성 신부전 진단을 받았을 때 단체 영양교육을 받은 경험 있음
– 하루 3끼 규칙적인 식사섭취
2. 식품 및 수분/음료 섭취
– 아침과 저녁은 집에서 섭취하고 점심은 근무지의 구내식당 이용
– 저염식으로 먹기 위해 국물류나 김치는 거의 섭취하지 않고 집에서는 반찬 간도 싱겁게 해서 섭취
– 매끼 쌀밥 1공기 + 채소찬 2~3종류, 단백찬은 주 1~2회 생선 또는 두부 또는 달걀 0.5교환 섭취
– 채소 선호도 높아 매끼 쌈채소 + 저염된장 또는 나물찬 2~3교환 섭취
– 간식 : 식후 허브차나 커피 1잔, 오전과 오후에 빵이나 떡 1교환, 저녁식사 후 간식으로 과일(바나나, 키위, 토마토 등) 3~4교환 섭취

* 에너지 및 영양소 섭취량
<table>
<tr><td>• 에너지 : 1800kcal
• 단백질 : 30g
• 당질 : 320g</td><td>• C : P : F ratio= 71% : 6% : 23%
• 지방 : 45g
• 염분 : 7g</td></tr>
</table>
3. 지식/신념/태도
– 건강에 대한 관심도 높고 인터넷을 통해 몸에 좋다는 식품을 자주 찾아봄(건강즙에 대한 신뢰도 높아 1년 전부터 꾸준히 섭취 중)
– 예전에 영양교육을 받을 때 단백질 섭취를 조절해야 한다는 말을 듣고 단백질 식품(어·육류, 달걀, 두부 등)은 최대한 제한해야 한다고 생각함
4. 약물과 약용 식물 보충제, 생리활성물질
– 각종 건강즙(양파즙, 노니즙) 매일 2~3포 섭취
5. 알코올 섭취 및 흡연
– 10년 전 만성신부전 진단 이후 금주 및 금연
6. 신체활동 및 기능
– 매일 1시간씩 걸어서 출퇴근, 퇴근 후에도 주 2~3회 헬스장에서 운동 1시간</td></tr>
<tr><td>영양필요량</td><td>• 에너지 2,300kcal(산출근거 : 35kcal/kg, 표준체중 67kg)
• 단백질 40~54g(산출근거 : 0.6~0.8g/kg, 표준체중 67kg)
• 염분 $<$ 5g(Na $<$ 2,000mg), 칼륨 $<$ 1500mg</td></tr>
</table>

2단계 : 영양진단

문제	원인	징후/증상
무기질(칼륨) 섭취 과다	• 고칼륨식품에 대한 식품 및 영양 관련 지식 부족	• K : 5.9mEq/L • 고칼륨식품(생채소, 과일, 허브차) 섭취 과다
단백질 섭취 부족	• 적정 단백질 섭취에 대한 식품 및 영양 관련 지식 부족 • 단백질 섭취에 대한 부정적인 신념	• 단백질 섭취 30g/일(권장량 : 40~54g) • 만성신부전환자는 단백질 식품(어·육류, 달걀, 두부 등) 섭취를 최대한 제한해야 한다고 생각함
식품 및 영양 관련 사항에 대한 유해한 신념/태도	• 과학적 근거가 없는 식품 및 영양 지식에 대한 신뢰	• 각종 건강즙(양파즙, 노니즙) 섭취 과다

3단계 : 영양중재

영양처방	• 에너지 2,300kcal, 단백질 50g • 염분 < 5g(Na < 2,000mg), 칼륨 < 1,500mg		
영양중재	■식품/영양소 제공 ■영양교육 □영양상담 □다분야협의		
	영양진단	**중재내용**	**목표/기대효과**
	무기질(칼륨) 섭취 과다	1. 식품섭취와 고칼륨혈증의 관계 설명 2. 고칼륨 식품 종류 및 칼륨 함량을 낮출 수 있는 조리방법 교육	1. K < 5.5mEq/L 2. 과일 섭취 ≤ 2단위/일, 채소 섭취 ≤ 2단위/끼 3. 생채소 대신 나물로 조리하여 섭취 4. 허브차 섭취 제한
	단백질 섭취 부족	1. 단백질 적정 섭취량 교육 2. 양질의 단백질 식품 목록 교육	1. 단백질 50g/일 섭취 2. 양질의 단백질 하루 2교환 섭취
	식품 및 영양 관련 사항에 대한 유해한 신념/태도	1. 신장 기능에 영향을 미치는 식품 및 영양소 교육 2. 만성 신부전 식사요법 교육	1. 건강즙 섭취 제한 2. 만성 신부전 식사요법에 준하는 식사 섭취
제공 교육자료	• 만성 신부전 식사요법 교육자료 • 신장질환 식품교환표 • 고칼륨 식품 목표 및 칼륨 함량을 낮추는 레시피 자료 • 2,300kcal 만성 신부전 식단표		
Follow up 일정	다음 외래 진료 시 F/U		

4단계 : 영양 모니터링 및 평가

4) 당뇨병

1단계 : 영양판정

의학정보 및 병력

- 진단명 : 2형당뇨병
- 병력 : 없음
- 약물처방 : Metformin 1g(당뇨병 약)
- 기타 특이사항
  - 가족력(모 : 당뇨병), 43세 여성, 기혼, 미용사
  - 5년 전 당뇨병 진단. 최근 근무 중 공복시간 길어지자 저혈당 증상이 나타나면서 쓰러져 입원함

신체계측

- 키 : 159cm, 체중 : 58kg, 평소체중 : 60kg
- 최근 체중 변화 : 체중 감소 2kg/월
- IBW : 53kg, PIBW : 109%, BMI : 22.9kg/m^2

생화학적 자료, 의학적 검사와 처치

구분	결과	정상범위	구분	결과	정상범위
Glucose	260↑	74~106mg/dL	HbA1c	7.0↑	4.4~6.4%
T-protein	6.8	6.6-8.3g/dL	Albumin	3.7	3.5~5.2g/dL
Hgb	13.6	13~17g/dL	Hct	41.5	39~52%
T-Chol	190	0~199mg/dL	Triglyceride	120	1~150mg/dL
HDL-C	43	39~59mg/dL	LDL-C	90	0~99mg/dL

영양 관련 신체 검사 자료

- 활력증후 : BP 110/70mmHg
- 소화기 관련 증상 : 식후 소화불량 잦음

식품/영양소와 관련된 식사력

1. 식사처방 및 식사 관련 경험 및 환경
   - 당뇨병 식사요법 영양교육 경험 없음
   - 미용사로 근무하며 식사시간이 불규칙하고 끼니를 거르는 경우 잦음
   - 최근 업무과다로 주 2회 하루 10시간 이상 근무하며 제대로 식사를 못하고 장시간 공복을 유지하기도 함
2. 식품 및 수분/음료 섭취
   - 아침 : 시리얼 1그릇 + 우유 1잔 + 토스트 + 달걀프라이
   - 점심/저녁 : 출근하면 식사는 거의 섭취하지 못하고 간편하게 먹을 수 있는 떡, 빵(초콜릿빵, 크림빵), 초콜릿, 과일 3~4교환 수시로 섭취. 주말에는 주로 외식하고 메뉴는 삼겹살, 치킨, 양꼬치 등 육류를 자주 섭취함
   - 야식 : 퇴근 후 늦은 시간에 과식함. 국수, 라면, 햄버거, 핫도그, 냉동피자 등 인스턴트 식품 섭취. 자기 전 티비 보면서 과자와 주스 섭취
   - 간식 : 주 5회 바닐라라떼 1잔, 매일 믹스커피 2잔

* 에너지 및 영양소 섭취량

- 에너지 : 1,920kcal
- 단백질 : 37.5g
- 당질 : 326g
- C : P : F ratio = 68% : 8% : 24%
- 지방 : 51.2g

(계속)

식품/영양소와 관련된 식사력	3. 지식/신념/태도 – 퇴근 후에는 근무 중 식사하지 못한 것에 대한 보상심리로 과식하게 된다고 함 – 본인의 혈당 수치가 항상 높고 차라리 모르는 것이 낫다고 생각하여 자가 혈당 모니터링하지 않음 – 식사 시간이 불규칙하여 경구혈당강하제를 식사 시간과 관계없이 복용하기도 하고 아무 때나 복용함 4. 약물과 약용 식물 보충제, 생리활성물질 – 홍삼 섭취 5. 알코올 섭취 및 흡연 – 음주는 한 달 1회 미만 – 흡연 경험 없음 6. 신체활동 및 기능 – 매일 아침 출근 전 수영장에서 1시간 운동 – 출퇴근 시 마을버스 이용하고 직장에서 대부분 서서 근무함
영양필요량	• 에너지 1,800kcal(산출근거 : 중등도 활동 수준 35kcal/kg, 표준체중 53kg) • 당질 225~270g(산출근거 : 총 열량의 50~60%) • 단백질 67~90g(산출근거 : 총 열량의 15~20%) • 지방 ≤ 50g(산출근거 : 총 열량 ≤ 25%)

2단계 : 영양진단

문제	원인	징후/증상
당질 섭취 과다	• 고당질 식품에 대한 지식 부족 • 당질식품에 대한 높은 선호도	• 탄수화물 섭취 : 326g(섭취 열량의 68%) • 식사 대신 고당질 식품(떡, 빵, 초콜릿, 과일)과 간식(믹스커피, 바닐라라떼) 섭취 과다 • Glucose : 260mg/dL, HbA1c : 7.0%
불규칙한 당질 섭취	• 불규칙한 식사 섭취 및 생활패턴 • 잘못된 신념과 태도	• 하루 2끼 불규칙한 식사섭취 • 퇴근 후 끼니 거른 것에 대한 보상심리로 고당질 식품 과다 섭취 • 저혈당 증세로 쓰러짐

3단계 : 영양중재

<table>
<tr><td>영양처방</td><td colspan="3">• 에너지 1,800kcal, 당질 250g, 단백질 90g, 지방 ≤ 50g
• C : P : F ratio= 55 : 20 : 25(%)</td></tr>
<tr><td>영양중재</td><td colspan="3">■식품/영양소 제공 ■영양교육 □영양상담 ■다분야협의</td></tr>
<tr><td rowspan="3"></td><td>영양진단</td><td>중재내용</td><td>목표/기대효과</td></tr>
<tr><td>당질 섭취 과다</td><td>1. 당질 적정 섭취량 및 하루 필요 열량 섭취를 위한 식단표와 식품교환표 설명
2. 고당질 식품 목록 교육</td><td>1. 탄수화물 섭취 감소(총 열량의 50~60%)
2. 고당질 식품 섭취 1일 1회로 감소(가능한 제한하기)
3. 혈당조절 개선(공복혈당, 당화혈색소)</td></tr>
<tr><td>불규칙한 당질 섭취</td><td>1. 식사와 혈당과의 관계 교육
2. 저혈당 시 대처방법 교육
3. 자가관리 중요성 교육</td><td>1. 하루 세끼 규칙적인 식사 섭취, 야식 섭취 제한
2. 저혈당 발생 예방
3. 식사일지, 혈당기록 작성
4. 규칙적으로 경구혈당강하제 복용</td></tr>
<tr><td>제공 교육자료</td><td colspan="3">• 당뇨병 식사요법
• 1,800kcal 식단표, 식품교환표
• 저혈당 시 대처요령
• 식사일기장, 혈당기록지</td></tr>
<tr><td>Follow up 일정</td><td colspan="3">2주 뒤 외래 당뇨병센터 방문 시 F/U</td></tr>
</table>

4단계 : 영양 모니터링 및 평가

부록 2 당뇨병 : 인슐린요법과 임신당뇨병

1) 인슐린요법

(1) 인슐린 주사 부위

- 주사 부위 : 피하지방층
- 같은 부위에 반복해서 주사하면 그 부위의 피부조직이 변화하여 움푹 패이거나 딱딱하게 뭉칠 수 있으므로 한 번 주사한 자리에서 1~2cm 내의 부위는 30일 이내에 다시 주사하지 않는다.
- 가능한 한 장소를 돌려가면서 주사하는 것이 중요하며 흡수물이 같은 부위를 모두 주사한 후 다른 부위로 이동한다.
- 1일 1회 주사 시 주사 부위 순환을 위해 홀수 달은 복부순환, 짝수 달은 사지순환을 할 수 있다.

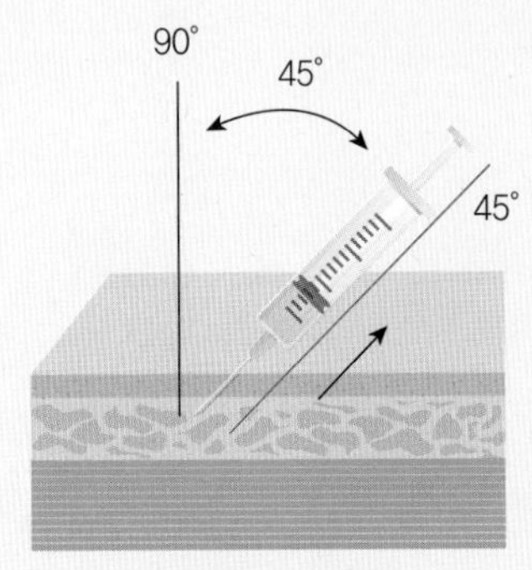

인슐린 주사요법

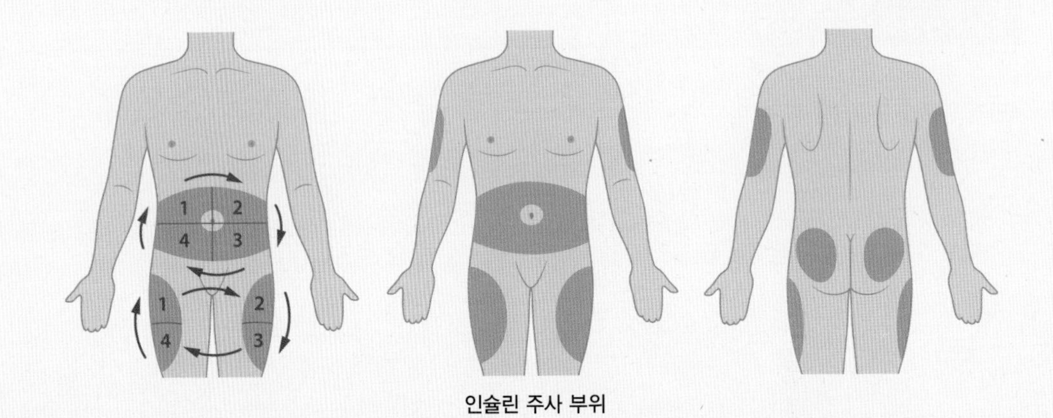

인슐린 주사 부위

(2) 인슐린 종류와 1일 탄수화물 섭취량

인슐린 종류	아침	점심	간식	저녁	야식(g)
사용 안 함	1/3	1/3	–	1/3	–
초속효성 인슐린	1/3	1/3	–	1/3	–
속효성 인슐린	1/3	1/3	–	1/3	–
중간형 인슐린	1/6	2/6	1/6	2/6	–
장시간형 인슐린	1/5	2/5	–	2/5	25~30
혼합형 인슐린	2/5	1/5	–	2/5	–

2) 임신 시 당뇨병 진단

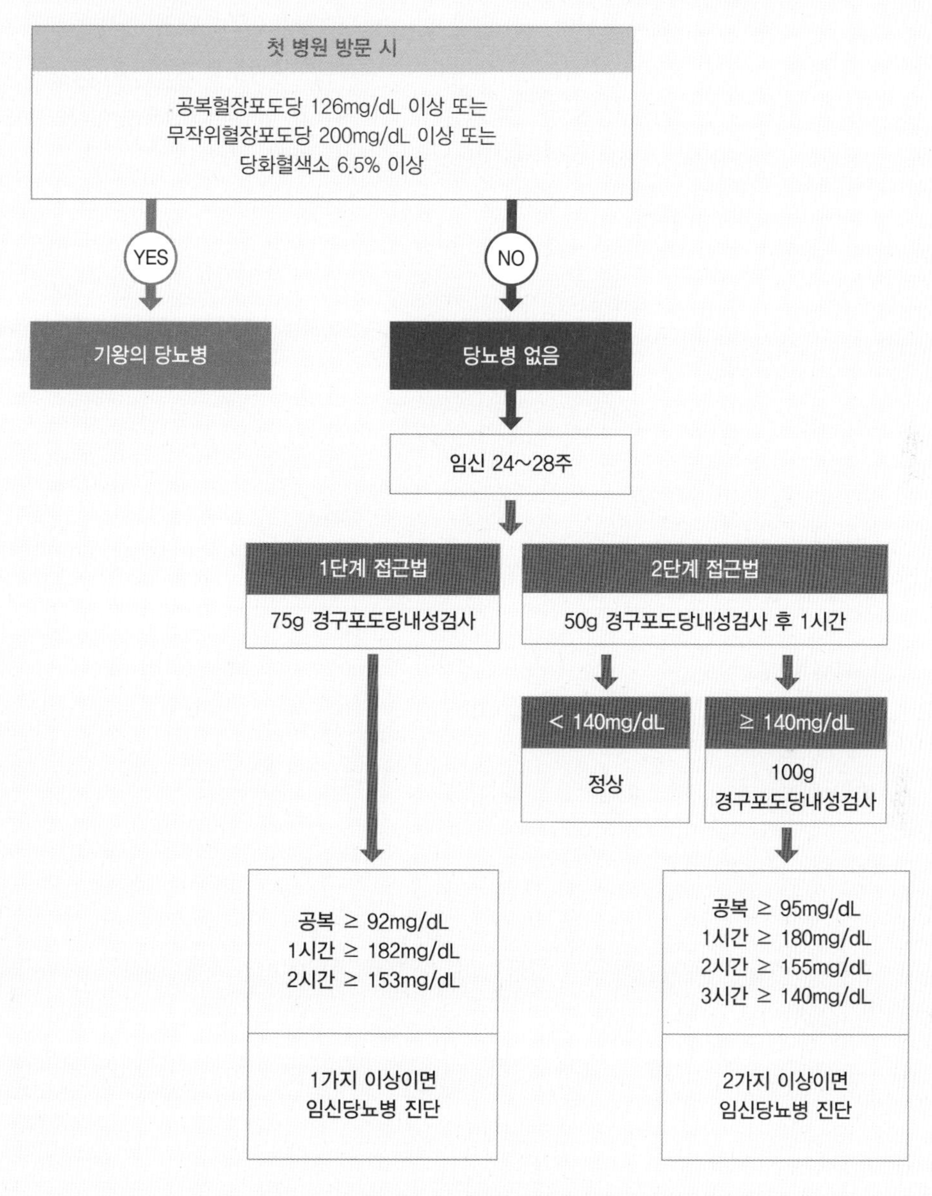

출처 : 대한당뇨병학회(2021). 2021 당뇨병 진료지침 제7판.

부록 3 신장질환자를 위한 식품교환표

신장질환의 경우 수분과 전해질의 불균형, 노폐물의 혈중 농도의 상승으로 초래될 수 있는 부종, 고혈압, 요독증을 경감시키기 위해서 식사 조절이 강조되고 있다. 대한영양사회 병원분과의원회에서는 단백질, 나트륨, 칼륨 조절을 위한 식품교환표를 제정하였다(1997년). 이 식품교환표는 신장질환뿐만 아니라 간질환이나 심장순환기계 질환자의 식사요법에도 이용되고 있다.

1) 식품군별 영양소 함량

식품교환군		단백질(g)	나트륨(mg)	칼륨(mg)	인(mg)	에너지(kcal)
곡류군		2	2	30	30	100
어·육류군		8	50	120	90	75
채소군	1(칼륨 저함량)	1	미량	100	20	20
	2(칼륨 중등함량)			200		
	3(칼륨 고함량)			400		
지방군		0	0	0	0	45
우유군		6	100	300	180	125
과일군	1(칼륨 저함량)	미량	미량	100	20	50
	2(칼륨 중등함량)			200		
	3(칼륨 고함량)			400		
열량보충군		0	3	20	5	100

2) 곡류군

1교환단위의 영양소 함량	단백질(g)	나트륨(mg)	칼륨(mg)	인(mg)	에너지(kcal)
	2	2	30	30	100

식품	무게(g)	목측량	식품	무게(g)	목측량
쌀밥	70	1/3공기	가래떡	50	썰은 것 11개
국수(삶은 것)	90	1/2공기	백설기	40	6×2×3cm
식빵	35	1쪽	인절미	50	3개
백미	30	3큰스푼	절편(흰떡)	50	2개
찹쌀	30	3큰스푼	카스텔라	30	6.5×5×4.5cm
밀가루	30	5큰스푼	크래커	20	5개
마카로니	30		콘플레이크	30	3/4컵

※ 칼륨 및 인 함량이 높은 주의식품(† : 칼슘 함량 > 60mg, ‡ : 인 함량 > 60mg)

식품	무게(g)	목측량	식품	무게(g)	목측량
감자†‡	180	대 1개	토란†‡	250	2컵
고구마†	100	중 1/2개	검은쌀†‡	30	3큰스푼
보리쌀†	30	3큰스푼	은행†‡	60	–
현미쌀†‡	30		메밀국수(건조된 것)†	30	–
보리밥†	70	1/3공기	메밀국수(삶은 것)†	90	–
현미밥†‡	70		시루떡	50	–
녹두†‡	30	3큰스푼	보리미숫가루†	30	5큰스푼
율무†‡	30		빵가루†	30	–
차수수†‡	30		오트밀†‡	30	1/3컵
차조†‡	30		핫케이크가루†	25	–
팥(볶은 것)†‡	30		옥수수†‡	50	1/2개
호밀†	30		팝콘†	20	–
밤(생 것)†	60	중 6개			

※ 칼륨 및 나트륨 함량이 높은 주의식품(† : 칼슘 함량 > 220mg, ‡ : 나트륨 함량 > 250mg)

식품	무게(g)	목측량	식품	무게(g)	목측량
검은콩†	20	2큰스푼	치즈‡	40	2장
노란콩†	20		잔멸치(건조된 것)‡	15	1/4컵
햄(로스)‡	50	1쪽 (8×6×1cm)	건오징어‡	15	중 1/4마리 (몸통)
런천미트‡	50	1쪽 (5.5×4×2cm)	조갯살‡	70	1/3컵
프랑크소시지‡	50	1.5개	깐 홍합‡	70	
생선통조림‡	40	1/3컵	어묵‡	80	–

3) 어 · 육류군

1교환단위의 영양소 함량	단백질(g)	나트륨(mg)	칼륨(mg)	인(mg)	에너지(kcal)
	8	50	120	90	75

식품	무게(g)	목측량	식품	무게(g)	목측량
쇠고기	40	로스용 1장 (12×10.3cm, 탁구공 크기)	새우	40	중하 3마리 또는 보리새우 10마리
돼지고기	40	–	문어♣	50	1/3컵
닭고기	40	소 1토막 (탁구공 크기)	물오징어♣	50	중 1/4마리(몸통)
개고기	40	–	꽃게♣	50	중 1/2마리
쇠간	40	1/4컵	굴♣	70	1/2컵
쇠갈비	40	소 1토막	낙지♣	70	–
우설	40	1/4컵	전복	70	중 1개

(계속)

식품	무게(g)	목측량	식품	무게(g)	목측량
돼지족, 돼지머리, 삼겹살	40	썰어서 4쪽 (3×3cm)	달걀	60	대 1개
소곱창	60	1/2컵	메추리알	60	5개
소꼬리	60	소 2토막	두부	80	1/6모
각종 생선류	40	소 1토막	순두부	200	1컵
뱅어포	10	1장	연두부	150	1/2개
북어	10	중 1/4토막			

♣ : 염분이 많으므로 물에 충분히 담가 염분 제거 후 사용

4) 채소군 1(칼륨 저함량)

1교환단위의 영양소 함량	단백질(g)	나트륨(mg)	칼륨(mg)	인(mg)	에너지(kcal)
	1	미량	100	20	20

식품	무게(g)	목측량	식품	무게(g)	목측량
달래	30	생 1/2컵	양파	50	
당근	20	–	양배추	50	
김	2	1장	가지	70	
깻잎	20	20장	고비(삶은 것)	70	
풋고추	20	중 2~3개	고사리(삶은 것)	70	
생표고	30	중 5개	무	70	익혀서 1/2컵
더덕	30	중 2개	숙주	70	
치커리	30	중 12잎	오이	70	
배추	70	소 3~4장	죽순(통)	70	
양상추	70	중 3~4장	콩나물	70	
마늘종	40		피마	70	
파	40		녹두묵	100	
팽이버섯	40	익혀서 1/2컵	메밀묵	100	1/4모
냉이	50		도토리묵	100	
무청	50				

5) 채소군 2(칼륨 중등함량)

1교환단위의 영양소 함량	단백질(g)	나트륨(mg)	칼륨(mg)	인(mg)	에너지(kcal)
	1	미량	200	20	20

식품	무게(g)	목측량	식품	무게(g)	목측량
무말랭이	10	불려서 1/2컵	우엉	50	익혀서 1/2컵
두릅	50	3개	풋마늘	50	
상추	70	중 10개	고구마순	70	
셀러리	70	6cm 길이 6개	느타리●	70	
케일	70	10cm 길이 10장	열무	70	
도라지	50	익혀서 1/2컵	애호박	70	
연근	50		중국부추	70	

● : 인 함량이 높음

6) 채소군 3(칼륨 고함량)

1교환단위의 영양소 함량	단백질(g)	나트륨(mg)	칼륨(mg)	인(mg)	에너지(kcal)
	1	미량	400	20	20

식품	무게(g)	목측량	식품	무게(g)	목측량
양송이버섯●	70	중 5개	쑥●	70	익혀서 1/2컵
고춧잎	50	익혀서 1/2컵	쑥갓	70	
아욱	50		시금치	70	
근대	70		죽순	70	
머위	70		취나물	70	
물미역	70		단호박	100	
미나리	70		늙은 호박●	150	
부추	70				

● : 인 함량이 높음

7) 지방군

1교환단위의 영양소 함량	단백질(g)	나트륨(mg)	칼륨(mg)	인(mg)	에너지(kcal)
	0	0	0	0	45

식품	무게(g)	목측량	식품	무게(g)	목측량
들기름	5	1작은스푼	카놀라유	5	1작은스푼
미강유	5		쇼트닝	5	1.5작은스푼
옥수수기름	5		마가린	6	
유채기름	5		버터	6	
콩기름	5		마요네즈	7	
참기름	5				

※ 단백질, 인, 칼륨 함량이 높은 주의식품

식품	무게(g)	목측량	식품	무게(g)	목측량
베이컨	7	1조각	참깨	8	1큰스푼
땅콩	10	10개(1스푼)	피스타치오	8	10개
아몬드	8	7개	해바라기씨	8	1큰스푼
잣	8	1큰스푼	호두	8	대 1개 또는 중 1.5개

8) 우유군

1교환단위의 영양소 함량	단백질(g)	나트륨(mg)	칼륨(mg)	인(mg)	에너지(kcal)
	6	100	300	180	125

식품	무게(g)	목측량	식품	무게(g)	목측량
요구르트(액상)◑	300	1.5컵(100g 포장단위 3개)	두유	200	1컵
요구르트(호상)◑	200	1컵(100g 포장단위 2개)	연유(가당)◑	60	1/2컵
우유	200	1컵	조제분유	25	5큰스푼
락토우유	200		아이스크림▣	150	1컵
저지방우유(2%)	200				

1컵 = 200cc

◑ : 1교환단위 에너지가 기준치의 1.5배

▣ : 1교환단위 에너지가 기준치의 2.5배

9) 과일군 1(칼륨 저함량)

1교환단위의 영양소 함량	단백질(g)	나트륨(mg)	칼륨(mg)	인(mg)	에너지(kcal)
	미량	미량	100	200	50

식품	무게(g)	목측량	식품	무게(g)	목측량
귤(통)■	80	18알	자두	80	대 1개
금귤	60	7개	파인애플	100	중 1쪽
단감	80	중 1/2개	파인애플(통)■	120	대 1쪽
연시	80	소 1개	포도	100	19개
레몬	80	중 1개	깐 포도(통)■	100	–
사과	100	중 1/2개	후루츠칵테일(통)■	100	–
사과주스	100	1/2컵			

■ : 시럽은 제외

10) 과일군 2(칼륨 중등함량)

1교환단위의 영양소 함량	단백질(g)	나트륨(mg)	칼륨(mg)	인(mg)	에너지(kcal)
	미량	미량	200	20	50

식품	무게(g)	목측량	식품	무게(g)	목측량
귤	100	중 1개	살구	150	3개
다래	80	–	수박	200	1쪽
대추(건조된 것)	20	8개	오렌지	150	중 1개
대추(생 것)	60		오렌지주스	100	1/2컵
배	100	대 1/4개	자몽	150	중 1/2개
딸기	150	10개	파파야	100	–
백도	100	중 1/2개	포도(거봉)	100	11개
황도	150				

11) 과일군 3(칼륨 고함량)

1교환단위의 영양소 함량	단백질(g)	나트륨(mg)	칼륨(mg)	인(mg)	에너지(kcal)
	미량	미량	400	20	50

식품	무게(g)	목측량	식품	무게(g)	목측량
곶감	50	중 1개	천도복숭아	200	소 2개
멜론(머스크)	120	1/8개	키위	100	대 1개
바나나	120	중 1개	토마토	250	–
앵두	120	–	체리토마토	250	중 20개
참외	120	소 1개			

12) 에너지보충군

1교환단위의 영양소 함량	단백질(g)	나트륨(mg)	칼륨(mg)	인(mg)	에너지(kcal)
	0	3	20	5	100

식품	무게(g)	목측량	식품	무게(g)	목측량
과당	25	–	양갱	35	–
꿀	30	–	엿	30	–
녹말가루	30	–	물엿	30	–
당면	30	–	젤리	30	–
마멀레이드	40	–	잼	35	–
사탕	25	–	캐러멜	25	–
설탕	25	–	칼로리-S	25	–

※ 인, 칼륨 함량이 높은 주의식품

식품	무게(g)	목측량	식품	무게(g)	목측량
초콜릿	20	–	황설탕	25	–
흑설탕	25	–	로열젤리	80	–

부록 4 주요 질환 용어

질환	용어 설명
1. 소화계통의 질환	섭취한 음식물을 분자량이 작은 것으로 분해해 장관에 흡수하는 기관을 소화기라 하고, 소화관과 그 부속기관으로 이루어져 있음. 소화관에는 구강, 인두, 식도, 위, 소장, 대장으로 이루어지는 입에서 항문까지의 전 길이가 약 9m의 속이 빈 기관에 생기는 질환의 총칭
2. 간질환	알콜성 간 질환, 간경화증 등이 있으며 간동맥의 폐색 때문에 그 유역하의 조직에서 생기는 간장애를 말함. 원인은 바이러스 간염, 알코올성 간염, 중독성 간염에서 진전함
3. 내분비 영양 및 대사질환	내분비샘(하수체, 부신, 갑상샘, 성샘 등)과 영양 관련 및 대사성 질환(생명을 유지하기 위하여 영양소를 섭취하고 이를 체성분과 에너지원으로 저장 및 분해하여 생체활동을 행하는 것을 대사라 하는데 이 대사 과정에 이상이 생김)을 총칭함
당뇨병	탄수화물을 산화하는 기능이 여러 가지 정도로 장애된 대사성 질환으로 보통 췌장 특히 랑게르한스섬의 활성저하와 그 결과 발생하는 인슐린 기구의 장애로 인하여 발생함
4. 순환계통의 질환	혈액의 순환에 관여하는 체기관(심장을 포함한 대순환·소순환계를 말함)에 질병이 생긴 경우를 총칭함
심장질환	인체의 혈액 공급을 담당하고 있는 심장과 관련된 질환으로 허혈성 심장 질환, 심장성 부정맥, 심부전 등이 있음 • 허혈성 심장 질환 : 대표적으로 협심증, 심근경색증이 있으며 관상 동맥의 질병이 진행함에 따라 심근에 대한 혈액공급이 감소하거나 중단되는 까닭에 발생하는 급성 또는 만성 심장장애를 일컬음 • 기타 심장 질환 : 심내막염 및 심장 판막장애, 전도장애 및 심장성 부정맥, 심부전 등이 있음. 심부전이란 정맥계를 거쳐서 심장에 되돌아오는 혈액을 심장이 충분히 구출할 수 없는 상태를 말함
뇌혈관질환	뇌혈관의 이상에 의해 갑자기 발생하여 뇌기능 장애를 일으켜 쓰러지는 병으로 발증 형태에 따라 두 개 내의 혈관 일부가 파손되어 출혈하는 출혈성과 혈관 속의 혈액 흐름이 나빠지거나 막히기도 하는 허혈성 뇌혈관 질환으로 구별됨
고혈압성 질환	• 대한고혈압학회는 수축기 혈압 140mmHg 또는 이완기 혈압 90mmHg 이상을 고혈압이라고 정의함 • 세계보건기구에 따르면 140/95 이하를 정상, 160/95 이상을 고혈압이라고 하나 통상 150/90을 정상범위 상한으로 하고 그 이상을 고혈압이라고 함(단위 : mmHg) • 세부적으로 본태성 고혈압, 고혈압성 심장병, 고혈압성 신장병, 이차성 고혈압 등으로 분류됨
5. 악성신생물(암)	정상세포 이외의 세포가 생체기능에 필요도 없이 증식하여 인접 정상조직을 파괴하는 질병으로, 기계적·내분비적·화학적으로 장애를 일으키며 원발 부위에서 다른 부위로 전이해서 증식하는 능력을 가진 질환군을 총칭함
위암	위에서 발생하는 암으로 위 점막의 위샘을 구성하는 세포에서 기원하는 선암이 대부분임

(계속)

질환	용어 설명
대장암	결장, 직장 및 항문에서 발생하는 암으로 대장점막이 있는 대장 및 직장의 어느 곳에서나 발생할 수 있음
간암	간이 원발인 경우 간세포암, 간내담관암, 육종, 악성 혈관내종양 등이 있으며 빈도로는 간세포암이 많고 중요한 원인은 B형 및 C형 간염 바이러스의 감염임
폐암	폐에 생기는 암으로 원발성과 전이성이 있음. 원발성은 대부분 기관지 점막상피에서 발생하며, 조직형에 따라 선암, 편평상피암, 미분화암 등으로 구분
6. 호흡계통의 질환	호흡기계(가스 교환을 행하는 호흡에 관한 기관의 총칭)의 질병임
폐렴	세균 및 바이러스 등에 의하여 세기관지 이하 부위의 폐조직에 염증반응을 일으키는 질환임
만성 하기도 질환	기도(氣道)는 상·하기도로 구분되며 하기도는 후두, 기관, 기관지로 이어지는 부분을 말함. 주요 질병으로는 기관지염, 천식, 폐기종이 있으며 만성 폐쇄성 폐질환은 만성적으로 호흡에 장애를 주는 폐질환의 총칭으로서 만성 기관지염과 폐기종 등이 이에 속함
7. 감염성 질환	일반적으로 전염 및 전파하는 것으로 인정된 질환군을 총칭함
호흡기 결핵	호흡기(비강, 후두, 기관, 기관지, 폐)에 결핵균(mycobacterium tuberculosis)이 감염된 것임

출처 : 통계청(2019). 한국인 사망원인 통계.

REFERENCE
참고문헌

권순형 외. **최신 식사요법.** 효일. 2013.

권종숙 외. **사례와 함께 하는 임상영양학.** 신광출판사. 2012.

김창임. **인체생리학.** 효일. 2017.

김혜영 외. **최신영양학.** 효일. 2016.

대한당뇨병학회. **당뇨병 진료지침.** 2015.

대한당뇨병학회. **당뇨병 진료지침.** 2017.

대한당뇨병학회. **당뇨병 진료지침.** 2019.

대한당뇨병학회. **당뇨병 진료지침.** 2021.

대한당뇨병학회. **당뇨병 식품교환표 활용지침 제3판.** 2010.

대한당뇨병학회. **Diabetes fact sheet in Korea 2018.**

대한영양사협회. **임상영양관리지침서.** 2008.

대한의학회·질병관리본부. **일차 의료용 근거기반 당뇨병 임상진료지침.** 2014.

박영심 외. **식사요법.** 수학사. 2013.

박인국. **생리학 제14판.** 라이프사이언스. 2016.

보건복지부. **임상영양치료를 위한 직무표준과 실행지침.** 보건복지부. 2014.

삼성서울병원. **췌장암과 치료를 위한 안내.** 2017.

서광희 외. **알기 쉬운 영양학.** 효일. 2016.

송경희 외. **식사요법.** 파워북. 2016.

양은주 외. **임상영양학.** 교문사. 2019.

윤옥현 외. **포인트 식사요법.** 교문사. 2012.

이동원·강양호. 약제와 관련된 당뇨병. **J Korean Diabetes 2017** ; 18 : 160-168.

이미숙 외. **임상영양학.** 파워북. 2012.

이보경 외. **이해하기 쉬운 임상영양관리 및 시습.** 파워북. 2018.

임경숙 외. **임상영양학.** 교문사. 2014.

임윤숙 외. **인체생리학.** 교문사. 2019.

장혜순 외. **질환에 따른 식사요법.** 신광출판사. 2014.

주달래 외. 2010 당뇨병환자를 위한 식품교환표 개정. **대한당뇨병학회지 2011 ; 12**(4) : 228-244.

질병관리본부·경기도 고혈압·당뇨병 광역교육센터. **실무자를 위한 당뇨병 교육모듈.** 2015.

한국영양교육평가원. **임상영양실습지침서.** 한국영양교육평가원.

American Cancer Society. *Nutrition for the person with cancer during treatment* : a guide for patients and families. 2010.

Anker S, Steinborn W, Strassburg S : Cardiac cachexia. *Ann Med* 2004 ; 36 : 518-529.

Appel LJ, Espeland MA, Easter L, et al. : Effects of reduced sodium intake on hypertension control in older individuals : results from the Trial of Nonpharmacologic Interventions in the Elderly(TONE). *Arch Intern Med* 2001 ; 161 : 685-693.

Appel LJ, Moore TJ, Obarzanek E, et al. : A clinical trial of the effects of dietary patterns on blood pressure. *N Engl J Med* 1997 ; 336 : 1117-1124.

Arcand JAL, Brazel S, Joliffe C, et al. : Education by a dietitian in patients with heart failure results in improved adherence with a sodium-restricted diet : a randomized trial. *Am Heart J* 2005 ; 150 : 716.

ASPEN Publication. Nutrition Support Policies, Procedures, Forms and Formulas. Skiipper A. 1995.

ASPN EN practical recommendation 2009, ASPEN core curriculum 2012.

Crook MA, Hally V, Panteli JV. The importance of the refeeding syndrome. *Nutrition* 2001 ; 17 : 632-637.

Crook MA. Refeeding syndrome : problems with definition and management. *Nutrition* 2014 ; 30 : 1448-1455.

DASH Research Group : Effects on blood lipids of a blood pressure-lowering diet : the Dietary Approaches to Stop Hypertension(DASH) Trial. *Am J Clin Nutr* 2001 ; 74 : 80-89.

Dattilo AM, Kris-Etherton PM : Effects of weight reduction on blood lipids and lipoproteins : a meta-analysis. *Am J Clin Nutr* 1992 ; 56 : 320-328.

Debruyne LK, Whitney E, Pinna K. *Nutrition and diet therapy. 8th ed.* Delmar Cengage Learning, Clifton Park, NY, USA. 2008.

Eckel RH, Jakicic JM, Ard JD, et al. : 2013 AHA/ACC guideline on lifestyle management to reduce cardiovascular risk : a report of the American College of Cardiology/American Heart Association Task Force on Practice Guidelines. *Circulation* 2014 ; 129 : S76-S99.

Escott-Stump S. *Nutrition and diagnosis related care.* Lippincott Williams & Wilkins(LWW), Philadelphia, PA, USA. 2006.

Foerster M, Marques-Vidal P, Gmel G, et al. : Alcohol drinking and cardiovascular risk in a population with high mean alcohol consumption. *Am J Cardiol* 2009 ; 103 : 361-368.

FOOD Trial Collaboration: Poor nutritional status on admission predicts poor outcomes after stroke : observational data from the FOOD trial. *Stroke* 2003 ; 34 : 1450-1456.

Graudal NA, Hubeck-Graudal T, Jurgens G : Effects of low-sodium diet vs. high-sodium diet on blood pressure, renin, aldosterone, catecholamines, cholesterol, and triglyceride(Cochrane review). *Am J Hypertens* 2012 ; 25 : 1-15.

He FJ, MacGregor GA : How far should salt intake be reduced? *Hypertension* 2003 ; 42 : 1093-1099.

Kang GH. How to acess for enteral feeding. *Surg Metab Nutr* 2011 ; 2 : 1-4.

Kathleen M, Sylvia ES. *Krause's food & nutrition therapy.* 12th ed. Saunders, Philadelphia, PA, USA. 2008.

Kim JW : Refeeding syndrome. *J Clin Nutr* 2015 ; 7 : 15-22.

Kong SH, Park JS, Park JW, et al. : Nutritional support practice(2)-enteral nutrition. *Surg Metab Nutr*

2013 ; 5 : 10–20.

Kong SH, Park JS, Park JW, Seo KW, Lee IK, Jeong MR, Hwang DW, Hur H, Lee HJ, Guideline and Clinical Trial Committee of Korean Society of Surgical Metabolism and Nutrition. Nutritional Support Practice (2)–Enteral Nutrition. *Surg Metab Nutr* 2013 ; 5(1) : 10–20.

Korea Centers for Disease Control and Prevention. the 5th Korea National Health and Nutrition Examination Survey. [cited 2018 Dec 13]. Available from : http://www.knhanes.cdc.go.kr

Kuehneman T, Saulsbury D, Splett P, et al : Demonstrating the impact of nutrition intervention in a heart failure program. *J Am Diet Assoc* 2002 ; 102 : 1790–1794.

Lee CH. Estimation of GFR. *Korean J Med* 2012 ; 83(4) : 455–457.

Lee HM, Oh KW. *Prevalence of Chronic Kidney Disease in Korea*, 2013 PHWR 2015 ; 8(11) : 242–251.

Mozaffarian D, Clarke R : Quantitative effects on cardiovascular risk factors and coronary heart disease risk of replacing partially hydrogenated vegetable oils with other fats and oils. *Eur J Clin Nutr* 2009 ; 63 : S22–S33.

Nelms M, Sucher KP, Lacey K, et al. *Nutrition therapy and pathophysiology.* 2nd ed. Wadsworth Cengage Learning, Belmont, CA, USA. 2011.

Neter JE, Stam BE, Kok FJ, et al. : Influence of weight reduction on blood pressure : a meta–analysis of randomized controlled trials. *Hypertension* 2003 ; 42 : 878–884.

Park JK, Lim YH, Kim KS, et al. : Changes in body fat distribution through menopause increase blood pressure independently of total body fat in middle–aged women : the Korean National Health and Nutrition Examination Survey 2007–2010. *Hypertens Res* 2013 ; 36 : 444–449.

Park JS, Kong SH, Park JW, et al. : Nutritional support practice (2)–parenteral nutrition. *Surg Metab Nutr* 2014 ; 5 : 21–28.

Reisin E, Jack AV : Obesity and hypertension : mechanisms, cardio–renal consequences, and therapeutic approaches. *Med Clin North Am* 2009 ; 93 : 733–751.

Rolfes SR, Pinna K, Whitney E. *Understanding normal and clinical nutririon.* 8th ed. Wadsworth Cengage Learning, Independence, KY, USA. 2008.

Ross AC. *Modern nutrition in health and disease.* 11th ed. Lippincott Williams & Wilkins(LWW), Philadelphia, PA, USA. 2012.

Roth RA. *Nutrition and diet therapy.* 10th ed. Delmar Cengage Learning, Clifton Park, NY, USA. 2010.

Sacks FM, Bray GA, Carey VJ, et al. : Comparison of weight–loss diets with different compositions of fat, protein, and carbohydrates. *N Engl J Med* 2009 ; 360 : 859–873.

Skipper A. *Nutrition support policies, procedures, forms and formulas.* ASPEN Publication. 1995.

Song HJ : *Helicobacter pylori* infection associated with pulmonary disease. *Korean J Helicobacter Up Gastrointest Res* 2013 ; 13 : 207–211.

Stamler J, Stamler R, Neaton JD, et al. : Low risk–factor profile and long–term cardiovascular and noncardiovascular mortality and life expectancy : findings for 5 large cohorts of young adult and middle-aged men and women. *JAMA* 1999 ; 282 : 2012-2018.

Stamler J. The INTERSALT Study : background, methods, findings, and implications. *Am J Clin Nutr* 1997 ; 65 : 626S-642S.

Stampfer MJ, Hu FB, Manson JE, et al. : Primary prevention of coronary heart disease in women through diet and lifestyle. *N Engl J Med* 2000 ; 343 : 16-22.

Stone NJ, Robinson JG, Lichtenstein AH, et al. : 22013 ACC/AHA guideline on the treatment of blood cholesterol to reduce atherosclerotic cardiovascular risk in adults : a report of the American College of Cardiology/American Heart Association Task Force on Practice Guidelines. *J Am Coll Cardiol* 2014 ; 63 : 2889-2934. https://pubmed.ncbi.nlm.nih.gov/24239923/

The Korean Society of Hypertension. Hypertension Guideline 2013. [cited 2018 Dec 13]. Available from : http://www.koreanhypertension.org

Van Gaal LF, Mertens IL, Ballaux D : What is the relationship between risk factor reduction and degree of weight loss? *Eur Heart J* 2005 ; 7 : L21-L26.

Williams SR. *Basic nutrition and diet therapy.* Mosby. Maryland Heights, MO, USA. 2001.

Zeman FJ. *Clinical nutrition and dietetics,* 2nd ed. Pearson Education, London, UK. 1990.

[웹사이트]

국민건강포털 http://health.cdc.go.kr/health

대한당뇨병학회 http://www.diabetes.or.kr

대한소아신장학회 http://www.kspn.org

대한영양사협회 http://www.dietitian.or.kr

(사)한국선천성대사질환협회 http://kcmd.or.kr

영양사도우미 http://www.kdclub.com

INDEX
찾아보기

저자 소개

권인숙 안동대학교 생명과학대학 식품영양학과 교수

김은정 대구가톨릭대학교 바이오메디대학 식품영양학과 교수

김혜영(A) 용인대학교 보건복지대학 식품영양학과 교수

박용순 한양대학교 생활과학대학 식품영양학과 교수

박은주 경남대학교 건강과학대학 식품영양학과 교수

백진경 을지대학교 바이오융합대학 식품영양학과 교수

이미경 순천대학교 생명산업과학대학 식품영양학과 교수

진유리 한양대학교병원 영양팀 임상영양사

차연수 전북대학교 생활과학대학 식품영양학과 교수

최미자 계명대학교 자연과학대학 식품영양학과 교수

허영란 전남대학교 생활과학대학 식품영양과학부 교수

황지윤 상명대학교 외식의류학부 식품영양학과 교수

2판 식사요법을 포함한 **임상영양학**

2020년 9월 3일 초판 발행
2022년 2월 28일 2판 발행

지은이 권인숙, 김은정, 김혜영(A), 박용순, 박은주, 백진경, 이미경, 진유리, 차연수, 최미자, 허영란, 황지윤
펴낸이 류원식
펴낸곳 **교문사**
편집팀장 김경수
책임진행 성혜진
디자인 신나리
본문편집 우은영

주소 (10881)경기도 파주시 문발로 116
전화 031-955-6111
팩스 031-955-0955
홈페이지 www.gyomoon.com
E-mail genie@gyomoon.com
등록 1968. 10. 28. 제406-2006-000035호
ISBN 978-89-363-2322-6(93590)
값 29,500원